国家自然科学基金项目（编号：51178160）
浙江省交通厅科技计划项目（编号：2007H03）
浦东新区科技发展基金创新资金项目（编号：PKJ2012-C12）

塑料套管混凝土桩技术及应用（第二版）

陈永辉 陈 龙 陈 庚 王新泉 著

中国建筑工业出版社

图书在版编目（CIP）数据

塑料套管混凝土桩技术及应用/陈永辉等著. —2版. —北京：
中国建筑工业出版社，2017.5
ISBN 978-7-112-20649-0

Ⅰ.①塑… Ⅱ.①陈… Ⅲ.①混凝土管桩 Ⅳ.①TU473.1

中国版本图书馆CIP数据核字（2017）第075992号

本书第一版问世后，塑料套管混凝土桩（简称TC桩）技术得到了快速发展，在国内高速公路和市政道路工程中应用也越来越广，为此在原版基础上结合近几年TC桩技术的研究成果和应用情况进行了系统总结。

全书共分14章，第1章绪论，从第2章依次介绍TC桩技术开发及应用、塑料套管分析及计算、模型试验、低应变瞬态波传播特性、挤土效应现场试验、单桩承载性能试验、路堤荷载下现场试验、承载时效理论、成桩机理和屈曲变形的透明土模型试验、细长桩屈曲理论分析及试验、TC桩设计计算方法、经济技术分析等。

本书适合从事地基处理的岩土工程技术人员使用，也可供相关专业的科研、教学及施工技术人员参考。

责任编辑：咸大庆　王　梅　杨　允
责任校对：李欣慰　张　颖

塑料套管混凝土桩技术及应用（第二版）
陈永辉　陈　龙　陈　庚　王新泉　著
*
中国建筑工业出版社出版、发行（北京海淀三里河路9号）
各地新华书店、建筑书店经销
北京科地亚盟排版公司制版
廊坊市海涛印刷有限公司印刷
*
开本：787×1092毫米　1/16　印张：21　字数：521千字
2017年8月第二版　2017年8月第二次印刷
定价：**50.00**元
ISBN 978-7-112-20649-0
(30307)

版权所有　翻印必究
如有印装质量问题，可寄本社退换
（邮政编码 100037）

序　言（第一版）

我国地域广阔，地质条件复杂，软弱地基类别众多、分布广泛，特别是在沿海、沿江及内地湖河沉积相地区，该区域也多属我国经济发达、交通运输网建设的密集区。在复杂的软土地基上建设城际快（高）速铁路、高速公路、市政、水利等路基堤坝工程时必须进行适宜的加固处理，增加地基的稳定性和减小工后沉降。

随着我国建设事业的迅猛发展，技术先进、经济合理、施工方便、质量稳定且环保性强的软基处理方法成为目前岩土工程科技工作者研究的热点。由于刚性桩复合地基具有加固效果好、处理深度深、工期短等优点，在路堤软基加固工程中得到广泛应用。塑料套管混凝土桩（简称 TC 桩）是作者借鉴国外先进的软基处理理念，改进、完善、衍生开发而发展起来的一种新的刚性桩复合地基处理技术，目前在工程中已经推广应用。

河海大学陈永辉博士、浙江大学城市学院王新泉博士在查阅了大量国内外文献的基础上，结合 TC 桩现场试验和工程应用情况，对 TC 桩技术特点及目前理论研究成果进行了系统介绍，将多年对 TC 桩的研究成果编著成书，方便工程人员查阅学习，对于促进 TC 桩技术的应用和我国地基基础工程学科发展将起到积极作用。本技术也是近年来河海大学岩土工程国家重点学科技术创新成果之一，我乐为序。

刘汉龙

长江学者奖励计划特聘教授

国家杰出青年科学基金获得者

前　言（第二版）

塑料套管混凝土桩（简称 TC 桩）近年来在国内浙江、上海、江苏、广东、湖南等地区的高速公路和市政道路工程中应用越来越广，取得了良好的技术经济效益。本书从第一版问世后得到了广大工程人员的支持与鼓励，经过近 6 年的努力，河海大学先后获得了国家自然基金、浦东新区科技发展基金创新资金等资助，针对塑料套管混凝土桩技术开展了更加深入的研究，取得了针对该技术的研究成果。因此有必要对内容进行更大程度的扩充，进一步完善该技术。与旧版相比，作者增加的主要研究成果有：基于透明土模型试验深入开展了塑料套管混凝土桩的成桩机理及其屈曲变形特性研究；根据塑料套管混凝土桩打设时先扩孔后回缩的特点，建立了塑料套管混凝土桩承载力时效性计算方法；根据其长细比较大的特性，建立了考虑位移两侧土压力计算的细长桩屈曲临界荷载计算方法等。

全书共分为 14 章，依次介绍 TC 桩的研究背景及意义、TC 桩技术开发及应用、TC 桩塑料套管分析及计算、TC 桩模型试验研究、TC 桩低应变瞬态波传播特性研究、TC 桩挤土效应现场试验研究、TC 桩单桩承载性能试验研究、路堤荷载下 TC 桩现场试验研究、TC 桩承载时效理论研究、TC 桩成桩机理和屈曲变形的透明土模型试验研究、细长桩屈曲理论分析及试验研究、TC 桩设计计算方法、塑料套管混凝土技术经济分析等章节。

本书在撰写过程中得到了齐昌广、苏杰、郝忠、张开伟、安永福、陈常辉、李行、刘林、章亦锋、叶飞亚、孙贝贝、刘旭、王福喜、史江伟、徐洁等的帮助，更得到了众多设计单位、施工单位、建设单位的鼎力相助。由于给予帮助的人实在太多，作者难以在此一一致谢，敬请见谅。

由于作者水平有限，书中难免会有不当之处，恳请各位专家和读者批评指正。

编　者

撰于河海大学

前　言（第一版）

随着国民经济的持续高速发展，为满足经济日益增长的需求，我国公路建设也迎来了蓬勃发展的新时期。公路建设事业的迅猛发展，给软基处理技术的发展也注入了蓬勃生机，增添了无限活力。我国幅员辽阔，地质条件复杂且各地差别较大，软弱地基类别多、分布广，特别是在沿海地区及内地湖河沉积相地区存在着众多复杂的软土地基。在软土地基上修建高等级公（铁）路及建筑物都要首先进行软基处理，以增加地基的稳定性及减小沉降。随着我国公路建设事业的快速发展，大量高等级公（铁）路在软土地基上修建，探求技术先进、经济合理、施工方便、质量稳定、承载力高、材料省、环保性强的软基处理方式成为岩土工程界亟待解决的问题。

塑料套管混凝土桩（简称 TC 桩）是作者在消化吸收国外 AuGeo 技术的基础上，研制发展起来的一种新型小直径刚性路堤桩，已申请了多项国家专利。由于该桩型施工质量容易控制，具有较好的技术经济特性，目前该技术已在国内浙江、上海、江苏、广东、湖南等地区的高速公路和市政道路工程中应用，并取得良好的技术经济效益。作者根据近 5 年 TC 桩在公路软基处理中的应用情况，从加固机理、施工工艺、质量检测、现场试验、设计理论、数值模拟、加固效果、经济指标等多方面对 TC 桩的研究成果进行了介绍。力使 TC 桩在处理软土地基中的特点和适用性被更多工程人员认知和掌握，并吸引更多工程技术人员投入 TC 桩的研究和创新中。

本书作者在查阅大量国内外技术文献的基础上，将作者近年来对 TC 桩研究成果整理编著而成，全书共分 13 章，依次介绍 TC 桩的研究背景及意义，TC 桩技术开发及应用、TC 桩塑料套管分析及计算、TC 桩模型试验研究、TC 桩低应变瞬态波传播特性研究、TC 桩单桩承载性能试验研究、路堤荷载下 TC 桩现场试验研究、TC 桩挤土效应现场试验研究、TC 桩荷载传递特性及稳定性研究、TC 桩加固软基有限元数值模拟分析、TC 桩设计计算方法、TC 桩经济技术分析等内容。其中第四、八、九、十、十一章由浙江大学城市学院王新泉博士撰写，其余章节由河海大学岩土工程科学研究所陈永辉副教授撰写。

在研究过程中得到了浙江省交通规划设计研究院和浙北交通投资集团的大力协助，在此给予诚挚的谢意！

由于作者水平有限，书中难免会有不足之处，恳请各位专家和读者批评指正。

目　录

第1章　绪　　论

1.1　概述

在国民经济的持续高速发展和国家拉动内需政策的推动下，为满足经济日益增长的需求，我国公路建设也迎来了蓬勃发展的新时期；高速公路以其车速高、行车安全、通行能力大、运输成本低、货物损耗低而成为我国公路发展的首要目标。高速公路在短短十几年里已经显示出巨大的优越性，许多资金流向已建成和拟建的高速公路沿线及腹地，使得沿线地区的经济得到迅猛发展。高速公路建设事业的迅猛发展，给地基处理技术的发展也注入了蓬勃生机，增添了无限活力。我国幅员辽阔，地质条件复杂且各地差别较大，软弱地基类别多、分布广；特别是在沿海地区及内地湖河沉积相地区存在众多复杂的软土地基，在软土地基上修建高等级公路及建筑物都首先要进行软基处理，以增加地基的稳定性及减小沉降。随着我国公路建设事业的快速发展，大量高等级公路在软土地基上修建；探求技术先进、经济合理、施工方便、质量稳定、承载力高、材料省、环保性强的软基处理方式成为岩土工程界亟待解决的问题。

我国桩基技术的大量开发始于20世纪80年代，刚性桩以其承载力高、稳定性好、随地质条件变化适应性强等特点得到日益广泛的应用。沉管灌注桩又称套管成孔灌注桩，按其成孔方法不同可以分为振动沉管灌注桩、锤击沉管灌注桩和振动冲击沉管灌注桩[1]。沉管灌注桩以其施工设备简单、施工方便、造价低、施工速度快、工期短等优点，在我国得到广泛的应用；我国岩土工程界的前辈们对沉管灌注桩的设计、施工、检测等进行了不懈的努力和探索，自引入我国以来也获得了长足的发展。

由于刚性桩地基处理方法具有加固效果好、处理深度深、质量易保证、工期短等优点，在路堤软基加固工程中得到广泛应用[2]。这种采用刚性桩方法处理软基加固路堤堤坝工程时又可称为路堤桩。在实际路堤工程应用时往往采用在桩顶面设置土工合成材料加筋垫层的方法。将上部路堤、桩顶土工合成材料加筋垫层、桩及桩帽、桩间土和下卧持力土层共同组成的体系称为桩承式加筋（GRPS）路堤系统[3]，如图1-1所示，其所采用的桩一般指刚性桩。常用的刚性路堤桩有各种沉管灌注桩（包括CFG桩、振动沉管素混凝土桩[4]、Y形等异形灌注桩[5,6]、大直径现浇薄壁管桩[7]、预应力管桩或浆固碎石桩[8]等）。

塑料套管混凝土桩是一种新型的小直径刚性路堤桩，可简称为TC桩。它由预制桩尖、塑料套管、套管内混凝土、顶部桩帽等几部分组成，如图1-2所示。TC桩是作者等在借鉴国外Cofra公司AuGeo桩技术[9,10]基础上，开发的一项软土地基处理新技术。Cofra公司自1998年开始将该技术用于试验路堤，随后成功应用于荷兰、马来西亚几项高速铁路和高速公路等路堤工程中，取得了很好的加固效果。Cofra公司所用的套管为PVC或HDPE双壁波纹塑料管，外表面为螺纹、内表面光滑。

我国自2005年率先由河海大学等单位在借鉴AuGeo桩技术的基础上开始试验TC桩技术，对其材料、工艺和设备进行了重新开发和改进，使之成为更加适合我国国情、便于国内推广应用的新型地基加固方法，并申请了相应的国内专利。初步试验成功后便于 2006 年正式在实际工程——浙江申嘉湖杭高速公路练杭段开展试验研究，同时申请了浙江省交通科技计划项目。随后在国内的许多公路、市政、铁路等工程中采用了该项技术。TC 桩的主要优点在于先有套管成模，后集中现浇混凝土，这样与各类振动沉管桩相比其混凝土用量可控没有充盈、不会因为振动挤土而引起断桩，打设机械可以连续施工和混凝土可以连续浇筑而降低施工费用，采用现浇工艺后不需要像预制桩那样采用大量钢筋和大型运输以及打设机械，也不需要事先配桩等，而与柔性桩相比它又是刚性桩，承载力高且质量容易控制，其桩周又带有螺纹可以有较大的桩侧摩阻力，施工快速灵活，对施工的场地要求低。但它一般要求地基软土下部有硬土层或承载力相对较高硬土层时能够充分发挥其承载力较高的优势。

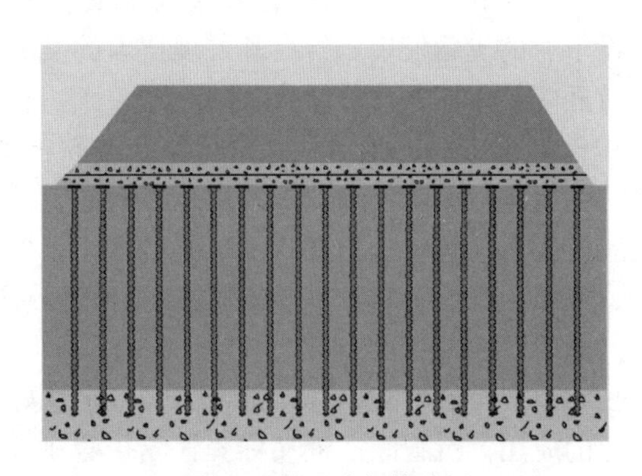

图 1-1　桩承式加筋路堤

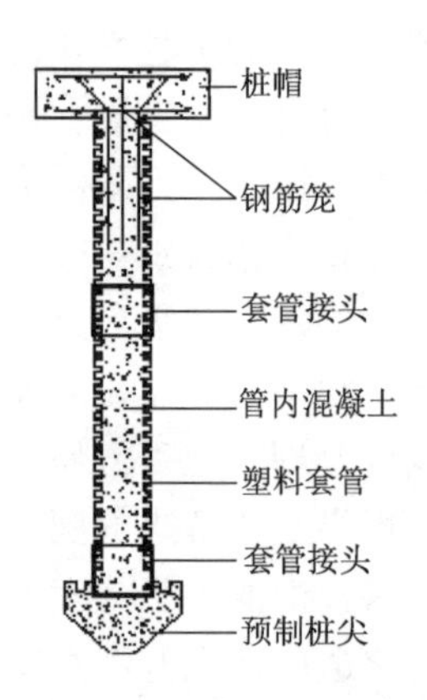

图 1-2　TC 桩组成示意

1.2　TC 桩技术的背景及开发的意义

目前 TC 桩主要应用于处理公路桥头深厚软基，作为柔性基础下的刚性桩复合地基应用于工程实践中。复合地基在土木工程中的广泛应用促进了复合地基理论的发展，目前复合地基的变形理论、强度理论多基于刚性基础下的研究成果，刚性基础下复合地基的研究取得了一些成果，理论框架已初步形成，也日臻完善，有效的指导着复合地基的工程实践。而关于柔性基础下复合地基的研究成果尚少，特别是柔性基础下复合地基沉降计算水平远低于柔性基础下复合地基承载力计算水平；更远远落后于工程实践的需要。基于刚性基础下复合地基理论，在柔性基础下复合地基中应用是不科学的；不同工法、不同桩身材料、不同桩身强度、不同地质条件等的复合地基会表现出不同的特性，柔性基础下复合地基沉降、承载力计算理论尚需进行更加深入的研究。

TC 桩与其他地基加固方法相比有自身的合理性、先进性及适用性；许多适宜的情况下因地制宜地采用，可以起到较好的经济效益和社会效益。目前对 TC 桩的特殊性及设计计算理论研究较少，TC 桩特殊性、工法及质量评定标准、外带塑料套管的“套箍”效应、承载力的时效性、单桩及复合地基的承载力、沉降分析计算等内容也研究较少；目前实际工程应用中仍采用普通刚性桩的方法进行设计计算，许多在工程实践中被证明优越的特性，确未能从理论上进一步的分析和深化。基于普通圆形刚性桩的强度和变形理论，直接应用于TC桩的分析是不科学的，大量实际工程也表明其不足与不适，实际工程应用中实测数据与理论计算的不和谐表明建立TC桩设计计算理论的必要性和紧迫性。

目前TC桩的研究成果较少，除作者及所属课题组成员外，成果均是在本课题组申请专利技术基础上，对施工工艺的描述和介绍。从国内外研究情况来看，不同地质条件、不同桩型、不同加载方式下桩的荷载传递规律存在差别，TC桩作为一种新桩型，对其荷载传递规律尚未开展研究。TC桩压屈临界荷载的计算方法及与常用桩型的区别，TC桩极限承载力的判定及预测等内容都需要进行深入研究。与天然地基相比，TC桩加筋路堤中的应力场和位移场发生了较大变化，与其他刚性基础下的刚性桩复合地基及柔性基础下的刚性桩复合地基也存在一定差别。路堤荷载下TC桩地基内的应力分布性状、孔隙水压力消散规律、荷载传递机制、桩土应力比及沉降性状有别于传统桩型，需要进行深入分析。同时常规检测方法对TC桩的适用性，也需开展相关的研究，并制定相应的检测标准。

本书介绍了在室内模型试验、现场试验、数值模拟及工程应用经验基础上，对TC桩系统开展研究，研究内容在完善TC桩工法、研究其特殊性、检验其工程应用效果，从而形成TC桩成套技术，建立其实用设计计算理论，指导工程实践的同时，还有助于丰富和发展刚性桩及柔性基础下的刚性桩复合地基的试验和设计计算理论，具有一定的现实意义及理论意义。

在设计理论方面，塑料套管混凝土桩这种新型地基处理技术，从加固机理上来说，属于小直径的刚性路堤桩或复合地基技术，对它的设计计算可以采用刚性桩复合地基或桩承式加筋路堤的设计理论进行。现有工程的设计也只是参照其他刚性桩的设计方法。目前国内外与TC桩相关的关于桩承式加筋路堤或刚性桩复合地基计算理论方面主要研究进展可以归纳如下。

1.3 路堤桩或桩承式加筋路堤研究现状

1.3.1 国外AuGeo桩的应用情况

1. AuGeo桩介绍

TC桩作为一种新型软基加固技术，国外类似技术AuGeo桩已有所应用，AuGeo桩最早由荷兰的Cofra公司开发并进行推广应用。其施工采用砂井打设机（a Cofra MY-200 stitcher)，这种原本用于打设竖直砂井的机器经过改装，被用来打设AuGeo桩的塑料套管。塑料套管由具有波纹的高密度聚乙烯管等制造，常用的外管直径174mm、内管直径150mm。在套管的底部装备有不透水的桩尖，用来防止地下水的进入，封闭塑料套管。其优点：成桩速度快，监测设备可以记录打设钢套管时的沉管阻力，振动和噪声的干扰小等。

AuGeo桩的工法有两种：一种是桩身套管材料采用双壁PVC管，因为PVC管为硬质且不可弯曲，施工时打设机需先沉管至设计深度，然后将套管吊起从沉管上部开口处放入沉管内，再立即向塑料套管内浇筑混凝土后才能将沉管拔出，完成一根桩施工。此种方法套管打设与混凝土浇筑连续进行，需要特别注意相互配合施工；另一种是采用HDPE双壁波纹管，其特点是可以弯曲，可事先将与预制桩尖连接好的套管从打设机竖直的沉管底部插入并打入地基中，该法将混凝土施工与套管打设分开进行，施工效率提高，但是HDPE材料的价格相当昂贵，工程造价大幅增加。

2. AuGeo 桩的应用情况

AuGeo 桩自 1998 年开始用于试验路堤工程的软基处理中，随后成功应用于荷兰、马来西亚等国家的高速铁路和高速公路多项路堤工程之中，表 1-1 为 Cofra 公司 AuGeo 桩的应用情况。国外应用表明 AuGeo 桩取得了很好的加固效果。

AuGeo 桩工程应用情况　　**表 1-1**

应用时间	工程名称	地点
2006	Motorway A15	Netherlands
2005	Railway HSL Hoogmade	Netherlands
2005	Motorway A15 Hardinxveld	Netherlands
2005	Motorway A15 Sliedrecht	Netherlands
2004	Motorway A 15 Wijngaarden	Netherlands
2004	Local road Nieuwerkerk	Netherlands
2003	TramPlus Rotterdam	Rotterdam
2001	Double Track Rawang-Ipoh	Malaysia

图 1-3 为国外 AuGeo 桩施工，沉管需要提升较大高度才可以放入塑料套管，图 1-4～图 1-8 为 AuGeo 桩及施工时的图片（均引自 Cofra 公司网站）。通过工程应用，国外对设计方案的不断改进和完善，它主要依据 BS8006 规范，基本参考刚性桩桩承式加筋路堤的设计方法设计 AuGeo 桩路堤，取得了一定研究成果。

图 1-3　国外 AuGeo 桩施工

图 1-4　使用阶段 AuGeo 桩

图 1-5　现场 AuGeo 桩截桩

图 1-6　打设完成后 AuGeo 桩套管

图 1-7　安置塑料套管模子及放置钢筋

图 1-8　集中浇筑混凝土

TC 桩是在借鉴国外 AuGeo 桩及沉管灌注桩技术的基础上改进并发展起来的，经过不断探索和研究，通过设备及技术改进，目前已不需要从国外引进施工设备和技术，并使得该项新技术已在国内的工程中逐步得到推广和应用。

1.3.2　单桩极限承载力研究现状

桩定义为“垂直或微倾斜埋置于土中的受力杆件”[11]。桩的主要目的，通常是传递建筑物荷载到达基底以及桩身周围的土层。桩基础是一种古老、传统的基础形式，又是一种应用广泛、发展迅速、生命力强大的基础形式。它不仅能有效地承受竖向荷载，还能承受水平荷载和上拔力，并且能作为抗震地区的减震措施。同时由于桩基础具有承载力高、稳定性好、沉降量小、便于机械化施工、适应性强等突出特点，受到了广泛的应用。随着桩基技术的发展，桩的类型和成桩工艺，桩的承载性能与桩体结构完整性的检测，桩基的设计计算水平，都得到了较大的提高和完善。由于土的变异性及桩与土相互作用的复杂性，迄今成桩质量的控制与检测，桩基的设计理论与计算方法等内容，仍有待不断完善和提高。

1. 单桩极限承载力确定方法研究现状

单桩竖向承载力主要取决于三个方面[12]：（1）由土的侧摩阻力和端阻力决定的对桩的最大承载能力；（2）由土的变形性质决定或上部结构容许变形约束的保证桩不发生过大沉降的最大承载能力；（3）桩身材料强度和稳定性决定的最大承载能力。

确定桩承载力的方法很多，基本上可以分为两类：第一类方法称为间接法（理论公式法、经验公式法、原位试验法），是通过地区经验或其他手段（如静力触探），分别得到地基土参数或桩底端阻力和桩身侧阻力数值，然后由理论公式或经验公式计算求得，虽然比较简单，但因不是在具体桩上取得数据，可靠性不如直接法，如原位测试中的静力触探法和标准贯入法等，仅能反映土质的变化，而不能反映桩的状况对承载力的影响；第二类方法称为直接法（原型试验），是通过对桩进行现场试验来测定，它不仅可以反映场地地质条件变化对桩承载力的影响，而且也能反映试桩本身状况（如实际桩径、桩长、垂直度和嵌入持力层深度等）对承载力的影响，所以比较真实可靠。直接法中的静荷载试验，由于费用高，周期长，试桩数受到限制而难以反映出工程桩承载力的离散性。另外，随着桩径、桩长和桩承载力的提高，静荷载试验越来越难以满足试桩的需要。因此，直接法中的现场动测方法得到日益广泛的应用，许多国家的有关规定均推荐采用动测方法确定承载力[13]。

1）理论公式法

理论上对桩的单桩竖向承载力的分析，是将桩视为深埋基础，假定不同的地基土体破坏模式，运用塑性力学中的有关极限平衡等理论，求解出深基础下地基土的极限荷载（即桩端反力的极限值），再考虑土对桩侧的摩阻力求得桩的竖向极限承载力[14]。

关于桩侧极限摩阻力的确定，目前可分为总应力法和有效应力法两大类。根据计算表达式所用系数的不同，可分为α法[15]（Tomlinson，1977）、β法（Chandler，1968）和λ法[16]（Vijayvergiya&Focht，1972）。其中α法属总应力法，可用于计算饱和黏性土的侧阻力，β法为有效应力法，可用于计算黏性和非黏性土中的侧阻力。λ法则综合了α法和β法的特点，用于黏性土的侧阻力计算。

确定桩端极限承载力的方法有借鉴浅基础的静力计算法[17,18]、静力触探法[19,20]、标准贯入法[21,22]、有限元法[23]等；其中静力法是假定土为刚塑体，在桩端以下发生一定形态的剪切破坏滑动面，假定不同的剪切破坏滑动面可得出不同的桩端阻力承载力计算表达式，常见的有太沙基法（1943）[24]、梅耶霍夫法（1951）[25]、别列赞捷夫法（1961）[26]及德根诺格卢和米切尔法等[27,28]，Vesic[29]利用条形基础地基极限承载力的理论解乘以形状修正系数得到方形和圆形基础的地基极限承载力计算公式，根据关于孔的扩张理论，提出了用刚度指标及修正刚度指标来判别地基土的破坏模式，并引入压缩性修正系数对局部剪切破坏和刺入剪切破坏进行修正。吴鹏等（2008）[30]在Mindlin解的基础上，采用数值积分的方法，对钻孔灌注桩桩端破坏模式及极限承载力研究，为桩端极限承载力的计算提供了一种新的思路。

根据桩侧阻力、桩端阻力的破坏机理，按照静力学原理，采用土的强度参数分别对桩侧阻力和桩端阻力进行计算。理论公式法的可靠性依赖于土的强度参数的取值，一般只用于一般工程或重要工程的初步设计阶段，或与其他方法结合来确定桩的承载力。

有关竖向荷载作用下基桩受力性状的理论分析仍处在不断发展之中。赵建平（2005）[31]指出软土地区预制桩施工具有较强的挤土效应，选用沉桩前土体参数估算预制桩单桩极限承载力和桩体最终受力状态相比有一定差异，计算结果通常偏于保守。陈兰云等（2006）[32]指出随着时间增长，桩周被扰动土体强度逐渐恢复，侧摩阻力逐渐增加，桩竖向承载力呈现一定的时效性，时效性对桩可产生10%以上的影响。黄生根等（2004）[33]根据软土中应用后压浆技术的钻孔灌注桩的现场测试结果，考虑土体连续性所引起的变形，在对各桩段实测的摩阻力与位移关系进行修正的基础上，通过传递函数对摩阻力与位移关系进行拟合，得出各桩段的侧摩阻力极限值。张建新等（2008）[34]通过嵌岩桩的室内模型试验，指出桩端岩层对桩侧阻力有较大影响，表现为随着桩端岩石强度提高，桩侧阻力增大，但这种桩侧阻力的增强效应只集中在桩端附近，同时较好的桩侧岩层也可使桩端阻力增大。

2）经验公式法

根据桩的静载试验结果与桩侧、桩端土层的物理性质指标进行统计分析，建立桩侧阻力、桩端阻力与土的物理性指标间的经验关系，利用这种经验关系预估单桩承载力，规范中多采用此类方法[35-36]。

3）原位测试法

对地基土进行原位测试，利用桩的静载试验与原位测试参数间的经验关系，确定桩的侧阻力和端阻力。其中主要方法有：静力触探试验、标准贯入试验和旁压试验三种[36]。

4）原型试验法

原型静载试验是确定单桩承载力的传统方法。它不仅可确定桩的极限承载力，而且通过埋设各种测试元件可获得载荷传递、桩侧阻力、桩端阻力、桩身轴力、荷载—沉降关系等诸多资料。随着桩基的广泛应用，出现了检测桩的承载力和质量的原型动测法。虽然它以其快速、经济的优点得到了迅速的发展，但其取代静载试验还存在一定的问题。

单桩静载荷试验是各种确定单桩极限承载力方法中最直接、最基本、可靠度最高的方法，也是基桩质量检测中一项很重要的方法。我国各行业部门及地区基础设计规范中对试桩方法及极限承载力的确定标准有较明确的规定[35-37]，单桩静载荷试验在各类桩基检测中得到广泛应用。单桩静载试验中的荷载极限值就是桩的极限承载力，在试桩中由于客观条件限制，或试桩反力装置出现故障等原因，使得试桩压不到破坏，试桩未达到极限状态，给桩体极限承载力的评价和确定增加了困难。根据单桩初始加载阶段的实测数据，通过一定的数学手段模拟单桩的 *Q-s* 曲线，预测单桩的极限承载力具有十分重要的工程意义和研究价值。静载试验费工、费时、费钱，在许多情况下，试桩并未达到极限荷载，如何充分利用试桩数据，进行桩基极限承载力的预测，已成为许多学者所关心的课题。

为解决这一问题，人们做了大量的理论研究、室内模拟试验和现场试验，提出了许多计算和确定承载力的方法。但迄今为止尚未找到求解桩基承载力问题的较为完善的方法。尽管已研究和提出的方法其数量庞大、途径多样，但都不够理想，都存在着这样或那样的不足和缺点。新的桩型及新工法的出现对桩基承载力计算提出了更高的要求。

2. 单桩极限承载力预测及判定方法研究现状

常采用的预测模型有双曲线模型[38,39]、指数曲线模型、抛物线模型、神经网络法[40-42]，这些方法基本是采用外推法确定桩的极限承载力。这些方法总体上都是根据一个地区的大量试桩资料，结合本地区的工程地质条件来进行拟合的，其前提条件是需要正确描述本地区的 *Q-s* 曲线。近些年发展起来的灰色预测法[39]，如等步长的灰色 GM(1，1) 模型、非等步长的灰色 GM(1，1) 模型，在正常情况下不需要预先知道 *Q-s* 曲线的形状，就能确定单桩的极限承载力。

高笑娟等（2006）[43]指出双曲线法能够比较好地预测 *Q-s* 曲线为缓变型桩基的极限承载力，用双曲线法对支盘桩的极限承载力预测。张文伟等（2006）[44]应用曲线拟合已达到极限承载力的静载荷试验数据，指出：指数法与双曲线法的精度主要取决于 *Q-s* 曲线塑性区域的大小及该区域数据的多少，灰色预测法精度较高，对数曲线法应用有局限，精度较低。涂帆等（2006）[45]以权重将指数和双曲线这两种预测方法的预测值进行组合，通过工程实例验证组合预测法的有效性和可行性，并对指数法和双曲线法的结果进行比较。张建新等（2002）[46]基于粉喷桩单桩承载力随时间增长而提高的特点，建立了非等时距预测 GM(1，1) 灰色理论模型，对承载力进行预测，并取得了很好的效果。

采用突变理论对基桩极限承载力进行研究的较少，崔树琴等（2006）[47,48]拟定了灌注桩受竖向荷载时的 *Q-s* 曲线，并将其运用于突变理论，导出了单桩竖向承载力的计算公式，提出了延性破坏与脆性破坏的界定标准。张远芳等（2007）[49]将尖点突变理论引入单桩竖向极限承载力的计算中，与静载荷试验和抛物线法相结合，推导出端承桩单桩竖向极限承载力的计算公式。

3. 桩压屈临界荷载研究现状

受桩顶承台、桩的入土深度、成桩工艺、桩周土体的约束情况、桩端嵌入持力层的性状、桩身截面形状及桩土本身材料等诸多因素的影响，基桩压屈稳定性状与理想轴压杆、压弯杆不同。桩基的压屈分析本身是一个十分复杂而又具有实际工程意义的课题。有关的试验研究及理论解答国内外已有不少，但这些解答由于其各自的局限性而难以运用于工程实践或计算精度欠佳，有待于深入和完善。近年来随着桩基础特别是自由长度较大的高承台桩、超长桩的广泛使用，有关竖向荷载下的桩身压屈稳定已受到桥梁、港口、建筑和矿业等工程领域进一步的重视，由于编制规范时所收集到的多种计算方法均有一定局限性，故各类规范中尚未明确指出压屈稳定验算的具体方法。

基桩的稳定性分析国内外许多学者已进行了相关的试验及理论研究，Toakley (1965)[50]给出完全埋入桩的能量法解答。Davisson&Robinson (1965)[51]等人的数值模拟解答。Reddy et al. (1970，1971)[52-53]给出完全或部分埋入桩的能量法解答。Poulos et al. (1969，1980)[54,55]的弹性理论法。Simo et al. (1992，1994)[56,57]等考虑不同边界条件和假定地基比例系数为一般级数分布情况下对基桩进行压屈分析。国内研究多是基于势能驻值原理的特征值方法[58-64]。

4. 桩侧土压力分布问题的研究现状

在土力学中，计算土体作用于结构上的作用力是一个古老的课题，经典的 Coulomb (1776)[65]和 Rankine (1857)[66]土压力理论，因其计算简单和力学概念明确，一直为工程设计所采用。经典土压力理论都基于以下假定：挡土结构视为刚性体，土体是理想刚塑性体，服从 Mohr-Coulomb 准则。依照经典土压力理论，得到的是极限平衡状态下的土压力值，土压力为直线分布。经典土压力理论存在着两个明显的弱点：一是要求土体变形达到极限状态的临界条件；二是经典土压力理论没有考虑挡墙的变位方式对土压力的影响。库仑土压力理论是根据墙后土体处于极限平衡状态并形成滑动楔体时，从楔体平衡条件得出的土压力理论，仅能用于计算极限状态的土压力。朗肯土压力理论是从土中一点的应力极限平衡条件出发，对墙后进入极限平衡状态的土体进行应力分析，从而得到作用于挡墙上的土压力，该理论仅考虑墙背垂直、光滑的情况，且只能用于计算极限状态的土压力。

管桩内摩阻力的发挥问题与管桩土芯土压力的分布问题有一定关系；近年来随着管桩研究的深入，不少学者对管桩土芯的作用机理进行了研究。刘汉龙等 (2004)[67]通过对 PCC 桩内摩阻力的数值分析，得出内摩阻力沿土塞呈指数曲线分布，其分布形状主要由水平土压力系数比 K/K_0 和有效长度 Z_e 控制。文献[68,69] (2003，2005) 采用有限元方法分析表明管桩内摩阻力曲线基本呈指数函数分布。周建等 (2006)[70]指出内摩阻力采用从桩端部向上沿深度呈指数分布形式，来考虑内摩阻力对承载力的贡献所得到的结果偏于保守。

静止侧压力系数 K_0 是岩土工程中一个非常重要的参数，它是确定水平场地中的应力状态和计算静止土压力的基础，国内外学者进行了大量的室内和现场试验，并根据试验数据提出了若干计算静止土压力系数 K_0 的经验公式[71,72]。Jaky (1948)[73]就提出了可用于正常固结无黏性土的 K_0 计算公式。陈铁林等 (2008)[74]采用折减吸力代替真实吸力提出了一个计算膨胀土静止土压力的方法。

5. 基于弹性理论法的分析方法研究现状

弹性理论法是以弹性理论的方法和原理为基础，认为桩本身是弹性的，而土为另一类的弹性三维空间，即认为土体是均质，各向同性的弹性半空间体，并假定土体特性不因桩体的插入而发生变化。Mindlin（1936）[75]给出了在均匀、各向同性的弹性半空间内作用单位竖向荷载的情况下，半无限空间内任一点处的应力、位移的积分形式。弹性理论法具体方法是采用弹性半空间体内部荷载作用下的Mindlin解计算土体位移，并采用桩体位移和土体位移的连续条件建立静力平衡方程式，以此求得桩体位移和桩身应力分布；对桩在竖向荷载作用下桩土荷载传递的特性进行分析。弹性理论法以弹性连续介质模拟桩周土体的响应，使用在半无限体内施加荷载的Mindlin方程求解。弹性理论法把土体看作线弹性体，用弹性模量E_s和泊松比μ两个变形指标表示土的性能。其中μ的大小对分析结果影响不大，E_s是关键的指标。但是E_s很难从室内土工试验取得精确的数值，在工程上大都需要从单桩试验结果反求其值，这使得弹性理论法的应用受到限制。尽管这样，近几年采用该法计算单桩沉降的可靠性已得到工程技术界的重视。

弹性理论法在今天已发展成为一种可用于工程实践的、较为完整的的理论体系。从20世纪60年代开始，许多研究者以弹性理论为基础对桩的性状进行了大量的研究。一般认为，弹性理论法最早是由Poulos提出的。其实，Poulos只是弹性理论法的集大成者，而不是首创者。早在Poulos之前，已有学者采用Mindlin解求解桩基问题。Nishida（1957）就采用Mindlin解求解了单桩的端阻力问题。其后，在1963年，D'Appolonia et al.(1963)[76]用Mindlin解完整地研究了桩基础的沉降问题，并对下卧层是基岩的情况进行了修正。

Poulos及其合作者将Mindlin解推广至群桩情况，并将这种方法逐步完善起来。Poulos&Davis（1968）[77-78]提出了刚性桩弹性理论解法，其基本方法是将桩身分段，利用Mindlin解求出土体的柔度矩阵，进一步可求出桩身摩阻力和桩端阻力。同年Poulos将刚性单桩推广至刚性群桩，在计算群桩沉降时，Poulos建议采用相互作用系数方法，即在单桩计算结果的基础上，运用弹性理论叠加原理，把在弹性介质两根桩的计算结果按相互作用系数方法扩展至群桩。随后，Mattes&Poulos（1969）[79]将桩身基本微分方程用差分形式表示，从而将弹性半空间刚性群桩推广至可压缩性群桩。Poulos（1979）[80-81]认为土体的非均质性不影响土体在荷载作用下的应力，求取位移解时采用位移求取点和荷载作用点之间弹性模量的平均值。随后Poulos et al.（1980、1983、1988、1989）[82-85]将弹性理论法进行了归纳和总结，并且给出了一系列的设计图表。

Thurman&D'Appolonia（1965）[86]也进行了相关研究。这些方法的共同特点都以弹性连续介质理论模拟桩周土体的响应，并都使用了在半无限体内施加荷载的Mindlin方程求解；主要区别在于对桩侧剪应力分布作了不同的假定：Poulos、Davis和Mattes等以作用在各单元桩段四周圆环面积上的均布荷载代替；Thurman和D'Appolonia等以作用在各单元中点处桩轴线上的集中力代替，Nair以作用在各单元桩段中点处的圆截面上的均布荷载代替。Butterfield&Banerjee（1971）[87,88]也做了大量的工作，Butterfield认为Poulos的几个假设影响了解的精度，比如Poulos假设桩端光滑，桩端阻力均布，桩侧忽略径向力等，Butterfield对桩底单元进行了细分，考虑了不同径向距离处桩端阻力不一致的情况，并引入桩侧径向力，采用虚构应力函数的方法求解。该方法可以直接对刚性桩求解，但对较柔的桩，则需用迭代法解决。Banerjee&Davis（1978）[89]经试算，提出将土层分为两层弹性模量不变的土层，并将其应用于边界元。Lee（1990）[90]也认为土体的应力不受非均质性的影响，但计算弹性模量时考虑所有各层的弹性模量和层厚影响，因此更合理一些。Lee（1991）[91]得到了单桩在横观各向同性成层地基中的解。对于一种比较简单和常见的非均质土，即土层剪切模量随深度线性变化的Gibson土，Rajapakse（1990）[92]运用积分变换技术对应于弹性半空间体的Mindlin解、求解了基于Gibson土的解析解，并将其运用于桩基问题中。由于采用Mindlin解求解桩基沉降问题需涉及到Mindlin解的两次积分，计算过程较为繁复。不少学者在简化计算方面作了一些工作，其中影响比较大的是Geddes积分。Geddes（1969）[93]将桩端阻力、桩侧阻力简化为集中力，在Mindlin解基础上推导出了桩端阻集中力、沿深度矩形分布的桩侧摩阻力、沿深度三角形分布的桩侧摩阻力三种分布模式附加应力的表达式，Geddes解为桩基沉降计算提供了一种新途径，并在实际中得到了广泛的应用，Geddes解将桩端阻力简化为集中力，所得公式与桩径无关，无法考虑桩径变化及不同截面形状桩端阻力在地基内产生应力场的差异。

国内学者在弹性理论法的改进和发展方面取得了一定成果。在计算构筑物及路基沉降时，通常首先算出地基中所受的应力，土中应力的求解多以Boussinesq应力解[94]为根据而进行计算，Boussinesq应力解没有考虑基础埋置深度和泊松比的影响，计算的地基最终沉降量较实测值大。国内许多学者对Mindlin公式的推广和应用进行了研究[95-99]得出了竖向线荷载、条形均布荷载、矩形面积均布荷载等作用在地基内部时的土中应力公式。徐正分[100]（1998）对圆形均布荷载下Mindlin应力分布模式及其应用范围进行了研究。

陈竹昌等（1993）[101]基于单桩沉降弹性理论解，分析了均质土与非均质土中搅拌桩的诸沉降系数。刘金砺等（1995）[102]对弹性理论法中的相互影响系数和沉降比的理论值提出了修正方案。黄昱挺（1997）[103]从桩侧摩阻力的发挥性状入手，考虑桩土间的相对滑移，应用弹性理论法中Geddes积分解计算土中的应力分布，考虑土体为弹性和Duncan-Chang非线性弹性模型，对桩、土、承台共同作用性状进行了分析。刘前曦等（1997）[104]同样认为土体的非均质性不影响土体中应力的分布，应力分析采用Boussinesq和Geddes弹性理论解，沉降计算采用分层总和法，沉降计算中假定桩土地基为弹性半空间，且单桩沉降与相邻地基土沉降相协调。杨敏等（1998）[105]采用Geddes积分求解群桩系统，并认为桩侧荷载超过土体剪切强度后桩土将发生滑移，即将土体视为理想弹塑性体，以此模拟群桩中部分桩、土单元上的荷载达到极限承载力的情况，并将分析结论应用于减少桩用量的实践中。汤永净等（1999）[106]以弹性理论法为基础，计算地下连续墙和中间支承桩的沉降。宫全美[107]（2001）提出了基于Mindlin位移解的群桩沉降计算方法，并经实例分析，认为计算结果较Mindlin应力解更加合理。艾智勇等（2001）[108]等给出了多层地基内部作用一竖向集中荷载时广义Mindlin课题的解答，并将其应用于轴向荷载作用下分层地基中单桩的分析；分析比较了目前各种分层地基中单桩分析方法的计算结果和适用性，讨论了分层地基对单桩性态的影响。丁继辉等（2002）[109]以Mindlin应力公式为基础，通过辛普森数值积分方法计算地基附加应力系数，进而求解附加应力和最终沉降量。吴广珊等（2002）[110]等采用非文克尔地基模型，依据Mindlin的弹性理论解，建立地基的柔度矩阵，将桩视为由侧向弹簧支承的连续梁，弹簧的刚度为变刚度，采用逐次迭代的方法求解。李素华等（2004）[111]等进一步分析了摩擦型单桩承载性能，建立了复杂介质中摩擦型单桩的地基土体系模型，将线性变形层模型和非线性传递函数模型相结合，以改进的适合于分层介质内的 Mindlin 解答为基础，给出了按摩擦型单桩承载机理分析计算的“广义弹性理论法”；并利用等效模量的概念解决了 Mindlin 解中土体位移为负值的现象。蒋良潍等（2006）[112]通过建立普适的求解侧阻力的积分方程进行理论分析。针对理论上以剪应力互等定律推断出锚固段始端侧阻力应为 0，与工程实际间的矛盾，提出锚固段始端角点的应力可以是非对称的，以传统的剪应力互等定律来推断该局部区域的应力状况不尽合理。邓友生等（2008）[113]采用 Mindlin 位移解，假定桩端阻力为集中力和桩侧摩擦阻力呈向下线性增加分布形式后，推导出沉降计算公式；通过实例验证，用基于 Mindlin 位移解对超长大直径群桩基础进行沉降计算时，理论值偏低，同时也表明群桩效应对桩数较多的群桩沉降计算影响较大。

1.3.3 路堤荷载（柔性基础）下复合地基理论研究现状

柔性基础下复合地基与刚性基础下复合地基的区别在于基础刚度的不同。判别基础是刚性还是柔性，采用的标准是基础的抗弯刚度 EI；建筑物下的混凝土基础，其刚度很大，可以认为其抗弯刚度 $EI\to\infty$，这类基础均可认为是刚性基础。在中心荷载作用下，刚性基础不会发生挠曲变形，基底各点的沉降是相同的。在刚性基础复合地基中，基础底面处满足等应变假设，即桩顶与桩间土的变形相同。当基础抗弯刚度 $EI\to 0$ 时，认为这种基础为绝对柔性基础。对于填土路堤，可以认为路堤本身不传递剪力，相当于一种柔性基础。在柔性基础复合地基中，桩顶与桩间土体变形不同，存在沉降差，这就使得柔性基础下复合地基的受力与变形性状不同于刚性基础下复合地基。

Kuwabara&Poulos（1989）[114]，Chow et al.（1990、1996）[115,116]，Zeh&Wong（1995）[117]考虑桩土滑移分析了群桩问题。Han et al. 在文献[118]中详细介绍和总结了计算路堤中加筋体的变形和应力计算方法：悬链线方法、Carlson 方法、英国 BS8605 方法、SINTEF 方法等。Jones et al.（1990）[119]采用 Marston 公式来计算由盖板直接承担的竖向路堤荷载，并假定地基土不直接承担路堤荷载，竖向路堤荷载的剩余部分由水平加筋体承担，水平加筋体受力后的悬链线近似为双曲线，Jones 认为水平加筋体同时还承担路堤边缘土体侧向位移引起的拉力；通过分析给出了预制钢筋混凝土端承桩情况下水平加筋体中拉力的计算公式和桩土应力比经验计算式。Han et al.（2002）[120]指出桩承加筋路堤中的路堤填土拱效应和加筋垫层拉膜效应，能将大部分荷载传递给桩体，使其具有可快速施工、明显减小路堤沉降和差异沉降、防止路堤滑塌等优点。

阎明礼等（1996）[121]等研究了 CFG 桩复合地基中垫层技术。王长科等（1996）[122]考虑了基础—垫层—复合地基共同工作时垫层的调整均化作用。娄国充等（1998）[123]考虑了带垫层的桩式复合地基的工作特性及相互影响，研究了受荷机理、桩土应力比和复合地基承载力等诸多因素。傅景辉等（2000）[124]推导出桩端土层为文克尔地基时，桩土应力比的计算公式，并对影响因素进行了分析。张小敏等（2002）[125]利用 Mindlin 解和 Boussinesq 解联合求解柔性承台下复合地基的附加应力，求出考虑刺入变形的复合地基中的竖向附加应力，采用轴向受拉杆件的弹性压缩变形公式计算桩侧土体的压缩变形，得出一种沉降计算方法。张忠苗等（2003）[126]也对柔性承台下复合地基应力和沉降的计算进行了研究，得到与实际较为符合的应力分布，利用 Vesi 小孔扩张理论计算桩体刺入柔性承台的量，对分层总和法进行修正，所得沉降计算结果与实测值相近。王欣等（2003）[127]考虑路堤柔性荷载作用下粉喷桩桩顶及桩端的刺入变形，采用 Mindlin 和 Boussinesq 解联合求解复合地基内附加应力和地基沉降。朱世哲等（2004）[128]推导出了带垫层的刚性桩复合地基在理想弹性和理想弹塑性条件下的桩土应力比的计算公式，对计算公式进行了分析，与实测数据进行了比较，讨论了各种参数对复合地基桩土应力比的影响。陈云敏等（2004）[129]基于单桩等效处理范围内路堤土体受力平衡，改进了传统的 Hewlett 极限状态空间土拱效应分析方法，求得了桩体荷载分担比计算的解析表达式。陈仁朋等（2005）[130]建立了考虑土—桩—路堤变形和应力协调的平衡方程，分析了三者协调工作时路堤、桩、土的荷载传递特性，获得了路堤的土拱效应、桩土荷载分担、桩和土的沉降等结果。朱常志等（2006）[131]考虑多桩型复合地基受荷后的实际工作性状和施工方法对桩间土承载力的影响，引入主桩、辅桩和桩间土承载力发挥系数及桩间土承载力提高系数，提出了多桩型复合地基承载力分步计算新方法。张晓健（2006）[132]指出管桩的负摩阻力研究有一定进展，但对桩芯土在负摩阻力中发挥的程度以及方式尚未清除，指出了桩基负摩阻力研究需要开展的问题以及解决负摩阻力问题的措施。庄宁等（2006）[133]根据单桩承载受力时桩侧土与桩尖土所处于不同的弹性和塑性状态，采用双折线模型，建立了桩身轴向力和桩土相对位移的微分方程，得出桩相对位移解式，以此推导出桩轴向力、中性点位置和负摩阻力。丁国玺等（2006）[134]介绍了桩承式路堤的结构特点，通过工程实例介绍了桩承式路堤的设计思路。谭慧明等（2008）[135]根据填土与垫层变形协调、应力连续，忽略垫层本身压缩量，将加筋垫层变形分析与填土变形分析相结合，提出了求解填土等沉面高度、桩土应力、桩土差异沉降的方法，经实例验证具有较好的适用性。

1.3.4 模型试验及现场试验方面的研究现状

1. 沉桩效应试验研究现状

沉桩施工所带来的挤土效应已经在实践中得到一定的认识，并得到越来越多的重视，很多学者从试验中得到了一些重要的规律。Orrje&Borms（1967）[136]等研究了对沉桩过程中的孔压的影响，结果显示超孔隙水压力等于甚至大于附加应力，然而，产生的超孔隙水压力随着离桩距离的增加而急剧降低且随着这个距离的增大孔压也消散得非常快。另外，土的灵敏度对孔压的大小有显著的影响，灵敏度高的土中的孔压值也高。Hwang et al.（2001）[137]对直径为 80cm 的桩入黏土时的位移进行了测量，发现土体的水平位移随土体到桩体的距离的增大而较快的衰减，而打桩产生的竖向位移对已入土的邻桩有较大的影响，观测中发现随着桩体的打入，邻桩有不同程度的上浮现象。

施鸣升（1983）[138]进行了相同长度的两种不同尺寸方桩的沉桩试验，通过在桩身不同断面安装土压力盒和孔压计对沉桩时不同深度的桩侧总压力、孔隙水压力和有效应力进行了观测。樊良本等（1998）[139]为验证圆孔扩张理论解释单桩周围土体的应力状态的适用性，设计了模型桩试验。陈文（1999）[140]采用离心模型试验，观测了桩压入软黏土中土体产生的径向变形。徐建平等（2000）[141]通过静力压入单桩和双桩的模型试验，获得了沉桩过程中土体位移随水平和深度方向的变化规律，并对压入单桩与双桩的试验结果进行了比较分析。陈建斌等（2007）[142]揭示了打桩过程中桩身拉应力的分布规律。

2. 荷载传递机制现场试验研究

荷载传递机制是桩基技术研究的一项重要内容，国内外学者进行了大量的试验研究和理论分析，比较直观准确的方法是在桩身埋设应力、应变测试元件，测试桩在实际荷载作用下的桩身应力、应变变化规律，近而推求桩身轴力及侧摩阻力的变化规律。对夯实水泥土桩[143]、水泥土桩复合地基中的桩体[144]、嵌岩群桩[145]、预应力高强混凝土管桩[146]、后压浆钻孔灌注桩[147]、单桩和带承台单桩[148]、复合地基中的刚性桩[149]、钻孔灌注桩[150]等类型桩的荷载传递机制已有多位学者进行过现场实测研究，得到了许多有意义的结论。由于仪器埋设及现场测试的复杂性，实际工作状态下仪器的标定、试验数据的整理及现象分析是现场试验中非常重要的环节。混凝土凝固硬化过程中对埋设在桩内测试元件会产生一定影响，汤永净等（2006）[151]研究了混凝土硬化过程中的水化热对钢筋应力的影响，梁金国等（2007）[152]详细研究了桩身竖向应力测试的实用方法，指出其中的标定 K 值法经多项工程实践检验比较有效。

桩侧摩阻力的发挥是一个十分复杂的过程，受多种因素的制约。桩承式加筋路堤中的负摩擦力现象是桩承式加筋路堤荷载传递的重要特性，也是与刚性承台下的群桩受力机理的主要区别。国内外许多学者对负摩擦力问题进行了试验分析研究。同时桩基中的负摩擦问题也越来越引起研究人员的重视。Jonhannessen&Bjerrum（1965）[153]，Bjerrumetal et al.（1969）[154]和 Bozuzuk（1981）[155]对软土中端承钢桩的负摩擦力进行了监测，发现产生的下拽力超过了桩身容许荷载。Walker et al.（1973）[156]，Clemente（1981）[157]和 Fellenius（1975，1979）[158-159]针对利用沥青护层减小负摩阻力的方法进行了比较和评价。Shibata et al.（1982）[160]等利用群桩模型试验对竖直桩、斜桩负摩阻力性状进行了研究，探讨了沥青涂层对减少负摩阻力值的作用。Lee&Chen[161]（2003）指出负摩擦由表面荷载、地下水位下降、桩打设后的固结或几个因素相互结合而引起，并着重研究了地下水位变化对负摩擦的影响。Fellenius et al.（2004）[162]在静载数据的分析中，对 45m 长的试验桩，调整 10m 内桩承受的负摩擦后发现，沿桩长 30m 以下产生正摩擦，10～30m 桩土之间几乎无荷载传递。负摩擦会对桩产生下拉荷载，Ramasamy et al.（2004）[163]和 Fellenius（2006）[164]等对拉压荷载下桩的表面摩擦特性进行研究，指出在软土地区中的桩，下拉荷载有大的发展。

律文田等（2005）[165]通过软土地区桥台桩基的现场试验研究，指出台后填土对桥台基桩轴力的影响不仅发生在填筑施工期间，在施工完成后一段时间仍旧存在。童建国等（2006）[166]通过离心机模型试验研究软土固结过程中孔隙水压力消散，土层和桩的固结沉降变形，以及软土固结过程对桩基负摩擦的影响。徐兵等（2006）[167]从长期观测的钢筋计测值推求桩身摩阻力成果看：在 0.2～0.4 的桩长范围内的上部桩身产生了一定数值的负摩阻力，它主要由桩顶周围回填土体的固结沉降引起；负摩阻力呈上部大，下部小的规律；地基土的变形未稳定前，中性点的位置也处于变化之中。杨庆等（2008）[168]指出摩擦端承桩“中性点”位置随桩周土含水率、堆载等级的变化而变化。

3. 复合地基力学性状及加固效果现场试验研究现状

桩土应力分布及桩土应力比是反映复合地基工作性状的重要参数，对复合地基荷载传递及受力变形机制有直接影响，同时桩—土应力比的合理确定是复合地基设计的一个难点和重要研究课题。近年来柔性基础下复合地基的特性受到越来越多的关注，已有多位学者对柔性基础下复合地基的桩—土应力比进行了试验方面的研究，而关于带帽刚性桩加筋路基表面应力分布及差异、盖板下土体承载力的发挥问题等试验成果尚少。国外应用较多的是碎石桩和砂桩，刚性桩复合地基国内已开展了较多的研究，下面重点对国内研究成果进行阐述。

朱明双等（2000）[169]研究了现浇筒桩和土工格栅加筋碎石垫层组成的复合地基加固软弱路基的作用机理及效果，指出土工格栅可以很好地调节荷载分布，使荷载更多地向桩身集中。蔡金荣等（2003）[170]介绍杭（州）～宁（南京）高速公路浙江段二期采用现浇混凝土薄壁筒桩新技术加固桥头软基的试验研究。李安勇等（2004）[171]指出在进行复合地基承载力测试时，若能进行桩土应力分担比试验，便可复核桩承担的应力值是否小于桩体抗压强度。杨寿松等（2004）[172]结合现浇薄壁管桩在盐通高速公路软基加固中的应用，对管桩施工方法和承载特性进行了分析研究，并进行了小应变测试、静载荷试验和现场开挖等检测分析。朱奎等（2006）[173]在温州地区开展了两种不同情况下复合地基静荷载试验，试验结果表明：有垫层刚-柔性桩复合地基和无垫层刚-柔性桩复合地基的荷载-沉降关系、土反力分布、桩身应力分布、荷载传递机理均有较大的区别，有垫层刚-柔性桩复合地基的桩土共同作用情况优于无垫层刚－柔性桩复合地基。雷金波等（2006）[174]为了掌握带帽PTC管桩复合地基的作用机理，分析了其承载能力、荷载传递、桩侧土压力、桩侧摩阻力、桩土荷载分担比及桩-土应力比等力学性状，并进行了带帽和无帽单桩复合地基现场足尺试验，对试验结果进行了深入地分析和研究。徐林荣等（2007）[175]通过现场试验，分析了桩土应力分担比的变化过程、土工格栅的受力特点、沉降及侧向位移规律。肖昭然等（2008）[176]提出了测量载荷板在复合地基反力作用下的应变一种新的复合地基试验方法。

1.4　TC 桩主要研究内容

TC 桩国外类似方法有所使用，称为 AuGeo 桩，TC 桩为全新技术和工艺，国内刚刚开始应用。为作者所属课题组首先引用并开展相关研究工作，需要研究的内容十分丰富，本书介绍了以申嘉湖高速练杭段等工程为依托，通过现场原型试验、室内模型试验、理论研究和数值分析等方法，研究 TC 桩施工工艺、质量控制手段和加固机理，TC 桩单壁螺纹塑料套管控制指标及选用原则、TC 桩承载力时效性，建立 TC 桩承载力和沉降计算方法等，指导工程设计和施工，有利用这项新技术的推广应用和改进，分析这项新技术的适用性。

1. TC 桩的施工工艺、质量控制和验收标准研究

TC 桩的施工工艺国内外尚无施工经验可以借鉴，在实际工程中需要研究的内容比较多。在施工工艺方面需要确定合理的施工流程、桩尖形式、塑料套管控制指标、套管连接、混凝土浇筑方法、不同地质条件下的施工控制标准等内容，从而形成合理规范的施工工艺。

另外对施工过程中质量的控制和检测验收标准如下：塑料套管的选择和检测标准、混凝土指标的控制、垂直度控制、贯入度控制、成桩质量检测方法内容进行研究，形成 TC 桩的质量控制方法和标准。

研究通过在现场试桩过程中进行不同施工工艺对比试验：如不同的贯入度、不同桩尖形式（圆形、方形、X 形和扩大桩尖等）、不同的塑料套管、施工顺序、混凝土浇筑方式等工艺改变进行对比试验，确定最佳施工工艺以及质量控制手段。

在现场试验及理论分析基础上总结并形成 TC 桩成套技术，总结及完善 TC 桩的技术

原理、适用范围、施工设备、施工工艺、施工控制要点、质量检测方法、技术经济特性等内容，提出施工工法和质量评定标准，在此基础上形成《塑料套管混凝土桩（TC桩）技术规程》和《塑料套管混凝土桩（TC桩）施工技术规范和质量检验评定标准》；指出TC桩今后进一步改进的措施及开发研究的方向。

2. TC桩的工程力学特征及桩土相互作用现场试验研究

1）承载力特性研究

对TC桩在不同地质条件下单桩竖向承载力、复合地基承载力等进行试验研究及理论分析。现场选取有代表性的工程桩或试验桩，分别进行多组单桩承载力、单桩复合地基承载力静载荷试验，除了测定承载力之外，试验过程中需要埋设一定的仪器，如浇筑在桩中的钢筋应力计和埋设土压力盒等，分析桩的荷载传递特性和受力特性以及测试桩土荷载分担情况等内容。

承载力试验将选取不同的下卧层地质条件：如下卧层为相对硬土层（如练杭高速公路下卧层为较硬的黏土层）以及下卧层为坚硬土层（如砂土、砂砾或岩石等）进行对比试验。分析不同地质条件下的承载力和受力表现。试验成果与理论计算进行分析对比，修正和检验理论计算方法。

通过室内模型试验、现场试验和数值计算研究TC桩承载力的时效性。

2）TC桩复合地基的沉降变形以及桩体相互作用、工程力学特性研究

选取2～3个典型监测断面，埋设观测仪器和元件，全程监测了在路基填筑和运行过程中，塑料套管现浇混凝土桩和复合地基的深层土压力分布、桩土应力比、桩土荷载分担比、桩体荷载传递，桩顶沉降、路堤侧向位移、孔隙水压力等复合地基的固结、受力、沉降及变形情况。全面了解在路堤荷载作用下桩土共同作用以及工程力学特性情况，也为理论分析提高试验成果。

典型断面的监测仪器埋设可按如下内容进行：

（1）埋设孔隙水压力计，测试在打桩过程中、各级路堤填土荷载下及预压期地基中孔隙水压的变化及消散情况；

（2）埋设测斜管，每断面布置2个测斜孔，以测在各级填土荷载下路基发生在不同深度的水平位移；

（3）埋设表面沉降板，在路堤中心线、路肩附近埋设，以及每个桩的桩帽顶部、下部分别埋设。以分析路堤荷载作用下塑料套管现浇混凝土桩和桩间土的表面沉降特点；

（4）埋设土压力盒，在桩的桩帽顶、桩帽底部及桩周土中分别埋设，以测在各级填土荷载下不同位置桩土的荷载分担情况。并与静载荷试验的结果与在路堤荷载下测出的桩土应力比对比分析；

（5）埋设钢筋应力计，测试和计算桩体受力以及桩侧摩阻力情况。

另外为了了解详细的地质情况，在典型断面除了参照原先的地质报告之外，还需要进行一定的补勘工作，如现场静力触探和取土试验工作。

3）室内试验研究

室内试验研究包括：现场地基土体物理力学性质试验、塑料套管强度试验。试验土样可从典型断面取土，试验除了常规的土工试验内容外，还需增加三轴试验，测试相关参数。

通过抗压试验，研究塑料套管的“套箍”效应对混凝土抗压强度的影响。

4）TC桩的挤土效应研究

TC桩为小直径桩，其挤土效应将小于大直径桩型，但仍然属于挤土桩的范畴，因此分析其挤土效应情况具有重要的意义。由于挤土效应研究的复杂性，研究将以现场试验分析为主，通过现场试验分析套管混凝土桩的挤土效应、打桩对周围的环境影响以及桩与桩的相互影响等方面。

主要试验内容为：在打设过程中在桩周不同距离处埋设孔压计、土压力盒、测斜管观测打桩引起的孔压、土压以及水平位移情况，并对相邻套管的位移情况、土体隆起情况进行观测和分析，总结规律。

5）TC桩的室内模型试验研究

由于现场施工干扰、人为因素、施工工期、实际使用要求、填土进度等诸多方面因素的影响，使得许多参数或研究内容无法在现场获取或进行精确试验，而通过在实验室模拟现场情况，可以获取在现场难以得到的精确参数和力学特性，有助于更深入地研究加固机理。本次科研在实验室建立模型槽进行模拟试验，对一些工程和计算参数，如桩的承载特性、加固机理等进行更加深入地研究；内外光滑塑料套管混凝土桩做模型对比试验。

开展TC桩承载特性的时效性和不同垂直度情况下TC桩承载特性的模型试验研究。

6）塑料套管合理选型及参数控制的数值模拟及现场试验研究

采用三维有限元，结合现场试验，提出有别于AuGeo桩，适宜TC桩的可弯曲单壁螺纹塑料套管的合理波高、波距和波形，提出了TC桩塑料套管的选用方法、原则及控制指标；从工法上提出减少塑料套管壁厚及环刚度，以降低工程造价的措施。

7）TC桩承载特性时效性及加筋路堤力学和变形性状的数值模拟

采用三维有限元及二维有限元研究TC桩加筋路堤的力学及变形性状，计算分析TC桩复合地基在路堤填土荷载作用下路基的沉降变形（即桩沉降与桩间土沉降）与桩距、桩长、桩间土与桩端土的模量等影响因素的关系。

TC桩承载特性的时效性研究，研究TC桩承载特性随时间的变化规律。

8）TC桩低应变反射波法瞬态波传播特性的研究

研究桩端为软土及桩端为岩石工况下，低应变检测不同桩长锤击器具的选择，不同脉宽的橡胶锤与桩长对应的建议激振力，激振措施对低应变检测效果的影响分析，锤击力对低应变检测效果的影响分析，桩端土性状对低应变检测效果的影响分析，超长细比塑料套管混凝土桩低应变检测成套技术等内容。

9）TC桩加固机理、计算方法和设计理论研究

TC桩的加固机理属于桩承式加筋路堤的范畴，目前对桩承式加筋路堤分析研究已取得了一些成果，主要针对各种沉管灌注混凝土桩、钻孔灌注桩、预应力管桩等桩承式加筋路堤的试验和研究。但TC桩是一种新型小直径桩地基处理技术，国内同行还没有对它进行专门的理论研究成果。TC桩除了与普通的混凝土路堤桩一样的受力和变形特性之外，还有其特殊性：组成材料（增加了塑料套管）、桩体表面受力特性（与桩间土的接触是螺纹状的塑料套管）、成桩工艺、小直径问题等都是具有其特殊性的，因此在计算分析时如何考虑这些因素，是十分值得研究也是必须解决的问题。

本次研究将通过分析室内试验、现场测试、静载荷试验等结果，并通过理论研究分析以及有限元数值计算等手段，借鉴传统刚性桩或桩承式加筋路堤的承载力计算理论、稳定

分析方法、沉降计算理论的基础上，深入分析和研究，初步形成一套合理的塑料套管现浇混凝土桩软基加固设计方法和理论，确定合理的设计参数。

10）TC桩承载时效理论研究

从TC桩的成桩机理出发，结合圆柱回缩理论和径向固结理论，建立可考虑桩周土缩的TC桩承载时效计算方法，并通过开展TC桩承载时效的现场试验来验证所建立计算方法的合理性。

11）TC桩成桩机理和屈曲变形的透明土模型试验研究

根据TC桩的沉管辅助打设和沉管上拔的成桩特点和TC桩的小直径超长细比的几何特点，采用透明土小规模物理模拟试验技术，研究TC桩施工过程中桩土相互作用和TC桩的压曲变形规律。

12）TC桩软基加固方法的经济技术评价及适用性分析

分析施工成本和加固效果，并与其他桩型进行经济技术比较，对它的优缺点进行分析，研究其适用性和推广应用价值。

第2章　塑料套管混凝土桩技术开发及应用

2.1　TC桩技术的开发

目前随着我国经济发展水平的提升，国家对基础建设行业的投资加大；而我国有着广阔的地域，各地的地质条件存在着显著的差异，特别是沿海地区，存在着深厚的软土层。因此在软土地基上修建公路、港口、机场等工程时，必须对天然地基进行处理，以获得较高的承载力、增强地基稳定性、减小沉降。目前用于处理软基的方式众多，但都有一定的适用性，因此不断丰富我国软基处理方法，探求不同条件下技术先进、经济合理、处理效果好、环保性强的地基加固方式尤为重要。

TC桩作为一种新型软基处理方法，是在借鉴国外AuGeo桩先进技术的基础上消化和吸收后发展起来的，国内使用中已对其工法、机械设备等作了创新改进。其简要施工方法为：将波纹塑料套管连接好预制桩尖，采用插管机将其与管一起打入地基内，待区段内塑料套管全部打设完毕后，统一浇筑混凝土成桩并设置盖板，待桩体混凝土达到一定强度后铺设土工格栅及垫层，路堤填筑后即形成TC桩复合地基。

TC桩可以说是派生于传统沉管灌注桩，是在传统沉管灌注桩工艺的基础上加以改进发展而成的，是一种承载力高、不会由于振动挤土断桩、成桩质量可靠、对周围环境影响小、施工快速方便的地基处理方法。从处理效果来看，软基承载力提高明显，沉降能得到有效控制。与当前我国高速公路地基处理中普遍使用的水泥搅拌桩、预应力管桩、各种振动沉管桩等路堤桩相比，有它明显的特点。

2.1.1　TC桩工艺的开发和特征

1. 机械设备

目前TC桩有两套施工机械设备，实际应用中，可根据场地条件、段落设计等选择合适的施工设备。一种是全液压机械设备，该设备主体由350挖机改装而成，将挖机大臂改装后与机架相连，并提供液压动力系统，如图2-1所示，其履带式机械灵活方便、所需人工少；同时钢管连同机架可以倾斜，可以打设多种角度的斜桩。但是其设备自身重量较轻，液压系统能力有限，对于土质较硬且桩长较大时的打设存在困难。另一种是采用静压辅助振动动力系统的普通走管打设机，现在应用比较普遍，其主要特征在于采用千斤顶顶管移机，插入塑料套管时，机架和沉管不需倾斜，沉管口最大可提升距地面高1.8～2.0m，方便套管插入；同时设置了向套管内注水设备以保证套管打设质量。其打设深度深，不受地域的限制，遇到硬土层时可以开启振动，穿越硬土层，目前该类打设机的最大打设深度为25m，如图2-2～图2-6所示，它可以由普通的沉管桩机或类似打设机械加以适当改造后使用。

2. 材料的选用

（1）塑料套管

塑料套管本身质量及其打设质量，是保证TC桩整体质量的关键，因此合理选择塑料套管是TC桩的首要问题。

图 2-1　轻便的全液压打设机

图 2-2　静压振动联合打设机（一）

图 2-3　垂直度控制指针

图 2-4　静压振动联合打设机（二）

图 2-5　静压振动联合打设机（三）

图 2-6　国外 AuGeo 桩施工设备

经过课题组反复试验研究，最终国内 TC 桩采用的是直径 160～200mm 的单壁 PVC 塑料波纹管，如图 2-7、图 2-8 所示。因此，TC 桩应称为单壁螺纹 PVC 塑料套管现浇混凝土桩比较恰当。

（2）桩身混凝土

因为 TC 桩本身桩径小，目前工程中所用的混凝土骨料粒径≤25mm、坍落度 18～

22cm，以确保混凝土具有良好的和易性；且混凝土浇筑时，需用振动棒沿全桩长振捣均匀，图 2-9 为 TC 桩所使用的小型振动棒。

(*a*)

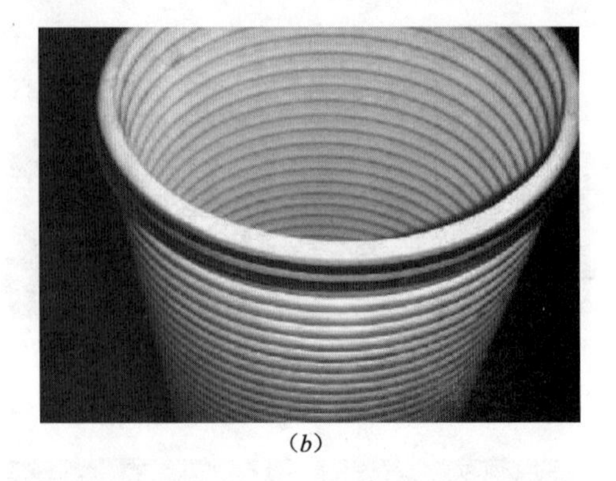

(*b*)

图 2-7　单壁波纹 PVC 管

图 2-8　单壁波纹套管接头

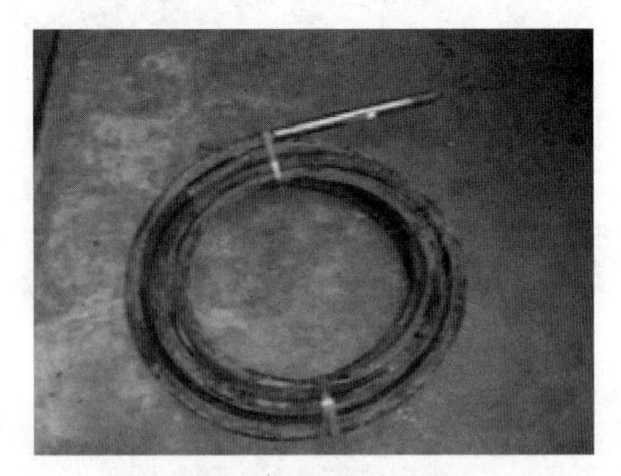

图 2-9　小型振动棒

（3）预制桩尖形式

如图 2-10、图 2-11 所示，TC 桩预制桩尖形式的确定是结合现场试验研究同步进行的，在以下章节中将详细阐述通过现场试验对不同桩尖形式的 TC 桩承载性能的研究成果。桩尖形式经过了从钢板桩尖——X 形桩尖——圆形混凝土预制桩尖的过程。现场试验研究表明钢板桩尖不能完全发挥端阻作用，打设时易翘曲，且材料浪费；X 形桩尖扩孔严重，造成 TC 桩这样的超小直径桩的早期侧摩阻力损失严重，且扩孔不均引起的套管变形较大；圆形混凝土桩尖扩孔均匀、桩尖截面面积大，能最大限度地发挥侧阻及端阻的作用，因此综合考虑后目前工程中对 160mm 直径的桩体，普遍建议采用 30cm 左右的圆形桩尖。

（4）套管打设工艺

TC 桩选用特制的单壁 PVC 波纹管后，可以方便地做到事先将塑料套管与桩尖连接，然后从钢管底部放入，再将钢管连同塑料套管打入地基中，随后便将钢管拔出，塑料套管留在地基中的打设方式，做到扩大桩头与桩身的紧密连接，同时可以先打设塑料套管后浇筑混凝土的工艺，将塑料套管打设与混凝土浇筑工序分开的方法。

另外打设塑料套管时，采用向套管内注水的工艺，使得套管注水后桩身具有一定重量，有效削弱沉管提升对套管的上拔力，避免回带作用产生浮桩，影响承载性能。同时可以平衡套管打设后内外压力，减小桩周回土、邻桩挤土等对塑料套管的不利影响，保证成桩后的质量。

图 2-10　钢筋混凝土 X 形桩尖

图 2-11　钢筋混凝土圆形桩尖

2.1.2　TC桩与 AuGeo 桩的区别

1. AuGeo 桩主要工法及特点

Cofra 公司开发的 AuGeo 桩使用的桩身套管材料主要有两种，一种为双壁 PVC 波纹管，如图 2-12 所示。另一种套管材料为图 2-13 所示的双壁 HDPE 波纹管。

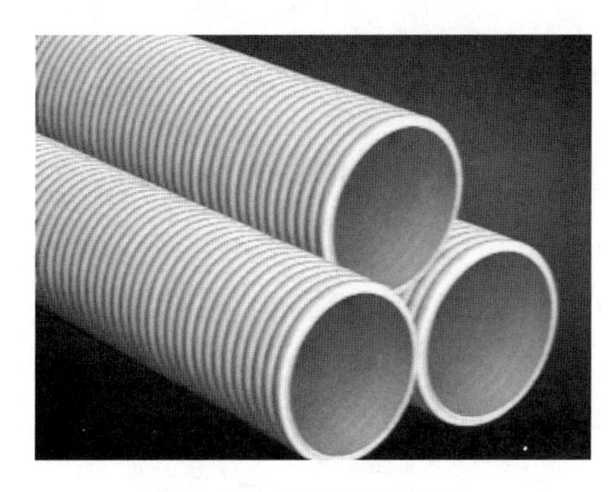

图 2-12　双壁 PVC 波纹管

图 2-13　双壁 HDPE 波纹管

分析国外 AuGeo 桩的工艺后发现有如下缺陷：

（1）双壁波纹管两壁之间为封闭的空间，如图 2-16、图 2-18 所示，成桩后其后填充的混凝土不能与外壁接触，这样当桩与土体相互摩擦后很容易将外壁的螺纹损害，而影响桩与土体的摩擦力，如图 2-17、图 2-19 所示单壁波纹管内壁与混凝土紧密接触，不存在此问题；

（2）双壁波纹管内壁光滑，后填充的混凝土由于会产生收缩使得混凝土与套管可能不能紧密接触。这两种原因使得套管对桩体承载力的贡献大为降低，桩体工作时其套管基本上不起作用而浪费，使得工程造价增加。

（3）采用便宜 PVC 双壁波纹管作为外套管使用时，由于 PVC 材料为硬质塑料，不能弯曲，弯曲后很容易折断，因此其成桩时只能先用钢套管在地基中埋入地下成孔后，从钢管上部开口放入 PVC 套管，然后先浇筑一部分混凝土（一般 3/4 套管长度）后才能将钢管拔出，无法做到先将全部套管埋设后统一将浇灌混凝土的流水作业，沉管和浇筑混凝土需要相互配合施工，施工进度慢，增加了工程造价，振动挤土作用下仍可引起断桩；另外沉钢管时所带的钢板桩尖无法将套管和桩牢固连接，桩端承载力得不到充分发挥，影响了桩体质量和加固效果，如图 2-14 所示。所以后来只能使用价格偏高的可以略微弯曲的 HDPE 双壁波纹管（图 2-15），但 HDPE 双壁塑料套管弯曲程度有限，施工时需要将沉管提升到较高的高度才能将套管伸入沉管内，增加了施工难度，降低了施工工效，且主要是 HDPE 材料的塑料套管其造价约为 PVC 材料套管的 2 倍左右，因此造价相当昂贵，难以在国内实际施工中选用。

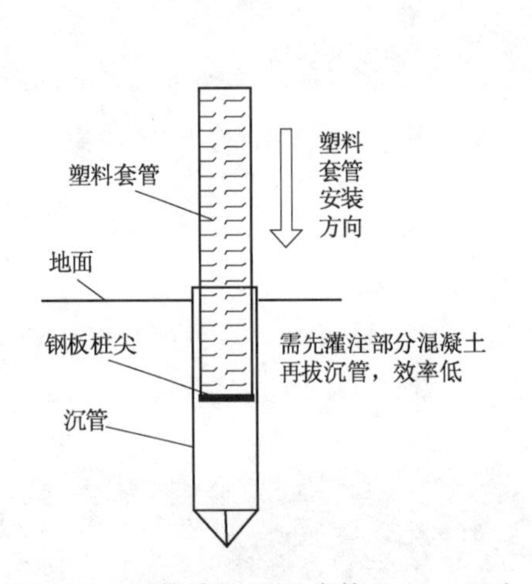

图 2-14　国外采用 PVC 套管 AuGeo 工法

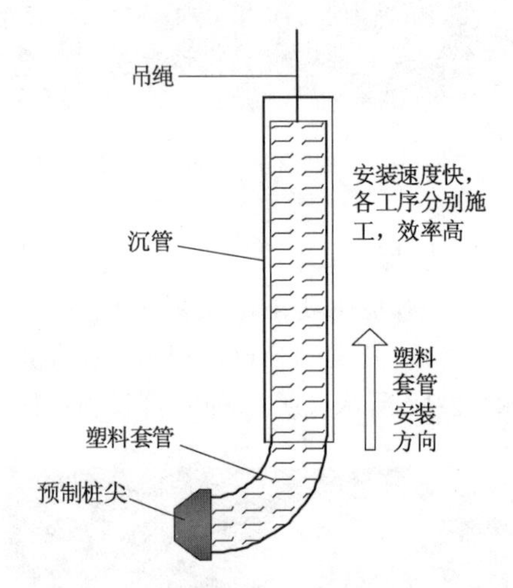

图 2-15　国外采用 HDPE 套管 AuGeo 工法

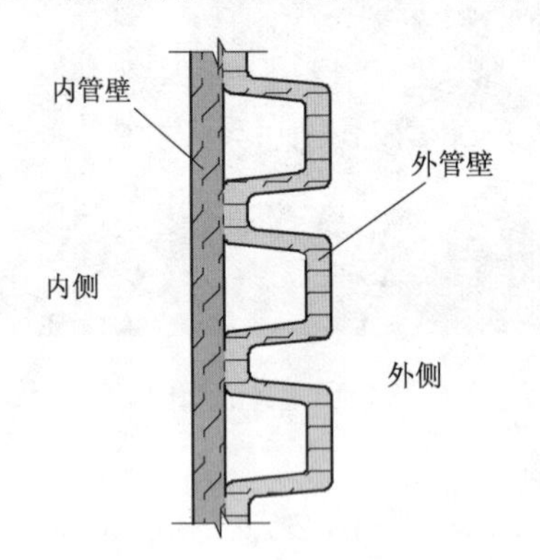

图 2-16　AuGeo 采用的双壁波纹管

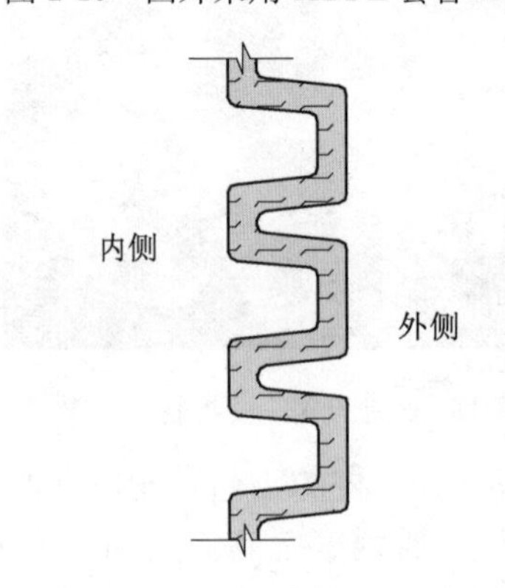

图 2-17　TC 桩采用的单壁波纹管

2. 我国目前应用工法的主要特点

经过课题组反复挑选并试验，最终国内 TC 桩采用的是单壁 PVC 塑料波纹管，如图 2-7、图 2-8 所示。研究表明它具有如下优点：

（1）单壁 PVC 塑料波纹管结合了以上两种管材的优点，刚柔兼备，在具有足够力学抗压抗弯性能的同时兼备良好的柔韧性。

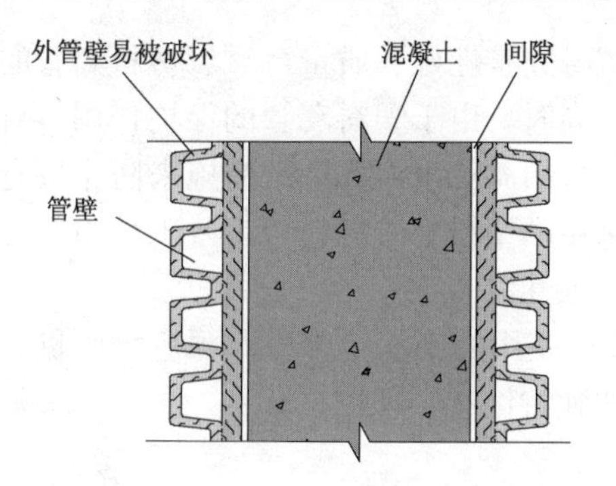

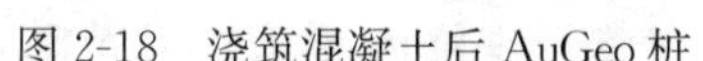
图 2-18 浇筑混凝土后 AuGeo 桩

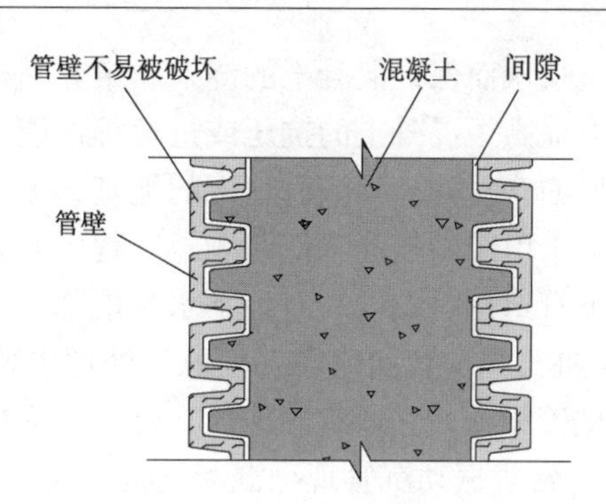

图 2-19 浇筑混凝土后的 TC 桩

（2）采用单壁管后与双壁管相比，充分发挥套管内外螺纹的作用，如图 2-17、图 2-19 外部螺纹与周边土体接触可发挥较大摩阻力作用，内螺纹保障后浇筑的混凝土可与塑料套管充分接触，没有隔离和脱开，这样外管壁不易损坏，加大了桩与土体的摩擦力，扩大了桩的实际使用半径，从而提高桩的承载力，降低了工程造价。

（3）利用其一定长度后可弯性要好于 HDPE 双壁管的特点，具备 AuGeo 桩只有使用 HDPE 管材才能做到的工艺，即可事先将塑料套管与桩尖连接，然后从钢管底部放入，将塑料套管打设全部完成后再随时现浇塑料套管内混凝土这种快捷的施工方法，而且更加方便，其沉管提升高度只需 1～1.5m 左右即可将套管伸入，如图 2-15 的方法，不需要提升 4～5m。

可以采用专门开发的 PVC 等廉价材料产品作为外套管。

（4）PVC 管材的造价要远小于 HDPE 管材，降低工程造价。

分析表明直径小于 200mm 的 PVC 管材最为经济，因此本书所阐述的 TC 桩主要针对 160mm 和 200mm 直径的套管，这两种尺寸为我国标准规格，生产厂家多，配套选择产品多。

根据选定的塑料套管，研制出了相应的施工设备、钢筋混凝土桩尖、混凝土振动棒、抽水设备、操作规程和系列施工技术等，形成了 TC 桩成套的施工工艺。

2.1.3 TC 桩的技术特点及与常用桩型的技术比较

TC 桩技术的主要特点有：使用塑料套管、小直径、桩的打设与混凝土浇筑分开等。

在小直径的情况下，桩具有更大的周长面积比，即桩侧比表面积大，单位体积混凝土发挥的桩侧摩阻力高，同时施工快速灵活，对施工的场地要求低，对周围的环境影响小；同样的荷载条件，小直径桩采用的是“细而密”的布置方式，与大直径桩如预应力管桩采用“粗而稀”方式相比，表面沉降（特别是桩间土沉降）更加均匀，这对加筋材料强度的要求、盖板的强度和尺寸要求更低，对上部最低填土高度要求也更小（这对低填土路基的加固具有明显的优势）。当然，小直径情况下 TC 桩的长细比也较大，加固深度不能过深，桩端土不能过软的缺点。

塑料套管的存在，为 TC 桩的深度检测和桩长施工控制，带来极为便利的条件，降低了检测费用，有效地控制施工时的实际深度，提高工程质量。

另外，TC 桩套管内除上端开口外，是一个密闭空间，浇筑混凝土时不受地基中土、水影响；混凝土浇筑在塑料套管打设完后进行，可以避开施工对混凝土浇筑的干扰；一次性连续浇筑从而保证混凝土的浇筑质量，其桩身完整性好、质量可靠。塑料套管的存在一定程度上提高了混凝土的抗压或抗弯等性能。同时，由于塑料套管的保护作用，对含有侵蚀性介质如含盐分高的滨海地区的地基，无需采用海工水泥等特殊措施来防止桩身混凝土由于地下水引起的强度降低问题。工程中所采用的塑料套管材料与市政工程中广泛应用的各种地下管道用材相同，对地下水及地基无侵蚀性。

TC 桩与当前我国路堤工程地基处理中普遍使用的水泥搅拌桩、预应力管桩、各种沉管灌注桩等相比，在适宜的地质条件下有它的独特性和合理性。

1. 与常规振动沉管现浇混凝土桩相比

从施工工艺上看，如图 2-20、图 2-21 所示，它属于现浇混凝土桩的范畴，但与常规的振动沉管现浇混凝土桩相比增加了一个塑料套管，是在加固区域内先全部将塑料套管打设完毕后，再集中浇筑套管内的混凝土成桩，这样与常规的振动沉管现浇桩相比，具有如下优点：

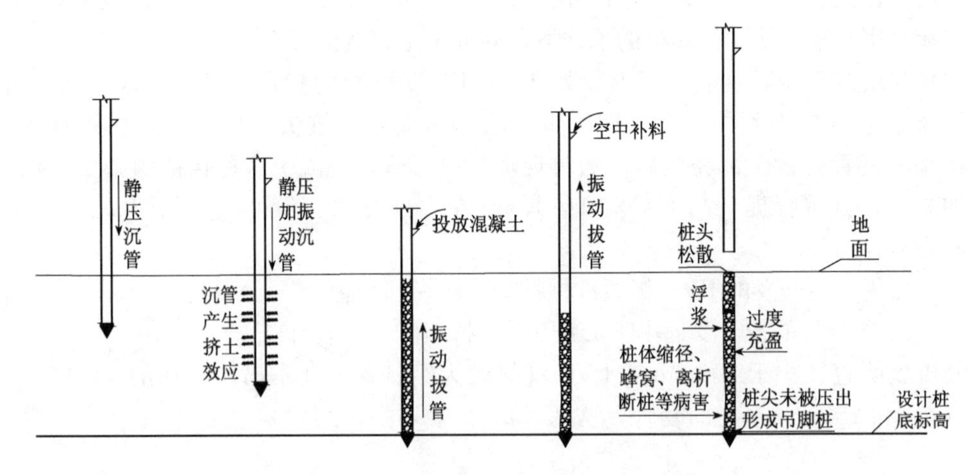

图 2-20　振动沉管灌注桩施工工艺示意图

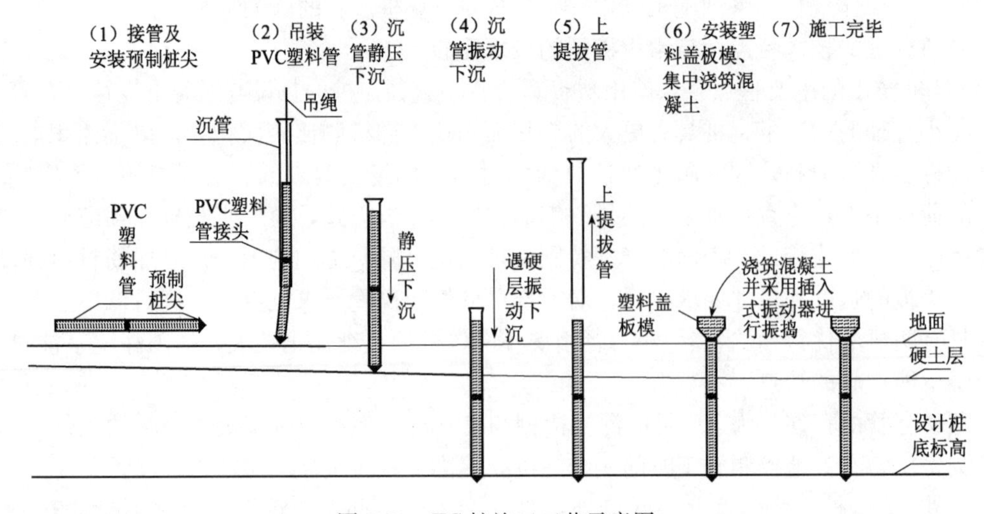

图 2-21　TC 桩施工工艺示意图

（1）由于套管的存在，并在浇筑时采用小型振动棒振捣。可以避免常规振动沉管现浇混凝土桩由于振动、挤土、超孔压、拔管速度、空中添加混凝土。软硬土层交界、桩管内混凝土高度、混凝土扩散压力、动水压力等原因造成的缩径、断桩、离析、蜂窝、桩头松散等病害，其桩身完整性好，成桩质量可靠；

（2）没有充盈系数，混凝土用量可控并预计算，解决了在某些地质条件下，充盈系数过大的问题；

（3）由于先打设套管后集中浇筑混凝土，套管打设和混凝土浇筑分开进行，两者之间不存在相互配合、协调、等待以及干扰问题，从而提高了施工速度，降低了施工费用；

（4）打设深度容易检查，只要在混凝土浇筑之前检查套管的埋设深度即可，质量易于控制；

（5）套管存在可以采用小直径桩体。在施工场地受限、周围有建筑物等工程中比普通沉管灌注桩更具有适用性。

2. 与水泥搅拌桩等柔性桩相比

（1）桩身采用混凝土成桩，属于刚性桩，其桩体强度要远超过水泥土桩的强度，可以获得更高的承载力和更小的变形；

（2）从质量控制上来说，水泥搅拌桩的桩身质量和打设深度不易控制，强度不均匀，而塑料套管混凝土桩质量容易控制；

（3）水泥搅拌桩的处理深度浅，国内一般仅适用于处理深度小于10～12m的软基，而塑料套管混凝土桩处理深度深，目前我国拥有的设备完全可以打至20m以上，随着设备的改进及工艺的更加成熟，今后处理深度可以进一步加大。

3. 与预应力管桩相比

（1）设备轻巧，移动灵活，场地适应性好；

（2）预应力管桩一般按设计长度进行配桩，在工程地质复杂，软土深度变化较大地段，存在截桩和配桩问题，适应现场地质条件变化能力差。而采用现场现浇的方式就可以随意控制打设深度，不会存在上述问题；

（3）钢材用量少；

（4）对低路堤或较浅软基的加固适用性更好。

4. TC桩与常规桩型施工速度的比较

TC桩与水泥搅拌桩及预应力管桩施工速度比较见表2-1，可以看出TC桩施工速度明显快于水泥搅拌桩，略高于预应力管桩或相当。

TC桩与常规桩型施工速度比较 **表2-1**

桩型	每天的施工数量(m/d)	桩型	每天的施工数量(m/d)
TC桩	800～1000	预应力管桩	800
水泥搅拌桩	300		

5. TC桩的适用性问题

由于在土体约束作用下，单桩的稳定性分析具有一定的复杂性，根据初步分析和多个实际工程试验，考虑到长细比的限制，目前的设计和施工水平下，建议16cm直径的TC

桩，在桩端为相对硬土层的情况下，其加固深度一般控制在 20m 之内比较合理，在桩端为坚硬土层的情况下，其最大合理加固深度还有待于更多实际工程的检验，初步建议控制在 16～18m 之内。另外，在控制沉降比较严格的路基工程中，其桩端土不宜过软，一般要求其静力触探锥尖阻力不小于 1000kPa，这与预应力管桩类似。还有，若受到较大水平力作用时，除了套管外，还需在桩体内适当加筋以提高抗弯力。

2.2　TC 桩施工工艺

2.2.1　TC 桩复合地基的构成

TC 桩由预制桩尖、螺纹塑料套管、混凝土桩身、盖板及插筋等组成，如图 2-22 所示；如图 2-23 所示，待桩身混凝土达到一定强度后，在盖板顶铺设土工格栅等水平加筋体，或加筋体铺设于垫层中；桩体、垫层、水平加筋体及路堤共同构成 TC 桩桩承式加筋路堤系统，如图 2-24 所示。

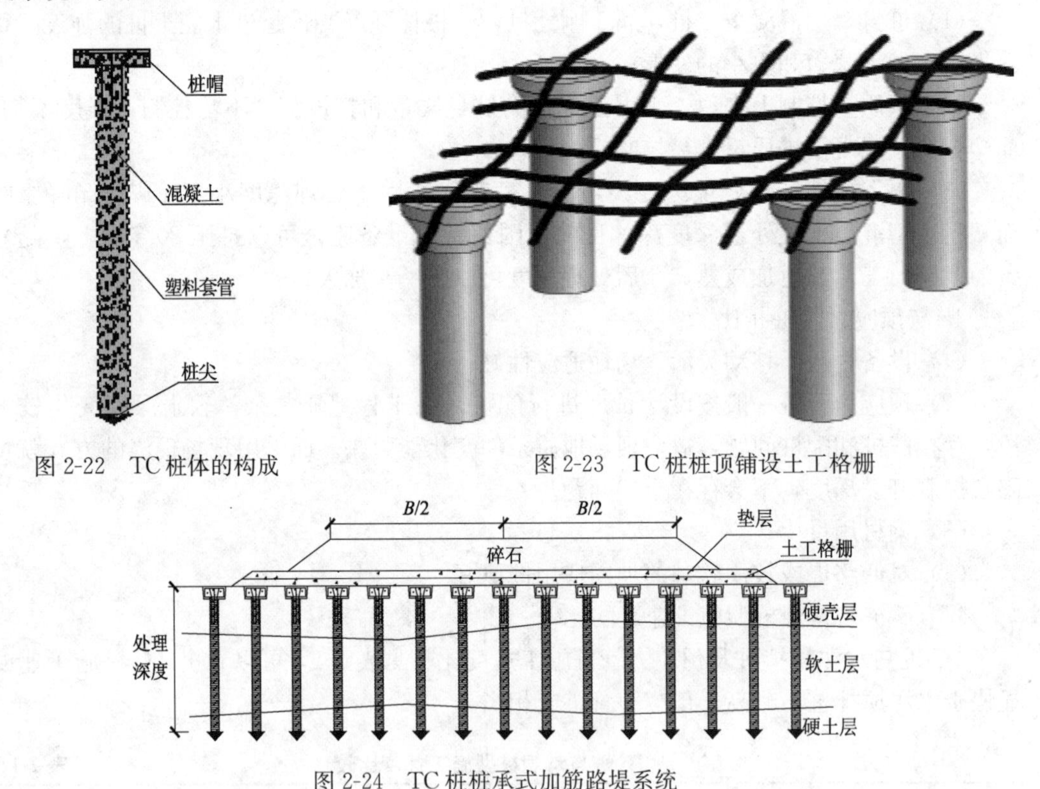

图 2-22　TC 桩体的构成

图 2-23　TC 桩桩顶铺设土工格栅

图 2-24　TC 桩桩承式加筋路堤系统

1. 桩身套管材料

TC 桩与其他桩型的最大区别在于，其桩身外侧有一层螺纹塑料套管包裹，塑料套管的存在，使得 TC 桩具有了自身显著的特点和优点。我国各种类型的塑料套管生产厂家众多，其质量有相应的国家控制标准。在实际应用中，塑料套管可根据软土参数、打设深度及布桩间距的不同而沿桩身采用不同刚度。目前国内 TC 桩套管直径一般为 16～20cm。套管及接头如图 2-25、图 2-26 所示。

图 2-25　塑料套管

图 2-26　用接头连接好的套管

2. 预制桩尖

预制桩尖可根据各地土质不同采用钢板桩尖或混凝土桩尖或钢板混凝土桩尖，且可以采用圆形、X 形等多种形式，扩大了应用范围。目前根据应用实践及现场试验，多采用圆形预制混凝土桩尖，且预制桩尖上预设了能与塑料套管紧密连接的接头，套管与桩尖连接后的密闭性好，有效保证套管的打设质量。图 2-27、图 2-28 为圆形预制桩尖专用模具及预制好的钢筋混凝土预制桩尖。

图 2-27　圆形预制混凝土桩尖模具

图 2-28　圆形混凝土预制桩尖

3. 混凝土桩身

桩身混凝土一般采用 C25 细石混凝土，要求拌合均匀，有良好的和易性和流动性。骨料最大粒径不超过 2.5cm，混凝土坍落度建议 18～22cm。现场开挖的桩身如图 2-29 所示。

4. 混凝土盖板

桩顶盖板可以采用预制方式，也可采用盖板与桩身混凝土一体化浇筑施工的方式。目前多用后者，盖板直径 40～60cm，高 20cm，浇筑时需保证盖板与桩的同心度。如图 2-30 所示，为浇筑好的盖板。

5. 配筋

在实践工程应用中，TC 桩桩顶上部设置了 2～3m 的插筋，桩顶部插筋与盖板内两层钢筋绑扎连接形成整体。预制桩尖中同样也设置了配筋，以保障桩尖打设时的强度。钢筋混凝土保护层厚度均不小于 25mm。如图 2-31 所示为桩顶插筋与盖板配筋连接简图。

图 2-29　现场开挖的 TC 桩

图 2-30　浇筑好的盖板

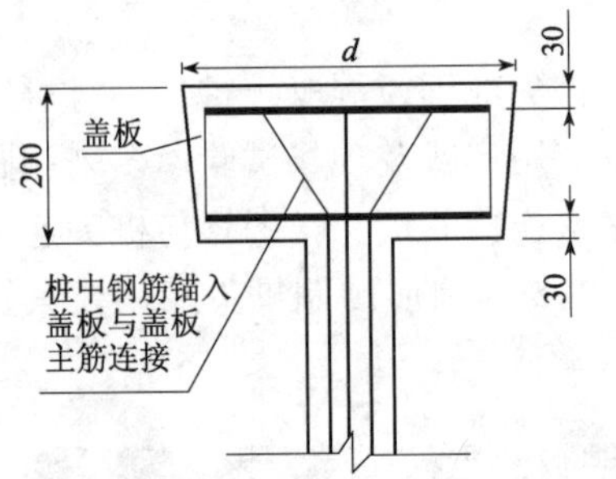

图 2-31　桩顶插筋与盖板配筋连接

2.2.2　TC 桩施工工艺

TC 桩工法派生于传统沉管灌注桩，在传统沉管灌注桩工法的基础上加以改进发展而成的，但其施工工艺与灌注桩存在显著区别，以上已做过详细叙述。施工工艺示意图如图 2-32 所示。本部分内容以常用的 16cm 桩径的 TC 桩为例，详细介绍其具体施工工艺。

（1）准备工作

① 机械设备：塑料套管混凝土桩的施工必须配备性能可靠、符合标准、种类齐全的施工机械和设备，在施工前做好机械设备的保养、试机工作，确保在施工期间一切正常作业。机械和设备如下：静压辅助振动沉管桩机、吸水泵、小型加长振动棒和其他辅助设备等。

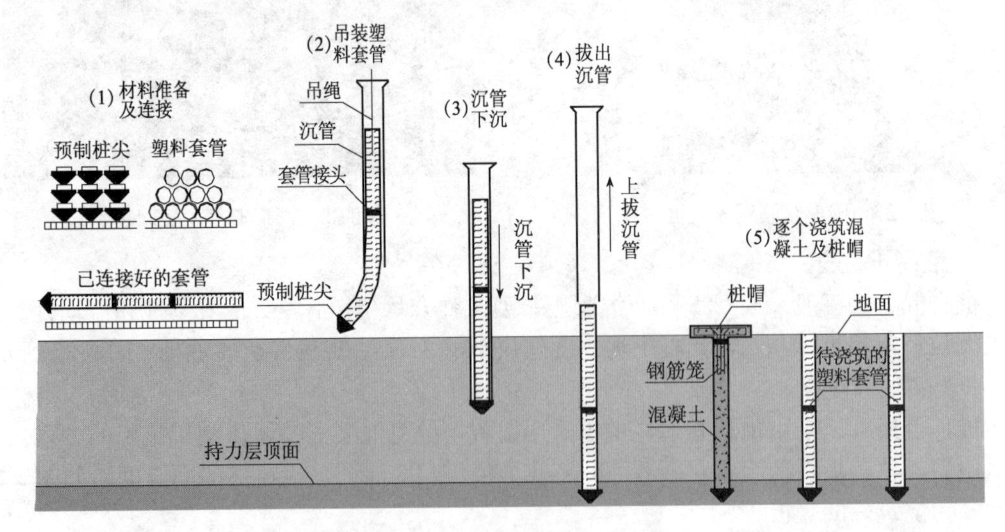

图 2-32　TC 桩施工工艺示意图

② 材料：参见本章 2.2.1。

③ 场地准备：清除地表的杂草、树根、耕植土等，在拓宽路基外侧开挖临时排水边沟，保证施工期间的排水。临时排水边沟不能和农田排灌沟渠共用，在施工期间不能长期

积水。根据设计文件和施工组织计划的要求，确定合理可行的施工顺序。

（2）塑料套管混凝土桩打设前，先平整场地，铺设 20cm 左右的砂或砂砾或碎石垫层，塑料套管准备，放线布置桩位。

（3）制作桩尖，专用桩尖采用钢筋混凝土制作，直径约 30cm，并设置有固定套管的装置。

（4）桩机就位，合理布置施打顺序。

（5）打设塑料套管

根据加固桩长的要求，将出厂的套管切割（连接）成合适长度，要求打设至加固深度后套管顶部高度不小于要求的桩体顶标高并适当富余；将切割好的套管与桩尖连接密封牢固，然后将带有桩尖的套管从钢管底部放入钢管中，桩尖与桩位对准，然后开机将钢管打设至预定的深度，并注水对塑料套管进行保护。设计桩长未到相对硬土层的段落按设计桩长打设，除设计桩长未到相对硬土层的段落外：

① 软土纵横向存在变化的场地或实际软土厚度与设计存在差别的场地，要确保桩打设至设计持力层。

② 依据设计桩长，若试桩中发现打设桩长超过设计桩长 3m 以上，需要补充静力触探，以详细勘察软土层分布情况，确保桩打设至设计持力层。

③ 如采用塑料套管混凝土桩打设机——30kW，结合静力触探数据，终桩控制标准可参照：打设至设计持力层后，贯入度控制低于 25cm/min 为终桩标准；辅以电流控制，电流控制终桩标准为：打设至设计持力层后，电流超过 70A。

（6）拔钢管。将钢管拔出而将塑料套管留在地下，移机至下一个桩位，重复（5）～（6）工序，继续埋设套管。

（7）场地内塑料套管打设完成后，对塑料套管深度和破损情况进行检查，以此时的深度确定实际打设深度。

（8）抽水、截管和检查套管的深度。抽水并将多余的套管进行截管和整理后，对套管进行深度检查，并随时保护套管内的清洁，尽量不让杂物进入。

（9）在垫层中沿塑料套管中心开挖直径约为 50cm（根据桩帽的尺寸定），高约为 20cm 的圆孔。

（10）放置钢筋笼。在套管顶部放置一定长度的钢筋笼，钢筋均匀插设，长度 3.5m，钢筋笼采用 4 根 ϕ6.5 钢筋，5 个圆形箍筋，箍筋由 ϕ6.5，长度 0.4m 的钢筋制作。4 根钢筋笼主筋其顶超出桩顶 25cm，与盖板顶层配筋连接，钢筋笼主筋与盖板底层配筋绑扎连接。

（11）放置盖板底层、顶层配筋，并与连接钢筋绑扎连接。

（12）场地内集中浇筑混凝土完成桩和盖板的施工，混凝土浇筑过程中采用小型加长振捣棒振捣。

（13）待混凝土强度到一定要求后可对成桩进行检测。

（14）桩、盖板浇筑完毕达到一定强度后，若设置 1 层双向土工格栅（可选塑料格栅或整体式钢丝格栅）则放置在垫层中间或盖板顶，若设置 2 层双向土工格栅则 1 层铺设在垫层中间，1 层铺设在垫层顶部。

塑料套管混凝土桩地基的施工流程，如图 2-33 所示。

TC 桩施工工法的特殊性，决定了其鲜明的特点，其施工中的关键要点不容忽视，直接影响到其成桩后桩体的质量，TC 桩施工要点主要有：

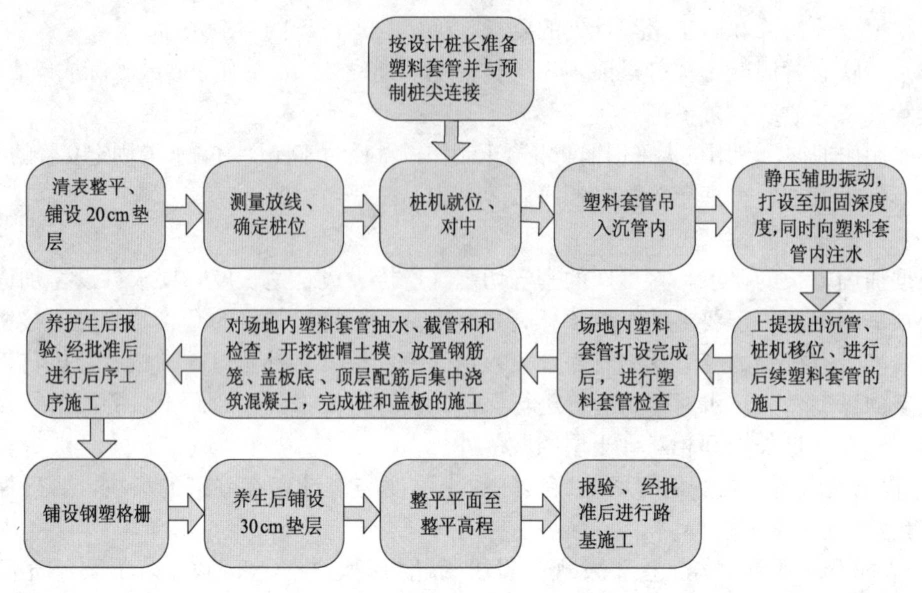

图 2-33　TC 桩施工工艺流程

（1）桩的打设次序：横向以路基中心线向两侧的方向推进；纵向以结构物部位向路堤的方向推进；

（2）桩端一般应设在持力层中，打设时应注意设计持力层顶面高程的变化，发现与设计不符时应在现场及时调整桩长，以确保承载力设计值；

（3）应采用单壁、内外均是螺纹的塑料套管，其强度应保证混凝土浇筑前后不损坏，最大外径满足设计桩体直径要求；

（4）打设塑料套管和浇筑混凝土应间隔进行，避免挤土效应影响混凝土的浇筑质量，混凝土浇筑场地距塑料套管打设场地的距离不得小于 20m。不宜采用边打设塑料套管边在塑料套管内浇筑混凝土的施工方法；

（5）应将塑料套管与桩尖事先连接，从沉管底部送入后再进行打设，不得采用先沉管后放入塑料套管的做法；

（6）由于 TC 桩为小直径桩，其套管打设质量对其最终成桩质量有着决定性作用，因此打设过程中必须严格保证套管打设的垂直度；

（7）采取套管注水打设的方式，可以平衡在沉管拔出、混凝土浇筑前这段套管独立受荷的间歇期内其内外的压力，保证套管的质量；

（8）桩体应采用细石混凝土浇筑，并控制混凝土的坍落度，保障其流动性。浇筑过程中采用小型加长振捣棒进行振捣，确保其均匀、密实。施工浇筑期间应同时将混凝土留样并制作试块，对其进行抗压强度试验。

2.3　TC 桩质量控制措施

2.3.1　材料质量控制与检测

（1）塑料套管

桩身套管应采用内外均是螺纹的单壁 PVC 管，对 16cm 直径的桩体，目前使用的套管尺寸要求最小内径≥140mm，最大外径≥160mm，同一界面壁厚偏差≤12%。强度要求按国家规定以环刚度控制，要求环刚度不小于4级，落锤冲击在0℃、1kg、1m条件下9～10次不破裂。

另外，结合目前的施工经验，对于打设深度比较浅的路段按照上述工艺，如普通的单壁PVC管，环刚度4级的，约可以打设10m左右，环刚度7级以上的，可以打设14～15m左右，在软土中基本可以保证套管不损坏。因此可根据软土参数、打设深度及布桩间距的不同而沿桩身采用不同环刚度的套管。

塑料套管建议质量控制标准为：单壁、内外均是螺纹的PVC塑料套管。最大外径不小于160mm，最小内径不小于142mm，扁平试验（变形40%时）不分层、无破裂。接头采用标准的160mmPVC管材直通接头，平均内径应在160.1～160.7mm之间，承口最小深度不小于45～50mm，标准坠落试验应无破裂，参数可见相关国家标准（GB/T 5836.2—2006）。根据不同的深度对套管的壁厚及环刚度进行控制及搭配，根据以往工程经验，160mm单壁波纹管埋深在10m以内，采用壁厚不小于1.0mm、环刚度（kN/m^2）不小于6级、每延米重量不小于1.0kg的塑料套管；埋深在10～16m区间采用壁厚不小于1.5mm、环刚度（kN/m^2）不小于10级、每延米重量不小于1.5kg的塑料套管；埋深在16～20m区间采用壁厚不小于1.8mm、环刚度（kN/m^2）不小于15级、每延米重量不小于1.8kg的塑料套管。以上参数作为建议值，不作强制性要求。具体参数指标应根据地质条件及试桩情况进行相应调整，套管其强度应保证打设过程中不挤破，混凝土浇筑前后不损坏。

（2）套管接头

采用标准配套的PVC直通接头，平均内径要求在160.1～160.7mm，承口最小深度≥50mm。使用前应做标准坠落试验，要求无破裂，参数可见相关国家标准（GB/T 5836.2—1992）。

（3）预制桩尖

桩尖一般采用预制钢筋混凝土，预制桩尖的混凝土强度等级应比桩身提高一档，几何尺寸应符合要求。桩尖的表面应平整、密实，不得有面积大于1%的蜂窝、麻面及缺边掉角现象。TC桩一般采用圆形桩尖，桩尖内外面圆度偏差不得大于桩尖直径的1%；桩尖上端内外支承面应平整，高差不超过10mm（最高与最低值之差）。

（4）土工格栅

为保证路堤荷载下TC桩的承载性能充分发挥，土工格栅应该合乎要求。垫层中土工材料宜采用整体式高强度整体式钢丝格栅或塑料格栅或钢塑格栅，以下会详细叙述，要求断裂延伸率≤3%时，纵向抗拉强度≥100kN/m，横向抗拉强度≥100kN/m，连接点的剪切强度≥1.5MPa；格栅幅边搭接时，搭接宽度大于30cm，并每隔20cm进行绑扎处理；铺设时，应将强度高的方向置于垂直于路堤轴线方向。

（5）其他

其他材料如钢筋、连接套管的胶水等都必须符合要求和规范，使用前有质保书。

2.3.2　施工质量控制和检测

（1）套管打设质量

由于TC桩为小直径桩，其套管打设质量对其最终成桩质量有着决定性作用，因此打设过程中必须严格保证套管打设质量。对套管质量控制和检测包括三方面：

① 打设机设有垂直度控制指针及导向定位装置，桩位偏差±20mm，垂直度偏差<1.5%；

② 场地套管打设完毕后，可方便地用测绳对打设深度及损坏情况进行检测，如图 2-34所示；

③ 用长 1m、直径 12～14cm 左右的圆柱形铁筒放入塑料套内，即可方便的检测套管的深度及破损、变形情况。如图 2-35 所示。

图 2-34 测绳量测深度

图 2-35 桩身套管情况检查

（2）混凝土强度

段落内浇筑混凝土的同时，对混凝土进行坍落度试验，并应按规范制作并养护试块，对其进行不同龄期的抗压强度试验，并符合设计要求。

（3）静载荷试验

按规范要求需对 28 天桩体的承载力进行抽检，有条件时检测 60 天、90 天的承载力。单桩承载力检测数量要求段落总桩数的 2‰或规范要求，且不少于 1 根，满足设计要求。

（4）低应变检测

根据桩的弹性波振动的时域曲线和频域曲线的表现特征，分析桩身混凝土质量及桩身完整性，对桩身质量作出评价，检测数量为总桩数的 5%。

2.3.3 塑料套管混凝土桩的施工控制注意事项

（1）塑料套管混凝土桩采用的套管应为单壁、内外均是螺纹的 PVC 塑料套管。套管其强度应保证混凝土浇筑前后不损坏，最大外径为 16cm。

（2）本方法采用打设套管和浇筑混凝土两道工序分开进行，以提高施工效率及保证桩体混凝土的连续性；同时由于在浇筑混凝土之前套管内为全空，可以对打设的深度进行很方便的检查，即对套管的深度进行检测即可，质量很容易控制，因此不宜采用边打设套管，边在套管内浇筑混凝土的方法进行施工。打设塑料套管和浇筑混凝土应间隔进行，避免挤土效应影响混凝土的浇筑质量，混凝土已浇筑桩距塑料套管打设场地的距离一般不小于 20m。

（3）为了保证桩体与扩大桩尖的紧密结合，套管应与桩尖事先连接，并将套管事先从打设机械的沉管底部放入后再进行打设，不能采用先沉管后从沉管上部开口处将套管放入的方法。

（4）混凝土为细石混凝土，试桩时确定混凝土的坍落度，保证混凝土的流动性。混凝土浇筑过程中采用小型加长振动棒进行振捣，保障混凝土的密实和浇筑质量。

（5）塑料套管混凝土桩单桩极限承载力试验方法可参照《建筑桩基技术规范》JGJ 94—2008的有关规定确定。若沉降曲线为缓变型的，且长细比大于80，可取$s=60\sim80$mm对应的荷载作为桩的极限承载力。

2.4　TC桩加筋路堤加筋材料的选择

TC桩中加筋主要作用是提高路基稳定、减少不均匀沉降。目前在浙江省交通土建领域使用较广的土工合成材料类型有编织土工布、复合土工布、塑料土工格栅、经编土工格栅、玻纤土工格栅、整体式钢丝土工格栅、钢塑土工格栅、土工格室等，对于TC桩处理的地基路段，可选用整体式钢丝土工格栅、钢塑土工格栅和塑料土工格栅作为加筋材料。三种材料的工程特性和适用范围详见表2-2。

土工合成材料的工程特性和适用范围　　表2-2

材料名称	材料工程特性	适用范围
塑料土工格栅	抗拉强度较高，延伸率中等；节点采用熔接工艺，强度较高；与填料结合效果尚可；蠕变性较大，耐久性一般	一般适用于排水固结法、水泥搅拌桩或桩承式路段对路堤的加筋处理
整体式钢丝土工格栅	抗拉强度高，延伸率小；节点采用钢丝焊接工艺，节点强度高；蠕变性小，耐久性好	一般在桩承式地基处理中作为路堤加筋材料
钢塑土工格栅	抗拉强度高，延伸率小；节点采用超声波焊接工艺，节点强度相对较低；蠕变性小，抗冻性好，耐久性一般	一般桩承式地基处理中作为路堤加筋材料；但施工过程中节点与表面镀塑易受损，垫层宜采用砂砾、灰土材料

2.5　TC桩国内工程应用情况

自TC桩在国内试验成功后，近两年来在国内也得到越来越广泛的关注和应用。该技术目前已在国内浙江、上海、江苏、湖南、广东等地区的公路、市政等道路工程中应用得越来越多，据了解，掌握打设技术并拥有设备的正式单位也有十多家，当前国内主要应用的工程有如下：

（1）江苏南京243省道软基处理工程，本工程填土高度4.5～5.5m，桩间距采用1.3～1.7m，桩长18～19.5m，设计总延米数约4.5万m左右。

（2）杭金衢高速公路浦阳互通工程，该工程路段填土高度1.7～4.0m，本工程桩间距采用1.2～1.9m，桩长10～12m，既有加宽路段也有新建路段，设计总延米数约3万m左右。

（3）浙江申嘉湖杭高速公路练杭L2试验段工程，填土高度1.8～4.6m，本工程桩间距采用1.5～2.0m，桩长6～23m，设计总延米数约30万m左右。

（4）浙江申嘉湖杭高速公路练杭L10标工程试验段工程，填土高度2.9～5.0m，本工程桩间距采用 1.3～2.0m，桩长 6～16m，应用总延米数约 20 万 m 左右。

(5) 湖南岳常高速公路先行试验段软基工程，该工程路段填土高度 5.0～8.5m，本工程桩间距采用 1.1～1.5m，桩长 13～16m，设计总延米数约 4 万 m 左右。

(6) 台州甬台温铁路连接线软基处理工程，填土高度 3.5～4.5m，本工程桩间距采用 1.7～1.9m，桩长 11～14m，设计总延米数 2 万 m 左右。

(7) 杭州湾大桥余慈连接线慈溪段软基处理工程，填土高度 1.7～4.0m，本工程桩间距采用 1.2～1.9m，桩长 10～12m，设计总延米数 10 万 m 左右。

(8) 上海中环线浦东段新建工程软基处理工程，填土高度 2.0～4.5m，本工程桩间距采用 1.5～1.8m，桩长 10～15m，设计总延米数 2 万 m 左右。

(9) 浙江嘉绍通道高速公路北线软基处理工程，本工程填土高度 2.0～5.0m，桩间距采用 1.3～1.6m，桩长 7～16m，设计总延米数 50 万 m 左右。

(10) 浙江绍诸高速公路软基处理工程，本工程填土高度 2.8～7.3m，桩间距采用 1.2～1.8m,桩长 7～18m，设计总延米数 60 万 m 左右，该项地基加固工程总投资额约为 3000 万元左右。

(11) 江苏常泰大桥高速公路工程，本工程填土高度 3.0～6.5m，采用本工程桩间距 1.2～1.8m，桩长 7～18m，设计总延米数 30 万 m 左右。

(12) 广东东莞虎门港西大坦、立沙岛等港区公路等软基处理工程，填土高度 1.5～3.0m，本工程桩间距采用 1.4～1.8m，桩长 11～18m，设计总延米数 50 万 m 左右。

(13) 宁波市东外环路工程和南外环路东段工程软基处理，填土高度 0.8～3.5m，本工程桩间距采用 1.2～1.6m，桩长 8～20m，设计总延米数 80 万 m 左右。

2.6　目前正在试验的 TC 桩的拓展技术

根据目前 TC 桩技术在国内的应用现状，针对不同的工程情况和需要，课题组在总结 TC 桩技术的基础上，衍生了一系列新型的 TC 桩施工技术，有的技术已在非实际试验场地试验之中。目前相关的技术主要有如下几种。

2.6.1　带孔波纹塑料套管粒料注浆桩

带孔波纹塑料套管粒料注浆桩（简称塑料套管注浆桩）是在结合塑料套管混凝土桩和碎石注浆桩（或称浆固碎石桩）两者各自的优点的基础上开发而成的，其基本构造和开挖图见图 2-36 和图 2-37。

图 2-36　带孔波纹塑料套管粒料注浆桩试验桩

2.6.2　变径塑料套管混合桩

变径塑料套管混合桩是针对上部具有厚覆盖层、下部为深埋软黏土的特定地基开发的一种新型软基处理方式。上部采用粒料桩、下部采用刚性桩的混合桩型技术，对这种深埋软土地基则是非常合理和经济的地基加固技术。

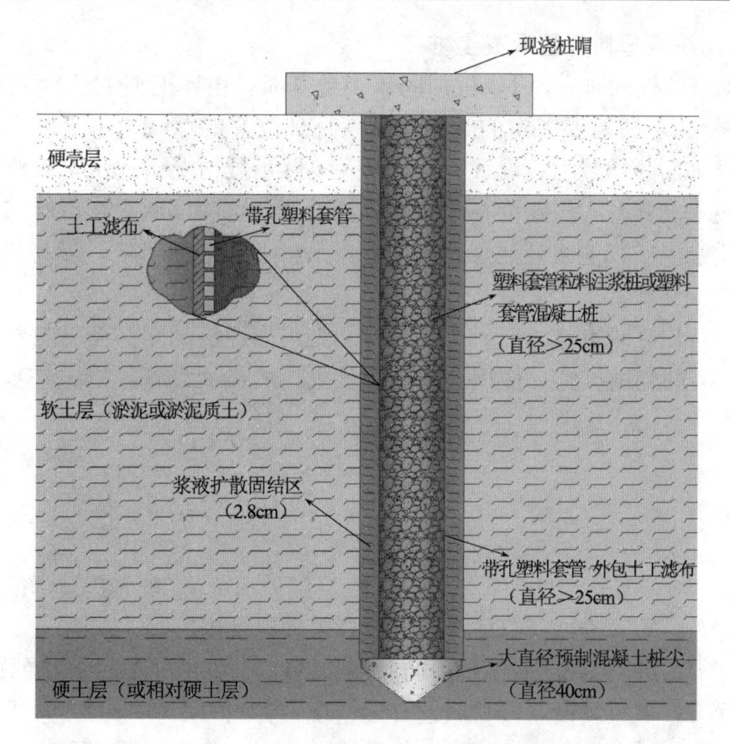

图2-37　带孔波纹塑料套管粒料注浆桩

变径塑料套管混合桩基本组成为桩身上部为小直径塑料套管，下部为大直径塑料套管，变径处用变径塑料套管接头连接，套管的管壁上布置有开孔，外围包扎土工布，小直径塑料套管中填入散体材料，大直径塑料套管内填入散体材料并注入浆液，形成浆固散体材料桩体，在桩体外围为桩周浆液扩散区，见图2-38。

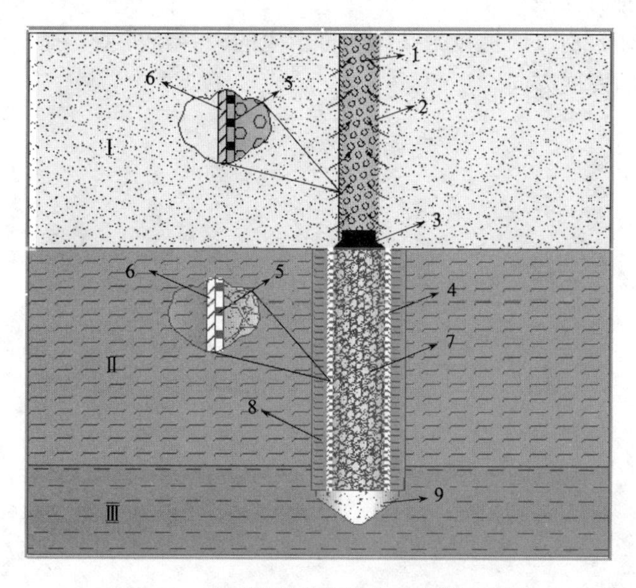

图2-38　变径塑料套管混合桩结构示意图

1—散体材料；2—小直径塑料套管；3—变径塑料套管接头；4—大直径塑料套管；5—塑料套管上的孔；6—土工布；7—浆固散体材料桩体；8—桩周浆液扩散区；9—预制桩尖；Ⅰ—厚覆盖层；Ⅱ—深埋软土层；Ⅲ—硬土层或相对硬土层

2.6.3 管侧辅助注浆塑料套管混凝土桩

根据目前对 TC 桩的研究，TC 桩加固软土地基时，由于套管打设时对桩周土产生一定的扰动和排挤，TC 桩需要一定的时间才能恢复到较高的承载力水平，表现出明显的时效性。为了提高早期的承载力，设计时更加符合实际承载情况，提出了管侧辅助注浆塑料套管混凝土桩技术。其基本思路为在塑料套管打设至一定深度后，在沉管和塑料套管的微小间隙内同时用水泥或其他浆液注浆填塞沉管拔出留下的部分间隙，提高塑料套管混凝土早期桩侧摩阻力。

另外，今后可以在现有技术基础上，研制新型可靠经济的塑料套管材料，研究进一步提高 TC 桩承载力的辅助措施，使用自动化程度更高的机械设备，以进一步降低成本，提高加固效果。

2.7 结论

TC 桩作为一种新型软基处理方法，是在借鉴国外 AuGeo 桩先进技术的基础上消化和吸收后发展起来的，本章介绍了 TC 桩的开发背景和研制内容。

(1) 指出了 TC 桩与 AuGeo 桩之间的区别和特点，说明了 AuGeo 桩的优缺点；

(2) 介绍了 TC 桩打设设备及材料的开发情况，并对 TC 桩与国内常用桩型进行对比分析，阐明 TC 桩的技术特点和适用性，介绍了 TC 桩在国内的应用情况；

(3) 阐述了 TC 桩套管、桩尖、混凝土等各组成部分的材料参数要求，对经过现场反复试验完善后的 TC 桩施工工法和工艺流程进行了详细阐述，形成了 TC 桩成套技术；

(4) 分别介绍了 TC 桩材料质量和施工质量的控制和检测方法，对 TC 桩施工工艺中的注意事项进行说明，系统的提出了 TC 桩的质量控制与检测方法，并对 TC 桩桩承式加筋的加筋材料的选择方法进行了介绍；

(5) 简单介绍了现有 TC 桩技术基础上可衍生的一些新桩型，提出了今后进一步丰富和发展 TC 桩技术的发展方向。

第3章 塑料套管混凝土桩塑料套管分析及计算

3.1 前言

根据第2章的介绍，从工艺可以看出TC桩采用先打设塑料套管后浇筑混凝土的方式。在浇筑混凝土之前，塑料套管将单独受力，即在本根桩成桩以及相邻桩打设过程中，塑料套管将受到回土压力包括超静孔隙水压力、挤土、地基隆起、振动等作用，存在水平力、上拔力等，这会引起塑料套管的变形甚至破坏。

从目前的施工过程来看，针对所试验的地基路段，对于打设深度比较浅的路段按照上述工艺施工时，环刚度4级的普通的单壁PVC管约可以打设10m左右，环刚度7级以上的套管可以打设14～15m左右，在软土中基本可以保证套管不损坏，超过这个深度，其套管往往容易损坏和回带，特别是在软硬土层交接的部位更容易损坏，而且多发生在拔管或邻管打设的瞬间，在相邻桩打设的过程中产生的挤土应力也会引起套管的损坏。因此保证套管的打设质量是决定最终成桩后桩体质量的关键。

套管在施工阶段的受力是一个相当复杂的过程，波纹管的形式也是多变的，对于如何根据不同的工程地质特点，合理经济的选择波纹管类型需要做进一步研究，以保证套管打设质量及充分发挥成桩后的性能。

本章研究的目的主要是为经济合理选择和确定TC桩所采用的塑料套管提供依据和参考，针对不同的工程设计中提出塑料套管的型号、规格和工程要求，确定TC桩成桩形状，改进减少塑料套管壁厚和环刚度的施工工艺，以降低成本。

3.2 计算原理、方法及材料参数

3.2.1 有限单元法

有限单元法设想将连续体分割成有限个单元，在节点上相连接；每个单元选择一个位移函数来表示位移分量的分布规律；按变分原理建立单元的节点力-位移关系式；然后根据节点平衡条件把所有单元关系式集合成一组以节点位移为未知量的方程组，从而解得各节点位移。有限单元法是目前解决复杂空间结构静、动力问题最有效的数值方法之一。它可以方便地处理各种复杂的几何条件、物理条件和荷载条件。对于实际工程问题，可根据变形和受力特点的不同，采用不同类型的单元进行离散，以提高对工程问题的计算效率和计算精度。目前常用的大型有限元软件有FLAC、ADINA、PLAXIS、ANSYS、MARC及ABAQUS等，本书对波纹管的研究采用ANSYS。

对于本研究项目，在研究单壁塑料波纹管的最优波纹结构时，单壁波纹管可采用一般的空间六面体8节点单元进行离散。

3.2.2 环刚度

在评价埋地塑料管的性能时，一般以环刚度作为指标。

管材管件在承受外压负载时，在管壁中产生的应力比较复杂（在埋设条件比较好时，由于管土共同作用，管壁内主要承受压应力；在埋设条件比较差时，管壁内产生弯矩，部分内外壁处承受较大的压应力或拉伸应力），设计时主要考虑的是环向刚度问题。如果环向刚度不够，管材管件将产生过大的变形（引起连接处泄漏）或者产生压塌（管壁部分向内曲折）。

对于承受外压负载的管材管件环向刚度是最重要的性能，各国对于塑料管环向刚度有不同的定义和标准，本研究采用国际标准 ISO 9969 热塑性管材—环刚度的确定和 ISO 13966热塑性管材管件—公称环刚度。

ISO 标准对于管材的环向刚度称为环刚度，其物理意义是一个管环断面的刚度，可以用公式（3-1）进行近似计算

$$S=\frac{EI}{D^3},\ I=\frac{t_e^3}{12} \tag{3-1}$$

式中 S——环刚度（N/m^2）；

E——材料的弹性模量（N/m^2）；

I——惯性矩；

D——管环的平均直径（m）；

t_e——波纹管的等效壁厚（m）。

由式（3-1）可得波纹管等效壁厚计算公式为

$$t_e=D\sqrt[3]{12S/E} \tag{3-2}$$

因为环刚度用计算方法计算不够准确，所以 ISO 标准规定环刚度是通过试验结果计算出来的。按 ISO 9969 试验方法，将规定的管材试样在两个平行板间按规定的条件垂直压缩，使管材直径方向变形达到直径的3%。根据试验测定造成直径3%变形的力 F 来计算环刚度，计算公式为

$$S=\left(0.0186+0.025\frac{y}{d_i}\right)\frac{F}{Ly} \tag{3-3}$$

式中 S——环刚度（kN/m^2）；

d_i——管材试样的内径（m）；

F——产生3%径向变形时施加的力（kN）；

L——试验件的长度（m）；

y——试验件的变形量（m）。

ISO 13966 标准规定，产品的环刚度应按下列公称环刚度 SN 分级：2、(2.5)、4、(6.5)、8、(12.5)、16、32（注：括号内是非优选值），标志时用 SN 后加数字。我国的国家标准 GB/T 9647—2003 中测定环刚度的试验方法基本上和 ISO 9969 相同，环刚度的分级为（单位：kN/m^2）2、4、8、16。

3.2.3 材料参数

土层参数是根据南京 243 省道工程地质资料和常泰高速地质资料综合而成，可反映一般软土的基本指标，如表 3-1 表示。

土层参数 表 3-1

土层	埋深（m）	土层名称	γ（kN/m³）	φ（°）	c（kPa）	E（MPa）	μ
1	10	粉质黏土	18.617	30	12	3.714	0.3
2	14	淤泥质粉质黏土	17.616	25	15	1.727	0.4
3	16	粉砂	19.712	25	0	60	0.3
4	20	粉土	18.408	27	16	10.177	0.3
5	60	粉砂	20.025	27	0	63.2	0.3

塑料波纹管弹性模量取为 3000MPa，泊松比为 0.3，密度 $\rho=1.380\mathrm{g/cm^3}$，容许应力 $[\sigma]=12.5\mathrm{MPa}$（安全系数为 1.5，此值为国外取值，所以仅供参考，本书所有内容均不考虑此项）。

外开口长度和内开口长度的定义如图 3-1 所示。波角 θ 通常取 12°，文中未具体说明的均取此值。

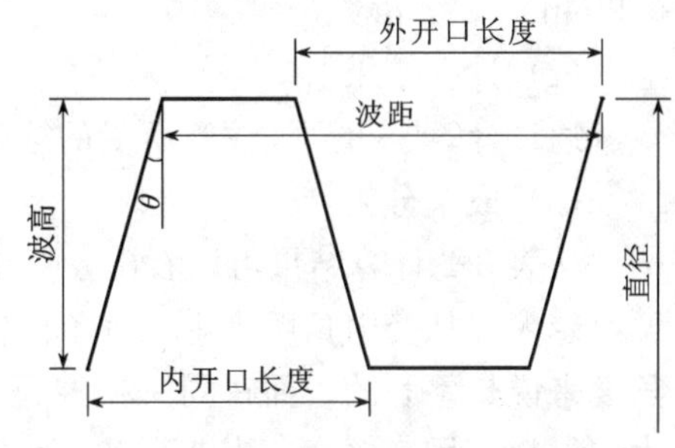

图 3-1 外开口长度和内开口长度

3.3 各计算方案计算结果及分析

波纹塑料套管的基本技术参数有波高、波距、壁厚、波角及内外开口间距，本书结合 TC 桩特点及实际应用情况，对直径 16cm 波纹塑料套管，以内开口长度为界定标准，内开口长度与外开口长度之比小于 1 的定义为小开口波纹管，内开口长度与外开口长度之比大于 1 的定义为大开口波纹管；拟进行下列 5 种计算研究方案：

（1）计算方案一：针对小开口波纹管，研究不同波距、波高、壁厚时，在不同土层种的受力情况；

（2）计算方案二：计算大开口波纹管环刚度、等效壁厚；

（3）计算方案三：为了简化波纹管计算而进行的预研究，研究直管埋入 20m 土层中的拔套管时的受力情况；

（4）计算方案四：研究不同结构尺寸的波纹管在埋入 20m、16m、10m 土层中的拔套管时最危险的受力情况；

（5）计算方案五：研究波纹管波角改变时的受力情况及环刚度。

3.3.1 计算方案一

计算方案一的目的是从受力角度研究波纹管在土层作用下的最优形状。原则是单位体积所承受的应力最大，则波纹形状最优。研究对象是不同波距、波高、壁厚时，在土层作用下的受力情况。

计算方案一用于计算小开口波纹管在土层作用下的受力情况，又分为如下 3 种具体计算工况：

1. 计算工况 1

（1）模拟方案及模型参数

实际使用的波纹管波纹开口边缘为弧状，但为简化计算，计算时将波纹形状取为梯形，如图 3-1 所示，波高取为 7mm，外径为 160mm。其他参数如下：

① 壁厚取为 1mm，外开口长度为 10.6mm，内开口长度分别为 4.9mm、6.9mm、8.9mm、10.9mm；

② 壁厚取为 1.2mm，外开口长度为 10.5mm，内开口长度分别为 4.5mm、6.5mm、8.5mm、10.5mm；

③ 壁厚取为 1.5mm，外开口长度为 10.3mm，内开口长度分别为 3.9mm、5.9mm、7.9mm、9.9mm；

④ 壁厚取为 2mm，外开口长度为 10.1mm，内开口长度分别为 2.9mm、4.9mm、6.9mm、8.9mm。

（2）计算结果

通过计算，得到波纹管所受的第一主应力及单位体积的应力如表 3-2 所示。

（3）成果分析

从表 3-2 计算结果可以看出，对小开口波纹管，当波纹管外径和波高不变时：总体上壁厚越大，从受力角度来讲，其单位体积应力越小，即材料利用率越小，因此从材料节约角度来说是不利的；而在同一壁厚下，波距越大，从受力角度来讲，其单位体积应力越大，材料利用率越高，当波高/波距＝7/18.6＝0.38 时最优。

2. 计算工况 2

（1）模拟方案及模型参数

波纹形状取为梯形，波高为 8mm，壁厚为 1mm，外径为 160mm，外开口长度为 11.0mm。计算内开口长度分别为 5.4mm、7.4mm、9.4mm、11.4mm 时套管受力情况计算。

（2）计算结果

计算结果见表 3-3。

计算工况 1 的计算结果（波高为 7mm，外径为 160mm）　　**表 3-2**

波纹管长度(mm)	内开口长度(mm)	外开口长度(mm)	第一主应力(MPa)	单位体积的应力(Pa/mm³)
壁厚为 1.0mm				
292.0	4.9	10.6	2.56	9.55
298.8	6.9	10.6	2.79	10.76
297.6	8.9	10.6	2.81	11.40
288.4	10.9	10.6	2.85	12.40
壁厚为 1.2mm				
290.0	4.5	10.5	2.34	7.43
297.0	6.5	10.5	2.73	8.95
296.0	8.5	10.5	2.94	10.13
287.0	10.5	10.5	2.99	11.04
壁厚为 1.5mm				
300.3	3.9	10.3	2.34	5.85

续表

波纹管长度(mm)	内开口长度(mm)	外开口长度(mm)	第一主应力(MPa)	单位体积的应力(Pa/mm^3)
293.4	5.9	10.3	2.56	6.92
292.8	7.9	10.3	2.81	7.97
304.5	9.9	10.3	3.07	8.70
壁厚为 2.0mm				
296.1	2.9	10.1	2.18	4.31
305.9	4.9	10.1	2.32	4.68
289.6	6.9	10.1	2.33	5.19
301.5	8.9	10.1	2.61	5.79

计算工况 2 的计算结果（波高为 8mm，外径为 160mm） **表 3-3**

波纹管长度(mm)	内开口长度(mm)	外开口长度(mm)	第一主应力(MPa)	单位体积的应力(Pa/mm^3)
壁厚为 1.0mm				
300.0	5.4	11.0	2.45	8.38
306.0	7.4	11.0	2.84	10.10
304.0	9.4	11.0	3.04	11.43
294.0	11.4	11.0	3.05	12.36

（3）成果分析

从表 3-3 计算结果可以看出，当波纹管外径和波高不变时：同一壁厚下，由内开口增大引起的波距越大，从受力角度来讲，单位体积应力越大，材料利用率越高，这与表 3-2 所得出的结论相吻合。

3. 计算工况 3

（1）模拟方案及模型参数

波纹形状取为梯形，壁厚为 1mm，外径为 160mm。计算波高分别为 7mm、8mm、9mm、10mm 时套管的受力情况。

（2）计算结果

计算结果如表 3-4 所示。

（3）成果分析

从表 3-4 计算结果可以看出，当波纹管外径不变时：同一壁厚下，波高越大，从受力角度来讲，材料利用率越小。

计算工况 3 的计算结果（外径为 160mm） **表 3-4**

波高	波纹管长度（mm)	内开口长度（mm)	外开口长度（mm)	第一主应力（MPa)	单位体积的应力（Pa/mm^3）
壁厚为 1.0mm					
7	292.0	4.9	10.6	2.56	9.55
8	300.0	5.4	11.0	2.45	8.38
9	308.0	5.8	11.4	2.37	7.48
10	300.2	6.2	11.8	2.32	7.16

4. 总体评价

因此对计算方案一的总体评价为：虽然壁厚越小、波高越小、波距越大，材料利用率越好，但从破坏角度来讲，不能依此作为依据，下面将详细说明。

3.3.2　计算方案二

实际工程应用中考虑到浇筑混凝土后与塑料套管的连接，及桩土间咬合摩擦作用的发挥，内、外开口长度均大于 10mm。计算方案二是用于计算大开口波纹管的环刚度及等效壁厚，参数选取原则是内开口尽量大。

计算方案二用于计算大开口波纹管环刚度、等效壁厚，又分为如下 4 种具体计算工况：

1. 计算工况 1

（1）模拟方案及模型参数

波纹形状取为梯形，波高为 7mm，外径为 160mm，其他参数如下所示：

① 壁厚取为 1mm，外开口长度为 10.6mm，内开口长度分别为 12.9mm、14.9mm、16.9mm；

② 壁厚取为 1.2mm，外开口长度为 10.5mm，内开口长度分别为 12.5mm、14.5mm、16.5mm；

③ 壁厚取为 1.5mm，外开口长度为 10.3mm，内开口长度分别为 11.9mm、13.9mm、15.9mm；

④ 壁厚取为 2mm，外开口长度为 10.1mm，内开口长度分别为 10.9mm、12.9mm、14.9mm。

（2）计算结果

计算结果如表 3-5 所示。

计算工况 1 的计算结果（波高为 7mm，外径为 160mm）　　**表 3-5**

波距(mm)	内开口长度(mm)	外开口长度(mm)	环刚度(kN/m^2)	等效壁厚(mm)
壁厚为 1.0mm				
22.6	12.9	10.6	8.26	4.81
24.6	14.9	10.6	8.09	4.78
26.6	16.9	10.6	7.82	4.73
壁厚为 1.2（mm）				
22.3	12.5	10.5	9.61	5.06
24.3	14.5	10.5	9.32	5.01
26.3	16.5	10.5	9.02	4.96
壁厚为 1.5（mm）				
22.3	11.9	10.3	11.22	5.33
24.3	13.9	10.3	10.92	5.28
26.3	15.9	10.3	10.24	5.23
壁厚为 2.0（mm）				
22.1	10.9	10.1	13.45	5.66
24.1	12.9	10.1	13.11	5.61
26.1	14.9	10.1	12.75	5.56

（3）成果分析

从表 3-5 可以看出，当波高和外径一定时：在同一壁厚条件下，外开口长度不变时，内开口变大（波距变大），环刚度及等效壁厚都降低，但降低幅度都不大；总体上看，壁厚变大可提高环刚度且均明显。

2. 计算工况 2

（1）模拟方案及模型参数

波纹形状取为梯形，波高为 8mm，外径为 160mm，其他参数如下所示：

① 壁厚取为 1mm，外开口长度为 11.0mm，内开口长度为 13.4mm；

② 壁厚取为 1.2mm，外开口长度为 10.9mm，内开口长度为 12.9mm；

③ 壁厚取为 1.5mm，外开口长度为 10.8mm，内开口长度为 12.3mm；

④ 壁厚取为 2mm，外开口长度为 10.6mm，内开口长度为 11.3mm。

（2）计算结果

计算结果如表 3-6 所示。

计算工况 2 的计算结果（波高为 8mm，外径为 160mm）　　**表 3-6**

壁厚（mm）	波距（mm）	内开口长度（mm）	外开口长度（mm）	环刚度（kN/m^2）	等效壁厚（mm）
1.0	23.0	13.4	11.0	11.29	5.34
1.2	22.9	12.9	10.9	13.15	5.62
1.5	22.8	12.3	10.8	15.56	5.94
2.0	22.6	11.3	10.6	18.94	6.35

（3）成果分析

计算结果表明，在波高和外径不变时：随着壁厚的增大，环刚度显著增大，等效壁厚也有一定增大。

3. 计算工况 3

（1）模拟方案及模型参数

波纹形状取为梯形，波高为 9mm，外径为 160mm，其他参数如下所示：

① 壁厚取为 1mm，外开口长度为 11.4mm，内开口长度为 13.8mm；

② 壁厚取为 1.2mm，外开口长度为 11.3mm，内开口长度为 13.4mm；

③ 壁厚取为 1.5mm，外开口长度为 11.2mm，内开口长度为 12.8mm；

④ 壁厚取为 2mm，外开口长度为 11.0mm，内开口长度为 11.7mm。

（2）计算结果

计算结果如表 3-7 所示。

计算工况 3 的计算结果（波高为 9mm，外径为 160mm）　　**表 3-7**

波距（mm）	壁厚（mm）	内开口长度（mm）	外开口长度（mm）	环刚度（kN/m^2）	等效壁厚（mm）
23.4	1.0	13.8	11.4	14.73	5.76
23.3	1.2	13.4	11.3	17.27	6.07
23.2	1.5	12.8	11.2	20.52	6.43
23.0	2.0	11.7	11.0	25.34	6.90

（3）成果分析

表 3-7 的计算结果与表 3-6 一致，即在波高和外径不变时：随着壁厚的增大，环刚度显著增大，等效壁厚也有一定增大。

4. 计算工况 4

（1）模拟方案及模型参数

波纹形状取为梯形，波高为 10mm，外径为 160mm，其他参数如下所示：

① 壁厚取为 1mm，外开口长度为 11.8mm，内开口长度为 14.2mm；

② 壁厚取为 1.2mm，外开口长度为 11.7mm，内开口长度为 13.8mm；

③ 壁厚取为 1.5mm，外开口长度为 11.6mm，内开口长度为 13.2mm；

④ 壁厚取为 2mm，外开口长度为 11.4mm，内开口长度为 12.2mm。

（2）计算结果

计算结果如表 3-8 所示。

（3）成果分析

表 3-8 的计算结果同 3-6、表 3-7，同时从表 3-5～表 3-8 总体上可以看出，波高的增大对环刚度的提高相当的显著。表 3-7 和表 3-8 的数据对工程实际均最有利。

5. 总体评价

壁厚变大和波高变大均可提高环刚度。此外，表 3-5～表 3-8 均可作为资料备查。

计算工况 4 的计算结果（波高为 10mm，外径为 160mm）　　**表 3-8**

波距（mm）	壁厚（mm）	内开口长度（mm）	外开口长度（mm）	环刚度（kN/m²）	等效壁厚（mm）
23.8	1.0	14.2	11.8	18.65	6.10
23.7	1.2	13.8	11.7	21.69	6.42
23.6	1.5	13.2	11.6	26.24	6.84
23.4	2.0	12.2	11.4	32.81	7.37

3.3.3 计算方案三

1. 模拟方案

对于大开口波纹管，在土层作用下，为保证计算精度，选择 8 节点六面体单元需 42 万个自由度，计算十分困难、耗时，为了简化计算，必须进行预研究。计算方案三就是预研究，研究对象选择具有典型壁厚的圆形直管来研究，直管外径为 160mm，壁厚为 5.2mm。计算方案三用于计算直管埋入土层 20m 时的径向位移、按第三强度理论计算的最大应力、按第四强度理论计算的最大应力。主要模拟拔沉管时的受力情况，分塑料套管内注水和不注水两种情况。

2. 模型参数

（1）直管外径为 160mm，壁厚为 5.2mm，长度为 20m，内部无水。套管上拔位移分别为 1m、2m、3m、4m、6m、8m、10m、12m、14m、16m 时直管的受力情况；

（2）直管外径为 160mm，壁厚为 5.2mm，长度为 20m，内部有水。套管上拔位移分别为 1m、2m、3m、4m、6m、8m、10m、12m、14m、16m 时直管的受力情况。

3. 计算结果

计算方案三的计算结果　　**表 3-9**

上拔位移（m）	径向位移（mm）		按第三强度理论计算的应力 S_3（MPa）		按第四强度理论计算的应力 S_4（MPa）	
	无水	有水	无水	有水	无水	有水
1	0.236	0.208	4.70	3.32	4.49	3.27
2	0.236	0.197	4.45	3.14	4.35	3.10
3	0.358	0.186	4.43	2.97	3.95	2.92
4	0.336	0.175	4.43	2.79	3.95	2.75
6	0.294	0.274	4.43	2.79	3.95	2.75
8	0.282	0.206	4.43	2.10	3.95	2.07
10	0.282	0.171	4.43	1.75	3.95	1.72
12	0.282	0.137	4.43	1.40	3.95	1.38
14	0.282	0.103	4.43	1.20	3.95	1.11
16	0.282	0.081	4.43	1.20	3.95	1.11

4. 成果分析

计算结果（上述两种工况的计算结果均列于表 3-9）表明：由于塑料套管内注水增大了套管打设后桩身的重量，同时在一定程度上平衡了内外压力，所以拔沉管时产生的径向位移和最大应力都小于套管内无水时的计算值；无水时最大径向位移发生在上拔 3m 时，有水情况发生在上拔 6m 时，但计算结果显示沿直径方向的位移均很小，可以不考虑径向变形；按不同强度理论计算的上拔沉管时的最大应力均发生于上拔初期，上拔 1m 时产生的应力最大，当上拔超过 3m 时，受力显著减小或趋于稳定，所以在研究破坏时，只要研究上拔 1m 时管的受力情况即可；无水时计算应力值明显大于有水的情况，有水时，至少可以降低第三强度理论所得应力的 29％[(4.7－3.32)/4.7] 及第四强度理论所得应力的 27％[(4.49－3.27)/4.49]，说明套管内注水打设的方式是保证套管打设质量的有效措施；计算发现仅仅在土层作用下时，套管的受力相当于上拔沉管 16m 时的结果，所以不会出现危险。

5. 综合评价

综上所述的结论评价：研究波纹管的破坏可以仅研究上拔 1m 时的受力情况，这将大大简化下面的计算。

3.3.4　计算方案四

本工况针对波纹管在土层作用下的破坏分析，计算对象为大开口波纹管，仅仅研究套管上拔 1m 时的受力情况。计算方案四用于计算波纹管埋入土层时受土层作用而产生的径向位移、按第三强度理论计算的最大应力 S_3、按第四强度理论计算的最大应力 S_4，分为如下 3 种具体计算工况：

1. 计算工况 1

计算工况 1 的计算结果　　表 3-10

壁厚（mm）	内开口长度（mm）	外开口长度（mm）	径向位移（mm）	S_3(MPa)	S_4(MPa)
波高为 7mm					
1.0	14.9	10.6	0.66	21.9	20.5
1.2	14.5	10.5	0.55	18.0	16.7
1.5	13.9	10.3	0.45	14.4	13.3
2.0	12.9	10.1	0.36	10.5	9.65
波高为 8mm					
1.0	13.4	11.0	0.59	21.0	19.6
1.2	12.9	10.9	0.55	17.3	16.1
1.5	12.3	10.8	0.40	14.0	12.9
2.0	11.3	10.6	0.31	10.4	9.44
波高为 9mm					
1.0	13.8	11.4	0.55	20.3	18.9
1.2	13.4	11.3	0.46	17.3	15.9
1.5	12.8	11.2	0.37	13.7	12.5
2.0	11.7	11.0	0.45	10.2	9.24
波高为 10mm					
1.0	14.2	11.8	0.51	19.6	18.3
1.2	13.8	11.7	0.53	16.8	15.4
1.5	13.2	11.6	0.35	13.3	12.2
2.0	12.2	11.4	0.44	9.98	9.02

（1）模拟方案及模型参数

波纹管外径为 160mm，埋深为 20m，内部无水。

① 波高为 7mm，壁厚分别为 1.0mm、1.2mm、1.5mm、2.0mm；

② 波高为 8mm，壁厚分别为 1.0mm、1.2mm、1.5mm、2.0mm；

③ 波高为 9mm，壁厚分别为 1.0mm、1.2mm、1.5mm、2.0mm；

④ 波高为 10mm，壁厚分别为 1.0mm、1.2mm、1.5mm、2.0mm。

（2）计算结果

埋深 20m，许用应力为 12.5MPa，粗体为危险值，计算结果见表 3-10。

2. 计算工况 2

（1）模拟方案及模型参数

波纹管外径为 160mm，埋深为 16m，内部无水。

① 波高为 7mm，壁厚分别为 1.2mm、1.5mm；

② 波高为 8mm，壁厚分别为 1.2mm、1.5mm；

③ 波高为 9mm，壁厚分别为 1.2mm、1.5mm；

④ 波高为 10mm，壁厚分别为 1.2mm、1.5mm。

(2) 计算结果

埋深 16m，许用应力为 12.5MPa，粗体为危险值，计算结果见表 3-11。

计算工况 2 的计算结果 **表 3-11**

壁厚（mm）	内开口长度（mm）	外开口长度（mm）	径向位移（mm）	S_3(MPa)	S_4(MPa)
波高为 7mm					
1.2	14.5	10.5	0.44	14.4	13.4
1.5	13.9	10.3	0.36	11.5	10.6
波高为 8mm					
1.2	12.9	10.9	0.40	13.9	12.9
1.5	12.3	10.8	0.32	11.2	10.3
波高为 9mm					
1.2	13.4	11.3	0.37	13.9	12.7
1.5	12.8	11.2	0.30	10.9	10.0
波高为 10mm					
1.2	13.8	11.7	0.35	13.4	12.3
1.5	13.2	11.6	0.28	10.7	9.72

3. 计算工况 3

计算工况 3 的计算结果 **表 3-12**

壁厚（mm）	内开口长度（mm）	外开口长度（mm）	径向位移（mm）	S_3(MPa)	S_4(MPa)
波高为 7mm					
1.0	14.9	10.6	0.33	10.9	10.2
1.2	14.5	10.5	0.27	8.98	8.36
波高为 8mm					
1.0	13.4	11.0	0.29	10.5	9.79
1.2	12.9	10.9	0.24	8.65	8.03
波高为 9mm					
1.0	13.8	11.4	0.27	10.1	9.45
1.2	13.4	11.3	0.23	8.64	7.95
波高为 10mm					
1.0	14.2	11.8	0.25	9.79	9.14
1.2	13.8	11.7	0.21	8.38	7.70

(1) 模拟方案及模型参数

波纹管外径为 160mm，埋深为 10m，内部无水。

① 波高为 7mm，壁厚分别为 1.0mm、1.2mm；

② 波高为 8mm，壁厚分别为 1.0mm、1.2mm；

③ 波高为 9mm，壁厚分别为 1.0mm、1.2mm；

④ 波高为 10mm，壁厚分别为 1.0mm、1.2mm。

（2）计算结果

埋深 10m，许用应力为 12.5MPa，如表 3-12 所示。

4. 计算工况 1～3 的成果分析

根据表 3-10～表 3-12 的计算结果表明，波高越大越安全，波高对套管安全性的影响较大，不同波高时的强度计算值差别较大；埋深 10m 以内，采用壁厚 1.0mm 的波纹管即可；埋深 16m 以内，在 10～16m 区间必须采用壁厚 1.5mm 的波纹管偏于安全；埋深 20m 以内，在 16～20m 区间必须采用壁厚 2.0mm 的波纹管偏于安全；计算得到的径向位移均很小，可忽略；上述计算结果都是针对套管内无水时的计算值，目前实际施工中都采用注水打设的方式，因此计算结果偏于安全。

3.3.5 计算方案五

上面计算的工况都是针对梯形波纹管波高、波距进行分析，而对圆形和波角 θ 超过 12°的工况未进行分析。对于圆形波纹管，在采用有限元计算时，圆形部分是采用多段直线模拟的，与梯形波纹管相比，圆形波纹管的波角 θ 偏大。为此，只要研究波角 θ 较大的梯形波纹管，即可以查看大波角情况，也可以近似模拟圆形波纹管。

计算方案五用于计算波纹管波角 θ 变为 15°时的波纹管的环刚度、埋入土层中的径向位移、按第三强度理论计算的最大应力 S_3、按第四强度理论计算的最大应力 S_4，分为如下两种具体计算工况：

1. 计算工况 1

（1）模拟方案及模型参数

波纹管外径为 160mm，波角 θ 为 15°，计算环刚度。

① 波高为 7mm，壁厚分别为 1.0mm、1.2mm、1.5mm、2.0mm；

② 波高为 8mm，壁厚分别为 1.0mm、1.2mm、1.5mm、2.0mm；

③ 波高为 9mm，壁厚分别为 1.0mm、1.2mm、1.5mm、2.0mm；

④ 波高为 10mm，壁厚分别为 1.0mm、1.2mm、1.5mm、2.0mm。

（2）计算结果

计算结果如表 3-13 所示，外径为 160mm 波纹管，前 5 列为波角 θ=15°时的参数，最后一列为参考值，参考值在波纹设计方面与波角 θ=15°的区别为波角 θ 改为 12°。

计算工况 1 的计算结果　　表 3-13

壁厚（mm）	波距（mm）	内开口长度（mm）	外开口长度（mm）	θ=15°环刚度（kN/m²）	θ=12°环刚度（kN/m²）
波高为 7mm					
1.0	23.2	13.7	11.2	8.145	8.257
1.2	23.1	13.3	11.1	9.287	9.609
1.5	22.9	12.6	10.9	10.910	11.225
2.0	22.7	11.6	10.7	13.074	13.450
波高为 8mm					
1.0	23.8	14.2	11.8	10.943	11.285

续表

壁厚(mm)	波距(mm)	内开口长度(mm)	外开口长度(mm)	θ=15°环刚度(kN/m^2)	θ=12°环刚度(kN/m^2)
1.2	23.6	13.8	11.6	12.614	13.151
1.5	23.5	13.2	11.5	15.108	15.558
2.0	23.2	12.1	11.2	18.251	18.942
波高为9mm					
1.0	24.3	14.8	12.3	14.232	14.727
1.2	24.2	14.3	12.2	16.436	17.266
1.5	24.0	13.7	12.0	19.737	20.518
2.0	23.8	12.7	11.8	24.489	25.341
波高为10mm					
1.0	24.8	15.3	12.8	17.773	18.647
1.2	24.7	14.9	12.7	20.863	21.685
1.5	24.6	14.3	12.6	25.333	26.237
2.0	24.3	13.2	12.3	31.474	32.814

（3）成果分析

计算结果表明，同一波高时，随壁厚的增大、波距减小，环刚度增大，这与前述计算结果是一致的；不同波高对环刚度影响明显，波高越大，环刚度增大；对比两种不同波角的计算值，同等条件下，随着波角的增大，$\theta=15°$时环刚度小于$\theta=12°$时的环刚度，减小2%～4%左右。

2. 计算工况2

（1）模拟方案及模型参数

波纹管外径为160mm，波高为7mm，埋深分别为10m、16m、20m，根据前述不同深度计算结果的得到的安全值，壁厚分别取为1.0mm、1.2mm、1.5mm、2.0mm。

（2）计算结果

计算结果如表3-14所示，外径为160mm波纹管，表中括号内的值为参考值，参考值在波纹设计方面与波角$\theta=15°$的区别为波角θ改为12°，同时，埋深也一样。

计算工况2的计算结果　　表3-14

埋深(m)	壁厚(mm)	内开口长度(mm)	外开口长度(mm)	径向位移(mm)	S_3(MPa)	S_4(MPa)
10	1.0	13.7	11.2	0.32（0.33）	10.96（10.90）	10.34（10.20）
10	1.2	13.3	11.1	0.27（0.27）	9.12（8.98）	8.48（8.36）
16	1.5	12.6	10.9	0.35（0.36）	11.60（11.50）	10.70（10.60）
20	2.0	11.6	10.7	0.36（0.36）	10.80（10.50）	9.69（9.65）

（3）成果分析

计算结果表明波角θ变大，受力略差，径向位移略优；按前述各计算结果确定的不同深度处波纹管形状参数的取值，在表 3-14 中的计算结果是偏安全的，说明前述计算分析结论是可取的。

3. 综合评价

波角 θ 变大，环刚度降低，受力状况变差，虽然径向位移略好，但径向位移本身就小且可以忽略，所以径向位移略好是没有意义的。为此，不宜采用圆形波纹管或大波角波纹管，采用梯形波纹管是合理的。

3.4　优化波纹形状探讨

根据上述计算分析结果，从防止波纹管破坏的角度来讲，波高越大越好、壁厚越大越好，但从材料节约角度来讲，波高越小越好、壁厚越小越好。下面给出的波纹参数选取原则：采用小波角，最优波纹的波高与波距之比为 0.5～0.7、且尽量采用宽波峰 a 的波纹，如图 3-2 及表 3-15～表 3-17 所示。

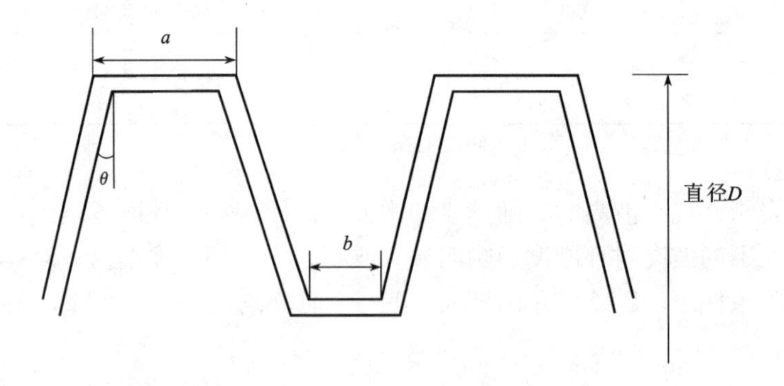

图 3-2　波纹形状及尺寸

埋深 10m 时的波纹形状参数（波角 θ 为 12°）　　表 3-15

壁厚(mm)	波高(mm)	波距(mm)	a(mm)	b(mm)	内开口长度（mm）	外开口长度（mm）	S_3(MPa)	选择性
1.0	7	24.6	14.0	8.0	14.9	10.6	10.9	★★★★
1.0	8	23.0	12.0	8.0	13.4	11.0	10.5	★★★
1.0	9	23.4	12.0	8.0	13.8	11.4	10.1	★★
1.0	10	23.8	12.0	8.0	14.2	11.8	9.79	★

埋深 16m 时的波纹形状参数（波角 θ 为 12°）　　表 3-16

壁厚(mm)	波高(mm)	波距(mm)	a(mm)	b(mm)	内开口长度（mm）	外开口长度（mm）	S_3(MPa)	选择性
1.5	7	24.3	14.0	8.0	13.9	10.3	11.5	★★★★
1.5	8	22.8	12.0	8.0	12.3	10.8	11.2	★★★
1.5	9	23.2	12.0	8.0	12.8	11.2	10.9	★★
1.5	10	23.6	12.0	8.0	13.2	11.6	10.7	★

埋深 20m 时的波纹形状参数（波角 θ 为 12°） 表 3-17

壁厚 (mm)	波高 (mm)	波距 (mm)	a (mm)	b (mm)	内开口长度 (mm)	外开口长度 (mm)	S_3(MPa)	选择性
2.0	7	24.1	14.0	8.0	12.9	10.1	10.5	★★★★
2.0	8	22.6	12.0	8.0	11.3	10.6	10.4	★★★
2.0	9	23.0	12.0	8.0	11.7	11.0	10.2	★★
2.0	10	23.4	12.0	8.0	12.2	11.4	9.98	★

表 3-15～表 3-17 为根据上述各工况的计算分析结果，得到的不同打设深度时最终建议选取的波纹形状，表中最后一列的选择性星级为考虑节约材料时的评价，若从考虑安全角度来讲，上述选择正好相反。实际应用中，塑料套管可根据软土参数、打设深度及布桩间距的不同而沿桩身采用不同波纹形状，这样既能保证套管的打设质量，又能节省材料、降低成本，也有利于其成桩后最终承载性能的发挥。

3.5 相邻桩打设对塑料套管影响的分析

3.5.1 材料性质和力学参数

岩土、混凝土和土壤等材料都属于颗粒状材料，此类材料受压屈服强度远大于受拉屈服强度，且材料受剪时，颗粒会膨胀，Drucker-Prager 屈服准则能较好地描述这类材料，内摩擦角和膨胀角在计算中取为等值。波纹管及土的材料性质见表 3-18。

波纹管及土的材料性质 表 3-18

材料名称	弹性模量 E (MPa)	泊松比 μ	密度 ρ(kg/m³)	黏聚力 c(kPa)	摩擦角 φ(°)
黏土	4.26	0.4	1880	22	20
砂土	63.2	0.3	1960	0	25
PVC 管	3000	0.3	1380	—	—
PE 管	900	0.45	960	—	—

3.5.2 单根桩打设时

对环刚度为 8 的等效圆管，进行打设深度的验算。

按打设深度及软硬土深度不同，计算工况为以下 9 种：

（1）埋设深度 20m，沉管 10m 深，上部黏土 10m 深，下部砂土 10m 深，沉管正好拔到软硬土交界面处，沉管的密度取为与上部黏土的密度相同；

（2）埋设深度 20m，沉管全部拔出，上部黏土 10m 深，下部砂土 10m 深；

（3）埋设深度 16m，沉管 8m 深，上部黏土 8m 深，下部砂土 8m 深，沉管正好拔到软硬土交界面处，沉管的密度取为与上部黏土的密度相同；

（4）埋设深度 16m，沉管 6m 深，上部黏土 6m 深，下部砂土 10m 深，沉管正好拔到软硬土交界面处，沉管的密度取为与上部黏土的密度相同；

（5）埋设深度 16m，沉管全部拔出，上部黏土 6m 深，下部砂土 10m 深；

（6）埋设深度 16m，沉管全部拔出，上部黏土 6m 深，下部砂土 10m 深，塑料管的密度取为与上部黏土的密度相同；

（7）埋设深度 14m，沉管全部拔出，上部黏土 6m 深，下部砂土 8m 深，塑料管的密度取为与上部黏土的密度相同；

（8）埋设深度 14m，沉管 4m 深，上部黏土 4m 深，下部砂土 10m 深，沉管正好拔到软硬土交界面处，沉管、塑料管的密度取为与上部黏土的密度相同；

（9）埋设深度 14m，沉管全部拔出，上部黏土 4m 深，下部砂土 10m 深，塑料管的密度取为与上部黏土的密度相同。

由于这 9 种工况的计算模型相差不大，这里仅仅列出工况 2 的有限元模型图、整体水平位移、塑料管水平位移图、按第四和第三强度理论计算出的节点的应力图（工况 2 如图 3-3～图 3-7 所示）。

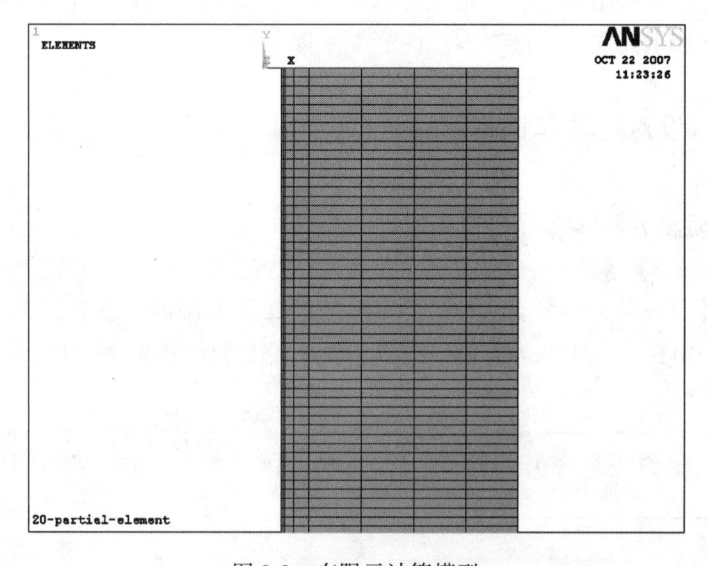

图 3-3　有限元计算模型

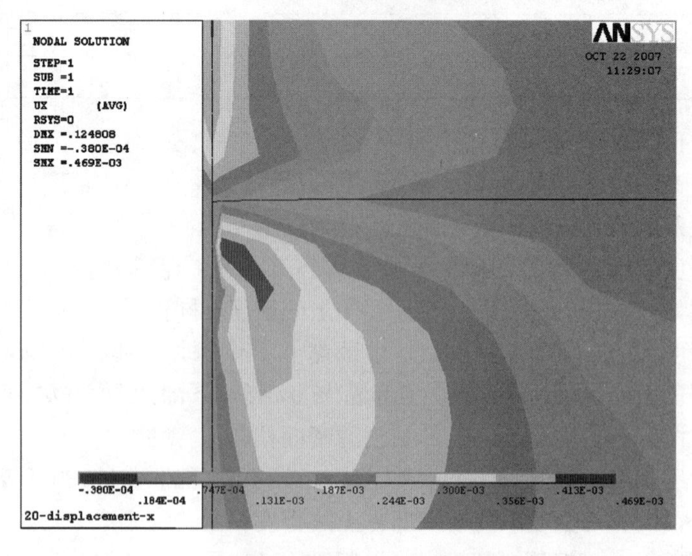

图 3-4　整体水平位移图

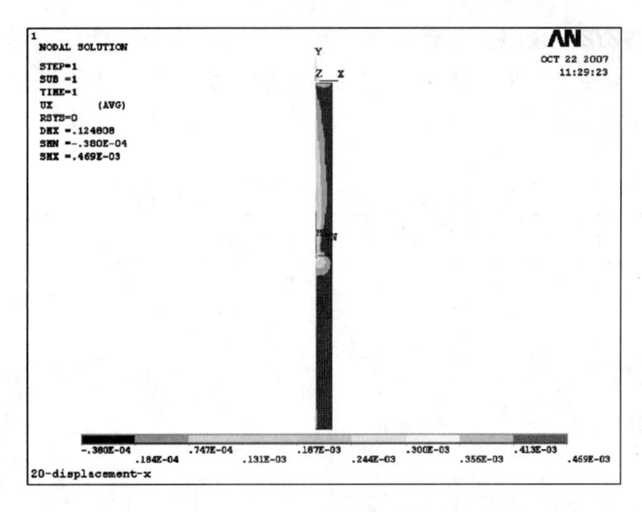

图 3-5　塑料套管的水平位移图

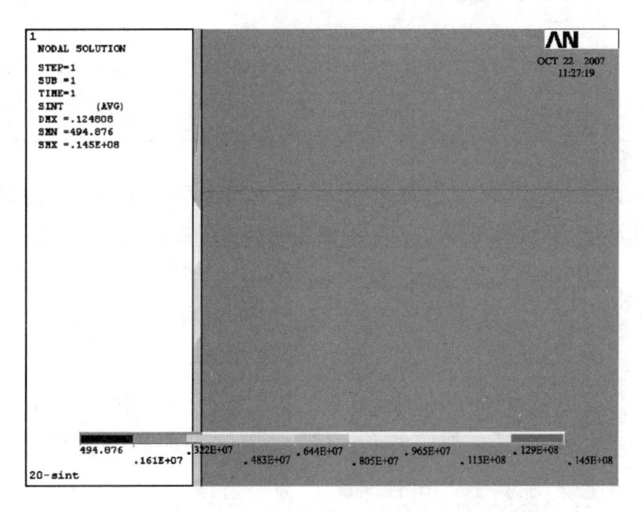

图 3-6　按第四强度理论的节点应力图

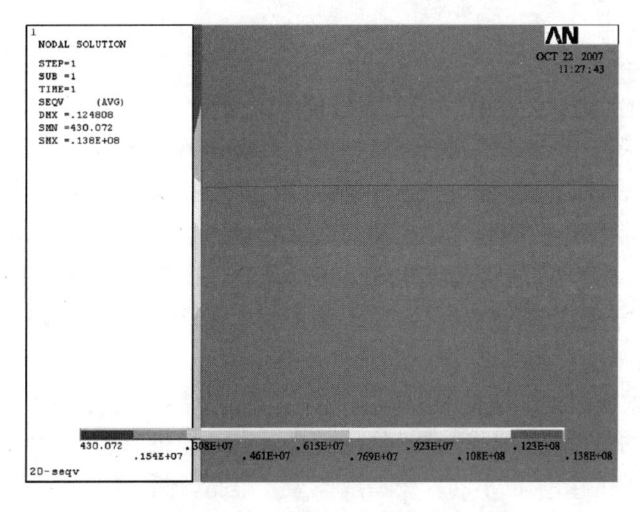

图 3-7　按第三强度理论的节点应力图

将上述计算结果进行整理，如表 3-19 所示，其中，Sint 为按第四强度理论计算出的节点的应力，Seqv 为按第三强度理论计算的节点的应力。节点 3 位于为软硬土交接处。节点 n550、n287 等为应力最大的节点，分布在软硬土交界处附近。

九种工况软硬土交界处应力及最大应力　　表 3-19

序号	模型代号	节点号	Sint(MPa)	Seqv(MPa)	节点号	Sint(MPa)	Seqv(MPa)
1	2010-1	3	25.3	22.0	287	46.8	40.9
2	2010-2	3	11.9	10.6	550	14.4	13.8
3	1608-1	3	19.1	16.5	242	34.5	30.1
4	1606-1	3	12.6	10.9	302	22.6	19.7
5	1606-2	3	6.85	6.11	466	8.02	7.70
6	1606-3	3	6.85	6.12	466	8.02	7.71
7	1406-3	3	6.74	6.05	339	8.03	7.71
8	1404-1	3	6.14	5.33	252	11.9	10.4
9	1404-3	3	4.34	3.88	344	4.95	4.74

模型代号表示方法（*abcd-e*）：前两位 *ab* 表示波纹管打设深度，后两位 *cd* 表示上层土深度，最后的 *e* 表示状态，*e*=1 表示沉管被拔到软硬土交接处；*e*=2 表示沉管被完全拔出；*e*=3 表示沉管被完全拔出且塑料管的密度取为与上部黏土的密度相同。以 2010-2 为例，该模型代号表示波纹管打设深度为 20m，上层土深度 10m，沉管已完全拔出。

分析：在设计温度 20℃，使用年限 50 年，PE 塑料管的设计许用应力为 7.6MPa。

（1）由表 3-19 分析可知，塑料管打设到预定深度，在将外面的套管（沉管）拔到软硬土交接部位时，即使是只打设 14m 的深度，塑料管的最大应力 11.9MPa 也已超过了其设计容许应力，由此可知，在打设塑料管时，必须采取保护措施，譬如在塑料管与沉管之间灌水等。

（2）在沉管完全拔出之后，塑料管的最大应力减小到有沉管时的 1/3 左右，以 2010-1 和 2010-2 比较。由此可见，在沉管拔出的过程中，塑料管易发生破坏，是危险的工况。

（3）在计算过程中，为防止局部沉降造成的计算误差，将塑料管的密度取为与上部黏土的密度相同，由表 3-9 比较 1606-2 和 1606-3 可以看出，此举对结果影响不大。

（4）应力沿塑料管长度方向变化规律。在沉管拔出至软硬土交界处的情况下，塑料管分两部分，上部有沉管的部分应力较小，下部从底部向上应力逐渐增大，到软硬土交接处达到最大；在沉管完全拔出的情况下，应力从上到下逐渐增大，至接近软硬土交界处时达到最大，然后开始减小直至底部。

3.5.3　打设第二根桩对第一根桩的影响

在打设第二根桩的时候，由于挤土作用，会对第一根桩有影响。两根桩的距离、材质及环刚度的不同，影响结果也不同。模型取模型 3 进行分析。

考虑两种材料 PE 管和 PVC 管；每种管材的环刚度选用 4 种，S4、S8、S12 和 S16；

两个塑料管的距离取为 $3d$、$4d$ 和 $5d$（d 为塑料管的直径）。

共计 24 种计算工况。由于有限元模型相近，这里仅仅绘制环刚度为 8 的 PVC 管 $3d$ 的有限元模型图、水平位移图及内力图（图 3-8～图 3-11）。将上述计算结果列表如表3-20所示；表中，U_x 表示水平方向的相对位移（即径向位移），Sint 表示按第四强度理论计算出的最大应力，Seqv 表示按第三强度理论计算出的最大应力。PE 塑料管的设计许用应力为 6.3MPa。PVC 塑料管的设计许用应力为 11MPa。

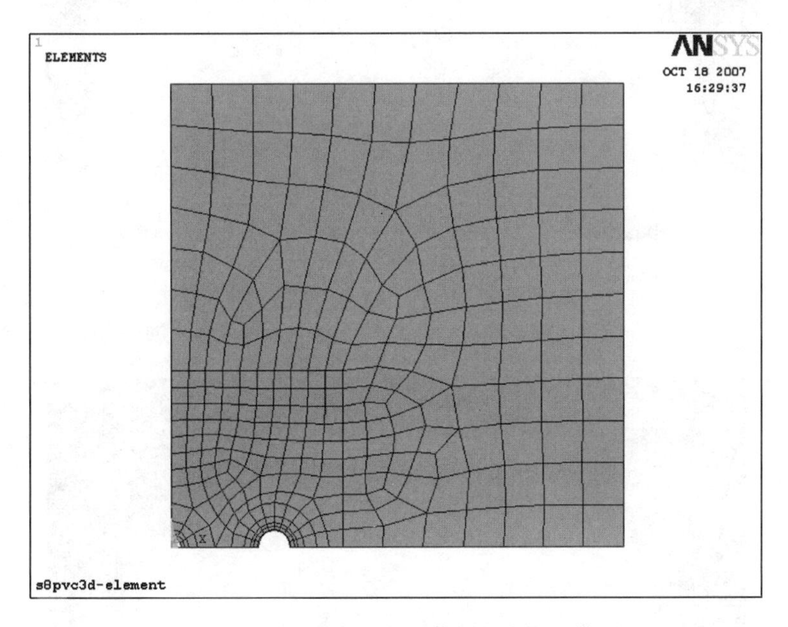

图 3-8 PVC 管与土相互作用的有限元模型

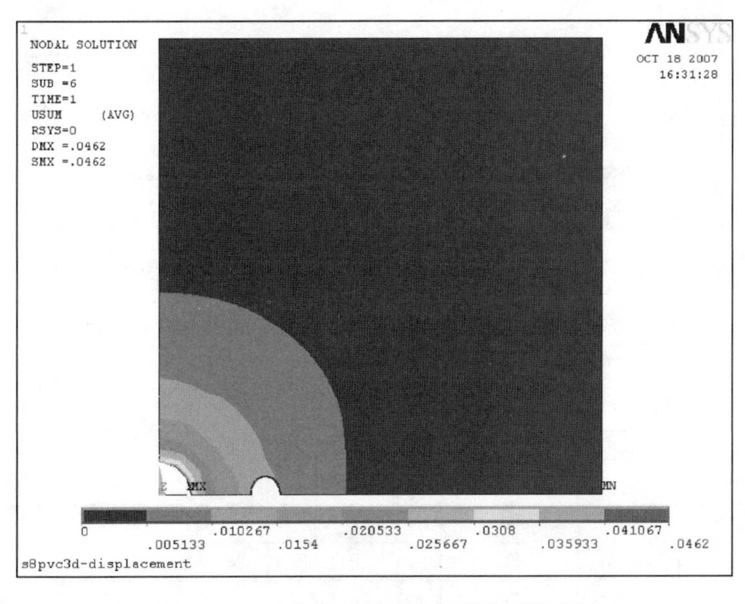

图 3-9 PVC 管与土相互作用的水平位移图

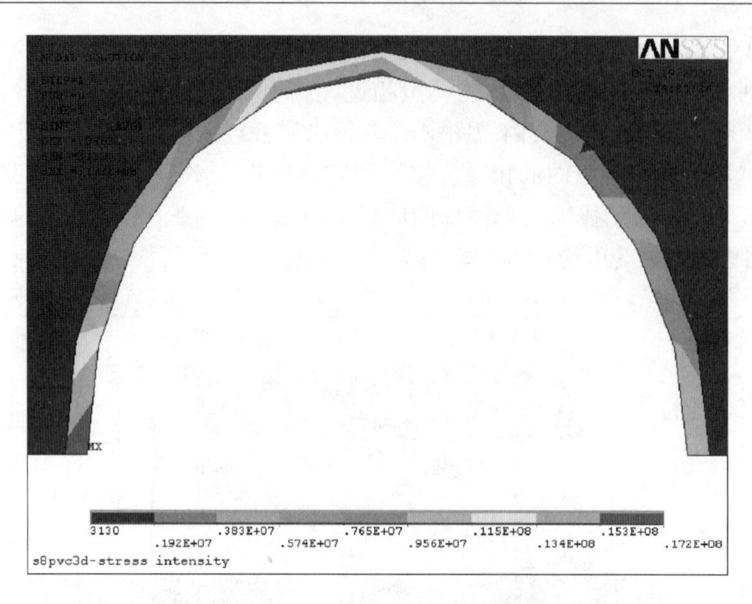

图 3-10　按第四强度理论计算的 PVC 管与土相互作用的应力图

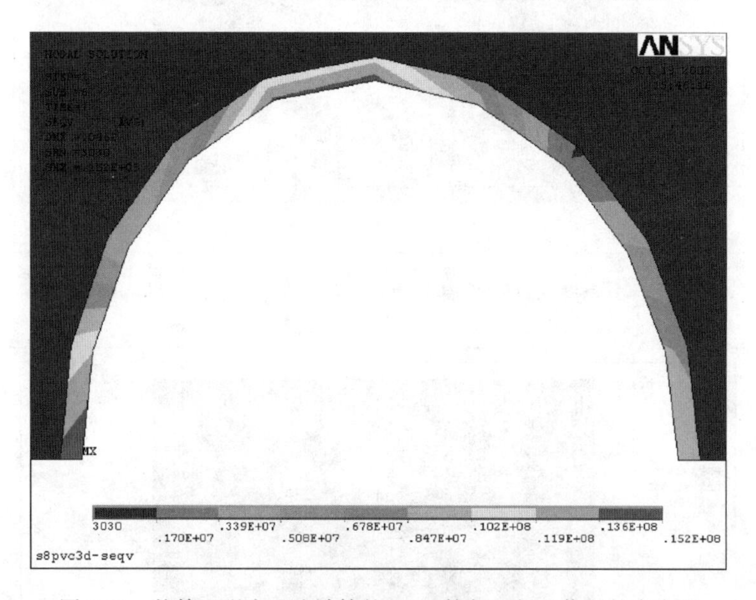

图 3-11　按第三强度理论计算的 PVC 管与土相互作用的应力图

PE 管和 PVC 管在不同间距条件下的水平位移及最大应力　　表 3-20

PE 塑料管									
环刚度	间距为 3*d*			间距为 4*d*			间距为 5*d*		
	U_x (mm)	Sint (MPa)	Seqv (MPa)	U_x (mm)	Sint (MPa)	Seqv (MPa)	U_x (mm)	Sint (MPa)	Seqv (MPa)
S4	8.270	8.47	7.35	4.840	5.01	4.35	3.143	3.42	2.97
S8	6.492	8.05	6.98	3.940	4.93	4.28	2.642	3.47	3.01
S12	5.291	7.37	6.39	3.334	4.67	4.05	2.290	3.35	2.90
S16	4.409	6.71	5.82	2.865	4.40	3.81	2.014	3.19	2.77

续表

PVC塑料管									
环刚度	间距为 $3d$			间距为 $4d$			间距为 $5d$		
	U_x (mm)	Sint (MPa)	Seqv (MPa)	U_x (mm)	Sint (MPa)	Seqv (MPa)	U_x (mm)	Sint (MPa)	Seqv (MPa)
$S4$	8.606	17.6	15.6	5.040	10.4	9.23	3.253	7.09	6.26
$S8$	6.955	17.2	15.2	4.194	10.5	9.27	2.791	7.28	6.45
$S12$	5.889	16.2	14.3	3.647	10.1	8.93	2.480	7.14	6.33
$S16$	5.006	15.0	13.3	3.196	9.56	8.48	2.219	6.90	6.12

对于土体自重产生的环压，随深度逐渐增大，但对塑料管的计算压力影响小于扩孔的影响。对于环刚度为4，许用应力为4.3MPa的PE管材，所能承受的最大均布围压为4.3MPa。取土的密度为1880kg/m^3，在20m深度所产生的压应力为$1880\times9.8\times20=368480$Pa，即0.37MPa，为所能承受的最大均布围压的8.6%。表3-20中所列出的由于挤土作用而使塑料管产生的最大应力，以$4d$间距为例，按第三强度理论计算的最大应力为4.35MPa，此时自重产生的压应力为最大应力的8.6%。为安全计，把表3-20中的计算结果增大10%。

分析表3-20可知：

(1) 当塑料管桩间距为$3d$时，把表3-20中的最大应力增大10%，显然全部超过容许应力，此时所有环刚度的塑料管均不可用；

(2) 当塑料管桩间距为4～$5d$之内时，应采用至少环刚度为8的PE塑料管，或应采用至少环刚度为12的PVC塑料管；

(3) 当塑料管桩间距大于或等于$5d$时，可采用环刚度为4的PE塑料管，或应采用环刚度为4的PVC塑料管；

(4) 计算应力沿塑料管环面的变化：离第一根桩较近点处（在节点2处）和顶点处（在节点3处）处应力较大，远点（在节点8处）也较大，但相对前两点要小，其余点沿曲面方向逐渐增减。

此外，考虑波纹管打设深度较深，周围土是否会对其垂直度有影响。为解决这一问题，取埋设深度2m，建立三维的模型图、单元图、变形图及内力图。由变形图可以看出，变形从上往下先增大再减小再增大，下部增大的原因是因为底部设置为自由面，可以不考虑，只分析上部变化。上半部分在1m的范围内最大相对位移为0.0073m，相对于总长度可以不计。

3.6 塑料套管自重对变形的影响

在进行波纹结构优化时，基本荷载均为塑料管自重加外部均布荷载。考虑到塑料管自重比较小，为了简化计算，是否可以在计算中忽略自重影响，只施加外部荷载，本研究经计算得出，自重影响可以忽略不计。单壁波纹管采用波高12mm，波长20mm的波纹结构，考虑三种情况，有限元模型及网格划分见图3-12。

第一种情况，只考虑自重影响，径向变形δ_1为0.107mm。

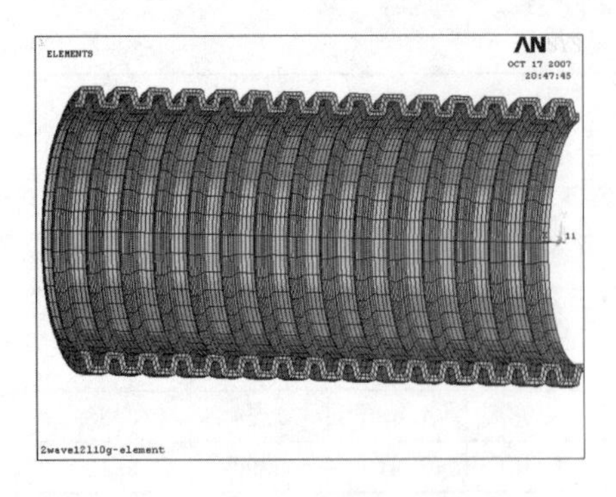

图 3-12　自重影响分析的有限元模型及网格划分

第二种情况，只施加外部荷载。所施加外力的大小这样确定：按计算环刚度时的要求，所施加的外力要使波纹管径向变形为直径的 3%。按这个要求，外力合力为 55×15=825N，变形量 δ_2 为 4.28mm。

第三种情况，自重和外部荷载均施加在波纹管上，为增加可比性，取外力和第二种情况的外力相同，此时，变形量 δ_3 为 0.00439m。

由以上三种情况，经计算 $\delta_1/\delta_3=0.024$，可知，只加自重所产生的变形占总变形的 2.4%，故可忽略不计，只考虑外力的影响。

3.7　不同桩长大直径塑料套管壁厚计算

3.7.1　计算工况

首先，根据以前的研究结果，最优波纹的波高与波距之比为 0.5～0.7，此处取 0.5，即 $h/(a+b)=0.5$，h 为波高，a、b 的含义见图 3-1，由此可得：当外径为 25cm、b=1.1cm 时，a=1.5cm；当外径为 20cm、b=1.0cm 时，a=1.4cm。

计算工况一：当波纹管外径为 25cm，波高为 1.3cm，b=1.1cm 时。

（1）壁厚分别为 1.0mm、1.2mm、1.5mm、1.7mm、2mm 时的环刚度；

（2）壁厚分别为 1.0mm、1.2mm、1.5mm、1.7mm、2mm，埋深分别为 10m、15m、20m 时的受力分析。

计算工况二：波纹管外径为 20cm，波高为 1.2cm，b=1.0cm 时。

（1）壁厚分别为 1.0mm、1.2mm、1.5mm、1.7mm、2mm 时的环刚度；

（2）壁厚分别为 1.0mm、1.2mm、1.5mm、1.7mm、2mm，埋深分别为 10m、15m、20m 时的受力分析。

计算工况三：波纹管外径分别为 20cm（波高为 1.2cm，b=1.0cm）和 25cm（波高 1.3cm，b=1.1cm）时，管内有水，且内外水位差为 2m 时，计算不同埋深需要的波纹管壁厚。

3.7.2　计算工况一的计算结果

1. 不同壁厚时的计算结果

波高为 1.3cm，b=1.1cm，壁厚分别为 1.0mm、1.2mm、1.5mm、1.7mm、2mm 时的环刚度如表 3-21 所示。

外径为 25cm 的环刚度　　**表 3-21**

波距（mm）	壁厚（mm）	环刚度（kN/m²）	等效壁厚（mm）
2.6	1.0	9.139	7.4342
2.6	1.2	10.798	7.8593
2.6	1.5	13.123	8.3871
2.6	1.7	14.573	8.6853
2.6	2.0	16.576	9.0663

2. 不同壁厚和埋深时的计算结果

塑料套管内无水工况下，壁厚分别为 1.0mm、1.2mm、1.5mm、1.7mm、2mm，埋深分别为 10m、15m、20m 时的受力分析，如表 3-22 所示，容许应力为 12.5MPa，粗体为危险。S_3、S_4 为分别按第三、第四强度理论计算的应力值。

外径为 25cm 计算结果　　表 3-22

壁厚（mm）	S_3(MPa)	S_4(MPa)
埋深 10m		
1.0	17.204	15.072
1.2	13.668	11.969
1.5	10.312	9.020
1.7	8.800	7.688
2.0	7.160	6.243
埋深 15m		
1.0	—	—
1.2	22.174	19.332
1.5	16.738	14.574
1.7	14.294	12.434
1.8	13.299	11.563
2.0	11.651	10.119
埋深 20m		
1.0	—	—
1.2	—	—
1.5	—	—
1.7	18.543	16.154
2.0	15.103	13.133

3.7.3 计算工况二的计算结果

1. 不同壁厚时的计算结果

外径为 20cm，波高为 1.2cm，b=1.0cm，壁厚分别为 1.0mm、1.2mm、1.5mm、1.7mm、2mm 时的环刚度，计算结果如表 3-23 所示。

外径为 20cm 的环刚度　　表 3-23

波距（mm）	壁厚（mm）	环刚度(kN/m^2)	等效壁厚(mm)
2.4	1.0	14.621	6.8316
2.4	1.2	17.306	7.2266
2.4	1.5	21.088	7.7187
2.4	1.7	23.448	7.9965
2.4	2.0	26.662	8.3464

2. 不同壁厚和埋深时的计算结果

塑料套管内无水工况下，壁厚分别为 1.0mm、1.2mm、1.5mm、1.7mm、2mm；埋深分别为 10m、15m、20m 时的受力分析，如表 3-24 所示，容许应力为 12.5MPa，粗体为危险。S_3、S_4 为分别按第三、第四强度理论计算的应力值。

外径为20cm计算结果 表3-24

壁厚（mm）	S_3(MPa)	S_4(MPa)
埋深10m		
1.0	14.754	12.912
1.2	11.684	10.231
1.5	8.766	7.722
1.7	7.486	6.600
2.0	6.084	5.358
埋深15m		
1.0	23.774	20.723
1.2	18.827	16.413
1.5	14.141	12.382
1.7	12.094	10.599
2.0	9.866	8.633
埋深20m		
1.0	—	—
1.2	—	—
1.5	—	—
1.7	15.717	13.802
1.8	14.629	12.842
2.0	12.805	11.229

3.7.4 计算工况三的计算结果

计算工况三：波纹管外径分别为20cm（波高为1.2cm，b=1.0cm）如表3-25和25cm（波高1.3cm，b=1.1cm）如表3-26时，管内有水，且内外水位差为2m。S_3、S_4为分别按第三、第四强度理论计算的应力值，许用应力为12.5MPa，粗体为危险。

外径为25cm管内有水受力分析 表3-25

壁厚（mm）	S_3(MPa)	S_4(MPa)
埋深10m		
1.0	7.567	7.426
埋深15m		
1.0	11.35	11.14
埋深20m		
1.0	15.13	14.85
1.2	11.10	10.90

外径为20cm管内有水受力分析 表3-26

壁厚（mm）	S_3(MPa)	S_4(MPa)
埋深20m		
1.0	11.02	10.88
1.2	8.960	8.78

3.7.5 综合评价

（1）当管内水位较高时，外径 25cm 的波纹管，埋深 15m 只需壁厚 1.0mm 的管即可，埋深 20m 时，需壁厚 1.2mm 的管；外径 20cm 的波纹管，埋深 20m 时，需壁厚 1.0mm 的管；

（2）当管内无水或水位较低时，外径 25cm 的波纹管，埋深 10m 需壁厚 1.2mm 的管，埋深 15m 需壁厚 1.7mm 的管，埋深 20m 需壁厚 2.2mm 的管；外径 20cm 的波纹管，埋深 10m 需壁厚 1.0mm 的管，埋深 15m 需壁厚 1.5mm 的管，埋深 20m 需壁厚 1.8mm 的管。

3.8 结论

（1）计算表明，目前已在实际工程中应用的直径 16cm、20cm、25cm 波纹管，在管内无水的情况下，当上拔沉管 3m 时发生最大径向位移；在管内有较高水位的情况下，当上拔沉管 6m 时发生最大径向位移。但沿直径方向位移均很小，实际工程中可不予考虑。

（2）塑料波纹管的最大应力发生在沉管上拔初期，上拔 1m 时产生的应力最大，当上拔超过 3m 时，受力显著减小或趋于稳定，所以在研究破坏时，只要研究上拔 1m 时管的受力情况即可。在打设单根桩时，在软硬土交界处附近应力达到最大。在打设过程中必须采取一定的保护措施，如注水等，以保护塑料波纹管不被损坏。

（3）计算表明，小直径塑料波纹管在同一壁厚情况下，波高/波距＝0.38 时最优。

（4）波角 θ 变大，环刚度降低，受力状况变差，虽然径向位移略好，但径向位移本身就小且可以忽略，所以径向位移略好是没有意义的。为此，不宜采用圆形波纹管或大波角波纹管，采用梯形或弧形波纹管是合理的。

（5）理论计算表明，埋深 10m 以内，采用壁厚 1.0mm 的波纹管即可；埋深 16m 以内，在 10～16m 区间必须采用壁厚 1.5mm 的波纹管偏于安全；埋深 20m 以内，在 16～20m 区间必须采用壁厚 2.0mm 的波纹管偏于安全。在实际施工中，可采取注水打设等手段保护塑料波纹管，因此计算结果是偏于安全的。实际工程中塑料套管指标的选用与布桩间距及地质情况也有较大关系。

（6）根据理论计算再加工程实践表明，目前工程中所应用的 PVC 单壁波纹管，其形状是合理的。对于直径 16cm 塑料波纹管，工程上建议壁厚、环刚度取值如下：埋深 10m 以内，采用壁厚不小于 1.0mm、环刚度不小于 6 级；埋深在 10～16m 区间，采用壁厚不小于 1.5mm、环刚度不小于 10 级；埋深在 16～20m 区间，采用壁厚不小于 1.8mm、环刚度不小于 15 级的塑料波纹管。

第4章　塑料套管混凝土桩模型试验研究

4.1　模型试验原理及要点

模型试验应遵循三原则：能适当模拟桩土接触的粗糙度；能适当模拟桩与土的软硬差别；易于加工及设置测试元件。在试验前确定模型试验的几何尺寸、材料等都要考虑到相似关系，即几何相似、材料相似和力学相似，除此之外，包括力、时间、密度、黏性等都必须相似。如果我们把模型和原型分别看作独立的体系，则必须是其中一个体系的所有参数，能够从另外一个体系中的相应参数乘以相似系数而得到。用数学表达式即表示为

$$q=\alpha\times q' \tag{4-1}$$

式中：q、q'分别为原型和模型的所有对应的变数，α表示其变数之间的比，即相似比。由于对应的原型和模型的每个要素必须满足这个条件，所以全体都要满足这个条件。式（4-1）看似简单，但试验中要完全满足几乎是不可能的。因此为使模型试验可行，就必须减少物理法则的数目，及放宽相似法则。相似法则的放宽主要有以下几种方法：舍弃次要作用的物理法则、只考虑特殊现象的相似、分割相似、集积效果的相似、解析知识的利用。

对目前大量的普通模型试验来说，由于试验结果主要探讨桩基工作机理和规律性，一般不按模型率推测实际情况，因此采用的材料限度较宽泛。本次试验采用了与原型桩相同的桩身材料，试验用土为取自工程现场的软黏土，并且采用了直径11cm的套管。试验中还应尽量消除边界效应的影响。

4.2　试验目的与内容

试验旨在通过对几种不同桩型试验结果的分析对比，研究TC桩的工作机理和承载特性，尤其对TC桩桩土摩擦特性的研究，寻找适合TC桩不同施工期承载力计算的实用方法及参数，对其加固效果进行评价，获得对TC桩设计、施工有指导意义的结论。

试验主要分为3组，每组进行3根桩的竖向静载荷试验，分别为波纹TC桩、光滑TC桩及普通无套管的预制混凝土桩。波纹塑料套管是研究的主体，通过对不同间歇期波纹管桩进行的竖向抗压试验，研究分析不同间歇期及桩土接触条件下的承载性能特点，同时通过不同间歇期承载对比，对TC桩承载力的时效性作初步研究，体现TC桩工法特点引起的承载力时效特点。实际工程应用中为了减小桩身上部负摩擦的不利影响，可采用上部光滑套管、下部波纹套管的TC桩形式，因此本书也对光滑套管桩的承载进行了研究，也可以此和其他桩型作为不同桩土接触条件下的承载性能的对比。同时选择了预制混凝土桩这种常用桩型进行承载性能对比试验，通过对比分析以体现TC桩承载特点。

试验成果主要有：竖向荷载作用下的沉降变形规律、确定单桩竖向极限承载力、桩端阻力随加载的变化规律、桩侧阻力随加载的变化及承载力的时间效应。通过对比分析不同试验桩的试验成果，得到考虑 TC 桩施工工法的竖向承载性能特点。

4.3 模型试验的准备

1. 模型槽的制作

试验中制作了两个长 1.5m，宽 1.2m，高 1.2m 的模型试验槽，满足了试验足尺及强度的要求。模型槽采用的外框主骨架为角钢与钢筋焊接而成的矩形框，槽内壁采用尽量光滑的板材制作以减小内壁对土体的摩擦影响，一定程度上削弱边界效应；槽底钻有排水孔以加快土体装填后的排水固结。模型槽的一面使用了有机玻璃作为观察窗，尺寸 1.2m×1.2m，厚度 2cm 左右，方便观测土体固结情况及仪器读数。模型槽如图 4-1 所示。

图 4-1 制作的模型槽

2. 模型桩的制作

试验制作了三种类型模型桩：波纹套管桩、光滑套管桩、一般预制混凝土桩。考虑到本次试验主要是为对比研究桩土间的摩擦特性，且为取材方便而未考虑相似比，三种桩长均为 1m，直径均采用 11cm。为埋设方便，波纹套管桩和光滑套管桩均采用提前预制的方式制作，这与 TC 桩现场施工中先打设套管、后浇筑混凝土的工艺存在一定差别，但是这对试验结果影响不大。试验所用混凝土与现场一致，强度等级 C25，配合比如下:(水泥：砂：碎石：水）为（325：798：1102：175)，水灰比 0.54。制备成桩时，混凝土分别分层填筑，每填 10cm 用铁棒振捣密实，直到填筑至桩长高度，桩顶抹平。浇制好后，待混凝土达到一定强度，将光滑套管桩的外模套管拆除即形成普通的混凝土预制桩。模型桩如图 4-2，图 4-3 所示。

图 4-2 波纹套管模型桩

图 4-3 光滑套管模型桩

3. 加载与量测系统

试验采用油压千斤顶加载，通过千斤顶逐级手动加荷。千斤顶底座与桩头间以一刚性承压板传递荷载，一方面保证桩顶受力均匀，另一方面方便百分表的架设。反力装置采用堆载压重平台，即在模型槽两侧砌两堵承重墙并略高于槽口，在墙顶铺设板材作为支撑，在其上堆放砂袋作为压重。压重一次连续加载，且压重量不少于预估破坏荷载的 1.2 倍。试验加载反力装置如图 4-4 所示。

量测系统由百分表、振弦式土压力计、频率仪等组成，如图 4-5 所示。桩顶安置一量程 1MPa 的 TYJ-2020 型振弦式土压力计，直径约 10cm，通过与小型油压千斤顶配合来标定桩顶施加的每一级荷载，由频率仪读取的频率值控制荷载的施加，保证荷载施加的精度。由于模型桩直径有 11cm，为测试加载过程中桩端荷载的变化，在桩端放置了一同样型号、量程 0.4MPa 的振弦式土压力计。桩顶位移量测采用两只量程 50mm 的百分表，成对角线安置在桩顶的刚性板上，测定平面离桩顶的距离不小于 0.5 倍桩径，百分表的着力点由一根钢管支撑。由于试桩本身具有较大的重量，因此试验数据的测试与处理过程中都扣除了桩身自重的影响。

图 4-4　试验加载反力装置

图 4-5　试验量测系统

4. 土样的制备、装填及模型桩的设置

模型试验所用土样取自申嘉湖杭高速练杭段 L10 标工程现场，埋深 2～5m 左右，主要成分为③$_1$ 层的淤泥质粉质黏土，流塑，饱和，高压缩性。根据地质勘察报告，其物理力学性质指标如表 4-1 所示。

土层物理力学指标　　**表 4-1**

土层编号	土层名称	天然重度 γ(kN/m^3)	孔隙比 e	塑性指数 I_p	压缩模量 E_s(MPa)	c_d(kPa)	φ_q(°)
③$_1$	淤泥质粉质黏土	15.9	1.25	16.2	1.73	6.0	4.8

土样取出后不可避免地产生了扰动，使得土样的含水率、密实度等都发生了变化，试验土样还需经过饱和、击实等使其更接近原状土。土样装槽前，在槽底铺设约 10cm 的砂垫层，可以作为土样装填后固结排水的通道。然后向槽内装填淤泥质黏土，分层填筑，每填 15cm 击实一次，保证土体装填均匀且不产生大的孔隙，直至模型槽内填满。

模型试验常用的模型桩设置方法有两种，即埋入式和压入式。采用埋入式主要用来模拟现场非挤土桩，压入式主要用来模拟挤土桩。本书研究充分体现 TC 桩工法的特点，研究其沉桩工艺对其竖向承载性能的影响，因此采用压入式设置模型桩。各模型桩具体设置方法为：对波纹套管桩，埋设前在波纹管外套一略大的钢管，用挖机将其一同压入土中，然后将钢套管拔出，这就充分考虑了 TC 桩工法的特点，但考虑到可操作性，模型桩沉桩扩孔较小；光滑套管桩与混凝土预制桩均用挖机直接压入土体内。各桩的桩端持力层均落在黏土层上。

4.4 试验测试方案

实验严格按照《建筑桩基技术规范》JGJ 94—2008 中的慢速维持荷载法进行，每级加载值取预估极限荷载的 1/15～1/10，第一级按分级的 2 倍荷载施加。每级加载后间隔 5、10、15 分钟测试一次读数，之后每 15 分钟测试一次，累计 1h 后每 30 分钟测一次。测读项目主要包括桩端应力、桩顶沉降及桩顶荷载控制值。当出现下列情况之一时，即可终止加载：某级荷载作用下，桩的沉降量为前一级荷载作用下的 5 倍；某级荷载作用下，桩顶沉降量大于前一级荷载作用下沉降量的 2 倍，且经 24 小时尚未达到相对稳定。桩沉降相对稳定标准可取 1 小时内桩顶沉降不超过 0.1mm，并连续出现两次。

模型桩的静载分为 3d，10d 和 25d 以研究不同间歇期的承载特性及时效性。3d 为模型槽内土体不实施堆载预压，静置 3 天后即对各桩进行单桩承载力测试；10d、25d 均为槽内土体装填及设置模型桩后，在土体顶部堆载预压，加快土体的排水固结，以模拟路堤填筑的条件，如图 4-6 所示，因为模型试验中并未铺设水平加筋材料，因此堆载中尽量避免桩体承受过大荷载。其中 10d 试验为一次连续堆载 0.5t，待 10 天后对各桩进行单桩承载测试；25d 试验为分两次堆载，第一次为模型桩埋设后 5 天一次连续堆载 0.5t，第二次为模型桩埋设后 15 天再连续堆载 0.5t，即最终总堆载量约为 1t，至 25 天后进行单桩承载测试。

图 4-6 堆载预压图

4.5 试验成果整理分析

1. 荷载-沉降关系

为研究在 TC 桩工法特点基础上承载力随时间的变化，共进行了三组不同间歇期的竖向静载试验，即沉桩后 3d、10d、25d。图 4-7 中“波纹 3d-1”即指 3 天间歇期时 1 号波纹管桩静载，其他类同。从各试验的 Q-s 曲线结果可以看出，桩顶沉降随着荷载的逐级施加而增大，呈现陡降型或缓变型特点。

图 4-10 所示 3d 的对比试验结果显示，由于沉桩扩孔工艺的影响，桩周土体扰动严

重，桩土之间的接触性质削弱，短时间内波纹管与土体间的摩阻力不能充分发挥，因此在同一级荷载作用下，波纹管桩的桩顶沉降明显大于预制混凝土桩，且极限承载力也较小。波纹管桩 3d-1 最终加载至 5.096kN，沉降量 7.68mm；波纹管桩 3d-2 最终加载至 4.704kN，沉降量 7.56mm；预制混凝土桩 3d-3 最终加载至 5.488kN，沉降 6.57mm。可见 TC 桩沉桩工法对其承载性能有较大影响。

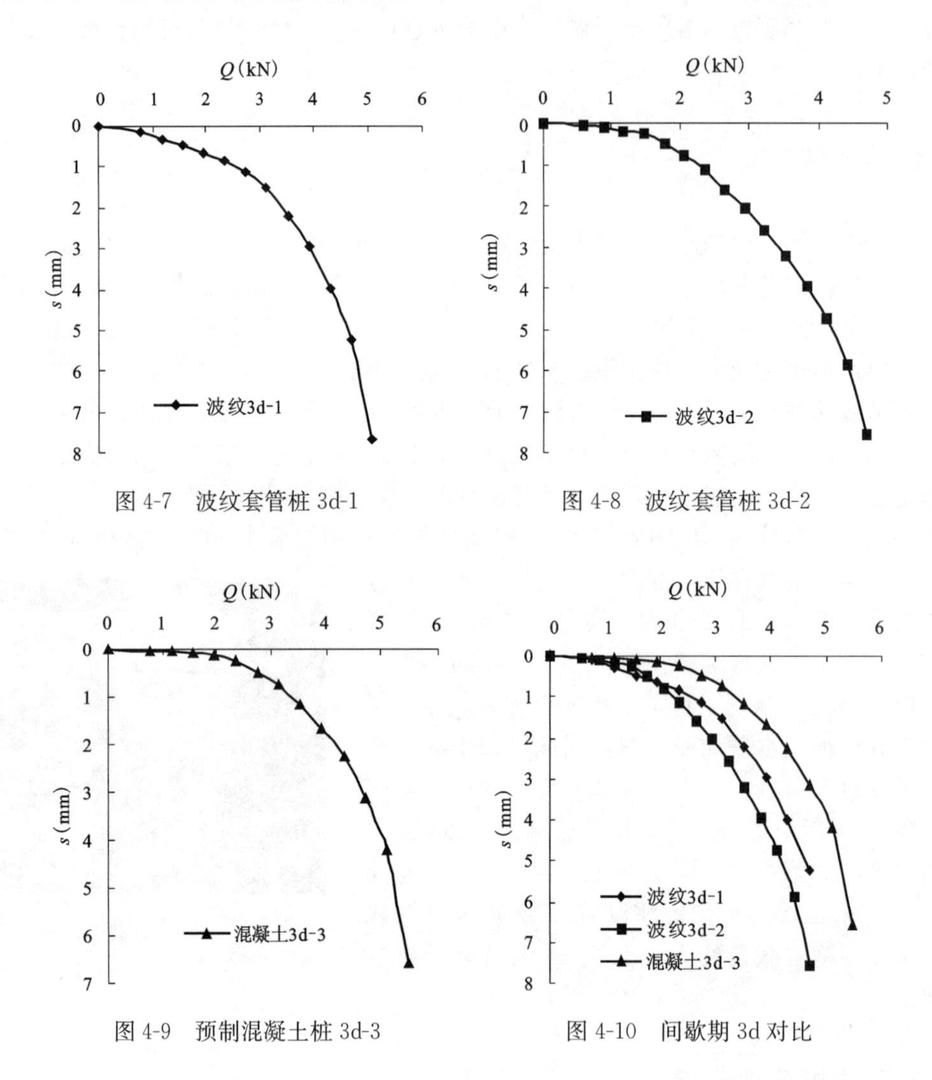

图 4-7　波纹套管桩 3d-1

图 4-8　波纹套管桩 3d-2

图 4-9　预制混凝土桩 3d-3

图 4-10　间歇期 3d 对比

图 4-11～图 4-14 显示 10d 后，在堆载作用下随着桩周土体的回挤、土体抗力恢复，桩土接触性能增强，波纹管桩的承载性能有显著提高。图 4-15～图 4-18 也表明了同样的规律，25d 后波纹管桩的承载性能进一步提高，其极限承载力超过了预制混凝土桩，达到 6.37kN，提高约 18%，同级荷载下的沉降也减小。对于承载力时间效应的分析，下文另做分析。光壁套管桩由于管壁光滑，桩土间的摩阻力发挥较弱，在较小的荷载条件下桩体就发生较大的沉降位移，曲线表现为迅速下降，承载性能差。根据 Q-s 曲线结合试验 S-log$t$曲线确定模型单桩的竖向极限承载力列于表 4-2，最后一列为各间歇期时，不同桩相对于预制混凝土桩的比例。

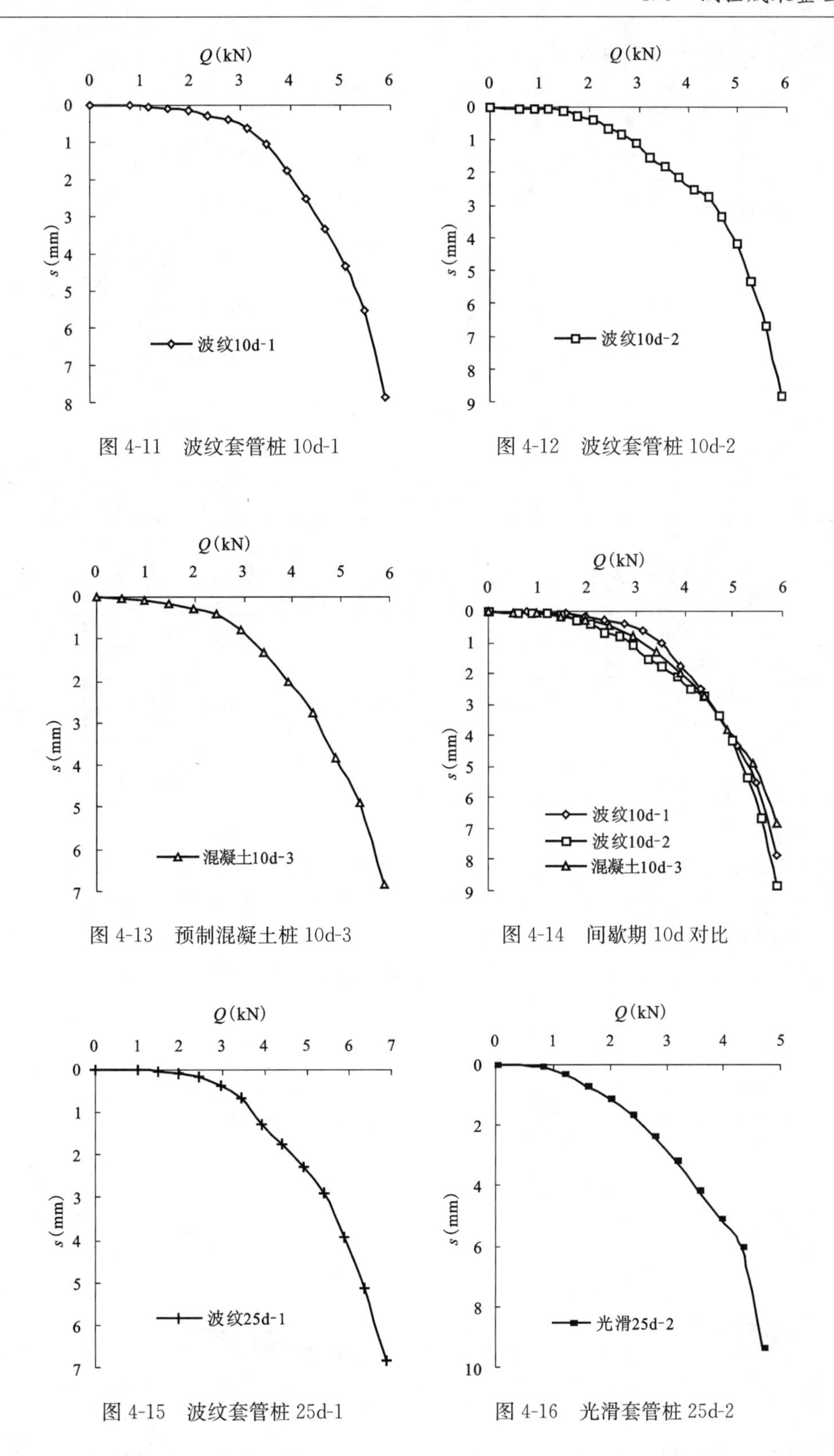

图 4-11 波纹套管桩 10d-1

图 4-12 波纹套管桩 10d-2

图 4-13 预制混凝土桩 10d-3

图 4-14 间歇期 10d 对比

图 4-15 波纹套管桩 25d-1

图 4-16 光滑套管桩 25d-2

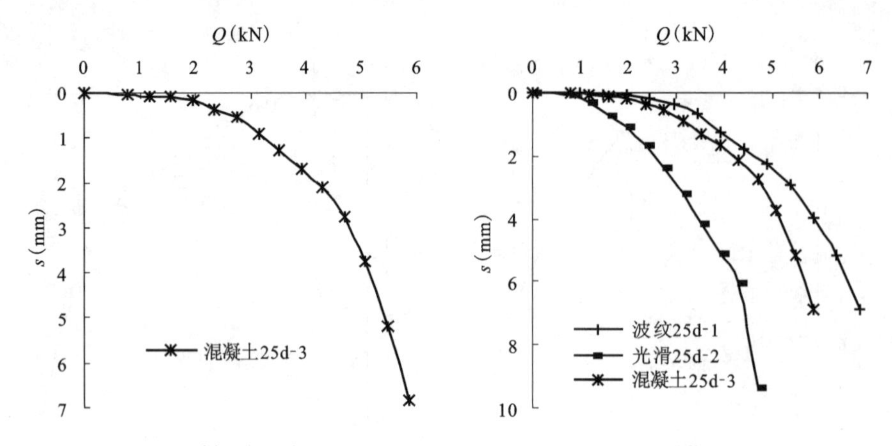

图 4-17　预制混凝土桩 25d-3　　　　图 4-18　间歇期 25d 对比

单桩极限承载力　　表 4-2

桩号	桩型	桩径(cm)	桩长(cm)	沉降(mm)	极限承载力(kN)	相对于预制桩
3d-1	波纹套管桩	11	100	5.22	4.704	0.92
3d-2	波纹套管桩	11	100	5.86	4.41	0.87
3d-3	预制混凝土桩	11	100	4.21	5.096	1.00
10d-1	波纹套管桩	11	100	5.53	5.488	1.02
10d-2	波纹套管桩	11	100	6.68	5.586	1.04
10d-3	预制混凝土桩	11	100	4.92	5.39	1.00
25d-1	波纹套管桩	11	100	5.13	6.37	1.15
25d-2	光壁套管桩	11	100	6.01	4.312	0.78
25d-3	预制混凝土桩	11	100	5.17	5.518	1.00

2. 桩端阻力

试验根据桩底埋设的土压力计测得桩端阻力变化，成果如图 4-19、图 4-20 所示。在荷载施加初期，在桩土摩擦作用下，各桩顶荷载主要通过侧阻力的发挥分担，各桩的端阻力发挥均较小；随着桩顶荷载的增大，沉降增大，桩土间的相对滑移增大，端阻力进一步发挥，不同桩型的曲线开始分化加剧；在达到极限荷载后由于连续的沉降增大，端阻力急剧增大。

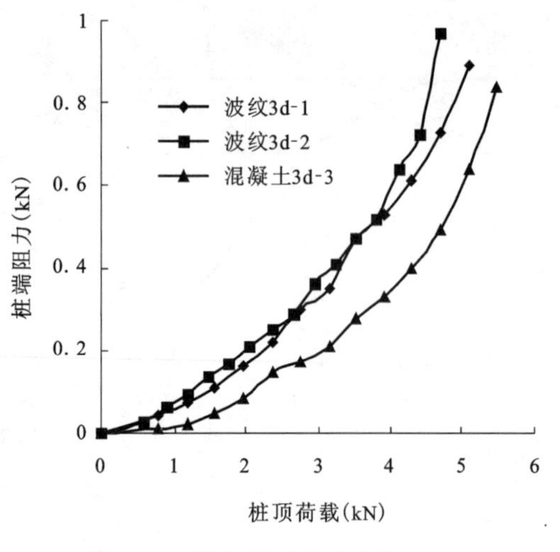

图 4-19　荷载-桩端阻力曲线（3d）

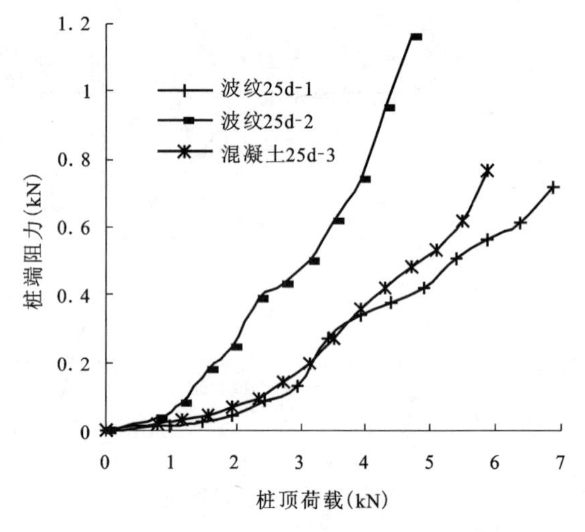

图 4-20　荷载-桩端阻力关系（25d）

图 4-19 表明，3d 时沉桩扩孔引起的侧摩阻力损失，使得波纹套管桩的端阻力发展明显快于预制混凝土桩，并很快达到极限破坏。图 4-20 的 25d 曲线对比了三种不同桩土接触条件时荷载-端阻规律，光壁套管桩的端阻力发展明显较快，这是因为其光滑的管壁更加削弱了桩土间摩擦阻力的发挥，在桩顶荷载作用下沉降发展较快，端阻力即迅速增长，很快达到极限状态而破坏；25d 后通过观察窗可以发现土体固结、孔隙减少（图 4-21），随桩周土体强度恢复、土体回拢，波纹套管桩与土体接触面性质得到很大改善，在管壁波纹作用下桩体发挥了良好的桩侧摩擦性能，桩顶荷载施加后桩端阻力发展缓慢，只是在接近极限状态时端阻有较大发挥；预制混凝土桩的端阻发挥介于上述两者之间。可见 TC 桩的侧摩阻是一个随时间变化的值，其取决于桩土接触面性质的改变，其也必然影响到竖向承载性能的发挥。

图 4-21　25d 土体固结情况

表 4-3 列出了各桩的极限端阻力值。从表 4-3 中可以看出 25d 光滑套管桩端阻占荷载的比例最高，极限桩端阻力占荷载的 22%以上，结合上述图示端阻增长较快的特点，这正是因为其桩侧阻力发挥不足引起的；波纹套管桩的端阻力占荷载的比例随时间有明显减小特点，从另一方面说明侧摩阻发挥是一个变化的过程。

极限端阻统计　　**表 4-3**

桩号	桩型	桩径(cm)	桩长(cm)	极限端阻(kN)	占桩顶荷载比例(%)
3d-1	波纹套管桩	11	100	0.73	15.52
3d-2	波纹套管桩	11	100	0.72	16.33
3d-3	预制混凝土桩	11	100	0.64	12.56
10d-1	波纹套管桩	11	100	0.7	12.76
10d-2	波纹套管桩	11	100	0.65	11.64
10d-3	预制混凝土桩	11	100	0.61	11.32
25d-1	波纹套管桩	11	100	0.61	9.58
25d-2	光壁套管桩	11	100	0.97	22.50
25d-3	预制混凝土桩	11	100	0.62	11.30

3. 桩侧阻力

本次试验没有直接设置测试侧阻力的元件，本书根据桩顶荷载值及测得的桩端阻力值换算桩侧阻力

$$Q_s = p - Q_p \tag{4-2}$$

$$q_s = \frac{Q_s}{\pi DL} \tag{4-3}$$

式中　Q_s——桩侧荷载（kN）；

p——桩顶荷载总值（kN）；

Q_p——桩端阻力（kN）；

q_s——桩侧阻力平均值（kPa）；

D——桩身直径（m）；

L——桩长（m）。

从表 4-4 计算结果可以看出，随着桩侧土体固结、强度恢复，波纹套管桩与预制混凝土桩的侧阻力都随时间有提高趋势，波纹管桩表现更为明显。25d 后单壁波纹套管桩发挥了良好的桩侧摩擦特性，极限侧阻力平均值高于其他两种桩型，比光壁套管桩平均高近 2 倍。

极限侧阻统计　　**表 4-4**

桩号	桩型	极限荷载(kN)	极限端阻(kN)	侧阻承担外荷载比例(%)	极限侧阻力平均值(kPa)
3d-1	波纹套管桩	4.704	0.73	84.48	11.51
3d-2	波纹套管桩	4.41	0.72	83.67	10.68
3d-3	预制混凝土	5.096	0.64	87.44	12.90
10d-1	波纹套管桩	5.488	0.7	87.24	13.86
10d-2	波纹套管桩	5.586	0.65	88.36	14.29
10d-3	预制混凝土桩	5.39	0.61	88.68	13.84
25d-1	波纹套管桩	6.37	0.61	90.42	16.68
25d-2	光壁套管桩	4.312	0.97	77.5	9.70
25d-3	预制混凝土桩	5.488	0.62	88.70	14.09

4. TC 桩承载力的时效性

桩基打入地基后，其承载力随时间有逐渐增大的趋势，这种现象引起工程界的重视，国内外学者应作了许多相关研究，但由于承载力的时效影响因素十分复杂，目前还没有公认的实用方法。胡中雄（1985）对国内外多个工程的不同间歇期桩基承载力进行的统计分析表明，桩基的承载力有明显的时效性。承载力时效机理归纳起来主要有土的触变恢复时效、固结时效及硬化时效等。张明义等（2002）等认为静压桩的时效主要是固结时效及触变恢复时效，桩基承载力的增大主要是侧摩阻力的提高引起的，桩端阻力贡献较小，并通过试验表明承载力增长大致符合双曲线规律。TC 桩这种先大扩孔、桩周土先扰动后逐步回挤的施工工艺与振动沉管桩沉管后立即灌筑混凝土、利用混凝土的流动和充盈使得混凝土与桩间土立即紧密接触，以及预制桩是直接通过成桩挤土作用使桩间土与桩紧密结合不同，桩与桩间土的相互作用过程以及承载特性也就不相同，其时间效应更加明显。

根据上述模型试验结果表明，波纹套管桩体现出显著的时效特点。如图 4-22、图 4-23 分别为模型试验不同间歇期时波纹套管桩及混凝土预制桩的荷载-沉降曲线对比。从图中看出，两种桩型的承载力都存在时间效应，波纹套管桩尤为明显，这正是由于波纹管桩沉桩扩孔后随时间其桩土接触面性质不断变化、侧阻力提高的结果，相对于 3d，10d 后波纹管桩极限承载力平均约提高了 21%，25d 后提高了 40%；同时相同荷载下沉降明显减小，波纹套管的侧摩阻增大作用逐渐得到发挥，桩体表现出较好的承载性能。混凝土预制桩 25d 极限承载力比 3d 提高了 7.2%。

图 4-24 为两种桩型极限承载力时间效应的变化曲线，实线表示波纹套管桩，虚线表示混凝土预制桩，承载力的时效性均符合双曲线规律，波纹套管桩较混凝土预制桩时效性更明显，波纹套管桩 25d 极限承载力比混凝土预制桩提高 16%。

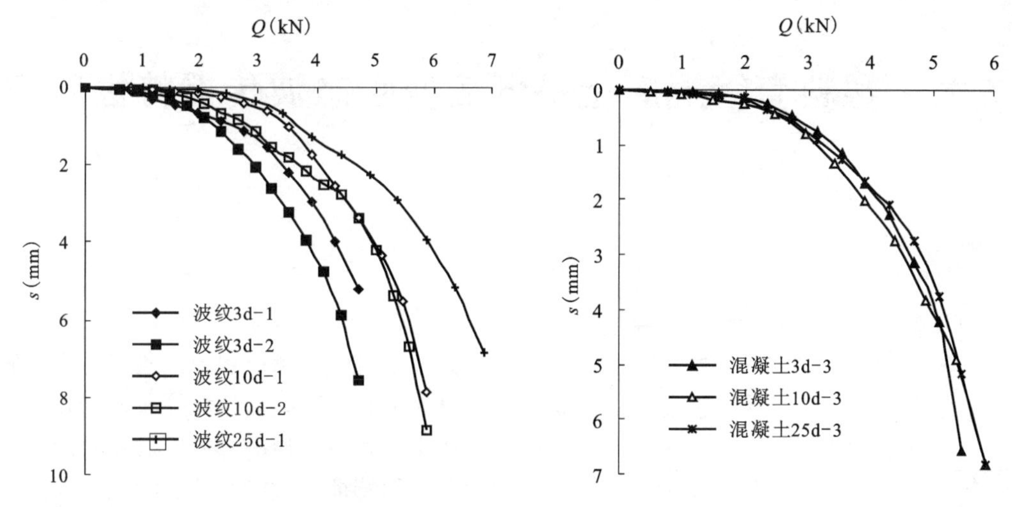

图 4-22　波纹管桩不同间歇期承载性能

图 4-23　混凝土预制桩不同间歇期承载性能

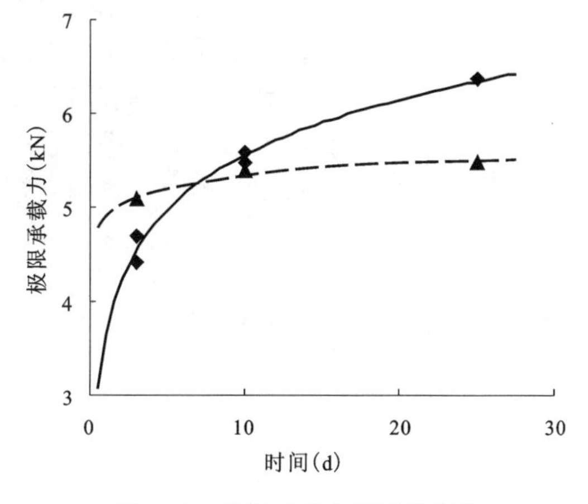

图 4-24　极限承载力的时效曲线

4.6　结论

通过室内模型试验，研究了竖向荷载作用下的沉降变形规律、确定单桩竖向极限承载力、桩端阻力随加载的变化规律、桩侧阻力随加载的变化及承载力的时间效应。通过对比分析不同试验桩的试验成果，得到考虑 TC 桩施工工法的竖向承载性能特点。主要有以下结论：

（1）通过模型试验，对模型桩按照规范要求进行了竖向抗压静载试验，得到了荷载-沉降关系、荷载-端阻关系、桩侧摩阻力的发挥及承载力时效等基本规律。

（2）TC 桩承载力具有明显的时效性，其不同间歇期的承载特性有显著差别。为建立考虑时效性的 TC 桩承载力设计计算方法提供了试验依据。

（3）光滑套管可有效地减小桩侧摩擦，利用这一特点，采用部分波纹、部分光滑套管作为 TC 桩桩体时，可减小负摩擦的不利影响。

第5章　塑料套管混凝土桩低应变瞬态波传播特性研究

5.1　概述

基桩反射波法检测桩身结构完整性的基本原理是：通过在桩顶施加激振信号产生应力波，该应力波沿桩身传播过程中，遇到不连续界面（如蜂窝、夹泥、断裂、孔洞等缺陷）和桩底面时，将产生反射波，检测分析反射波的传播时间、幅值和波形特征，就能判断桩的完整性。如图5-1所示。

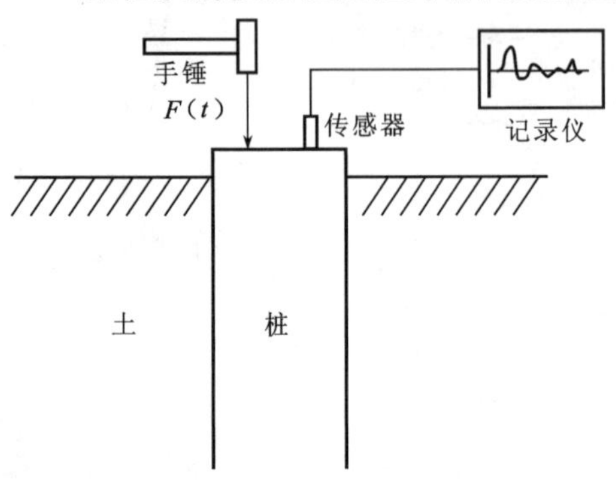

图5-1　低应变反射波法检测桩身完整性示意图

本章首先采用有限元研究了桩端为软土和岩石两种地质条件下，TC桩低应变反射波瞬态波传播特性，根据有限元计算结果，现场对TC桩低应变检测问题进行了试验及研究。提出TC桩低应变检测时注意的问题及改进措施。

5.2　低应变检测中桩锤匹配问题的有限元研究

5.2.1　概述

低应变方法主要用于桩身质量的检测。其原理在上一节已做过叙述，其详细原理为：当应力波在一根均匀的杆中传播时，其大小不会发生变化，波的传播方向与压缩波中质点运动方向相同，但与拉伸波中质点的运动方向相反。应力波反射法检验桩的结构完整性就是利用应力波的这种性质，当桩身某截面出现扩、缩颈或有夹泥截面等情况时，就会引起阻抗的变化，从而使一部分波产生反射并到达桩顶，由安装在桩顶的拾振器测试并记录，由此可以判断桩的完整性。本节将通过有限元模拟实际工程中的各种情况，以便选择合理的激振设备。

5.2.2　模型参数

1. 激振锤激励效果

激振锤激励效果见表5-1。

激振锤激励效果一览表　　**表5-1**

编号	锤型	材质	质量 m(kg)	脉宽 τ(ms)	主频(kHz)
1	小钢杆	钢	0.13	0.7	2.56
2	小钢杆	钢	0.27	0.9	2.02
3	铁锤	钢	1.23	0.8	2.50

续表

编号	锤型	材质	质量 m(kg)	脉宽 τ(ms)	主频(kHz)
4	橡胶锤	生胶	0.19	1.5	1.21
5	橡胶锤	生胶	0.30	2.0	0.86
6	橡胶锤	生胶	0.70	2.4	0.75
7	橡胶锤	熟胶	0.66	2.7	0.77
8	RS力棒	铁	2.95	1.2	1.55
9	RS力棒	铁	6.13	1.3	1.48
10	RS力棒	铁	9.72	1.5	1.25

2. 冲击力

冲击力可采用下式表达，为

$$f(t)=\begin{cases}A\sin\dfrac{\pi t}{t_0} & 0<t<t_0\\ 0 & t>t_0\end{cases} \tag{5-1}$$

式中 t_0——脉宽；

A——幅值，通常取为几牛顿到几千牛顿之间。

3. 土层参数

土层参数是根据243省道地质资料和常泰高速地质资料综合而成，同时，考虑到所进行的动力分析，取动力参数如表5-2所示。

土层动力参数 **表5-2**

土　层	岩　性	γ(kN/m^3)	φ(°)	c(kPa)	E(MPa)	μ
1	粉土	18.62	30	12	17.270	0.3
2	淤泥	17.62	25	15	6.714	0.4
31	粉砂	20.03	27	0	42.420	0.3
32	岩石	28.86	—	—	20000	0.2

桩弹性模量取为30000MPa，泊松比为0.2，密度ρ=2500kg/m^3。

4. 摩擦系数和阻尼比

桩土之间的摩擦系数取为0.3；桩的阻尼比取为0.05，土的阻尼比取为0.1。

5.2.3 模拟方案

在桩径一定的前提下，模拟计算桩长、脉宽及激振力变化对激振效果的影响，具体的模拟方案如表5-3所示。

模拟方案 **表5-3**

变化因素	参数变化范围	变化因素	参数变化范围
桩径（cm）	16	激振力（kN）	300、400、500、600、700
桩长（m）	8、10、12、14、16、18	脉宽（ms）	1.5、2.0、2.5

5.2.4　计算结果及分析

1. 桩底为软土时的情形

1）脉宽为 1.5ms 时的情况

计算结果见表 5-4。

脉宽为 1.5ms 时不同激励力时的桩底部和顶部速度响应峰值（mm/s）　　表 5-4

桩长(m)	部位	外部激振力峰值(N)				
		300	400	500	600	700
8	底部	3.400	4.533	5.667	6.800	7.933
	顶部	74.00	98.67	123.33	148.00	172.67
10	底部	3.613	4.817	6.022	7.226	8.430
	顶部	72.70	96.93	121.17	145.40	169.63
12	底部	3.235	4.313	5.392	6.470	7.548
	顶部	70.88	94.51	118.13	141.76	165.39
14	底部	2.884	3.845	4.807	5.768	6.729
	顶部	72.46	96.61	120.77	144.92	169.07
16	底部	2.128	2.837	3.547	4.256	4.965
	顶部	37.78	50.37	62.97	75.56	88.15
18	底部	2.151	2.868	3.585	4.302	5.019
	顶部	37.69	50.25	62.82	75.38	87.94

注：顶部数据为测量数据，底部数据是为了观测底部是否有动力响应。

结论：对于桩底为普通软土的情况，当桩底部速度响应为 3～6mm/s 时，可以测量桩底部响应。为此，对于采用铁锤进行测试时，结论如下：

（1）桩长为 8～12m 时，建议锤击力为 300～500N；

（2）桩长为 12～14m 时，建议锤击力为 350～600N；

（3）桩长大于 14m 时，由于底部与底部响应较小，不宜采用铁锤等脉宽较小的锤进行测试。

2）脉宽为 2.0ms 时的情况

计算结果见表 5-5。

脉宽为 2.0ms 时不同激励力时的桩底部和顶部速度响应峰值（mm/s）　　表 5-5

桩长(m)	部位	外部激振力峰值(N)				
		300	400	500	600	700
8	底部	4.206	5.608	7.010	8.412	9.814
	顶部	88.05	117.40	146.75	176.10	205.45
10	底部	3.646	4.8613	6.0767	7.292	8.507
	顶部	88.22	117.63	147.03	176.44	205.85
12	底部	3.203	4.271	5.338	6.406	7.474
	顶部	88.76	118.35	147.93	177.52	207.11

续表

桩长（m）	部位	外部激振力峰值（N）				
		300	400	500	600	700
14	底部	2.798	3.731	4.663	5.596	6.529
	顶部	88.42	117.89	147.37	176.84	206.31
16	底部	2.127	2.836	3.545	4.254	4.963
	顶部	49.21	65.61	82.02	98.42	114.82
18	底部	2.014	2.685	3.357	4.028	4.699
	顶部	72.15	96.2	120.25	144.3	168.35

结论：对于桩底为普通软土的情况，当桩底部速度响应为3～6mm/s时，可以测量桩底部响应。为此，对于采用低脉宽的橡胶锤进行测试时，结论如下：

（1）桩长为8～10m时，建议锤击力为250～450N；

（2）桩长为12m时，建议锤击力为300～500N；

（3）桩长为14m时，建议锤击力为320～600N；

（4）桩长为16～18m时，建议锤击力为450～700N。

3）脉宽为2.5ms时的情况

计算结果见表5-6。

脉宽为2.5ms时不同激励力时的桩底部和顶部速度响应峰值（mm/s） **表5-6**

桩长（m）	部位	外部激振力峰值（N）				
		300	400	500	600	700
8	底部	4.718	6.291	7.863	9.436	11.009
	顶部	99.38	132.51	165.63	198.76	231.89
10	底部	6.804	9.072	11.340	13.608	15.876
	顶部	98.76	131.68	164.60	197.52	230.44
12	底部	4.973	6.631	8.288	9.946	11.604
	顶部	98.71	131.61	164.52	197.42	230.32
14	底部	3.912	5.216	6.520	7.824	9.128
	顶部	98.73	131.64	164.55	197.46	230.37
16	底部	3.100	4.133	5.167	6.200	7.233
	顶部	72.80	97.07	121.33	145.60	169.87
18	底部	1.908	2.544	3.180	3.816	4.452
	顶部	84.49	112.65	140.82	168.98	197.14

结论：对于桩底为普通软土的情况，当桩底部速度响应为3～6mm/s时，可以测量桩底部响应。为此，对于采用中等脉宽的橡胶锤进行测试时，结论如下：

（1）桩长为8～12m时，建议锤击力为200～350N；

（2）桩长为14m时，建议锤击力为250～450N；

（3）桩长为16m时，建议锤击力为300～600N；

（4）桩长为18m时，建议锤击力为500～800N。

4）桩底为软土时有限元云图

不同桩长桩底软土的应力、位移和速度云图，如图 5-2～图 5-39 所示。

2. 桩底为岩石时的情形

1）脉宽为 1.5ms 时的情况

计算结果见表 5-7。

脉宽为 1.5ms 时不同激励力时的桩底部和顶部速度响应峰值（mm/s）　　**表 5-7**

桩长（m）	部位	外部激振力峰值（N）				
		300	400	500	600	700
8	底部	2.493	3.324	4.155	4.986	5.817
	顶部	73.32	97.76	122.20	146.64	171.08
10	底部	2.355	3.140	3.925	4.710	5.495
	顶部	73.23	97.64	122.05	146.46	170.87
12	底部	2.063	2.751	3.438	4.126	4.814
	顶部	73.41	97.88	122.35	146.82	171.29
14	底部	1.852	2.469	3.0867	3.704	4.321
	顶部	73.31	97.75	122.18	146.62	171.06
16	底部	1.623	2.164	2.705	3.246	3.787
	顶部	37.00	49.33	61.67	74	86.33
18	底部	1.479	1.972	2.465	2.958	3.451
	顶部	41.00	54.67	68.33	82.00	95.67

结论：对于桩底为岩石的情况，当桩底部速度响应为 1.5～3mm/s 时，可以测量桩底部响应。为此，对于采用铁锤进行测试时，结论如下：

（1）桩长为 8～10m 时，建议锤击力为 200～350N；

（2）桩长为 10～12m 时，建议锤击力为 200～450N；

（3）桩长为 12～14m 时，建议锤击力为 250～500N；

（4）桩长为 14～16m 时，建议锤击力为 300～550N；

（5）桩长为 16～18m 时，建议锤击力为 350～600N。

（6）由于桩底部响应较大，宜采用铁锤等脉宽较小的锤进行测试。

2）脉宽为 2.0ms 时的情况

计算结果见表 5-8。

脉宽为 2.0ms 时不同激振力时的桩底部和顶部速度响应峰值（mm/s）　　**表 5-8**

桩长（m）	部位	外部激振力峰值（N）				
		300	400	500	600	700
8	底部	2.010	2.68	3.35	4.02	4.69
	顶部	76.48	101.97	127.47	152.96	178.45
10	底部	1.944	2.592	3.240	3.888	4.536
	顶部	88.24	117.65	147.07	176.48	205.89

续表

桩长（m）	部位	外部激振力峰值（N）				
		300	400	500	600	700
12	底部	1.834	2.445	3.0567	3.668	4.279
	顶部	89.17	118.89	148.62	178.34	208.06
14	底部	1.741	2.321	2.9017	3.482	4.062
	顶部	88.31	117.75	147.18	176.62	206.06
16	底部	1.410	1.880	2.350	2.820	3.290
	顶部	44.48	59.31	74.13	88.96	103.79
18	底部	1.503	2.004	2.505	3.006	3.507
	顶部	47.88	63.84	79.80	95.76	111.72

结论：对于桩底为岩石的情况，当桩底部速度响应为1.5～3mm/s时，可以测量桩底部响应。为此，对于采用低脉宽的橡胶锤进行测试时，结论如下：

（1）桩长为8～12m时，建议锤击力为200～450N；

（2）桩长为12～14m时，建议锤击力为350～520N；

（3）桩长为14～16m时，建议锤击力为400～600N；

（4）桩长为16～18m时，建议锤击力为500～700N；

（5）由于桩底部响应偏小，采用低脉宽的橡胶锤进行测试时，建议桩长为8～14m可以测试。

3）脉宽为2.5ms时的情况

计算结果见表5-9。

脉宽为2.5ms时不同激振力时的桩底部和顶部速度响应峰值（mm/s）　　表5-9

桩长（m）	部位	外部激振力峰值（N）				
		300	400	500	600	700
8	底部	1.703	2.271	2.838	3.406	3.974
	顶部	98.46	131.28	164.10	196.92	229.74
10	底部	1.514	2.019	2.523	3.028	3.533
	顶部	96.16	128.21	160.27	192.32	224.37
12	底部	1.422	1.896	2.370	2.844	3.318
	顶部	98.86	131.81	164.77	197.72	230.67
14	底部	1.434	1.912	2.390	2.868	3.346
	顶部	98.43	131.24	164.05	196.86	229.67
16	底部	1.789	2.385	2.982	3.578	4.174
	顶部	48.78	65.04	81.30	97.56	113.82
18	底部	1.487	1.982	2.478	2.974	3.470
	顶部	80.67	107.56	134.45	161.34	188.23

结论：对于桩底为岩石的情况，当桩底部速度响应为1.5～3mm/s时，可以测量桩底部响应。为此，对于采用中等脉宽的橡胶锤进行测试时，结论如下：

（1）桩长为8～10m时，建议锤击力为300～550N；

（2）桩长为10～14m时，建议锤击力为350～600N；

(3) 桩长为 14～18m 时，建议锤击力为 350～650N。

4) 桩底为岩石时的有限元云图

不同桩长桩底为岩石的应力、位移和速度云图，如图 5-2～图 5-49 所示。

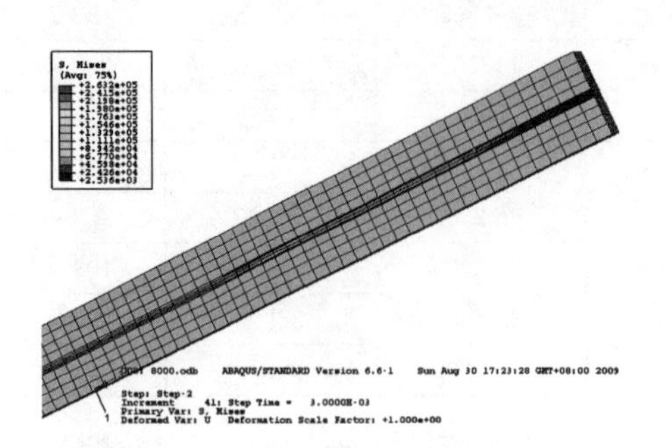

图 5-2　桩长 8m 下卧层为软土的应力图

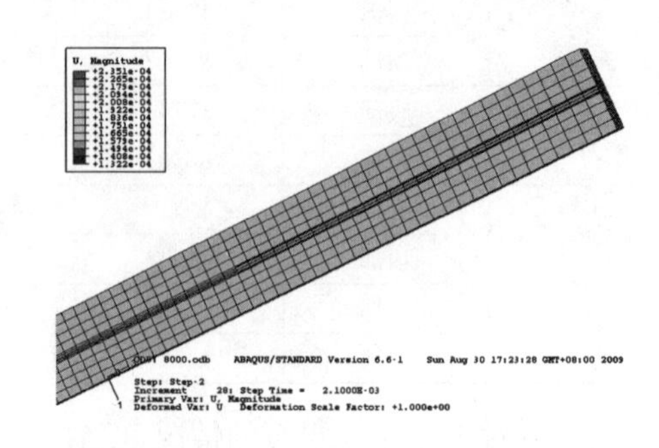

图 5-3　桩长 8m 下卧层为软土的位移图

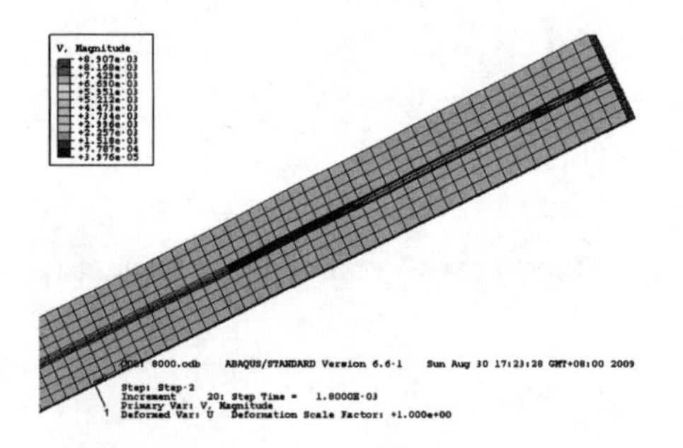

图 5-4　桩长 8m 下卧层为软土的速度图

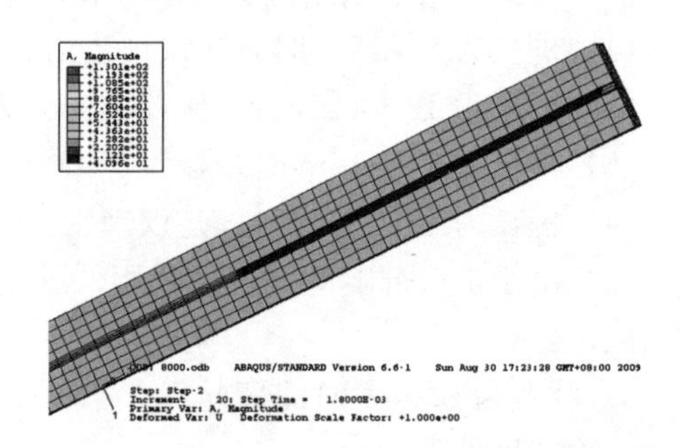

图 5-5　桩长 8m 下卧层为软土的加速度图

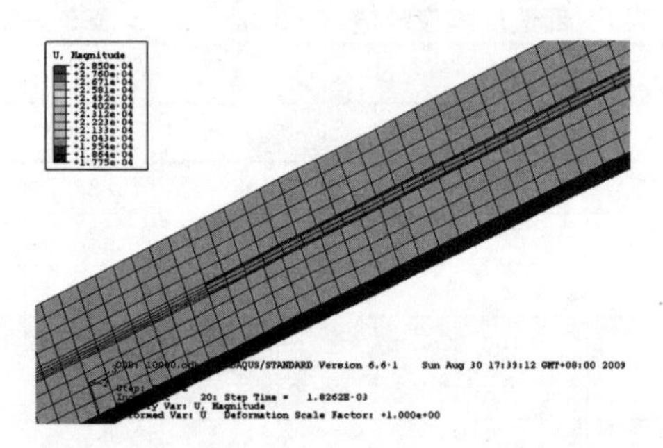

图 5-6　桩长 10m 下卧层为软土的位移图

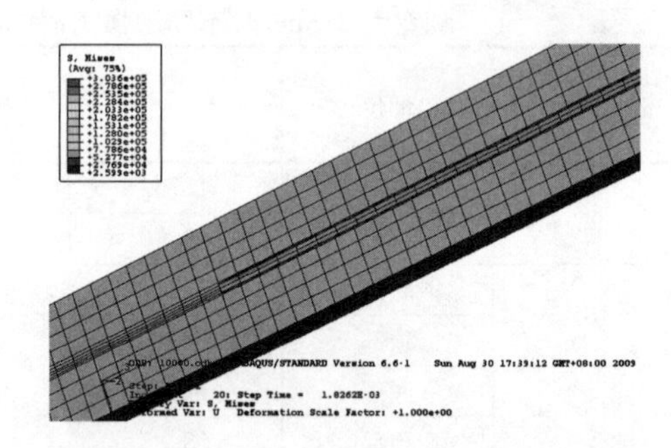

图 5-7　桩长 10m 下卧层为软土的应力图

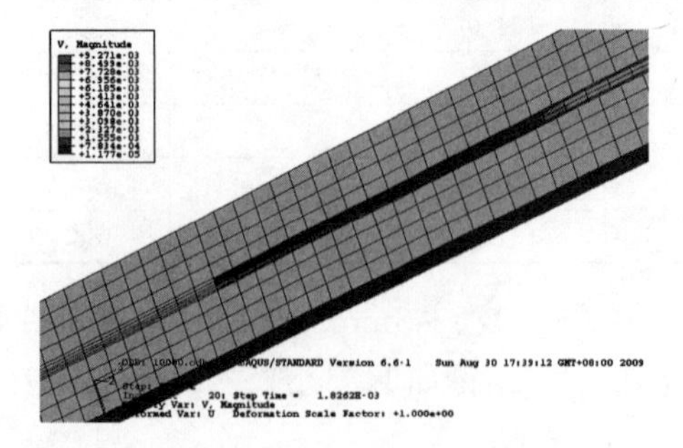

图 5-8　桩长 10m 下卧层为软土的速度图

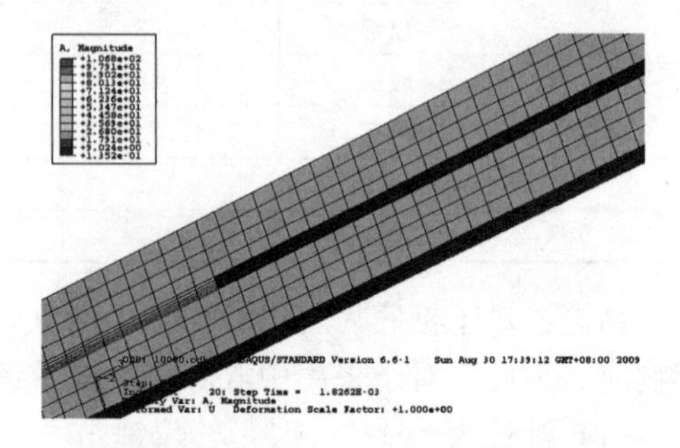

图 5-9　桩长 10m 下卧层为软土的加速度图

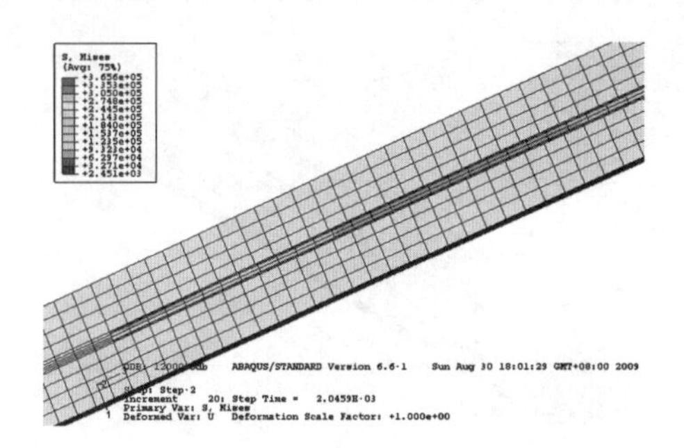

图 5-10 桩长 12m 下卧层为软土的应力图

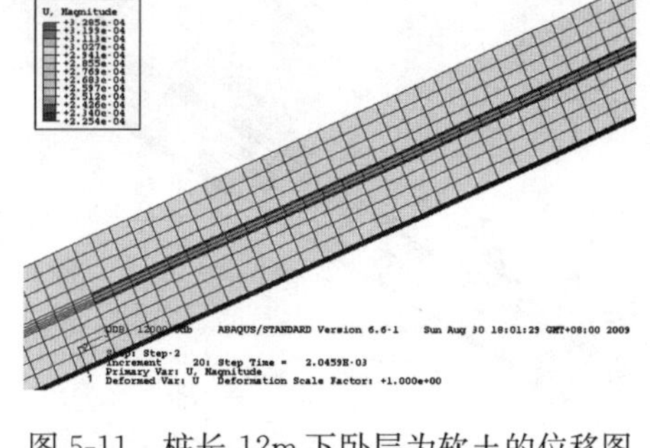

图 5-11 桩长 12m 下卧层为软土的位移图

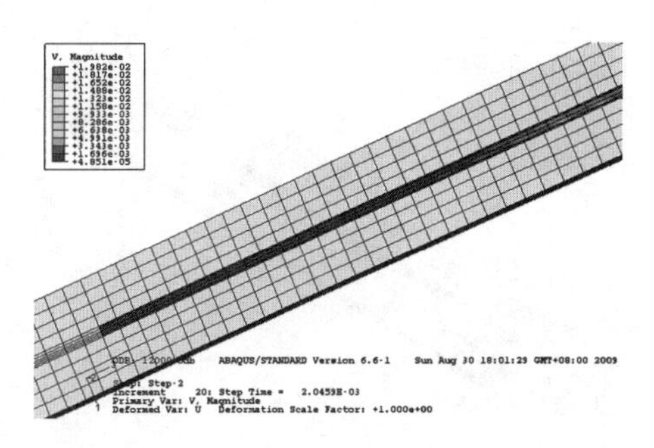

图 5-12 桩长 12m 下卧层为软土的速度图

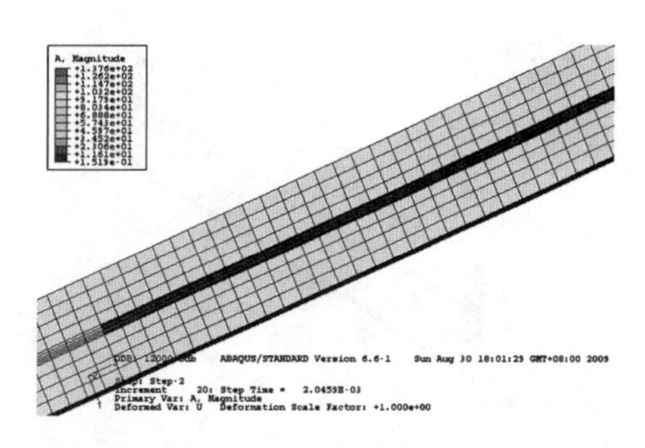

图 5-13 桩长 12m 下卧层为软土的加速度图

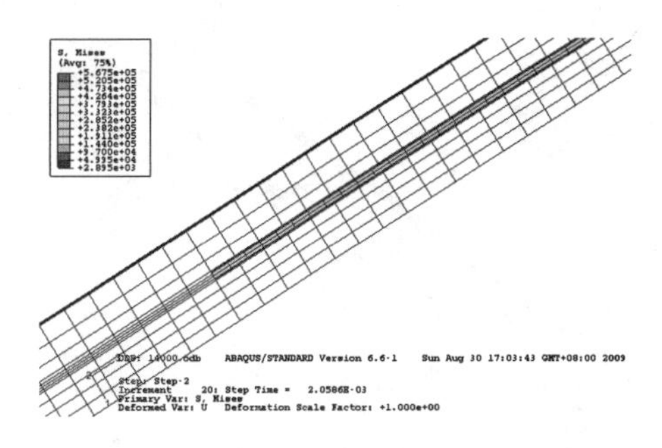

图 5-14 桩长 14m 下卧层为软土的应力图

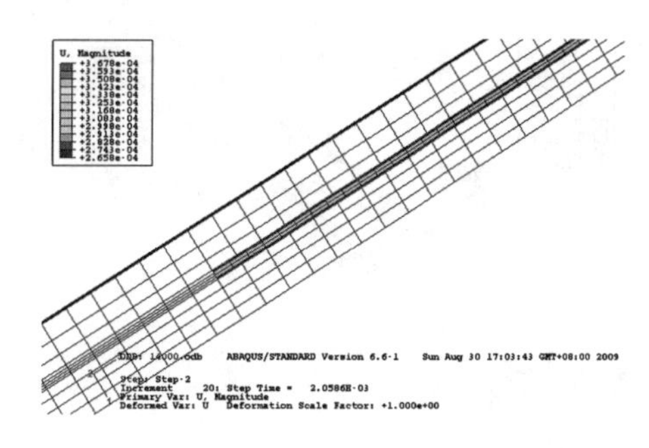

图 5-15 桩长 14m 下卧层为软土的位移图

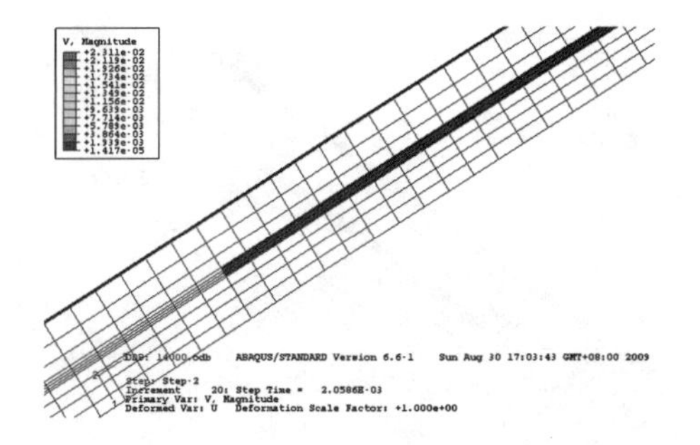

图 5-16 桩长 14m 下卧层为软土的速度图

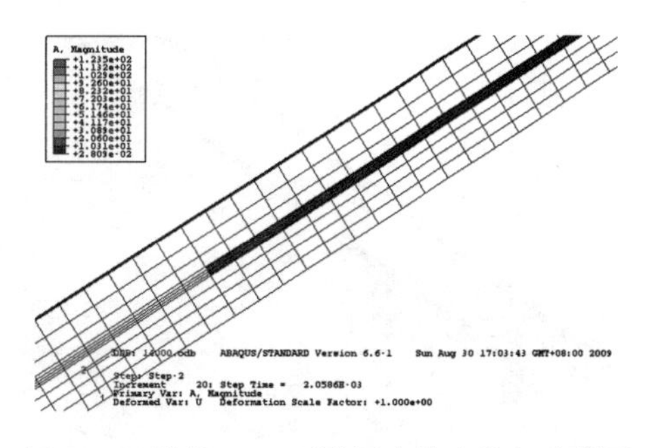

图 5-17 桩长 14m 下卧层为软土的加速度图

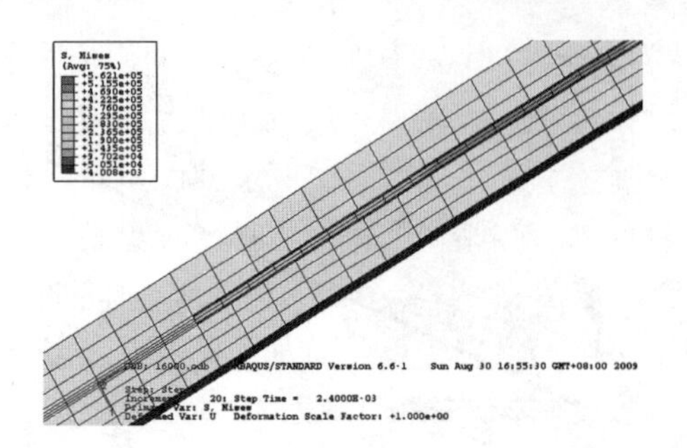

图 5-18　桩长 16m 下卧层为软土的应力图

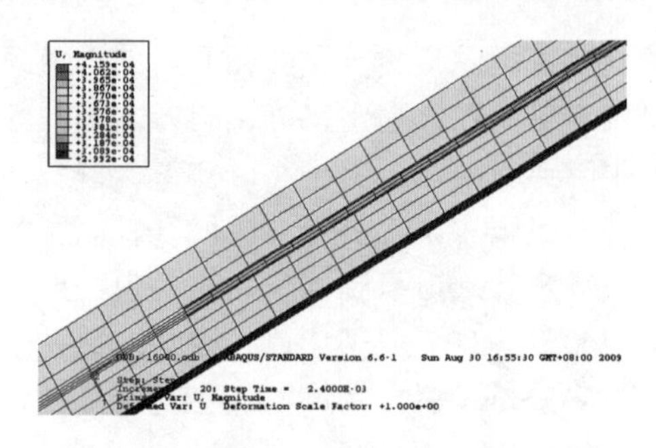

图 5-19　桩长 16m 下卧层为软土的位移图

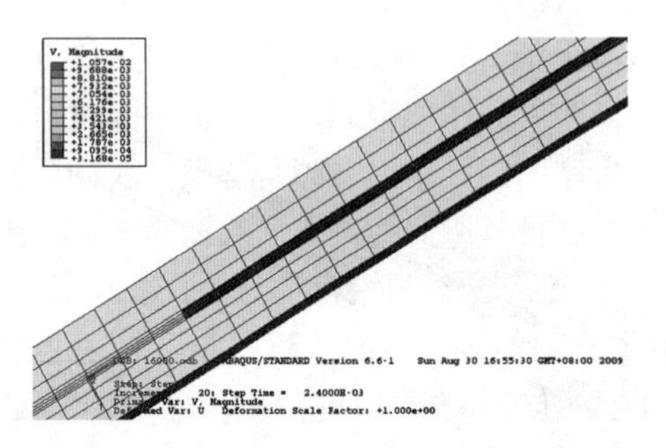

图 5-20　桩长 16m 下卧层为软土的速度图

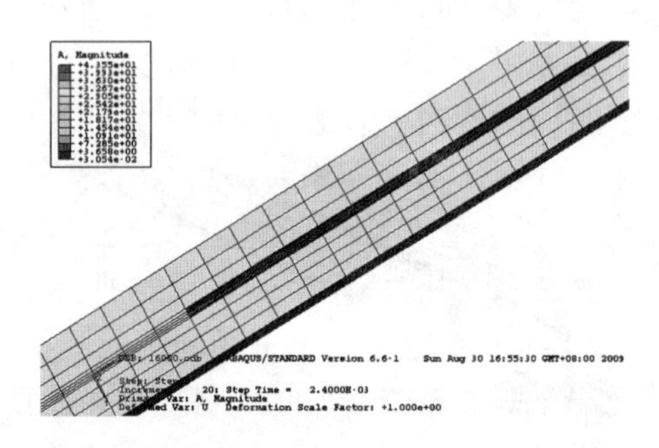

图 5-21　桩长 16m 下卧层为软土的加速度图

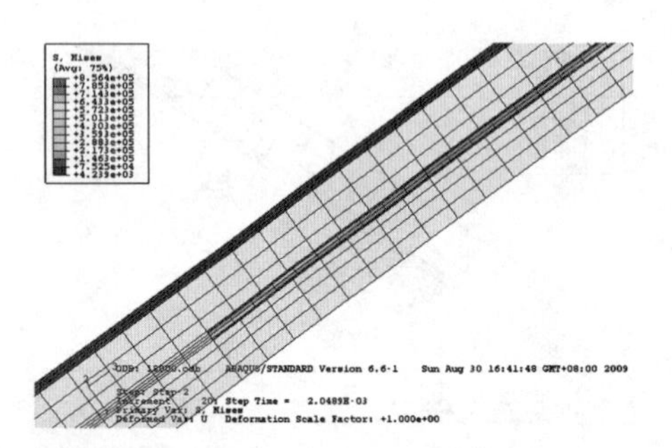

图 5-22　桩长 18m 下卧层为软土的应力图

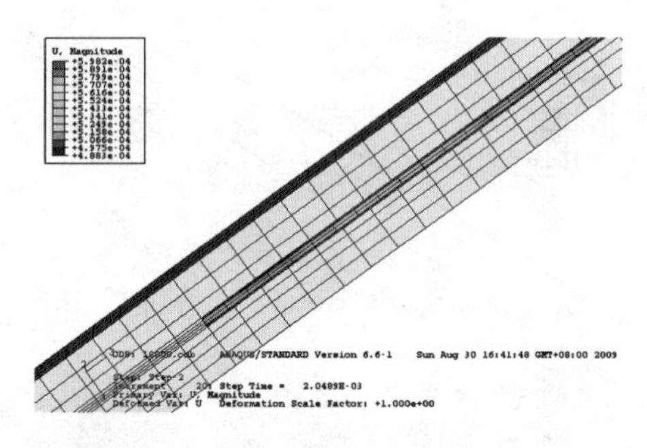

图 5-23　桩长 18m 下卧层为软土的位移图

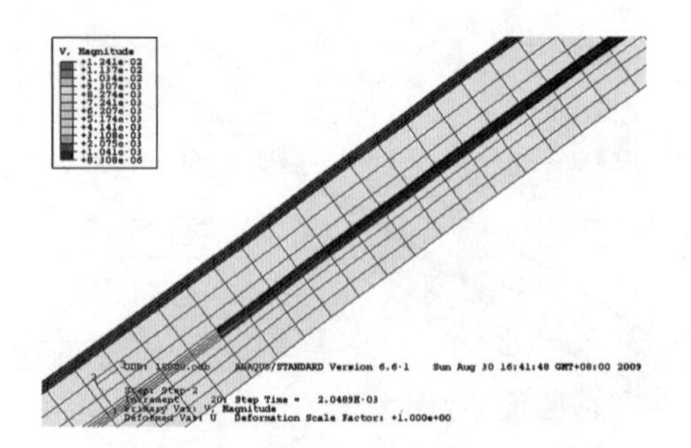

图 5-24　桩长 18m 下卧层为软土的速度图

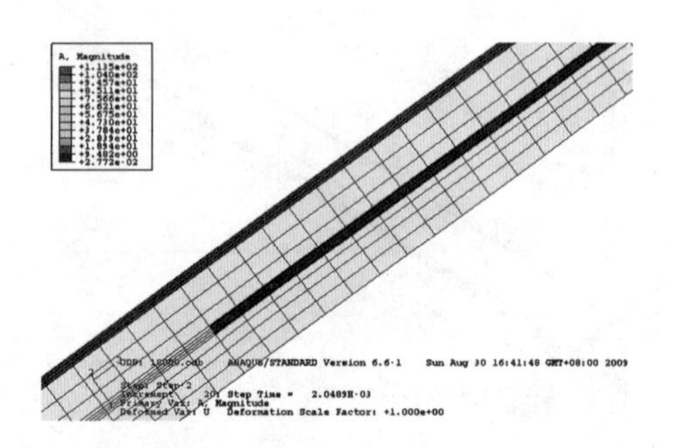

图 5-25　桩长 18m 下卧层为软土的加速度图

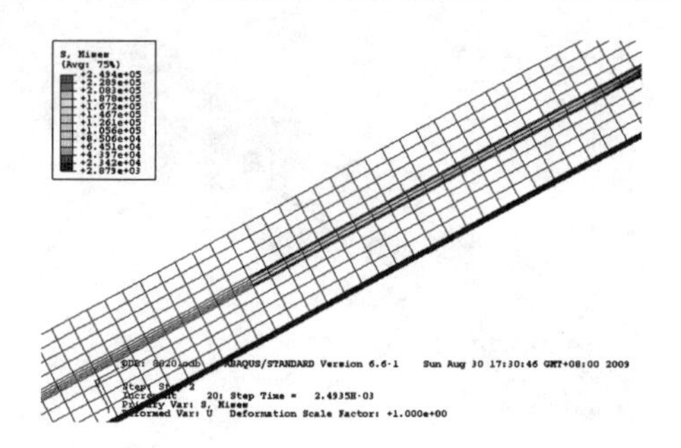

图 5-26 桩长 8m 下卧层为岩石的应力图

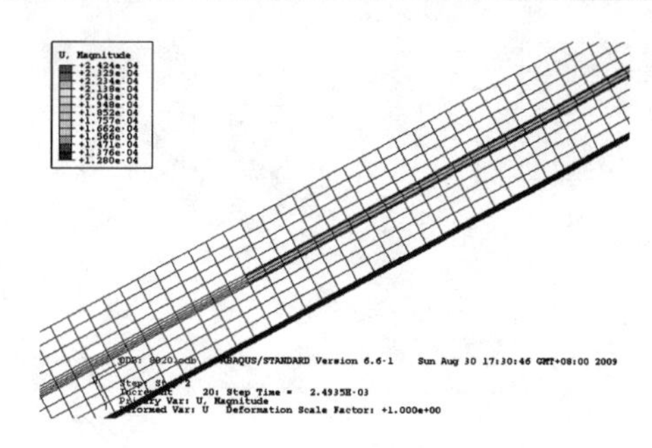

图 5-27 桩长 8m 下卧层为岩石的位移图

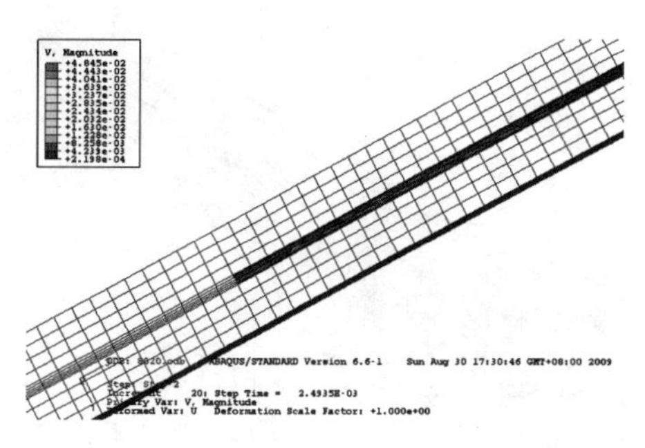

图 5-28 桩长 8m 下卧层为岩石的速度图

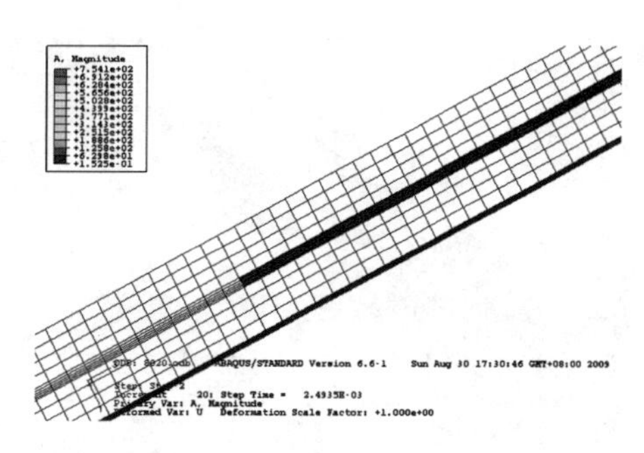

图 5-29 桩长 8m 下卧层为岩石的加速度图

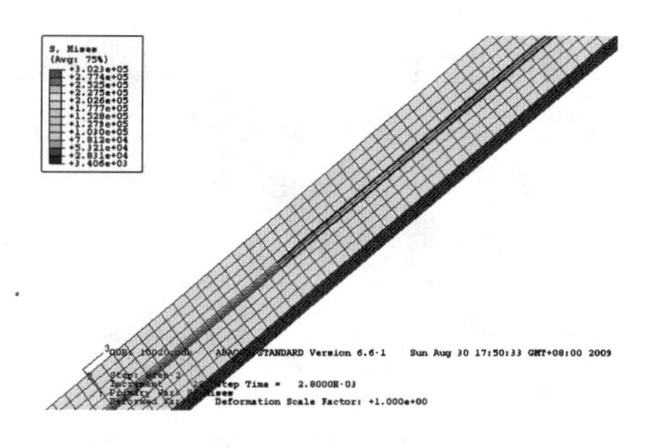

图 5-30 桩长 10m 下卧层为岩石的应力图

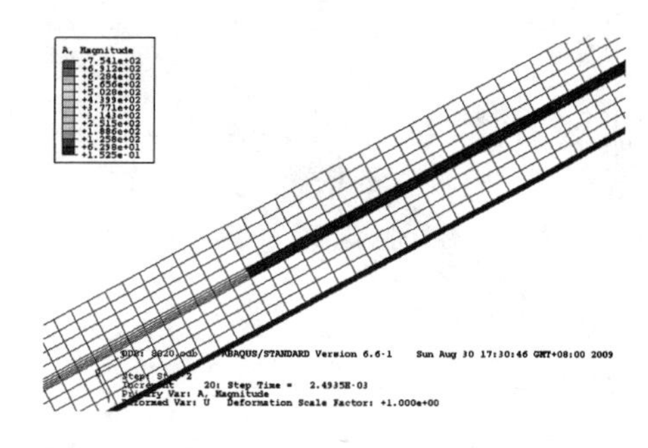

图 5-31 桩长 10m 下卧层为岩石的加速度图

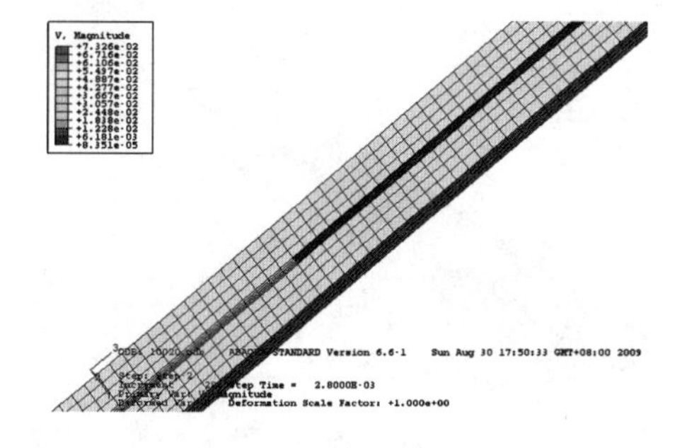

图 5-32 桩长 10m 下卧层为岩石的速度图

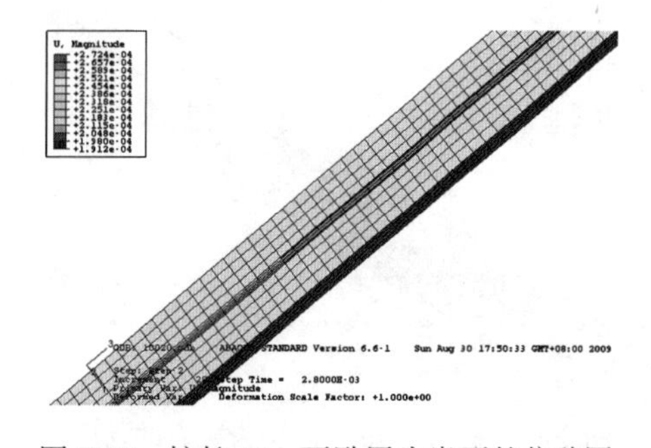

图 5-33 桩长 10m 下卧层为岩石的位移图

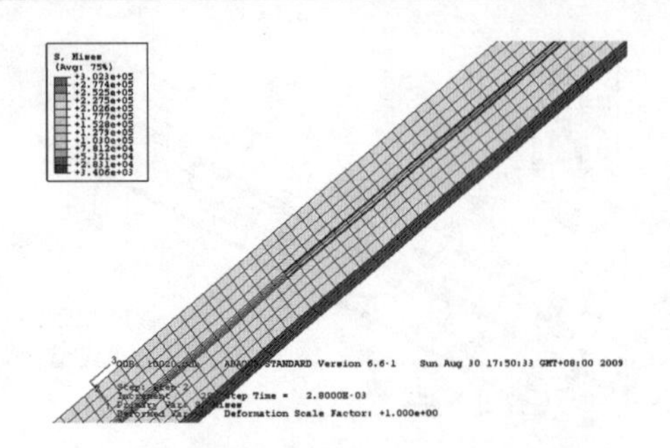

图 5-34　桩长 12m 下卧层为岩石的应力图

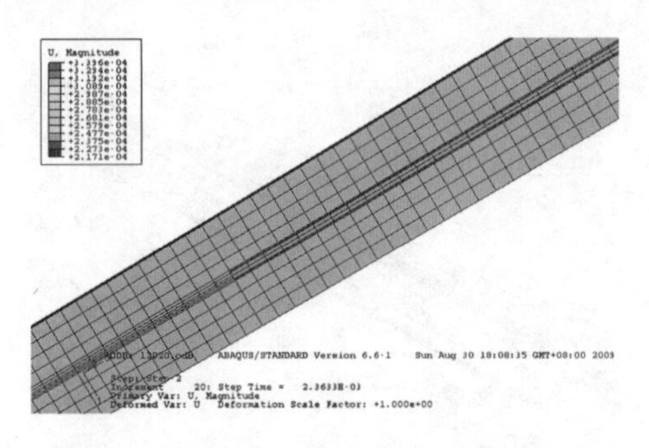

图 5-35　桩长 12m 下卧层为岩石的位移图

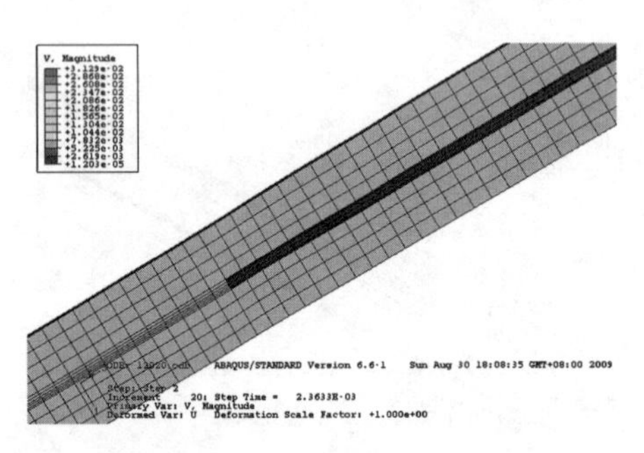

图 5-36　桩长 12m 下卧层为岩石的速度图

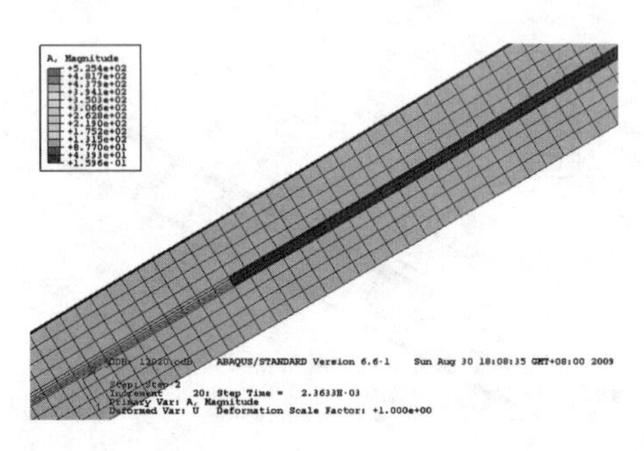

图 5-37　桩长 12m 下卧层为岩石的加速度图

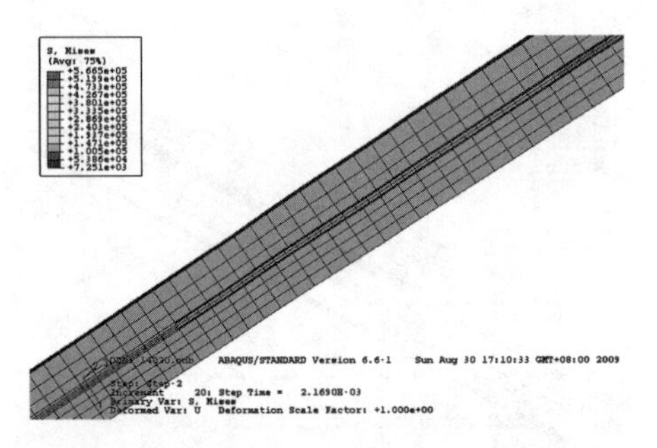

图 5-38　桩长 14m 下卧层为岩石的应力图

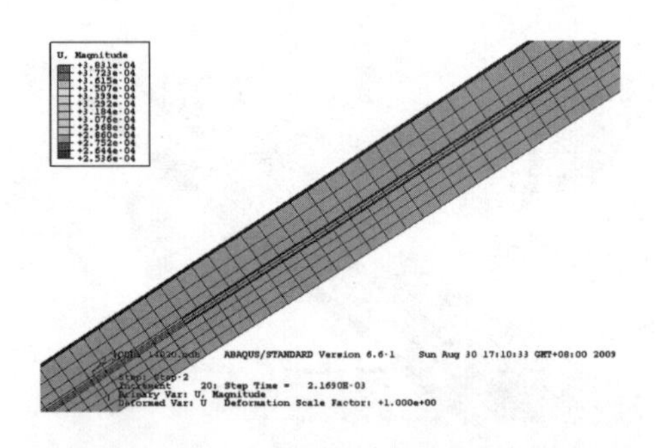

图 5-39　桩长 14m 下卧层为岩石的位移图

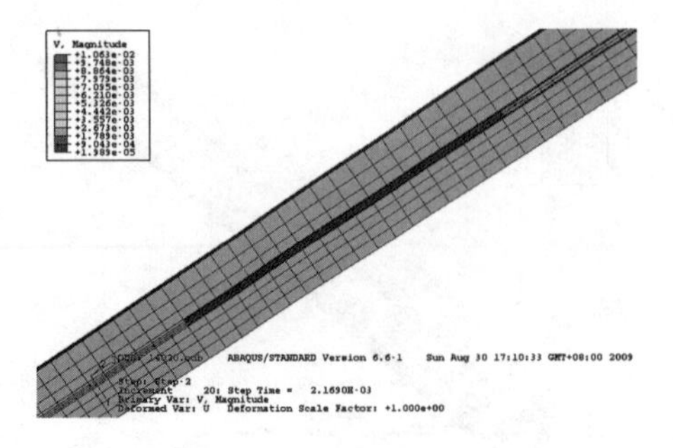

图 5-40　桩长 14m 下卧层为岩石的速度图

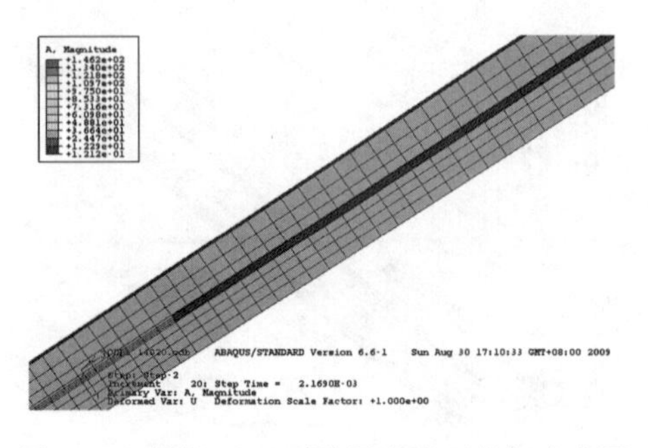

图 5-41　桩长 14m 下卧层为岩石的加速度图

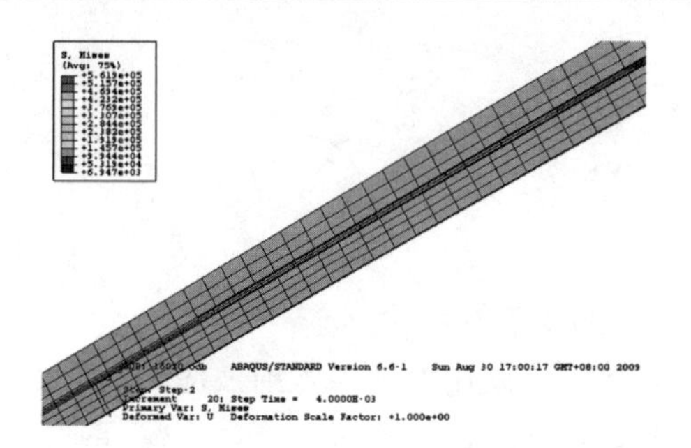

图 5-42 桩长 16m 下卧层为岩石的应力图

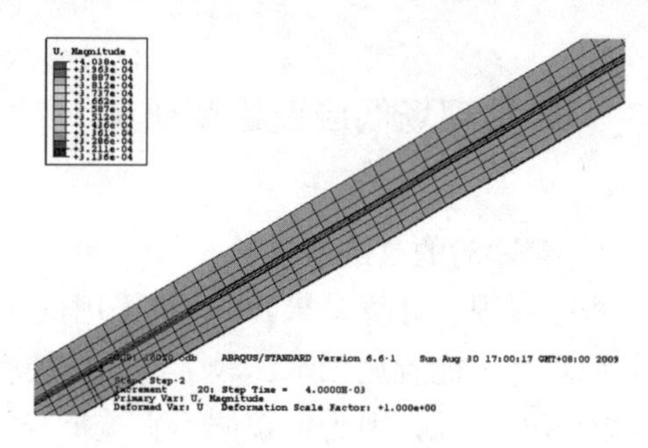

图 5-43 桩长 16m 下卧层为岩石的位移图

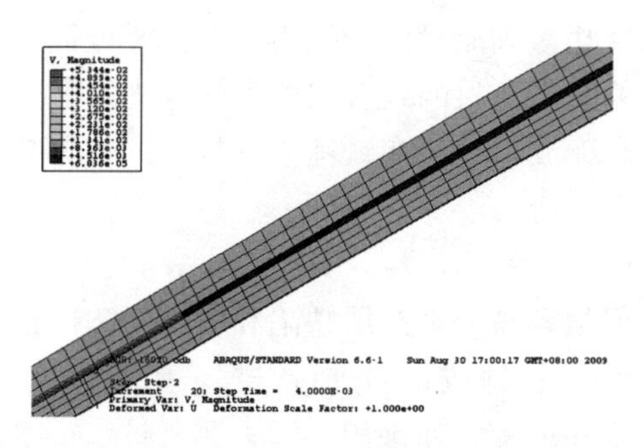

图 5-44 桩长 16m 下卧层为岩石的速度图

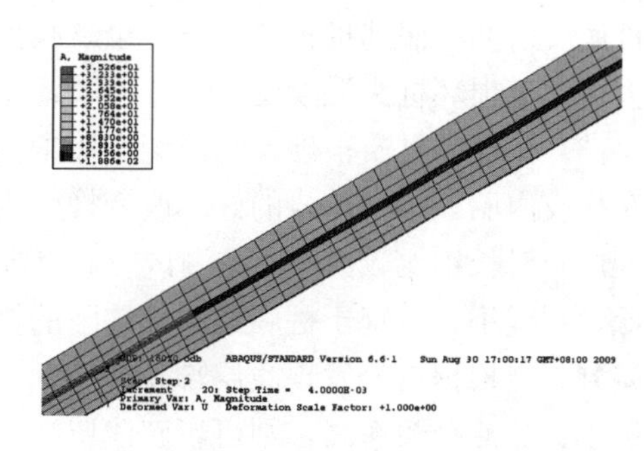

图 5-45 桩长 16m 下卧层为岩石的加速度图

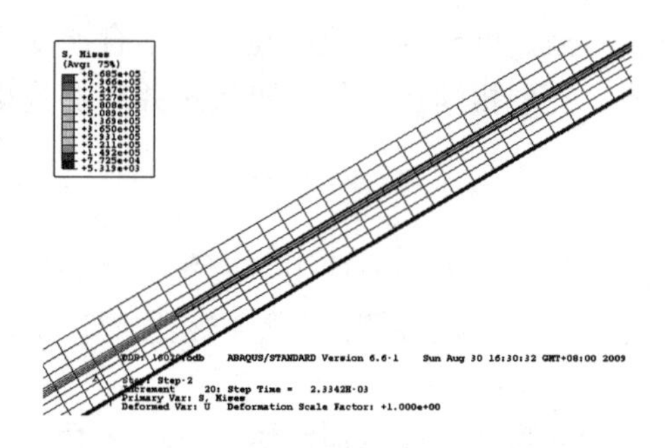

图 5-46 桩长 18m 下卧层为岩石的应力图

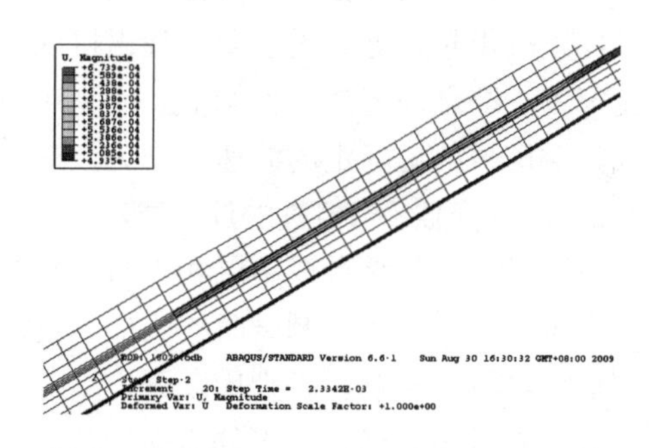

图 5-47 桩长 18m 下卧层为岩石的位移图

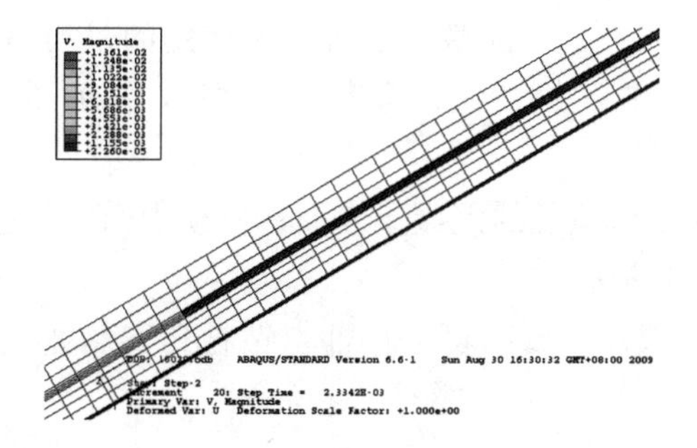

图 5-48 桩长 18m 下卧层为岩石的速度图

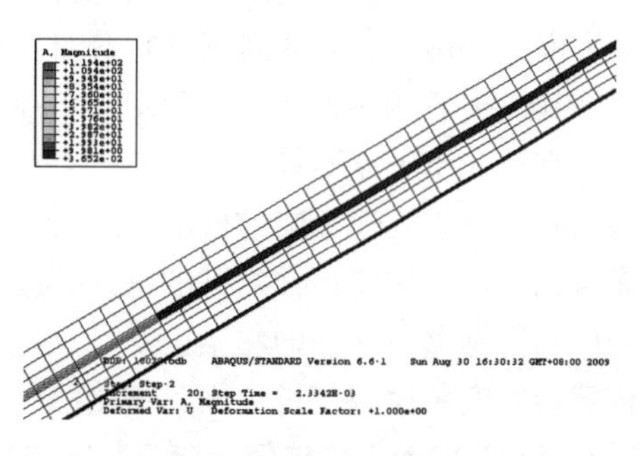

图 5-49 桩长 18m 下卧层为岩石的加速度图

5.3　TC 桩现场低应变检测研究

5.3.1　测试时的改进及试验

根据有限元计算结果，TC 桩采用低应变测试时的改进及试验：

(1) 为了能看见长细比较大 TC 桩桩底或深部缺陷，使用的激振入射波应该具有低频率大能量的特征。因为低频波不宜被桩身材料吸收，传播距离要更远，匹配了深部缺陷及桩底反射波的频率特性。

(2) 桩身材质阻尼会把质点振动的机械能转化为热能，这就是阻尼衰减作用，为了能让桩底反射波在回到桩顶前不被完全衰减掉，需要相对大能量的激振力。但是激振锤不宜太大，避免损坏桩头混凝土。需要不断地试验锤的重量，目的是看到桩底反射波为止。

(3) 铁锤的材质很硬，与混凝土撞击会产生高频波，建议在铁锤撞击桩顶的位置垫上汽车橡胶内胎，根据信号的好坏改变橡胶皮的层数。

(4) 对长细比较大 TC 桩测试一般应当用力棒或大铁球激振，其重量大、脉冲宽、频率低、衰减小，适宜于桩底及深部缺陷的检测。但很容易带来浅层缺陷和微小缺陷的误判和漏判。当根据信号发现浅层部位异常时，建议用小钉锤或钢筋进行击振，因其重量小、能量小、脉冲窄频率高，则可了解浅层缺陷的程度和位置，如果用小锤去测长桩，很难测到桩底反射，由于信号在桩身中传播有可能未到桩底就衰减完或即使传到桩底反射回来的信号也很微弱而极难分辨。由此可见，用小锤测长大桩，并想得到桩底反射是很困难的。

(5) 对于超长桩或无法明确找出桩底反射信号的桩，可根据本地区经验并结合混凝土强度等级，综合确定波速平均值，或利用成桩工艺、桩型相同且桩长相对较短并能够找出桩底反射信号的桩确定的波速，作为波速平均值。

5.3.2　低应变监测 TC 桩的注意事项

(1) 当桩头与承台或垫层相连时，相当于桩头处存在很大的截面阻抗变化，对测试信号会产生影响。因此，测试时桩头应与混凝土承台断开；当桩头侧面与垫层相连时，除非对测试信号没有影响，否则应断开。

(2) 应避免在桩顶敲击处表面凹凸不平时用硬质材料锤（或不加锤垫）直接敲击。

(3) 瞬态激振操作应通过现场试验选择不同材质的锤头或锤垫，以获得低频宽脉冲或高频窄脉冲。除大直径桩外，冲击脉冲中的有效高频分量可选择不超过 2000Hz（钟形力脉冲宽度为 1ms，对应的高频截止分量约为 2000Hz）。目前激振设备普遍使用的是力锤、力棒，其锤头或锤垫多选用工程塑料、高强尼龙、铝、铜、铁、橡皮垫等材料，锤的质量为几百克至几十千克不等。

(4) 应凿去桩顶浮浆或松散、破损部分，并露出坚硬的混凝土表面；桩顶表面应平整干净且无积水；妨碍正常测试的桩顶外露主筋应割掉。

(5) 传感器与桩顶的黏结，黏结层应尽可能薄；必要时可采用冲击钻打孔安装方式，但传感器底安装面应与桩顶面紧密接触。

5.3.3　练杭 10 标 TC 桩低应变反射波法检测

根据有限元计算结果，通过现场试验，从实际几个工程测试情况来看，低应变法检测

TC 桩，具有较好的适用性，对桩长不超过 TC 桩适用桩长直径 16cm 的桩，桩底反射明显。

如图 5-50～图 5-55 下练杭高速公路第 10 标段 13m 和 15m 桩的波形图（重 250g 的塑料锤头）。

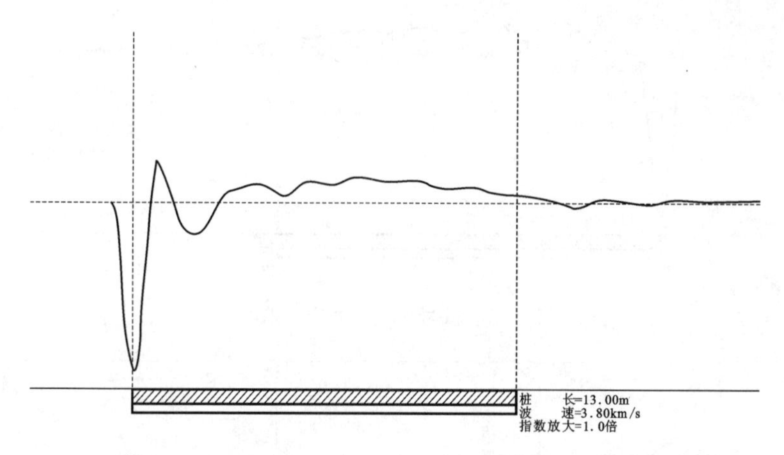

图 5-50　桩号 15-8 低应变曲线（距桩顶 3.1m 左右的位置混凝土胶结不好）

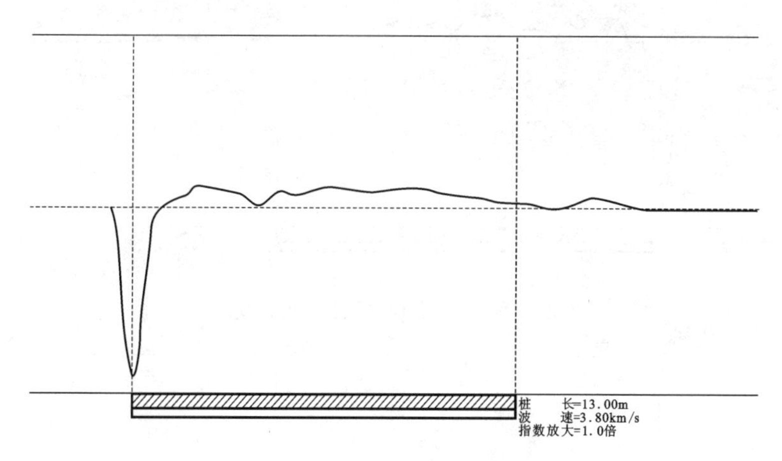

图 5-51　桩号 16-7 低应变曲线

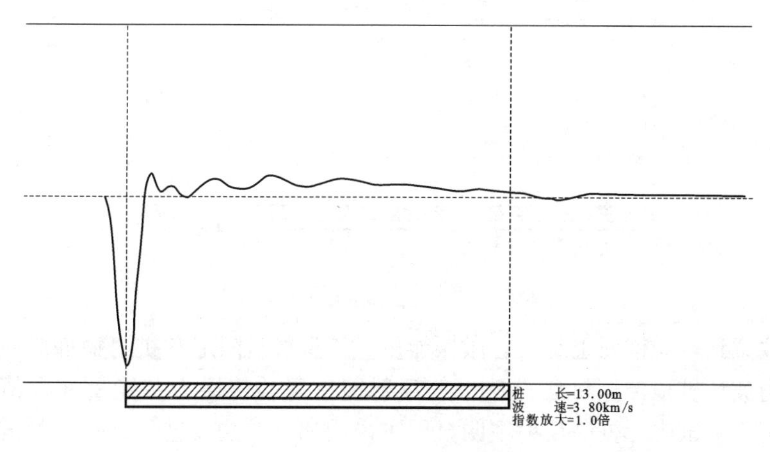

图 5-52　桩号 19-8 低应变曲线

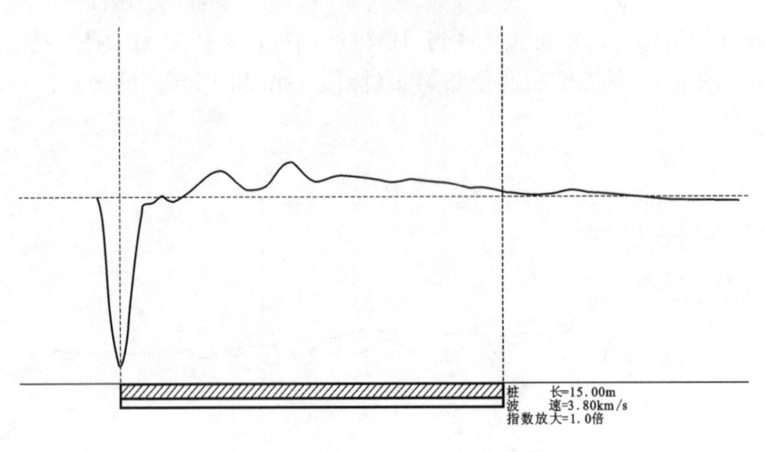

图 5-53　桩号 17-18 低应变曲线

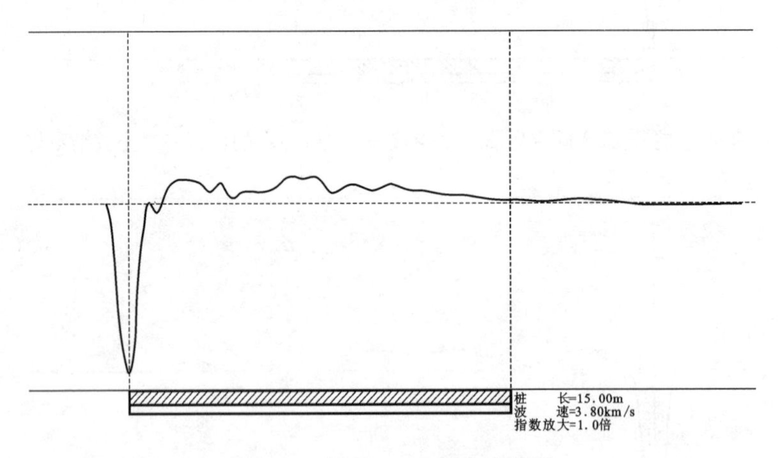

图 5-54　桩号 18-23 低应变曲线

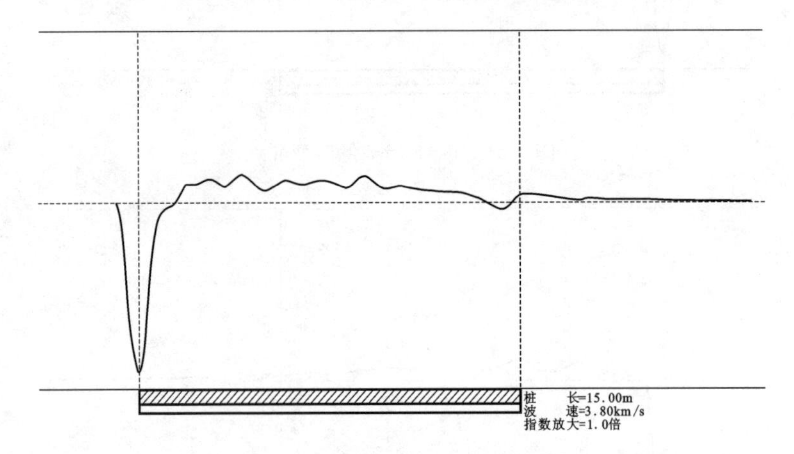

图 5-55　桩号 20-21 低应变曲线

同时应注意到，受桩周土约束、激振能量、桩身材料阻尼和桩身截面阻抗变化等因素的影响，应力波从桩顶传至桩底再从桩底反射回桩顶的传播为一能量和幅值逐渐衰减过程。若实际工程测试中，桩底反射不明显。可采用如下方法改进并进一步测试。

（1）采用低频率的激振入射波。因为低频波不宜被桩身材料吸收，传播距离要更远，匹配了深部缺陷及桩底反射波的频率特性。

（2）采用相对大能量的激振力。桩身材质阻尼会把质点振动的机械能转化为热能，这就是阻尼衰减作用，为了能让桩底反射波在回到桩顶前不被完全衰减掉，采用相对大能量的激振力。但是激振锤不宜太大，避免损坏桩头混凝土。需要不断地试验锤的重量，目的是看到桩底为止。如采用力棒或大铁球激振，其重量大、脉冲宽、频率低、衰减小，适宜于桩底及深部缺陷的检测。同时由于铁锤的材质很硬，与混凝土撞击会产生高频波，建议在铁锤撞击桩顶的位置垫上汽车橡胶内胎，根据信号的好坏改变橡胶皮的层数。

（3）波形指数放大处理：在现场信号采集过程中，若桩底反射信号不明显的情况发生，这时指数放大是非常有用的一种功能，它可以确保在桩头信号不削弱的情况下，使桩底部信号得以清晰地显现出来。但过分的指数放大有可能人为地造出一个桩底反射，使波形失真。如图 5-56 为桩号 19-8，桩长 13m 指数放大 8 倍后的图形。

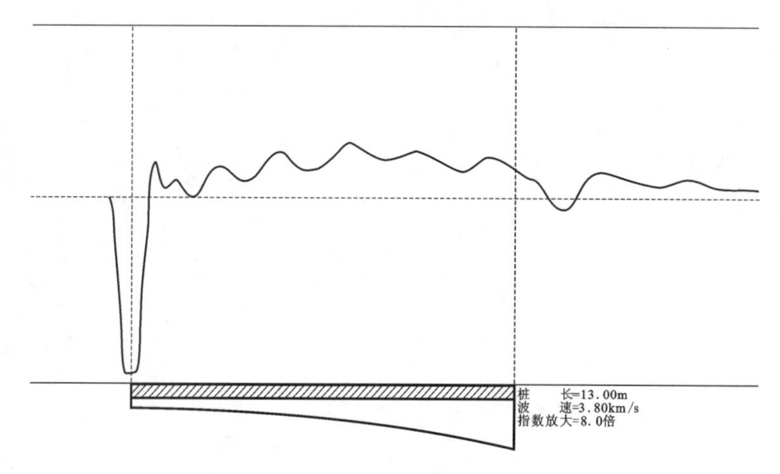

图 5-56　桩号 19-8 指数放大 8 倍后的低应变曲线图形

5.4 结论

本章首先采用有限元研究了桩端为软土和岩石两种地质条件下，TC 桩低应变反射波瞬态波传播特性，根据有限元计算结果，现场对 TC 桩低应变检测问题进行了试验及研究。提出 TC 桩低应变检测时注意的问题及改进措施。主要结论如下：

（1）通过有限元计算，对桩端为软土时，在桩顶激振力和脉宽一定的情况下，桩底的激振响应随着桩长的增大而减小，宜采用中等脉宽的橡胶锤进行测试。不同桩长建议的锤击力为：桩长为 8～12m 时，建议锤击力为 200～350N；桩长为 12～14m 时，建议锤击力为 250～450N；桩长为 14～16m 时，建议锤击力为 300～600N；桩长为 16～18m 时，建议锤击力为 500～800N。

（2）通过有限元计算，对桩端为岩石时，在桩顶激振力和脉宽一定的情况下，桩底的激振响应随着桩长的增大而减小，宜采用铁锤等脉宽较小的锤进行测试，不同桩长建议的锤击力为：桩长为 8～10m 时，建议锤击力为 300～550N；桩长为 10～14m 时，建议锤击力为 350～600N；桩长为 14～18m 时，建议锤击力为 350～650N。

（3）根据有限元计算结果，给出了一定桩长的建议锤击力取值范围，在实际工程测试时，应尽量取建议值的最大值；对于桩底为岩石的情形，采用铁锤进行测试较好；其次若采用低脉宽的橡胶锤，锤的脉冲宽度越小越好，即锤刚度越大越好；若采用橡胶锤，橡胶的弹性模量越大越好。

（4）低应变反射波法适用于TC桩桩身质量的检测，由于TC桩长细比较大，检测过程中应根据塑料套管指标、地质条件、桩径、桩长等调整激振措施和频率等。若桩底反射不明显可调整力棒或锤头的材质或重量，同时数据处理时可采用指数放大等手段进一步进行判断。

第6章　塑料套管混凝土桩挤土效应现场试验研究

6.1　概述

从目前的文献资料来看，对挤土效应的研究主要集中于打入桩及静压桩。李志高等（2008）研究了不同施工参数情况下，搅拌桩施工挤土效应对已建地铁车站结构的变形反应。TC桩目前采用的是ZJ30型静压振动联合打设机，软土层中静压沉管，而遇到坚硬土层时可开启振动锤增加穿透力。所以振动沉管与静压在机理上存在一定的差异，其产生的挤土效应也必然有差异。振动过程使得桩体及土体处于强迫振动状态，桩周土体强度显著降低，桩土间黏结力被破坏，土体抗力大大减小，能量以波的形式传递给周围土体，与静压桩相比，其传递给土体的能量更大。但是分析时如果要考虑沉桩时的动力特性将使问题变得更加复杂。本书不考虑动力特性，由于实际振动的频率较大，可以将其看作是一个连续的准静态过程。

沉桩挤土效应实际上是一个极其复杂的岩土工程问题，涉及土体的性质、桩土间接触、滑移等，包括沉桩引起的超孔压的产生及消散、桩周土体强度改变、土体中应力的变化、土体水平位移及竖向隆起、桩承载力的时效性等多方面内容。目前对挤土效应的研究也主要集中在以上几个方面。对挤土效应的研究方法主要包括理论研究（圆孔扩张理论、应变路径法、有限单元法、滑移线理论）、模型试验研究及现场试验研究。由于现场试验的复杂性，需要耗费大量的人力、物力及时间，因此国内外的学者在理论研究方面虽已经取得了一定成果，但在现场试验方面开展得还比较少，而现场试验最能全面综合的反映所研究问题的实质，对指导工程实践有不可替代的作用。

本章就依托几个工程实例，开展了大量现场试验内容，通过数据的整理分析详细研究了TC桩的挤土效应及其对成桩质量的影响。

6.2　TC桩成桩机理及受力特性

TC桩成桩方法是先将带有内外螺纹的塑料套管按一定的间距采用专用设备逐根打入需要加固的地基中，待这个分段区块全部打设完毕后，再统一对埋设在地基中的套管用混凝土连续浇筑成桩，套管不再取出，这样套管与填充物就形成了地基加固桩。可见TC桩工法的显著特点就在于，其先打设塑料套管作为混凝土桩体的模，混凝土的浇筑与套管打设是完全分开的两道工序，两者独立进行而互不影响，这也是TC桩与现有的沉管灌注桩的最大区别。此工法一方面是很大程度上地提高了施工效率，解决了普通灌注桩需成孔后立即浇筑混凝土的复杂工序；另一方面更重要的是能有效控制打设深度、保证混凝土的浇筑质量及最终成桩的质量。

因此，从TC桩特殊的施工工艺上我们看出，保证塑料套管的打设质量是一项重要环节，是影响最终成桩质量的关键。TC桩施工采用的是外大直径钢沉管内套小直径塑料管

(本书 16cm) 以及扩大桩尖 (本书 30cm 圆形) 的方法成桩的，如图 6-1 所示。这就使得桩周土存在着一个先扰动扩孔、与塑料套管先不接触，待沉管拔出后依靠土体的自重固结逐步回挤、相邻桩打设挤土作用以及上部填土荷载作用下桩间土压缩再回挤后才能使塑料套管与桩间土紧密作用，这个过程始终伴随着桩间土孔压的变化、土体的扰动，土体强度是一个损失、恢复和增长的过程，桩侧摩阻力 (包括负摩阻力)、桩身套管受力也始终在发生复杂的变化。其他桩型虽然有类似的过程，但 TC 桩这种先大扩孔、桩周土先扰动后逐步回挤的施工工艺与振动沉管桩是沉管下去后立即灌注混凝土然后振动拔出，利用混凝土的流动和充盈使得混凝土与桩间土立即紧密接触，以及预制桩是直接通过成桩挤土作用使桩间土与桩紧密结合不同，桩与桩间土的相互作用过程以及承载特性也就不相同，其时间效应更加明显。

总之，在塑料套管打设后、混凝土浇筑前这段间歇期内 (工程中一般为 1～2 周)，塑料套管始终处于单独受力状态，沉管拔出后土体先是自重作用下回土或部分回土接触塑料套管，然后相邻桩打设挤土作用使得土体对塑料套管产生额外应力，如水平力、上拔力等，如图 6-2 所示。这些作用力将会引起塑料套管的变形甚至破坏。因此需要研究塑料套管在浇筑混凝土之前的受力和变形情况，一方面为在不同工程情况下选择既可靠又经济的管材以及建议合理的施工顺序和工艺提供依据；另一方面 TC 桩作为超小直径桩体，其长细比较大 (实际应用中普遍在 50～120 之间)，桩周土体抗力的发挥对承载性能影响较大，为稳定性的可靠分析提供基础。

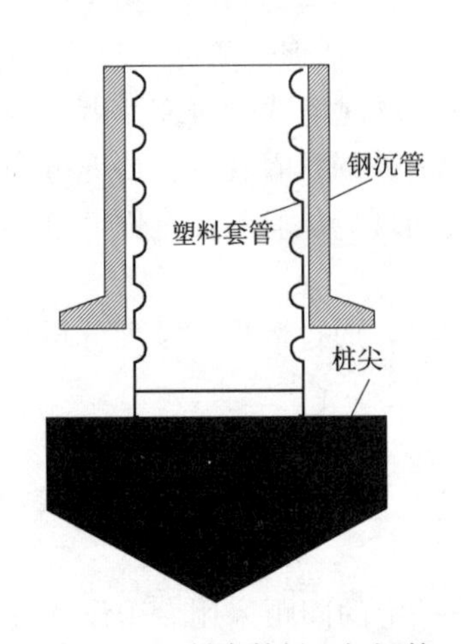

图 6-1　塑料套管插入钢沉管

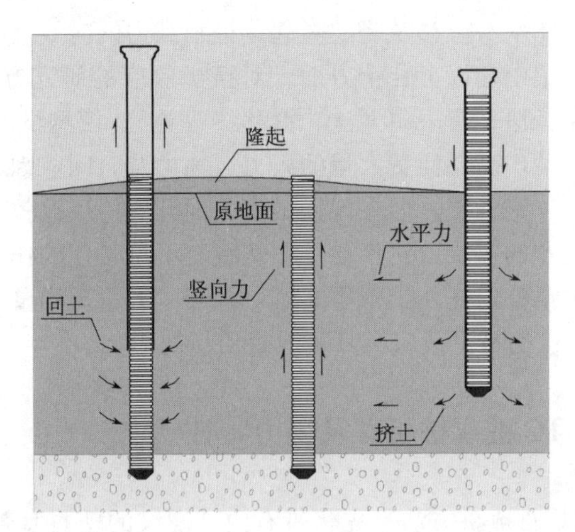

图 6-2　套管施工过程中受力示意图

6.3　TC 桩挤土效应现场试验研究

TC 桩作为小直径桩体，目前国内推广应用的 PVC 塑料套管直径一般为 16cm，由于直径较小，其挤土效应小于大直径桩型，但仍然属于挤土桩范畴，TC 桩挤土效应的影响对象主要是已打设的塑料套管。沉桩引起的超孔隙水压力和水平向应力的增大对施工造成了不利影响，实际工程中就出现了塑料套管受力破坏的情况。进行 TC 桩挤土现场原位试验可以获得较为直观的认识和符合工程实际的规律，为理论研究奠定基础。

6.3.1 工程概况

1. 地质概况

现场试验主要依托申嘉湖杭高速练杭 L10 合同段工程，同时在南京 243 省道工程、杭金衢高速浦阳互通工程也开展了部分试验。本章主要通过上述现场采集的试验数据对 TC 桩沉桩挤土效应进行详细分析研究。

表 6-1 为几个工程试验点的土层具体物理力学参数指标。

试验点土层物理力学参数 表 6-1

位置	土层编号	土层名称	层底埋深 h(m)	天然重度 γ (kN·m^3)	含水量 w(%)	塑性指数 I_p	压缩模量 E_s(MPa)	c_d (kPa)	φ_d(°)
练杭 L10 AK0+280	①$_2$	种植土	0.4	—	—	—	—	—	—
	②$_1$	粉质黏土	1.4	18.9	18.8	12.8	3.69	8.3	9.8
	③$_2$	淤泥质粉质黏土	7.0	17.4	45.3	14.7	2.56	7.4	6.3
	④$_3$	粉质黏土	13.5	18.6	33.0	13.3	4.57	10.3	9.9
	⑥$_1$	粉质黏土	20.2	19.2	28.6	13.5	5.42	16.7	11.8
南京 243 省道 K2+750	①$_1$	杂填土	2.5	—	—	—	—	—	—
	②$_{2c}$	砂质粉土	6.8	19.7	24.3	—	6.49	—	—
	②$_{2a夹}$	黏质粉土	10—12.3	18.4	34.7	12.6	3.01	9.8	7.9
	②$_2$	淤泥质粉质黏土	14.8	17.5	42.8	15.0	2.25	7.2	6.5
	②$_3$	粉质黏土	16.8	18.8	31.6	12.8	4.79	11.1	9.7
	③$_{1a夹}$	粉质黏土	19—20.4	17.7	33.7	14.4	3.48	8.5	7.7
	③$_1$	（粉质）黏土	—	19.4	26.3	12.6	5.91	15.9	11.2
浦阳互通 K31+450	①	填土	0.7	18.1	—	—	2.5	—	—
	②$_1$	粉质黏土	2.4	18.9	—	—	4.0	—	—
	③	淤泥质粉质黏土	11.3	17.5	—	—	2.0	—	—
	④$_2$	黏土	16.7	18.9	—	—	6.5	—	—

土层概况为：

① 种植土，灰色，松软，湿，主要成分为黏性土，含虫孔及植物根系，层薄，结构松散，力学性质较差。

② 粉质黏土，灰褐色，灰色，软塑—可塑，饱和，含少量铁锰质斑点，层薄，物理力学性质一般。

③ 淤泥质粉质黏土，灰色，流塑，饱和，含少量有机质及云母碎屑，局部为粉质黏土夹层，物理力学性质差，具高压缩性。

④ 粉质黏土，灰色，软塑，局部可塑，饱和，局部含贝壳碎屑，局部为砂质粉土，物理力学性质一般，中偏高压缩性，可作荷载不大构筑物短桩基础持力层。

⑥ 粉质黏土，灰黄色，可塑，局部软塑，饱和、含少量铁锰质氧化斑点，层状，物理力学性质一般，中偏高压缩性。

2. 试验区 TC 桩设计

目前 TC 桩一般采用梅花形或正方形布桩，静压辅助振动沉管打设，桥头路段一般桩间距为 1.5～1.7m，过渡段及一般路段桩间距为 1.6～2.0m。采用圆形混凝土盖板，直径 40～50cm，厚度 20cm；30cm 圆形预制混凝土扩大桩尖；桩身及盖板混凝土强度等级 C25。采用桩体、盖板一体化施工，桩顶附近设置 2～3m 插筋，上部弯起，并与盖板内设置的两层钢筋绑扎连接。待混凝土达到一定强度后，在盖板顶铺设高强型钢塑格栅并铺设 30cm 厚碎石垫层，构成 TC 桩复合地基。表 6-2 为各试验段 TC 桩主要设计参数。

试验段 TC 桩设计　　表 6-2

试验段落	桩长（m）	桩距（m）	总桩长（m）	填土高度（m）	布桩形式	段落形式
练杭 L10 AK0+280	12	1.6	13475	4.24	正方形	一般路段
南京 243 省道 K2+760	18	1.7	7164	3.04	正方形	桥头过渡段
浦阳互通 K31+450	12	1.7	4032	2.85	正方形	箱涵路段

6.3.2　试验方案及仪器布置

本次试验对沉桩引起的地表隆起量、土体深层水平位移、桩侧土压力及超孔压、套管回带及路堤荷载下桩侧附加应力等作了详细的观测分析研究。

1. 地表隆起

试验前在距桩位中心 0.5m、1m、1.5m、2m、3m 处分别设置了地面隆起观测点。观测点布置与测试方法为，将长度约 20cm 的钢筋在设定点处打入土体。试验过程中沉管是按一定速率下沉打设的，但为了研究地表隆起量随沉管不同下沉深度时的变化规律，试验过程将沉管过程分为间断的 4 次，即每下沉 2m 分别测试一次数据。测点布置见图 6-3。

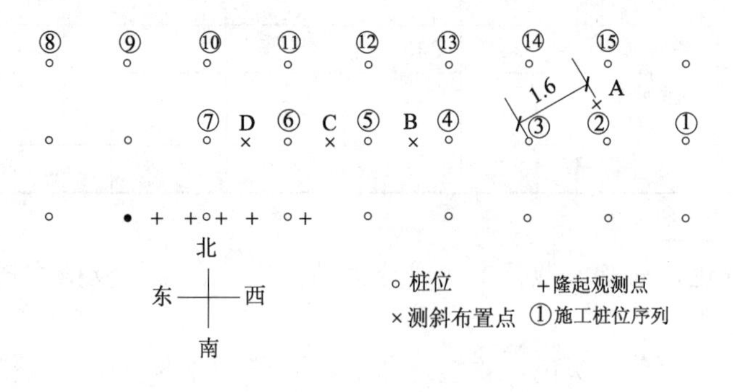

图 6-3　练杭 L10 测点布置简图

2. 土体深层水平位移

沉管引起挤土，深层土体受到水平向应力，从而引起土体的水平向位移。TC 桩沉管时挤土效应对套管影响显著，试验目的希望通过测试沉桩引起的土体水平位移的同时，在一定程度上反映打设邻近塑料套管时对已打设套管的变形影响情况，这对于进一步研究 TC 桩承载特性及稳定分析有重要意义。

试验采用的水平位移测试材料为特殊的 ABS 软式测斜管，其与普通测斜管的区别在于其材质相对偏柔性，尽量与 TC 桩塑料套管相近。观测点布置如图 6-3 中 A、B、C、D 所示，A 测点在桩位③中心 1.6m 的半径上。B、C、D 测点分别在两相邻桩位的中间。软式测斜管埋深 20m，在场地套管打设前提前埋设好，测斜管的两对槽口分别为平行桩位打设方向（东西向）与垂直桩位打设方向（南北向）。

3. 桩侧土压力及孔压

为了更好地测得成桩过程中以及成桩后桩侧土压力的分布规律，同时为了方便仪器的埋设，本次试验采用木桩模拟 TC 桩的方式，如图 6-4 所示。木材采用 10cm×10cm 的方木，木桩总长与试验段设计桩长一致。由于沉管管口离地面最大净距为 2.0m，为方便将木桩插入沉管内跟管打入地基，将木桩截断成每段长约 1～1.5m，连接时采用专门加工的钢板。

南京 243 省道与浦阳互通的木桩埋设方式与上述基本相同，但沿深度均未埋设孔压计。木桩分别在三个试验工程段落各进行了一次试验。首先在练杭 L10 合同段，为测试不同阶段桩侧压力及孔压变化规律，沿木桩长每隔一定间距凿槽，一面设置土压力计，另一面设置渗压计，用铁丝和铁钉固定好，土压力计与渗压计受力面均背向木桩，略高于槽口以保证测试数据的精确性。为保证木桩打入地基后测试线路的安全，所有线路同样采取沿木桩桩身凿槽镶嵌，并用薄铁皮将线路槽口封闭。木桩桩尖用铁板焊接制作，桩顶部设一拉环，埋设时用沉管内的吊绳牵引，将木桩分段连接并拉入沉管，随后跟管打入地基预定深度后拔管，如图 6-5 所示。该段落仪器埋深分别为 0.5m、2m、4m、6m、8m、9m、10m、11m、12m，桩机走位以及打桩次序示意图如图 6-6～图 6-8 所示，图中编号即为打设的工程桩次序，箭头所示为桩机打设方向。

图 6-4　拼接好的木桩

图 6-5　木桩插入沉管打设

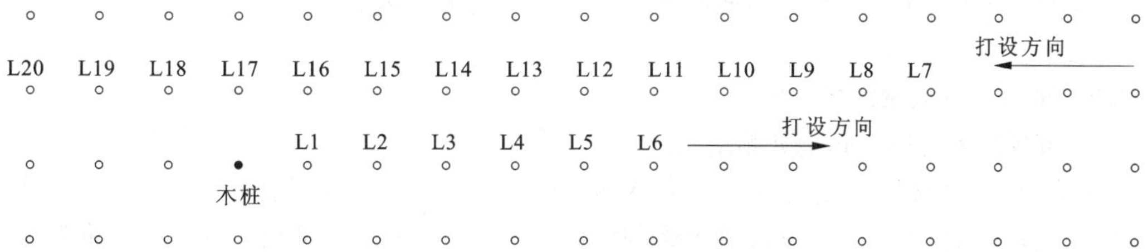

打设方向
L20　L19　L18　L17　L16　L15　L14　L13　L12　L11　L10　L9　L8　L7
L1　L2　L3　L4　L5　L6
打设方向
木桩

图 6-6　练杭 L10 桩侧土压及孔压测试简图

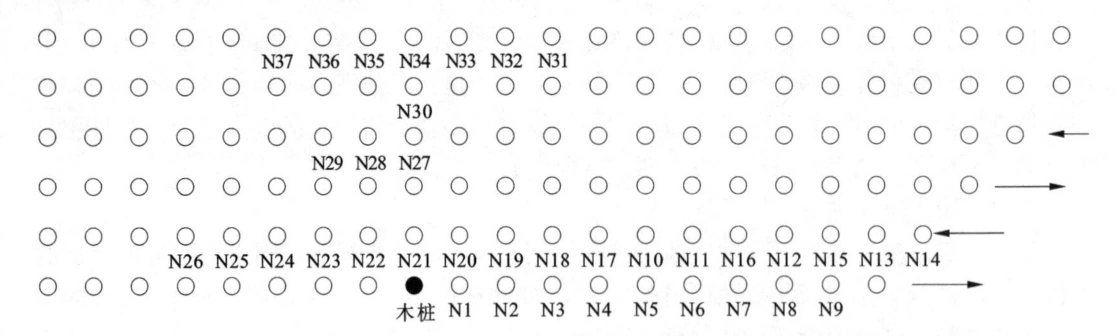

图 6-7　南京 243 省道施工桩序示意图

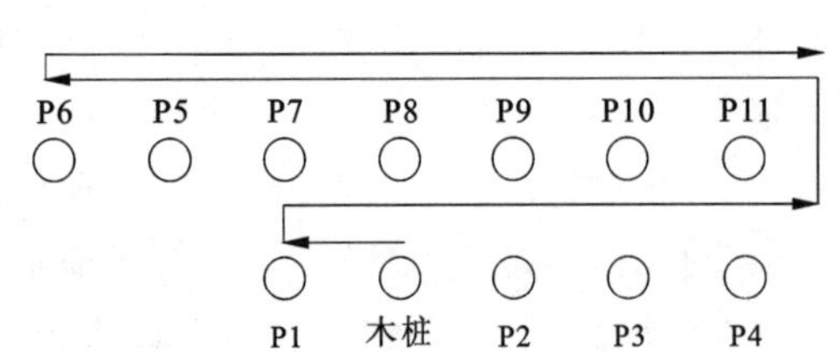

图 6-8　浦阳互通施工桩序示意图

图 6-9　桩侧土压力计的埋设

木桩数据测试频率为：打设邻近工程桩时，每打完一根测试一次数据；遇到停机不打桩时或打设桩距离木桩较远时，初期间隔时间 10～20min 测试一次，随后间隔可增大；场地桩全部打设完毕后，可将测试线路牵引埋设至路基外作长期观测用，测试频率根据填土实际情况调整。

4. 路堤荷载下桩侧附加应力

沉桩扩孔使得桩周土体扰动破坏，沉管结束后短期内桩侧土压力较小，虽然随着时间的推移桩周土体回挤、超孔压消散、土体再固结，土体抗力逐渐恢复，但土体与套管仍不能紧密接触，套管侧摩阻作用不能充分发挥。对于 TC 桩这样的小直径桩体，侧向约束的大小对其竖向承载性能的提高有显著影响。在上部填土荷载的作用下，桩周土体向桩体进一步回挤，桩侧阻力和土体抗力一直在变化，桩体受到的侧向约束作用增大，竖向承载性能更能充分发挥。试验对路堤荷载下桩周应力变化进行了研究。

试验仪器埋设方法为，按照设计埋深先将土压力计固定在两根钢筋笼上，用钻机紧贴桩壁钻孔后放入，土压力计受力面面向桩，埋好后用黄砂填实，如图 6-9 所示，埋深分别为 1.5m、2.5m……15.5m。

6.3.3　试验观测结果分析

1. 桩周地表土体隆起量观测结果分析

沉管下沉使得桩周土体受到竖向及水平向挤压应力，随着沉管的不断贯入，扩孔作用将地基土体不断排开，由于地表自由无约束，沉桩应力向地表释放时，沿桩周径向产生不同程度的土体隆起。在这方面，前人有过一些研究，如国内徐建平等（2000）等通过在软黏土中压入单桩的模型试验，得出地面最大隆起量为7%D（D为桩径），出现在距桩中心1.65D处，隆起影响范围约为3～5D；这与国外Cooke et al.(1973)通过现场试验得出的结果相近，其测得沉桩引起的最大地表隆起量出现于距桩中心2D处，约为6%D。

从图6-10中可以看出，本试验地表的隆起主要发生在沉管下沉的初期，特别是沉管下沉2m时测得的数据很明显反映出这一点；而随着沉管的继续下沉，测得的地表隆起有缓慢增加，但增长已经不大。试验结果与唐世栋等（2004）现场测得的沉管灌注桩沉管深度—隆起量关系规律基本一致。这是因为地表无约束，浅层土体受力后就向上产生较大的隆起，而位于深层的土体由于上覆土压力比较大，竖向变形必然受到约束，土体主要产生侧向位移。图6-11所示，随着距桩中心距离的增大，不同沉管在下沉深度时测得的地表隆起量服从指数衰减趋势，距桩轴3m处测得的最大隆起量仅为0.6mm，可以认为TC桩施工引起的地表竖向隆起影响范围约为（6～7）D（TC桩为小直径桩，施工时先将螺纹塑料套管插入内径更大的钢沉管内，然后打入至地基设计深度，因此D取为沉管外径23cm）。

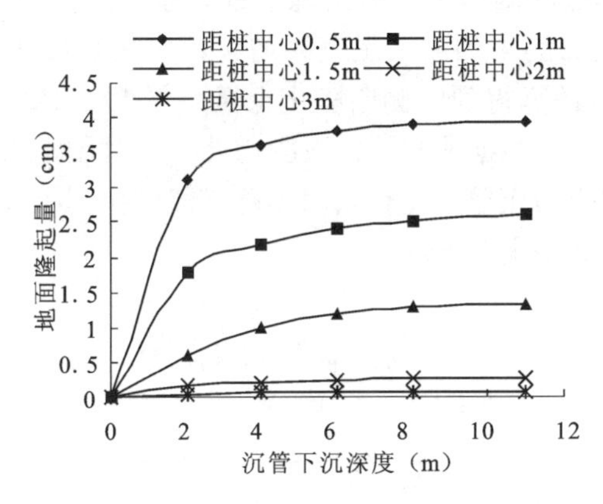

图6-10 地表隆起量随沉管深度变化规律

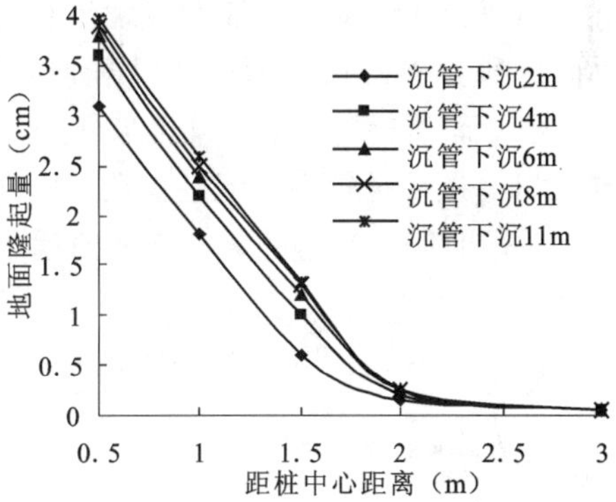

图6-11 地表隆起量沿径向的变化规律

本次试验沉管完成后，在距桩轴0.5m（约2.2D）处测得的隆起量最大，为3.96cm，约为17.2%D，与上述文献结果相比偏大，主要是土质差异及振动沉管引起的。实际在打入钢沉管时，由于钢管与土体界面之间的摩阻力作用，桩周部分土体会随着钢沉管下带，因此地表最大隆起并不是发生在界面处，而是发生在距桩中心一定距离处，正如上述文献的试验结果所述，本次试验考虑到实际施工问题，并未在桩身更近距离设置观测点，未能找到理论最大隆起位置点。

2. 侧向土压力及孔压观测结果分析

(1) 桩侧土压力与静止土压力的比较

沉桩压力使得桩尖处土体发生极限破坏，形成塑性流动状态，向桩尖以下和侧向排开，通常在桩尖处形成4～6倍桩径的球状扰动区，土体压密、开裂、桩尖嵌入，并使桩周土体发生竖向隆起和水平径向位移。当桩周土体为饱和软土时，将产生相当高的超孔隙水压力，从而大幅度降低了土体中的有效应力。

在实际工程应用中，上述因素将对已打设套管特别是桩端下部的套管产生不利影响，塑料套管在压力作用下可能产生变形甚至破坏，从而对桩身承载力产生不利影响；受挤土的影响，塑料套管在侧向土压力作用下沿桩长会发生不同程度的变形，桩身的垂直度受到影响，承载力降低；另一方面，沉桩结束后，随着孔隙水的排出和挤土应力的变化导致桩周土体的应力状态和物理性质不断发生变化，这些变化又影响到桩土接触面的性质和桩周土体的强度，对桩侧阻力产生影响，导致桩基承载力随着时间不断变化。本书现场试验只对水平向应力进行了观测，并分析套管混凝土桩挤土效应、打桩对周围环境以及桩与桩的相互影响等内容，从而分析解决目前施工中存在的一些问题的。图中符号说明：“L”表示练杭 L10 标，“N”表示南京 243 省道，“P”表示浦阳互通工程。

试验首先在浦阳互通工程和南京 243 省道开展，最初没有埋设孔压计，木桩打设后，立即测试数据，观察沉桩后桩周土体的应力变化规律，测得的侧向土压力曲线如图 6-12 和图 6-13 所示。从沉桩后桩侧土压力变化曲线与理论上的侧向静止土压力曲线看出，沉桩扩孔对天然土体产生扰动，改变了土体原来的状态，土体结构遭到破坏、产生超孔隙水压力，桩侧土压力沿深度出现不同程度变化。桩身上部因为沉桩扩孔，土体向侧向排开而未能及时完全回挤，沉桩后短时间内基本处于半临空状态，测得的瞬时侧向土压力小于静止土压力。同时从两次试验发现，桩身下部区域侧向土压力出现了较为显著的急剧变化。桩端处的压力曲线突变特征明显，沉桩完成后测得的曲线呈直线增大，如图 6-13 测得的瞬时值达到了 332kPa，而该处根据地质参数计算得到的侧向静止土压力仅为 174kPa，增加近一倍；而靠近桩端的上部区域侧压力很小，根据地质资料该段均处于相对硬土层（持力层），TC 桩桩径较小而沉桩扩孔效应使得上拔沉管后土体瞬时不能立即回挤到桩周，所以沉桩后短时间内测得的侧向压力值远小于静止土压力。

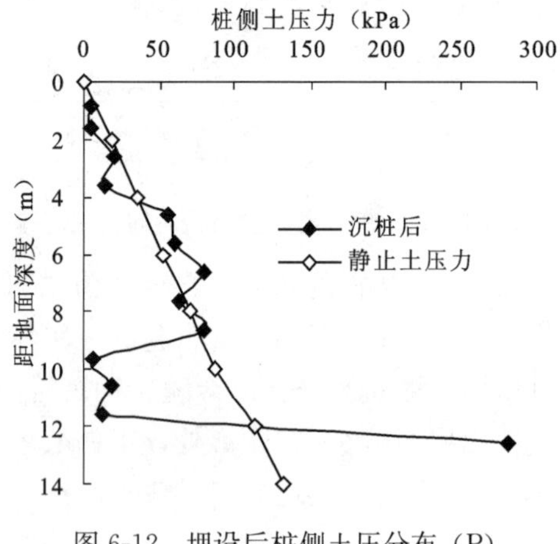

图 6-12　埋设后桩侧土压分布（P）

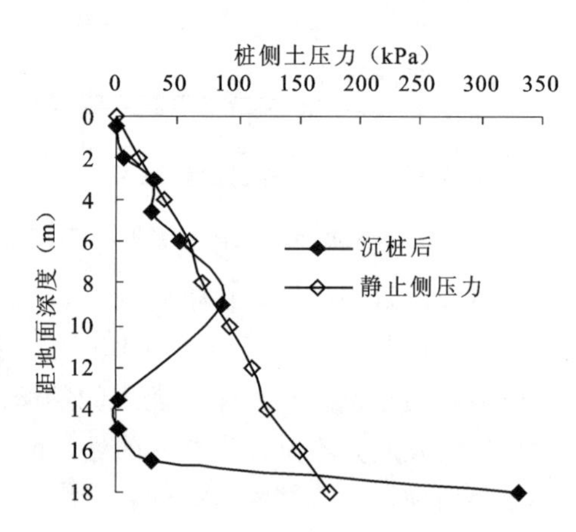

图 6-13　埋设后桩侧土压分布（N）

在练杭 L10 标试验时，同一深度增加了孔压的量测，如图 6-14、图 6-15 所示。从沉桩后桩侧土压力变化曲线与理论静止土压力曲线看出，同样沉桩扩孔对天然土体产生扰动，桩侧土压力沿深度出现不同程度变化。8m 深附近区域测得的成桩后侧向压力明显大于静止侧压力，该处土层为压缩模量较小的淤泥质黏土，结合图 6-15 可以看出，这是因为振动沉管过程中土体会受到严重挤压变形和重塑，产生了很大的超孔压，甚至超过了上覆土层的有效应力，而饱和软黏土瞬时排水性能较差，因此受到挤压应力后超孔压迅速增大，即测得的总侧向应力比天然地基静止侧压力偏大主要是由超孔压引起的。同时图 6-15 还可以看出，在桩端处由于沉桩而产生了大于上覆有效应力的超孔压，沉桩过程使桩尖土体发生极限破坏，土体的有效应力减小甚至为零，形成塑性流动状态，这也解释了试验中桩尖处侧向总应力急剧增大的原因。对于TC桩，塑料套管的刚度毕竟有限，桩尖处产生如此大的超孔隙水压必然会影响塑料套管的打设质量，前期实际施工中就出现桩端处套管破裂甚至完全破坏的情况，这对混凝土桩身的浇筑质量产生不利影响，从而影响了承载力。

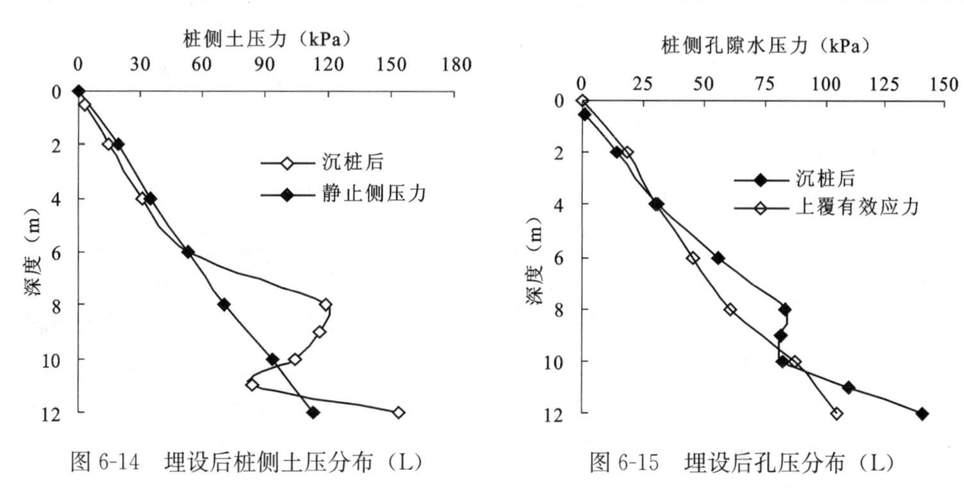

图6-14　埋设后桩侧土压分布（L）　　图6-15　埋设后孔压分布（L）

（2）与应力计面平行桩打设后

上述木桩埋设时，应力计受力面均平行于打设机打设方向。图6-16、图6-17为练杭试验段观测结果。如图6-17所示，随着施工距离的渐远，孔压呈逐渐消散的趋势，沿整个桩身来看，孔压实际都在减小，但总体消散缓慢。桩身5～9.5m范围为深厚的淤泥质软土层，沉桩产生的超孔压没有良好的排水条件，消散十分缓慢；但发现桩端处超孔压消散相当迅速，这是因为沉桩在桩底段产生了很大的瞬时挤土压力和超孔隙水压力，当产生的超孔压使土体有效应力减为零时（认为土体不具备抗拉能力），会对土体产生“水力劈裂作用”，土体内产生裂缝，从而形成更多排水通道，加速了孔压的消散。图6-18即显示了桩端孔压消散情况，可见木桩打设后产生很大的超孔压，峰值达145kPa，但短时间内桩端部孔压迅速消散。

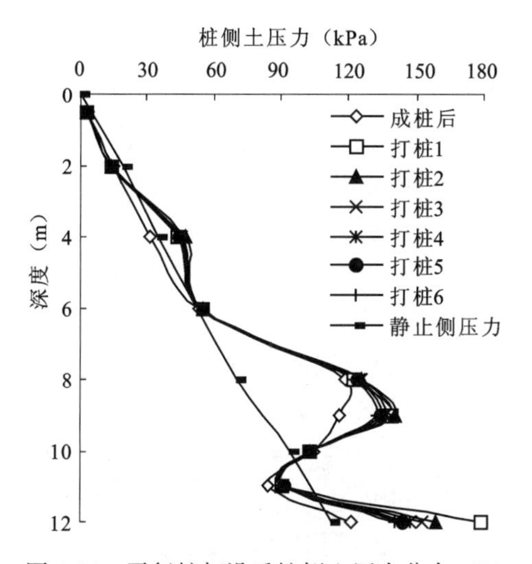

图6-16　平行桩打设后桩侧土压力分布（L）

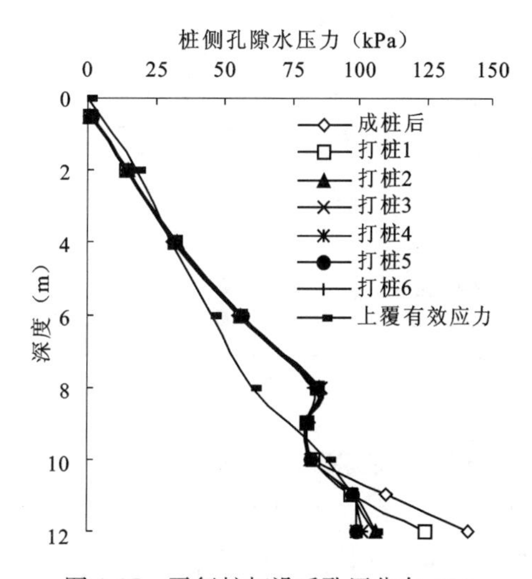

图6-17　平行桩打设后孔压分布（L）

图 6-16 显示，木桩打设后，在打设邻近桩 1 处，由于邻桩施工的挤土效应影响，木桩桩侧土压力迅速增大。上部半临空区域在挤土应力作用下，土体向木桩回挤，侧向压力迅速增大并超过静止侧压力。下部测得的桩侧土压力也随深度与土层的不同而有不同程度增大，桩端处在邻桩施工时侧向应力迅速增大，如图 6-18 中土压曲线所示变现为陡升，侧向压力峰值达 180kPa。实际施工中出现下部套管容易破坏的情况，根据图 6-18 分析，下部应力过大对套管产生的破坏主要是由邻桩施工时产生的挤压应力造成的。

图 6-19、图 6-20 为对应的打设平行桩时侧向总应力与孔压随时间的变化规律，沉桩在桩端部产生较大超孔压（如 11m，12m 处典型曲线），但沉桩完成 2h 后基本已大部分消散，消散速度较快；上部产生的超孔压较小，消散缓慢；在淤泥质黏土层内，因其排水性能差，因此在沉桩过程中产生较大的超孔压，如 8～9m 处孔压超过了 10m 处，但其消散缓慢，图中显示 8m、9m 处 24h 后孔压及侧向土压力曲线仍未稳定，远滞后于桩端处；邻近桩打设时产生的侧向挤压应力与超孔压使得侧向总应力曲线出现陡升，桩端区域表现尤为明显，但随着施工桩距远去（时间增加），木桩周围上部荷载减小、超孔压的消散、土体内部结构调整，以及桩侧土体挤压应力得到一定释放，使得挤土效应的影响已不明显，侧向总应力曲线开始衰减。

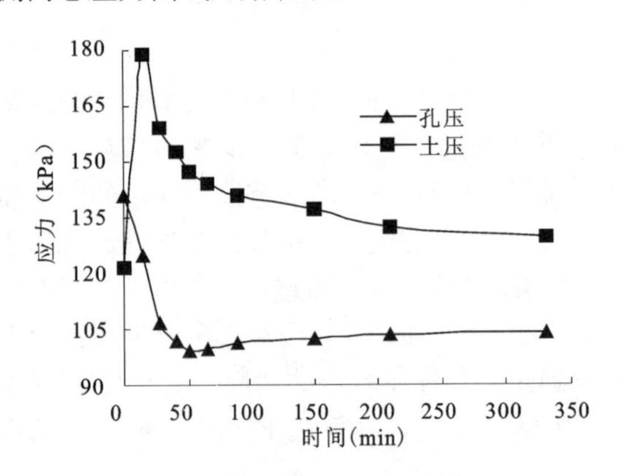

图 6-18　桩端侧压力及孔压变化（L）

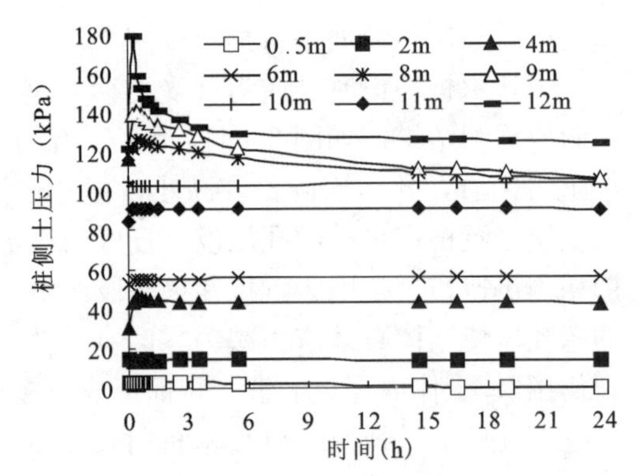

图 6-19　桩侧土压力随时间变化（L）

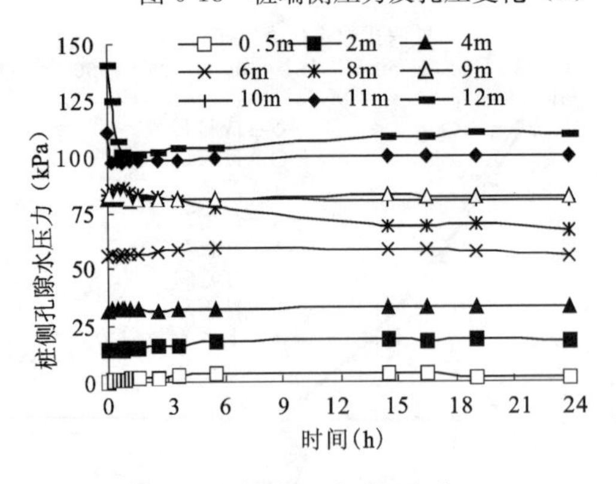

图 6-20　桩侧孔压随时间变化（L）

图 6-21、图 6-22 为浦阳互通观测结果，图 6-23、图 6-24 为南京 243 省道观测结果，其与练杭 L10 观测的基本规律是一致的。图中 3h 后均为施工间歇期，场地内未施工。临桩施工时对附近已打设套管的挤土效应使得侧向挤土应力增大、超孔压上升，曲线表现为桩身下部靠近桩端深度附近陡升；但随打设距离远去，孔压消散，挤压应力也得到一定释放，曲线总体表现为下降，桩端处曲线衰减迅速，约 5h 后损坏；在软土层进入硬土层（持力层）的交界区域，出现侧压力曲线在邻桩施工达到峰值后下降，但随着时间又增大的情况（图 6-22 中 9.6m、11.6m 曲线，图 6-24 中 13.5m、15m 曲线），分析原因是桩扩孔后在上覆压力作用下土体向桩周回挤较慢但依然在不断向桩回拢，水平向压力不断增大。根据上述孔压及侧向土压力规

律，采取隔桩跳打及套管注水打设方式，是保证套管打设质量的有效可行措施。隔桩跳打，实际增大了施工桩距，减小了邻桩施工挤土效应对已打设套管的不利影响，待一段时间后再进行跳打桩位的施工，可同样削弱应力叠加的影响。套管注水打设，可平衡套管在地基内单独受力阶段期的内外压力，减小因套管周挤土应力、回土等产生的不利变形。

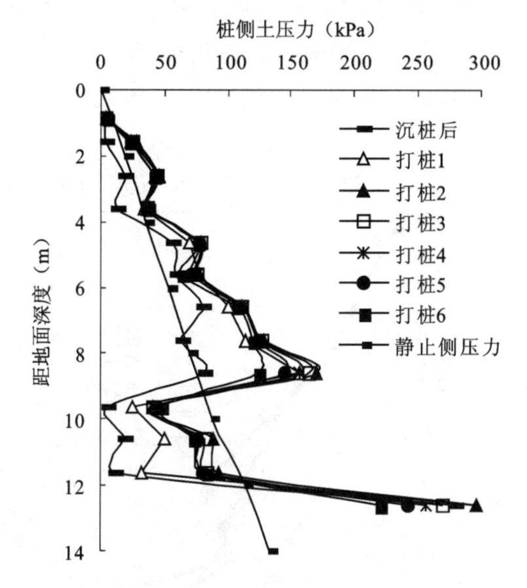

图 6-21　平行桩打设后桩侧土压力分布（P）

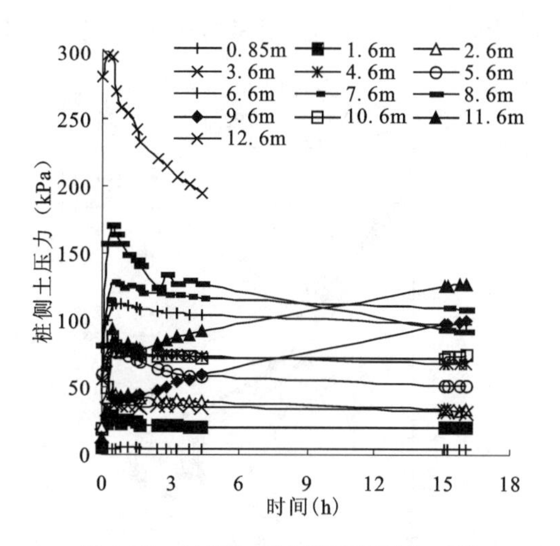

图 6-22　桩侧土压力随时间变化（P）

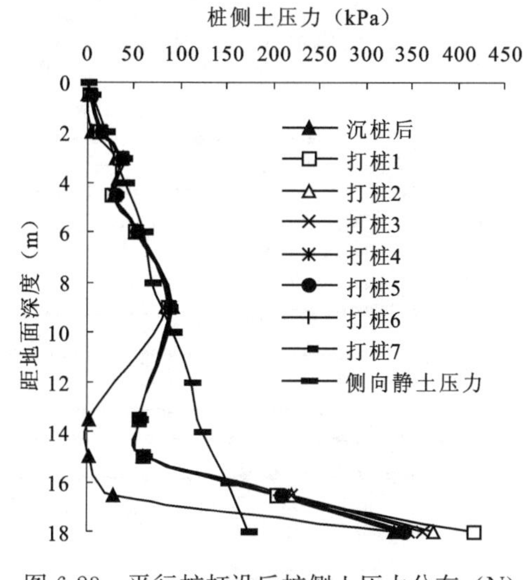

图 6-23　平行桩打设后桩侧土压力分布（N）

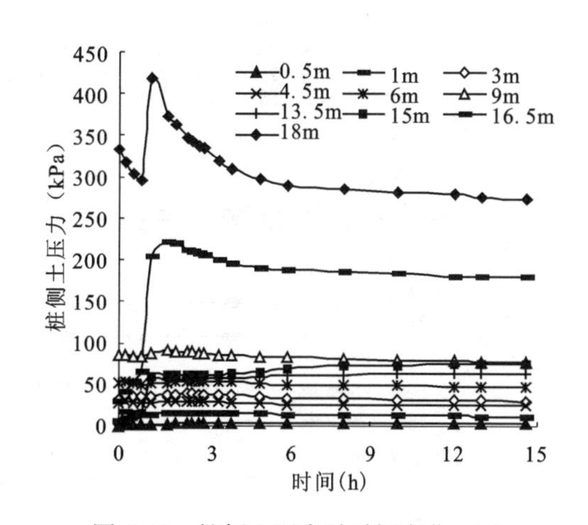

图 6-24　桩侧土压力随时间变化（N）

（3）与应力计面垂直桩打设后

练杭 L10 测试结果如图 6-25～图 6-28 所示，其规律与打设平行桩时类似。如图 6-6 桩序图所示，在打设 7～13 时实际测得的侧向土压力及孔压值没有明显的反映，但随着打设距离的邻近，施工挤土效应的影响逐渐加强，主要即表现在桩侧土压力和孔压逐渐增大，当打设完与应力计受力面垂直正对的桩位 17 后，测得的侧向应力及孔压基本都达到最大值。8m 左右的淤泥质黏土区由于其瞬时排水性能差，邻近沉桩后超孔压迅速攀升、曲线分化（图 6-26），峰值达到 92kPa，甚至超过了 10m 处孔压；但其消散也十分缓慢，如图 6-27 所示，约打设完 100h 后孔压曲线仍呈下行趋势，未稳定。下部土体的侧向应力增幅总体大于上部，这是因为，下部土体受到上覆土层的自重应力约束，必然会对影响到侧向应力的提高。打设完桩位 17 后桩端处侧向土压力峰值为 179.2kPa，孔压峰值 144.5kPa，在水力劈裂作用下孔压消散迅速。之后，施工桩位渐渐远离木桩，图中显示，打设 18～20 时，侧向应力及孔压不再表现为增大，而是逐渐减小，这说明施工挤土效应的影响有一定范围，可考虑这一点在施工中采取隔桩跳打减小其不利影响。

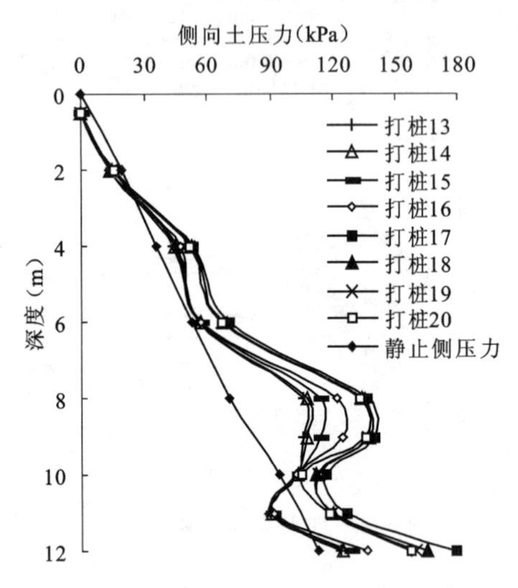

图 6-25　垂直桩打设后桩侧土压力分布（L）

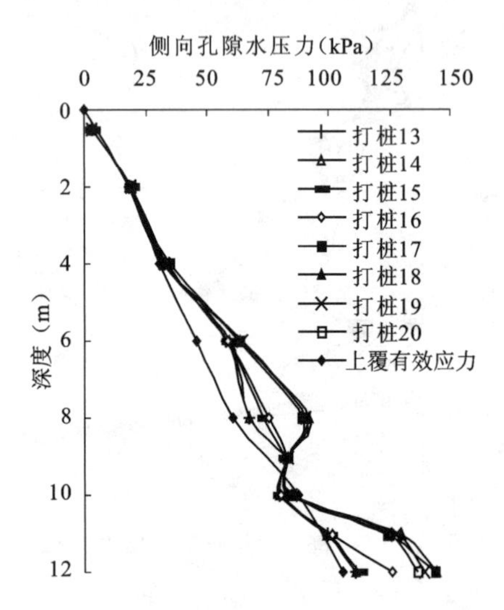

图 6-26　垂直桩打设后孔压分布（L）

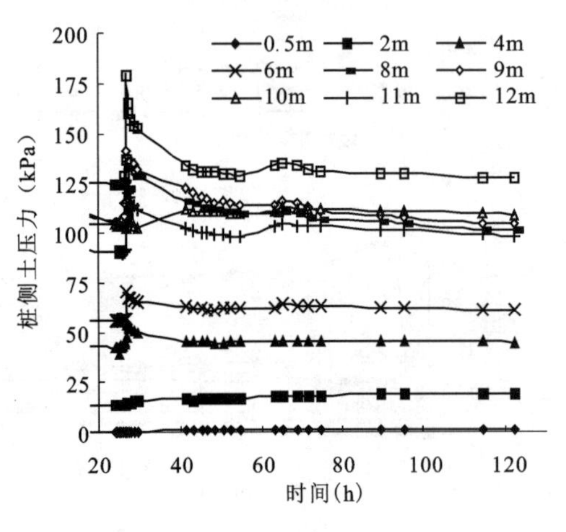

图 6-27　桩侧土压力随时间变化（L）

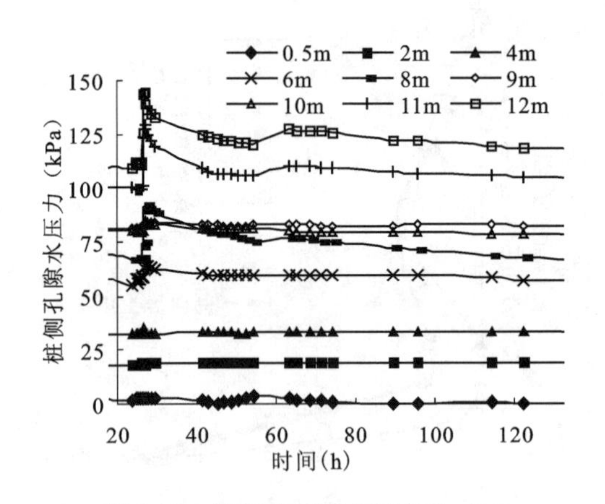

图 6-28　桩侧孔压随时间变化（L）

图 6-27、图 6-28 为垂直桩施工过程中，土压力及孔压随时间的变化，很明显地表现出随施工间距的邻近先增大达到峰值，而后随距离远去而减小的规律，且主要体现在下部土层的变化，上部土体由于地面无约束，土体隆起应力得到一定释放，曲线变化不明显。

图 6-29 和图 6-30 为浦阳互通工程桩体打设后的观测结果。12.6m 处土压力计由于压力过大已损坏。如图 6-29 中曲线“打桩 7 前”，施工停止后经过一夜 14h 土体内应力调整，孔压消散、土体固结、黏土触变恢复，曲线沿深度变得相对平缓，总体趋势恢复到与静止

土压力一致。8m左右的淤泥质泥土层因为排水能力差，沉桩产生比较大的超孔压，沉桩后消散比较缓慢，与静止土压力相比，依然较大。随着打设距离的离近，施工挤土效应的影响逐渐加强，如图6-30所示，尤其在桩端附近11.6m处，当打设至正对木桩土压力盒受力面的桩8后桩侧土压力曲线发生突变，几乎直线上升，测得的最大压力已达351kPa，说明邻近桩打设时易对已打设桩桩端处产生非常大的挤压应力和超孔隙水压力，这对已打设好的套管下部区域造成了很大不利，再次验证了施工中下部套管易破坏以及由于套管不均匀变形导致桩身扭曲。

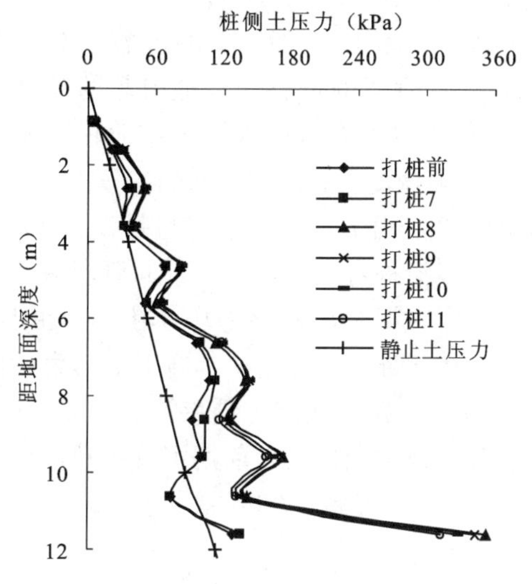

图6-29 垂直桩打设后桩侧土压力分布（P）

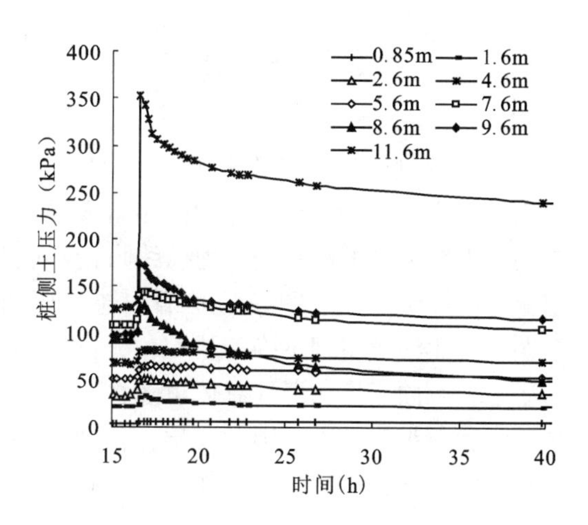

图6-30 桩侧土压力随时间变化（P）

图6-31、图6-32为南京243省道观测结果，得到了一致的规律。图6-31侧向土压随时间变化曲线中出现几次波动峰值（见桩序图6-7），第一次峰值435kPa为打设22时，第二次峰值出现在打设27时，第三次峰值为打设30时，即挤土效应有明显的影响范围，当打设桩位邻近时挤土应力及超孔压增大。图6-32明显看出，14m附近进入硬土层区，在

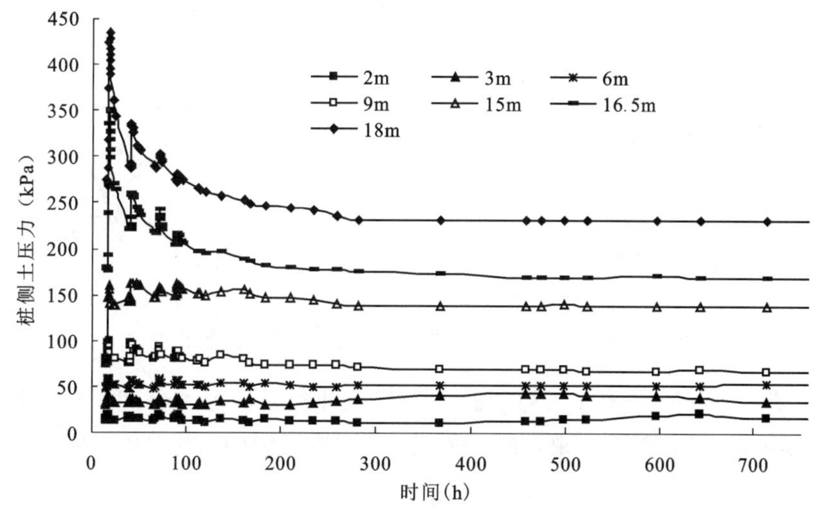

图6-31 桩侧土压力随时间变化（N）

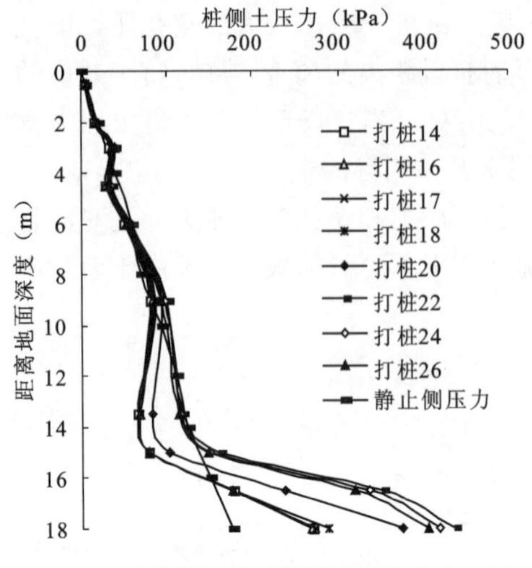

图 6-32　垂直桩打设后桩侧土压力分布（N）

挤压应力作用下，桩周土体回挤，侧压力曲线恢复到静止侧压力附近，说明邻桩挤土效应在一定程度上可以使得因沉管扩孔引起的桩侧土体与桩体接触作用的削弱得到改善，土体向桩周回拢并与桩体紧密接触，成桩后可充分发挥螺纹套管的侧摩阻扩大效应。

（4）场地内桩施工完毕后

练杭 L10 试验段于 1 月 17 日（即约木桩打设后 140h）场地内施工完毕，由于没有外荷载的影响，随着时间的推移，沉桩引起的超孔隙水压力逐渐消散，土体进入再固结阶段，桩周土体强度逐渐恢复、有效应力增加。

如图 6-33 和图 6-34 所示，与打设桩 17 时的峰值曲线相比，沿桩长范围内侧向土压力与孔压曲线沿桩身变得平缓，桩周侧向应力逐渐趋于天然地基的静止侧压力曲线附近，说明施工一定时期后，套管受力均匀。从随时间变化的曲线图 6-35、图 6-36 中看出超孔压消散是一个长期缓慢的过程，施工期结束后间歇期孔压曲线仍呈现下降趋势，位于淤泥质黏土层中 8m 孔压在施工结束期后 800h 才基本稳定；侧向土压力曲线总体也随之下降，桩顶上部土体逐渐回拢，前期沉管扩孔产生的半临空状态得到改善，因此浅层土体曲线略有增大趋势。曲线在 700h 左右处出现显著波动是由重型机械在场地内操作施工引起的。

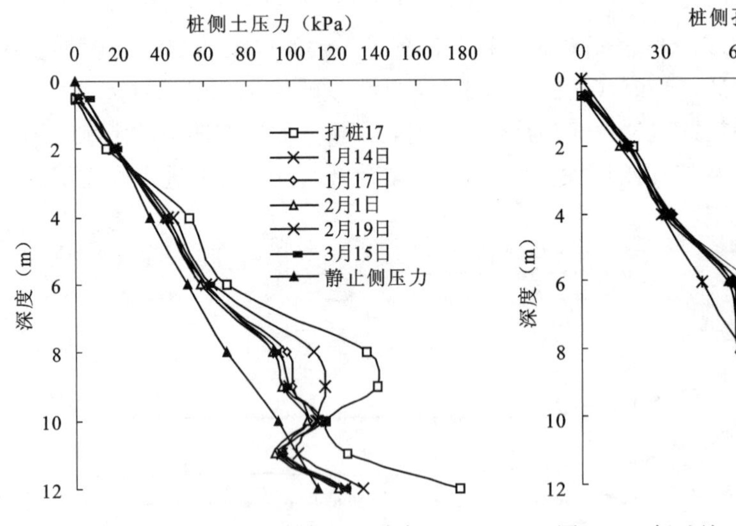

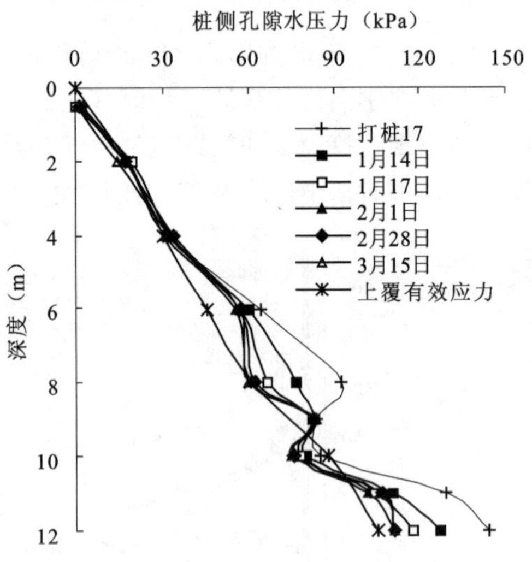

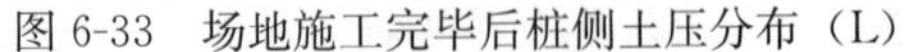

图 6-33　场地施工完毕后桩侧土压分布（L）　　图 6-34　场地施工完毕后孔压分布（L）

图 6-37 为浦阳互通桩侧土压力随时间的变化曲线，该处木桩埋设时接近施工尾声，20h 处为场地套管打设施工结束，随时间孔压消散、挤压应力释放，曲线呈下降趋势，320h 后仍未稳定。

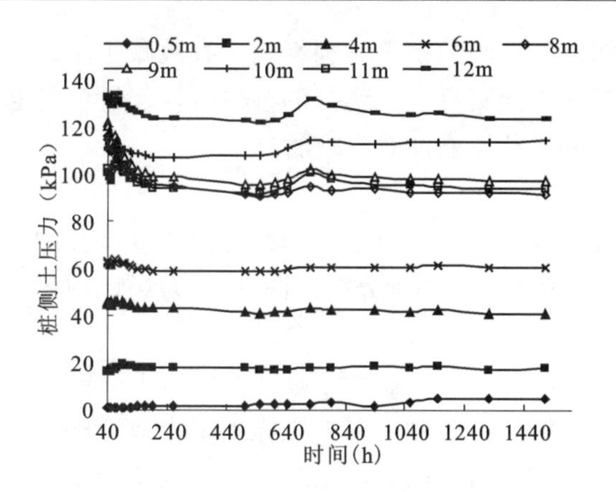

图 6-35 施工完毕后侧压力随时间变化（L）

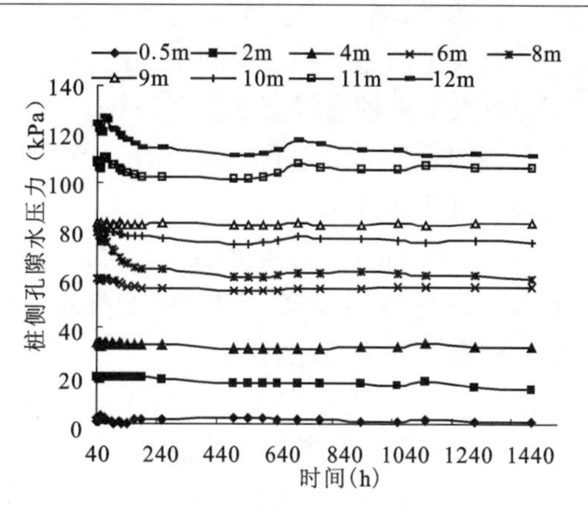

图 6-36 施工完毕后孔压随时间变化（L）

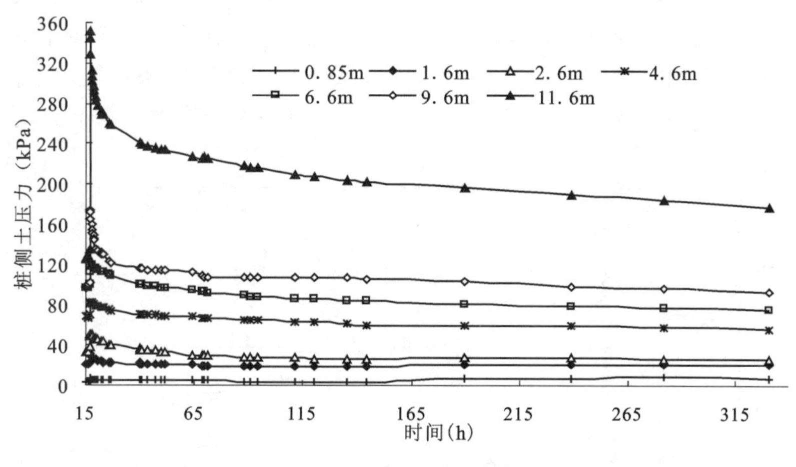

图 6-37 桩侧土压力随时间变化（P）

图 6-31 中南京 243 省道 250h 处为施工结束期，表现出与上述一致的规律。根据上述木桩打设后以及打设其他工程桩时所得到的桩侧土压力变化规律，可以考虑采取一定的措施减小施工中出现的不利影响。根据上述规律，沿木桩桩桩身测得的不同深度处不同性质土层的侧向压力是不断变化的，且变化规律也存在差异。

总体上桩侧压力沿深度是逐渐增大的，沉桩后以及打设相邻桩时在桩端处会产生极大的挤土应力及超孔隙水压力，为保证塑料套管的打设质量，可采取以下措施：①采用同一环刚度的塑料套管作为桩身材料，势必会造成在打设后某些地方环刚度的富余或不足，既不经济又影响成桩后的质量，因此可根据软土参数、打设深度及布桩间距的不同而沿桩身采用不同环刚度的塑料套管；②采用向塑料套管内注水打设的方式，套管注水后桩身具有一定重量，有效削弱沉管提升对套管的上拔力，避免回带作用产生浮桩，同时注水可以平衡套管内外压力，减小挤土应力对塑料套管的不利影响，保证成桩后的质量；③另外，上述还发现，邻近桩施工时，施工桩会对已打设桩产生较大桩侧压力，但当距离较远时，相互间挤土效应的影响已经不明显，各深度处桩侧压力基本不再增大，而是随着孔压的消散逐渐减小，尤其是在桩端处，测得的压力衰减非常迅速。因此，可以采用隔桩跳打的方式施工，增大了两施工桩位的间距，削弱了相邻桩施工间的挤土不利影响，有效减小了因桩侧压力过大导致的套管变形甚至破坏。且待打设机回头打设被跳打的桩位时，邻近已打套管桩侧特别是桩尖处超孔隙水压力已经消散部分，孔压叠加效应减弱。

（5）桩侧有效应力

练行 L10 标同一深度处沿桩长范围同时设置了土压力计（总应力）与渗压计（孔隙水压力），因此有必要对整个过程中的有效应力规律进行进一步分析。图 6-38 为场地内施工阶段桩侧有效应力变化曲线。

图 6-38 表明桩侧有效应力曲线随施工进展呈波动特点，最终随着桩机施工影响距离的增大有趋于稳定的趋势。当施工打设桩位临近测点位置时，在邻桩施工挤土效应的影响下，虽然这一过程中土体产生了超孔压，但在土体挤密作用下，土颗粒骨架也承担了更大的荷载，有效应力增加，因此曲线中出现了几次波峰，即是在邻桩施工时产生的；当施工桩位离测点距离增大后，在上覆土体自重作用下，桩周土体向桩体回挤，桩间土体因挤密作用产生的应力得到一定释放，有效应力减小，最终趋于一稳定值。同时看出，在 2m 和 11m 处前期产生了负值有效应力，这是因为该区域产生了较高的超孔压，土体强度损失，但随着超孔压的迅速消散及土体挤密作用，有效应力有增大趋势。

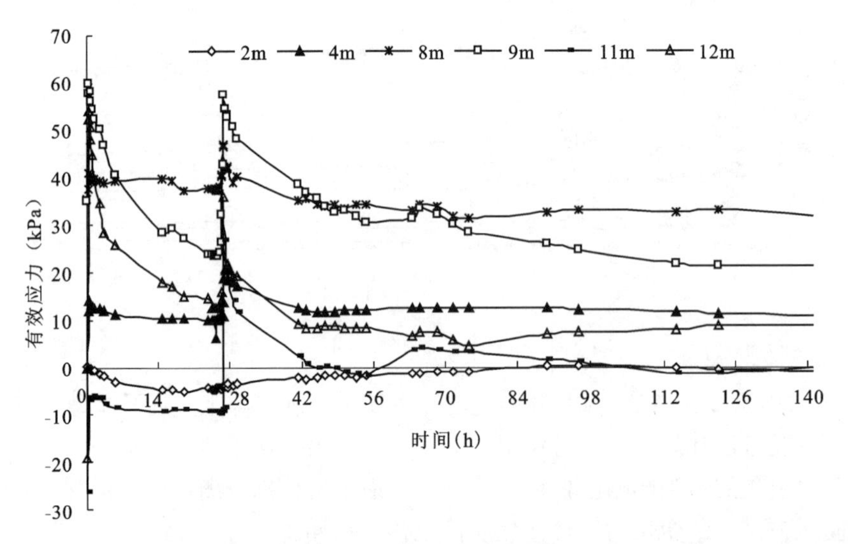

图 6-38　桩侧有效应力变化规律

3. 路堤荷载下桩侧应力观测结果分析

试验仪器埋设断面位于练杭 L2 合同段 K6+410 桥头路段，设计填土高程 3.95m，桩长 15.5m。2008 年 2 月 23 日开始路堤填筑，至 4 月 7 日填筑到预压标高，详细填筑信息如图 6-39 所示，横坐标零点选为 2 月 23 日，也是仪器观测的稳定初值点。

在路堤填筑荷载下，通过对试验数据的分析，TC 桩桩侧的水平向附加应力沿桩身总体呈现先增大后减小的趋势，最大水平向附加应力出现在距桩顶 3.5m 处，最大值达 27kPa，其规律与采用 Boussinesq 应力解所计算的地基内的水平向附加应力系数规律类似，但 Boussinesq 应力解计算附加应力的最值点出现在较大深度处。如图 6-40 所示，在路堤填筑荷载下，TC 桩桩侧水平附加应力均呈现增大趋势，加载初期波动较大，路堤填筑时土体承受上部荷载，附加应力增大、曲线上升；进入间歇期后在格栅调节作用下，应力向桩体转移，同时由荷载施加引起的超孔压逐渐消散，附加应力减小、曲线下降；路堤进入预压期后桩侧水平附加应力均呈现减小并逐步趋于稳定的趋势，从现场测试的桩土荷载分担数据来看，这与在格栅及垫层的调节作用下桩间土的应力向桩上转移并逐步趋于稳定有关，同时也与土体内超孔压消散并逐渐趋于稳定有关，可见 TC 桩发挥了良好的承载性能。桩侧附加应力增大，侧向约束加强，有利于桩体竖向承载力的提高。

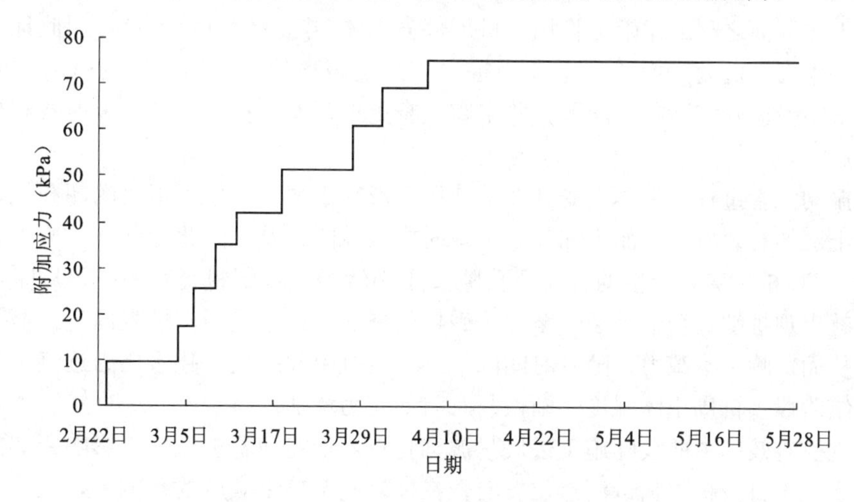

图 6-39 填土荷载信息

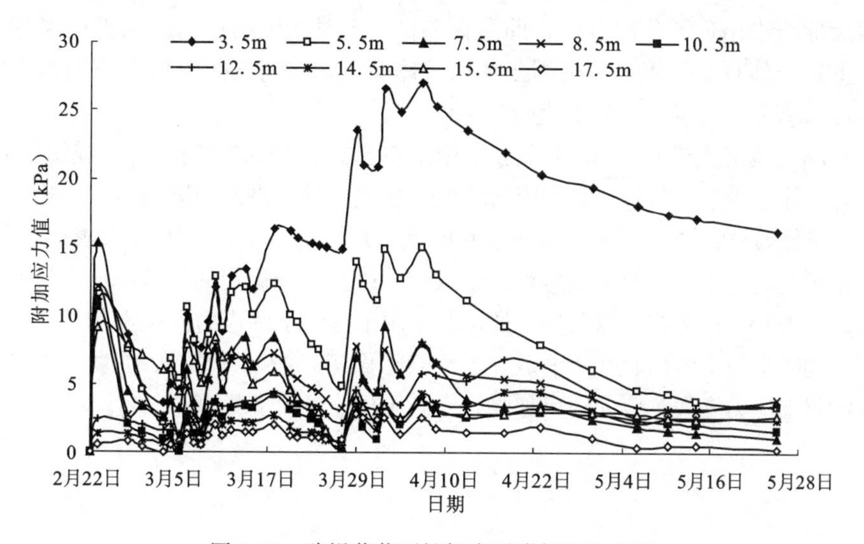

图 6-40 路堤荷载下桩侧水平附加应力分布

6.4 结论

本章对 TC 桩不同施工间歇期过程中沉桩挤土效应及其影响进行了详细的现场试验研究，得到了一些对施工及设计有意义的结论：

（1）详细介绍了现场试验的实施方案及仪器布置及埋设方式。对挤土效应的现场试验的成果做了整理分析，包括地面隆起、桩侧土压力及孔压、土体深层水平位移、套管回带、路堤荷载下桩侧附加应力的变化规律等。

(2) 地表的隆起主要发生在沉管下沉的初期，特别是沉管下沉 2m 时测得的数据很明显反映出这一点；而随着沉管的继续下沉，测得的地表隆起有缓慢增加，但增长已经不大。在距桩轴 0.5m（约 2.2D）处测得的隆起量最大，为 3.96cm，约为 17.2%D，与已有文献研究结果相比偏大，主要是土质差异及振动沉管引起的。实际在打入钢沉管时，由于钢管与土体界面之间的摩阻力作用，桩周部分土体会随着钢沉管下带，因此地表最大隆起并不是发生在界面处，而是发生在距桩中心一定距离处，正如上述文献的试验结果所述，本次试验考虑到实际施工问题，并未在桩身更近距离设置观测点，未能找到理论最大隆起位置点。

(3) 振动沉管过程中土体会受到严重挤压变形和重塑，产生了很大的超孔压，甚至超过了上覆土层的有效应力，而饱和软黏土瞬时排水性能较差，因此受到挤压应力后超孔压迅速增大。TC 桩桩尖处产生的较大超孔隙水压必然会影响塑料套管的打设质量，前期实际施工中就出现桩端处套管破裂甚至完全破坏的情况，这对混凝土桩身的浇筑质量产生不利影响，从而影响了承载力。随着时间的推移，沉桩引起的超孔隙水压力逐渐消散，土体进入再固结阶段，桩周土体强度逐渐恢复、有效应力增加。

(4) 桩侧有效应力曲线随施工进展呈波动特点，最终随着桩机施工影响距离的增大趋于稳定。当施工打设桩位临近测点位置时，在邻桩施工挤土效应的影响下，虽然这一过程中土体产生了超孔压，但在土体挤密作用下，土颗粒骨架也承担了更大的荷载，有效应力增加，因此曲线中出现了几次波峰，即是在邻桩施工时产生的；当施工桩位离测点距离增大后，在上覆土体自重作用下，桩周土体向桩体回挤，桩间土体因挤密作用产生的应力得到一定释放，有效应力减小，最终趋于一稳定值。

(5) 在路堤填筑荷载下，TC 桩桩侧水平附加应力均呈现增大趋势，加载初期波动较大，路堤填筑时土体承受上部荷载，附加应力增大、曲线上升；进入间歇期后，在格栅调节作用下，应力向桩体转移，同时由荷载施加引起的超孔压逐渐消散，附加应力减小、曲线下降；路堤进入预压期后桩侧水平附加应力均呈现减小并逐步趋于稳定的趋势，从现场测试的桩土荷载分担数据来看，这与在格栅及垫层的调节作用下桩间土的应力向桩上的转移并逐步趋于稳定有关，同时也与土体内超孔压消散并逐渐趋于稳定有关，可见 TC 桩发挥了良好的承载性能。桩侧附加应力增大，侧向约束加强，有利于桩体竖向承载力的提高。

第7章　塑料套管混凝土桩单桩承载性能试验研究

7.1　概述

由于桩土之间是一个涉及多种因素的复杂体系，桩的类型、截面形状及尺寸、桩的长短、成桩工艺、施工质量、地基土层的地质年代、沉积环境及历史、土层类别及土的物理力学指标、土层层位、桩身质量、桩的垂直度、地下水位变化等因素都会对承载力产生影响。单桩竖向极限承载力，是复合地基理论中的一个最基本的内容，也是工程设计中首先要确定的基本问题。它反映了桩在竖向承载力作用下，不丧失稳定、不造成破坏、不产生过大变形时的最大荷载。其大小取决于桩身所处的地质情况和桩本身的性能等。同时如何正确评价和确定单桩承载力是一个关系到设计是否安全与经济的重要问题。

桩的破坏是指丧失承载能力的状态。其破坏状态的种种特征往往通过试桩曲线反映出来，识别这些特征对于分析试桩成果，正确判定极限承载力很有意义。

单桩在竖向受压荷载下的破坏极限状态包括地基土的强度破坏和桩身结构的强度破坏。破坏模式大体可归纳为以下五种。

1. 桩身材料屈服

端承桩和超长摩擦桩都可能发生这种破坏。由于桩侧和桩端土能提供的承载力超过桩身强度所能承受的荷载，桩先于土发生桩身材料强度的破坏或桩身压曲破坏。它们的 Q-s 曲线呈陡降型，但前段沉降量极小，有明显的转折点，即破坏特征点；桩的破坏类似于柱子的压屈。如图7-1所示。

2. 持力层土整体剪切破坏

桩穿过较软弱土层进入较硬持力层，当桩底压力超过持力层极限荷载时，土中将形成完整的剪切滑动面，土体向上挤出而破坏。这是一般摩擦桩（或摩擦端承桩）破坏的典型情况。其 Q-s 曲线可出现两种类型，如图7-2所示。

3. 刺入剪切破坏

这是均质土中摩擦桩的破坏形式。桩周（全部或大部分）与桩端以下均为具有中等强度的均质土层，其 Q-s 曲线没有明显的转折点，即没有明确的破坏荷载，只有继续加荷才能使桩进一步下沉，如图7-3所示。

4. 沿桩身侧面纯剪切破坏

这是桩底土十分软弱基本不能提供承载力，仅靠桩侧摩阻力承受荷载的纯摩擦桩端破坏模式。钻（冲）孔灌注桩，当桩端有较厚的沉渣时，就属于这种情况。这类桩的 Q-s 曲线当摩阻力发挥殆尽时即成为一条直线，Q-s 曲线出现台阶状，如图7-4所示。

5. 桩身缺损导致破坏

桩身缺损的桩，如接头断损的打入桩、缩径或夹泥的灌注桩、由于挤土隆起而断裂的沉管灌注桩等，Q-s 曲线出现台阶状，如图7-5所示。

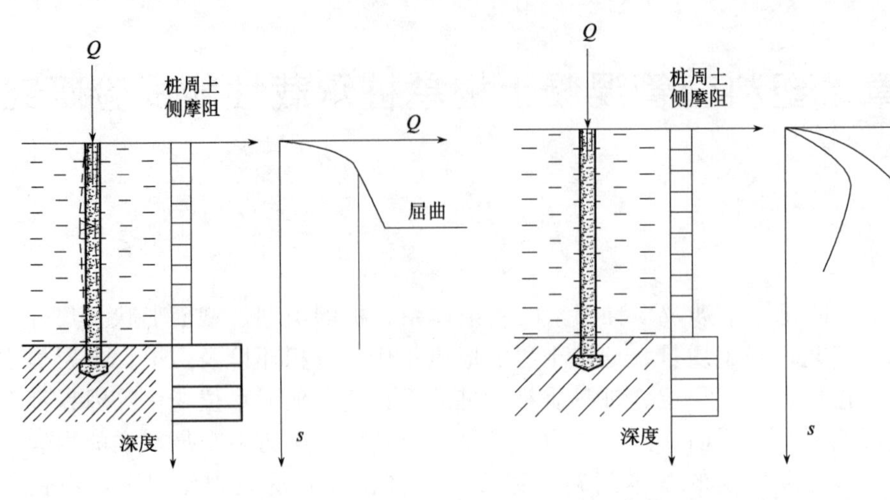

图 7-1　桩身材料屈服示意图　　　　图 7-2　持力层土整体剪切破坏示意图

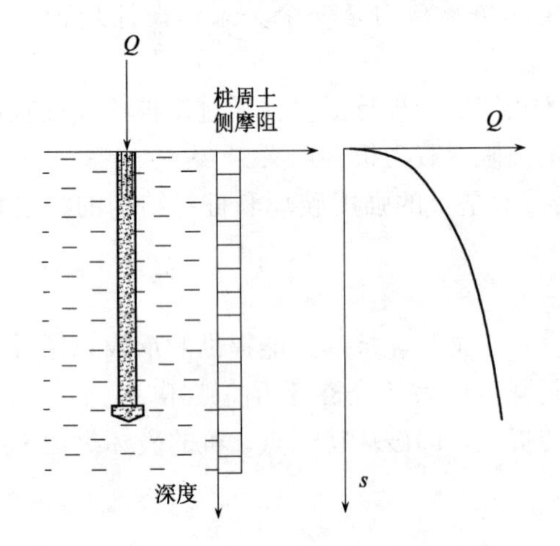

图 7-3　刺入剪切破坏示意图

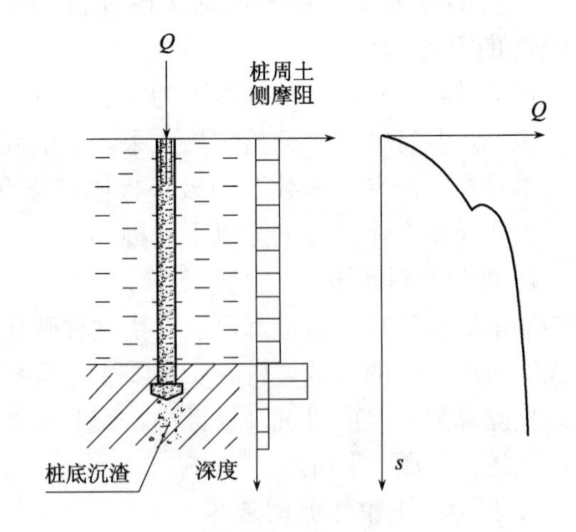

图 7-4　沿桩身侧面纯剪切破坏示意图

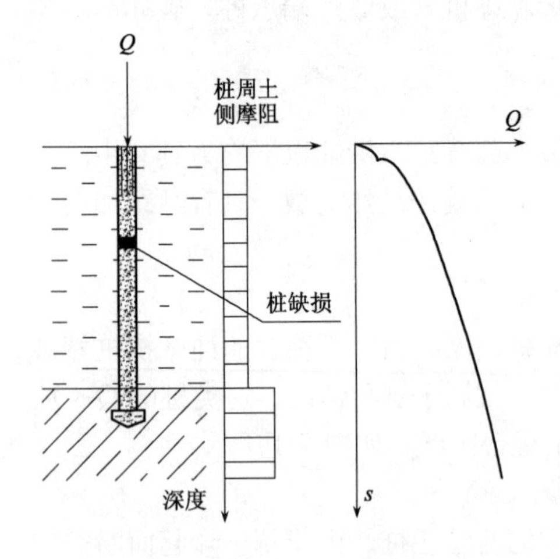

图 7-5　桩身缺损导致破坏示意图

通过静载荷试验现场检测桩的极限承载力，不仅可以反映场地地质条件变化对桩承载力的影响，而且也能反映试桩本身状况（如实际桩径、桩长、垂直度和嵌入持力层深度等）对承载力的影响，所以比较真实可靠。但存在费用高，周期长，试桩数受到限制而难以反映出工程桩承载力的离散性。另外，随着桩径、桩长和桩承载力的提高，静荷载试验越来越难以满足试桩的需要。

众多基桩静载荷试验的资料来看，桩基的破坏具有突变性，在上级荷载下沉降量尚小，在下级荷载下可能突然发生破坏的工程实例较多，此类情况下采用常用的极限承载力模型进行基桩极限承载力的估算及预测会使得预测结果失真。根据有限的实测数据准确地判定及预测桩的极限承载力具有重要的现实意义。

本章通过室内抗压试验研究了波纹管“套箍”效应对混凝土强度的影响。结合练杭高速公路、南京243省道和浙江台州市黄岩马鞍山至永宁江闸公路改建工程TC桩软基处理实际工程，通过单桩及单桩复合地基现场静载荷试验，并埋设钢筋应力计等观测仪器，研究了TC桩在不同地质条件下的承载特性、桩身受力状态、荷载传递机理等。结合现场试验提出TC桩极限承载力的判断及预测方法。

7.2 波纹管“套箍”效应的室内试验研究

1. 波纹管在TC桩竖向承载发挥中的作用

塑料套管的存在，概括起来主要有三方面的优点：使得TC桩的成桩质量易于检测、控制；塑料套管的侧向约束作用，使得浇筑的混凝土桩体的竖向承载性能充分发挥；采用波纹塑料套管，相比于光滑桩体，实际增大了桩侧表面积，同时波纹与土体具有咬合作用，因此能有效提高TC桩桩侧摩阻力的发挥。为研究波纹套管在TC桩竖向承载性能中的作用，分析套管对竖向承载性能的影响程度，做了多组不同标号混凝土试验的无侧限抗压强度对比试验，试验加载采用的是万能试验机。试样分为有套管和无套管试样两种。

2. 试样的制备

试样严格按照设计配合比制备（见表7-1），制备时均用波纹管作为外模成型，试样尺寸均为高10cm、直径16cm的螺纹套管圆柱体，采用细石混凝土填灌，并在振动台上振动密实。试样制备后放于养护室进行养护（确保混凝土标养室温度20℃±3℃、相对湿度95%RH以上），并于2008年12月4日进行28天抗压试验。为进行对比试验，选取各强度等级混凝土试样一个，脱去其外侧塑料套管，共进行三组对比试验。

试样制备的材料参数 **表7-1**

混凝土强度等级	水灰比	水泥：砂：碎石：水	坍落度
C15	0.7	244：854：1131：171	10.5
C25	0.54	325：798：1102：175	9.5
C30	0.51	350：787：1086：177	8.5

3. 试验结果分析

试验结果如表7-2所示，表中的数值均为万能试验机的加压时试块破坏的加载峰值。总体来看，混凝土强度等级越高，抗压性能越好。对于不同强度等级的混凝土试样，由于螺纹套管的侧向约束作用，明显看出，有套管的试样抗压强度大于无套管的试样。根据混凝土强试等级的不同，其提高值可达20%～35%左右。可见套管的侧向约束对抗压强度的贡献作用明显，在实际工程中，套管可有效地提高桩体竖向承载性能，这也成为TC桩的一个显著特点。

试验结果　　表 7-2

类别	抗压试验值		提高值（kN）	提高比例（%）
	无套管（kN）	有套管（kN）		
C15	299.01	376.79	77.78	26.01%
C25	376.21	516.12	139.91	37.19%
C30	414.72	517.29	96.57	23.29%

7.3　练杭高速公路 TC 桩现场静载荷试验研究

TC 桩区别于目前常用桩型的一个特点就是通过预先打设塑料套管成模成孔，然后浇筑混凝土成桩。TC 桩与桩间土的接触是螺纹状的塑料套管，这与其他桩不同，如图 7-6 所示，因此 TC 桩在路堤荷载下，其承载性能的发挥与其他桩型也存在一定的差别，尤其体现在侧阻力的发挥方面。一般不能直接套用《建筑桩基技术规范》JGJ 94—2008 中推荐的由大量单桩载荷试验归纳和统计出来的桩侧极限摩阻力经验参数。

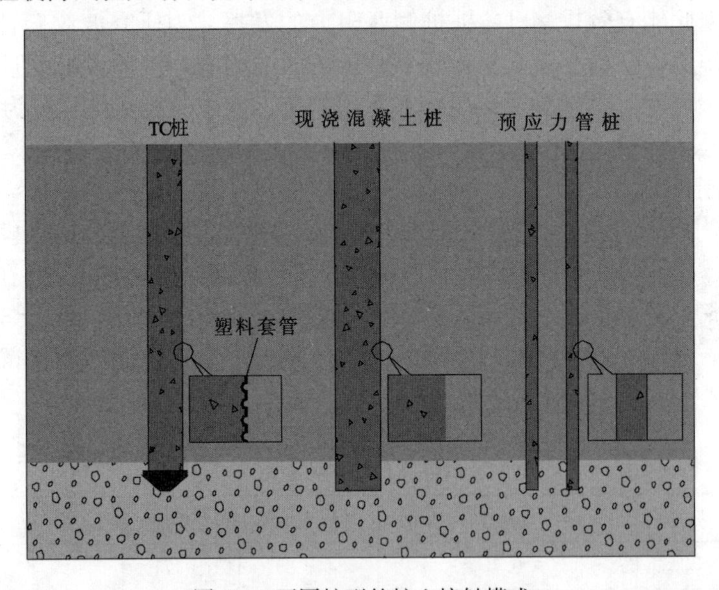

图 7-6　不同桩型的桩土接触模式

试验及单桩竖向极限承载力取值按《建筑桩基技术规范》JGJ 94—2008 的有关规定确定。若沉降曲线为缓变型的，且长细比大于 80，可取 $s=60\sim80$mm 对应的荷载作为桩的极限承载力。

从静载后小应变的检测情况看，持力层为黏土的主要为桩端刺入破坏，桩身始终没有出现断桩，因此设计时应以工后沉降控制为标准。而桩端土为密实砂、砾、岩等硬土的，则为桩身压断破坏，设计时以桩身强度和稳定控制，并适当控制长细比。

7.3.1　练杭高速 L2 标承载力试验检测工程概况

1. 工程地质条件

申嘉湖杭高速公路工程练杭段建设全长 29.6km，起于练市枢纽，接申嘉湖高速公路，途经练市、河山、新市、新安、雷甸、塘栖、崇贤，终点接杭州绕城高速公路。项目所在区域属杭嘉湖平原区，为第四系地层覆盖，下卧中生代白垩纪之砂、泥岩地层。段内分布的不良地质体主要为软土，其岩性以淤泥质粉质黏土及淤泥质黏土为主，局部为淤泥，力学强度低，工程性质差，对路基及构造物的稳定性影响很大。各层土体自上而下分述如下：

（1）耕土层：呈灰色，松软，湿，主要成分为黏性土，含虫孔及植物根系。层厚0.3～0.8m。

（2）粉质黏土：灰褐色，灰色，软塑—可塑，饱和，含少量铁锰质斑点。层厚1.2～1.5m。

（3）淤泥质黏土：灰色，流塑，饱和，含少量有机质及云母碎屑，局部为粉质黏土夹层。分布广泛，层厚5～7.35m。

（4）黏质粉土：灰黄色，可塑，局部硬可塑，饱和，含少量铁锰质斑点。层厚4～5.3m。

（5）粉质黏土：灰黄色，可塑，局部硬可塑，饱和，含少量铁锰质斑点。层厚2.2～3m。

（6）粉质黏土：灰色，软塑—可塑，饱和，局部为砂质粉土夹层。层厚5～7m。

2. TC桩设计情况及工程量简介

TC桩软基处理位于练杭段工程二标和六标，具体为K3＋259～K3＋314、K6＋406～K6＋465、K6＋510～K6＋570、K7＋404～K7＋464、K32＋790～K32＋847六个断面。

TC桩在平面上采用正三角形布设，桩在平面呈梅花形布设，采用静压沉管振动辅助插设，桥头路段桩距1.5～1.7m，过渡段桩距1.6～2.0m。桩身采用C25混凝土浇筑；盖板采用直径为40cm和50cm，高度20cm，采用C25混凝土浇筑。施工过程中采用桩、盖板一体化施工，并根据填筑高度预先插设2～3m的钢筋。工程量计算如表7-3所示。

TC桩工程量统计表 **表7-3**

序号	起止桩号	桩长（m）	间距（m）	总米数（m）	备注
1	K3＋259～K3＋289	19	1.7	9386	桥头路段
2	K3＋289～K3＋314	18	1.8	6750	桥头过渡段
3	K6＋406～K6＋440	16	1.5	15744	桥头路段
4	K6＋440～K6＋465	15	1.6	9945	桥头过渡断
5	K6＋510～K6＋520	15	1.7	2625	通道过渡段
6	K6＋520～K6＋560	15	1.6	10530	通道两侧
7	K6＋560～K6＋570	15	1.7	2625	通道过渡段
8	K7＋404～K7＋414	15	2.0	2430	通道过渡段
9	K7＋414～K7＋454	15	1.7	12000	通道两侧
10	K7＋454～K7＋464	15	1.8	3360	通道过渡段
11	K32＋790～K32＋822	23	1.6	11340	桥头路段
12	K32＋822～K32＋847	23	1.8	6900	桥头过渡段

7.3.2　TC 桩现场试验

1. 单桩试验方案

1）试验方法

如图 7-7 所示，本次试验加载装置采用堆重平台反力装置，主要包括加压部分和沉降观测部分。试验中在承压板中心放置经率定的油压千斤顶作为加载装置，千斤顶反力由堆载的混凝土块平衡。沉降由百分表测量，百分表固定在一根长钢管上，为保证百分表不受试验点沉降的影响，钢管两端的固定点距试验点的位置要求远离沉降影响范围。为了保证承压板和 TC 桩以及桩间土的接触面均匀受力，承压面必须保持平整，若地基表面不平整，应在压板下铺设中粗砂找平。堆重在试验开始前一次加上，并均匀放置在平台上。

图 7-7　单桩竖向静载试验图

2）加、卸载等级、稳定标准及卸载条件

（1）加载分级

参考《建筑基桩检测技术规范》JGJ 106，桩的加载分级，取每级荷载值为预估最大加荷值的 1/10，第一级加载值为其他加载值的 2 倍。

（2）测读桩顶沉降量的间隔时间

① 每次加载后第一小时内，每级按 5、15、30、45、60 分钟测读桩顶沉降量。以后每隔半小时读一次，当沉降速度达到相对稳定标准时，进行下一级加载；

② 对特殊要求的桩，沉降测读时间可按要求另行商定；

③ 桩沉降相对稳定标准可取 1 小时内的桩顶沉降不超过 0.1mm，并连续出现两次（由 1.5h 内连续三次观测值计算）。

（3）竖向抗压静载试验终止加载条件

试验过程中，当发生下列现象之一的，即可终止加载：

① 某级荷载作用下，桩顶沉降量大于前一级荷载作用下沉降量的 5 倍；

② 某级荷载作用下，桩顶沉降量大于前一级荷载作用下沉降量的 2 倍，且经 24 小时尚未达到相对稳定标准；

③ 当荷载-沉降曲线呈缓变型时，可加载到桩顶总沉降量 60～80mm；在特殊情况下，可根据具体要求加载至桩累计沉降量超过 80mm。

（4）数据读取

按照规范，在每级荷载下，读出百分表和钢筋应力计的读数，等稳定后继续下一级荷载。

3）试桩目的及仪器的埋设

（1）试验目的

针对不同桩尖的 TC 桩，分析其承载性状，进而选取截面最优、效果最好的桩尖形式；

在试桩的加、卸载过程当中，对桩身轴力进行连续动态测试，利用桩顶位移观测资料和应力测试结果分析桩—土系统桩侧阻力、桩端阻力的发挥情况及发展过程。

(2) 钢筋应力计的放置

根据现场的土层分类及深度情况，在土层分界的合适位置埋设钢筋计，选取两根桩长 15m、间距 1.5m 的 TC 桩分别放置 6 个钢筋应力计。本次试验采用的是振弦式钢筋测力计，在埋设前根据不同的埋设深度截取相应的钢筋长度，将应力计与钢筋焊接，分别在桩头与桩底的埋设钢筋处焊接一个圆环，以确保埋设时钢筋应力计处于套管圆截面的中心且垂直地面。分段埋设应力计并将导线与钢筋绑扎固定，然后浇筑混凝土，并注意在桩成型过程中注意导线的保护，确保每个截面上钢筋计的成活率，如图 7-8 和图 7-9 所示。

图 7-8 钢筋应力计的连接图

图 7-9 钢筋应力计的埋设

(3) 钢筋应力计读数方式

试验前读两次初读数。加荷期间每级荷载沉降稳定后读一次，下级荷载加载前再读一次。卸荷期间每级荷载卸载稳定后 0.5 小时读一次，下级荷载卸载前再读一次。

2. 单桩复合地基试验方案

单桩复合地基试验是为了测试桩土的荷载分担情况及桩土相互调整的过程。单桩复合地基的试验装置、加卸载方法及终止条件均与单桩试验是一致的。具体而仪器埋设为：

1) 桩帽上下土压力盒的埋设

对于进行单桩静载荷试验的桩体，在浇筑桩帽时在桩帽中心埋设 1 个土压力盒，桩帽底部对称位置分别埋设 2 个土压力盒。测量桩身应力的土压力盒埋设于桩头的中心处，并尽量靠近桩头封顶处；桩帽底部土压力盒埋设时应先在桩帽下土中挖一个小坑，在其中平铺一层细砂（既能保护仪器又能保持仪器的水平，确保测试的准确性），将土压力盒放置于小坑中的砂土上，再用砂土将土压力盒覆盖，并保证砂土密实，然后将测量电缆引出。单桩复合地基试验的土压力盒埋设见图 7-10 (*a*)。

2) 桩间土上土压力盒的埋设

在载荷板下距桩体不同距离的桩间土上埋设了 6 个土压力盒。埋设时承接土压力盒的砂面需平整水平，土压力盒的受压面需对着欲测量的土层面，覆盖土压力盒的砂土应密实均匀。埋设位置见图 7-10 (*b*)。

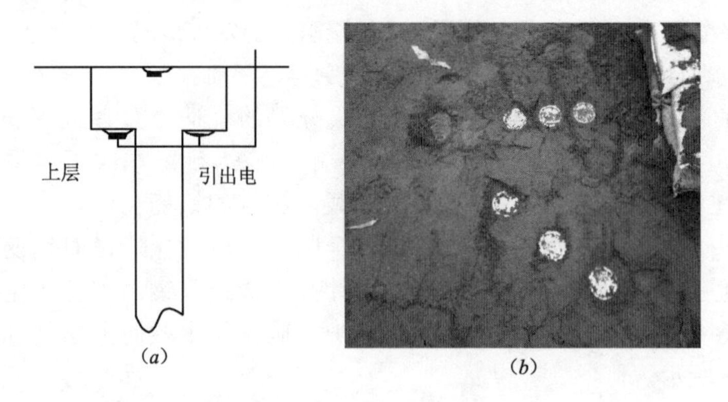

图 7-10　土压力盒埋设示意图

(a) 桩帽土压力盒埋设示意图；(b) 单桩复合地基土压力盒埋设图

7.3.3　TC 桩试验成果分析

本次静载试验共进行了 7 根单桩、3 根单桩复合地基静载荷试验，考虑到车辆行走、试验荷载运输的方便，故试验桩均布置在路堤坡脚或靠近便道的部位，具体桩位及试验内容及仪器埋设情况见表 7-4。

TC 桩静载荷试验内容　　　　**表 7-4**

桩号 里程	编号	桩径 (mm)	桩长 (m)	混凝土 等级	桩尖类型	试验类型	仪器埋设情况
K7+404～ K7+464	1	160	15	C25	十字钢筋混凝土预制桩尖	单桩静载	
	2	160	15	C25	十字钢筋混凝土预制桩尖	单桩静载	
	3	160	15	C25	23cm 铁板桩尖	单桩静载	
	4	160	15	C25	23cm 铁板桩尖	单桩静载	
K6+510～ K6+560	5	160	15	C25	26cm 圆形钢筋混凝土预制桩尖	单桩静载	钢筋应力计
	6	160	15	C25	26cm 圆形钢筋混凝土预制桩尖	单桩静载	钢筋应力计
	7	160	15	C25	30cm 圆形钢筋混凝土预制桩尖	单桩静载	
	8	160	15	C25	30cm 圆形钢筋混凝土预制桩尖 1.5m×1.5m 钢板承台	单桩复合 地基静载	土压力盒
	9	160	15	C25	30cm 圆形钢筋混凝土预制桩尖 1.5m×1.5m 水泥承台	单桩复合 地基静载	
	10	160	15	C25	26cm 圆形钢筋混凝土预制桩尖 1.5m×1.5m 水泥承台	单桩复合 地基静载	

图 7-11 为 TC 桩 60 天静载试验结果，各桩尖尺寸为：长、宽 40cm，边长 10cm 的轴对称十字钢筋混凝土预制桩尖；23cm×23cm 的正方形铁板桩尖；直径为 26cm 和 30cm 的圆形钢筋混凝土预制桩尖。

从 Q-s 曲线图中可以看出，TC 桩的曲线呈现出缓变形的特点。加载初期沉降主要是由于桩身压缩引起的，但由于采用不同桩尖形式的 TC 桩，成桩时可能会造成一定的浮桩或虚桩现象，各类型桩尖 TC 桩的荷载-沉降曲线有所不同，但随着荷载增大，影响逐步消除，在 60～100kN 时曲线出现重合，沉降基本在 2～5mm；荷载进一步增大，曲线则出现

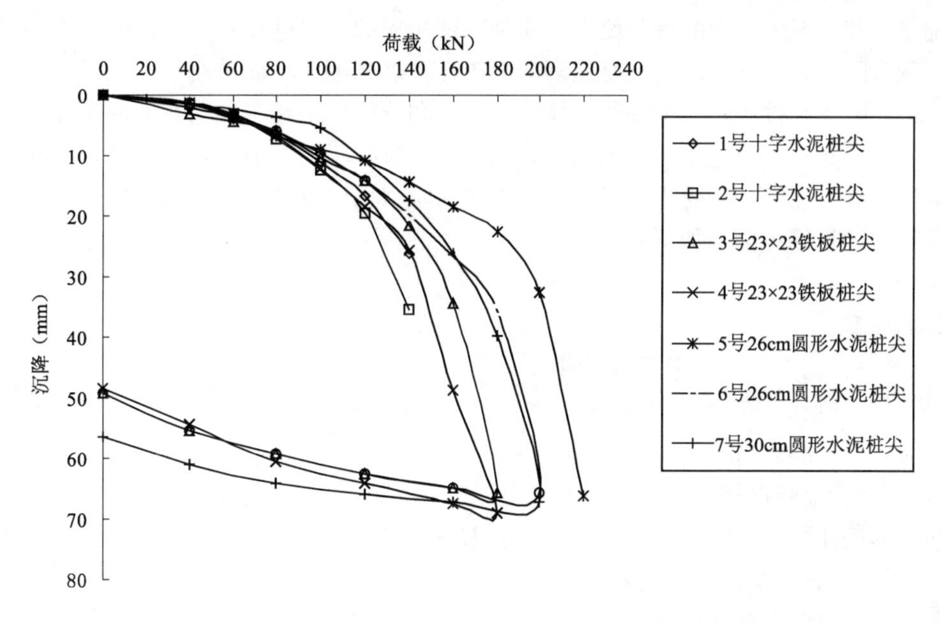

图 7-11　不同桩尖单桩荷载-沉降汇总图

分化现象，在 140kN 不同桩尖的沉降有明显的区别。十字钢筋混凝土预制桩尖为 25～30mm，铁板桩尖为 21.56mm 和 25.78mm；26cm 圆形钢筋混凝土预制桩尖为 14.87mm 和 19.82mm；30cm 圆形钢筋混凝土预制桩尖为 17.55mm。最终十字钢筋混凝土预制桩尖套管桩极限承载为 140kN，铁板桩尖为 160kN，26cm 圆形钢筋混凝土预制桩尖为 180kN 和 200kN，30cm 圆形钢筋混凝土预制桩尖为 180kN。分析其主要原因可能为：①不同桩尖套管桩在打设时挤土扩孔有差异，如两根桩尖为十字形的套管在荷载加至 160kN 时，桩身突然出现断裂，主要时由于十字形桩尖扩孔严重，28 天静载时周围土体来不及回挤，侧摩阻力得不到充分发挥，而且 TC 桩长细比较大，桩体容易因失稳而产生破坏；②单桩破坏模式不一样，十字钢筋混凝土预制桩尖是桩身失稳破坏，而铁板和圆形钢筋混凝土预制桩尖为桩端刺入破坏。其中 5 号 26cm 圆形钢筋混凝土预制桩尖在荷载加载至 220kN 时沉降较大，继续加载桩身整体不断下沉，最终沉降至 21cm 时停止加载，可以认为该桩由于桩端持力层强度不足而发生刺入式破坏。

从图 7-11 中对比 26cm 和 30cm 圆形钢筋混凝土预制桩尖的 TC 桩可知，超过 40kN 以后，两种桩型的曲线开始分化，40～120kN 时 30cm 的沉降要小于 26cm 的套管桩，120kN 以后 26cm 的套管反而要小。这是由于成桩过程中挤土、扩孔大小不一样，由于 28 天静载时桩周土体还没有完全回挤，在加载前半段 30cm 桩的端阻力要大于 26cm 的 TC 桩，但其端阻力提高的同时，侧摩阻有所损失，造成最终承载力小于 26cm。而在路堤荷载下，经过长时间的压缩，桩周土体回挤后侧摩阻会有所提高，30cm 的套管桩的最终承载力有可能大于 26cm 的套管桩。

综上在考虑了桩身截面形式、桩周土回挤、浮桩扩桩的影响因素后，在申嘉湖杭高速公路工程练杭段采用 26cm 的圆形钢筋混凝土预制桩尖。

7.3.4 桩身受力状态分析

桩在轴向荷载的作用下，桩顶将发生竖向位移，它为桩身的弹性压缩和桩底以下土层的压缩量之和，置于土中的桩与侧面土体是紧密相连的，单桩相对于土体向下位移时就产生了桩侧摩阻力，桩顶荷载沿桩身逐渐向下传递，桩身轴力不断减小，因此桩顶荷载是通过桩身侧摩阻力和桩底阻力传递给土体的。研究和分析桩基在工作荷载下的工作状态，对桩身的轴力分布和桩身侧摩阻力的进行研究是非常有必要的，因此在试验过程中在桩身埋设钢筋应力计来测得桩身受力情况，同时桩侧摩阻力也可以从测得的桩身轴力求得。现将实测应变计计算原理描述如下：

钢筋应力

$$\sigma_{si}=k(F_0^2-F_i^2) \tag{7-1}$$

钢筋应变

$$\varepsilon_i=\sigma_{si}/E_s \tag{7-2}$$

式中　k——钢筋应力计率定系数（kPa/Hz^2）；

F_0——初始频率（钢筋应力计）；

F_i——实测频率；

E_s——钢筋弹性模量。

桩身混凝土应力

$$\sigma_{ci}=E_c\cdot\varepsilon_i \tag{7-3}$$

式中　σ_{ci}——i 截面混凝土应力；

E_c——混凝土弹性模量；

ε_i——i 截面混凝土应变。

桩顶应力

$$\sigma=\frac{Q_0}{A}$$

式中　Q_0——桩顶荷载。

各断面轴力为：

$$Q_i=A_{si}\cdot\sigma_{si}+A_{ci}\cdot\sigma_{ci} \tag{7-4}$$

桩侧摩阻力计算：（i 截面和 $i+1$ 截面之间的桩侧摩阻力）

$$q_s=\frac{Q_i-Q_{i-1}}{A_{侧i}} \tag{7-5}$$

根据以上公式可得各截面轴力 Q_i 和桩侧摩阻力 q_s 随深度 Z 的变化关系。

试验现场位于练杭二标 K6＋510～K6＋570 段，钢筋应力计埋设情况见图 7-12，静探测得的土体参数见表 7-5。

土层名称	厚度（m）	深度（m）	1号	2号
耕土层	0.3	0.3		①
淤泥质粉质黏土	6.1	6.4	① ②	②
黏质粉土	2.5	8.9	③	③
黏土	1.6	10.5	④	
黏质粉土①	2.7	13.2		④
黏质粉土②	1.3	14.5	⑤	⑤
黏质粉土	4.4	18.9		

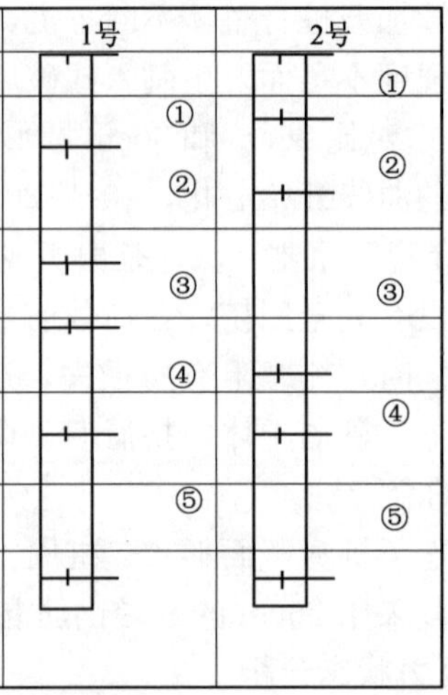

图 7-12　桩身各分段示意图

各土层物理力学性质指标 **表 7-5**

土层名称	厚度 (m)	w (%)	γ (kN/m³)	e	I_p (%)	I_L	a_{1-2} (MPa⁻¹)	E_{s1-2} (MPa)
耕土层	0.3	—	—	—	—	—	—	—
淤泥质粉质黏土	6.1	45.2	17.6	1.254	43.05	1.11	1.015	2.55
黏质粉土	2.5	24.1	20.1	0.679	32.4	0.29	0.29	5.79
黏土	1.6	34.4	18.8	0.945	32.4	1.15	0.27	7.2
黏质粉土①	2.7	30.9	19.3	0.845	30.2	1.07	0.29	6.36
黏质粉土②	1.3	25.2	19.7	0.741	40.5	0.25	0.15	11.61
粉质黏土	4.4	26.9	19.5	0.77	35.3	0.37	0.14	12.64

由图 7-13 和图 7-14 中可知，5 号桩和 6 号桩荷载最终加至 220kN 和 200kN，由于 5 号桩荷载加至 220kN 时，桩身仪器破坏，数据采集至 200kN。从图中可以看出，桩身轴力随深度逐渐减小，并且在不同的土层中以不同的速率减少。1 号桩在加载量 200kN 作用下，桩端反力为 108kN，约占桩顶总荷载的 55%左右。2 号桩在加载量 200kN 作用下，桩端反力为 103kN 约占桩顶总荷载的 52%左右。由此可见，试桩在桩顶荷载作用下，桩端阻力均发挥较大作用，可以认为该桩是端承摩擦桩。桩尖半径 0.13m，则可求得端阻力 $q_u=\frac{Q_b}{\pi r^2}=1980\text{kPa}$。

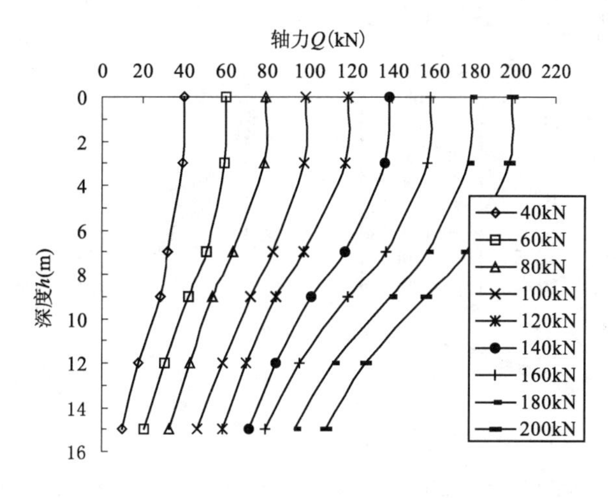

图 7-13 5 号桩 Q-h 曲线图

从图 7-15 和图 7-16 中可以知道，试桩的桩侧摩阻力随着荷载的增加，在不同的土层也逐渐地增加。可以看出 TC 桩侧摩阻力主要集中在 8～13m 的范围内。根据现场地质情况可知其主要原因是桩顶以下 6～7m 为淤泥质黏土，且由于成桩工艺引起扩孔，28 天静载时周围土体没有完全回挤，影响了该试桩侧摩阻力的发挥。在各级荷载作用下，侧摩阻力逐级递增，且增长速率基本相同。其中 5 号桩在 2～7m 处侧摩阻力沿桩身变化比较平缓（图 7-15），从 9m 开始侧摩阻力突然增大，12m 处在 200kN 的荷载下侧摩阻力达到 30kPa；6 号桩 1～5m 内侧摩阻力很小，由于在 5～10m 处没有埋设应力计，因此图 7-16 中侧摩阻力曲线从 5m 处开始突变，12m 处达到最至 28kPa，两根试桩侧摩阻力都于 11～

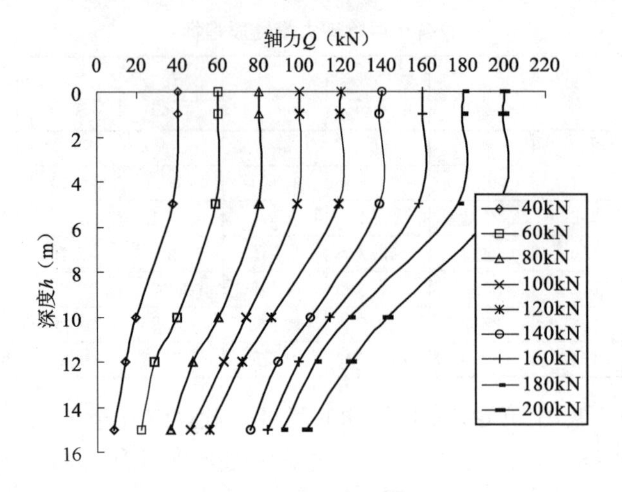

图 7-14 6 号桩 Q-h 曲线图

12m 处达到最值，由图 7-12 可知该断面正好处于黏质粉土段。从桩侧摩阻力分布图中可以看出 TC 桩的侧摩阻力分布趋势基本上呈两端小、中间大的抛物线分布趋势，且沿全桩长发挥其承载效果，因此 TC 桩具有一般刚性桩的承载性状。

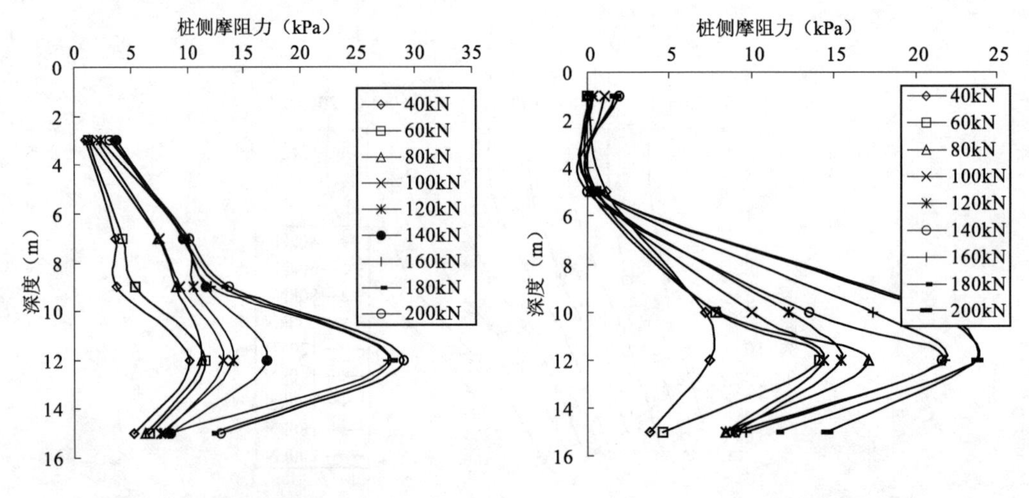

图 7-15 5 号桩桩侧摩阻力分布图

图 7-16 6 号桩桩侧摩阻力分布图

1. 桩侧摩阻力的发挥

将试验桩的桩身按照埋设钢筋应力计的位置分段，分别研究各段的桩身侧阻力的发展变化过程，各分段按照从地表向下的顺序编号，如表 7-6 所示。图 7-17 是 5 号桩各分段的侧摩阻力随桩顶荷载变化的曲线。图 7-18 是 5 号桩各分段的侧摩阻力分担外荷载比例随桩顶沉降变化的曲线。

一般来讲，当桩顶受到竖向荷载作用后，桩身由于受到压缩而向下产生位移，桩侧表面受到土体向上的侧阻力，桩身荷载通过发挥出来的侧阻力传递到桩周土体中去，从而使桩身荷载和桩身压缩变形随着深度的增加而递减，这样靠近桩身上部的土层侧阻力先于下部的土层侧阻力的发挥。

试验桩各分段长度和各土层情况　　表 7-6

桩号	分段编号	分段长度（m）	所在土层情况
1号	①	3	耕土层 0.3m，淤泥质黏土层 2.7m
	②	4	淤泥质黏土层 3.4m，黏质粉土层 0.6m
	③	2	黏质粉土层 1.9m，黏土层 0.1m
	④	3	黏土层 1.5m，①黏质粉土层 1.5m
	⑤	3	①黏质粉土层 1.2m，②黏质粉土层 1.3m，粉质黏土 0.5m
2号	①	1	耕土层 0.3m，淤泥质黏土层 0.7m
	②	4	淤泥质黏土层 4m
	③	5	淤泥质黏土层 1.4m，黏质粉土层 2.5m，黏土层 1.1m
	④	2	黏土层 0.5m，①黏质粉土层 1.5m
	⑤	3	①黏质粉土层 1.2m，②黏质粉土层 1.3m，粉质黏土 0.5m

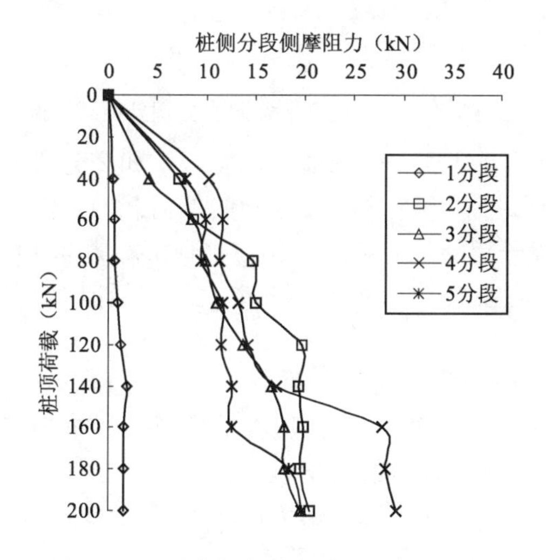

图 7-17　5 号桩桩侧摩阻力-桩顶荷载曲线

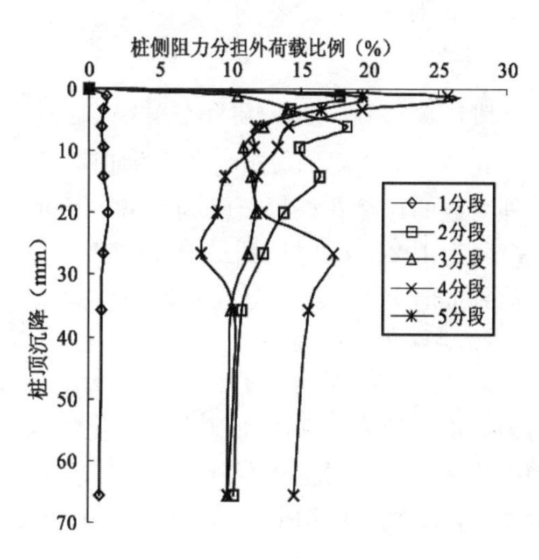

图 7-18　5 号桩桩侧摩阻力分担外荷载比例

由图中可以看出，5 号桩受力以后，桩身各个分段的侧阻力自上而下逐渐发挥出来；随着桩顶荷载的增加，各个分段的侧阻力逐渐增大，并先后达到极限。②分段的侧阻力首先达到极限值，再加载，其侧摩阻力几乎保持不变，其分担的外荷载的比例在达到极限值后开始降低；随后③分段的侧摩阻力达到极限值，再加载，侧摩阻力值几乎保持不变，其分担的外荷载的比例在达到极限值后开始降低；④分段和⑤分段也先后达到极限值。①分段由于扩孔的原因侧摩阻力没有发挥，其所分担的外荷载比例也较小。其中④分段由于该分段的承力土层主要是黏质粉土，单位极限侧摩阻力值较大，同时该分段的桩长较大达 3m，所以这个分段的极限侧摩阻力值较大，其分担外荷载的比例也较高。在桩顶荷载达到 160kN 时摩阻力达到极限，其分担外荷载的比例最大达到 26%，随后逐渐降低，但也维持在 15%左右。

由图 7-19 和图 7-20 可以看出，6 号桩受力以后 1 分段和 2 分段的侧阻力先后达到极限值，再加载，侧摩阻力几乎保持不变；随后 4 分段达到极限值，再加载，侧摩阻力几乎保持不变，其分担的外荷载的比例在达到极限值后开始降低；随后 3 和 5 分段的侧摩阻力达到极限值，其分担的外荷载的比例级达到极限值后开始降低。由于 3 分段是由 1.4m 淤泥质黏土层，2.5m 黏质粉土层，1.1m 黏土层组成，所以其承载力较高，所占外荷载的比例也最高。

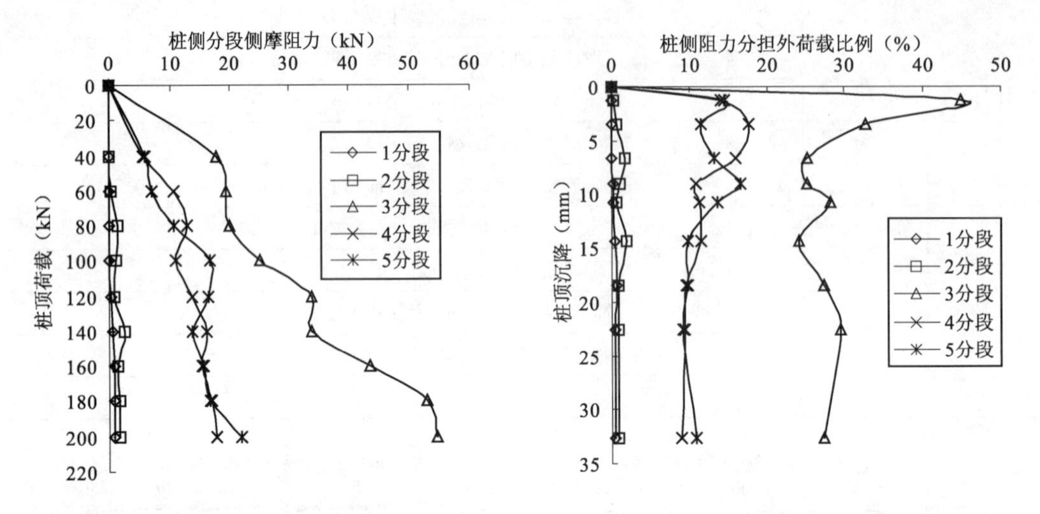

图 7-19　6 号桩桩侧摩阻力-桩顶荷载曲线　　图 7-20　6 号桩桩侧摩阻力分担外荷载比例

几乎各个土层侧摩阻力所占桩顶荷载比例均在达到一个峰值之后骤减。如 2 分段分担的外荷载的比例在桩顶沉降为 6.62mm 时达到最值 2%；3 分段分担的外荷载的比例在桩顶沉降为 1.24mm 时达到最值 44.8%；4 分段分担的外荷载的比例在桩顶沉降为 3.49mm 时达到最值 17.7%；5 分段分担的外荷载的比例在桩顶沉降为 8.9mm 时达到最值 16.7%。

2. 桩端阻力的发挥

图 7-21 是 1 号和 2 号桩的端阻力随桩顶荷载变化的曲线，图 7-22 是 1 号和 2 号的端阻力分担外荷载比例随桩顶荷载变化的曲线。由图 7-22 可知，随着桩顶荷载和桩顶沉降的不断增加，其端阻力不断增大，端阻力所分担桩顶荷载的比例也不断增加。当荷载进一步增加，端阻力达到极限值，端阻力所分担外荷载比例也达到最大值。

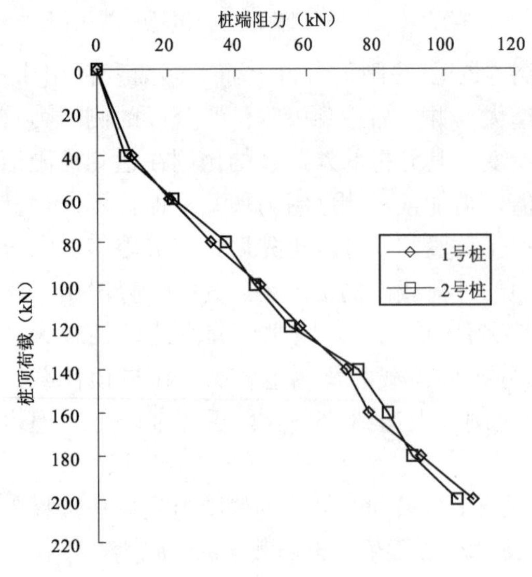

图 7-21　桩端阻力-桩顶荷载曲线

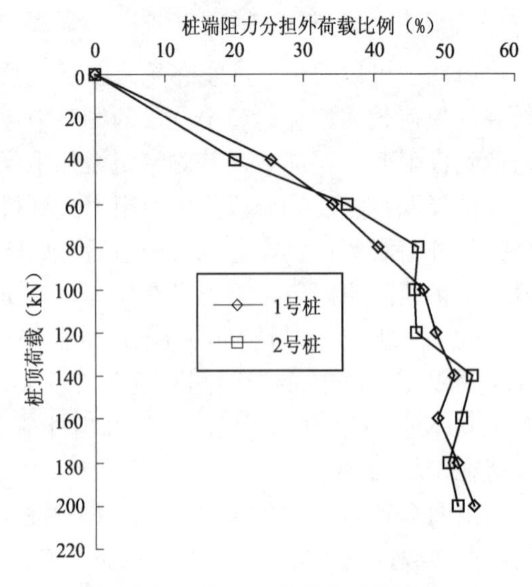

图 7-22　端阻力分担外荷载比例

7.3.5　单桩复合地基静载试验

从图7-23中可知，TC桩的荷载-沉降曲线总体呈现缓变形的特点。8号桩在桩帽和桩帽间埋设了土压力盒，具体仪器及埋设情况如图7-24所示，上面预填了一层耕土及一层细纱，因此在60kN荷载下沉降偏大，随后曲线逐渐平缓，当荷载加至240kN时，沉降加大，曲线出现拐点，最后加载至300kN，最终沉降为41.44mm。9号桩采用1.5m×1.5m的水泥承台，早期对其承载力估计不足，静载试验钢架只能堆载300kN，最终加载至300kN，沉降为3.43mm。随后提高了钢架的吨位，10号桩最终加载至540kN，在480kN时出现明细拐点。对比两种不同载荷板加载方式，水泥承台载荷板TC桩复合地基的承载力要明显大于钢板载荷板。

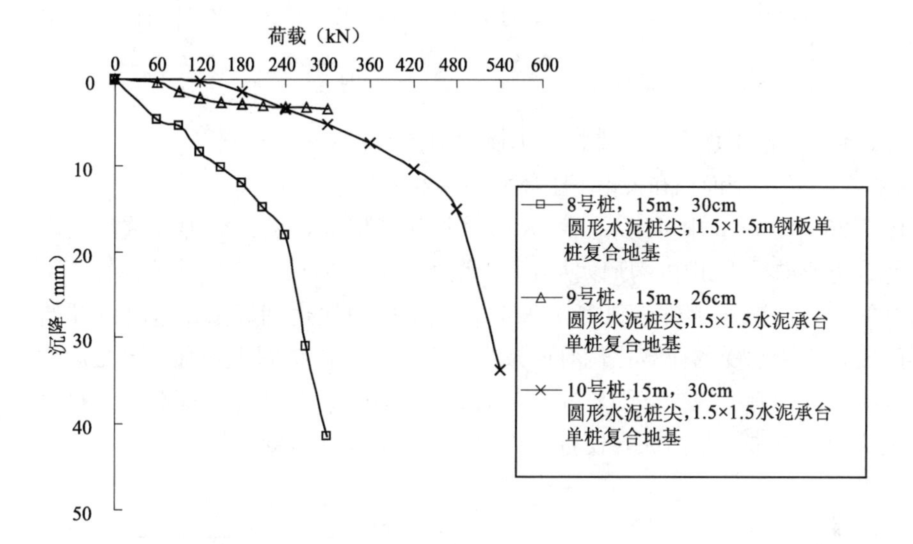

图7-23　TC单桩复合地基荷载-沉降曲线

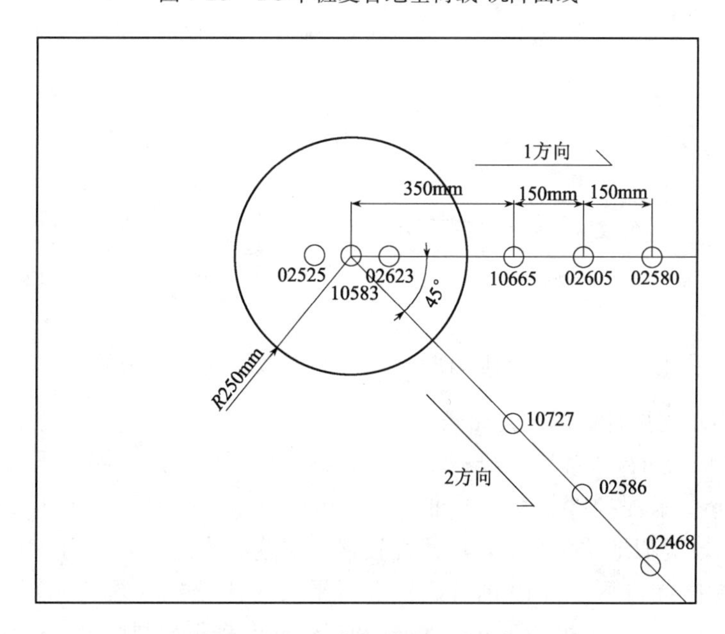

图7-24　土压力盒平面埋设示意图

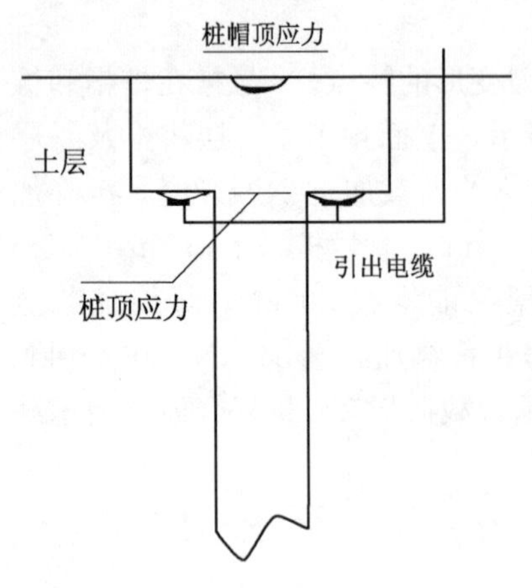

图 7-25　桩帽上下土压力盒埋设示意图

本次静载试验对 8 号桩体受力时桩帽顶与钢板载荷板下桩间土的受力情况进行了同步监测。

桩土应力比的变化，开始时会随外荷的增大而增大，但是当荷载增大到一定值时，应力比却随荷载的增大而减小，即应力比会出现一峰值。TC 桩单桩复合地基试验均加有桩帽，加桩帽的作用是分化路堤底面的应力集中进而减小路基底面的不均匀沉降，达到平稳沉降的效果（图 7-25）。本章分析中桩土应力比分为桩帽顶应力与土体平均应力之比和桩顶应力与土体的平均应力之比。桩顶应力可根据下式求出：

$$\sigma_d=\frac{\sigma_m \cdot A_m-\sigma_s \cdot A_s}{A_m-A_s} \tag{7-6}$$

式中　σ_m、σ_s——桩帽顶应力和桩帽下土体应力（kPa）；

A_m、A_s——桩帽面积和桩帽下土体面积（m^2）。

从图 7-26～图 7-29 中可以看出，开始时外荷载增大，桩顶应力和桩间土应力随之增大，但荷载主要向桩上集中，所以使应力比增大。这一阶段桩近似处于弹性变形阶段，随着外荷载的增大，当外荷载达到 180kN 时，桩土应力比达到极限，这时桩开始进入非线性变形阶段，它所承受的荷载比例有所减少，荷载开始向桩间土转移，于是应力比在比例极限荷载附近开始有所减少。随着外荷载的进一步增大，桩所受的荷载逐渐接近其极限荷载，桩顶应力不再进一步增大，使桩间土应力增大，应力比迅速降低，并逐渐趋于平缓。

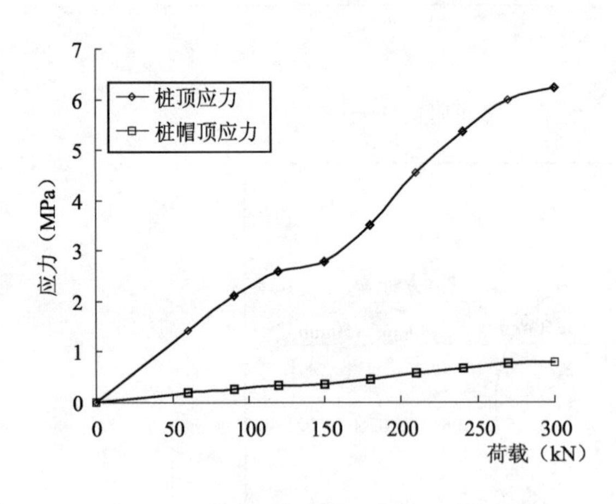

图 7-26　桩顶与桩帽顶应力-荷载曲线图

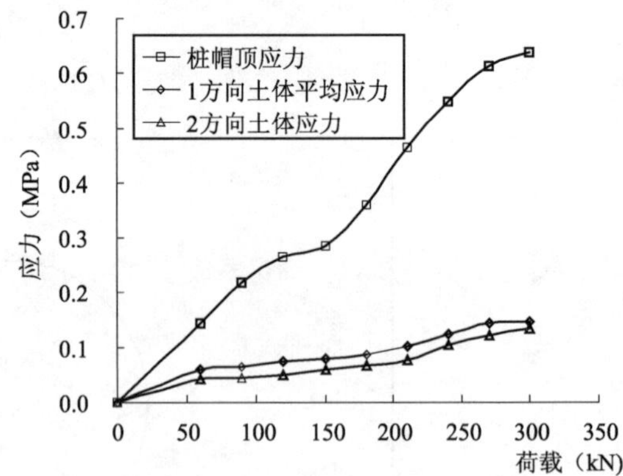

图 7-27　桩帽顶与桩帽间土体应力-荷载曲线图

7.3.6　TC 桩与水泥搅拌桩承载力比较

目前，TC 桩的可处理深度一般不超过 20m，申嘉湖杭高速公路工程练杭段二标处理深度为 15～18m，水泥搅拌桩由于成桩工艺的影响，软基加固中处理深度一般不超过 12m，在同一标段类似地质条件下，可比性较强。现选取练杭二标 K4＋210 和 K6＋730 两个断面的水泥搅拌桩与 K6＋510 的 TC 桩进行承载对比分析（图 7-30）。搅拌桩桩长为 12m，桩径 500mm，TC 桩桩长 15m，26cm 圆形钢筋混凝土预制桩尖，桩径 160mm。

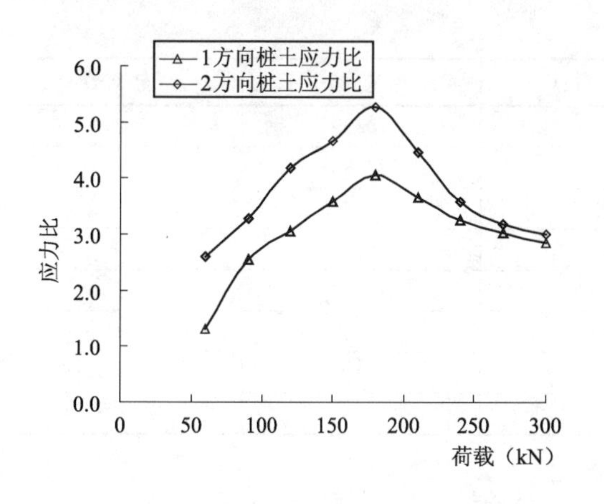

图 7-28　桩帽顶与桩帽间土体应力比

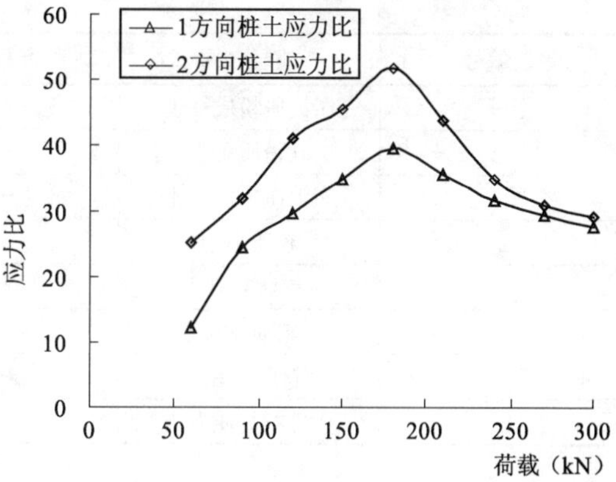

图 7-29　桩顶与桩帽间土体应力比

从图 7-30 中可知水泥搅拌桩的承载力约 120kN，TC 桩的承载力为 180kN 和 200kN，在相同荷载下 TC 桩的沉降量要小于水泥搅拌桩。同时，当路堤填筑完并经过一段时间预压后，TC 桩的桩周土体会充分回挤，TC 桩承载力还能得到提高。

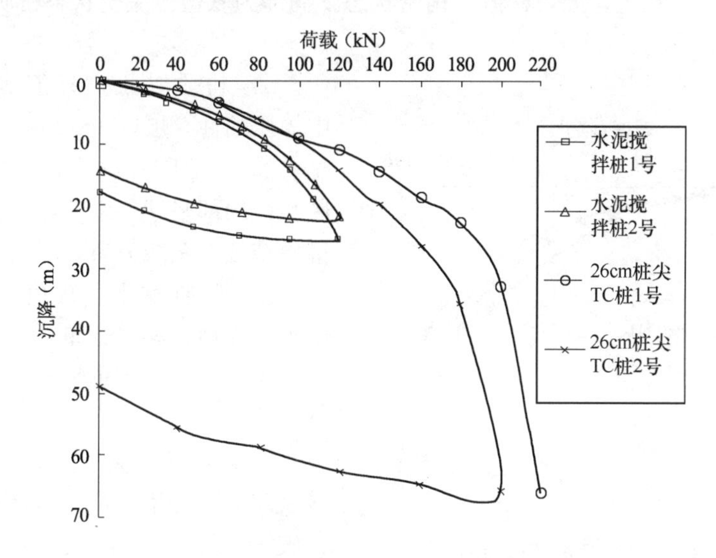

图 7-30　圆形桩尖 TC 桩与水泥搅拌桩静载对比图

7.4　南京 243 省道承载力试验情况

南京 243 省道工程在 K2＋744.1～K2＋783.5 区段内开展了 28 天的现场单桩静载荷试验。该区段 TC 桩预制桩尖直径 30cm，设计桩长 19m。表 7-7 列出了各层土性参数。

土层分布表　　**表 7-7**

地层编号	地层名称	高程（m）	深度（m）	厚度（m）
①$_1$	（粉质）黏土	8.5	2.50	2.5
②$_{2c}$	砂质粉土	−0.8	6.80	4.3

续表

地层编号	地层名称	高程（m）	深度（m）	厚度（m）
②$_2$	淤泥质粉质黏土	−4.0	10.00	3.2
②$_{2a}$	软粉质黏土	−6.3	12.30	2.3
②$_2$	淤泥质粉质黏土	−8.9	14.80	2.5
②$_3$	粉质黏土	−10.8	16.80	2.0
③$_1$	（粉质）黏土	−13.0	19.00	2.2
③$_{1a}$	粉质黏土	−14.4	20.40	1.4
③$_1$	（粉质）黏土	未穿透	—	—
④	含砾石粉质黏土	—	—	—

总体地质概况为：

①$_1$ 表层（亚）黏土，灰黄色，可塑—硬塑，中等压缩性，土性不均，层厚一般2m；

②$_2$ 淤泥质粉质黏土、淤泥，灰色，流塑，高空隙比，高压缩性，局部含腐植物，层厚2～9.5m；

②$_{2a}$软粉质黏土，灰色，软塑，局部流塑，中等压缩性，分布零星，层厚0～2m；

②$_{2c}$砂质粉土，灰色，湿，松散—稍密状态，局部为软塑—流塑状态粉质黏土混粉砂，层厚0～2m；

②$_3$ 粉质黏土，灰色，黄色，可塑，中等压缩性，层厚1～3m；

③$_1$（粉质）黏土，灰黄色，可塑—硬塑，局部坚硬，中低压缩性，局部含铁锰质结核，全线分布，层位稳定；

③$_{1a}$粉质黏土，灰色，软塑—流塑，中等压缩性，零星分布；

④ 含砾石粉质黏土，成分不均，层厚不均。

图7-31现场静载试验的荷载-沉降曲线表现为陡降型特征，破坏模式为桩端刺入破坏，可确定各单桩的极限承载力如表7-8所示。

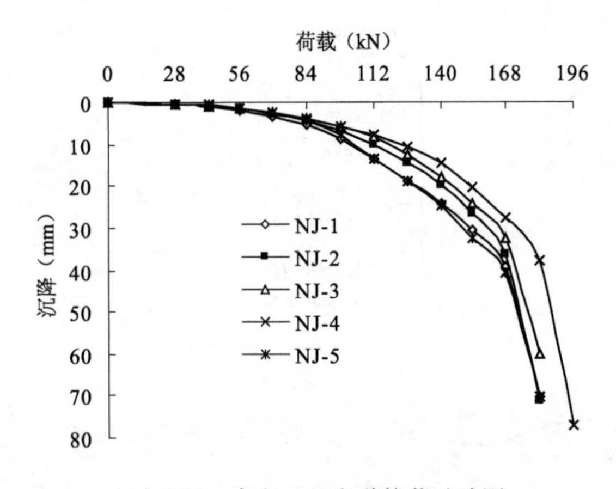

图7-31　南京243省道静载试验图

各桩极限承载力　　表7-8

桩号	NJ-1	NJ-2	NJ-3	NJ-4	NJ-5
极限承载力（kN）	168	168	168	168	182

7.5　弱风化岩层持力层条件下单桩极限承载力

在下卧层为砂砾、细砂、岩石等情况下，国外检测及分析情况显示，AUGEO® 桩极限承载力可达到300kN以上（桩端土CPT达6MPa，Double Track Rawang-Ipoh工程）。在此类地质条件下，更能发挥TC桩的经济和质量优势。

浙江台州市黄岩马鞍山至永宁江闸公路改建工程 28 天极限承载力在 168～189kN 之间，60 天后极限承载力在 220～280kN 之间，这是由于桩侧土强度提高，桩侧土回挤，桩侧土压力增加，对桩体约束增大，提高了桩体稳定性。地质条件：上部为淤泥，桩端为弱风化岩层。

1. 持力层为弱风化岩层（28 天）静载荷试验数据（表 7-9）

台州市黄岩马鞍山至永宁江闸公路改建工程 TC 桩第一次静载荷试验　　表 7-9

C25-1 号桩(28 天)，压断 189kN，L=13.1m		C25-2 号桩(28 天)，压断 182kN，L=12.8m		C25-3 号桩(29 天)，压断 168kN，L=13.3m		C25-4 号桩(29 天)，荷载不够未压断，L=14.23m		C25-5 号桩(30 天)，压断 175kN，L=10.2m		C25-6 号桩(30 天)，压断 175kN，L=10.2m	
荷载（kN）	沉降（mm）	荷载（kN）	沉降（mm）	荷载（kN）	沉降（mm）	荷载（kN）	沉降（mm）	荷载（kN）	沉降（mm）	荷载（kN）	沉降（mm）
0	0.00	0	0.00	0	0.00	0	0.00	0	0.00	0	0.00
30	2.12	30	3.38	30	3.11	30	0.87	30	2.78	30	2.96
45	3.85	45	6.35	45	5.75	45	1.41	45	4.93	45	5.37
60	5.78	60	9.47	60	8.46	60	2.33	60	7.56	60	8.25
75	8.41	75	12.68	75	11.29	75	3.46	75	10.27	75	11.28
90	11.52	90	16.13	90	14.26	90	4.75	90	13.20	90	14.56
105	15.35	105	19.89	105	17.41	105	6.22	105	16.34	105	18.15
120	19.83	120	24.17	120	20.69	120	7.88	120	19.75	120	22.11
135	25.12	135	29.06	135	24.18	135	9.71	135	23.60	135	26.57
150	31.16	150	34.53	150	27.94	150	11.77	150	27.98	150	31.55
189	51.15	182	51.35	168	35.15						

2. 持力层为弱风化岩层（60 天后）静载荷试验数据（表 7-10）

台州市黄岩马鞍山至永宁江闸公路改建工程 TC 桩第二次静载荷试验　　表 7-10

C25-1 号桩（68 天），压断 280kN，L=11.5m		C25-2 号桩（66 天），压断 220kN，L=15.3m		C30-1 号桩（67 天），压断 225N，L=10.5m		C30-2 号桩（66 天），压断 275kN，L=10.2m	
荷载（kN）	沉降（mm）	荷载（kN）	沉降（mm）	荷载（kN）	沉降（mm）	荷载（kN）	沉降（mm）
0	0.00	0	0.00	0	0.00	0	0.00
40	2.30	40	2.45	50	2.15	50	2.46
60	3.50	60	5.20	75	4.55	75	4.50
80	4.32	80	10.21	100	7.49	100	7.06
100	5.45	100	15.12	125	10.70	125	10.89
120	7.23	120	19.84	150	15.88	150	15.02
140	9.67	140	28.51	200	29.33	175	19.64
160	12.15	160	34.45	225	35.24	200	24.28
180	14.94	180	42.30			225	30.38
200	18.71	200	53.79			250	43.37
220	21.92	220	61.33			275	49.38
240	28.75						
260	32.20						
280	36.96						

7.6　不同桩尖套管混凝土桩静载荷试验研究

各类型桩尖如图 7-32～图 7-35 所示，各类型桩尖尺寸：①十字形钢筋混凝土预制桩尖：长 40cm×宽 40cm，边长 10cm 轴对称十字交叉水泥条块；②正方形铁板桩尖：23cm×23cm 正方形铁板；③截面圆形钢筋混凝土预制桩尖：直径 d=26cm 和 d=30cm 圆形水泥块。分别针对十字形钢筋混凝土预制桩尖、正方形铁板桩尖和圆形钢筋混凝土预制桩尖的 7 根套管混凝土桩进行单桩复合地基承载力测试，其中十字形钢筋混凝土预制桩尖 1 号和 2 号桩长皆为 14.0m；正方形铁板桩尖 1 号和 2 号桩长分别为 14.5m 和 15.5m；直径 d=26cm 圆形钢筋混凝土预制桩尖 1 号和 2 号桩长皆为 15.0m；直径 d=30cm 圆形钢筋混凝土预制桩尖桩长为 15.0m。测试过程中十字形钢筋混凝土预制桩尖套管桩出现断桩现象，而直径 d=26cm 圆形钢筋混凝土预制桩尖 1 号桩没有进行卸载试验。

图 7-32　正方形铁板桩尖

图 7-33　十字形钢筋混凝土预制桩尖

图 7-34　圆形水泥混凝土桩尖模板

图 7-35　圆形水泥混凝土预制桩尖

由图 7-36 荷载-累积沉降曲线可知：加载初期（0≤Q≤40kN）瞬时沉降主要来源于桩身和桩端土体的弹性压缩变形，不同桩尖套管桩瞬时沉降分布于 3～4mm 范围内，数值极小。成桩过程中，不同桩尖 TC 桩可能出现一定的浮桩或虚桩现象。依据图 7-36 荷载-累积沉降曲线，加载初期（0≤Q≤40kN）各类桩尖 TC 桩荷载沉降曲线出现分化情况，表明荷载施加瞬间不同桩尖套管桩桩端土体压缩变形存在差异；随着荷载 Q 由 40kN 增加至 80kN 时，不同桩尖套管桩沉降差异逐步消除曲线出现重合，不同桩尖套管桩累积沉降分布于 6～7mm 范围内；满足荷载 Q≥80kN 情况下，不同桩尖套管桩累积沉降差异逐渐增加并随着荷载增加而愈来愈大；当 Q=120kN 时不同桩尖套管桩累积沉降存在明显差异：十字形钢筋混凝土预制桩尖 1 号和 2 号套管桩为 16.59mm 和 19.41mm，正方形铁板桩尖 1 号和 2 号套管桩为 14.08mm 和 30.39mm，直径 d=26cm 圆形钢筋混凝土预制桩尖 1 号和 2 号套管桩为 10.71mm 和 14.16mm，直径 d=30cm 圆形钢筋混凝土预制桩尖套管桩为 10.76mm。圆形钢筋混凝土预制桩尖套管桩沉降普遍小于十字钢筋混凝土预制桩尖和正方形铁板桩尖套管桩。

如图 7-36（b）和表 7-11 所示，依据 26cm 和 30cm 圆形钢筋混凝土预制桩尖 TC 桩荷载沉降曲线可知：

（1）荷载 Q≥40kN 时，两种桩尖套管桩曲线开始分化；

（2）荷载 Q=40～120kN 时直径 30cm 圆形钢筋混凝土预制桩尖桩体沉降要小于直径 26cm 圆形钢筋混凝土预制桩尖桩体沉降；

（3）荷载 Q≥120kN 时直径 26cm 圆形钢筋混凝土预制桩尖桩体沉降反而略小于直径 30cm 圆形钢筋混凝土预制桩尖桩体沉降。

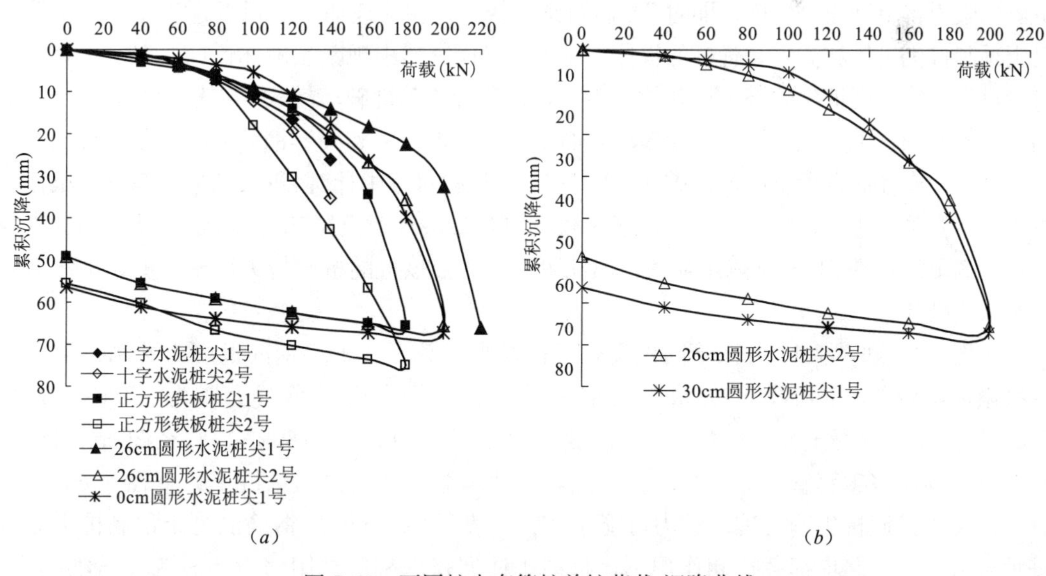

图 7-36　不同桩尖套管桩单桩荷载-沉降曲线

（a）各类型桩尖荷载-沉降曲线；（b）圆形桩尖荷载-沉降曲线

不同桩尖套管桩单桩荷载-沉降数据列表　　表 7-11

桩尖类型	编号	累积沉降（mm）						
		Q=40kN	Q=60kN	Q=80kN	Q=120kN	Q=160kN	Q=180kN	Q=200kN
十字钢筋混凝土预制桩尖	1号	2.11	3.84	6.50	16.59	—	—	—
	2号	1.46	3.50	7.21	19.41	—	—	—
正方形铁板桩尖	1号	3.19	4.31	5.96	14.08	34.48	65.59	—
	2号	1.41	3.18	7.61	30.39	56.55	74.90	—
直径 26cm 圆形钢筋混凝土预制桩尖	1号	1.24	3.49	6.62	10.71	18.41	22.57	32.56
	2号	1.19	3.33	5.96	14.16	26.56	35.59	65.59
直径 30cm 圆形钢筋混凝土预制桩尖	1号	1.48	2.31	3.52	10.76	26.27	39.72	67.30

分析认为：在加载前半段，套管桩沉降主要由桩端阻力控制，由于成桩过程中挤土扩孔效应以及桩端阻力随着桩尖直径增加而增加，因此直径 30cm 圆形钢筋混凝土预制桩尖套管桩沉降小于直径 26cm 圆形钢筋混凝土预制桩尖套管桩沉降；而在加载后半段，套管桩沉降主要由桩侧摩阻力控制，由于现场套管桩的周围土体回挤效应以及桩侧摩阻力发挥随着桩尖直径增加而减小，直径较大桩尖套管桩端阻力增加速率低于桩侧摩阻损失速率，因此直径 30cm 圆形钢筋混凝土预制桩尖套管桩沉降大于直径 26cm 圆形钢筋混凝土预制桩尖套管桩沉降。

依据不同桩尖套管桩载荷试验结果可以分析套管桩桩与周围土体共同作用机理：（1）混凝土套管桩打设过程中，不同桩尖的挤土扩孔效应不同导致套管桩承载力存在较大差异。十字形钢筋混凝土预制桩尖挤土扩孔效应强烈，现场静载试验 28 天时周围土体来不及回挤，桩侧摩阻力得不到充分发挥，同时 TC 桩长细比较大，在荷载加至 160kN 时，十字形钢筋混凝土预制桩尖 1 号和 2 号套管桩的桩体因压力失稳而突然出现断裂破坏；（2）混凝土套管桩打设过程中，不同桩尖的挤土扩孔效应不同导致套管桩单桩破坏模式存在较大差异。十字钢筋混凝土预制桩尖呈现为桩身失稳破坏，而正方形铁板桩尖和圆形钢筋混凝土预制桩尖为桩端持续刺入土体而发生土体剪切破坏（图 7-37）。试验过程中针对 26cm 圆形钢筋混凝土预制桩尖 1 号套管桩进行持续加载试验，当荷载增加至 220kN 时沉降达到 66mm，持续加载桩身整体持续下沉达到 21cm 时停止加载，由此可以认为：该桩的桩端持力层土体剪切破坏而发生刺入式破坏。

由图 7-36 和表 7-11 可知不同桩尖套管桩极限承载力：十字钢筋混凝土预制桩尖套管桩极限承载皆为 140kN，正方形铁板桩尖 1 号和 2 号套管桩承载力皆为 160kN，直径 26cm 圆形钢筋混凝土预制桩尖 1 号和 2 号套管桩为 200kN 和 180kN，直径 30cm 圆形钢筋混凝土预制桩尖套管桩为 180kN。可见，刚性承载板载荷试验情况下，直径 30cm 圆形钢筋混凝土预制桩尖套管桩承载力可能小于等于直径 26cm 圆形钢筋混凝土预制桩尖套管桩承载力。而在路堤荷载长期作用下，桩周土体回挤后桩侧摩阻将发生较为显著的提高，直径 30cm 钢筋混凝土预制桩尖套管桩承载力可能大于直径 26cm 钢筋混凝土预制桩尖套管桩承载力。相同地质条件下，不同桩尖套管桩承载力变化规律归纳为：十字钢筋混凝土预制桩尖＜正方形铁板桩尖＜圆形钢筋混凝土预制桩尖。综合考虑桩尖截面形式、桩周围土体回挤效应、浮桩与扩桩等影响因素后，可以确定最优截面形式桩尖为圆形钢筋混凝土预制桩尖。

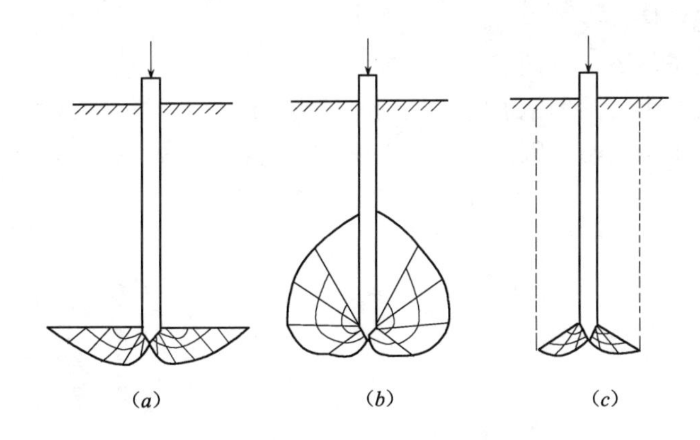

图 7-37 桩端土体剪切破坏类型

(a) 太沙基 1934；(b) 梅耶霍夫 1951；(c) 别列赞捷夫 1951 和魏西克 1943

7.7 结论

本章通过室内抗压试验研究了波纹管“套箍效应”对混凝土强度的影响，结合三个 TC 桩软基处理实际工程，通过单桩及单桩复合地基现场静载荷试验，研究了 TC 桩在不同地质条件下的承载特性及力学性状等。主要结论如下：

(1) 对于不同强度等级的混凝土试样，由于螺纹套管的侧向约束作用，明显看出，有套管的试样抗压强度大于无套管的试样。根据混凝土强度等级的不同，其提高值可达 20%～35%左右。可见套管的侧向约束对抗压强度的贡献作用明显，在实际工程中，套管可有效地提高桩体竖向承载性能，这也成为 TC 桩的一个显著特点。

(2) 从桩侧摩阻力分布图中可以看出 TC 桩的侧摩阻力分布趋势基本上呈两端小、中间大的抛物线分布趋势，且沿全桩长发挥其承载效果，因此 TC 桩具有一般刚性桩的承载性状。

(3) 结合现场单桩静载荷试验，通过埋设在桩身的钢筋应力计和刚性载荷板下的土压力盒测试的数据，分析了 TC 桩的侧摩阻力分布趋势及刚性载荷板下桩土应力比随荷载变化的规律。桩土应力比的变化，开始时会随外荷的增大而增大，但是当荷载增大到一定值时，应力比却随荷载的增大而减小，即应力比会出现一峰值。TC 桩单桩复合地基试验均加有桩帽，加桩帽的作用是分化路堤底面的应力集中进而减小路基底面的不均匀沉降，达到平稳沉降的效果。

(4) 在相同荷载下 TC 桩的沉降量明显小于水泥搅拌桩，加固效果要明显好于水泥搅拌桩。经济上单位承载力价格与水泥搅拌桩差不多，其承载力基本相同，但 TC 桩总沉降要小于水泥搅拌桩。

(5) 在下卧层为砂砾、细砂、岩石等情况下，国外检测及分析情况显示，AUGEO® 桩极限承载力可达到 300kN 以上（桩端土 CPT 达 6MPa，Double Track Rawang-Ipoh 工程）。在此类地质条件下，更能发挥 TC 桩的经济和质量优势。浙江台州市黄岩马鞍山至永宁江闸公路改建工程28天极限承载力在168～189kN之间，60天后极限承载力在220～280kN之间，这是由于桩侧土强度提高，桩侧土回挤，桩侧土压力增加，对桩体约束增大，提高了桩体稳定性。

（6）相同地质条件下，不同桩尖套管桩承载力变化规律归纳为：十字钢筋混凝土预制桩尖＜正方形铁板桩尖＜圆形钢筋混凝土预制桩尖。综合考虑桩尖截面形式、桩周围土体回挤效应、浮桩与扩桩等影响因素后，可以确定最优截面形式桩尖为圆形钢筋混凝土预制桩尖。

第 8 章　路堤荷载下塑料套管混凝土桩现场试验研究

8.1　概述

和天然地基相比，TC 桩加筋路堤中的位移场和应力场发生了较大变化，与其他刚性基础下的刚性桩复合地基以及柔性基础下的刚性桩复合地基也存在一定差别。为研究路堤荷载下 TC 桩的力学、固结及变形性状，结合申嘉湖杭高速公路练杭段 TC 桩处理软土地基的实际工程，对 TC 桩复合地基处理的软土路基进行了路堤荷载下的现场试验研究，主要分析在路堤荷载和复杂的地质条件下，TC 桩加筋路堤的力学性状、桩土荷载分担情况、荷载传递特性、地基固结性状、沉降性状和复合地基的侧向变形性状。并采用 Plaxis 有限元程序分析了 TC 桩加筋路堤的桩土应力分担等问题。

8.1.1　试验概况

1. 试验场地地质概况

申嘉湖杭高速公路位于杭嘉湖平原区，其大部分路段穿越软土地基，且沿线河网交错，村庄密布，结构物众多，填土高度较大。全线软土为高含水量、高压缩性、低强度、低渗透性，局部路段为深厚软土地基。

本试验区域选在练杭段 L2 标和 L6 标桥头处理过渡段和桥头处理段，地质概况为：表层为①$_2$ 层种植土，灰色，松散，主要成分为黏性土，含虫孔及植物根系；②$_1$ 层砂质黏土，灰褐色，灰色，软塑—可塑，饱和，含少量铁锰质斑点；②$_2$ 层砂质粉土，灰色，稍密，湿，含少量云母碎屑；③$_2$ 层淤泥质粉质黏土，灰色，流塑，饱和，含少量有机质及云母碎屑；④$_2$ 层粉质黏土，灰黄色，可塑，局部硬可塑，饱和，含少量铁锰质斑点；④$_3$ 层粉质黏土，灰色，软塑，饱和，局部为砂质粉土夹层；⑥$_1$ 层粉质黏土，黄褐色，可塑，局部硬可塑，饱和，含少量铁锰质斑点。具体物理力学指标详见表 8-1。

K6+516 与 K32+800 处物理力学性质指标　　表 8-1

位置	土层编号	土层名称	土层厚度(m)	天然重度 $(kN \cdot m^3)$	孔隙比 e	塑性指数 I_p	压缩模量 E_s(MPa)	c_d (kPa)	φ_d (°)
K6+516	①$_2$	种植土	0.5	—	—	—	—	—	—
	②$_1$	粉质黏土	1.5	18.9	0.949	16.1	3.48	8	5.7
	③$_2$	淤泥质粉质黏土	6.5	17.6	1.25	20.6	2.35	5	2.3
	④$_2$	粉质黏土	10	19.3	0.845	10.3	6.36	19	12.4
K32+800	①$_2$	种植土	0.4	—	—	—	—	—	—
	②$_1$	粉质黏土	0.8	—	—	—	—	—	—
	②$_2$	砂质粉土	10.3	18.7	0.867	—	7.81	9	30
K32+800	④$_{夹}$	砂质粉土	8.4	18.9	0.843	—	8.9		
	④$_3$	粉质黏土	3.9	19.1	0.875	20	5.04	50	8.8
	⑥$_1$	粉质黏土	8.7	19.5	0.809	23.4	6.69	46	4.8

2. 试验区 TC 桩的设计

本试验段 TC 桩均采用正方形布桩，桩距 1.6m，K6 试验段设计桩长为 16m，K32 试验段设计桩长为 23m，盖板采用圆形、直径 60cm、厚度 20cm，桩身混凝土 C25，盖板 C30，桩径 16cm，预制桩尖为 X 形或圆形，垫层厚度 40cm，土工格栅铺设在垫层上面，路基填料的重度按 19kN/m³ 考虑。

3. 试验仪器的埋设

土压力盒越薄，接触面积越大，量测越准确。本次测试土压力的仪器为振弦式土压力盒，仪器型号为 TYJ—2020，埋设在盖板上土压力盒的量程为 1.2MPa，埋设在盖板下和盖板间土压力盒的量程为 0.2MPa，绝缘电阻≥50MΩ。根据埋设位置和路基宽度确定电缆线长，将电缆线引到路基外集中埋设于坡脚处，以便于观测。图 8-1 和图 8-2 中的数字为土压力盒编号，数字以 1 开头的编号为埋设于盖板上的土压力盒，以 0 开头的编号为埋设于盖板下与盖板间的土压力盒。为防止路堤施工和路基沉降过程中电缆线被破坏，在路基表层挖一条沟，沟底铺设一层黄砂后将线从沟中引出，然后在电缆线上面再铺设一层黄砂将线埋好。

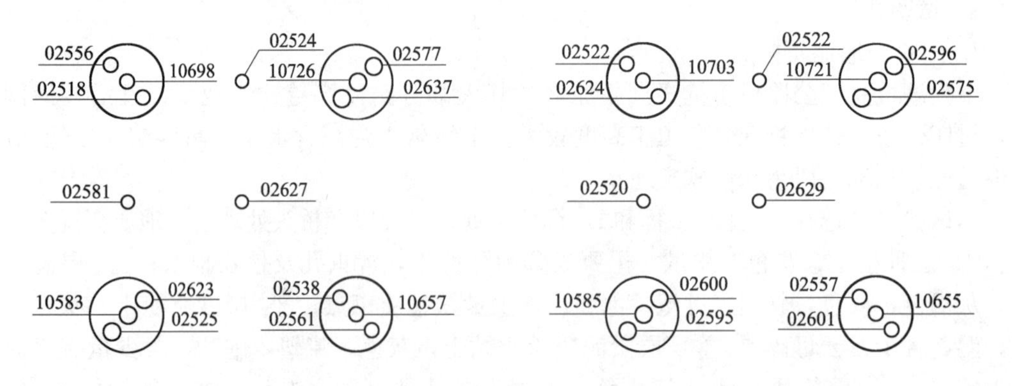

图 8-1　K6 土压力盒埋设示意图　　　　图 8-2　K32 土压力盒埋设示意图

然而在路堤填筑过程中，两个试验段仍有三条线被破坏，分别为 K6 试验段的 02581 与 02627，K32 试验段的 10587。盖板上土压力盒的埋设方法为：在盖板浇筑时，将土压力盒放置在盖板的正中间，使压力盒的上表面与盖板的上表面处于同一水平线，保证测试盖板顶应力的准确性（图 8-3）。盖板下压力盒的埋设方法为：在盖板浇筑前，把压力盒的埋设位置确定好，然后用榔头击实，铺设一层黄砂并踩实后，再放置压力盒（图 8-4）。

图 8-3　土压力盒埋设现场

图 8-4　埋设盖板内土压力盒

8.1.2 测试频率

根据填土速率，调整测试频率，保证在一次填土前后至少进行一次观测。路堤进入预压期以后，逐步降低监测频率，如果遇到沉降速率突然变大等情况，加大监测频率，并进行动态跟踪。K6 试验段于 2007 年 12 月 7 日开始路基填筑，2008 年 3 月 6 日填筑完成进入预压期。K32 试验段于 2007 年 10 月 29 日开始路基填筑，2008 年 1 月 14 日填筑完成进入预压期。K6 实验段由于邻近区域开挖箱涵，将开挖土堆置于线头埋设处，作为施工便道，所以观测日期截止于 2008 年 5 月 26 日。

8.2 路堤填筑荷载下应力分布的试验成果

8.2.1 路堤填筑荷载下盖板下土应力的变化规律比较与分析

图 8-5 和图 8-6 分别为 K6 和 K32 两个试验段的填土荷载规律变化曲线，对于 K6 试验段的填土荷载在填土 27 天后出现减小现象，是路堤填筑又开挖所致。

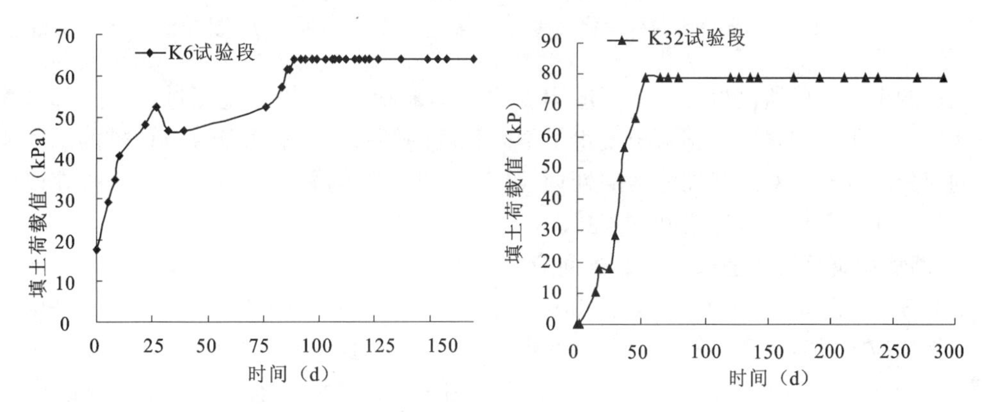

图 8-5 K6 试验段路堤填土荷载变化规律　　图 8-6 K32 试验段路堤填土荷载变化规律

图 8-7 和图 8-8 为 K6 与 K32 两个试验段 7 个盖板下土体表面应力随填土荷载的变化规律。从图 8-7 可以看出，开始填土加荷一段时间，1 号桩盖板下两个土压力盒的土应力变化曲线一致性较好，但从第 116 天后，盖板下两边土体表面应力变化差异很大，说明盖板在填土荷载作用下发生了倾斜，导致盖板下两边土体受力不均匀，盖板上土压力盒发生偏转，即盖板上土压力盒所测得的应力并非为盖板所受的竖向应力，应力值偏小，应力失真。4 号桩所反映的规律也是如此。3 号桩盖板在填土加荷初期就发生倾斜，而 2 号桩盖板下两个土压力盒测得的土应力变化趋势始终保持一致，说明此盖板水平性保持较好，板顶应力能比较准确地反映盖板所受的竖向应力，板顶所测应力可作为 TC 桩加筋路堤力学性状研究的依据。K32 试验段由于放置在盖板顶的编号为 10587 土压力盒在填土加荷开始时就被破坏，所以盖板下的土应力失去研究意义，从图 8-8 可以看出剩下三根桩盖板下两边的土应力变化规律一致性都较好，02522 土压力盒到预压后期所受应力为 0，说明 1 号桩盖板发生严重倾斜，一边已经被托空，板顶所测应力失真。从 4 号桩盖板下应力变化规律曲线来看，盖板下两边土体表面应力变化趋势一致性较好，但是两边的土应力绝对值相差很大，超过 10kPa，这种情况也不符合实际，说明盖板浇筑时就没有保持水平，但在路

堤填筑过程中没有发生进一步的倾斜，板顶应力也失真。2 号桩盖板下两边土体表面应力变化趋势一致性较好，从填土加荷后第 36 天 02596 土压力盒所测得应力比 02575 压力盒所测得应力大 2.7kPa，但在以后的路堤填筑预压过程中仍较好的保持变化趋势的一致性，说明盖板的水平度保持较好，板顶所测应力可作为研究依据。

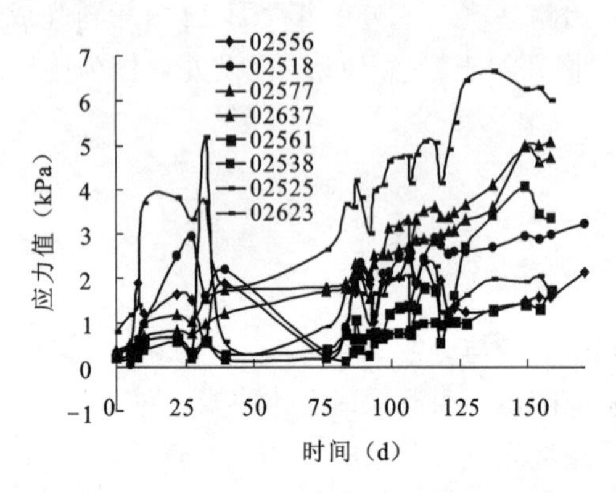

图 8-7　K6 盖板下应力随填土荷载变化规律

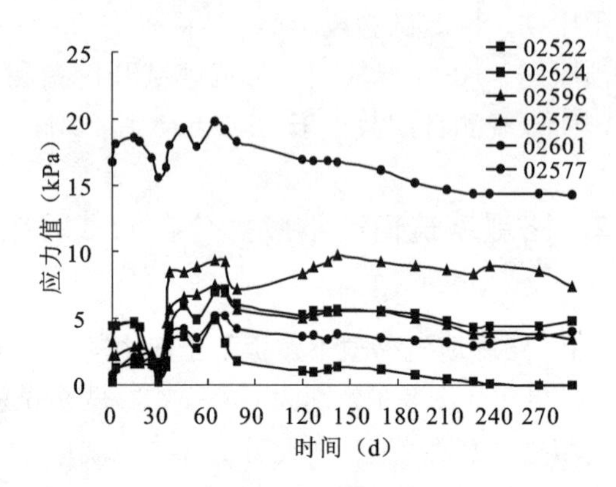

图 8-8　K32 盖板下应力随填土荷载变化规律

从这两个试验段所测得的盖板下应力变化规律来看，TC 桩在施工过程中少部分盖板与桩体的连接不是很好，桩顶盖板发生了不同程度的倾斜，这有可能使 TC 桩的承载能力得不到充分的发挥，对路基加固区的处理效果会产生一定的影响。希望带盖板桩在以后的施工过程中注重盖板与桩体之间的连接。

8.2.2　路堤填筑荷载下盖板上与盖板间应力变化规律

从图 8-9 和图 8-10 可以看出，只有对应于 10726 和 10721 的 2 号桩的盖板水平度保持较好，板顶应力没有失真。所以只对这两根桩的板顶应力进行对比分析，从图 8-9 可以发现，在路堤填筑加荷之前，土压力盒的应力值为负值，这是因为压力盒是在浇筑盖板时放置的，埋设于盖板里面，盖板混凝土在凝固过程产生体积收缩，对压力盒有一个侧压力，使压力盒的上表面即受力面有鼓起的趋势，相当于土压力盒受到拉应力作用，所以测得的应力出现负值。而 K32 试验段没有出现这种情况，因为压力盒不是在浇筑盖板时放置的，而是开始路堤填筑时，在盖板顶凿洞埋设的，防止压力盒在填土荷载作用下，偏离盖板中心位置。K6 试验段埋设于盖板间的 02581 和 02627 压力盒在路堤填筑过程中破坏，所以这里只给出 K32 试验段盖板间应力随填土荷载的变化规律曲线，如图 8-11 所示。在填土加荷初期，盖板间的不同位置的应力都迅速增加，位于盖板中心位置的 02490 压力盒在填土加荷 22 天时应力达到峰值 78kPa，然后再递减并趋于稳定，应力向桩体发生转移。在填土加荷过程中，从盖板间三个不同位置的应力变化规律来看，组桩中位于盖板中心位置处应力最大。

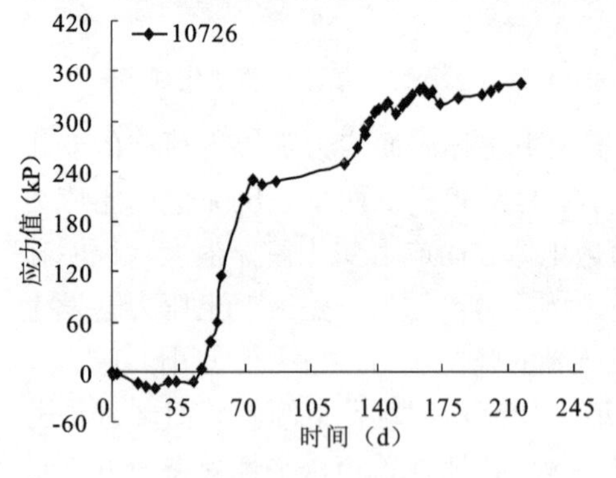

图 8-9　K6 盖板上应力随填土荷载变化规律

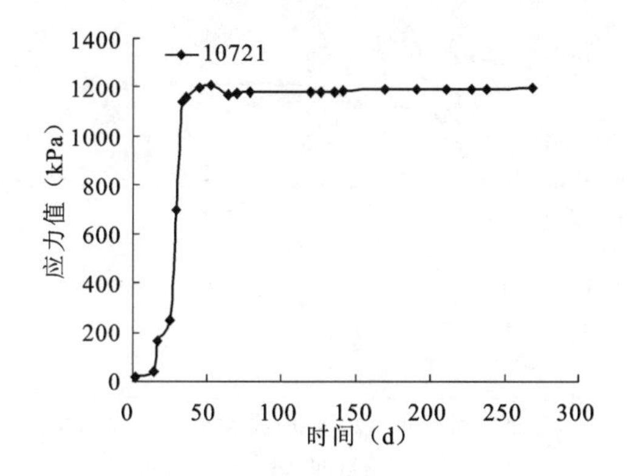

图 8-10　K6 盖板上应力随填土荷载变化规律

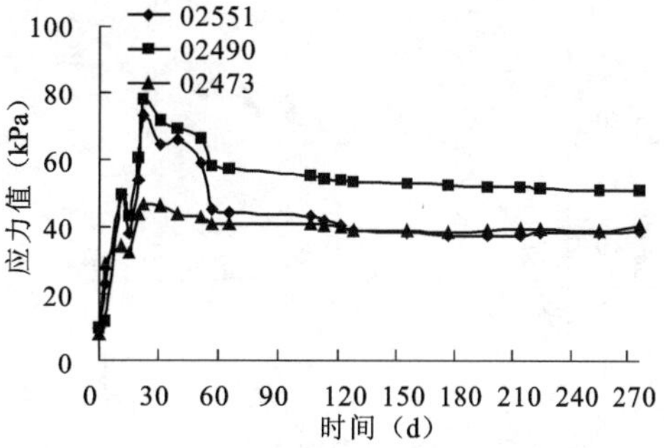

图 8-11　K32 盖板间应力随填土荷载变化规律

8.2.3　盖板下土体荷载分担比的变化规律

盖板下土体荷载分担比为盖板下土体表面与盖板顶荷载之比，可以反映盖板下土体承载力的发挥程度。图 8-12 为 K6 试验段 2 号桩盖板下土体荷载分担比的变化规律曲线。从图 8-12 可以看出，盖板下土体荷载分担比随路堤填土加荷呈锯齿形逐渐增大，但分担比很小，最大值为 0.013。

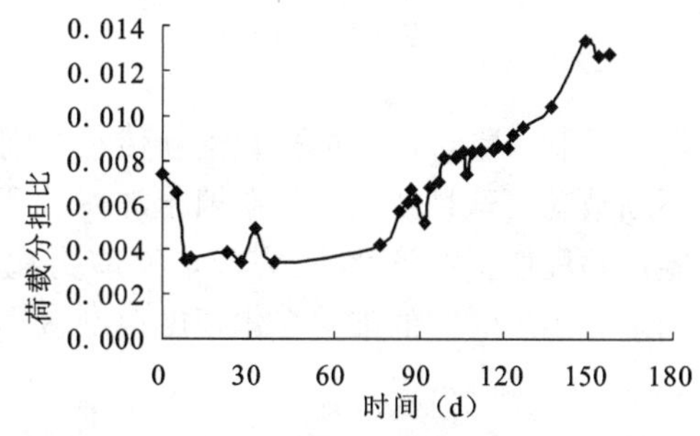

图 8-12　盖板下土体表面荷载分担比变化规律

8.3　路堤填筑荷载下桩土应力比及荷载分担比试验成果

8.3.1　路堤填筑荷载下桩土应力比的变化规律

与桩筏基础相比，路堤桩以盖板代替桩顶筏板，并采用较大桩距。它的实质是使柔性路堤下刚性桩复合地基尽可能地发挥桩基础的功效，最大限度的发挥刚性桩的承载优势，以减小路堤沉降和不均匀沉降。盖板的设置使桩土应力比这一概念有了不同的含义，盖板与桩体之间是刚性连接，也是桩的一部分，所以盖板上应力与桩间土应力的比值以及桩顶应力与桩间土应力的比值都可以称作桩土应力比。图 8-13 到图 8-14 分别为这两种不同的应力比随路堤填土荷载的变化规律。

图 8-13 和图 8-14 为盖板顶与盖板间土体表面的应力比曲线，图 8-15 和图 8-16 为桩顶与盖板间土体表面的应力比曲线，可以看出桩顶与盖板间土体表面的应力比要比盖板顶与盖板间土体表面的应力比大 10 倍，所以有必要分清这两种不同的应力比。从图 8-15 到图 8-16 的应力比变化曲线可以看出，路堤填土加载初期，荷载主要由桩承担，桩土应力比值随填土荷载增加而增加，在随后的加载中，比值上下波动，呈锯齿形增大，K6 试验段这种现象比较明显，这与监测频率有关，反映了垫层在后期加载中对桩土应力比的不断调整，或者说是 TC 桩间歇式桩顶上刺和桩尖下刺的反映。这时土承担的应力随孔隙水压力的消散和固结变形而下降，垫层将土的压应力减小的一部分调节给桩承担，桩承担了增加的荷载，当荷载积聚到一定值时，会产生相对的滑动，造成桩顶和桩尖再次发生刺入变形，

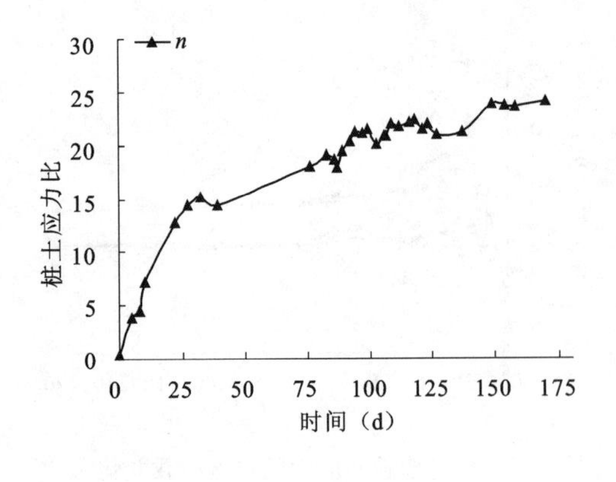

图 8-13　K6 桩土应力比随填土荷载变化规律

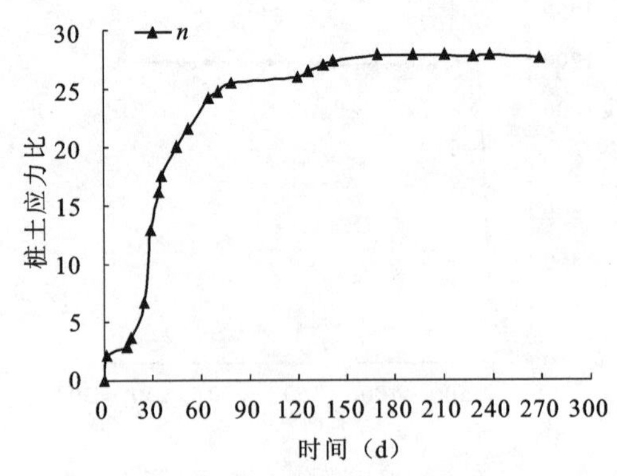

图 8-14　K32 桩土应力比随填土荷载变化规律

增大了刺入量，这样把荷载重新传给桩间土，这个过程不断反复就造成了桩土应力比值的不断波动，这种波动一般在填土加荷后还要持续一段时间，从图 8-13 中可以看出，K6 试验段路堤填土在第 89 天完成，而应力比值曲线在这之后仍保持一段时间的锯齿形变化，但随着预压时间的推移变化幅度逐渐减小，最终趋于稳定。

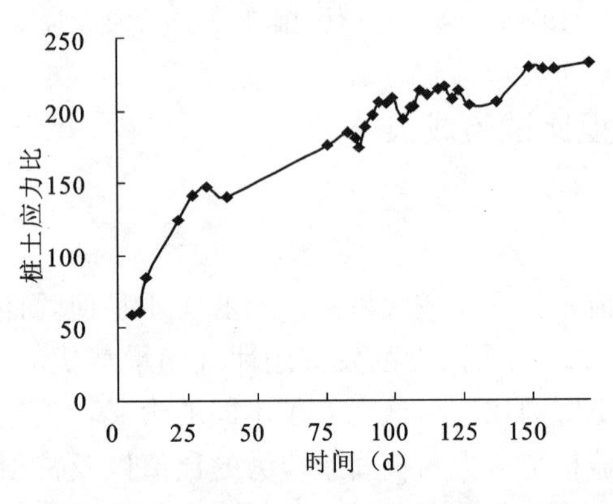

图 8-15　K6 桩土应力比随填土荷载变化规律

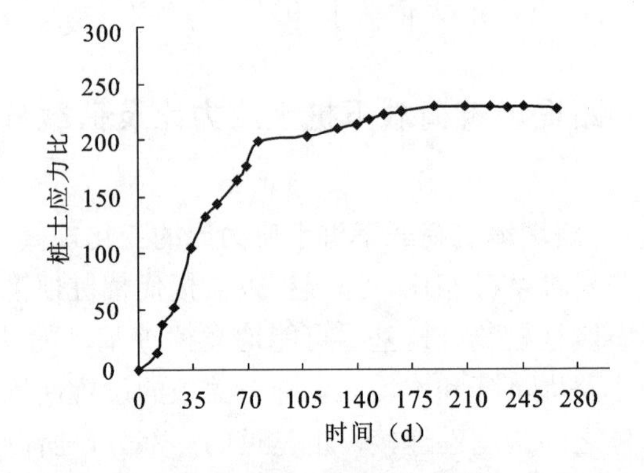

图 8-16　K32 桩土应力比随填土荷载变化规律

8.3.2　路堤填筑荷载下荷载分担比的变化规律

荷载分担比是指桩承担的荷载与总荷载的比值。如图 8-17 和图 8-18 所示，在路堤填土荷载下，K6 试验段桩土的荷载分担比呈锯齿形增大，10726 对应 2 号 TC 桩最大值为 0.65，出现在进入预压期后所观测的最后一次数据，K32 试验段 10721 对应 2 号 TC 桩最大值为 0.68，进入预压期一段时间后始终保持这一恒定值。

8.3.3　复合地基中桩土应力问题的有限元分析研究

1. 概述

本节将应用岩土专用有限元软件 Plaxis 来模拟 TC 桩复合地基的工作性状。通过改变垫层厚度和模量、土工格栅强度、盖板尺寸等因素，分析这些因素对桩土应力比的影响规

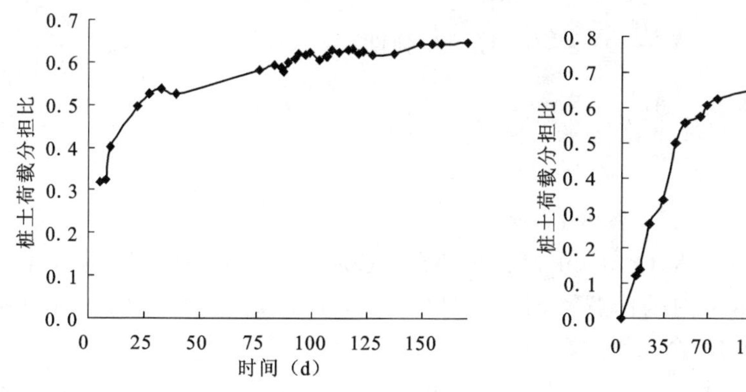

图 8-17 K6 荷载分担比随填土荷载变化规律

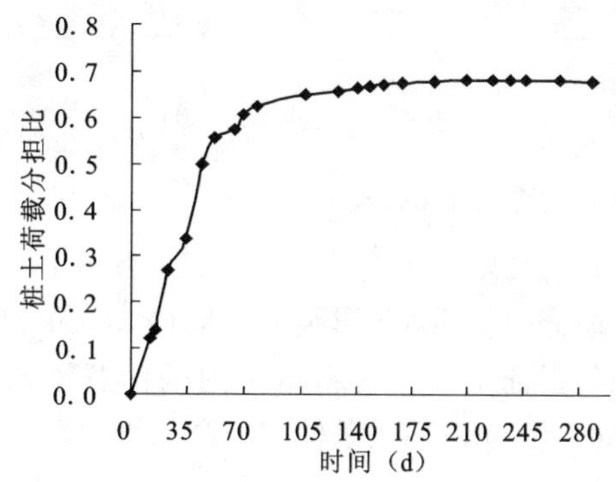

图 8-18 K32 荷载分担比随填土荷载变化规律

律以及 TC 桩复合地基中的应力分布规律。以进一步验证路堤荷载下，现场试验的成果，为后续分析 TC 桩桩承式加筋路堤受力情况提供依据。

2. Plaxis 程序简介

Plaxis 有限元程序是由荷兰公共事业与水利管理委员会提议，于 1987 年在代尔夫特技术大学开始研制的。最初的目的是为了在荷兰特有的低地软土上建造河堤，开发一个易于使用的二维有限元程序。从那以后，Plaxis 逐渐扩展成为适用于大多数岩土工程领域的软件。因为规模不断扩大，在 1993 年一个名为 Plaxis 的公司成立了。1998 年，第一版用于 Windows 系统的 Plaxis 软件发布。同时，一个三维计算内核也已经开始研制。经过几年的努力，三维 Plaxis 隧道分析程序于 2001 年正式发布。

Plaxis 软件致力于为未必是数值分析专家的岩土工程师，提供一套实用的分析工具。从事实际工程的工程师经常将非线性有限元软件看作是一项繁杂和耗时的工作。而 Plaxis 研制组则通过设计一套逻辑性好而又理论基础坚实的计算程序，并将之嵌入一个逻辑清楚的友好界面中，成功地解决了这个实际问题。其结果是使该程序得到了全世界许多岩土工程师的认可，并在工程项目中使用。

3. 模型计算理论

（1）计算模型的选取

Plaxis 程序提高的计算模型比较多，有 Mohr-Coulomb 模型，Hardening-Soil 模型，软土蠕变模型，改进的 Cam-Clay 模型等。本书考虑到 TC 桩复合地基的承载力较高，在路堤填土荷载不是很大的情况下，可将地基土体的受力变形近似认为是理想的弹塑性变形，即用 Mohr-Coulomb 模型来计算分析 TC 桩复合地基在路堤荷载下的受力和变形。Mohr-Coulomb 模型总共需要五个参数，这些参数可以从土样的基本实验得到。分别为：杨氏模量 E，泊松比 ν，内摩擦角 φ，内聚力 c，剪胀角 ψ。塑性与不可逆应变的发展是相关联的，为了判断塑性在一个计算中是否发生，通常引入一个应力和应变的函数作为屈服函数，屈服函数可以表示为主应力空间的一个面。理想塑性模型是具有一个固定屈服面的本构模型，固定屈服面是由模型参数完全定义的屈服面，不受应变的影响。对于屈服面以内的点所表示的应力状态，其行为是完全弹性的且所有应变都是可逆的。屈服函数表示为

$$\left.\begin{array}{ll}\frac{\partial f^{\mathrm{T}}}{\partial \sigma'}\underline{\underline{D^{\mathrm{e}}}}\ \xi\leqslant 0 & (\lambda=0,\text{弹性})\\ \frac{\partial f^{\mathrm{T}}}{\partial \sigma'}\underline{\underline{D^{\mathrm{e}}}}\ \xi\geqslant 0 & (\lambda\geqslant 0,\text{塑性})\end{array}\right\} \tag{8-1}$$

式中　λ——塑性乘子。

理想弹塑性模型的基本思想如图 8-19 所示。

Mohr-Coulomb 屈服条件是 Coulomb 摩擦定律在一般应力条件下的推广。事实上，这个条件保证了一个材料单位内的任意平面都将遵守 Coulomb 摩擦定律。用主应力表示 Mohr-Coulomb 屈服条件的 6 个屈服函数为

$$f_{1a}=\frac{1}{2}(\sigma_2'-\sigma_3')+\frac{1}{2}(\sigma_2'+\sigma'_3)\sin\varphi-c\cdot\cos\varphi\leqslant 0 \tag{8-2}$$

$$f_{1b}=\frac{1}{2}(\sigma_3'-\sigma_2')+\frac{1}{2}(\sigma_3'+\sigma'_2)\sin\varphi-c\cdot\cos\varphi\leqslant 0 \tag{8-3}$$

$$f_{2a}=\frac{1}{2}(\sigma_3'-\sigma_1')+\frac{1}{2}(\sigma_3'+\sigma'_1)\sin\varphi-c\cdot\cos\varphi\leqslant 0 \tag{8-4}$$

$$f_{2b}=\frac{1}{2}(\sigma_1'-\sigma_3')+\frac{1}{2}(\sigma_1'+\sigma'_3)\sin\varphi-c\cdot\cos\varphi\leqslant 0 \tag{8-5}$$

$$f_{3a}=\frac{1}{2}(\sigma_1'-\sigma_2')+\frac{1}{2}(\sigma_1'+\sigma_2')\sin\varphi-c\cdot\cos\varphi\leqslant 0 \tag{8-6}$$

$$f_{3b}=\frac{1}{2}(\sigma_2'-\sigma_1')+\frac{1}{2}(\sigma_2'+\sigma'_1)\sin\varphi-c\cdot\cos\varphi\leqslant 0 \tag{8-7}$$

这六个屈服函数共同表示主应力空间的一个六棱锥。如图 8-20 所示。

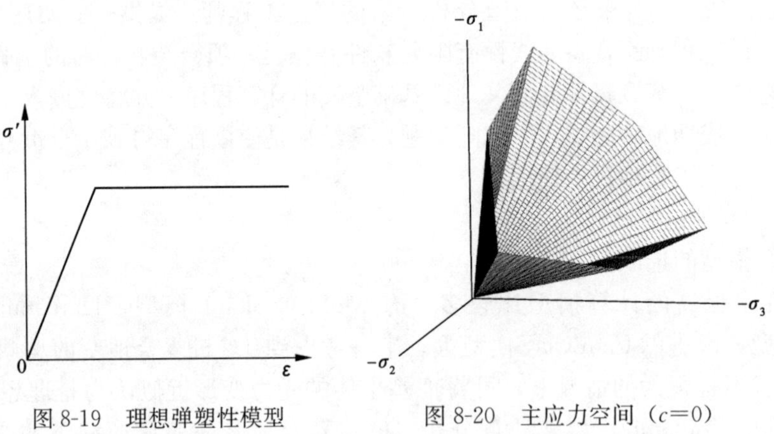

图 8-19　理想弹塑性模型

图 8-20　主应力空间（c=0）中的 Mohr-Coulomb 屈服面

（2）节点单元的选取

Plaxis 程序提供 6 节点单元和 15 节点单元两种节点单元，如图 8-21 所示，都可以用来模拟土层和其他块体。默认单元为 15 节点三角单元，该单元提供 4 阶位移插值，数值积分采用 12 个高斯点（应力点）。6 节点三角单元的插值为 2 阶，数值积分采用 3 个高斯点。结构单元和界面单元类型将自动和土单元类型相匹配。

15 节点三角形是一种非常精确的单元，对各种问题都能得出精度很高的应力计算结果，比如不可压缩性土体破坏性能的计算。使用 15 节点三角形需要较大的内存，计算和

运行速度相对较慢。因此，必要时也可以使用一个更简单的单元类型。

6 节点三角形单元具有相当的精度。标准变形分析时，如果单元划分够密，可以得出理想的计算结果。然而，在使用轴对称模型时，或可能发生破坏的情况下：比如计算承载力或使用 phi-c 折减法进行安全分析时要特别小心，使用 6 节点单元计算得到的破坏荷载和安全系数一般会偏大，这时，应当使用 15 个节点三角形单元。

一个 15 节点三角形单元可以看成是 4 个 6 节点三角形单元的组合，因为节点总数和应力点总数相等。但是，15 节点三角形单元比 4 个 6 节点三角形单元的组合功能更强大。

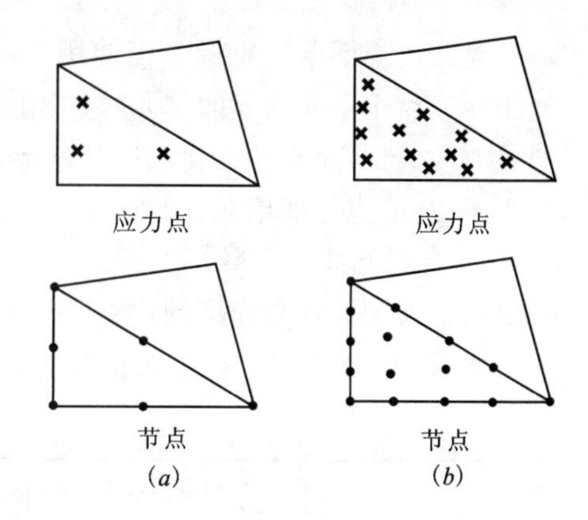

图 8-21 单元应力点和节点位置

(a) 6 节点三角形单元；(b) 15 节点三角形单元

(3) 土工格栅单元的选取

土工格栅是具有轴向刚度而无弯曲刚度的细长形结构。土工格栅只能承受拉力，不能承受压力。该类对象一般用来模拟土体的加固作用。路堤土工格栅垫层示例如图 8-22 所示。

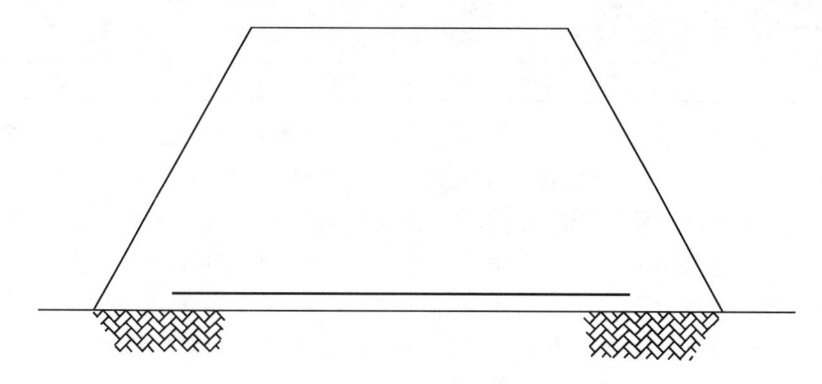

图 8-22 路堤土工格栅垫加固

土工格栅由土工格栅单元组成，每个节点上有两个平移自由度（u_x，u_y）。当使用 15 节点的土单元时，每个土工格栅单元用 5 个节点定义；而使用 6 节点土单元时，每个土工格栅单元则用 3 个节点定义。轴向力通过 Newton-Cotes 应力点估算。

(4) 界面单元的选取

Plaxis 程序在模拟其他材料与土体的相互作用时，引入了界面单元的概念，用参数 R_{inter} 反映两者之间相互作用的程度。每一个界面都有设定的“虚拟厚度”，用于定义界面材料性质的假想尺寸。虚拟厚度越大，产生的弹性变形越大。一般假定界面单元的弹性变形非常小，因而它的虚拟厚度也比较小。另一方面，如果虚拟厚度太小，则可能出现数值病态。虚拟厚度等于虚拟厚度因子乘以平均单元尺寸。平均单元尺寸取决于网格生成的整体粗疏度设置。它的大小也可以从输出程序的一般信息窗口得到。虚拟厚度因子的默认值为 0.1。

应用界面的典型情况是模拟桩和土体之间的相互作用。相互作用的糙率通过给界面选取合适的界面强度折减因子（R_{inter}）的值来模拟。该因子把界面强度和土体强度相互联系在一起。

界面由界面单元组成。当使用 15 节点土单元时，相应的界面单元用 5 组节点定义；使用 6 节点土单元的界面单元时，相应的界面单元用 3 组节点定义。界面单元的刚度矩阵通过 Newton-Cotes 积分得出。Newton-Cotes 应力点位置和节点组重合。因此，5 个应力点用于 10 节点界面单元，3 个应力点用于 6 节点界面单元。

4. 有限元计算模型

(1) 有限元计算模型的建立

本章主要模拟 TC 桩复合地基的力学性状。TC 桩复合地基设计参数见表 8-2。

TC 桩复合地基设计参数　　　　**表 8-2**

桩长（m）	盖板直径（m）	盖板厚度（m）	桩径（m）	路基计算宽度（m）	桩间距（m）	填土高度（m）
16	0.6	0.2	0.16	20	1.6	3.8

计算参数的选取都以岩土工程勘察报告数据为准，土体参数取值如表 8-3 所示。

土层参数表　　　　**表 8-3**

位　置	土层编号	土层名称	土层厚度（m）	天然重度 γ（kN·m^3）	压缩模量 E_s（MPa）	c_d（kPa）	φ_d（°）
K6+516	①$_2$	种植土	0.5	18.7	1.56	7	3.5
	②$_1$	粉质黏土	1.5	18.9	3.48	8	5.7
	③$_2$	淤泥质粉质黏土	6.5	17.6	2.35	5	2.3
	④$_2$	粉质黏土	10	19.3	6.36	19	12.4

土工格栅极限抗拉强度取 30kN/m，桩体和盖板压缩模量取 25000MPa，垫层压缩模量取 30MPa，路堤填土压缩模量取 20MPa，泊松比均按 0.35 处理。

由于路基以中心线对称，所以计算时取路基宽度的一半建立模型。为了简化边界条件，计算宽度向路基外多取 10m，这样可以忽略路基土体与邻近路基外土体之间的相互作用。本模型的计算宽度取 20m。底面在 x、y 方向结点位移，左右两面在 x 方向上结点位移均按照固定约束处理，而在 y 方向上可以产生竖向位移。具体计算模型如图 8-23 所示。

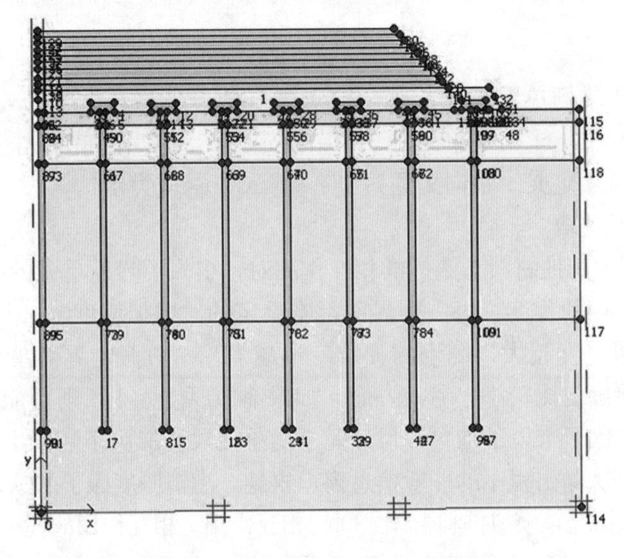

图 8-23　TC 桩复合地基计算模型

（2）有限元网格的划分

本模型采用 15 节点三角形单元划分网格，见图 8-24。

5. 有限元计算结果分析

（1）TC 桩复合地基初始应力（图 8-25）

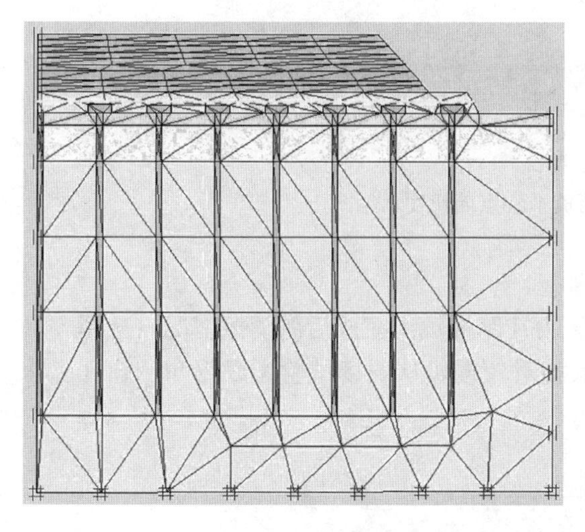

图 8-24 TC 桩复合地基网格划分示意图

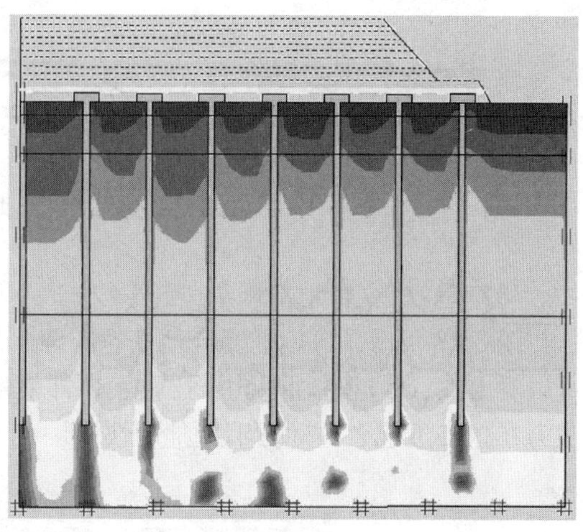

图 8-25 TC 桩复合地基初始应力示意图

（2）TC 桩复合地基变形分析

图 8-26 为 TC 桩复合地基在路堤填筑期内，路基在路堤荷载下的变形示意图，可以直观地看出路堤坡脚处的侧向位移比较明显，坡脚发生隆起变形。所以在 TC 桩设计中，一般在路基边缘多设计一排桩，防止路基侧向位移超过极限值发生滑动破坏。从图 8-26 可以看出，桩身屈曲变形由路基中心到路基边缘逐渐增大，由理论分析可知，桩身屈曲变形受桩侧土体抗力、桩长、桩侧摩阻力等因素的影响。土工格栅在路堤填筑荷载下的变形比较明显，两桩之间格栅呈悬链线下沉，图 8-26（*a*）为路堤一次填土加荷刚完成时 TC 桩复合地基的变形情况，图 8-26（*b*）为本次填土结束路基固结时段内的变形情况，可以看出土工格栅在两桩之间中心点处的扰度有所减小。可以得出结论：路堤一次填土加荷结束

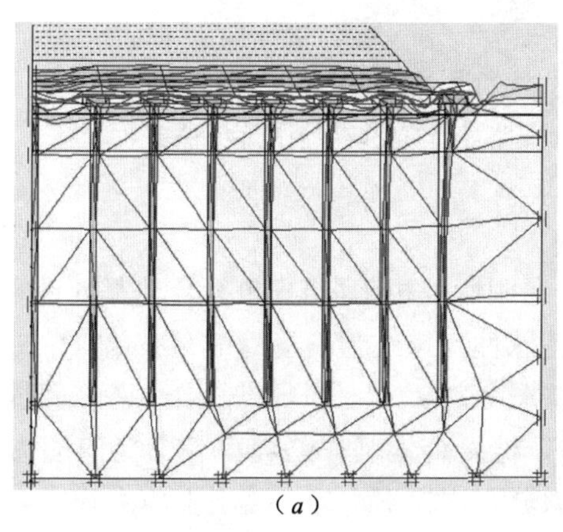

（*a*）

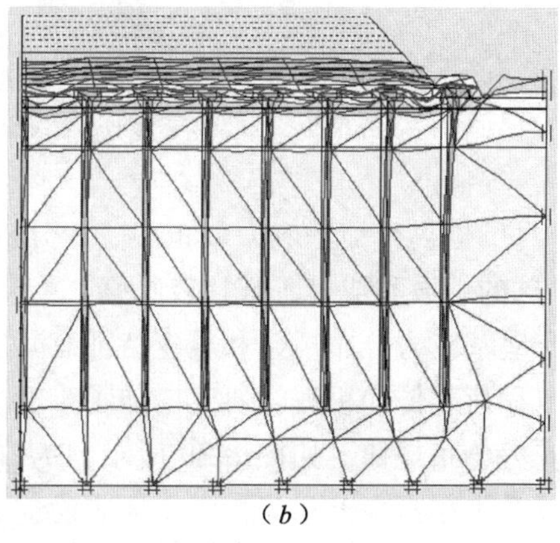

（*b*）

图 8-26 TC 桩复合地基变形示意图

固结时段内复合地基发生应力转移，土体承担的荷载逐渐向桩体发生转移，桩体承担的荷载增大，桩发生沉降，使桩、土沉降差变小，即土工格栅中心点处的扰度减小。路基同一断面处，格栅中心点处扰度分布情况如图 8-27 所示。

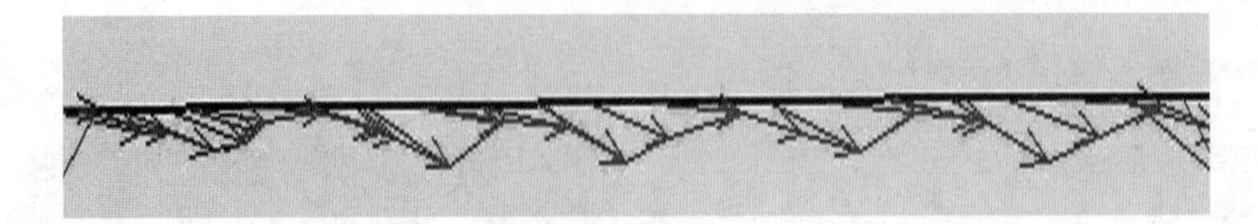

图 8-27　在土工格栅两桩中心点处扰度示意图

(3) TC 桩复合地基固结分析

图 8-28 反映了 TC 桩复合地基超孔隙水压力在路堤填土完成后的消散情况，从图 8-28 可以看出在 TC 桩桩端超孔压比较大，即消散相对较慢，从现场试验可以得知：超孔隙水压力在越接近地表的地方消散地越快。

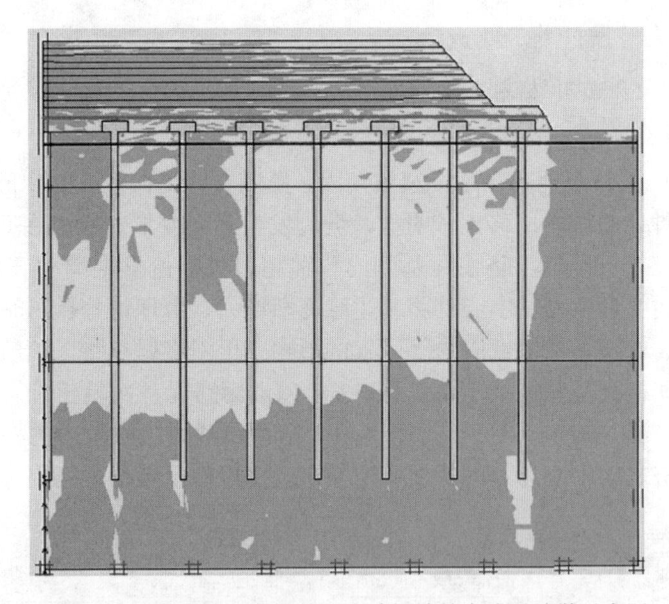

图 8-28　TC 桩复合地基超孔压在路堤填筑完成后消散示意图

(4) TC 桩复合地基应力分布和应变分析

TC 桩的组成和成桩工艺比较特殊，与普通刚性桩相比，TC 桩复合地基处理软弱地基时，复合地基应力分布规律和应变特征有其特殊性。螺纹塑料套管的存在给 TC 桩侧摩阻力的分布和荷载传递机理的研究增加了难度。图 8-29 反映了 TC 桩复合地基在路堤填筑荷载下的应力分布规律。如图 8-29 所示，为 TC 桩复合地基在路堤荷载下竖向应力分布云图，可以看出在盖板上和盖板间土体表面应力分布比较不均匀，盖板上应力很大，盖板间土体表面应力靠近桩侧较小，在桩间土体表面中心点处应力较大，计算得出的结果和现场试验结果一致。

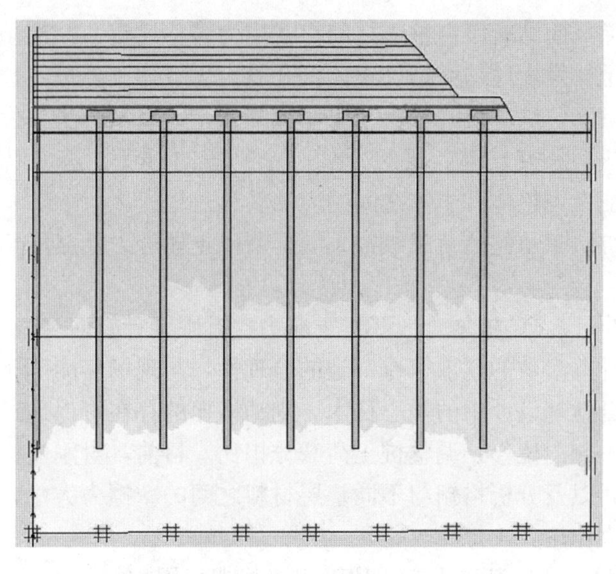

图 8-29 TC 桩复合地基竖向应力分布

(5) TC 桩复合地基桩土应力比分析

本模型选取临近路基中心的一根 TC 桩和此桩桩侧土体进行应力分析，根据有限元计算结果，盖板顶应力和桩间土体表面应力的比值为 19.6。TC 桩复合地基桩土应力比随路堤填筑荷载增加而变大，具体变化规律如图 8-30 所示。有限元计算值与现场实测值和解析计算值的大小比较见表 8-4。

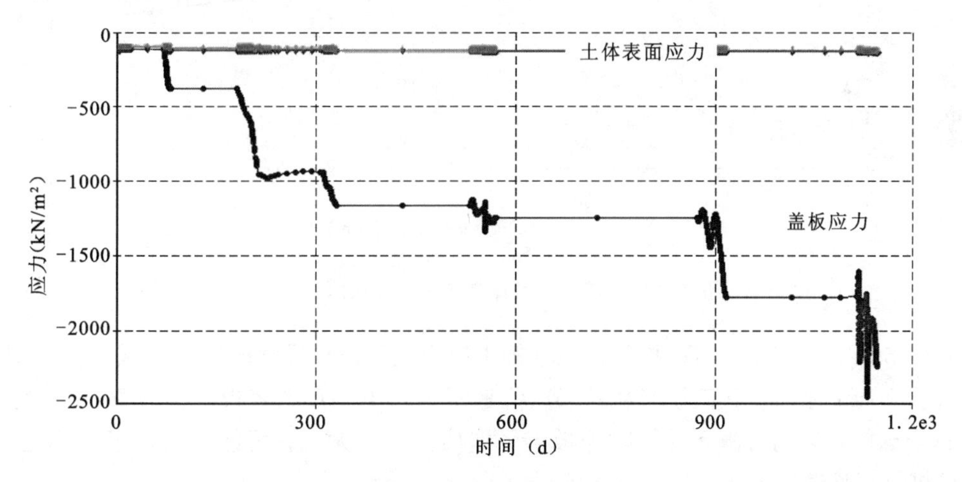

图 8-30 桩、土应力随路堤填筑时间的变化规律

不同方法得出的桩土应力比最大值 **表 8-4**

类别	有限元计算值	实测值
n	19.6	24.13

从图 8-30 可以得出桩土应力比的最大值为 19.6，桩土应力比随路堤填筑荷载增加而变大。有限元计算中，一个施工荷载步骤足够大，可以反映出桩土应力比呈波浪形增加的

规律，即一次填土完成固结时段内桩土之间存在应力转移过程。一次填土加荷初期，土体承载的荷载较大，土体发生压缩固结，土体沉降量大于桩体沉降量，这时荷载向桩体发生转移，桩体也产生沉降，桩体沉降量大于土体沉降量，荷载又向土体发生转移，即桩体和土体之间存在一个应力相互转移，最终达到一个平衡的过程。这可以弥补解析计算的不足，解析计算中不能考虑桩体和土体之间的应力转移过程。

本次计算由于桩、土承担的荷载级数不同，所以土体应力随路堤填土荷载增加变化不明显。

从表 8-4 可以看出，TC 桩复合地基桩土应力比有限元计算时，模型本构关系的选取、界面条件的简化、计算参数的选取等有一定的合理性，与现场实测值比较接近。

加筋垫层是复合地基设计中的核心技术，刚塑格栅的存在可以通过张拉作用分担竖向荷载，约束土体水平侧向位移，调整桩土荷载分担比。目前，对刚塑格栅的极限抗拉强度做了不少室内研究，以及分析格栅与不同垫层材料之间的摩擦力大小，以保证刚塑格栅在复合地基中发挥最大作用。

图 8-31 为 TC 桩复合地基桩土应力比随土工格栅极限抗拉强度的变化规律，TC 桩复合地基桩土应力比随土工格栅极限抗拉强度的增加而减小。

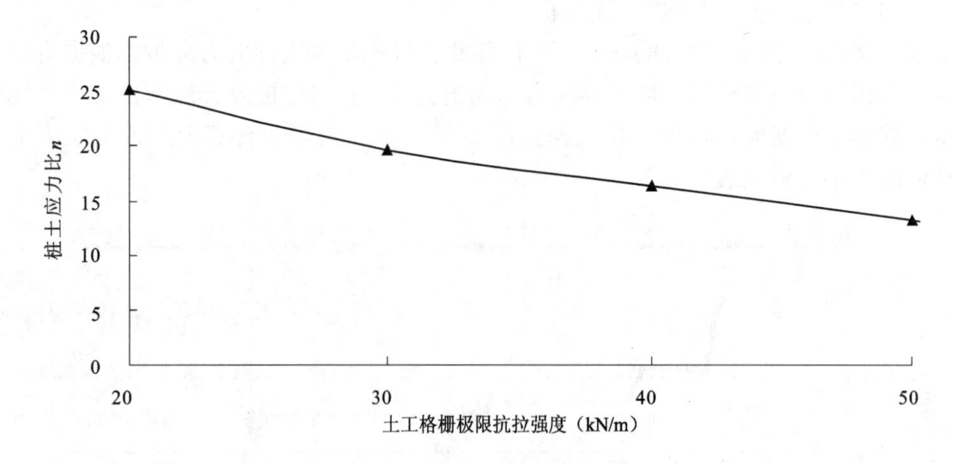

图 8-31　TC 桩复合地基桩土应力比随土工格栅极限抗拉强度的变化规律

从图 8-32 可以看出，TC 桩复合地基桩土应力比随盖板尺寸的增大先减小后增加，盖板半径为 30cm 时，桩土应力比为 19.6。但是图 8-32 并不反映盖板半径为 30cm 时桩土应力比达到峰值，因为有限元计算时盖板半径取值区间较大。有可能在盖板半径不是 30cm 时 TC 桩复合地基桩土应力比达到峰值。

8.4　路堤荷载下桩荷载传递性状观测结果分析

针对练杭 K3＋259～K3＋324，K6＋406～K6＋440，K6＋510～K6＋570，K7＋404～K7＋464，K32＋790～K32＋847 各个断面堆载期间测得的相关数据对 TC 桩复合地基处理软基的实际效果和承载性状。由于前期单桩静载试验时埋设钢筋应力计的两根试桩都加载至破坏，且埋设与路堤边坡处，不能真实反映后期路堤下 TC 桩的承载特性，因此在 TC 桩试验

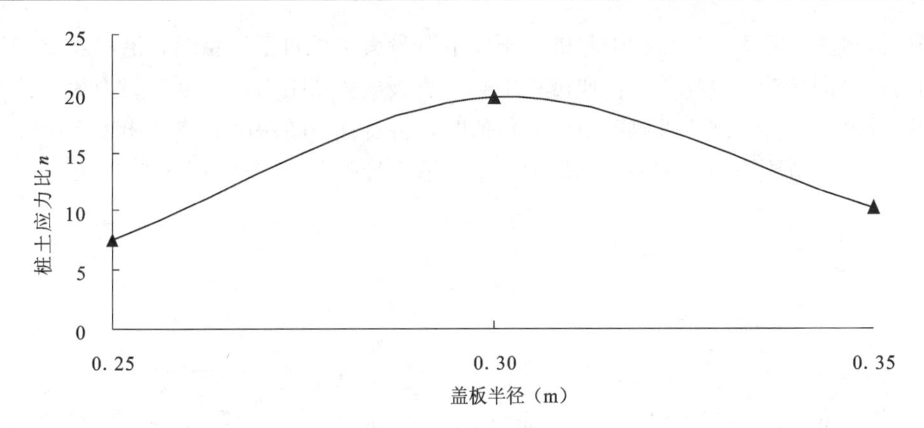

图 8-32 TC 桩复合地基桩土应力比随盖板尺寸的变化规律

段 K6＋406～K6＋465 又埋设了一组钢筋应力计。路堤荷载历时曲线如图 8-33 所示。选取的 TC 桩桩长 15m，桩尖为 26cm 圆形钢筋混凝土预制桩尖，钢筋应力计埋设深度分别为 1m、3m、6m、9m、12m（图 8-34 和图 8-35），通过计算可得路堤下 TC 桩桩身轴力及桩侧摩阻力深度分布图如图 8-36 和图 8-37 所示。

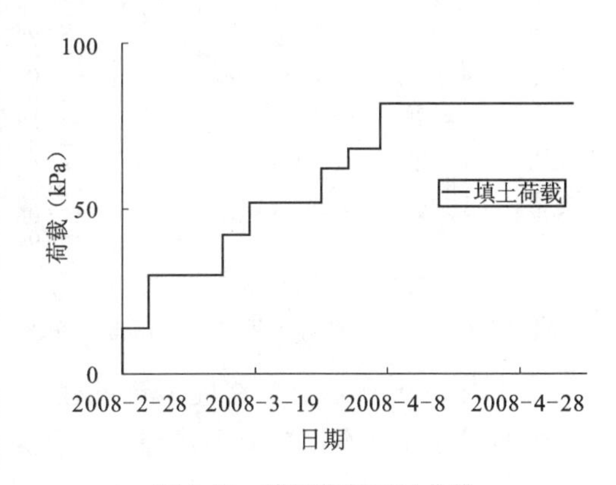

图 8-33 路堤荷载历时曲线

如图 8-36 所示，路堤荷载作用下 TC 桩桩身轴力沿着深度呈先增大后减小的趋势，不同填土荷载作用下 TC 桩桩身轴力皆于深度 6m 处

图 8-34 钢筋应力计埋设过程

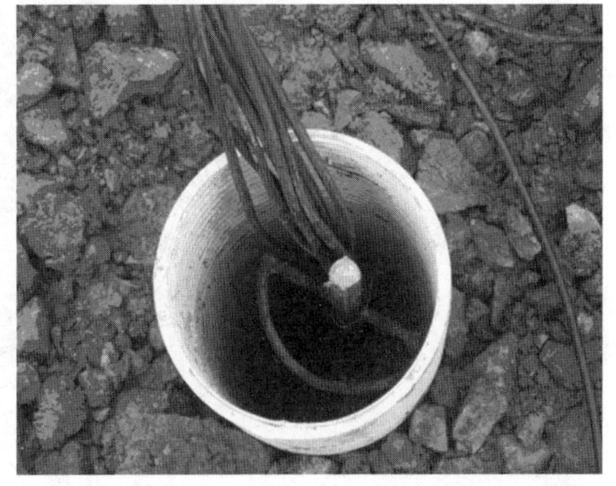

图 8-35 钢筋应力计埋设完成

达到最大；如图 8-37 所示，2008 年 3 月 24 日之前桩身轴力随着路堤荷载的逐级施加而迅速增加；而 2008 年 3 月 24 日之后，2008 年 4 月 23 日之前，桩身轴力随着路堤荷载的逐级施加而缓慢增加；2008 年 4 月 23 日之后进入预压期，桩身轴力随时间增加而减小。依据路堤荷载历时曲线以及土体固结变形规律，分析认为：路堤荷载作用下 TC 桩桩身发生轴向弹性压缩变形以及桩端刺入土体变形，桩与桩尖土体通过摩擦作用传递荷载，桩与土共同作用，各自承担不同比例的外部荷载作用；当荷载引起的桩周土体下沉量小于桩身下沉量时，沿桩

身将产生桩侧正摩阻力；当荷载引起桩周土体下沉量大于桩身下沉量时，沿桩身将产生桩侧负摩阻力；竖向荷载沿桩身向下传递过程中必须克服桩侧摩阻力，桩侧摩阻力为正值时，桩身轴力随深度非线性递减。桩侧摩阻力为负值时，桩身轴力随深度非线性递增。由此可以判定，试验段桩长范围内存在桩侧负摩阻力，土压缩模量越大，桩身轴力衰减越快。

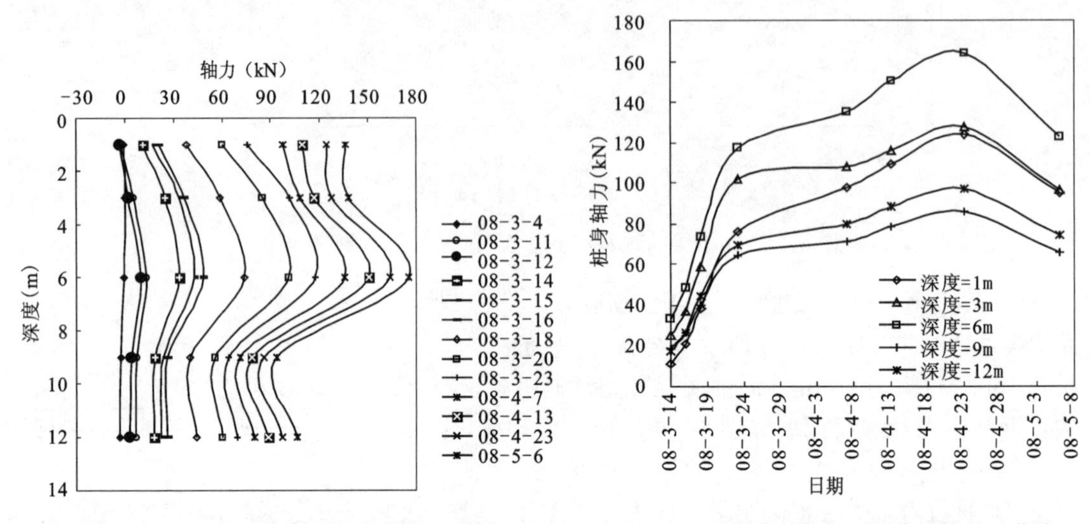

图 8-36　路堤荷载下桩身轴力深度分布图　　　　图 8-37　路堤荷载作用下桩身轴力历时曲线

如图 8-38 所示，在路堤填筑过程中，深度 5m$<H<$7m 范围内桩侧摩阻力随着路堤荷载的增加而基本保持减小趋势；其余深度（0$<H<$5m 以及 5m$<H<$12m）范围内桩侧

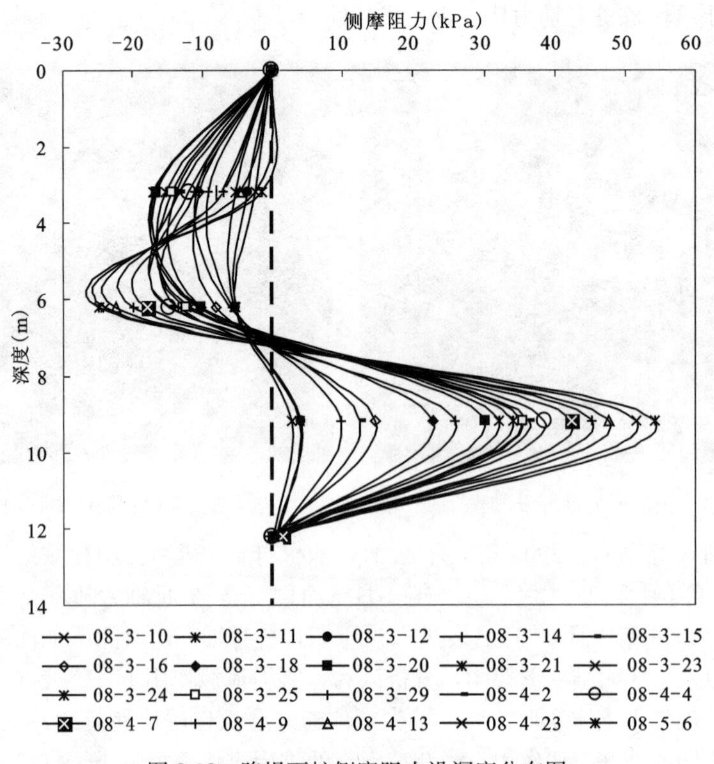

图 8-38　路堤下桩侧摩阻力沿深度分布图

摩阻力随着路堤荷载的增加而基本保持增加趋势；在深度方向上，深度 $H<7$m 时桩侧摩阻力为负值，桩侧负摩阻力随路堤填筑历时变化规律较为复杂；深度 $7\text{m}<H<12\text{m}$ 时桩侧摩阻力为正值，$7\text{m}<H<9\text{m}$ 时桩侧摩阻力随深度和路堤荷载增加而递增，$9\text{m}<H<12\text{m}$ 时桩侧摩阻力随深度增加而减小，随路堤荷载增加而递增。尽管深度 $H>9$m 时桩侧摩阻力不断减小，但是仍然保持为正值，表明 TC 桩桩侧摩阻沿全桩长发挥作用，具有一般刚性桩特点。

根据地质勘察料可知：该区域为压缩性较高的淤泥质黏土。依据路堤填筑过程中不同时间桩侧摩阻深度分布曲线可知：桩侧负摩阻力存在两个中心点，前期中心点位于深度 5m 位置；随着路堤荷载增加，后期中心点又移至深度 7m 位置；之后随着路堤荷载增大位置基本保持不变。目前，许多学者针对桩侧负摩阻力进行研究后认为：产生上述现象主要原因在于桩侧负摩阻力增大了桩身荷载，加大了桩体下沉量，只是桩侧负摩阻力中心点上移；然而，随着时间增长中心点最终下降。路堤荷载作用下一般摩擦桩都具有该特点，不同之处在于桩周土体参数和承载特性不同造成中心点位置和最大桩侧摩阻力存在差异。

8.5 路堤荷载下 TC 桩复合地基固结性状现场试验研究

孔隙水压力观测是了解地基土固结状态较直观的手段，通过在地基不同深度埋设孔隙水压力计可以对荷载的影响深度、不同土层的固结度等进行研究。本次孔压计埋设地点位于二标 K6＋560 段和 K32＋840 段，K6＋560 段埋设深度分别为 2.0m、6.0m、8.0m 和 16.0m，K32＋840 段埋设深度分别为 2.0m、6.0m、12.0m 和 18.0m，24.0m 和 30.0m（图 8-39 和图 8-40）。K6＋560 断面于 2007 年 12 月 04 日开始路堤施工，图 8-41 为不同深度孔隙水压力和超静孔隙水压力随路堤填土荷载的时间变化曲线。K32＋840 断面于 2007 年 10 月 27 日开始路堤施工，图 8-42 为不同深度孔隙水压力和超静孔隙水压力随路堤填土荷载的时间变化曲线。

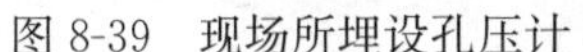
图 8-39 现场所埋设孔压计

图 8-40 孔压计埋设过程

图 8-41（*a*）和图 8-42（*a*）均表明在路堤填筑施工过程中，路基内孔隙水压力总体趋势是波动并增大，即施工期由于路堤荷载作用而增加，施工间歇期由于孔隙水压力暂时消散而减小，浅层土体孔隙水压力变化明显而深层土体孔隙水压力变化极小。图 8-41（*b*）

和图 8-42（*b*）更清楚地表明超静孔隙水压力具有随着施工过程中路堤荷载变化而发生波动变化的一般规律。路基土体超静孔隙水压力较小的主要原因在于土工格栅和砂垫层将大部分路堤荷载传递给 TC 桩，路堤填筑过程中桩与土分担路堤荷载比例不断调整，土体中前期填土引起超静孔隙水压力已逐步消散。

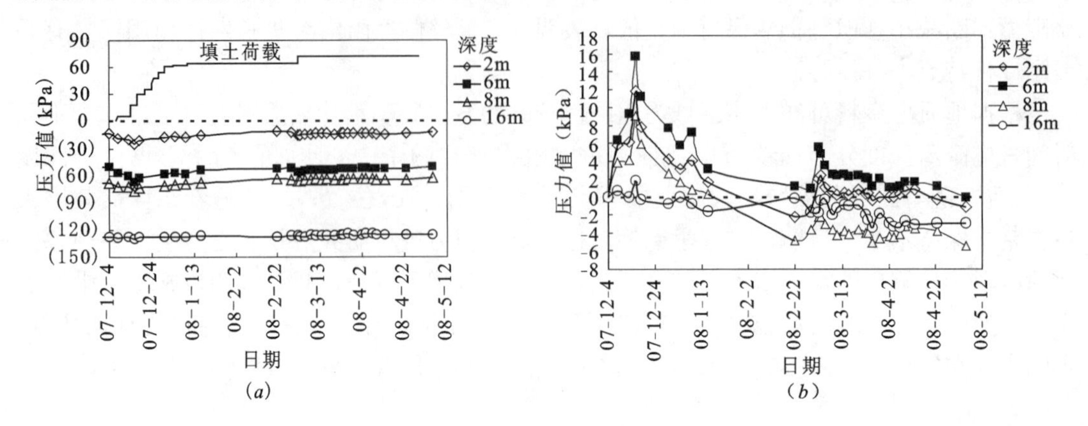

图 8-41　练杭 L2 标 K6＋560 断面孔压历时曲线

（*a*）孔压历时曲线；（*b*）超静孔压历时曲线

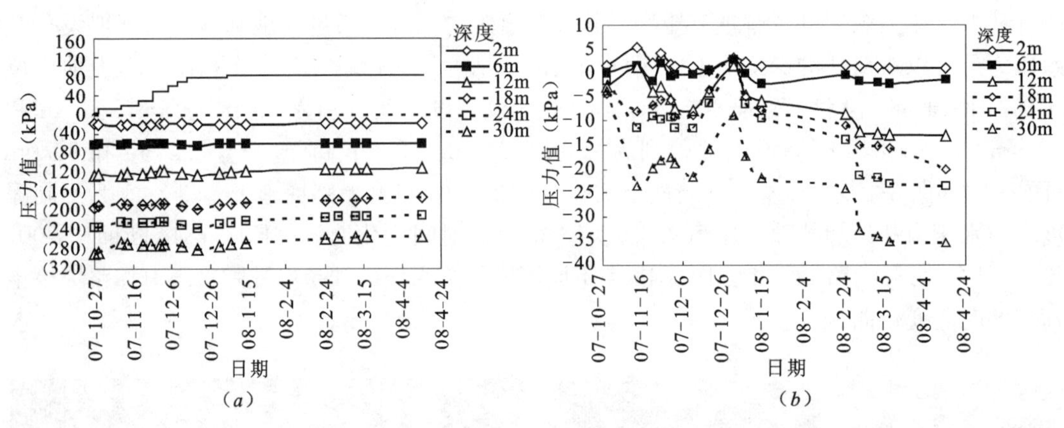

图 8-42　练杭 L6 标 K32＋840 断面孔压历时曲线

（*a*）孔压历时曲线；（*b*）超静孔压历时曲线

路堤填筑初期荷载施加速率较快，不同深度处超静孔隙水压力均有明显增加，表明路堤荷载引起土体附加应力影响深度达到桩体处治深度；随后监测结果表明超静孔隙水压力消散很快。根据现场监测数据预压土体施加 25 天后超静孔隙水压力消散 35%左右，两个月后超静孔隙水压力消散 55%左右。

8.6　路堤荷载下 TC 桩沉降性状的现场试验研究

8.6.1　路堤荷载下 TC 桩沉降现场观测

（1）练杭高速公路 L2 标软基处理中 TC 桩段落的沉降情况，如表 8-5 所示，路堤采用 TC 桩处理后，总沉降量小，沉降收敛快，且主要发生在施工期。

练杭高速L2标TC桩沉降观测典型断面汇总表　　表8-5

段落桩号	段落长度(m)	段落性质	观测沉降板桩号	设计参数		设计填土	观测截止日期	预压期结束后月沉降速率(mm/月)	目前的月沉降速率(mm/月)(路面已施工)	目前的总沉降(mm)
				间距(m)	深度(m)	高度(m)				
K3+259～K3+289	30	桥头路段	K3+270	1.7	19	2.529	09-12-21	4.1	3.5	253
K3+289～K3+314	25	桥头过渡段	K3+305	1.8	18	4.186	09-12-21	3.9	3.3	220
K6+406～K6+440	34	桥头路段	K6+415	1.5	20	4.817	09-12-22	3.6	3	163
K6+440～K6+465	25	桥头过渡段	K6+455	1.6	19	4.257	09-12-22	3.8	3	37
K6+510～K6+520	10	通道过渡	K6+515	1.7	18.5	4.631	09-12-22	3.9	3.5	98
K6+520～K6+560	40	通道两侧	K6+555	1.6	16	4.286	09-12-22	3.3	2.9	73
K7+404～K7+414	10	通道过渡	K7+410	2	16	2.544	09-12-22	3.2	3.3	80
K7+414～K7+454	40	通道两侧	K7+450	1.7	16	4.089	09-12-22	2.1	1.8	129
K7+454～K7+464	10	通道过渡	K7+460	1.8	16	4.082	09-12-22	1.4	0.9	193
K32+785～K32+822	32	桥头路段	K32+800	1.6	23	4.645	09-12-23	4.1	2.8	287

针对申嘉湖杭高速公路练杭路段的L2几个标段中的TC桩处理路段的沉降观测图如图8-43～图8-45所示。

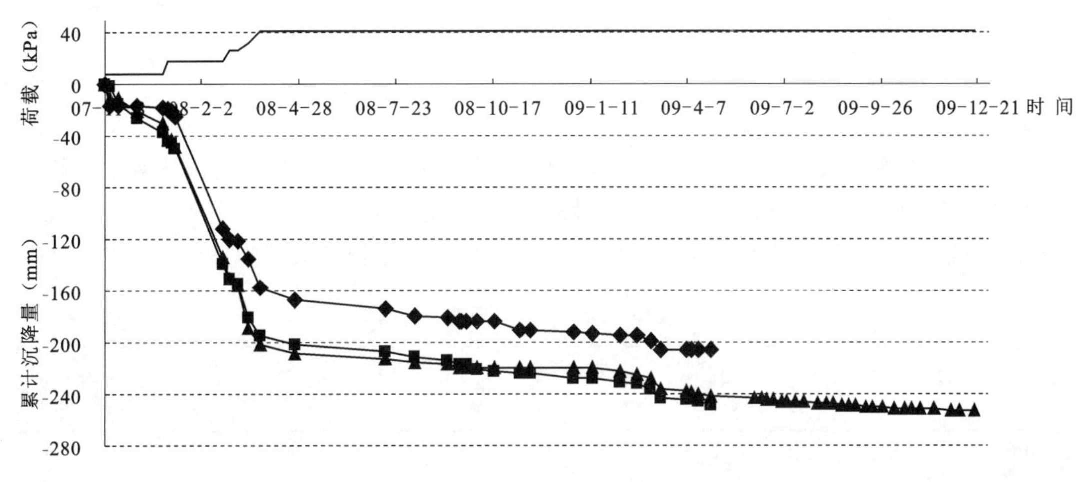

图8-43　K3+270时间-荷载-沉降量关系图

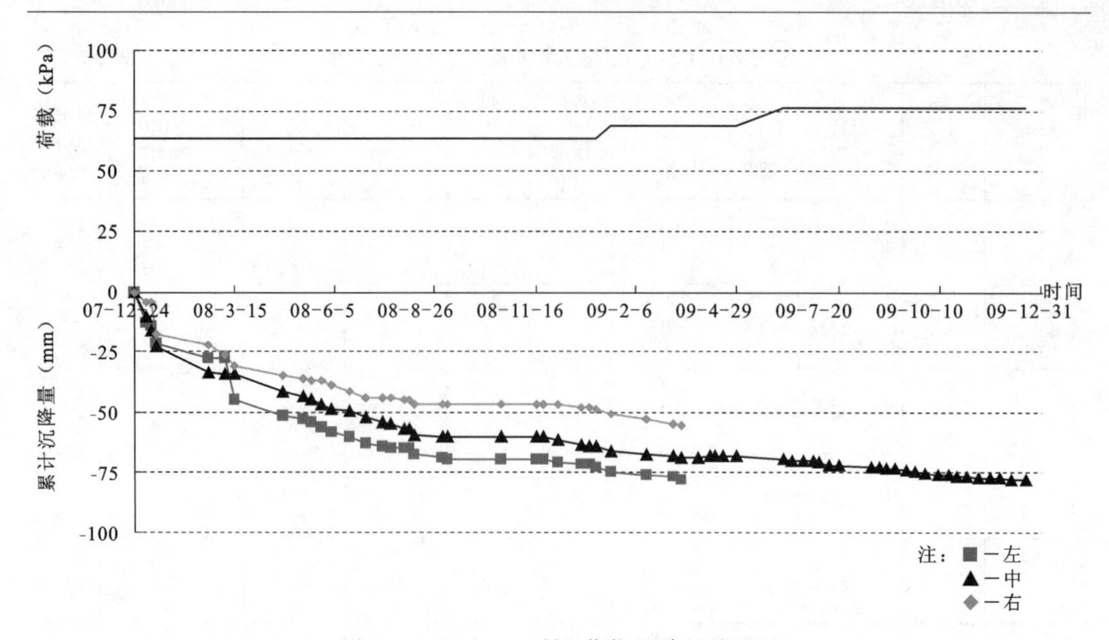

图 8-44　K6＋555 时间-荷载-沉降量关系图

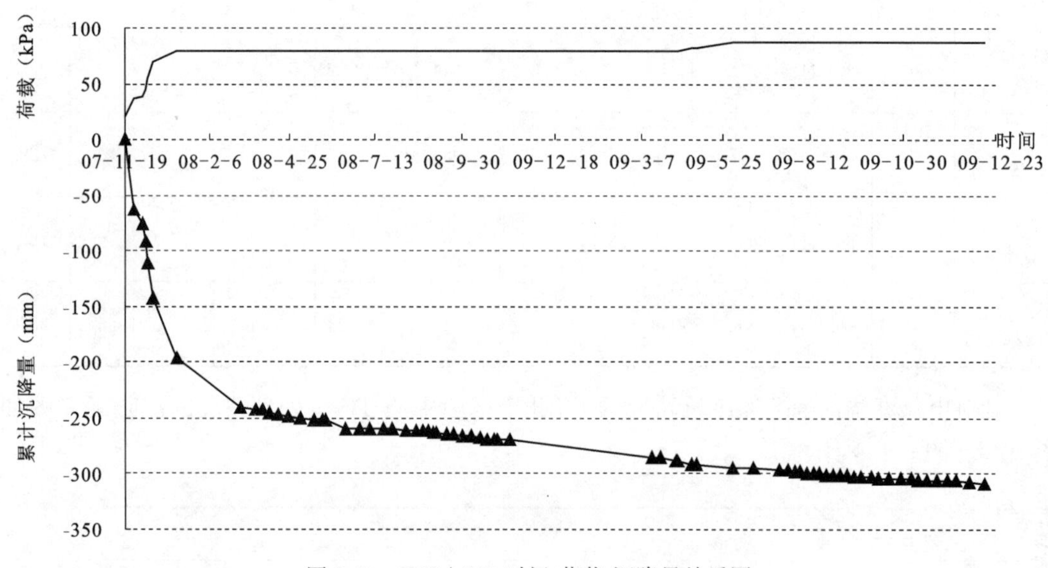

图 8-45　K32＋800 时间-荷载-沉降量关系图

（2）浙江练杭高速公路 L10 标软基处理中 TC 桩段落的沉降情况，如表 8-6 所示。路堤采用 TC 桩处理后，总沉降量小，沉降收敛快，且主要发生在施工期。以下针对申嘉湖杭高速公路练杭路段的 L10 几个标段中的 TC 桩处理路段的沉降观测图（图 8-46～图 8-49）。

浙江练杭高速 L10 标 TC 桩沉降观测典型断面汇总表　　**表 8-6**

段落桩号	段落性质	观测沉降板桩号	设计参数		设计填土高度(m)	观测截止日期	目前的月沉降速率(mm/月)	目前的总沉降(mm)
			间距(m)	深度(m)				
MRK50＋953～MRK50＋996	一般路段	K50＋990	1.8	15	2.65	09-12-26	4.1	83.0

续表

段落桩号	段落性质	观测沉降板桩号	设计参数		设计填土高度(m)	观测截止日期	目前的月沉降速率(mm/月)	目前的总沉降(mm)
			间距(m)	深度(m)				
FK0+146.5~FK0+160.5	一般路段	FK0+150	1.8	15	2.42	09-12-25	5.2	92.0
HK0+000~HK0+130	一般路段	HK0+050	1.4	13	2.12	09-12-26	2.3	87.0
FK0+304~FK0+337	桥头段	FK0+330	1.5	15.5	1.89	09-12-26	2.6	50.0
FK0+999~FK1+032	桥头段	FK1+010	1.3	10	3.81	09-12-25	2.2	137.0
FK1+156~FK1+334	一般路段	FK1+170	1.6	12	2.97	09-12-25	4.3	177.0
FK1+347~FK1+362	一般路段	FK1+320	1.8	12	3.27	09-12-25	3.1	81.0
FK1+362~FK1+374	一般路段	FK1+370	1.9	15	2.03	09-12-25	5.1	74.0
AK0+436~AK0+540	一般路段	AK0+400	1.8	8	2.90	09-12-24	1.2	89.0
AK0+621~AK0+651	桥头段	AK0+630	1.7	8	3.00	09-12-24	3.0	72.0

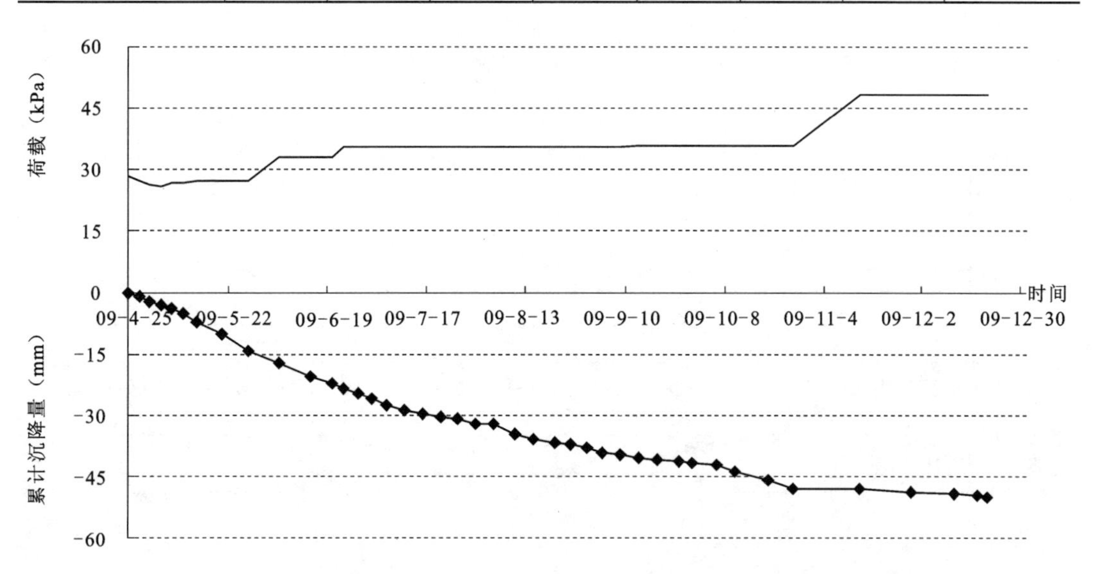

图 8-46 FK0+330时间-荷载-沉降量关系图

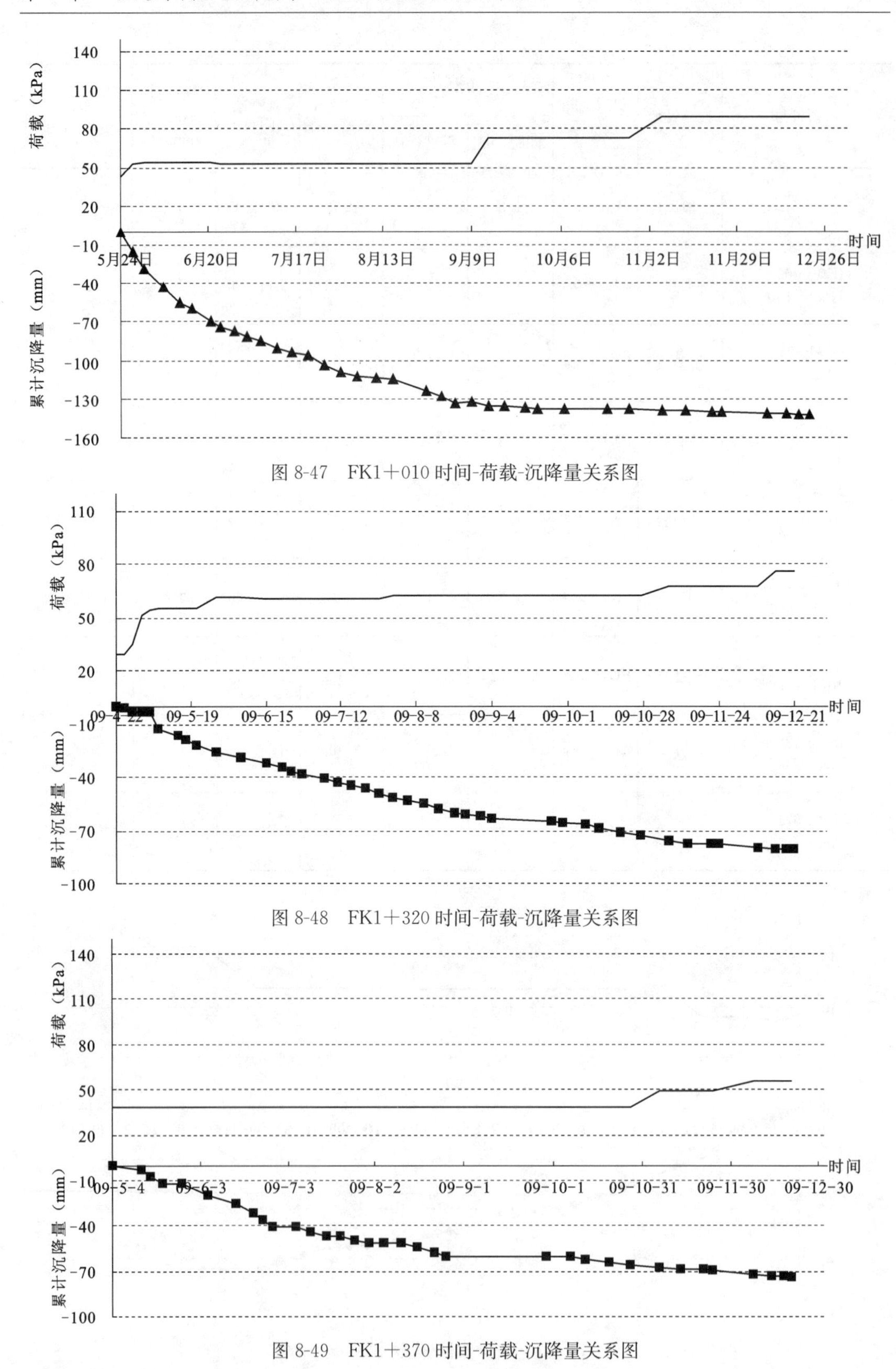

图 8-47　FK1＋010 时间-荷载-沉降量关系图

图 8-48　FK1＋320 时间-荷载-沉降量关系图

图 8-49　FK1＋370 时间-荷载-沉降量关系图

上述结果表明，经 TC 桩加固处理后，路基沉降得到有效控制，总沉降量不大，能满足设计及施工要求，说明 TC 处理软基加固效果较好。预压期结束后，采用 TC 桩处理的桥头路段、桥头过渡段和一般路段月沉降速率均满足 5mm/月的要求，目前部分路段沉降速率偏大，与路面结构层刚施工不久有关。

8.6.2 路堤荷载下 TC 桩的沉降预测

控制工后沉降是高速公路设计施工的重点。以下针对申嘉湖杭高速公路练杭路段的 L2、L6、L10 几个标段中的 TC 桩处理路段，通过对现场沉降观测值进行整理分析，并以河海大学 SEP98 沉降预测程序为工具，对路堤荷载下，TC 桩处理路段沉降速率和工后沉降特性进行了研究。

K3+270 为桥头路段，设计处理方式为 TC 桩，处理深度 19m，间距 1.7m。根据断面沉降图（图 8-50）可知：自 2007 年 11 月上旬至 2009 年 12 月中旬，共 772 天时间里，TC 桩 K3+270 断面沉降量为 202mm。在填筑荷载期，最大沉降速率为 5.1mm/d；预压期结束后，路堤沉降速率则小于 3mm/月。在通车后 15 年内，路堤沉降量预计为 87mm（未计入下卧层次固结的影响）。

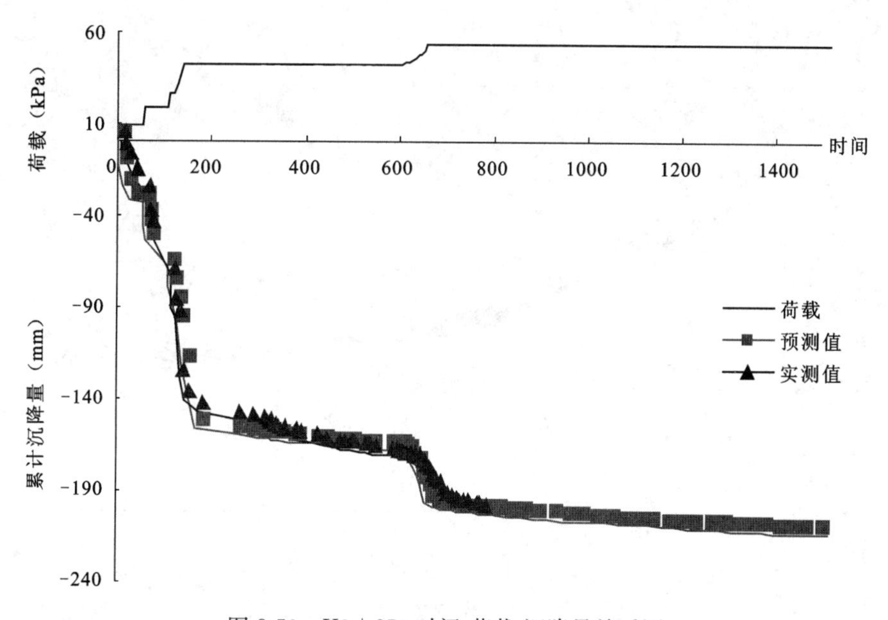

图 8-50 K3+270 时间-荷载-沉降量关系图

K6+515 为箱通两侧，设计处理方式为 TC 桩，处理深度 19m，间距 1.7m。根据断面沉降图（图 8-51）可知：自 2007 年 12 月下旬至 2009 年 12 月中旬，共 726 天时间里，K6+515 断面沉降量为 125mm。在填筑荷载期，最大沉降速率为 3.2mm/d；预压期结束后，路堤沉降速率小于 3mm/月。在通车后 15 年内，路堤沉降量预计为 67mm（未计入下卧层次固结的影响）。

K32+800 为桥头路段，设计处理方式为 TC 桩，处理深度 23m，间距 1.6m。根据断面沉降图（图 8-52）可知：自 2007 年 11 月中旬至 2009 年 12 月下旬，共 764 天时间里，K32+800 断面沉降量为 311mm。在填筑荷载期，最大沉降速率为 7.7mm/d；预压期结束后，路堤沉降速率小于 3mm/月。在通车后 15 年内，路堤沉降量预计为 82mm（未计入下卧层次固结的影响)。

L10 匝道 AK0+630 为桥头路段，设计处理方式为 TC 桩，处理深度 18m，间距 1.6m。根据断面沉降图（图 8-53）可知：自 2009 年 4 月上旬至 2009 年 12 月下旬，共 261 天时间里，AK0+630 断面沉降量为 71mm。在填筑荷载期，最大沉降速率为 2.6mm/d；预压期结束后，路堤沉降速率小于 3mm/月。在通车后 15 年内，路堤沉降量预计为 42mm（未计入下卧层次固结的影响）。

综上可知：路基沉降主要发生于路堤填筑施工阶段，进入预压阶段后沉降速率逐步变小，体现了 TC 桩处理软土地基具有可快速堆载和控制工后沉降效果好的优点。以上预测断面，在预压期结束时，沉降速率均能达到小于 5mm/月的水平。说明路堤已达到沉降稳定要求，通过 SEP98 程序的沉降预测可知，在通车 15 年后，TC 桩处理路段的沉降量小于 9cm（未计入下卧层次固结的影响）；这能够满足高速公路的设计要求。

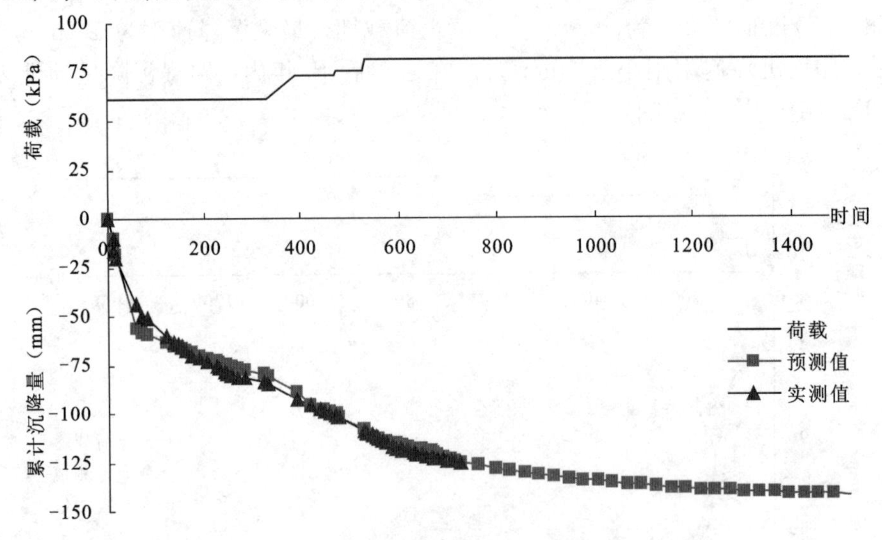

图 8-51 K6+515 时间-荷载-沉降量关系图

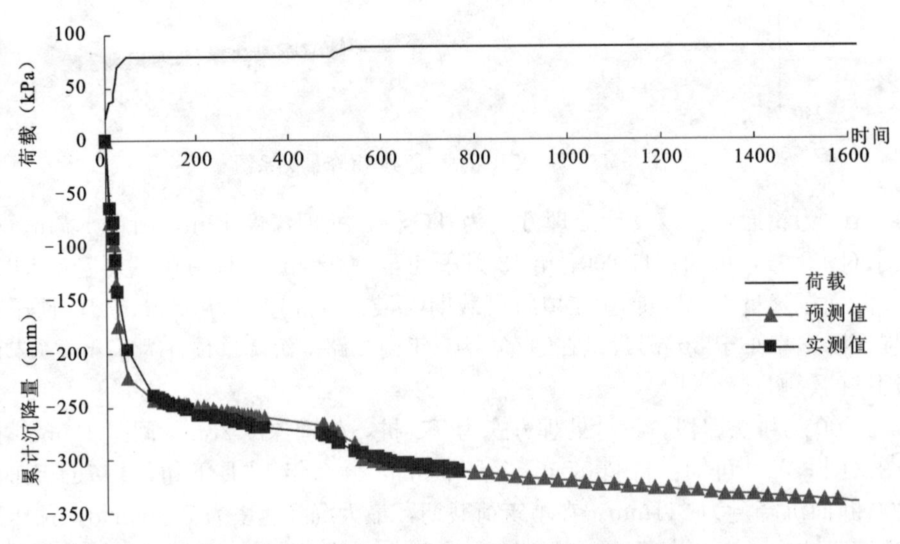

图 8-52 K32+800 时间-荷载-沉降量关系图

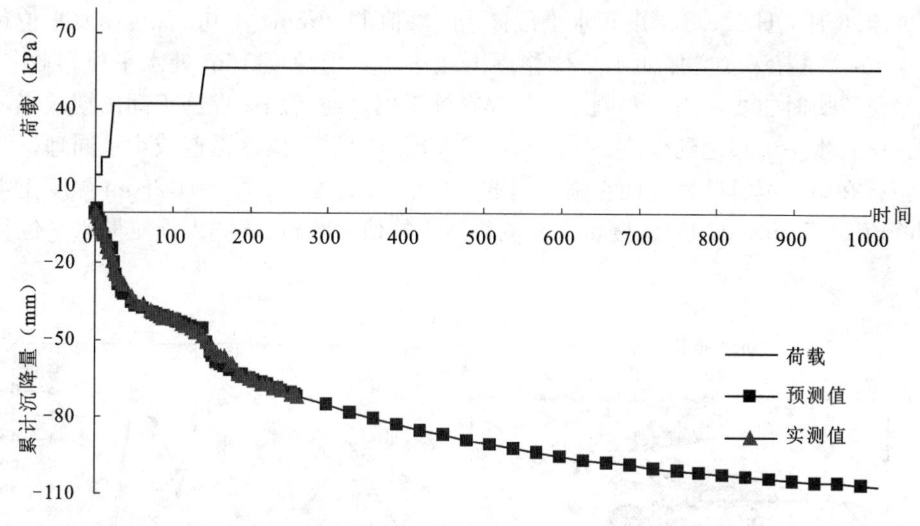

图 8-53 AK0＋630 时间-荷载-沉降量关系图

8.7 路堤荷载下TC桩复合地基侧向位移性状的现场试验研究

路基侧向位移通过埋设在路堤坡脚处的测斜仪现场测定。如图 8-54 和图 8-55 所示。

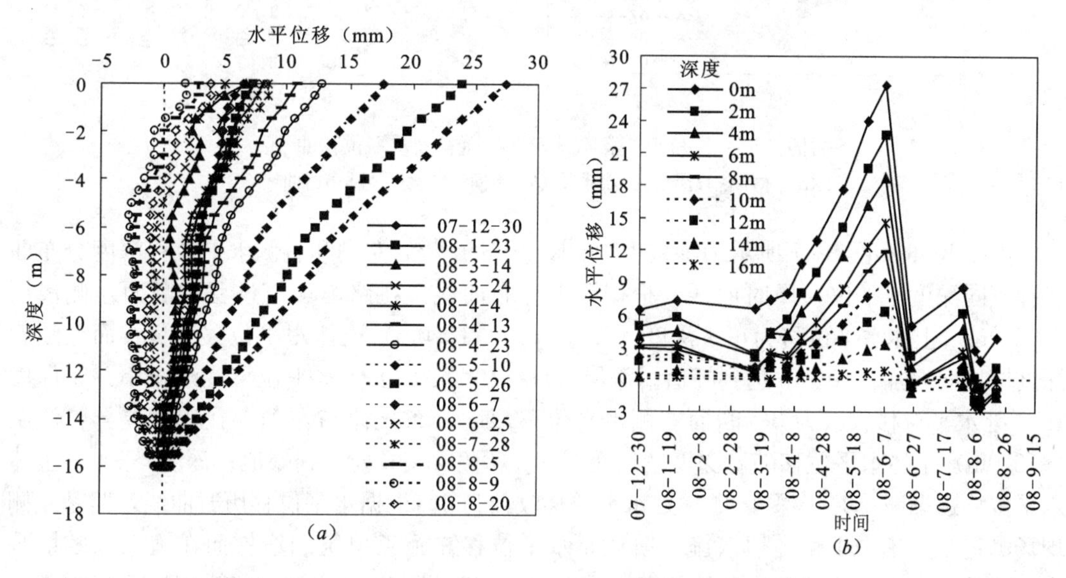

图 8-54 练杭 L2 标 K6＋560 断面左侧水平位移曲线

(a) 水平位移深度分布曲线；(b) 不同深度水平位移历时曲线

为练杭 L2 标 K6＋560 断面左侧和右侧水平位移深度分布曲线和不同深度水平位移历时曲线。根据深度分布曲线，在路堤填筑过程中路基左侧水平位移在路基表面较大，2008 年 6 月 7 日水平位移达到峰值 27.4mm；随着深度增加而水平位移逐渐减小，并于深度 16m 处水平位移收敛为 0。路基右侧水平位移在浅层 6m 深度范围内发生较大波动变化较大，2008年6月7日2.5m深度正水平位移达到峰值11.2mm，4.0m深度负水平位移达到峰值6.4mm，随着深度增加而水平位移逐渐减小，并于深度16m处水平位移收敛为0。根据水平位移历时曲线，路基左侧水平位移在施工填筑期增加而在施工间歇期减小，2008年06月07日水平位移达到峰值27.4mm，进入预压期水平位移迅速减小；同理，路基右侧水平位移在施工填筑期增加而在施工间歇期减小，2008年6月7日2.5m深度正水平位移达到峰值11.2mm，4.0m深度负水平位移达到峰值6.4mm，进入预压期水平位移迅速减小。

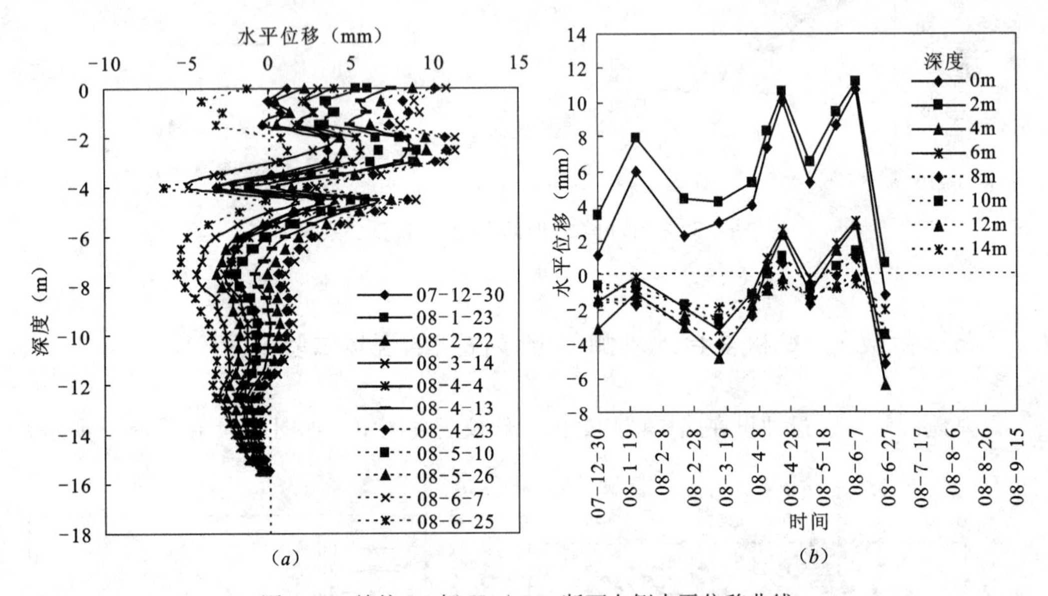

图8-55 练杭L2标K6+560断面右侧水平位移曲线

(*a*) 水平位移深度分布曲线；(*b*) 不同深度水平位移历时曲线

如图8-56和图8-57所示为练杭L2标K32+840断面左侧和右侧水平位移深度分布曲线和不同深度水平位移历时曲线。根据深度分布曲线，在路堤填筑过程中断面左侧浅层（<2.0m）土体水平位移为正；深度（2.0m<H≤10.0m）土体水平位移为负，而且随着深度增加而增加，10.0m达到峰值；深层（H>10.0m）土体水平位移逐渐减小并于深度19.5处水平位移收敛为0。断面右侧水平位移深度分布规律与左侧存在较大差异，浅层（≤2.0m）土体水平位移随着深度增加而增加，深度2.0m处达到峰值；深度>2.0m土体水平位移逐渐减小并于深度24.5处水平位移收敛为0。根据水平位移历时曲线，路基左侧现场测定主要集中于路堤填筑施工阶段，水平位移在施工填筑期增加而在施工间歇期减小；路基右侧水平位移在施工填筑期增加而在施工间歇期减小，2008年3月17日水平位移达到峰值，进入预压期水平位移迅速减小。

由上两个断面试验数据可知，TC桩处理路段，在整个路堤施工过程中，路堤侧向位移速率随着加载的过程而变化，在填土完毕时达到峰值。在预压期间，侧向位移速率逐渐趋于平稳。在整个加载的过程中，两个断面的路堤侧向位移始终保持在安全水平，说明TC桩处理路段能够适应快速堆载，而不致使路堤失稳或变形过大。

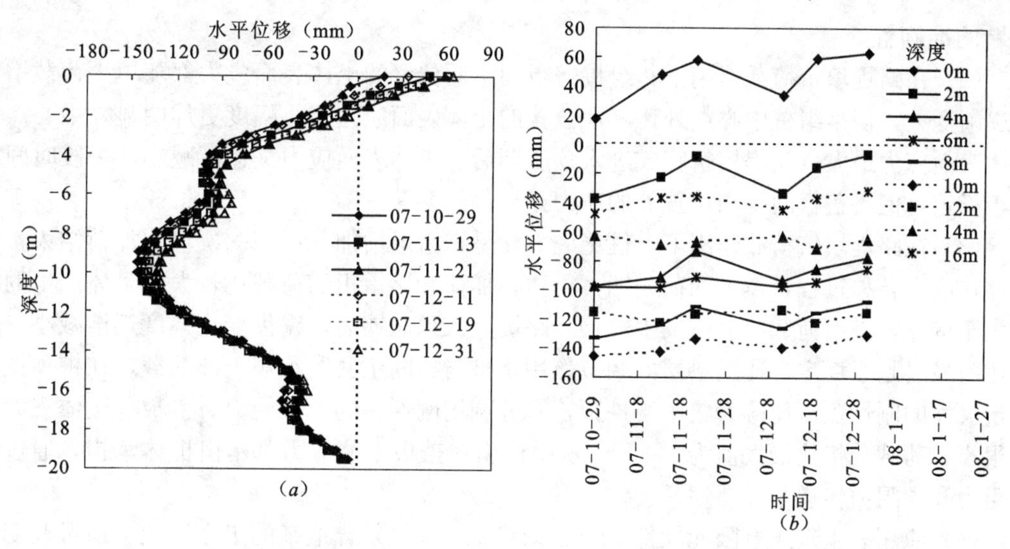

图 8-56 练杭 L6 标 K32+840 断面左侧水平位移曲线

(*a*) 水平位移深度分布曲线；(*b*) 不同深度水平位移历时曲线

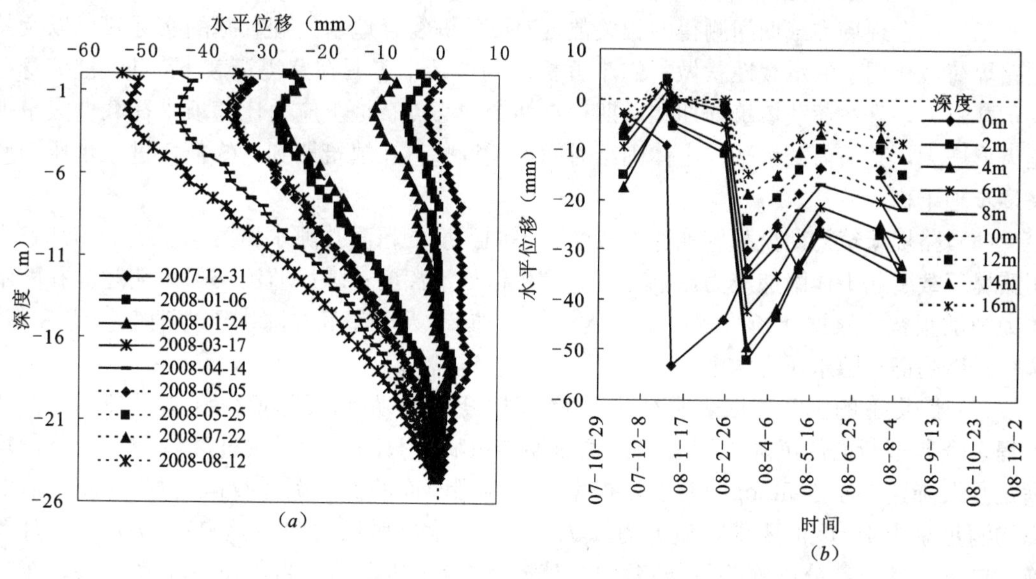

图 8-57 练杭 L6 标 K32+840 断面右侧水平位移曲线

(*a*) 水平位移深度分布曲线；(*b*) 不同深度水平位移历时曲线

8.8 结论

(1) 如文中所述方法在盖板顶埋设压力盒，路堤填筑前观测的压力盒应力值为负，这是盖板混凝土凝固体积收缩过程中对压力盒产生围压使压力盒受力面受拉的结果。建议：仪器在埋设的过程中，尽量使仪器避免不必要因素的影响，从而保证试验成果的准确性。

(2) 在路堤填筑荷载作用下，组桩盖板间不同位置的土体表面应力都随填土荷载增加而逐渐变大，但是组桩中心点处比其他位置的土体表面应力变化幅度更加明显，中心点处土体表面应力最大。路堤填筑完成进入预压期后，土体表面应力又逐渐减小，一段时间后趋于稳定，但是盖板间不同位置处的应力差异仍然存在。

(3) 在路堤填筑荷载作用下，桩土应力比呈锯齿形增加，说明一次填土加荷结束，桩土存在应力转移过程，填土加荷初期，土体在加荷开始承担的荷载比较大，土体产生的沉降大于桩体，进而荷载向桩体发生转移。路堤进入预压期后，锯齿变化幅度逐渐减小，应力比值最终趋于稳定。通过垫层的调节作用，桩与桩间土共同承担上部荷载，在桩顶设计一定尺寸的刚性盖板使应力集中于桩顶，充分利用刚性桩的承载能力。盖板下土体表面应力很小，荷载分担比最大值为 1.3%，说明作用在盖板上的应力基本由桩体承担，通过侧摩阻力和端阻力传递给深层地基土体。

(4) 应用岩土专用有限元软件 Plaxis 来模拟 TC 桩复合地基的工作性状。通过改变垫层厚度和模量、土工格栅强度、盖板尺寸等因素，分析这些因素对桩土应力比的影响规律以及 TC 桩复合地基中的应力分布规律。以进一步验证路堤荷载下，现场试验的成果，为后续分析 TC 桩桩承式加筋路堤受力情况提供依据。

(5) 结合现场堆载期间测得的相关数据对 TC 桩复合地基处理软基的实际效果以及其在路堤荷载作用下的承载性状做了初步分析。测试结果表明在路堤荷载下，TC 桩桩身存在负摩阻力，且在荷载填筑前期和后期存在两个中心点；桩土应力比随填土荷载增大呈现锯齿形增大，其随荷载水平、土体固结时间不断调整，在填筑期到达峰值，进入预压期后又逐步趋于稳定。

(6) 路堤填筑初期荷载施加速率较快，不同深度处超静孔隙水压力均有明显增加，表明路堤荷载引起土体附加应力影响深度达到桩体处治深度；随后监测结果表明超静孔隙水压力消散很快。根据现场监测数据预压土体施加 25 天后超静孔隙水压力消散 35%左右，两个月后超静孔隙水压力消散 55%左右。

(7) 路堤下的沉降数据表明经 TC 桩加固处理后，路基沉降量得到明显控制，依托工程多个典型断面的沉降观测表明，预压期结束后桥头路段、桥头过渡段和一般路段均满足月沉降速率小于 5mm 的要求，根据几个典型断面的实测沉降数据预测 15 年工后沉降均满足小于 10cm 的要求，最大为 8.7cm（未考虑下卧层次固结影响），满足了设计及施工要求，其中部分试验路段的路面也已施工完成半年左右，目前没有出现桥头跳车现象，如图 8-58 为此路段内 L2 处的桥头路面图。南京某工程桥头断面，填土 5.5m，加固深度 19m，到目前为止，路面施工完成已半年多，正式通车 2 个多月，未出现任何桥头跳车现象，如图 8-59 所示。说明 TC 桩处理软基的加固效果是有效的。与相邻断面塑排版和水泥搅拌桩的沉降数据对比得出 TC 桩的路基沉降明显小于塑料排水板，优于搅拌桩。经 TC 桩加固处理后，路基总沉降量小，工后沉降得到有效控制，能满足设计及施工要求。

图 8-58 练杭 2 标桥头

图 8-59 南京 243 省道桥头

第 9 章 塑料套管混凝土桩承载时效理论研究

9.1 概述

在静压桩或打入桩的施工过程中，若采用扩大桩尖时，桩周土先在扩大桩尖作用下扩孔，同时伴随着桩周土体的回缩，最终将形成如图 9-1（*a*）所示的扩大桩尖桩；而对于非扩大桩尖的桩，如图 9-1（*b*）所示，则无桩周土体的回缩过程。当前，扩大桩尖的方式已成为一种常用的增加桩体承载能力的方法，如 Franki 桩（扩大桩尖沉管灌注桩）、桩端注浆桩、喇叭口桩、支盘挤扩桩、扩底桩以及 TC 桩等，现场试验和理论计算结果表明：该类桩在受压和受拉方面的承载性能较好。然而上述桩体在形成扩大桩尖过程中会出现如图 9-1（*a*）所示的桩周土体的回缩现象。腔体回缩理论计算表明腔体回缩会降低腔壁的径向压力，进而引起负超静孔压，从而会影响到桩体的长期承载力。扩大桩尖引起的这种回缩效应对桩长期承载力的影响尚无文献记录，且当采用扩孔理论计算扩大桩尖桩体承载力时，常忽略桩周土体的回缩现象。

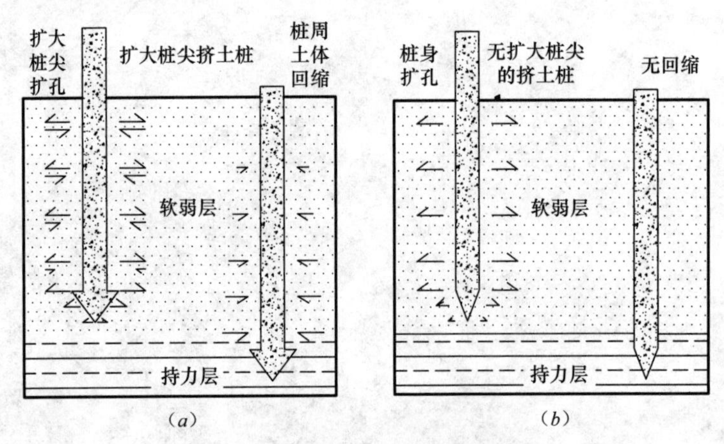

图 9-1 桩土相互作用示意图

（*a*）扩大桩尖桩；（*b*）非扩大桩尖桩

本章结合 TC 桩等扩大桩尖桩的成桩机理，采用圆柱体回缩理论计算桩侧摩阻力，采用轴对称固结理论计算打桩过程引起的超静孔压的消散，在不考虑端阻力时效的情况下建立了考虑回缩效应的 TC 桩承载时效的计算方法，并与未考虑桩周土回缩的计算方法进行了参数对比分析，后通过开展 TC 桩的现场试验，进而验证了该计算方法的合理性。

9.2 考虑回缩效应的 TC 桩承载时效计算方法的建立

9.2.1 腔壁的应力计算

图 9-2 为一圆柱体从 0 半径扩孔至 r_1 半径后回缩至 r_2 半径的过程。设圆柱体在扩孔

前距离其中心 r_i 处存在一元素 A；当圆柱体从零半径扩孔至 r_1 时，元素 A 从半径 r_i 扩至半径 r，因此元素 A 的径向位移 $D_r = r - r_i$；当圆柱体从 r_1 回缩至 r_2 时，元素 A 从半径 r 回缩至 r'，因此元素 A 的径向位移 $D'_r = r' - r$。对于图 9-2（a），当扩孔压力 σ_{r1} 足够大时，腔壁的土体将屈服，进而形成一个半径为 r_{p1} 的扩孔塑性区；对于图 9-2（b），当扩孔压力 σ_{r2} 足够小时，腔壁的土体将屈服，进而形成一个半径为 r'_{p2} 的回缩塑性区。塑性区以外的土体始终保持弹性平衡状态。

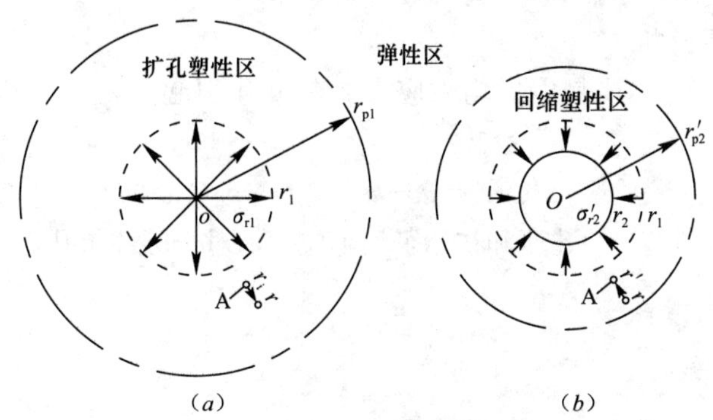

图 9-2 圆柱体扩孔和回缩过程示意图

（a）扩孔过程；（b）回缩过程

假设土体服从 Tresca 屈服模型，根据 Houlsby 和 Withers（1988）的解答可得到如下结论：

扩孔塑性区半径 r_{p1} 为：

$$r_{p1} = \frac{r_1}{\sqrt{2\eta - \eta^2}} \tag{9-1}$$

其中，$\eta = Y/4G_s$；$Y = 2s_u$，s_u 为不排水抗剪强度；G_s 为土体的抗剪强度。

扩孔弹性区（$r > r_{p1}$）内的应力：

$$\sigma_r = \sigma_{hi} + \frac{1}{2} \cdot Y \cdot \left(\frac{r_{p1}}{r}\right)^2 \tag{9-2}$$

$$\sigma_\theta = \sigma_{hi} - \frac{1}{2} \cdot Y \cdot \left(\frac{r_{p1}}{r}\right)^2 \tag{9-3}$$

扩孔塑性区（$r_1 \leqslant r \leqslant r_{p1}$）内的应力：

$$\sigma_r = \sigma_{hi} + \frac{1}{2}Y + Y \cdot \ln\frac{r_{p1}}{r} \tag{9-4}$$

$$\sigma_\theta = \sigma_{hi} - \frac{1}{2}Y + Y \cdot \ln\frac{r_{p1}}{r} \tag{9-5}$$

回缩塑性区半径 r'_{p2} 为：

$$r'_{p2} = 2G \cdot \sqrt{\frac{r_1^2 - r_2^2}{4GY + Y^2}} \tag{9-6}$$

回缩弹性区（$r' > r'_{p2}$）内的应力：

$$\sigma'_r = \sigma_{hi} + Y\left(\frac{1}{2} - \frac{4G^2(r_1^2 - r_2^2)}{(4GY + Y^2)r_2^2} + \ln\frac{4Gr_1}{r'\sqrt{8YG - Y^2}}\right) \tag{9-7}$$

$$\sigma'_\theta = \sigma_{hi} - Y\left(\frac{1}{2} - \frac{4G^2(r_1^2 - r_2^2)}{(4GY + Y^2)r_2^2} - \ln\frac{4Gr_1}{r'\sqrt{8YG - Y^2}}\right) \tag{9-8}$$

回缩塑性区（$r_2 \leqslant r' \leqslant r'_{p2}$）内的应力：

$$\sigma'_r = \sigma_{hi} - \frac{1}{2}Y + Y\ln\left(\frac{2r_1}{\sqrt{r_1^2 - r_2^2}} \cdot \sqrt{\frac{4GY + Y^2}{8YG - Y^2}}\right) \tag{9-9}$$

$$\sigma'_\theta = \sigma_{hi} + \frac{1}{2}Y + Y\ln\left(\frac{2r_1}{\sqrt{r_1^2 - r_2^2}} \cdot \sqrt{\frac{4GY + Y^2}{8YG - Y^2}}\right) \tag{9-10}$$

其中，σ_{hi} 为初始水平向应力。

9.2.2　初始超静孔压分析

超静孔压 Δu 的变化主要是由平均主应力 p 的变化引起的，因此超静孔压 Δu 可由下式表示：

$$\Delta u = u - u_i = p - p_i \tag{9-11}$$

其中，u_i 和 p_i 分别是初始孔压和初始平均主应力。对于圆柱扩孔，其平均主应力 p 为：

$$p = \frac{\sigma_r + \sigma_\theta}{2} \tag{9-12}$$

而偏应力 q 可表示为：

$$q = \frac{\sqrt{3}}{2}(\sigma_r - \sigma_\theta) \tag{9-13}$$

假设：圆柱扩孔和球扩孔的径向应力 σ_r 和环向应力 σ_θ 的初始应力均为 σ_{hi}，即 $p_i = \sigma_{hi}$。而由式（9-2）～式（9-5）可知，弹性区内的平均主应力仍为 σ_{hi}，而扩孔塑性区内的平均主应力为：

$$p = \sigma_{hi} + Y \cdot \ln\frac{r_{p1}}{r} \tag{9-14}$$

因此，对于图 9-3（a）所对应的扩孔引起的超静孔压为：

$$\Delta u_1(r) = \begin{cases} Y \cdot \ln\dfrac{r_{p1}}{r}; & r_1 \leqslant r \leqslant r_{p1} \\ 0; & r > r_{p1} \end{cases} \tag{9-15}$$

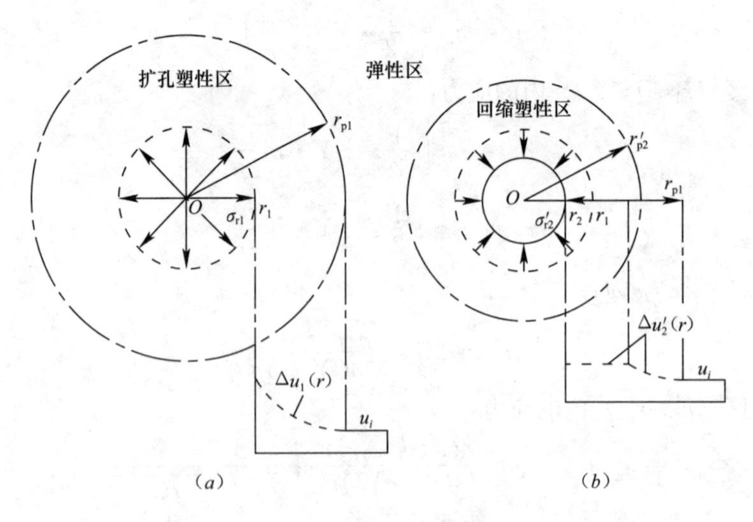

图 9-3　圆柱体扩孔和回缩引起的超静孔压的变化
（a）圆柱体扩孔；（b）圆柱体回缩

图 9-3（b）为圆柱体扩孔回缩后的超静孔压分布图，结合式（9-7）～式（9-10）和式（9-15），叠加可得扩孔回缩后的初始超静孔压分布为：

$$\Delta u_2'(r)=\begin{cases}Y\ln\left(\dfrac{2r_1}{\sqrt{r_1^2-r_2^2}}\sqrt{\dfrac{4GY+Y^2}{8YG-Y^2}}\right); & r_2\leqslant r\leqslant r_{p2}' \\ Y\ln\dfrac{4Gr_1}{r\cdot\sqrt{8YG-Y^2}}; & r_{p2}'<r\leqslant r_{p1}\end{cases}\tag{9-16}$$

9.2.3 桩周土径向对称固结

桩周土固结的控制微分方程与巴隆的土体水平向固结控制微分方程相同，即：

$$\frac{\partial\Delta u_2'}{\partial t}=c_h\left(\frac{\partial^2\Delta u_2'}{\partial r^2}+\frac{1}{r}\frac{\partial\Delta u_2'}{\partial r}\right)\tag{9-17}$$

其中，$c_h=k_h/\gamma_w m_v$ 为水平向固结系数，k_h 为水平向渗透系数，$m_v=a_v/(1+e_0)$ 为体积压缩系数，r_w 是水的重度；a_v 为压缩系数，e_0 为初始孔隙比。

TC 桩周土水平向固结的边界条件：

① 当 $t=0$ 时，$\Delta u_2'(r,0)$值见式（9-16）；

② 当 $t\to\infty$，$\Delta u_2'(r,t)=0$；

③ 在 $r=r_2$ 处，$\dfrac{\partial\Delta u_2'}{\partial r}=0$；

④ 当 $r=r_{p1}$时，$\Delta u_2'(r_{p1},t)=0$。

桩周土的水平向固结问题属于一维固结问题，同 Terzaghi 一维固结问题类似，可采用分离变量法求解式（9-17），即设 $\Delta u_2'(r,t)=f(r)\cdot g(t)$，带入式（9-17）得：

$$g'(t)+s_c\cdot c_h\cdot g(t)=0\tag{9-18}$$

$$r^2f''(r)+rf'(r)+s_cr^2f(r)=0\tag{9-19}$$

其中，s_c 为分离常数。式（9-18）的解为：

$$g(t)=\exp(-s_c\cdot c_h\cdot t)\tag{9-20}$$

根据边界条件②可知，当 $t\to\infty$时，$\Delta u_2'(r,t)=f(r)\cdot g(t)=0$，故分离常数 $s_c>0$，故可令 $s_c=\alpha^2$，因此，式（9-19）的解是关于 r 的 0 阶 Bessel 函数的方程，其通解可写为：

$$f(r)=E\cdot J_0(\alpha\cdot r)+F\cdot Y_0(\alpha\cdot r)\tag{9-21}$$

结合式（9-20）和式（9-21），可得 $\Delta u_2(r,t)$的通解为：

$$\Delta u_2'(r,t)=\lambda\cdot[J_0(\alpha\cdot r)+\beta\cdot Y_0(\alpha\cdot r)]\cdot\exp(-\alpha^2\cdot c_h\cdot t)\tag{9-22}$$

将边界条件③和④带入式（9-22），可得：

$$J_1(\alpha\cdot r_2)+\beta\cdot Y_1(\alpha\cdot r_2)=0\tag{9-23}$$

$$J_0(\alpha\cdot r_{p1})+\beta\cdot Y_0(\alpha\cdot r_{p1})=0\tag{9-24}$$

由于 Bessel 函数具有周期性，故满足式（9-23）和式（9-24）的 α 和 β 具有无数个，分别记作 α_n 和 β_n，$n=1$，2，3，…，∞。故超静孔压 Δu_2 的计算公式可以写为：

$$\Delta u_2'(r,t)=\sum_{n=1}^{\infty}\lambda_n\cdot[J_0(\alpha_n\cdot r)+\beta_n\cdot Y_0(\alpha_n\cdot r)]\cdot\exp(-\alpha_n^2\cdot c_h\cdot t)\tag{9-25}$$

设 $B_j(\alpha_n\cdot r)=J_j(\alpha_n\cdot r)+\beta_n\cdot Y_j(\alpha_n\cdot r)$，其中 $j=0$，1，则 $B_1(\alpha_n\cdot r_2')=0,B_0(\alpha_n\cdot r_{p1})=0$，根据 Bessel 函数的正交性可得：

$$\int_{r_2'}^{r_{p1}} r \cdot B_0(\alpha_k \cdot r) \cdot B_0(\alpha_l \cdot r) \mathrm{d}r = \begin{cases} 0; & k \neq l, k, l = 1,2,3,\cdots \\ \dfrac{1}{2}\begin{bmatrix} r_{p1}^2 \cdot B_1^2(\alpha_k \cdot r_{p1}) \\ -r_2'^2 \cdot B_0^2(\alpha_k \cdot r_2') \end{bmatrix}; & k = l = 1,2,3,\cdots \end{cases} \tag{9-26}$$

将边界条件①带入公式（9-25），同时在等式两边乘以 $r \cdot B_0(\alpha_n \cdot r)$，并在区间［$r_2$，$r_{p1}$］上积分可得：

$$\int_{r_2}^{r_{p1}} r \cdot B_0(\alpha_n \cdot r) \cdot \Delta u_2(r,0) \mathrm{d}r = \frac{\lambda_n}{2}\left[r_{p1}^2 \cdot B_1^2(\alpha_n \cdot r_{p1}) - r_2^2 \cdot B_0^2(\alpha_n \cdot r_2)\right] \tag{9-27}$$

其中，n=1，2，3，…。

将式（9-16）带入上式可得：

$$\lambda_n = \frac{2 \cdot \left[\begin{aligned} &\int_{r_2}^{r_{p2}'} r \cdot B_0(\alpha_n \cdot r) \cdot Y \cdot \ln\left(\frac{2r_1}{\sqrt{r_1^2 - r_2^2}}\sqrt{\frac{4GY + Y^2}{8YG - Y^2}}\right) \mathrm{d}r \\ &+ \int_{r_{p2}'}^{r_{p1}} r \cdot B_0(\alpha_n \cdot r) \cdot Y \cdot \ln \frac{4Gr_1}{r \cdot \sqrt{8YG - Y^2}} \mathrm{d}r \end{aligned}\right]}{r_{p1}'^2 \cdot B_1^2(\alpha_n \cdot r_{p1}') - r_2^2 \cdot B_0^2(\alpha_n \cdot r_2)} \tag{9-28}$$

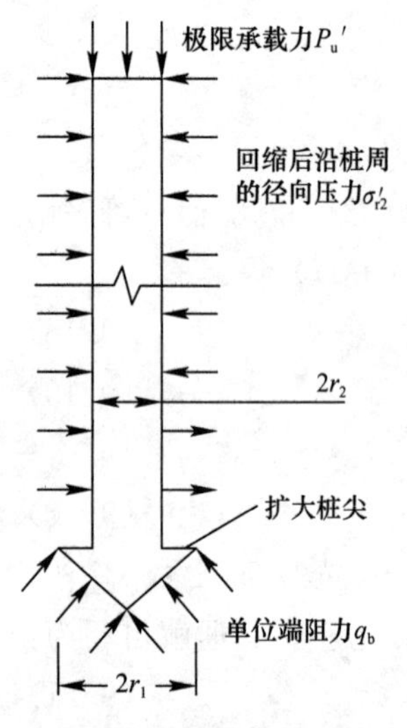

图 9-4　TC 桩与桩周土相互作用示意图

将式（9-23）、式（9-24）和式（9-28）所得的参数 α_n、β_n 和 λ_n 带入式（9-25）即可求得 TC 桩扩孔回缩后桩周土超静孔压随径距 r 和时间 t 的变化规律。

9.2.4　考虑回缩效应的 TC 桩承载时效的计算

TC 桩与周围土的相互作用如图 9-4 所示，TC 桩承载力计算通过侧摩阻力和端阻力之和表示。

不考虑超固结比 OCR 对桩侧摩阻力的影响，在 β 法的基础上，可得桩深范围内各土层单位侧摩阻力平均值 $\overline{q_{si}'}$ 随时间 t 变化的计算公式为：

$$\overline{q_{si}'(t)} = \left[\overline{K} \cdot \overline{\sigma_{vi}} - \overline{\Delta u_{2i}'(r_2,t)}\right] \cdot \tan \overline{\delta_i} \tag{9-29}$$

其中，i 为桩身范围内的土层层数，i=1～5；$\overline{\sigma_{vi}} = \sigma_{r_2}'$；$\overline{\delta_i'}$ 为桩土界面摩擦角，Kulhawy（1984）给出了 $\overline{\delta_i}$ 与 φ' 经验关系，见表 9-1；$\overline{K}$ 为各土层的平均侧压力系数，$\overline{K} = 1 - \sin\varphi'$。

界面摩擦角推荐值　　**表 9-1**

桩身材料	$\overline{\delta_i'}$
粗糙的混凝土	φ'
光滑的混凝土	$0.8\varphi' \sim 1.0\varphi'$
钢材	$0.5\varphi' \sim 0.9\varphi'$
木材	$0.8\varphi' \sim 0.9\varphi'$

综上，可得 TC 桩的极限承载力 P_u' 随时间 t 的变化关系为：

$$P_u'(t) = \sum_{i=1}^{n} \overline{q_{si}'(t)} \cdot 2\pi r_2 \cdot h_i + Q_b \tag{9-30}$$

其中，对于桩端阻力的计算，可参考Yu（2001）的计算方法，故：

$$Q_b = q_b \cdot \pi \cdot r_1^2 \tag{9-31}$$

其中，q_b 为单位端阻力，$q_b=\sigma_{hi}+(2Y/3)\cdot[1+\ln(r_{p1}/r_1)^2]$。

9.2.5 忽略回缩效应的TC桩承载时效的计算

如图9-5所示，当不考虑桩周土体的回缩效应时，桩周土体仅扩孔至桩身半径 r_2，此时，桩周土的应力分布如下：

扩孔弹性区（$r>r''_{p2}$）内的应力：

$$\sigma''_r = \sigma_{hi} + \frac{1}{2}\cdot Y\cdot\left(\frac{r''_{p2}}{r}\right)^2 \tag{9-32}$$

$$\sigma''_\theta = \sigma_{hi} - \frac{1}{2}\cdot Y\cdot\left(\frac{r''_{p2}}{r}\right)^2 \tag{9-33}$$

扩孔塑性区（$r_2\leqslant r\leqslant r''_{p2}$）内的应力：

$$\sigma''_r = \sigma_{hi} + \frac{1}{2}Y + Y\cdot\ln\frac{r''_{p2}}{r} \tag{9-34}$$

$$\sigma''_\theta = \sigma_{hi} - \frac{1}{2}Y + Y\cdot\ln\frac{r''_{p2}}{r} \tag{9-35}$$

其中，塑性区半径 r''_{p2} 为：

$$r''_{p2} = \frac{r_2}{\sqrt{2\eta-\eta^2}} \tag{9-36}$$

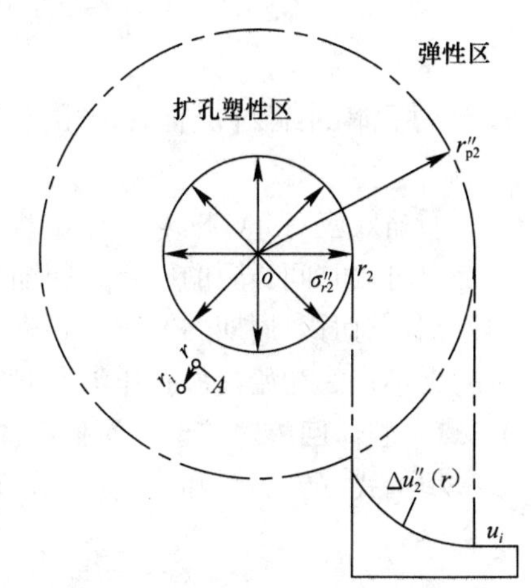

图9-5 桩身扩孔引起的塑性区和超静孔压分布

如图9-5所示的孔压分布为：

$$\Delta u''_2(r) = \begin{cases} Y\cdot\ln\dfrac{r''_{p2}}{r} & r_2\leqslant r\leqslant r''_{p2} \\ 0 & r>r''_{p2} \end{cases} \tag{9-37}$$

此时，扩大TC桩周土水平向固结的边界条件：

① 当 $t=0$ 时，$\Delta u''_2(r,0)$ 值见式（9-37）；

② 当 $t\rightarrow\infty$，$\Delta u''_2(r,t)=0$；

③ 在 $r=r_2$ 处，$\dfrac{\partial\Delta u''_2}{\partial r}=0$；

④ 当 $r=r''_{p2}$ 时，$\Delta u''_2(r''_{p2},t)=0$。

则，式（9-23）和式（9-24）变为：

$$J_1(\alpha'\cdot r_2)+\beta'\cdot Y_1(\alpha'\cdot r_2)=0 \tag{9-38}$$

$$J_0(\alpha'\cdot r''_{p2})+\beta'\cdot Y_0(\alpha'\cdot r''_{p2})=0 \tag{9-39}$$

式（9-38）和式（9-39）可联立求得无穷个 α' 和 β' 值，计为 α'_n 和 β'_n，$n=1,2,3,\cdots$。利用边界条件①，α'_n 值、β'_n 值和Bessel函数的正交性可得：

$$\lambda'_n = \frac{2\cdot\left[\int_{r_2}^{r''_{p2}} r\cdot B_0(\alpha'_n\cdot r)\cdot Y\cdot\ln\dfrac{4Gr_2}{r\cdot\sqrt{8GY-Y^2}}\mathrm{d}r\right]}{r''^2_{p2}\cdot B_1^2(\alpha'_n\cdot r''_{p2}) - r_2^2\cdot B_0^2(\alpha'_n\cdot r_2)} \tag{9-40}$$

其中，$n=1,2,3,\cdots$。

将式（9-38）、式（9-39）和式（9-40）所得的参数 α'_n、β'_n 和 λ'_n 带入式（9-25）即可

求得 TC 桩桩身扩孔后桩周土超静孔压 $\Delta u_2'(r,t)$ 随径距 r 和时间 t 变化的计算公式为：

$$\Delta u_2''(r,t)=\sum_{n=1}^{\infty}\lambda_n'\cdot[J_0(\alpha_n'\cdot r)+\beta_n'\cdot Y_0(\alpha_n'\cdot r)]\cdot\exp(-\alpha_n'^2\cdot c_h\cdot t) \quad (9\text{-}41)$$

因此，根据式（9-29）、式（9-31）和式（9-41），可得不考虑回缩效应的 TC 桩的承载时效的计算公式为：

$$P_u''(t)=\sum_{i=1}^{n}\{[(\overline{K}\cdot\overline{\sigma_{vi}}-\overline{\Delta u_{2i}''(r_2,t)})\cdot\tan\overline{\delta_i}]\cdot 2\pi r_2 h_i\}+Q_b \quad (9\text{-}42)$$

9.3 腔体回缩对桩体承载时效的影响研究

回缩效应对 TC 桩承载时效的影响主要表现在两个方面，一是对承载力大小的影响；二是对时效时间长短的影响。回缩效应对承载力大小的影响主要表现在桩土界面径向压力的差别，对时效周期的影响主要表现在：①桩周土塑性区的大小；②塑性区中初始超静孔压的大小；③初始超静孔压消散时间的长短。

9.3.1 腔体回缩对桩土界面处径向压力的影响

根据式（9-34）和式（9-9），可得：

$$\eta=\frac{\sigma_{r_2}''-\sigma_{r_2}'}{Y}=1+\ln\frac{\sqrt{1-(1/R_e)^2}}{\sqrt{(2/\xi)+0.25\cdot(2/\xi)^2}} \quad (9\text{-}43)$$

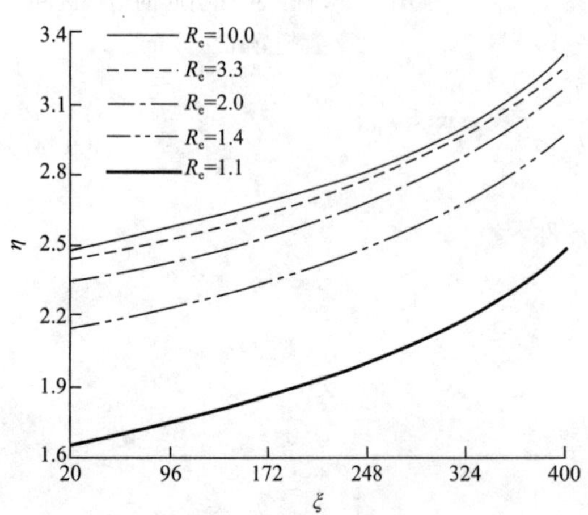

图 9-6　回缩效应对桩土界面径向压力的影响

其中，η 代表考虑回缩效应后的桩土径向压力 σ_{r_2}' 的减小程度；R_e 为桩尖扩大比，即 $R_e=r_1/r_2=D_p/D$，其中，D_p 为桩端直径，D 为桩身直径；ξ 为桩土强度比，即 $\xi=G/s_u$，该值多在 20～400 之间。回缩效应对桩土界面径向压力的影响如图 9-6 所示。可以看出，考虑回缩效应后的 σ_{r_2}' 值始终小于未考虑回缩效应的 σ_{r_2}''，也就是说，考虑回缩效应后桩土界面的径向压力将减小，其减小程度 η 受 R_e 值与 ξ 的影响，R_e 和 ξ 值越大时，桩土径向压力 σ_{r_2}' 的减小程度 η 越大，反之越小。但是，当 R_e 值大于 2.0 之后，R_e 对 η 的影响明显降低。

9.3.2 腔体回缩对塑性区半径的影响

根据式（9-6）和式（9-36）可得，回缩塑性区半径 r_{p2}' 与桩身扩孔塑性区半径 r_{p2}'' 的关系为：

$$\frac{r_{p2}'}{r_{p2}''}=\frac{\sqrt{1-(1/R_e)^2}}{2/R}\cdot\sqrt{\frac{8-2/\xi}{4+2/\xi}}\approx\sqrt{\frac{R_e^2-1}{2}} \quad (9\text{-}44)$$

可以看出，由于 ξ 值较大，因此，桩土强度比 ξ 对 r_{p2}'/r_{p2}'' 影响很小。式（9-44）的结果如图 9-7 所示，当考虑回缩效应时，R_e 值越大，桩周土回缩塑性区半径就越大，回缩效应越明显；反之，回缩塑性区半径越小，表明回缩效应越不明显；当 $R_e=1.73$ 时，回

缩塑性区半径 r'_{p2} 与扩孔塑性区半径 r''_{p2} 相等。

9.3.3 腔体回缩对最大超静孔压的影响

由式（9-16）和式（9-37）可知，最大超静孔压均发生在桩土界面处，但当考虑回缩效应时，在回缩塑性区内，将产生负超静孔压，使得总体超静孔压减小。本节采用式（9-16）和式（9-37）在 $r=r_2$ 处的比值 $\Delta u'_2(r_2)/\Delta u''_2(r_2)$ 对回缩效应对超静孔压的减小程度进行衡量。故可得：

$$\frac{\Delta u'_2(r_2)}{\Delta u''_2(r_2)}=\left(\ln\frac{\sqrt{2}}{\sqrt{1-(1/R_e)^2}}\right)\Bigg/\left(\ln\frac{4}{\sqrt{8(2/\xi)-(2/\xi)^2}}\right) \tag{9-45}$$

图 9-8 反映了 $\Delta u'_2(r_2)/\Delta u''_2(r_2)$ 随 R_e 和 ξ 的变化关系，当 R_e 和 ξ 值越大时，$\Delta u'_2(r_2)/\Delta u''_2(r_2)$ 越小，表明考虑回缩塑性区内产生的负超静孔压越大，从而使得 $\Delta u'_2(r_2)$ 减小量增大，即回缩效应越显著，反之则减弱。然而，当 R_e 值大于 2.0 时，ξ 值对 $\Delta u'_2(r_2)/\Delta u''_2(r_2)$ 的影响变弱。

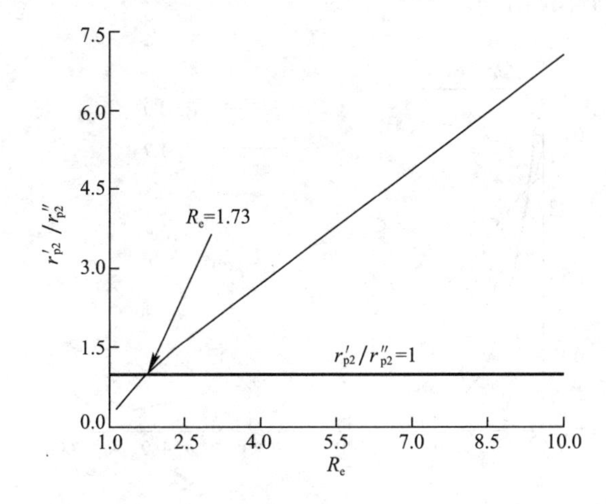

图 9-7 回缩效应对塑性区半径的影响

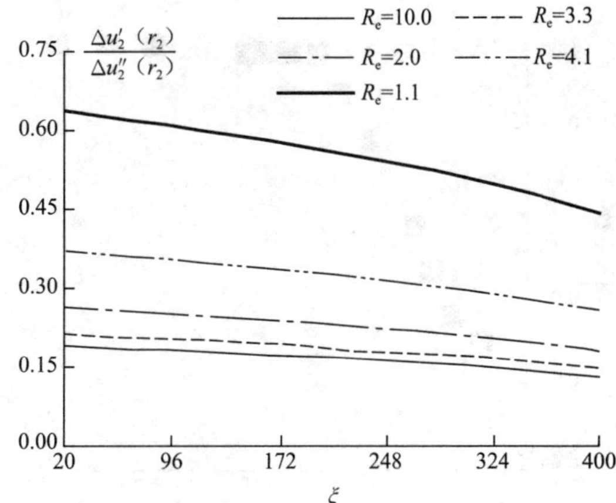

图 9-8 回缩效应对最大初始超静孔压的影响

9.3.4 腔体回缩对超静孔压消散的影响

由式（9-25）和式（9-41）可知，在 $r=r_2$ 处，$\Delta u'_2(r_2, t)$ 与 $\Delta u''_2(r_2, t)$ 的计算公式为：

$$\Delta u'_2(r_2,t)=\sum_{n=1}^{\infty}\lambda_n\cdot[J_0(\alpha_n\cdot r_2)+\beta_n\cdot Y_0(\alpha_n\cdot r_2)]\cdot\exp(-\alpha_n^2\cdot c_h\cdot t) \tag{9-46}$$

$$\Delta u''_2(r_2,t)=\sum_{n=1}^{\infty}\lambda'_n\cdot[J_0(\alpha'_n\cdot r_2)+\beta'_n\cdot Y_0(\alpha'_n\cdot r_2)]\cdot\exp(-\alpha_n'^2\cdot c_h\cdot t) \tag{9-47}$$

可以看出，$\Delta u'_2(r_2, t)$ 消散程度是由 α_n、β_n、λ_n 和径向固结系数 c_h 决定的，而 $\Delta u''_2(r_2, t)$ 的消散程度是由 α'_n、β'_n 和 λ'_n 和径向固结系数 c_h 决定的。α_n 和 β_n 值由式（9-23）和式（9-24）确定，α'_n 和 β'_n 值由式（9-38）和式（9-39）确定，而 r_{p1} 和 r''_{p2} 与 r_2 存在如下关系：

$$r_{p1}=\frac{R_e\cdot r_2}{\sqrt{1/\xi-[1/(2\xi)]^2}} \tag{9-48}$$

$$r''_{\mathrm{p2}}=\frac{r_2}{\sqrt{1/\xi-[1/(2\xi)]^2}} \tag{9-49}$$

因此，式（9-23）、式（9-24）、式（9-38）和式（9-39）可分别写为：

$$J_1(\alpha\cdot r_2)+\beta\cdot Y_1(\alpha\cdot r_2)=0 \tag{9-50}$$

$$J_0\left(\alpha\cdot\frac{R_{\mathrm{e}}\cdot r_2}{\sqrt{1/\xi-[1/(2\xi)]^2}}\right)+\beta\cdot Y_0\left(\alpha\cdot\frac{R_{\mathrm{e}}\cdot r_2}{\sqrt{1/\xi-[1/(2\xi)]^2}}\right)=0 \tag{9-51}$$

$$J_1(\alpha'\cdot r_2)+\beta'\cdot Y_1(\alpha'\cdot r_2)=0 \tag{9-52}$$

$$J_0\left(\alpha'\cdot\frac{r_2}{\sqrt{1/\xi-[1/(2\xi)]^2}}\right)+\beta'\cdot Y_0\left(\alpha'\cdot\frac{r_2}{\sqrt{1/\xi-[1/(2\xi)]^2}}\right)=0 \tag{9-53}$$

由式（9-50）～式（9-53）可以看出，参数 α_n、β_n、λ_n、α'_n、β'_n和 λ'_n的大小与 R_{e} 与 ξ 的值有关。另外，式（9-46）和式（9-47）的计算结果与 n 的选取有关，如图 9-9 所示，当 $n\geqslant5$ 时，式（9-46）和式（9-47）所得结果与式（9-16）和式（9-37）的相关度大于 0.95。图 9-10 和图 9-11 中曲线是 $n=10$ 时的计算结果。

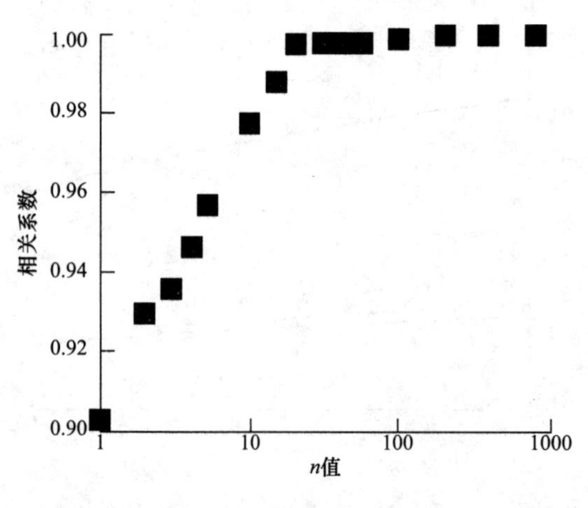

图 9-9　相关系数与 n 值的关系

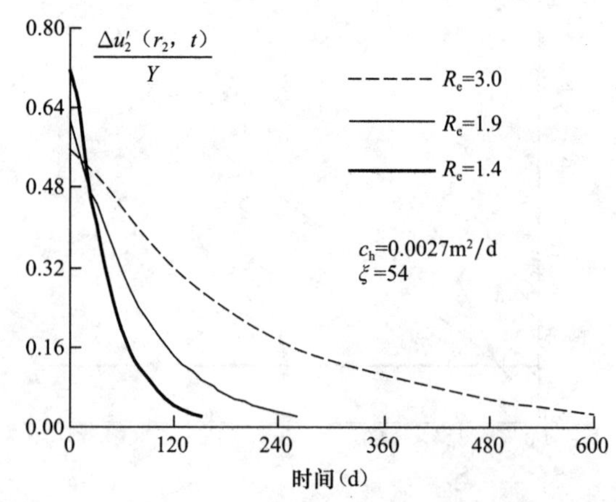

图 9-10　考虑回缩效应时 R 值对超静孔压的消散的影响

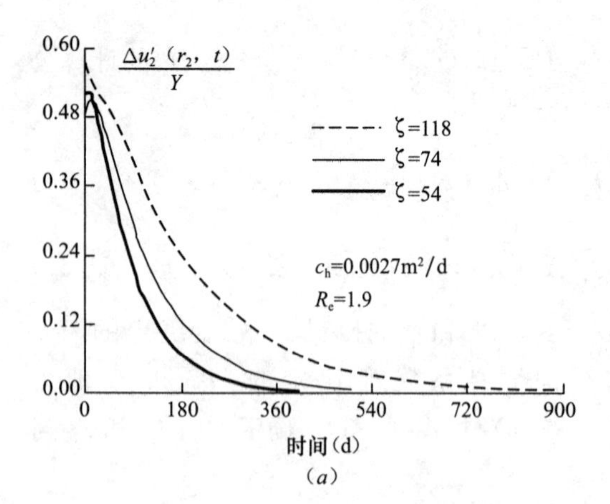

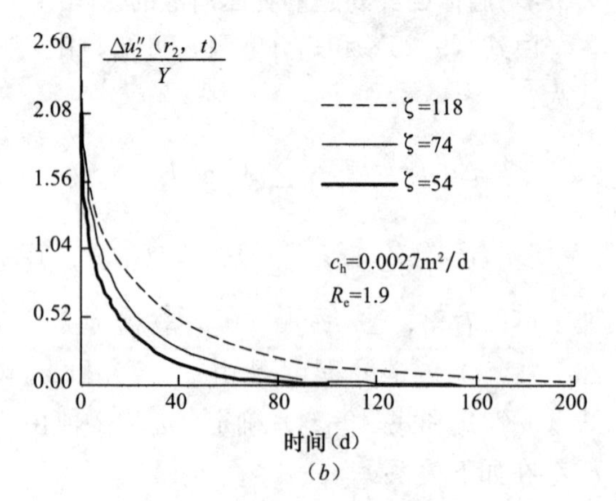

图 9-11　ζ 对超静孔压消散的影响

（a）考虑回缩效应；（b）不考虑回缩效应

当不考虑回缩效应，R_e 值超静孔压的消散无影响，故图 9-10 中只显示了当考虑回缩效应时的超静孔压消散随 R 的变化规律，可以看出 R_e 值越大超静孔压消散的时间越长，反之越短。图 9-11 反映了 ξ 对超静孔压消散的影响，可以看出，随着 ξ 减小，所得的孔压消散的时间越长；而相同条件下，不考虑回缩效应时所得超静孔压消散速度是考虑回缩效应时的 1/3～1/5 倍，表明考虑回缩效应后，桩周土塑性区内的超静孔压消散时间将会增加 3～5 倍。另外，还可以看出，与图 9-8 相对应，考虑回缩效应后，桩周土塑性区内的最大超静孔压将会减小。

综上所述，考虑回缩效应与不考虑回缩效应的 TC 桩承载时效计算方法的对比研究表明：R_e 和 ξ 的值越大，考虑回缩效应所得的径向压力 σ'_{r2} 和最大初始超静孔压 $\Delta u'_2(r_2)$ 减小程度越大，回缩塑性区的半径越大，塑性区内的超静孔压的消散时间越长，回缩效应越显著。

9.4 TC桩承载时效试验及时效理论合理性验证

9.4.1 现场地质条件

本试验场地位于浙江省北部地区，试验场地的地基土均为正常固结或轻微超固结土，其超固结比 OCR 介于 1.0～1.8 之间，地下水位约在 2.8m 深度处。该试验场地的双桥静力触探提供的锥尖阻力 q_c 和侧壁摩阻力 f_s 的变化也示于图 9-12 中，各土层通过室内试验所得土体的基本物理参数见表 9-2。

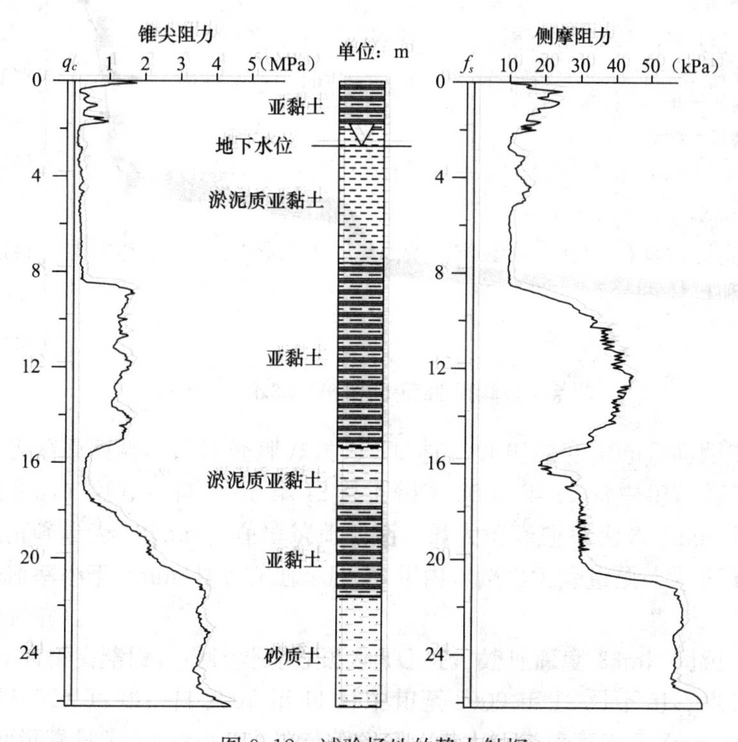

图 9-12 试验场地的静力触探

试验场地的土体参数　　　表 9-2

土层	h_i (m)	w (%)	e_0 —	γ_{sat} (kN/m³)	I_p —	E_s (MPa)	s_u (kPa)	c_v (m²/d)	φ (°)
亚黏土	2.0	32.0	0.913	18.94	13.6	2.79	11.4	0.0183	12.4
淤泥质亚黏土	5.6	56.6	1.627	16.54	18.9	2.01	9.8	0.0100	10.2
亚黏土	7.7	30.7	0.877	19.11	14.5	4.83	30.1	0.0013	18.8
淤泥质亚黏土	2.5	29.4	0.826	19.36	13.2	3.03	18.2	0.0032	16.2
亚黏土	3.8	24.8	0.708	20.01	10.1	6.18	24.3	0.0016	15.1
砂质土	5.2	24.6	0.666	20.01	—	8.34	—	—	—

注：h_i 为土层厚度；w 为含水量；e_0 为初始孔隙比；γ_{sat}为饱和重度；I_p 为塑性指数；E_s 为弹性模量；s_u 为不排水强度；c_h 为竖向固结系数；φ 为内摩擦角。

9.4.2　试验桩体的布置和仪器安装

本次静载试验需要确定桩体的极限承载力，所进行的静载试验均是破坏性的，故一根桩体只能进行一次静载试验，但为了研究 TC 桩的单桩承载时效特性，作者在试验场地上打设了 8 根相同的 TC 桩体，分别在 8 个不同时期进行静载试验，其平面布置如图 9-13（*a*）所示，相邻桩间距均为 1500mm，TC 桩身直径均为 160mm，钢沉管和扩大预制桩尖直径均为 300mm，桩身混凝土强度等级均为 C25，预制桩尖的混凝土强度等级均为 C30，桩体打设长度均约 19m，另外，在桩体上部均设置了 4m 长的钢筋笼。为了静载试验的方便，桩头高出地面约 200mm。TC 桩的编号是由字母“TM”加数字构成的，数字表示混凝土浇筑完毕日期至静载日期的天数。上述桩体在同一区域内，采用了相同的施工工艺和设计参数，故可近似认为 8 根桩体的承载特性相同，也就是相当于同一根桩体在不同时期的承载特性。

为了测试单位侧摩阻力和桩身的荷载传递特性，在 TM24 和 TM105 桩各埋设了 7 个 GXR-1010 型振弦式钢筋应力计，应力计在桩身布置如图 9-13（*b*）所示，各钢筋应力计之间通过 ϕ10 钢筋进行连接。表 9-3 显示了这 10 根试验桩的 TC 桩塑料套管的打设日期、混凝土浇筑日期和桩体的静载试验日期。

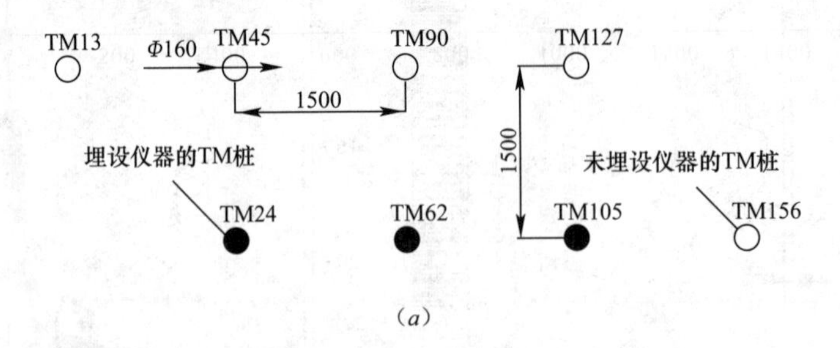

图 9-13　试验 TC 桩的布置和仪器安装（单位：mm）（一）
（*a*）桩体布置

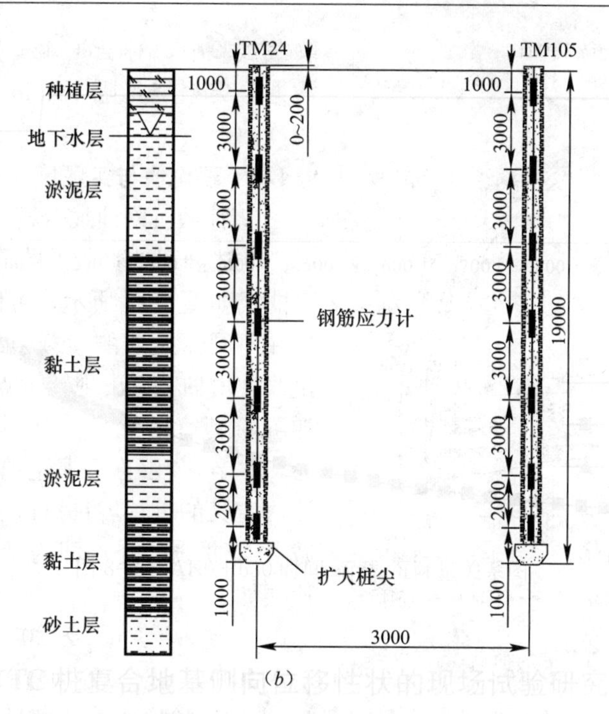

图 9-13 试验 TC桩的布置和仪器安装（单位：mm）（二）
(b) 仪器安装

TC桩静载试验信息表 **表 9-3**

试验桩编号	D (mm)	D_b (mm)	l (m)	a (m)	DOCD (mm-dd-yy)	DOCP (mm-dd-yy)	DOSLT (mm-dd-yy)	Days of SLT (d)	LBC (kN)
TM13	160	300	19	1.5	05-05-10	05-13-10	05-26-10	13	154.5
TM24	160	300	19	1.5	05-05-10	05-13-10	06-06-10	24	157.2
TM45	160	300	19	1.5	05-05-10	05-13-10	06-27-10	45	167.7
TM62	160	300	19	1.5	05-06-10	05-13-10	07-14-10	62	169.3
TM90	160	300	19	1.5	05-06-10	05-13-10	08-11-10	90	171.9
TM105	160	300	19	1.5	05-06-10	05-13-10	08-26-10	105	183.7
TM127	160	300	19	1.5	05-06-10	05-13-10	09-17-10	127	185.9
TM156	160	300	19	1.5	05-06-10	05-13-10	10-16-10	156	186.3

注：D=桩身直径；D_b=桩尖直径；l=桩长；a=相邻桩间距；DOCD=沉管打设日期；DOCP=混凝土浇筑日期；DOSLT=静载日期；LBC=极限承载力实测值。

9.4.3 TC桩承载时效静载试验过程

本次静载试验采用维持荷载方法。对8根TC桩的混凝土浇筑完成后的第13、24、45、62、90、105、127和156d分别进行了8次静载试验，试验方法按照《建筑基桩检测技术规范》中的快速加载法进行。在每次静载试验过程中，除第一级施加荷载为30kN外，以后每级荷载的施加量为15kN，且在每级荷载下，于1、5、15、30、45和60min分别测读一次千分表；每级荷载下桩顶荷载维持不变，直至桩顶沉降的相邻两次读数沉降差小于0.125mm/15min后，可施加下一级荷载。卸载时，每级荷载为30kN，于1、5、15和30min分别测读一次千分表，同样变形稳定后施加卸除下一级荷载。在

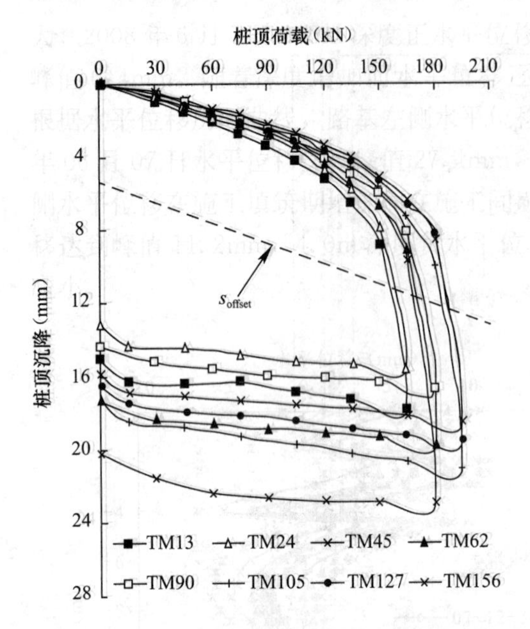

图 9-14　不同静载的 TC 桩的荷载-沉降曲线

静载试验中，对于 TM24 和 TM105 桩，采用数据采集系统每隔 15min 记录下钢筋应力计的读数。

9.4.4　理论值与实测值的对比分析

1. 荷载沉降曲线分析

上述静载试验所得的 TC 桩的荷载沉降关系曲线如图 9-14 所示，可以看出，8 根 TC 桩体在不同休止期的荷载-沉降曲线均在初始段呈线性增加，后出现转折点，且随着荷载的增加沉降迅速增大。为了判定 TC 桩极限承载力，本节采用了国际上常用的 Davisson 法，该法定义的桩顶容许沉降直线 s_{offset}，s_{offset} 与荷载-沉降曲线的交点即为承载力 P_u，s_{offset} 的表达式如下：

$$s_{offset}=4+D/120+PL/E_pA_p \quad (9\text{-}54)$$

其中，s_{offset} 为桩顶容许沉降线（mm）；D 为 TC 桩身直径（mm）；L 为桩长（mm）；E_p 为桩体的抗压弹性模量（kPa）；A_p 为桩身截面积（m^2）。各桩体在不同时期的极限承载力已列于表 9-3 中，实测值表明 TC 桩的承载力增加速率随着时间的消散先从 0.25kN/d 增加至 0.78 kN/d，后降至 0.01kN/d，105 天后承载力增加不明显。

2. 极限承载力时效性的理论和实测对比

本章所建立的 TC 桩承载时效计算公式见式（9-30）和式（9-42），式（9-30）中考虑了桩周土的回缩，而式（9-42）中未考虑。公式中所需的 TC 桩的几何尺寸已在前文介绍，各土层的参数可见表 9-2。不同时期内 TC 桩单桩的极限承载力实测值与式（9-30）和（9-42）的计算曲线随 $\log(t/t_i)$ 的变化关系绘于图 9-15 中，可以看出，考虑回缩效应的 TC 桩承载时效的式（9-30）的计算曲线与实测值较吻合，故适用于 TC 桩的承载时效计算，而未考虑回缩效应的式（9-42）计算曲线高估了 TC 桩的实测值 160%～300%。由于式（9-30）和式（9-42）中端阻力的计算结果是相同的，因此考虑土体回缩后，TC 桩的侧摩阻力将造成较大的损失，然而相对应地，在实际的路堤工程中产生的对桩体承载力不利的负摩阻力将会减小，这对 TC 桩的承载来说是有利的。另外，当 $t\to\infty$ 时，式（9-30）和式（9-42）所得曲线均存在极限值，分别为 203.6kN 和 488.2kN。根据静力触探法（CPT 法）的计算值为 406.0kN，可以看出，静力触探法的计算结果约是式（9-30）的极限值的 2.0 倍，但与式（9-42）的极限值相差较小，约 20.2%，而静力触探法可适用于现浇灌注桩的承载力计算之中，这说明式（9-42）也可用于现浇灌

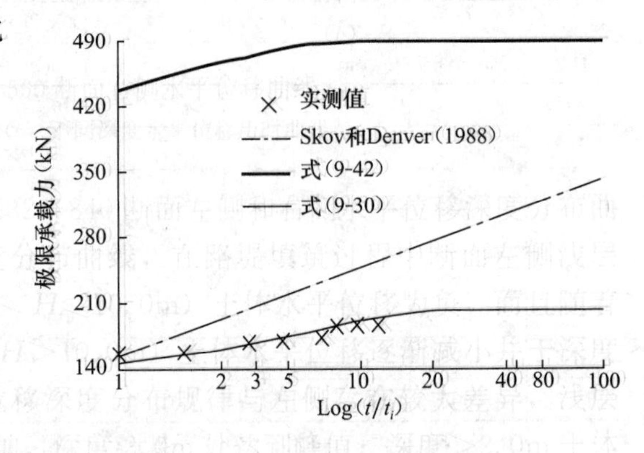

图 9-15　承载力的计算值与实测值对比

注桩的极限承载力计算之中。

不论是从理论计算结果，还是从实测结果中，都可以发现 TC 桩的承载力存在时间效应，目前常用的桩体极限承载时效的经验公式为 Skov 和 Denver（1988）所提出的，即

$$P_{u}(t)/P_{ui}=1+A\cdot\log(t/t_{i}) \tag{9-55}$$

其中，$P_u(t)$为 t 时刻桩体的承载力；P_{ui}为初始承载力；t_i 为初始静载时间，A 为时间系数，对于黏性土 $A=0.6$。在本章中，式（9-55）的 t_i 和图 9-15 中的 t_i 均为 13d，P_{ui} 为 13d 时 TC 桩的极限承载力。可以看出，与实测值相比，Skov 和 Denver（1988）的经验值高估了 16.0%～64.7%，且高估量程度随着 $\log(t/t_i)$的增加而变大。另外，计算值表明：在该种试验场地地质条件下，对于考虑土体回缩和不考虑土体回缩两种计算方法，当休止期分别超过 160d 和 32d 时，桩体的承载力已到极限值的 95%，且不考虑土体回缩计算预测的承载力随对数时间的增加速度是考虑回缩时的 5 倍，同时也是实测值的 3 倍。

3. 单位侧摩阻力时效性的理论和实测对比

可以看出，TM105 桩的平均单位侧摩阻力相比 TM24 桩提高了约 15%，而极限承载力提高了约 17%，这表明 TC 桩的承载时效主要是由侧摩阻力控制的。由式（9-30）和式（9-42）计算的 24d 和 105d 时的单位侧摩阻力如图 9-16 所示。可以看出，式（9-30）的计算值与实测值吻合较好，另一方面，淤泥层中公式（9-42）的计算值比实测值高出约 300%～500%，黏性土层中式（9-42）的计算值则比实测值高出 90%～180%。由此可知，不同的土层特性对单位侧摩阻力的影响差异较大。根据现场试验的土体参数，由式（9-30）和式（9-42）所得的单位侧摩阻力计算值随 $\log t$ 的变化分别如图 9-17（a）和（b）所示。与 TC 桩的承载时效类似，单位侧摩阻力计算值随着时间而增加，后逐步趋于某一极限值。淤泥土中趋于极限值所用的时间约为黏性土层中的 1/5。黏性土层单位侧摩阻力的计算值大小是淤泥层中的 4～7 倍。另外，若不考虑圆柱体的回缩，也就是式（9-42）的计算值，则淤泥层和黏性土层中单位侧摩阻力的增加率将提高 200%～300%，而单位侧摩阻力计算值的大小分别提高 50%～240%和 90%～200%。

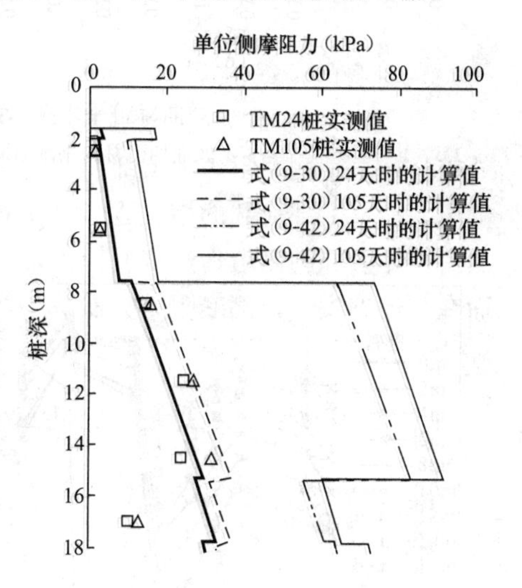

图 9-16 单位侧摩阻力的计算值与实测值对比

4. 考虑圆柱腔体回缩后的 TC 桩侧摩阻力损失分析

公式（9-30）和（9-42）中端阻力的计算相同，因此 TC 桩承载时效计算值是由式（9-29）和（9-41）所得的侧摩阻力计算值控制的。而式（9-29）所得的侧摩阻力的计算值相比式（9-41）要小很多，由此可推测，TC 桩施工过程中的圆柱腔体回缩过程造成了一定程度上的侧摩阻力损失。从图 9-16 和图 9-17 上的计算值可以看出，考虑回缩后，24 天和 105 天的侧摩阻力损失了约 50%～80%，然而，不足的是无响应的实测数据相印证。另一方面，侧摩阻力损失减小了 TC 桩在路堤荷载下的负摩阻力，从工程实践来说，这有利于 TC 桩的承载。

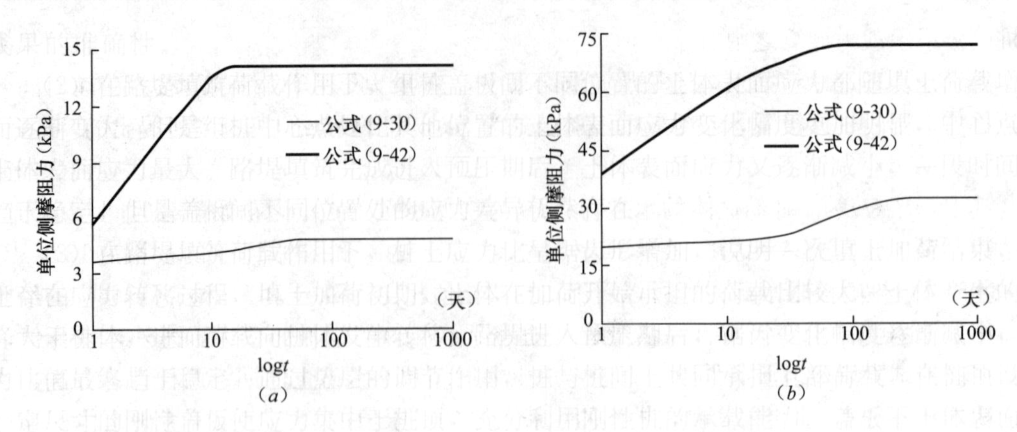

图 9-17 不同土层中单位侧摩阻力随 log$t$ 的变化

(*a*) 淤泥土；(*b*) 黏性土

5. 桩身的荷载传递

图 9-18 (*a*) 和 (*b*) 分别显示了 TM24 和 TM105 桩在 24 天和 105 天静载时不同深度处桩身轴力、侧摩阻力随上部荷载的变化规律。可以看到，桩身轴力沿桩身逐渐减小，桩侧阻力随着上部荷载的增大逐步从上往下陆续发挥，先是桩体上部的土体受到剪切变形，然后桩体下部的侧阻力逐步发挥出来，最大单位侧阻力出现在桩身下部 1/3 位置附近，然而在靠近桩尖处，侧摩阻力突然减小，结合图 9-16 也可看出，单位桩侧阻力的实测值

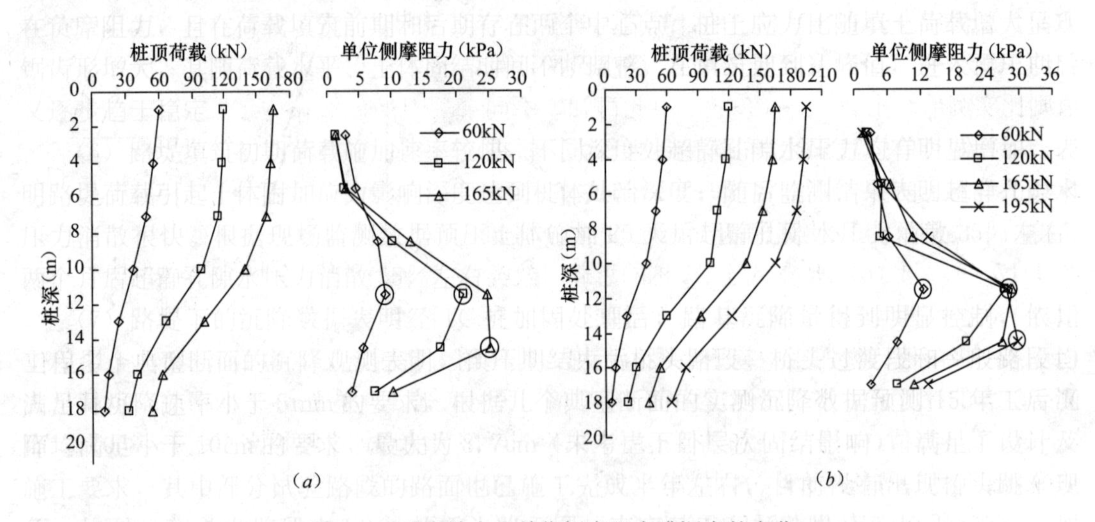

图 9-18 桩身轴力和单位侧摩阻力随深度的变化

(*a*) TM24；(*b*) TM105

与计算值相差过大，这表明：扩大桩尖对单位侧摩阻力的发挥存在明显的弱化效应，董金荣（2009）通过普通灌注桩静载试验也得到了扩大桩尖处侧摩阻力明显减小的类似结果。

9.5 结论

(1) 考虑桩周土回缩对 TC 桩承载时效的影响，采用圆柱体回缩理论计算桩侧摩阻力并采用轴对称固结理论计算打桩过程引起的桩周土超静孔压的消散，在不考虑端阻力时效的情况下，建立了考虑回缩效应的TC桩承载时效理论计算方法。

(2) 考虑回缩效应与不考虑回缩效应的TC桩承载时效计算方法的对比研究表明：桩尖扩大比和桩土强度比的值越大，考虑回缩效应所得的径向压力和最大初始超静孔压减小程度越大，回缩塑性区的半径越大，塑性区内的超静孔压的消散时间越长，回缩效应越显著。

(3) 考虑圆柱腔体回缩的承载时效计算值与实测值吻合较好，相反地，当忽略回缩时，相对应的计算值相比实测值要高出160%～300%；TC桩的承载时效主要是由侧摩阻力控制的，不同土层中单位侧摩阻力的时效程度不同；TM的桩侧摩阻力损失是由沉管上拔后的圆柱腔体回缩引起的。

第10章 塑料套管混凝土桩成桩机理和屈曲变形的透明土模型试验研究

10.1 概述

由于传统土体的非透明性，不可能连续观测到土体内部任意点的变形情况，然而随着过去20年透明土的出现及其在岩土工程物理模拟试验中的应用，使得观测内部的土体变形和土体内部构筑物的变形成为可能。透明土是由透明的固体颗粒和折射率相匹配的孔隙溶液组成。目前，透明土已被用来研究一些岩土工程中的机理问题，如渗流、浅基础和深基础等。为了研究透明土体一结构物间的相互作用，Sadek等（2003）发展了一个非侵入测量透明土内部变形的系统。在该系统中，使用激光面照射透明土模型形成散射光斑；利用数码相机近距离拍摄下透明土-结构物相互作用过程中的散射光斑的变化过程；采用数字图像相关（Digital Image Correlation，简称DIC）软件对拍摄的数字图像进行分析可获得透明土-结构物相互作用的位移场和应变场。DIC应用的另一种形式为White等（2003）发展的粒子图像测速（Particle Image Velocimetry，简称PIV）软件"Geo-PIV"对图像进行分析处理的。DIC和PIV都是通过计算和对比图像灰度的相关度来确定位移的大小和方向。当两个图像发生位移时，图像灰度的相关函数峰值的位置即为两个图像之间的最佳匹配的位置，也就是相对应的位移的大小和方向。当图像被分成许多较小的审讯窗口时，通过计算各审讯窗口相关函数的峰值的位置可获得图像的整个位移场。

TC桩的施工过程涉及一系列岩土问题。特别地，在TC桩在沉管打设过程中，桩身和桩周土之间形成了一个间隙，而在传统桩体的施工中，往往没有该种间隙的存在。然而，在TC桩上拔过程中，周围土体则会逐步填补该间隙。该种间隙的形成和填补对TC桩的承载力造成了一定的影响，本章已通过第8章的计算方法分析解决了这一问题。然而，有关TC桩在沉管打设和上拔过程对周围土体造成的变形尚未解决，但是，传统的模型试验和现场试验无法连续观测土体内部的变形。

另外，从TC桩的几何参数中可以看出，TC桩还是一种细长桩，其长径比（长度和直径的比值）多在40～120，其屈曲是桩基稳定性研究所关心的一项课题。Fleming等（2009）指出，当出现以下三种情况时需在设计和施工中考虑桩基的屈曲稳定性：①无侧向约束的桩体施工过程；②码头或海上平台的部分嵌入桩；③软弱土体中的细长桩。研究已经表明：当软土土体的不排水剪切强度小于15kPa时，桩体（特别是细长桩，如TC桩）发生屈曲失稳（Buckling）的概率将大大增加。对于完全嵌入桩，其屈曲问题的研究表明：桩体屈曲仅发生在某一临界长度范围内，而该临界长度取决于桩体和周围土体的相对刚度。另外，地震作用、土体液化和土体侧向运动等引起的桩体屈曲问题，目前已越来越备受关注。然而，过去几十年中，理论和试验研究大多关注于桩体的屈曲临界荷载的测试和计算，缺乏对土体中桩体屈曲变形的完整测量。在桩体屈曲变形测量的试验方面，由于传统试验土体不透明性导致的无法观测土体内部变形和桩体屈曲变形完整测量的高难度性（特别是在现场试验和大尺寸模型试验中），往往只能得到沿桩深分布的有限个离散点，无法获得桩体屈曲变形的完整曲线。

因此，本章结合透明土在非侵入测量方面的优势，将 TC 桩的成桩机理和屈曲特性与透明土相结合进行了模型试验研究。本章首先介绍 TC 桩的组成和配制方法；其次进行透明土的岩土特性分析；然后结合透明土和 PIV 技术进行 TC 桩成桩机理的模型试验，用于研究桩土相互作用下周围土体的变形情况；最后，利用透明土模拟试验研究不同嵌固形式下 TC 桩单桩和多桩在竖向荷载作用下的桩身变形，同时借助 PIV 技术获得了细长桩屈曲后引起的周围土体变形位移场。

10.2　透明土的组成及其配制

透明土是由透明的固体颗粒和折射率相匹配的孔隙溶液组成，当前文献中记载的固体颗粒和孔隙溶液如图 10-1 所示。由于家族 4 和 8 的取材方便，故本章下面的模拟试验中采用了这两种透明土。图 10-2 展示了几种配制透明土所用的固体颗粒，其中，熔融石英的颗粒级配见图 10-3，特性见表 10-1。Krystol40 和 Puretol7 的特性如表 10-2 所示。

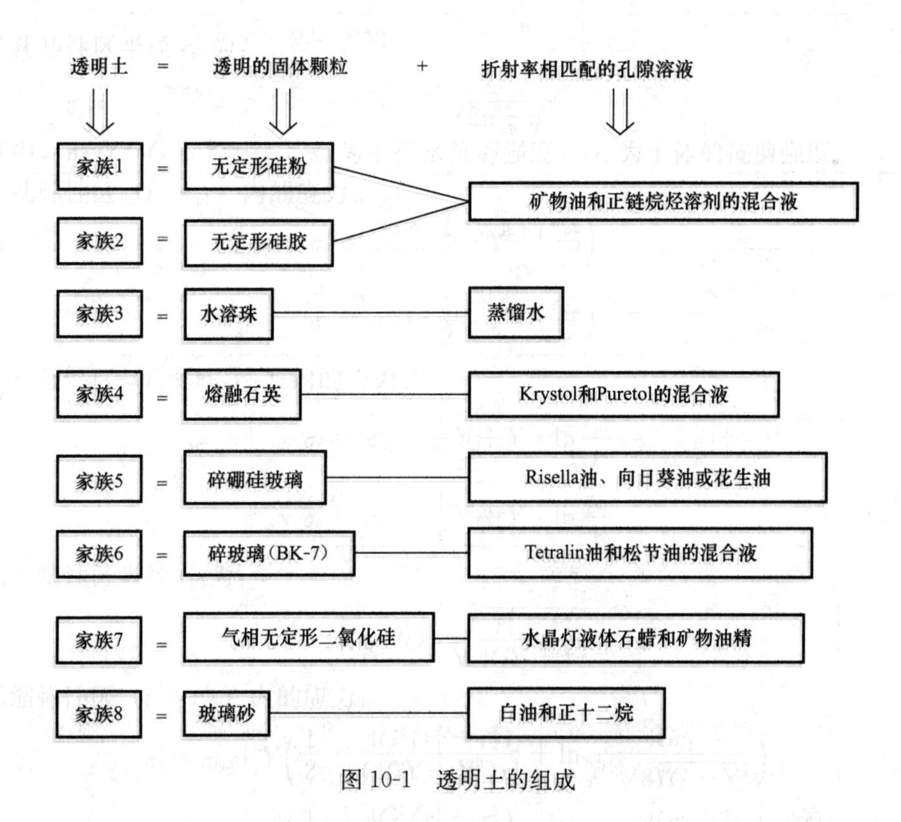

图 10-1　透明土的组成

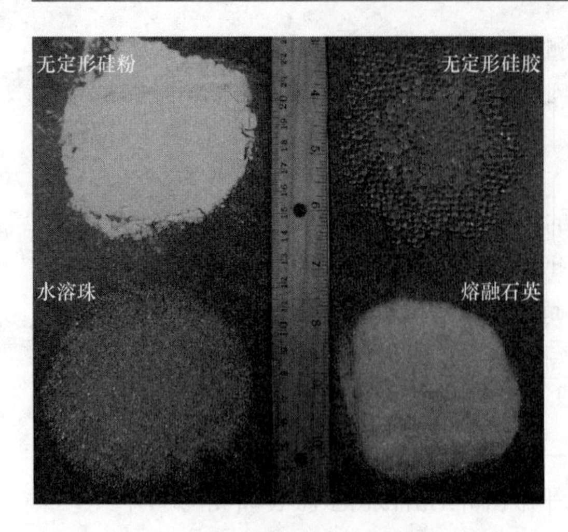

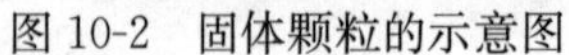
图 10-2　固体颗粒的示意图

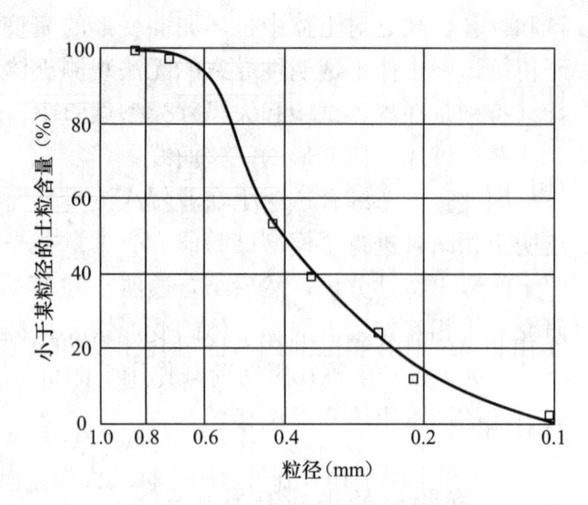

图 10-3　熔融石英的颗粒分布曲线

透明颗粒的物理特性　　　　**表 10-1**

特性＼固体颗粒	碎硼硅玻璃	碎玻璃（BK－7）	沉淀无定形二氧化硅粉	沉淀无定形二氧化硅胶	气相无定形二氧化硅	水溶珠	熔融石英（FQ）
折射率	1.469	1.5194	1.447	1.447	1.46	1.333	1.458
比重	2.2	—	2.0～2.1	2.2	2.2	0.98	2.2
泊松比	—	—	0.2～0.3	—	—	—	0.16
有效摩擦角（°）	—	—	19～21	29～42	31～37	—	44～59
有效黏聚力（kPa）	0	0	44	0	0	—	0
渗透系数（mm/d）	—	—	0.2～21.6	＞129.6	—	＞17.3	＞11.2
预计可模拟土	砂土	砂土	黏土	砂土	砂土	软弱土	砂土

孔隙溶液的物理特性　　　　**表 10-2**

特性＼孔隙溶液	Tetralin 油和松节油的混合液		矿物油（Drakeol35）和正链烷烃溶剂（Norpar 12）的混合液		蒸馏水	Krystol 40 和 Puretol 7 混合液		蔗糖溶液（66.5 %）
	Tetralin 油	松节油	Drakeol 35	Norpar 12		Krystol 40	Puretol 7	
折射率	1.546～1.557	1.481～1.491	1.46～1.48（24℃）	1.418（24℃）	1.333（20℃）	1.444（21℃）	1.463（21℃）	1.458（23℃）
密度（g/cm³）	0.96～1	0.815～0.85	0.868	0.749	1.000	0.798	0. 836	—
运动黏度（cSt）（40℃）	—	—	68.50	0.61	0.66	3.90～5.00	10.80～13.60	—

注：cSt＝centistokes 且 1cSt＝1mm²/s。运动黏度等于动力黏度除以密度。

混合液体的折射率由 Clausius-Mosotti 公式给出：

$$\frac{1}{\rho}\frac{s^2-1}{s^2+2}=\frac{c_1}{\rho_1}\frac{s_1^2-1}{s_1^2+2}+\frac{c_2}{\rho_2}\frac{s_2^2-1}{s_2^2+2} \tag{10-1}$$

其中，s 和 ρ 分别是混合液体的折射率和密度；s_1 和 ρ_1 分别是第一种孔隙液体的折射率和密度；s_2 和 ρ_2 分别是第二种孔隙液体的折射率和密度；c_1 和 c_2 分别是第一种和第二种孔隙液体的含量百分比。

Ezzein 和 Bathurst（2011）所报道的熔融石英的折射率为 1.458，而 Guzman 等（2013）

则认为其折射率为1.457，且不受温度的影响。为了检测本试验中所用熔融石英的折射率大小，在21℃恒温条件下进行了如图10-4（*a*）～（*h*）所示的对比试验：将打印好的数字表贴在约102mm厚的装有透明土的模型槽后侧，数字的大小代表着其字体的大小，为了对比槽后数字的清晰度，设置了图10-4（*h*）所示的空模型槽，另外，孔隙溶液的折射率也已标示在各图上方。可以看出，折射率为1.459的孔隙溶液所得的透明土的透明性最好。试验所用的孔隙液体为Kystol40和Puretol7按照质量比1∶2.9进行混合后的溶液，Kystol40和Puretol7的详细特性如表10-2所示。另外，由于Kystol40和Puretol7的折射率对温度变化十分敏感，因此，透明土的配制及相关试验应在恒温室中进行。

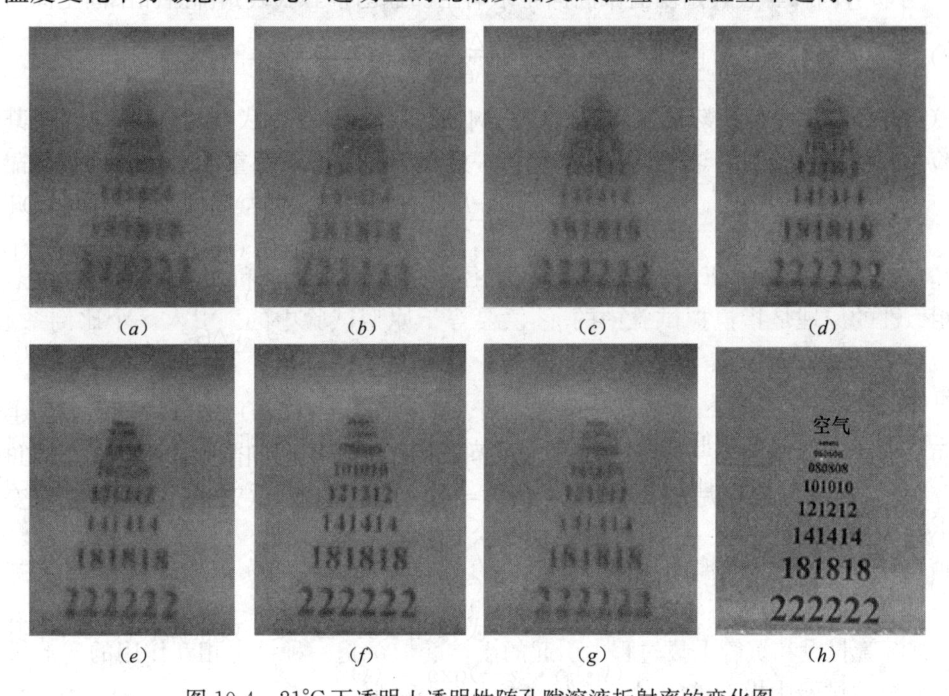

图10-4　21℃下透明土透明性随孔隙溶液折射率的变化图

（*a*）1.4565；（*b*）1.4570；（*c*）1.4575；（*d*）1.4580；（*e*）1.4585；（*f*）1.4590；（*g*）1.4595；（*h*）空气

试验中透明土的配置步骤如下：①将孔隙溶液倒入模型槽中，溶液的高度应达到预设配制的透明土的高度；②为增加散射光斑，将粒径为0.2～0.3mm的反光颗粒“玻璃珠”掺入到熔融石英中并混合均匀，反光颗粒所占体积不宜超过3%；③采用2～4mm内径的漏斗引导熔融石英均匀倒入孔隙溶液中至颗粒达到预设的高度，漏斗口宜紧靠孔隙溶液表面。按照上述方法配制的透明土的饱和度可认为接近100%，且其最小和最大干密度分别为963kg/m³和1222kg/m³。

10.3 TC桩成桩机理的透明土模拟试验

10.3.1 透明土和模型桩的准备

透明土的配制按照10.2节的步骤进行配制，本次试验中采用的模型槽的尺寸为：长×宽×高=203mm×51mm×114mm。配置好的透明土如图10-5所示，其高度在71～73mm之间，其相对密实度在70%左右，对应的密度为1130kg/m³。

图 10-5　透过 51mm 厚的透明土模型看到的图画（注：含有反光颗粒）

模型桩的制作参照实际的 TC 桩进行比例缩放，根据 Murff（1975）的相似理论，模拟试验中的桩土相对刚度与原型中的要保持一致，因此，引入以参数 π_3，其计算公式为：

$$\pi_3 = \frac{\pi D l^2 k_s}{A_p E_p} \tag{10-2}$$

其中，D、l、A_p 和 E_p 分别为桩体的直径、长度、截面积和弹性模量；k_s 为土体刚度。相似性的原理是指模拟试验中的 π_3 值要等于原型试验中的。引入一个比例系数 m，使得 $m\times(D)_{模型}=(D)_{原型}$、$m\times(L)_{模型}=(L)_{原型}$ 和 $m\times(k_s/E_p)_{模型}=(k_s/E_p)_{原型}$，则式（10-2）的值可保持不变。

本次试验中通过采用低强度的塑材模拟原型 TC 桩和调整透明土的相对密度控制土体刚度，来满足式（10-2）的要求。模型桩采用 Garolite-9 制作，其弹性模量为 1.17×10^4 MPa，模型桩的长度为 175mm，嵌入土体的的长度为 65mm，直径为 6.35mm，对应的 n 值为 25，因此可模拟的原型 TC 桩的直径为 0.16m，而模拟的原型嵌入深度仅为 1.8m。在模拟试验中，不可能模拟 TC 桩的原型全长度，但值得一提的是，本章所关心的是 TC 桩沉管打设和沉管上拔过程中引起的土体变形，是一种桩土相互作用的变形机理研究，因此模拟试验中模型桩的嵌入长度的大小显得没那么重要。

试验中制作了 2 种不同形式的扩大桩尖，即平底桩尖和 60°的圆锥桩尖。扩大桩尖的直径均是 2 倍的桩身直径，12.7mm，记扩大桩尖的半径为 R。平底桩尖采用的是外直径为 12.7mm 的螺丝垫圈，无需做任何加工。60°的圆锥桩尖由三维打印机制作，所采用的材料为聚乳酸（PLA）。桩身和桩尖的连接采用高强环氧树脂粘结。

模型沉管采用的是外直径为 12.7mm、壁厚为 1.6mm、长度为 190mm 的钢管。所有的模型桩和套管的外表面均被染黑，以尽量减少激光的反射作用。

10.3.2　试验设备和步骤

所有的试验均在黑暗的室内环境下进行，且保持室内温度在 21℃。试验设备如图 10-6 所示，75mW 的 HeNe 激光器通过线发生器激光束转变为激光面，激光面投射在模型槽的中央位置，通过与透明土的散射作用形成散斑场。模型桩采用型号为 LACT12P-12V-5 线性制动器进行打设和沉管上拔，模型桩和沉管的轴线重合且位于散斑场中。由于模型桩和沉管的不透明性，本次试验只观测了桩体一侧的土体变形。试验中照片的采集使用尼康 D3200 进行拍摄，该相机可提供 2400 万像素的高清图片，照片的拍摄采用远程红外控制，避免了手动接触相机引起的微振动。相机的镜头与透明土中散斑场垂直距离为 275mm。

相机镜头轴线与散斑场垂直度的调节按照Ni等（2010）的方法进行。

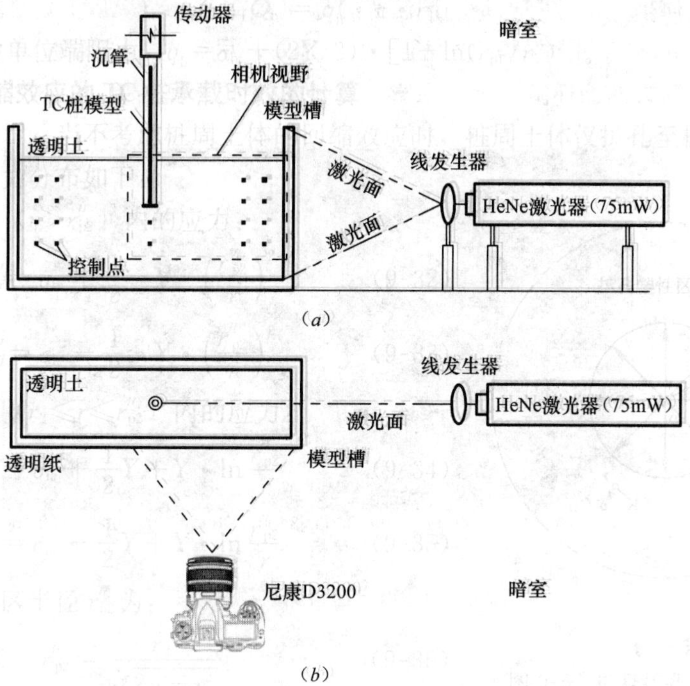

图10-6 TC桩成桩机理透明土试验装置示意图
（a）侧视图；（b）俯视图

本章总共进行了5次试验，试验信息如表10-3所示。其中，试验T1和T2模拟TC桩的沉管打设和上拔过程，试验T3～T5是为了进行对比研究。试验过程采用位移控制的模式。模型桩体的一次静压量在0.6～0.7mm之间，并采用反馈电路来控制和记录线性制动装置的移动，每静压一次就采用相机记录下当前的图像。TC桩的沉管打设和上拔的两个过程中分别各记录了大约70张图片。

TC桩成桩过程的透明土模拟试验汇总 **表10-3**

试验编号	桩尖类型	沉管打设	沉管打设深度	桩体的深度	试样的相对密实度（%）	桩身半径（mm）	桩尖半径（mm）	相机的距离（mm）
T1-EF-C	扩大平底	YES	6.6*R*	6.75*R*	70	3.175	6.35	275
T2-C-C	扩大圆锥	YES	6.0*R*	7.7*R*	68	3.175	6.35	275
T3-C	圆锥	NO	—	7.7*R*	58	3.175	3.175	275
T4-F	平底	NO	—	6.75*R*	60	3.175	6.35	275
T5-C	圆锥	NO	—	7.7*R*	64	6.35	6.35	275

10.3.3 数字图像相关（DIC）

数字图像相关是借助White等（2003）研发的Geo-PIV实现的。本试验结合数字图像相关和近景摄影技术对TC桩沉管打设和上拔过程中引起的土体变形进行了捕捉和拍摄，并分析了所得图片，得到了土体变形的运动规律。Geo-PIV的操作参照10.4.4节进行。

在进行Geo-PIV计算前，需对关心区域划分成网格状的审讯窗口，如图10-7所示，审讯窗口的大小为64×64像素，图10-7中关心区域内划分的审讯窗口共有2624个。为了确定各审讯窗口的实际位置，需设置已知几何坐标的控制点，用于把审讯窗口的像素坐标变换为实际的几何坐标。控制点是利用激光打印机将在 Auto-CAD 上设计好的控制点打印在透明纸上的，并将其黏贴在模型槽的外壁。另外，尽管图 10-7 所示的散斑场的强度和密度随着激光投射方向而递减，但并未影响 Geo-PIV 的计算结果。

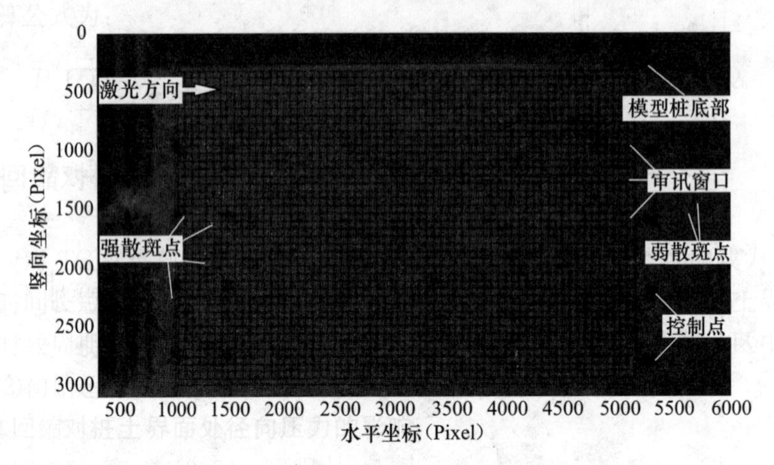

图 10-7　PIV 审讯窗口的典型网格划分

10.3.4　试验结果分析

1. 沉管静压引起的位移量

扩大平底桩尖的 TC 桩在沉管静压下引起的不同阶段的土体位移向量的增量和累积量分别如图 10-8 和图 10-9 所示。图中左下角所示的示例向量的大小等于沉管半径 $R=6.35\text{mm}$。整个关心区域通过除以沉管半径 R 进行了归一化处理。在沉管静压初始阶段，沉管附近处的土体单元表现出偏离沉管并向上移动的趋势；随着沉管静压深度的增加，该种趋势变为向上移动，但静压对表面隆起的影响逐步减弱，相反地，水平向的移动却增强；桩尖下的土体单元在各阶段均呈现出向下移动的趋势，与经典的一般承载力破坏相似。如图 10-9 所示的累积位移与一般承载力理论的相一致。

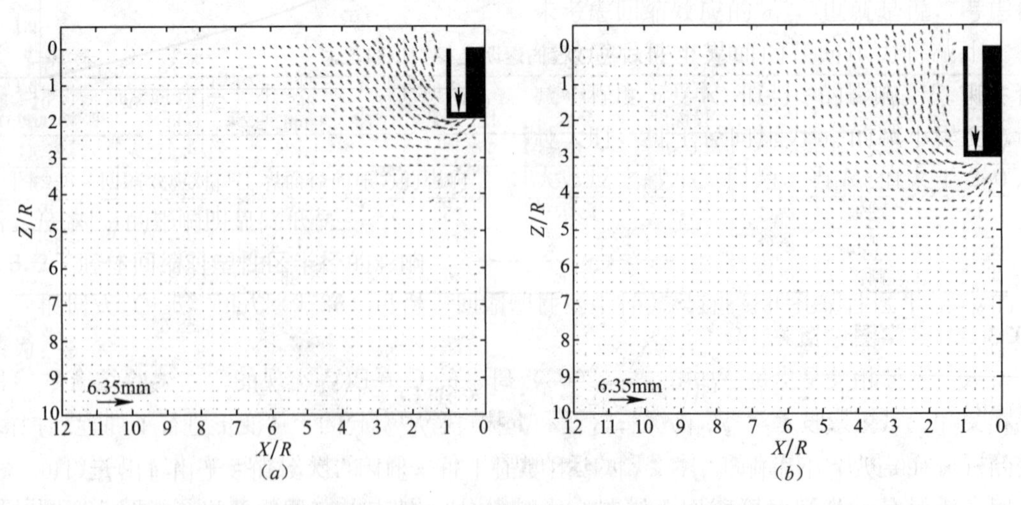

图 10-8　试验 T1-EF-C 中沉管打设引起的位移向量增量（一）

(a) 从 0.75R 打设至 1.75R；(b) 从 1.75R 打设至 2.85R

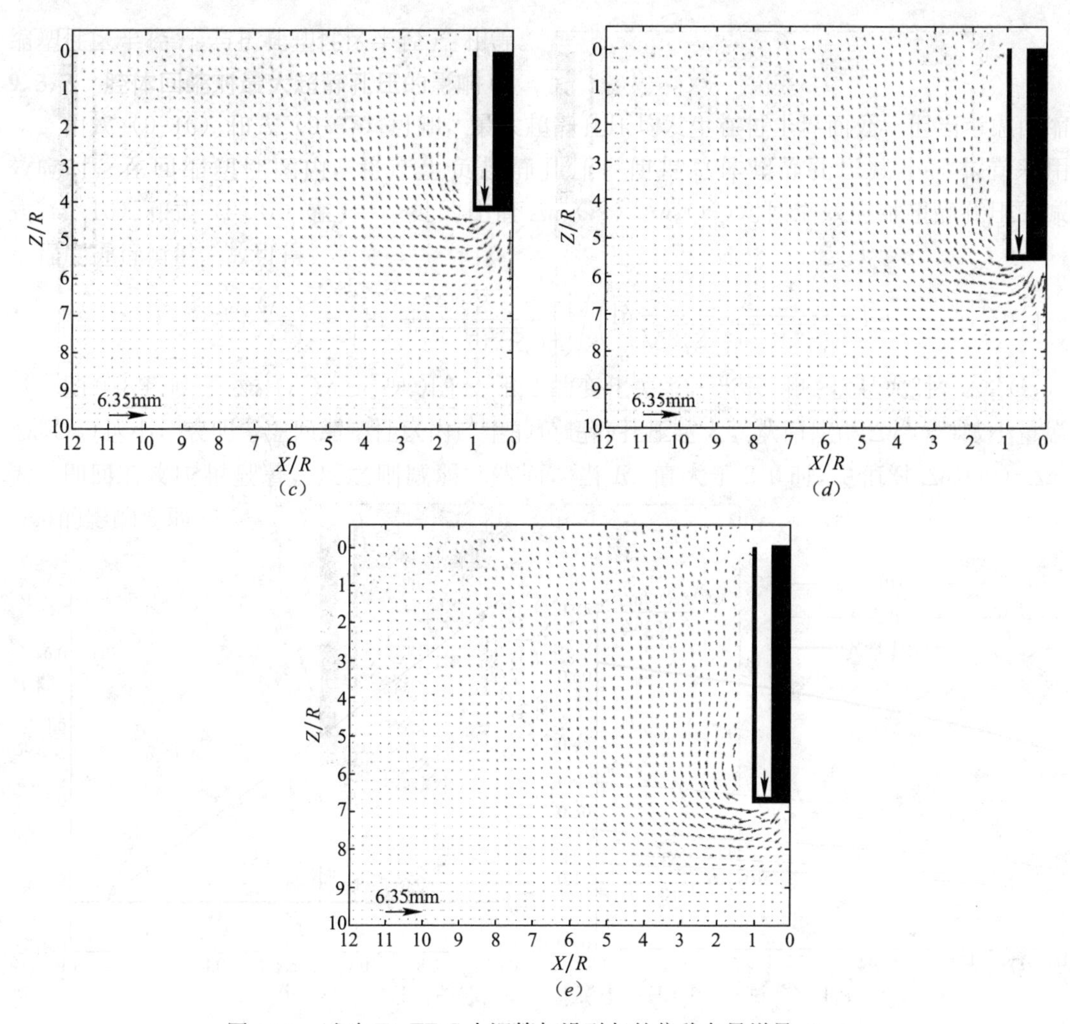

图 10-8 试验 T1-EF-C 中沉管打设引起的位移向量增量（二）

(c) 从 2.85R 打设至 4.1R；(d) 从 4.1R 打设至 5.35R；(e) 从 5.35R 打设至 6.6R

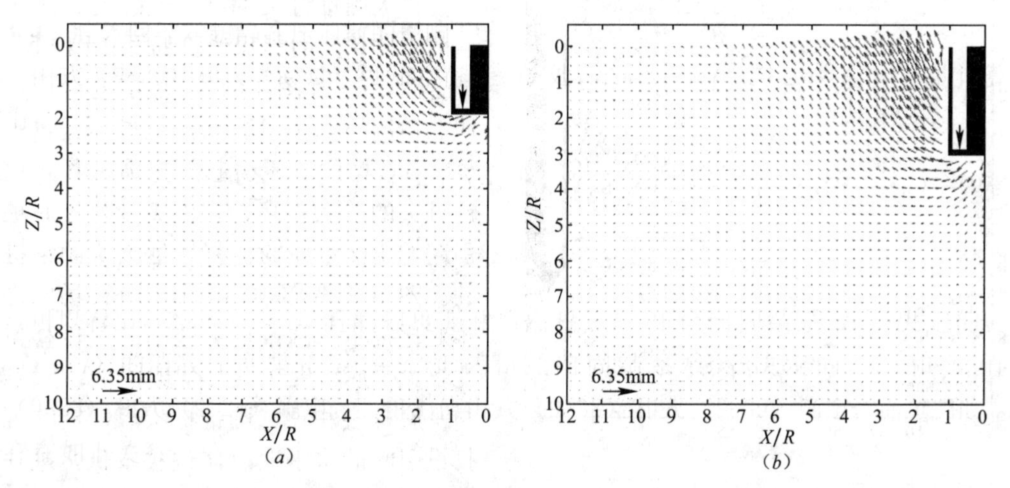

图 10-9 试验 T1-EF-C 中沉管打设引起的位移向量累积量（一）

(a) 从−0.15R 打设至 1.75R；(b) 从−0.15R 打设至 2.85R

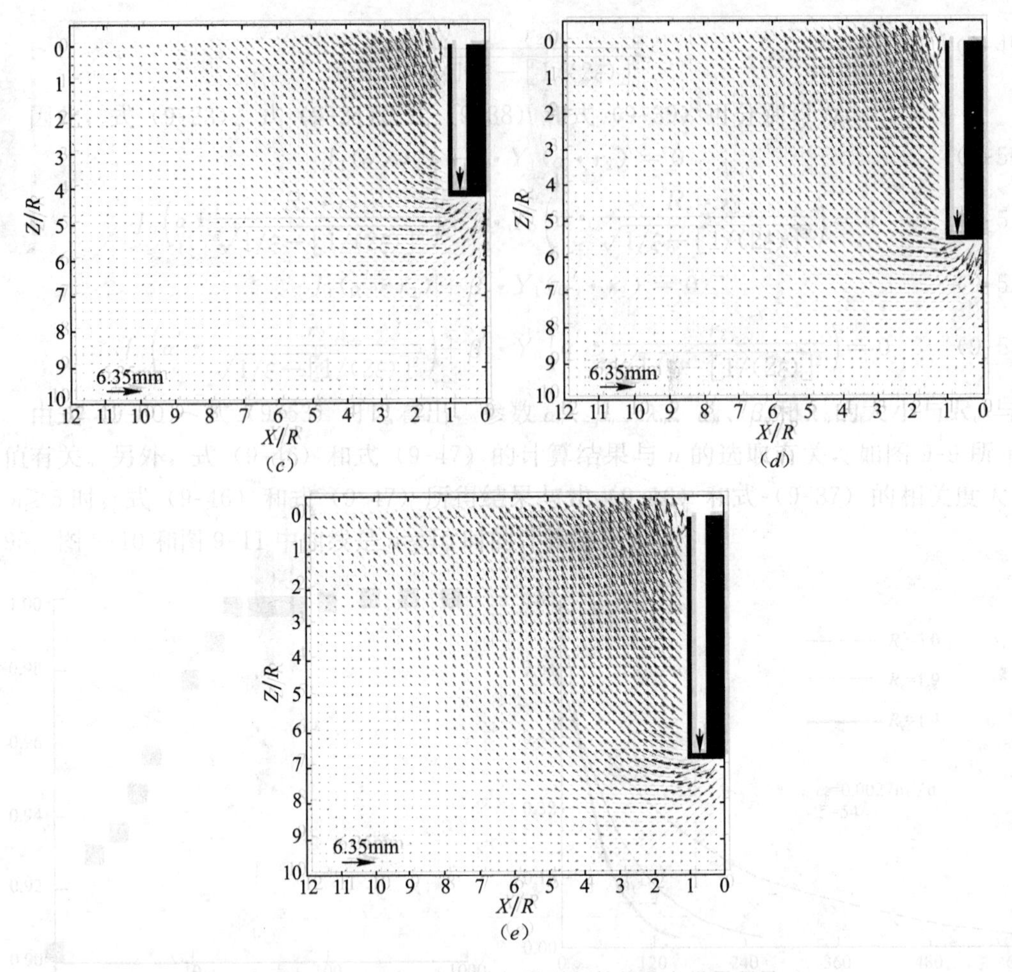

图 10-9　试验 T1-EF-C 中沉管打设引起的位移向量累积量（二）

(c) 从－0.15 打设至 4.1R；(d) 从－0.15R 打设至 5.35R；(e) 从－0.15R 打设至 6.6R

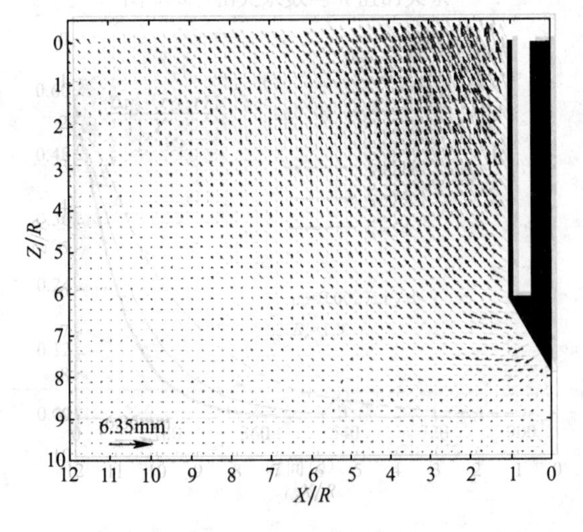

图 10-10　试验 T2-EC-C 中沉管从－1.75R 打设至 6.0R 引起的位移向量累积量

扩大圆锥桩尖的 TC 桩的沉管静压引起的土体单元的累积位移如图 10-10 所示。结合图 10-9 和图 10-10，在挤土量接近相同的情况下，可以看出：在桩周处，平底桩尖 TC 桩的静压引起的土体位移相比圆锥桩尖的要大很多；在桩尖处，平底桩尖引起的土体单元的位移量远大于圆锥桩尖的。图 10-9 和图 10-10 所示位移场的进一步对比揭示：圆锥桩尖处的向下位移量相比扩大平底桩尖在很大程度上得到了缓解；与平底桩尖相比，圆锥桩尖 TC 桩的沉管打设引起的水平向总体位移较低，进一步表明圆锥状的桩尖可减小桩体的静压过程对周围土体的扰动。

2. 沉管拔出引起的位移量

扩大平底桩尖的 TC 桩在沉管上拔过程中引起的不同阶段土体单元的累积位移向量如图 10-11 所示。与图 10.8～图 10-10 类似，图 10-11 中的整个关心区域通过除以沉管半径 R 进行了归一化处理。然而，由于位移量较小，故图 10-11 中的位移向量均放大了四倍，也就是说图 10-11 右下角所示的示例向量的大小为 $1/4R=1.59$mm。可以看出，沉管上拔的影响区域在表面处延伸到距桩中心线 11R，在桩端处延伸至 $6R$。大部分的位移发生在沉管从 $6.6R$ 上拔至 $4.8R$ 处，这主要是由于土体急需要补足沉管和 TC 桩之间的间隙造成的，另外，可以认为，当沉管上拔 $2R$ 距离后，土体能够形成土拱效应，因此发生的位移量变小。位移向量的运动轨迹与土力学中的被动破坏相一致，且土体向量的角度与主动土压力角 $45°+\varphi/2$ 接近。

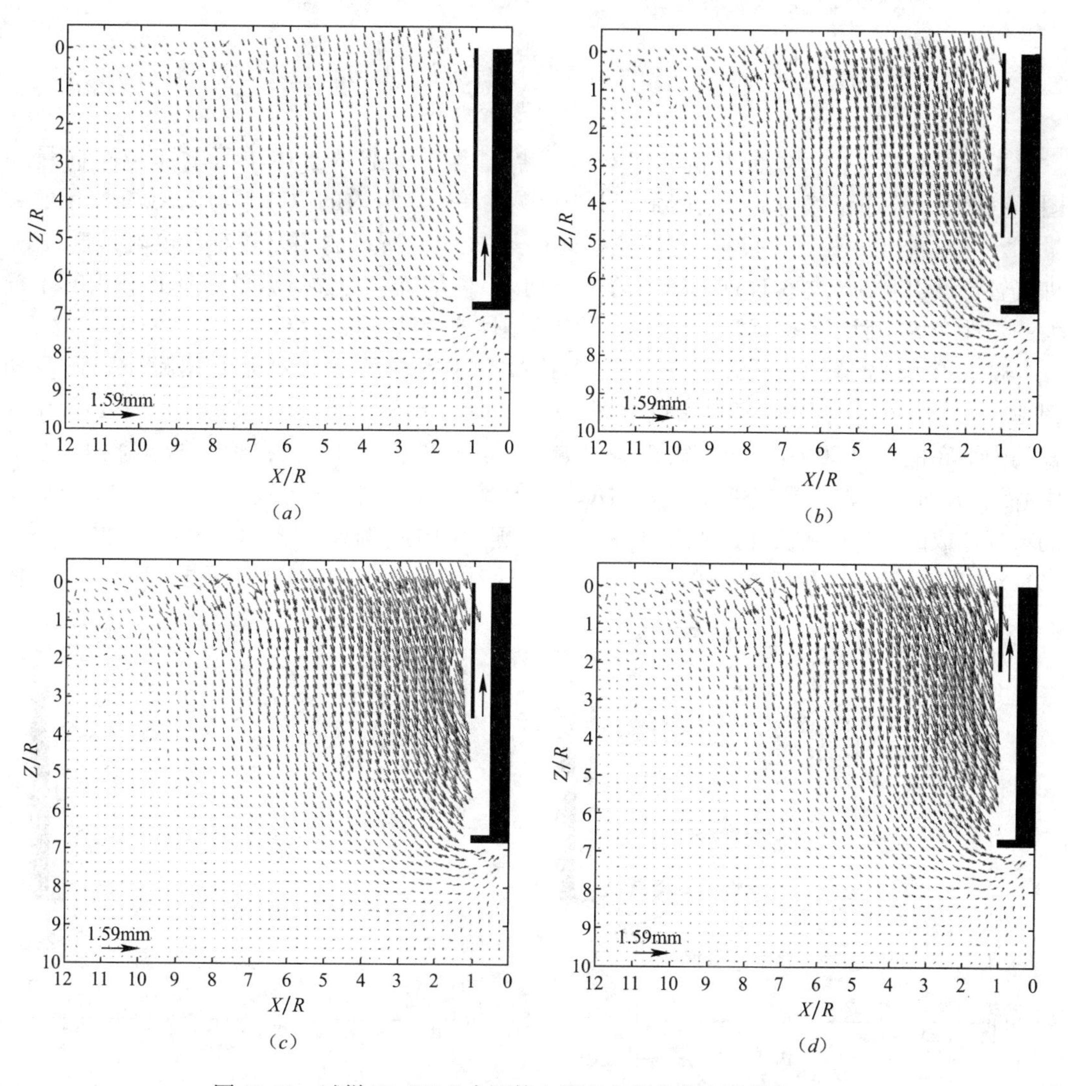

图 10-11 试样 T1-EF-C 中沉管上拔引起的位移向量增量（一）

(*a*) 从 $6.6R$ 上拔至 $6.1R$；(*b*) 从 $6.6R$ 上拔至 $4.8R$；(*c*) 从 $6.6R$ 上拔至 $3.5R$；(*d*) 从 $6.6R$ 上拔至 $2.2R$

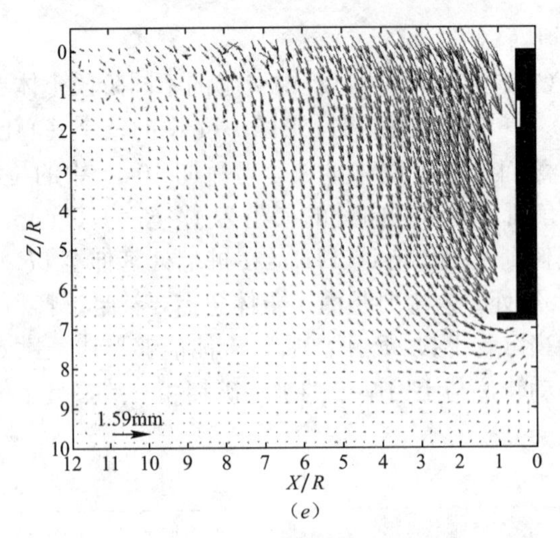

图 10-11　试样 T1-EF-C 中沉管上拔引起的位移向量增量（二）
(e) 从 6.6R 上拔至 −0.15R

扩大平底桩尖的 TC 桩在沉管打设和上拔过程中引起的土体单元的净位移向量如图 10-12 所示。净位移向量是指图 10-11 中所测的关心区域内的位移量与图 10-9 所示的矢量和。可以看出，图 10-12 所示的净位移向量与图 10-9 所示的相差较小，也就是说，TC 桩沉管打设引起的土体位移远大于沉管上拔的。TC 桩沉管打设导致的腔体扩孔引起了较大的塑性变形，而 TC 桩沉管上拔后，土体的塑性变形恢复量较小。

带有扩大圆锥桩尖的 TC 桩在沉管上拔过程中引起的土体单元的累积位移向量如图 10-13 (a)所示，而净位移向量则如图 10-13 (b) 所示。对于图 10-13 (a)，其最大位移量约为平底桩尖的 50%，同时影响区域也减小了约 2/3，影响区域在表面处仅延伸至距桩中心线 4R 处，而对于平底桩尖则是 11R，这主要是由不同形状的桩尖引起的挤土效应间的差异造成的，平底桩尖相对圆锥桩尖引起了更大的土体扰动。图 10-12 (e) 和图 10-13 (b) 对应的平底桩尖和圆锥桩尖的净位移向量同时表明：TC 桩体的沉管打设对周围土体

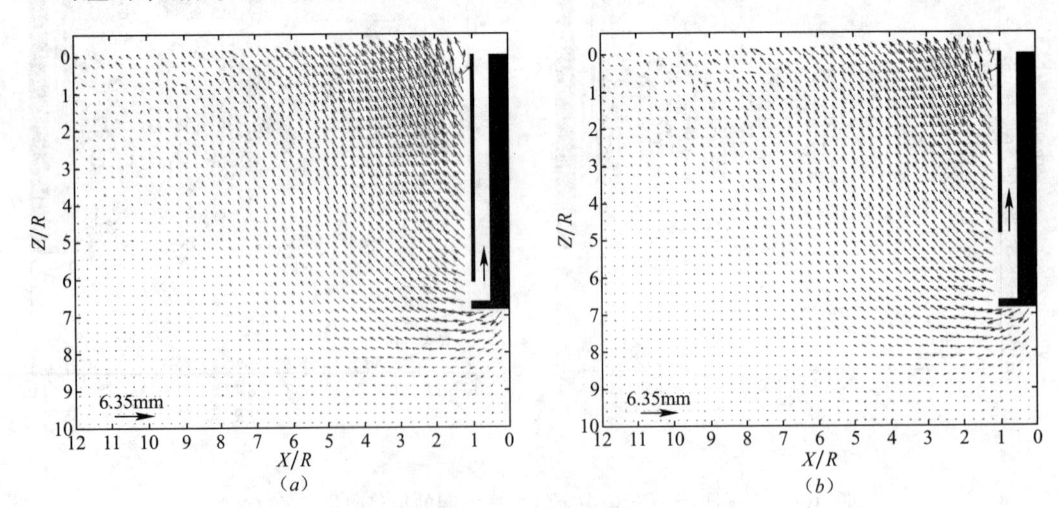

图 10-12　试样 T1-EF-C 中沉管上拔引起的净位移向量（一）
(a) 上拔至 6.1R；(b) 上拔至 4.8R

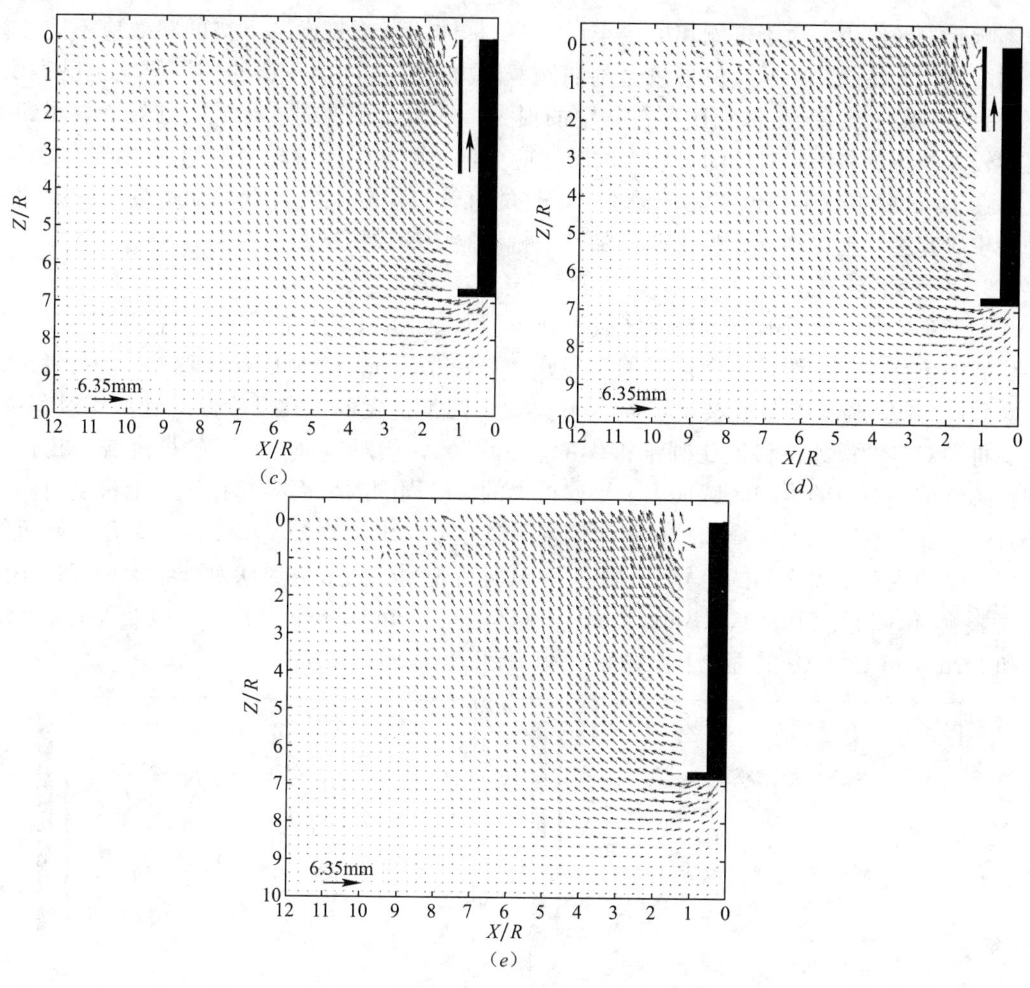

图 10-12 试样 T1-EF-C 中沉管上拔引起的净位移向量（二）

(c) 上拔至 3.5R；(d) 上拔至 2.2R；(e) 上拔至－0.15R

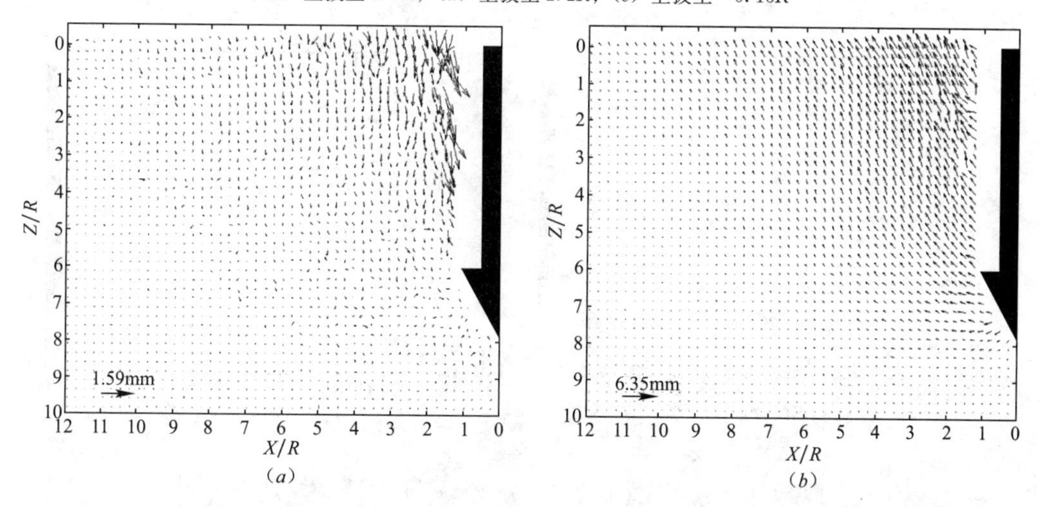

图 10-13 试验 T2-EC-C 中沉管上拔引起的位移向量累积量和上拔完成后的净位移向量

(a) 从 6.0R 上拔至－1.75R 引起的位移向量累积量；(b) 上拔至－1.75R 引起的净位移向量

的影响起主导作用。对于桩侧和桩端来说，TC 桩体的沉管打设和上拔的净效应不同。在桩侧，沉管上拔引起的残余位移将会削弱侧摩阻力的发挥，第 9 章的计算研究也已表明，TC 桩的侧阻力与传统桩体相比存在一定的损失；然而，在桩端，在平底桩尖下观测到了明显较大的净位移，同时伴随着较大的塑性应变，从而会引起端阻力的削减。值得注意的是，在 1g 试验中较难模拟实际工程下 TC 桩的沉管打设和上拔过程的应力变化，因此需进一步研究透明土在多 g 条件试验，如离心机试验中的模拟试验。

3. 水平和竖向位移等值线

为了量化 TC 桩周围土体变形区域，制作了如图 10-14 所示的利用沉管半径 R 进行归一化后的位移等值线图，图中包括了三部分：TC 桩沉管静压、TC 桩沉管上拔和二者组合的净效应。很明显，平底桩尖的影响区域要大于圆锥桩尖的。在 TC 桩沉管静压过程中，平底桩尖对应的最大位移值比圆锥桩尖的高出 40%，相对应地，在 TC 桩沉管上拔过程中，圆锥桩尖对应的影响区域远小于平底桩尖的。桩周围的表面隆起在沉管上拔后有所减小，但是在较远距离处的隆起减小量不明显，这主要是由沉管打设产生的被动压力和沉管上拔产生的主动压力之间的差异引起的。本试验所观测到的桩尖形状对土结构相互作用的显著影响与 Baligh（1985）、Gill 和 Lehane（2000）、Van Langen（1991）以及 Von Estorff 和 Firuziaan（2000）的理论和数值研究相一致。

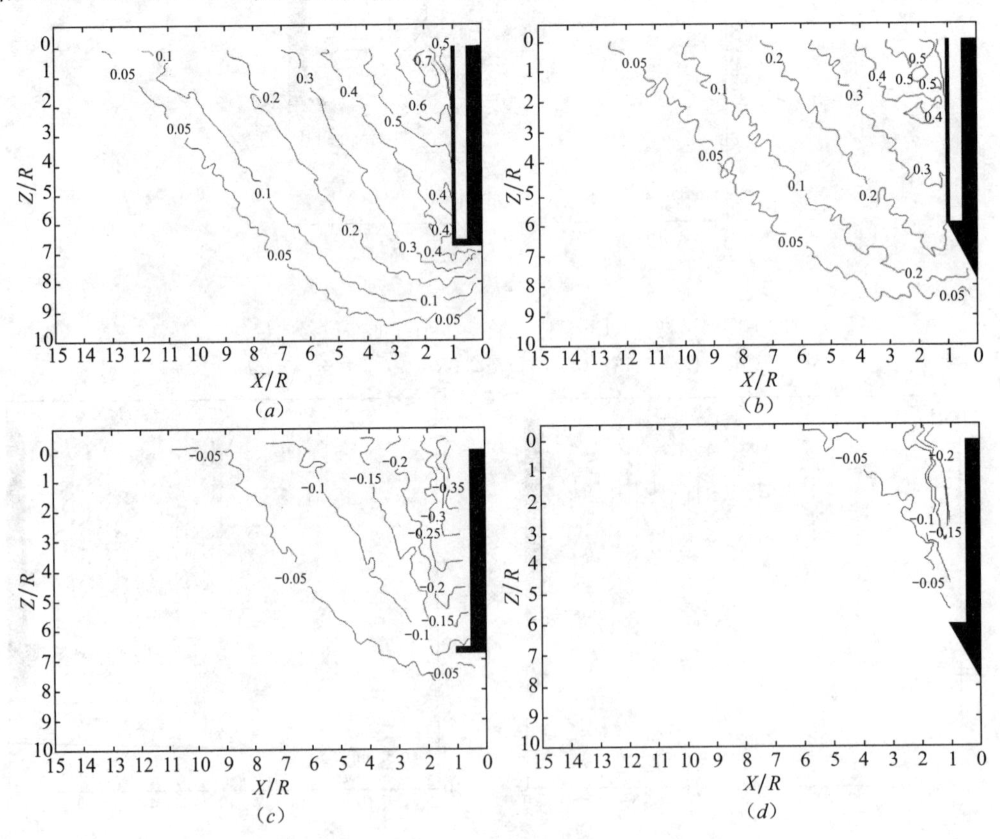

图 10-14　利用沉管半径 R 进行归一化后的位移等值线图（一）

（a）试验 T1-EF-C 中沉管从 $-0.15R$ 打设至 $6.6R$；（b）试验 T2-EC-C 中沉管从 $-1.75R$ 打设至 $6.0R$；
（c）试验 T1-EF-C 中沉管从 $6.6R$ 上拔至 $-0.15R$；（d）试验 T2-EC-C 中沉管从 $6.0R$ 上拔至 $-1.75R$

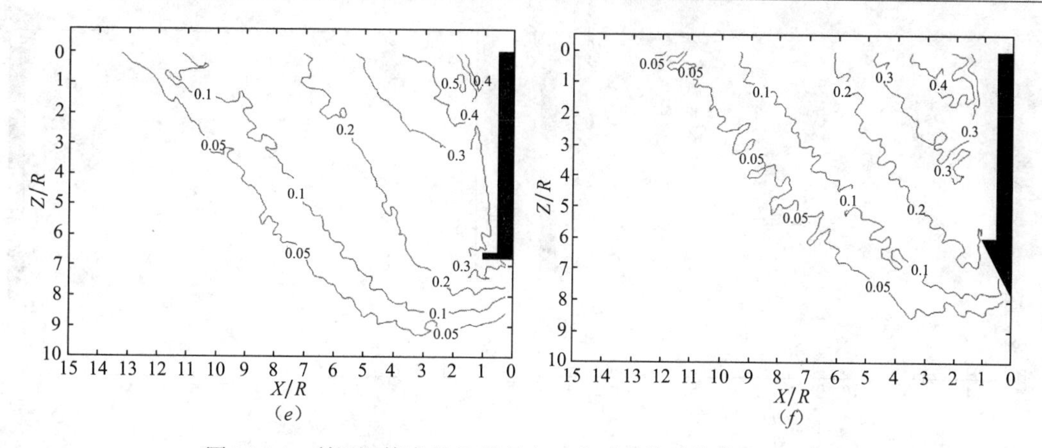

图 10-14 利用沉管半径 R 进行归一化后的位移等值线图（二）

(e) 试验 T1-EF-C 中沉管打设和上拔的叠加；(f) 试验 T2-EC-C 中沉管打设和上拔的叠加

每个土体单元的位移可分解为横向和竖向分量，其对应的等值线分布如图 10-15 和图 10-16所示。图中的负值代表土体单元的向下移动或者向着桩体移动。在 TC 桩沉管打设过程中，水平向变形相比竖向变形较大，但是在 TC 桩沉管上拔过程中，水平向变形则比竖向变形小很多。然而，除了在桩端附近，最终的净水平向和净竖向的位移彼此相似。

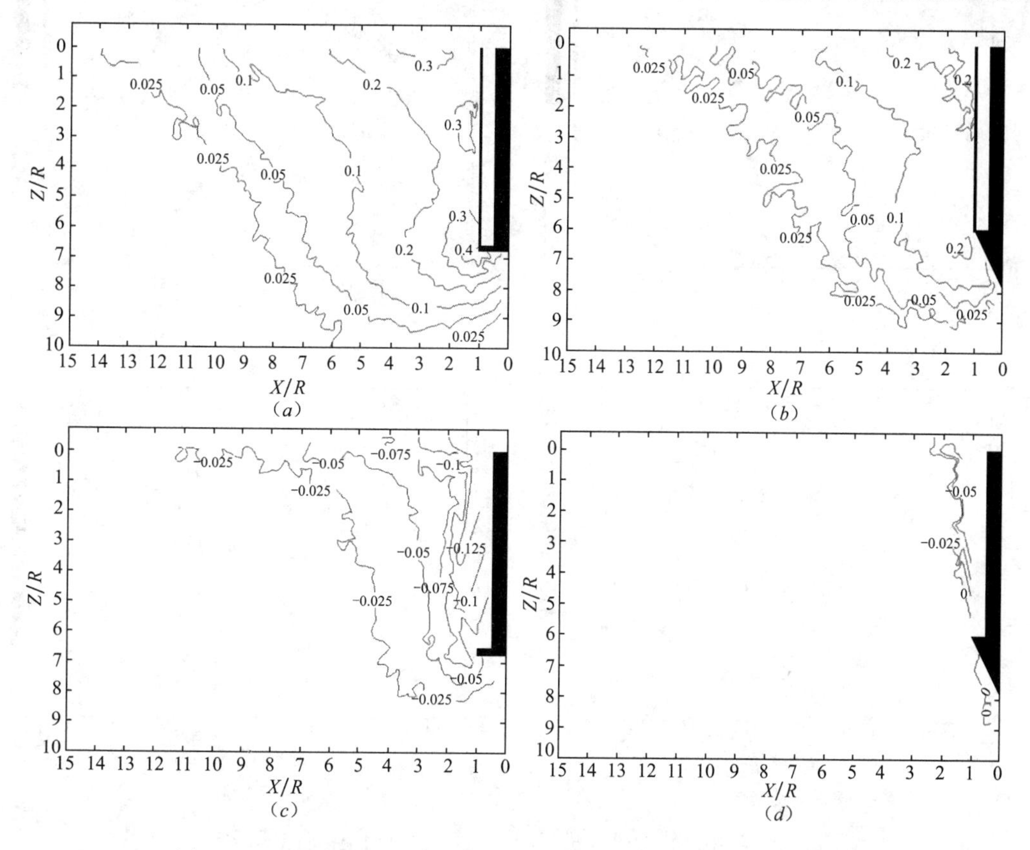

图 10-15 利用沉管半径 R 进行归一化后的水平位移等值线图（一）

(a) 试验 T1-EF-C 中沉管从 $-0.15R$ 打设至 $6.6R$；(b) 试验 T2-EC-C 中沉管从 $-1.75R$ 打设至 $6.0R$；(c) 试验 T1-EF-C 中沉管从 $6.6R$ 打设至 $-0.15R$；(d) 试验 T2-EC-C 中沉管从 $6.0R$ 打设至 $-1.75R$

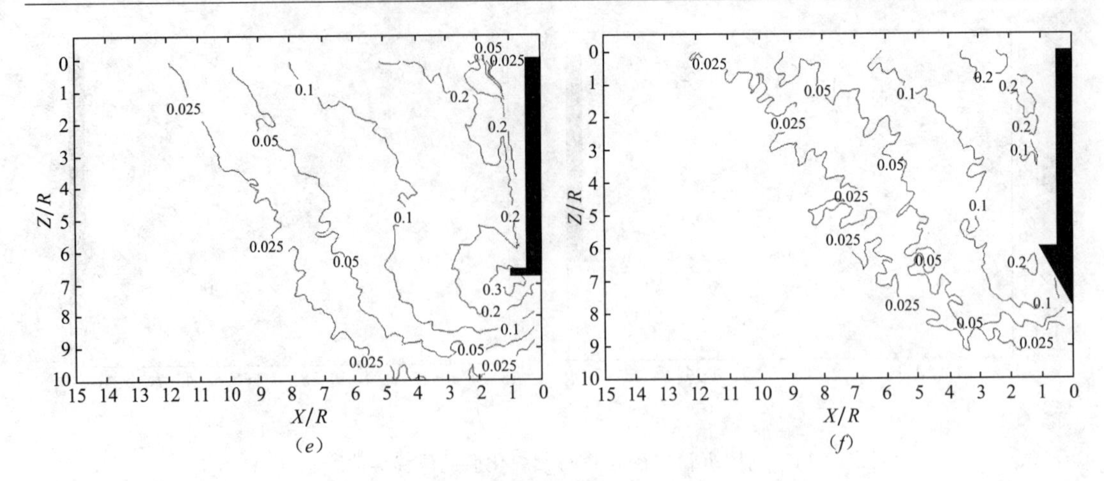

图10-15 利用沉管半径 R 进行归一化后的水平位移等值线图（二）

(e) 试验T1-EF-C中沉管打设和上拔的叠加；(f) 试验T2-EC-C中沉管打设和上拔的叠加

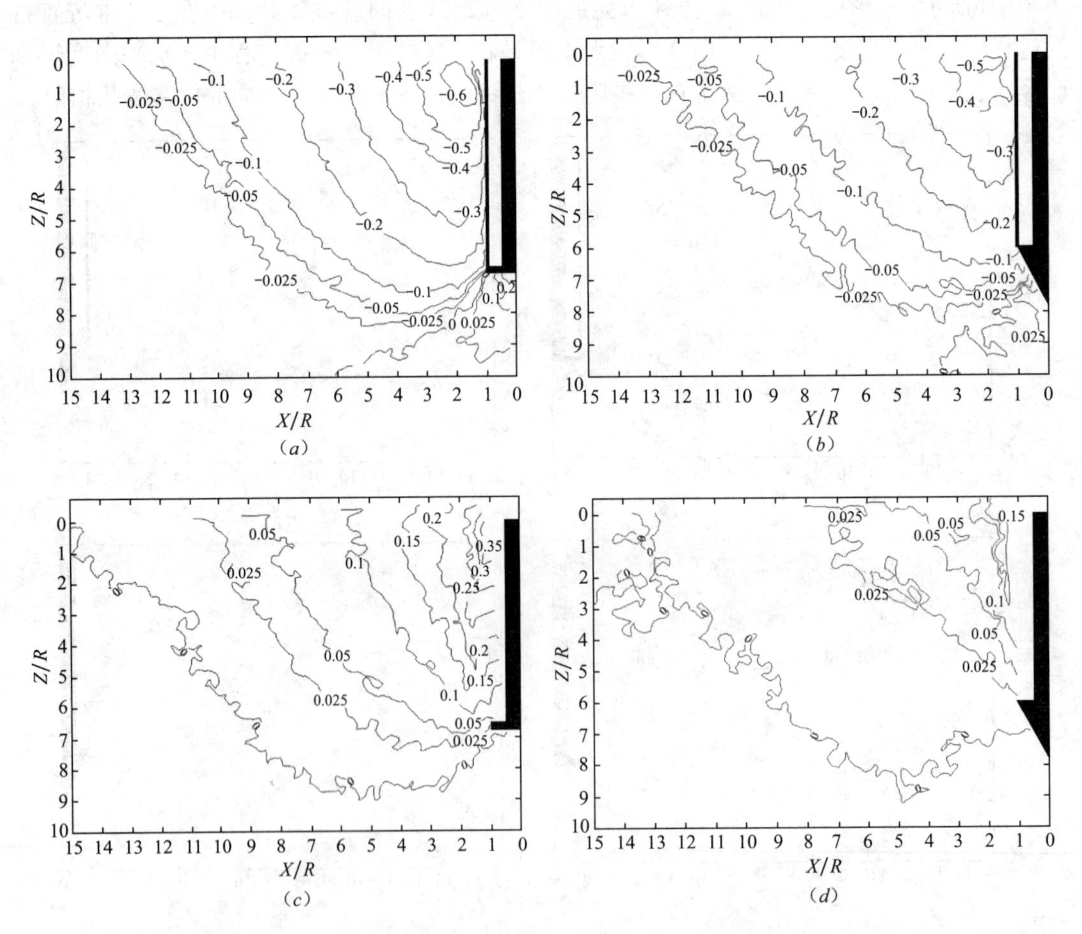

图10-16 利用沉管半径 R 进行归一化后的竖向位移等值线图（一）

(a) 试验T1-EF-C中沉管从 $-0.15R$ 打设至 $6.6R$；(b) 试验T2-EC-C中沉管从 $-1.75R$ 打设至 $6.0R$；
(c) 试验T1-EF-C中沉管从 $6.6R$ 上拔至 $-0.15R$；(d) 试验T2-EC-C中沉管从 $6.0R$ 上拔至 $-1.75R$；

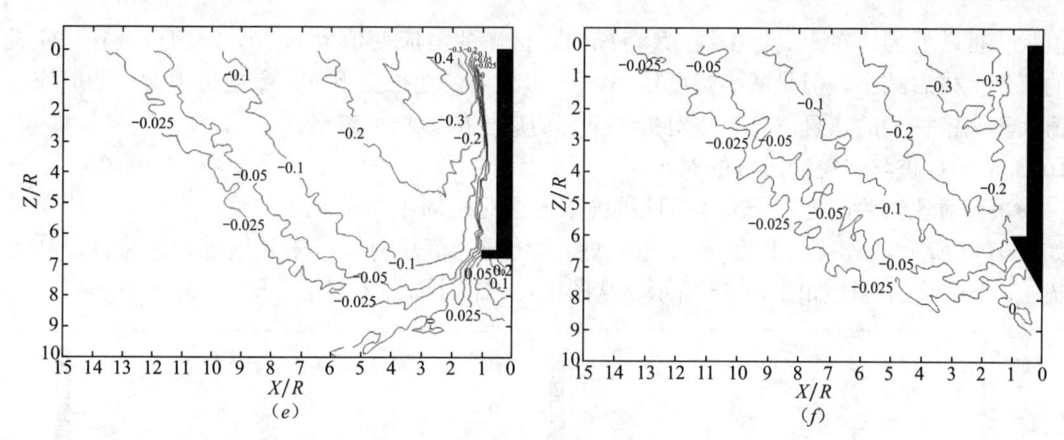

图 10-16 利用沉管半径 R 进行归一化后的竖向位移等值线图（二）

（e）试验 T1-EF-C 中沉管打设和上拔的叠加；（f）试验 T2-EC-C 中沉管打设和上拔的叠加；

4. 沉管静压和拔出过程中引起的最大剪应变分布变化

关心区域内最大剪应变随不同桩尖类型的 TC 桩沉管打设和上拔的发展变化如图 10-17所示。在 TC 桩沉管打设过程中，不同桩尖类型对应的桩侧剪应变相似且剪应变

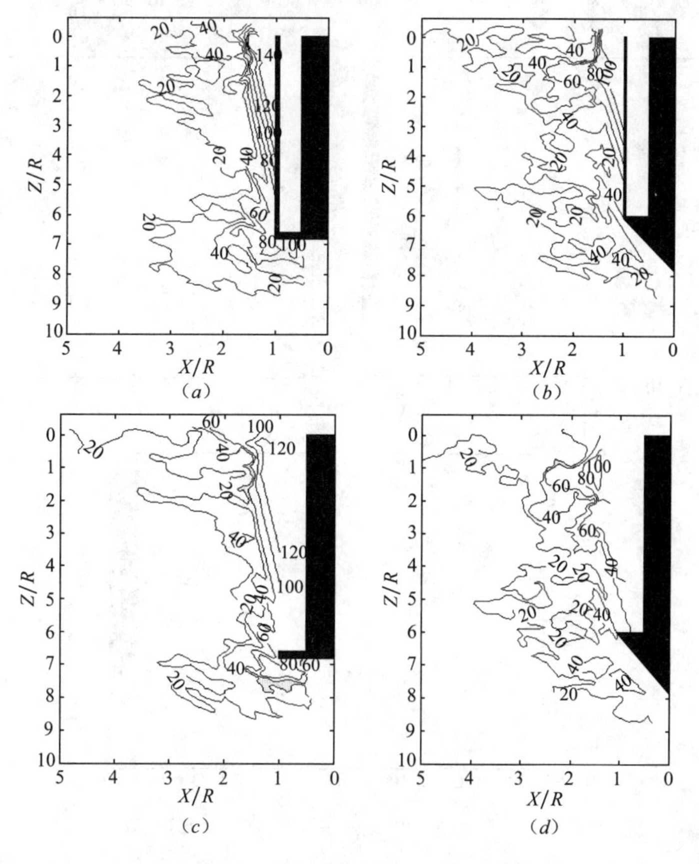

图 10-17 最大剪应变（%）分布

（a）试验 T1-EF-C 中沉管从$-0.15R$ 打设至 $6.6R$；（b）试验 T2-EC-C 中沉管从$-1.75R$ 打设至 $6.0R$；

（c）试验 T1-EF-C 中沉管拔出后；（d）试验 T2-EC-C 中沉管拔出后；

值大于桩端处的。在距离桩中线 3R 范围内，桩侧的剪应变值大约 20%。剪应变在 TC 桩的沉管上拔后减小，但是减小幅度较小，不足 10%。在桩尖下部，平底桩尖对应的剪应变值大于圆锥桩尖的，且沉管上拔对桩尖下部剪应变的影响可忽略。

10.3.5 TC 桩与传统静压桩的对比

采用对比试验的方法研究了 TC 桩施工方法对桩周土体单元净位移的影响，对比试验如表 10-3 所示，T3-C、T4-F 和 T5-C 试验为传统的静压打设，未采用沉管进行打设和上拔。5 个试验的对比如图 10-18 所示，从图中可以得出如下结论：

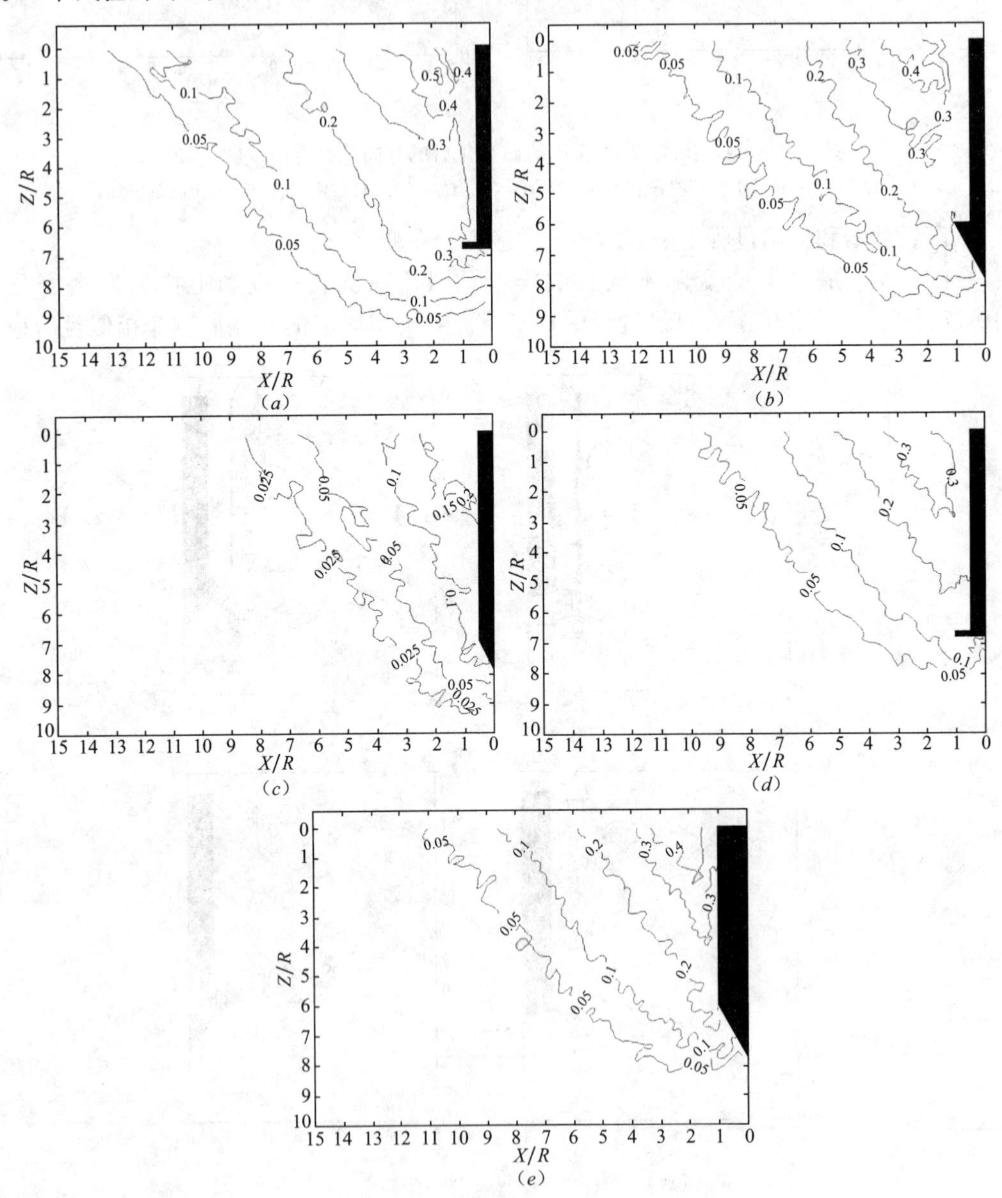

图 10-18　净位移等值线分布

(a) 试验 T1-EF-C 打设和上拔叠加；(b) 试验 T2-EC-C 打设和上拔叠加；(c) 试验 T3-C；(d) 试验 T4-F；(e) 试验 T5-C

(1) 图 10-18 (e) 为与 TC 桩桩尖直径相同的带有圆锥桩尖的传统桩体未采用沉管辅

助静压引起的周围土体位移的等值线图。图10-18（e）和（b）的对比发现，二者的净位移等值线图大多相近，这是因为土体在桩体静压过程中发生了较大的塑性变形，且塑性变形在沉管上拔后的回复量很小造成的。在沉管上拔时，桩侧附近形成土体回流现象，以填充沉管和TC桩体间的缝隙，土体回流在一定程度上可能会造成桩侧摩阻力的损失，而且这种损失已在第9章的计算分析中得到了证实。

（2）图10-18（c）为与TC桩桩身直径相同的传统的未带有扩大头桩体在静压时引起的净位移等值线图。从图10-18（c）和（b）的对比可以看出，传统的未带有扩大头桩体静压时对土体的扰动要远小于TC桩的，这主要是由前者的挤土量较小造成的。

（3）图10-18（d）为与TC桩外形的相同的传统扩大平底桩尖桩在未采用沉管辅助静压时引起的位移等值线图。图10-18（d）和（a）的对比发现，各位移等值线的轮廓相似，但是前者的影响区域比TC桩的较小，尤其是在桩侧处。

10.4 TC桩屈曲的透明土模拟试验研究

本章中将TC桩的屈曲模拟试验分为2类：①单桩屈曲的透明土模拟试验，相对应的模型桩的细长圆柱体；②多桩屈曲的透明土模拟试验，相对应的模型桩为细长方体。试验中所配置的透明土均为疏松状，其相对密实度在1/4～1/3之间。

10.4.1 细长模型桩的制作

1. 单桩屈曲试验所用模型桩

采用的材料分别为亚克力杆、木材和硬性塑材Garolite-9。模型桩的长度约为180mm，直径分别为1.6mm、3.2mm和4.8mm，设桩体的直径为D，长度为l，细长比$SR=l/D$。图10-19给出了一些模型桩的示例及在透明中的模型木桩，其中，为了在试验过程中固定桩底端，采用三维打印机制作了一个扩大的红色圆柱体，其材质为聚乳酸(Poly Lactic Acid，简称PLA)。采用高强度粘结剂将圆柱体、模型桩和模型槽固定。由于桩体屈曲方向的不确定性，试验中设置了屈曲方向控制装置，如图10-20所示。

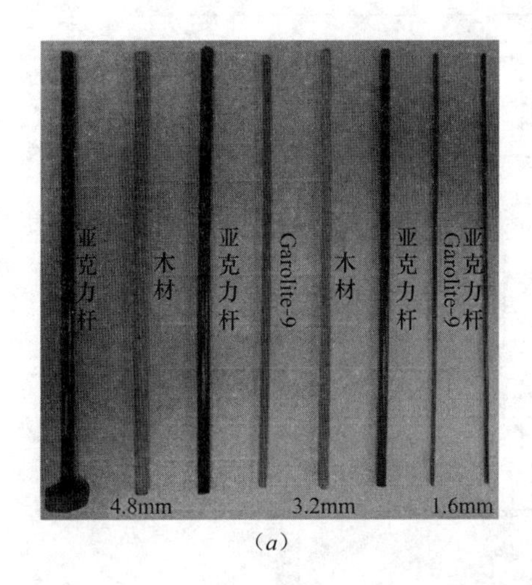

（a）

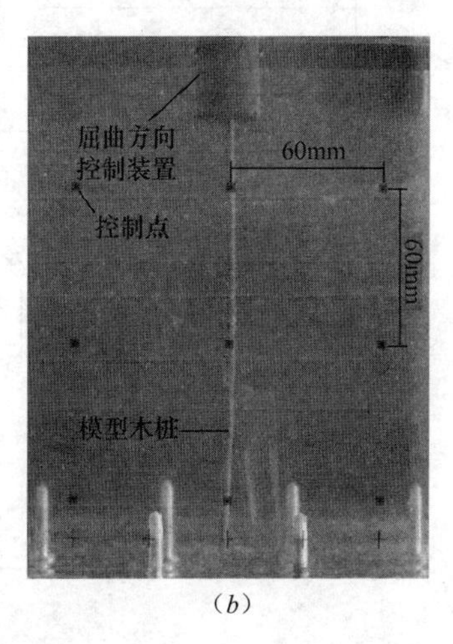

（b）

图10-19 用于单桩屈曲的模型桩

（a）模型桩示例；（b）透明土中的ϕ3.2mm模型木桩

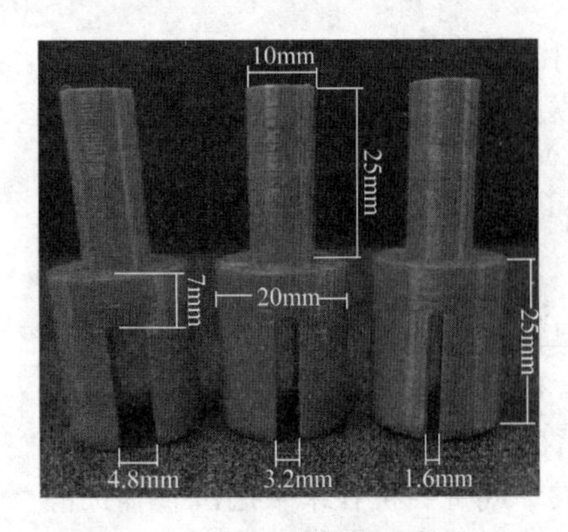

图 10-20　用于单桩屈曲的屈曲方向控制装置

2. 多桩屈曲试验所用模型桩

由于多桩屈曲的复杂性，本章将 TC 桩多桩屈曲的形式进行了简化，即仅进行了单排 3 桩的试验，但所采用的模型桩的界面形状为长方形，如图 10-21 所示，桩的最小宽度均为 2mm，记为 W，第二宽度均是 8mm，而桩长则分别是 210mm 和 130mm，记为 l，另外，本章仅采用了亚克力透明塑材来制作如图 10-21 所示的模型桩。为了对图 10-21 所示的模型桩进行加载，制作了如图 10-22 所示的多桩加载头，并在加载头中设置模型桩的插槽，插槽的间距为 10mm（5W），深度为 10mm，宽度为 2mm。

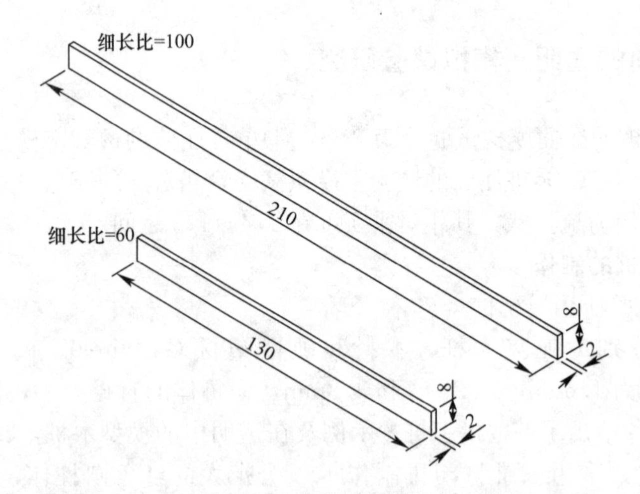

图 10-21　用于多桩屈曲的模型桩设计图（单位：mm）

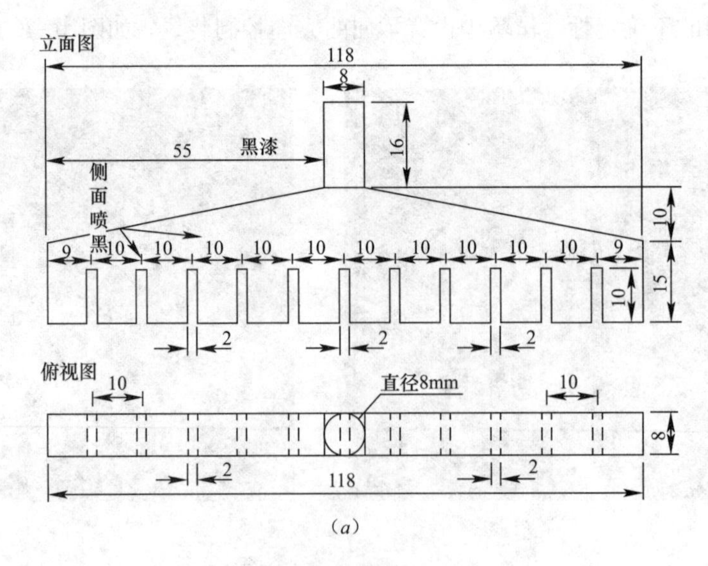

(a)

图 10-22　多桩屈曲加载头（一）

(a) 立面图和俯视图（单位：mm）

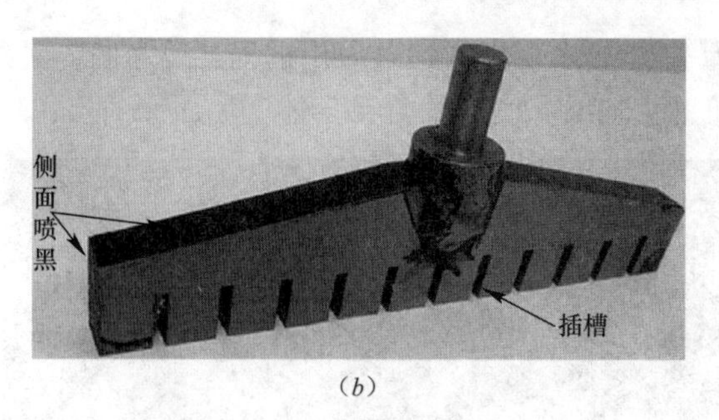

(b)

图 10-22 多桩屈曲加载头（二）
(b) 实物图

10.4.2 试验装置

1. 单桩屈曲试验装置

对于单桩屈曲，其试验装置如图 10-23 所示，包括光学试验平台、传动器、激光器、线发生器、数码相机和模型槽。试验所用的模型槽的尺寸为长×厚×高=203mm×51mm×203mm，由有机玻璃制成，其折射率为 1.488，另外，在模型槽外壁需设置如图 10-19(b) 所示的控制点，用于 Geo-PIV 对拍摄图片的计算处理中。

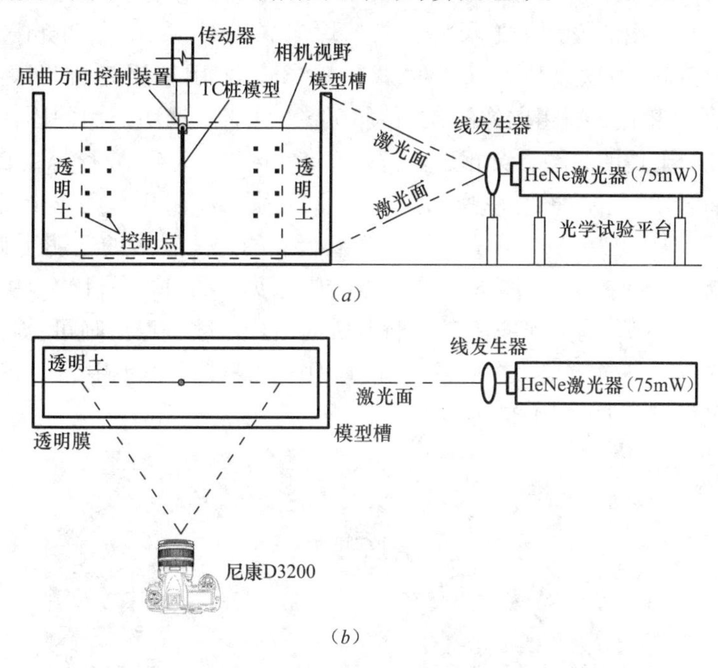

图 10-23 TC 桩屈曲透明土试验装置示意图
(a) 俯视图；(b) 侧视图

激光器采用的是功率为 75mW 的氦氖（HeNe）激光器（对应的激光颜色为红色），通过线发生器可生成均匀分布的激光面，照射在透明土中便可形成散射光斑场，如图 10-24 所示，由于透明土并未完全理想的透明，故散射光斑的强度和密度均沿着激光投射方向递减。桩体打设和加载所采用的传动器的型号为 LACT10P-12V-20，其动力来源于 12V 的铅酸蓄电池，通过反馈电路连接到电脑，并由界面控制软件来设置传动器的运动。土体的变形过程采用尼康 D3200 相机进行拍摄，所得图像的大小约为 2400 万像素，相机镜头面与土体变形面的距离为 275mm，相机的拍摄采用远程红外控制。另外，按照 Ni 等（2010）提出的方法，调整相机镜头轴线，使其垂直于土体变形面。

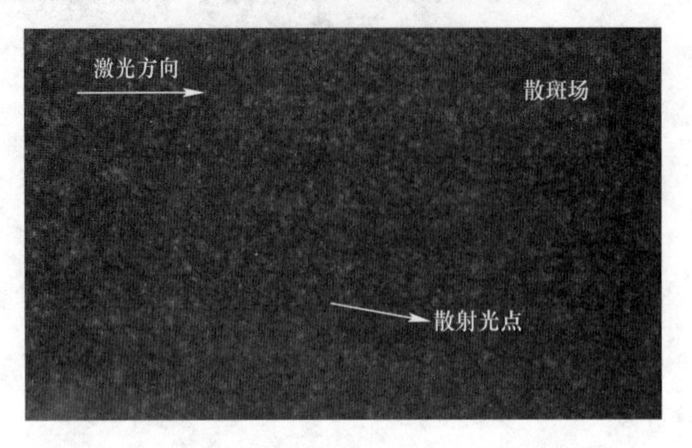

图 10-24　红色激光器投射透明土产生的散斑

2. 多桩屈曲试验装置

多桩屈曲的模拟试验装置与单桩屈曲的相类似，如图 10-25 所示，不同的是，所采用的激光器型号为 EP532-2W，最大发射功率为 2W，激光的颜色为绿色；加载设备为自动沉桩加载仪；试验所用的模型槽的尺寸为长×厚×高＝250mm×130mm×130mm，且壁厚为 5mm，采用有机玻璃制成，其折射率为 1.488；采用单反相机尼康 D7000 代替了图 10-25 中的 CCD 相机，所得图像的大小为 1600 万像素；透明土中的固体颗粒采用石英砂，其物理特性与上述的熔融石英相近，折射率在 1.458～1.459，摩擦角在 38°～40°。孔隙溶液是由白油（12℃下的折射率为 1.4717，密度为 847.7g/L）和正十二烷（12℃下的折射率为 1.4717，密度为 736.1g/L）的混合液组成的，配置后的透明土如图 10-26（*a*）所示，可以看出，透过 130mm 厚的图画依然清晰可见，另外，图 10-26 中模型桩的长细比为 100，图 10-26（*b*）为其对应的激光照射后的图片，散斑点清晰可见，散斑点的强度和密度沿着激光投射方向递减，在照片处理过程中，需对照片的相关区域进行网格划分，形成一系列审讯窗口，如图 10-26（*c*）所示。

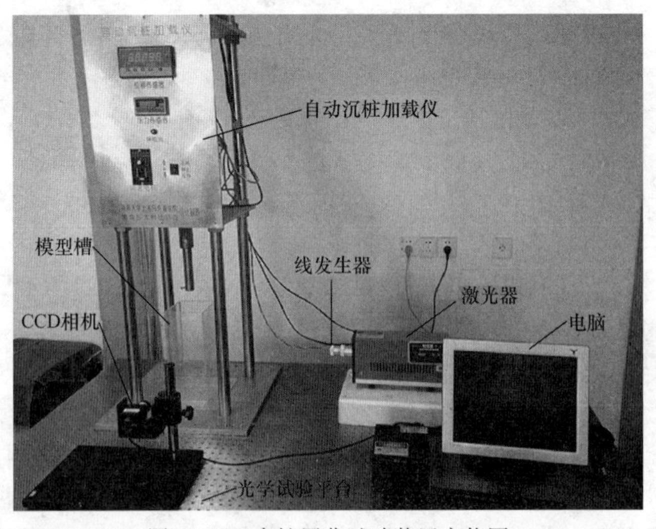

图 10-25　多桩屈曲试验装置实物图

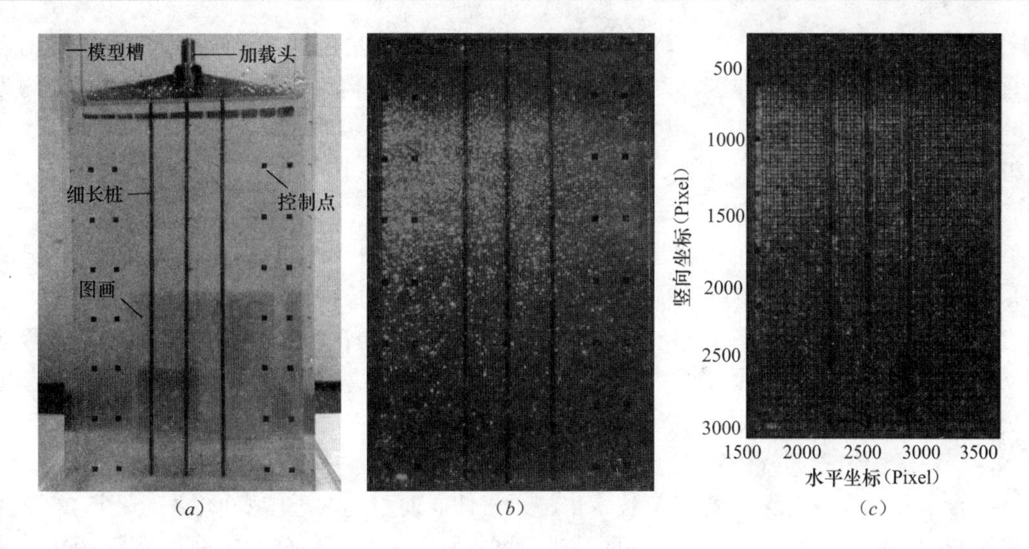

图 10-26　多桩屈曲的透明土模拟试验

(*a*) 透明性检测；(*b*) 散斑形成；(*c*) 网格划分

10.4.3　试验内容

1. 单桩屈曲试验内容

单桩屈曲试验共进行了 17 组，试验信息列于表 10-4 中。除 T6ˆ试验外，其他试验对应的桩体为非透明体，未进行激光照射，仅观察细长模型桩在竖向作用下的屈曲变形，试验需在光亮的环境中进行。试验 T6ˆ，则进行了激光照射，试验时需在黑暗的环境中进行。

单桩屈曲模拟试验汇总表　　**表 10-4**

材质	亚克力杆								
E (MPa)	3.2×10^3								
D (mm)	1.6		3.2				4.8		
NO.	T1	T2	T3	T4	T5*	T6ˆ	T7	T8	T9*
SR	112	112	56	56	56	56	38	38	38
$l_r=l_b/l$	0.58	0.53	0.70	0.65	0.67	0.64	1.00	1.00	/
l_{rave}	0.56		0.68		0.67	0.64	1.00		/
材质	Garolite-9				材质	木材			
E(MPa)	1.2×10^4 MPa				E(MPa)	$(9\sim12)\times10^3$			
D(mm)	1.6		3.2		D(mm)	3.2		4.8	
NO.	T10	T11	T12	T13*	NO.	T14	T15	T16	T17
SR	112	112	56	56	λ	56	56	38	38
$l_r=l_b/l$	0.70	0.70	0.90	/	l_p/l	0.32	0.30	0.47	0.45
l_{rave}	0.70		0.90	/	l_{pave}/l	0.31		0.46	

注：E 为弹性模量；D 为模型桩直径；NO.：代表试验编号；SR 为模型桩的长细比；l_r 为桩体的相对屈曲长度；l_b 为桩体的屈曲长度；l 为模型桩长；l_{rave}为桩体的平均相对屈曲长度；l_p 为试验桩体破坏位置对应的长度；l_{pave}为平均破坏位置对应的长度；“*”代表桩体下端固定；“ˆ”代表试验桩为透明体。

试验过程采用沉降控制的方式，传动器每次向下传动 0.8mm，每传动一次需用相机拍摄下对应的图像。T14～T17 对应的木材试验桩体的屈曲破坏过程迅速，相机无法捕捉其屈曲变形过程，而其他材质的屈曲变形过程缓慢，因此可记录下屈曲变形过程。对于

T1～T5*、T7～ T9* 和 T10～ T13*，其竖向施加的位移量至少为对应桩体直径的 2 倍以上直至破坏，亚克力杆屈曲破坏对应的竖向位移约为 4.0 倍桩直径，Garolite-9 的则约为 2.5 倍；对于 T6^，仅施加 1 倍桩体直径的沉降量；对于模型木桩，当竖向位移施加至约 1 倍桩径时，桩体突然破坏。

2. 多桩屈曲试验内容

本章进行了 7 组多桩屈曲试验，试验编号记作：试验 1～试验 7，其中，试验 1～试验 6 所进行的是细长比为 60 的三桩屈曲试验，而试验 7 是细长比为 100 的三桩屈曲试验。加载方式采用位移控制式，图 10-25 所示的自动沉桩加载仪每次可竖向移动 0.5mm，每竖向移动一次需用单反相机拍摄下对应的图像，本次试验中设置的最大竖向位移为 4mm，也就是 2W，一次多桩屈曲试验拍摄 9 张图片。

10.4.4　粒子图像测速（PIV）

结合 Geo-PIV 和近景摄影测量技术来记录桩体屈曲引起的土体变形。Geo-PIV 的操作步骤可简化为以下 4 步：(1) 关心的区域进行网格划分；(2) 划分的各网格进行 PIV 计算获取各网格的位移；(3) 像素坐标系转换为实物坐标系；(4) 取实物坐标系下的位移场和应变场。

在坐标转换过程中，透明土和模型槽折射率对坐标转换有一定的影响，如图 10-27 所示，在右边的空气中 $CD=C_2D_2$，而在左边的透明土介质中，$AB<A_2B_2$，因此，在坐标转换时需引入折射率修正系数 k。

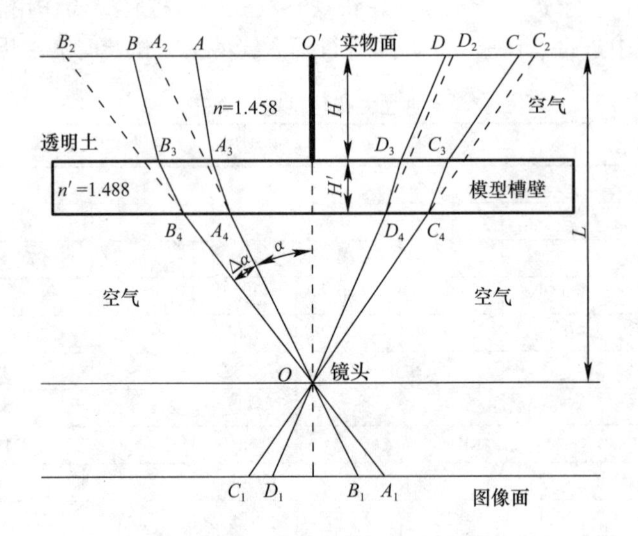

图 10-27　折射率对坐标转换的影响

在右边的空气中，坐标转换系数 η 可表示为：

$$\eta=\frac{C_1D_1}{CD}=\frac{C_1D_1}{C_2D_2}=\frac{A_1B_1}{A_2B_2} \tag{10-3}$$

在左边的透明土中，坐标转换系数 η' 则变为：

$$\eta'=\frac{A_1B_1}{AB}=\eta\cdot\frac{A_2B_2}{AB}=\eta\cdot k \tag{10-4}$$

其中，折射率修正系数 k 可近似简化为：

$$k=\frac{A_2B_2}{AB}=\frac{1}{\dfrac{L-(H+H')}{L}+\dfrac{H+H'}{(n^2/n')L}\dfrac{\cos^3\alpha}{\left[1-\dfrac{n'^2\sin^2\alpha}{n^4}\right]^{3/2}}} \tag{10-5}$$

其中，L 为镜头到实物面的垂直距离；H 为透明土的厚度；H'为模型槽壁的壁厚；n 为透明土的折射率；n'为模型槽的折射率；α 为观测点与镜头之间夹角。

对于屈曲试验，$L=300$mm、$H=30$mm、$H'=5$mm、$n=1.458$、$n'=1.488$、$\alpha=-10°\sim10°$，按照式（10-5）计算出的 k 值从 1.043 变化到 1.045，可采用平均值 1.044 作为多桩屈曲试验中的折射率修正系数。

10.4.5 模拟试验结果分析

1. 单桩屈曲曲线

无侧向作用下不同嵌固形式的压杆屈曲曲线如图 10-28 所示，其对应的曲线方程详见于式（10-6）中。

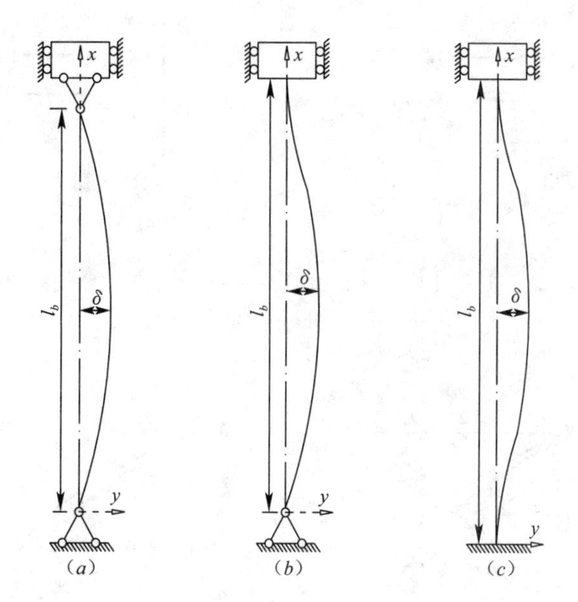

图 10-28 无侧向作用下不同嵌固形式的压杆屈曲曲线

（a）两端铰支；（b）一端固定一端铰支；（c）两端固定

$$\frac{w}{\delta}=\begin{cases}\sin\dfrac{\pi x}{l_b} & \text{图 10.28}(a)\\ 0.16\sin\dfrac{\pi(l_b-x)}{0.7l_b}-0.72\cos\dfrac{\pi(l_b-x)}{0.7l_b}+0.74\dfrac{x}{l_b} & \text{图 10.28}(b)\\ 0.5\left(1-\cos\dfrac{2\pi x}{l_b}\right) & \text{图 10.28}(c)\end{cases} \tag{10-6}$$

其中，w 为压杆屈曲曲线；δ 为压杆屈曲的最大挠度，l_b 为桩体的屈曲长度。

在不同竖向位移量作用下，透明土中的模型桩屈曲曲线的形状一致，通过除以最大挠度 δ 归一化处理后近似为一条曲线。另外，对于同种材料相同约束情况下的屈曲曲线的形状也一致。因此，本章选择了部分典型的实测屈曲曲线，并进行归一化处理列于图 10-29～图 10-31 中。

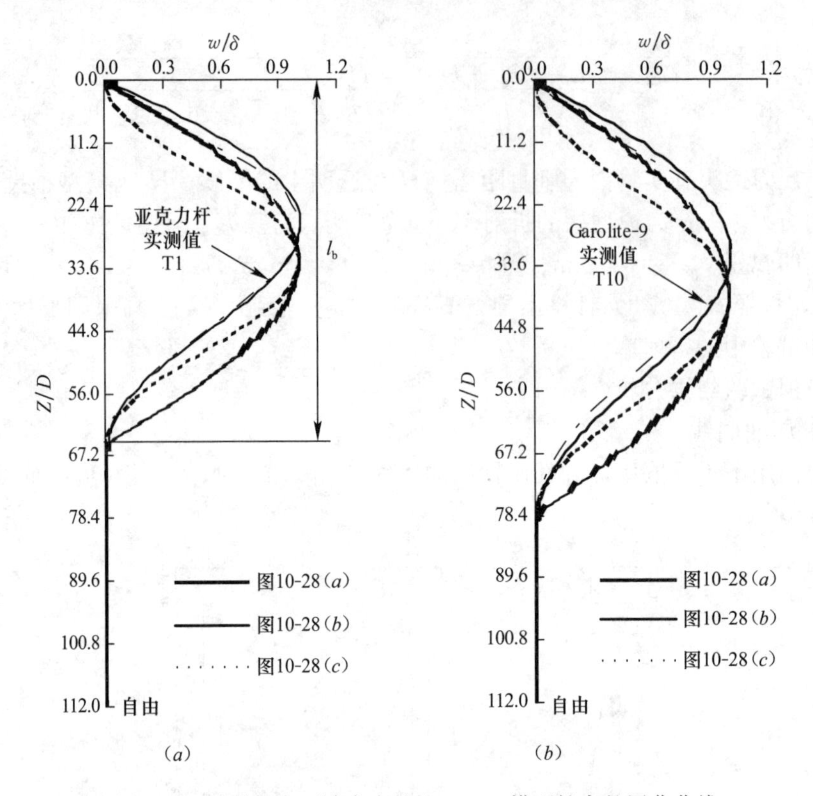

图 10-29　透明土中下端自由的 ϕ1.6mm 模型桩完整屈曲曲线

(a) 亚克力杆；(b) Garolite-9

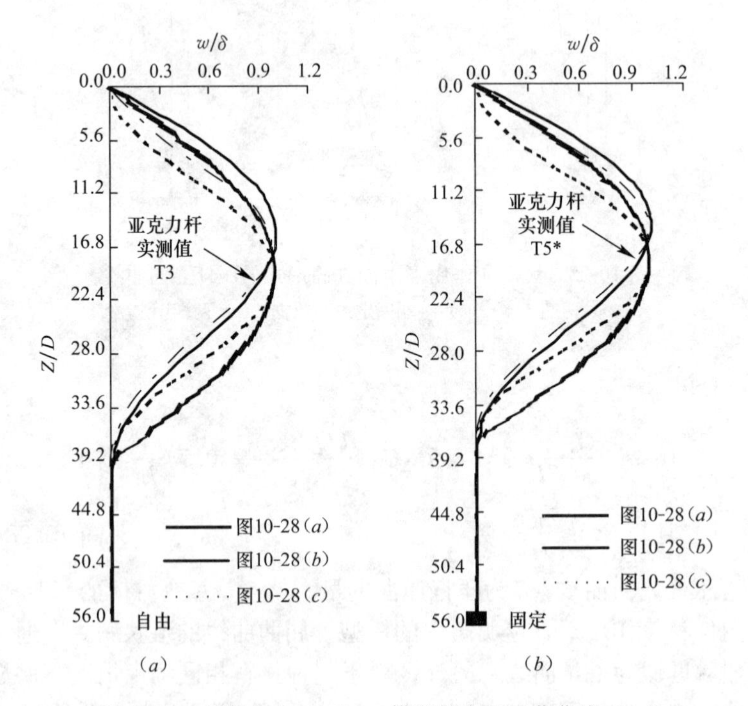

图 10-30　透明土中 ϕ3.2mm 模型桩完整屈曲曲线（一）

(a) 下端自由亚克力杆；(b) 下端固定亚克力杆

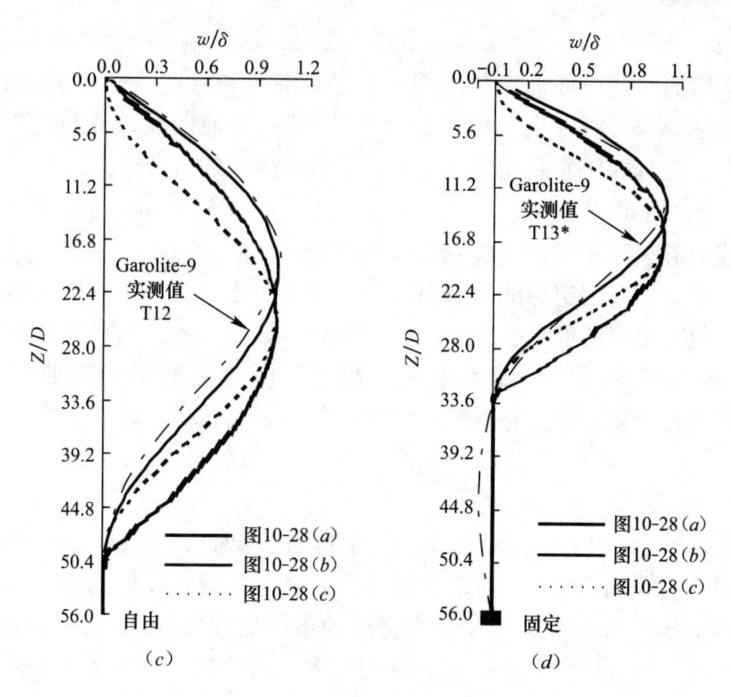

图 10-30 透明土中 ϕ3.2mm 模型桩完整屈曲曲线（二）

(*c*) 下端自由 Garolite-9；(*d*) 下端固定 Garolite-9

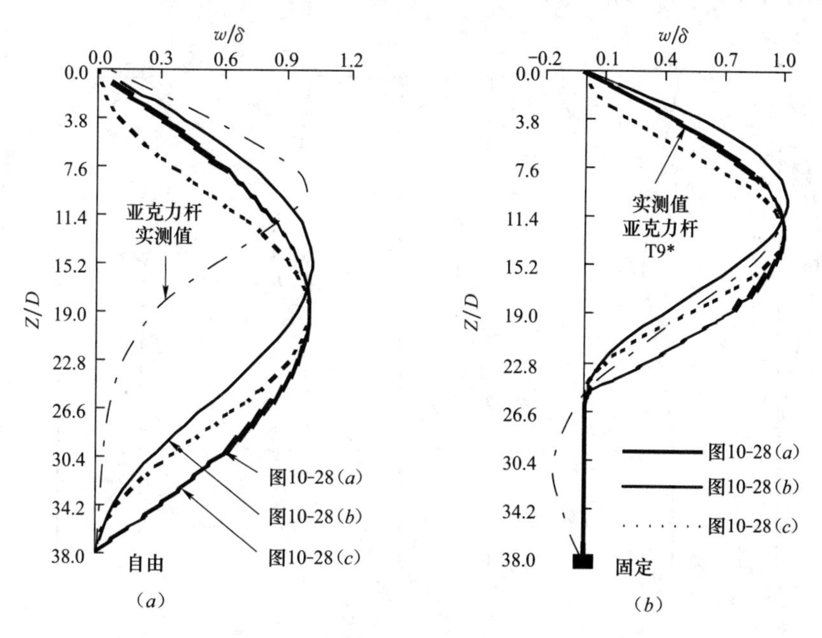

图 10-31 透明土中 ϕ4.8mm 模型桩完整屈曲曲线

(*a*) 下端自由亚克力杆；(*b*) 下端固定亚克力杆

本章中所提的屈曲长度是指发生侧向位移的桩体长度，如图 10-29 (*a*) 所示，并设相对屈曲长度 $l_r = l_b / l$。通过对比图 10-29 (*a*) 和 (*b*)、图 10-30 (*a*) 和 (*c*)，可以看出，桩体的相对屈曲长度 l_r 受材质的强度影响，当材质强度增大时，l_r 随之增加；通过对比图 10-29 (*a*)、图 10-30 (*a*) 和图 10-31 (*a*)，可知，l_r 还随着长细比的减小而增大。

对于图 10-29、图 10-30（a）～（c）和图 10-31（a），当相对屈曲长度 $l_r<1$ 时，其对应的屈曲长度范围内的实测屈曲曲线与图 10-28（b）的相一致；然而对于图 10-31（b），当屈曲长度发展至桩身全长时（也就是，$l_r=1$），桩体的屈曲曲线外形与图 10-28 中的任何一种都差别较大，此时的屈曲曲线的形式并非正余弦函数的组合形式。

结合图 10-30、图 10-31 和表 10-4，可以看出，对于 ϕ3.2mm 的亚克力杆，桩底固定与否对屈曲曲线的形状和相对屈曲长度影响不明显，外形仍为 1 个半波；但当增加桩身强度或者桩体直径后，桩底固定后的屈曲曲线形式发生变化，屈曲曲线的外形由有 1 个半波变为 2 个半波，但 2 个半波的形状仍与图 10-28（b）的相一致。另外，还可以看出，细长桩的合理屈曲曲线可采用“一端固定一端铰支”所对应的压杆挠曲线（式 10-6b 和图 10-28b）近似进行计算，且受桩端约束的影响较小，可认为，路堤桩在一般情况也可采用该屈曲曲线。

2. 多桩屈曲曲线

本章选取了试验 4、试验 6 和试验 7 的三个典型试验结果进行了分析。试验 4、6 和 7 所对应的多桩屈曲曲线如图 10-32 所示，模型桩的底部未设置任何约束，相当于上述单桩屈曲试验中的自由端。与自由端的亚克力材质的单桩屈曲曲线相比，细长比为 60 和 100 的多桩屈曲曲线的最大挠度点明显上移，且均发生在约(15～20)W 左右的深度处，相对应地，多桩的平均屈曲长度也明显缩短至(40～50)W 长度。与单桩屈曲类似，多桩压曲的屈曲曲线仍与图 10-28（b）的相一致。

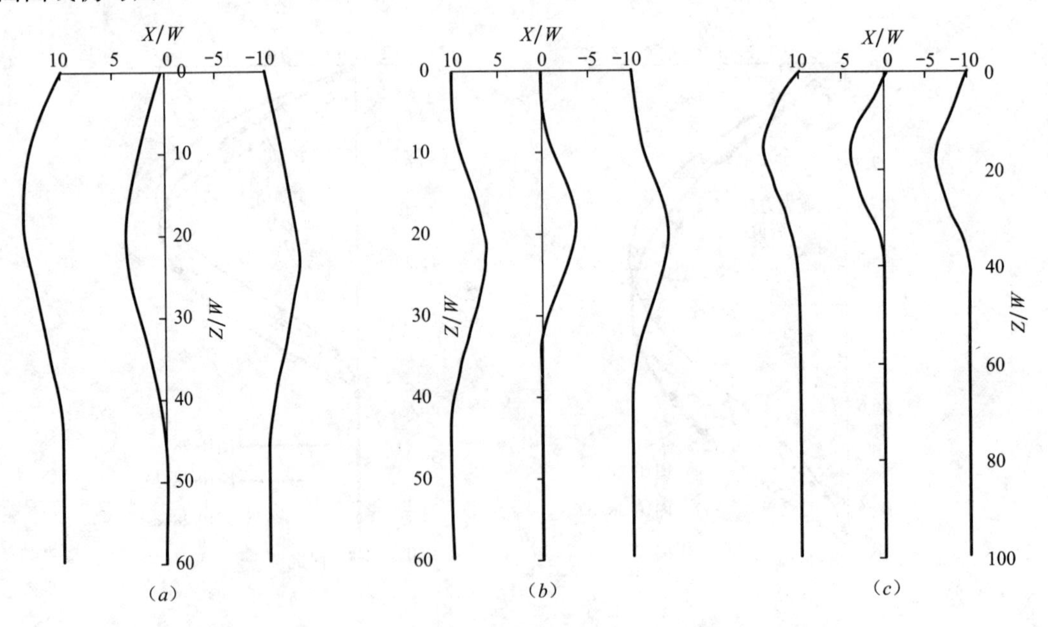

图 10-32　透明土中观测到的多桩屈曲曲线

（a）试验 4、细长比=60；（b）试验 6、细长比=60；（c）试验 7、细长比=100

3. 单桩屈曲变形引起的位移向量

根据试验 T6¯，轴向受压 TC 桩从 0D 静压至 0.25D、从 0D 静压至 0.5D、0D 静压至 0.75D 和 0D 静压至 1.0D 所致屈曲变形引起的周围土体的累积变形分别如图 10-33（a）～（d）所示。为了能够更加清晰地看出土体的变形，图 10-33 中的向量已放大 4 倍，左下角所示的示例向量代表的长度为3.2mm，也就是桩体的直径大小。所关心区域的横竖向坐标已经过归一化处理。可以看出，桩体在受压过程中发生了一定量的侧向位移，但并不影响屈曲变形引起的周围土体变形机理的研究。

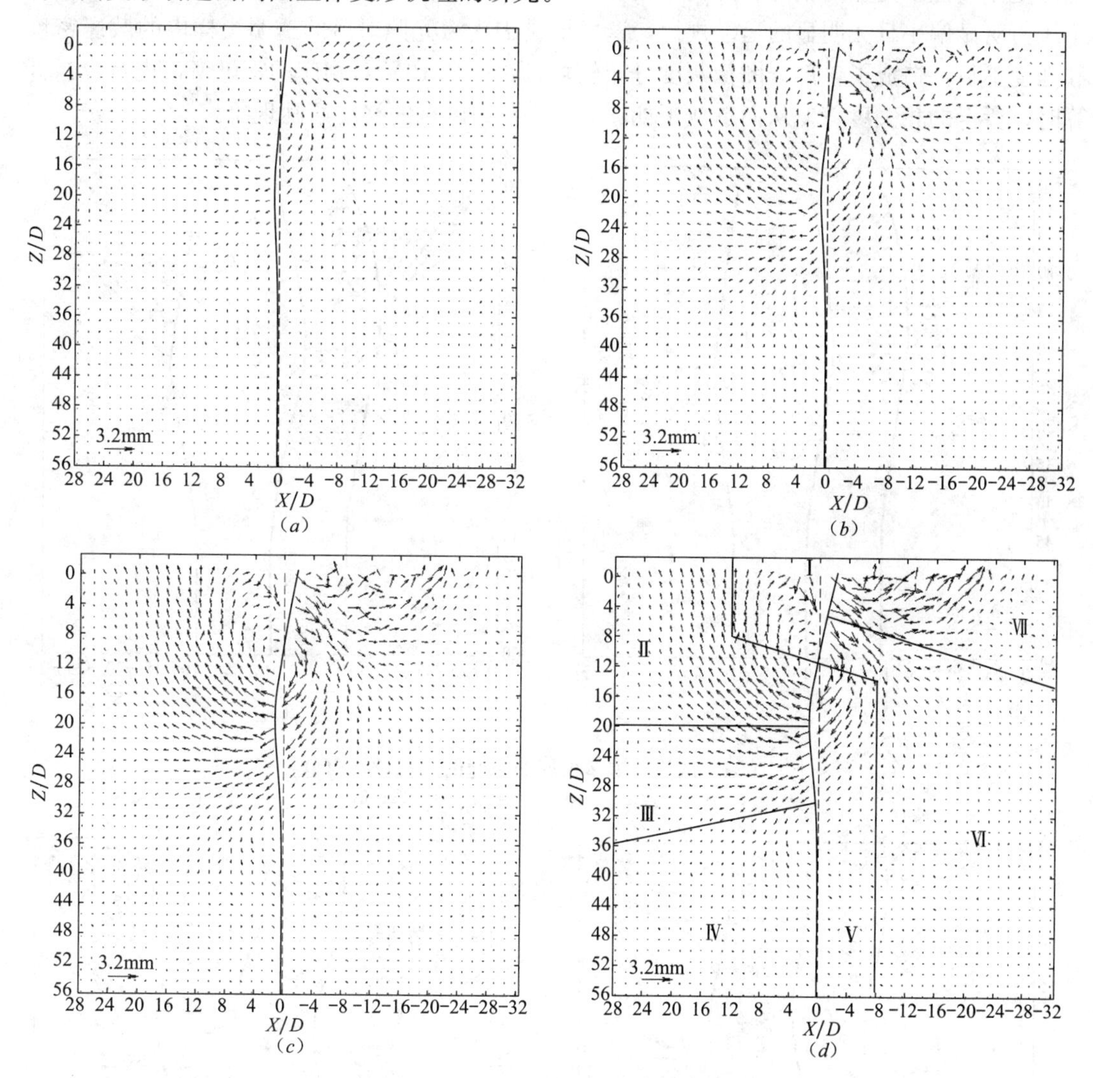

图10-33　单桩屈曲引起的累积位移向量

(*a*) 从0*D*静压至0.25*D*；(*b*) 从0*D*静压至0.5*D*；(*c*) 从0*D*静压至0.75*D*；(*d*) 从0*D*静压至1.0*D*

整体上看，关心区域内的土体单元的变形呈现出螺旋状分布。从如图10-33 (*d*) 所示的分区情况看，Ⅰ、Ⅳ和Ⅴ区为主动土压力区，其土体单元呈现向屈曲后的桩体靠拢的趋势，特别地，Ⅰ区的土体螺旋形运动明显；其他区域为被动土压力区，其相应的土体单元位移逐步远离屈曲后的桩体，其中，Ⅱ和Ⅶ区的位移向上移动形成表面隆起，反之，Ⅲ和Ⅵ区的位移向下移动。另外，还可以看出，土体剪切面角度与朗肯经典土压力理论中的$45°\pm\varphi/2$相一致，其中，φ为透明土的内摩擦角，其值在44°和49°之间。

4. 多桩屈曲变形引起的位移向量

试验4、6和7对应的多桩从0*W*静压至1*W*和从0*W*静压至2*W*时引起的关心区域内的位移向量分别如图 10-34～图 10-36 所示。可以看出，与上述的单桩屈曲引起的位移场不同，多桩屈曲引起的被动区内的位移量远大于主动区内的，这是因为细长方形的多桩在轴向受压过程中无侧向偏移。然而，对于图 10-34 中的试验 4，右侧桩体屈曲引起的被动土压力明显偏小且无明显的运动规律，这主要是因为激光照射后的透明土样内的散斑密度和强度不足，造成了该部分图像灰度分布较均匀，故用 PIV 对相应的审讯窗口进行分析计算时，所得的相关度较低从而造成了如图 10-34 右边区域的移动紊乱现象。

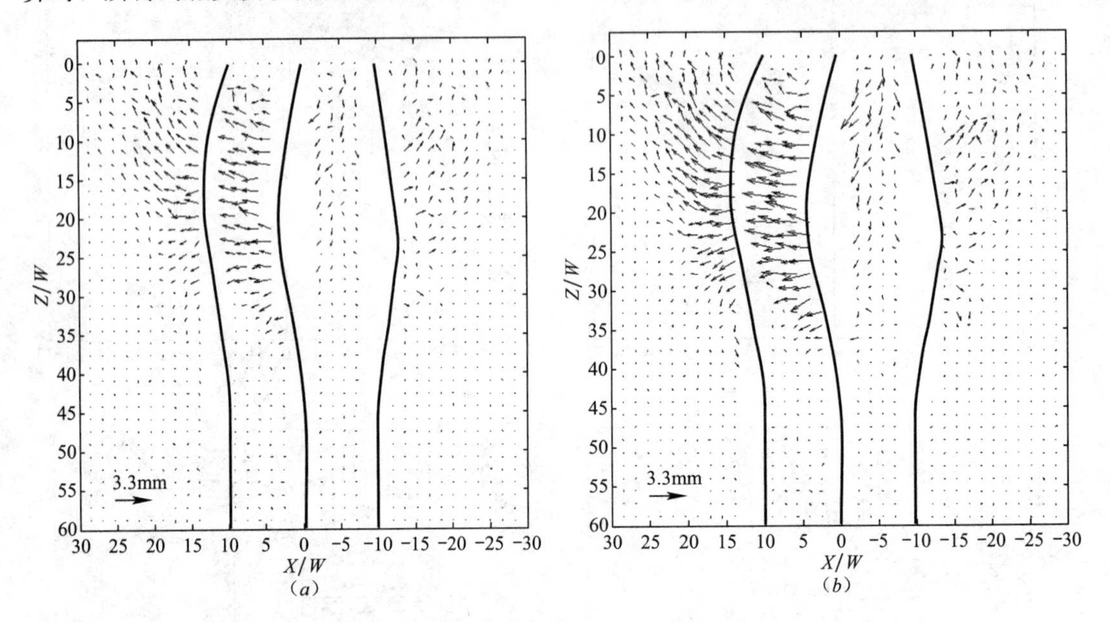

图 10-34　试验 4 中多桩屈曲引起的累积位移向量

(a) 从 0W 静压至 1W；(b) 从 0W 静压至 2W

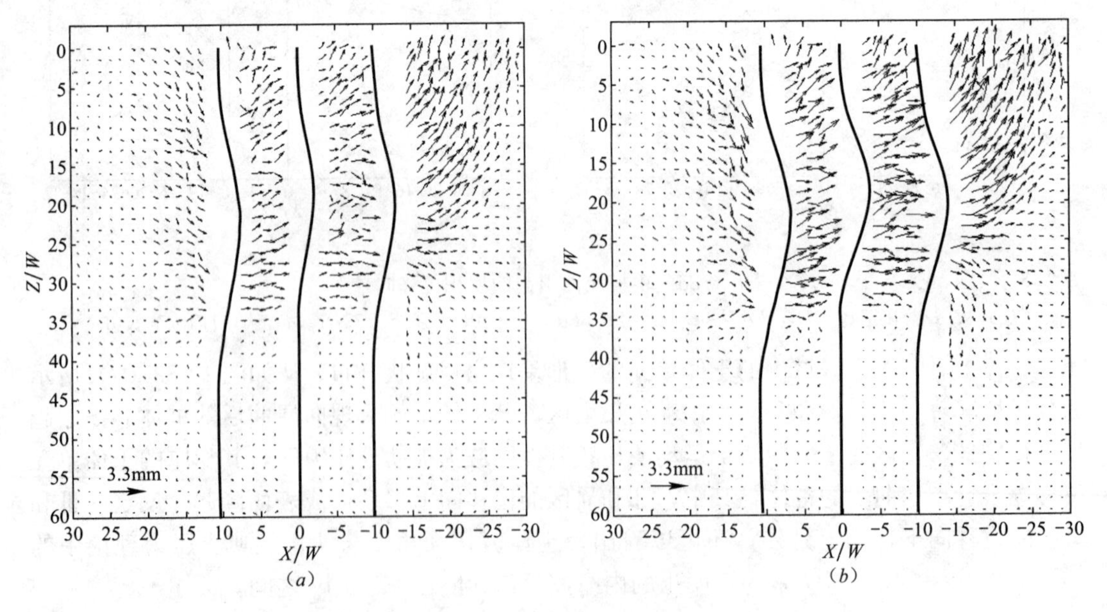

图 10-35　试验 6 中多桩屈曲引起的累积位移向量

(a) 从 0W 静压至 1W；(b) 从 0W 静压至 2W

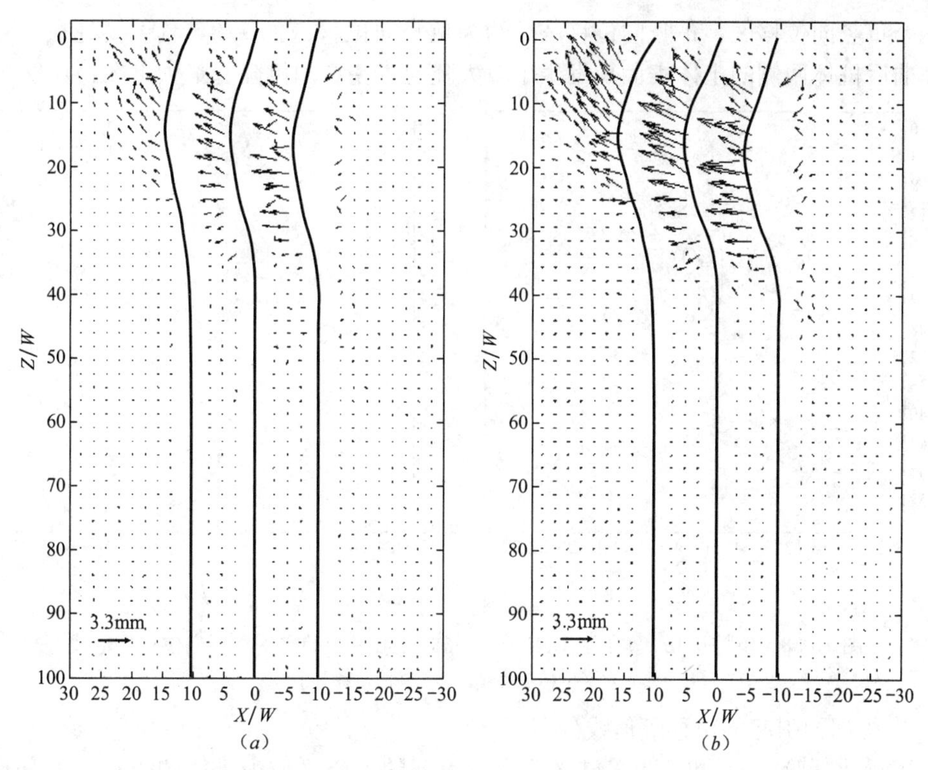

图 10-36 试验 7 中多桩屈曲引起的累积位移向量

(a) 从 0W 静压至 1W；(b) 从 0W 静压至 2W

5. 单桩屈曲引起的位移等值线分布

为了进一步量化单桩屈曲变形引起的关心区域内土体的位移，利用桩体直径 D 进行了归一化处理并得到了总体位移等值线，如图 10-37 所示。可以看出，主动受压区的位移量约为被动受压区的 1/2～2/3；屈曲方向一侧引起的土体变形区域（左侧）较大；由于桩体在受压过程中的侧向移动，使得Ⅶ区内靠近桩头的一小部分发生了较大位移量，归一化后的值为 0.6，另外，在主动区Ⅴ内也发生了 0.6 的较大位移量，该值靠近最大屈曲点。

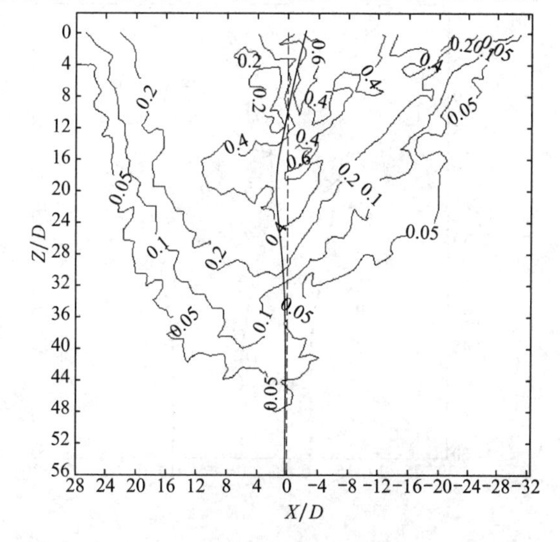

图 10-37 单桩从 0D 静压至 1.0D 所致屈曲变形引起的总体位移等值线

将图 10-37 的位移进行分解，形成如图 10-38 (a) 和 (b) 所示的水平和竖向位移等值线，其中，正值代表土体位移向左或者向下，负值代表土体位移向右或者向上。图 10-38 (a) 有 1 条 0 等值线将正负水平位移分开，正向水平位移围绕最大屈曲点形成了完整的包络线，负向水平位移发生在桩体上部 1/5 桩长范围内，主要是由桩体的侧向移动引起的。图 10-38 (b) 中有 2 条 0 等值线分成了一个正竖向位移区和两个负竖向位移区，正竖向位移区域约为负竖向位移区的 1/3，且主要处在Ⅴ和Ⅵ区内；屈曲后桩体两侧的土体表面均发生了较大隆起，左右两侧隆起最大点在 $\pm16D$ 处。

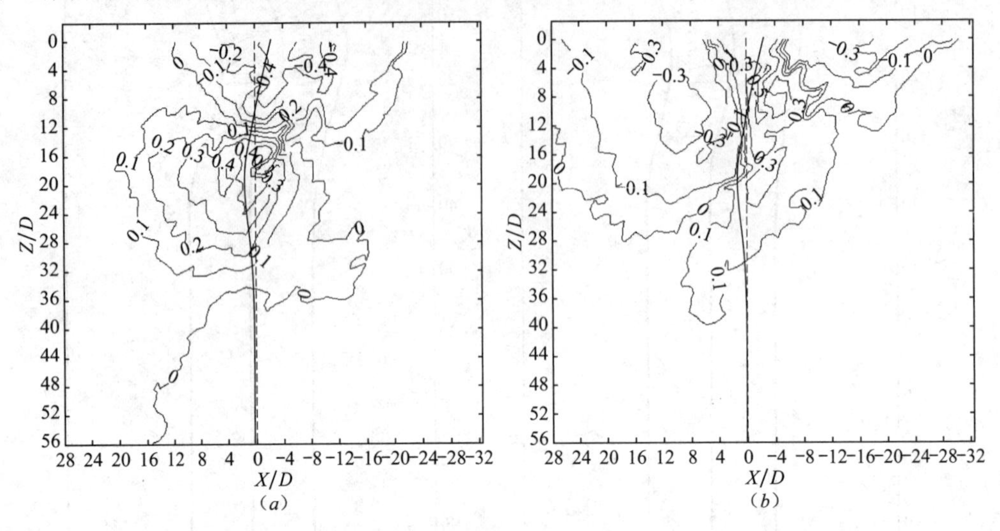

图 10-38　单桩从 $0D$ 静压至 $1.0D$ 所致屈曲变形引起的水平和竖向位移等值线

(*a*) 水平位移等值线；(*b*) 竖向位移等值线

6. 多桩屈曲引起的位移等值线分布

为了量化试验 4、6 和 7 中多桩屈曲变形引起的关心区域内土体的位移，本章利用细长方形模型桩最小宽度 W 进行了归一化处理并得到了总体位移等值线，如图 10-39 和图 10-40 所示。可以看出，图 10-39 (*a*) 中主动受压区的位移量约为被动受压区的 1/2～2/3；图 10-39 (*b*) 和图 10-40 中主动受压区的位移量约为被动受压区的 1/4～1/3；图 10-39 (*b*) 和图 10-40 中桩体间的位移量是被动区的 1/2～2/3，是主动区的 2～4 倍左右；图 10-40 中桩体间的位移量高出被动区约 1/3。

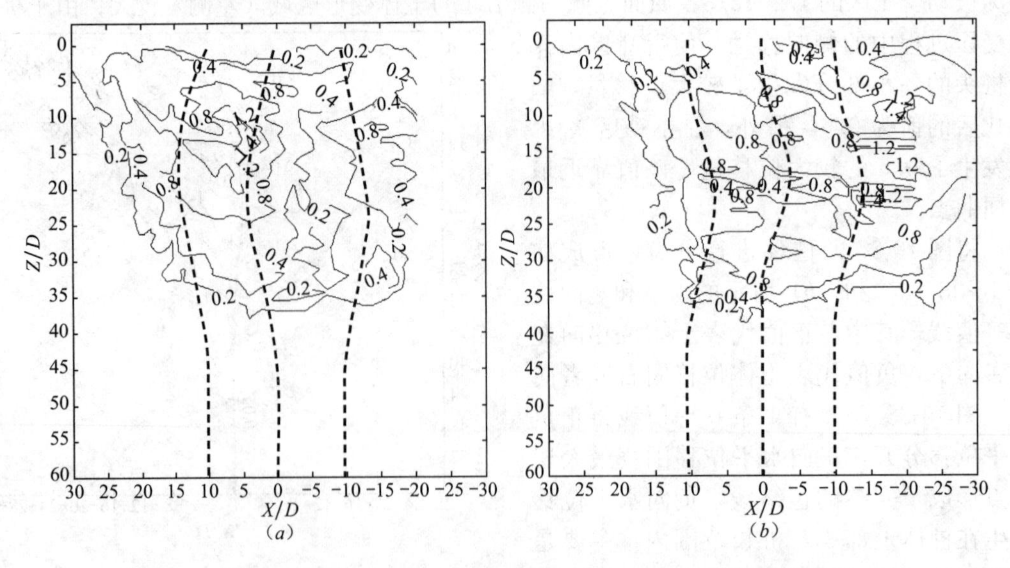

图 10-39　细长比为 60 的多桩从 $0W$ 静压至 $2W$ 时引起的位移等值线

(*a*) 试验 4；(*b*) 试验 6

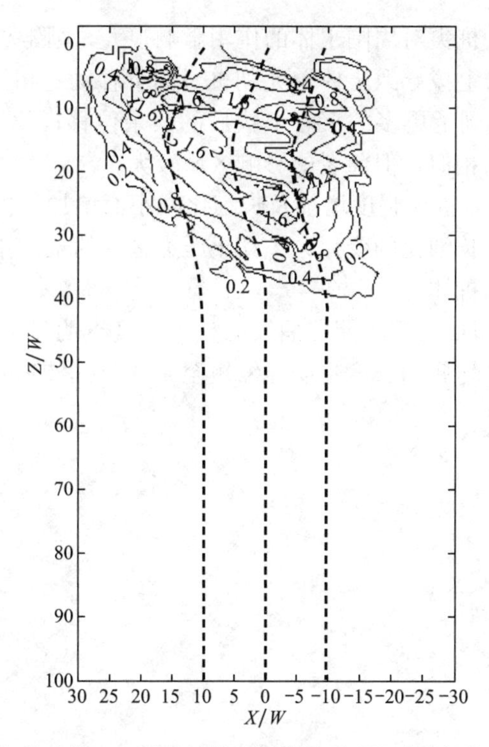

图 10-40　细长比为 100 的多桩从 0W 静压至 2W 时引起的位移等值线

10.5　透明土模拟试验的局限性讨论

在本章所述的 TC 桩成桩机理和压曲变形的透明土模拟试验中，存在以下问题使得试验受到了一定的局限性：

(1) 模拟试验相似性：本章所使用的透明土与天然砂土的特性相近，而与实际工程中 TC 桩常遇的软黏土的工程特性差异较大。另外，所进行的试验是在 1g 和无围压的环境下进行的小规模物理模拟试验，在土体强度、土体应力和桩土强度比的近似性问题上与实际存在一定的差别。

(2) Geo-PIV：该软件对图片进行分析计算时，要求相邻图片的变形量要小于划分的网格大小，因此，在 TC 桩压曲变形的透明土模拟试验中，由于桩体屈曲引起的变形较大，Geo-PIV 的计算失真，因此试验 T6ˆ的竖向位移的施加量相对其他试验小很多。

(3) 传动器和屈曲方向控制装置对透明土变形的影响：①由于传动器的传动轴的横向约束刚度并非完全理想，因此导致了 TC 桩顶部有一定的侧向位移，在一定程度上影响了桩体屈曲变形，然而，归一化处理后则可消除侧向位移的影响，如图 10-31～图 10-33 所示；②由于三维打印机的精度问题，导致其制造的屈曲方向控制装置的横向尺寸相对 TC 桩的较大，从而影响了屈曲方向控制装置附近的透明土的变形。

10.6　结论

(1) TC 桩施工过程中沉管打设是引起土体变形的主导因素，沉管上拔引起的土体恢复变形较小。不同形式的桩尖对周围土体的作用影响很大，圆锥桩尖引起的影响区域要比平底桩尖的小很多；沉管上拔导致土体单元朝桩身向下移动；相比圆锥桩尖的 TC 桩，在平底桩尖的 TC 桩中测量到了更多的沉管上拔后的残余位移；TC 桩的位移等值线图与未采用沉管辅助打设桩体的相似，但前者的影响区域较大。

（2）相对屈曲长度随着桩体强度增加及长细比减小而增加；桩端约束形式对屈曲曲线的影响取决于桩身强度和长细比的变化；主动土压力区内的土体单元向桩体靠拢，被动土压力区的土体单元则远离桩体。

（3）相比单桩屈曲，TC 桩多桩屈曲曲线的最大挠度点明显上移，均发生在约 15～20 倍桩宽范围内，多桩的平均屈曲长度也明显缩短至 40～50 倍桩宽长度。

第 11 章　细长桩屈曲理论分析及试验研究

塑料套管混凝土桩属于细长桩，近年来将细长桩打入地表下相当大深度的做法逐渐开始增多，这种类型的基础主要包括支撑近海面的桩、高速公路桥、高层建筑桩基等，这些桩均打入下部稳定持力层内。在竖向荷载作用下，当桩周存在软弱土、可液化土或砂时，不同类别细长桩均存在屈曲的可能。因此本章拟针对类似塑料套管混凝土桩等细长桩开展屈曲模型试验、现场试验和理论研究。

11.1　室内压杆模型试验研究

11.1.1　桩土材料选择与试验方案

进行屈曲破坏室内试验时，除了需要确定桩身材料以及桩周土体材料，其相关力学参数的量测也是至关重要的。

1. 桩身材料及特性的选择

试验过程为使桩身产生较大的屈曲变形，桩身材料强度不宜太高，且桩身截面尺寸也不宜过大，否则可能因桩身抗弯刚度过大而导致桩身难以呈现太大屈曲变形。因此本次试验选用实心圆形有机玻璃模型桩，模型桩直径为 15mm，桩长 1m（长径比 66.67）。使用有机玻璃材料能够反映桩在屈曲时的力学特性，不致在压曲过程中破坏并反映实际的屈曲过程中桩顶沉降变形规律。

2. 桩端嵌固形式

桩端嵌固形式为桩端铰接、桩端嵌固两种形式，对有机玻璃块进行加工获得。图 11-1 为加工获得的铰支座实物图，桩端的铰接形式通过球形铰支座获得。将圆形球体顶部开设与有机玻璃棒直径相同大小孔洞（15mm），便于将有机玻璃桩插入圆球中，制作圆铰支座尺寸为 65mm×65mm×20mm，形成有固定形式的铰支座。

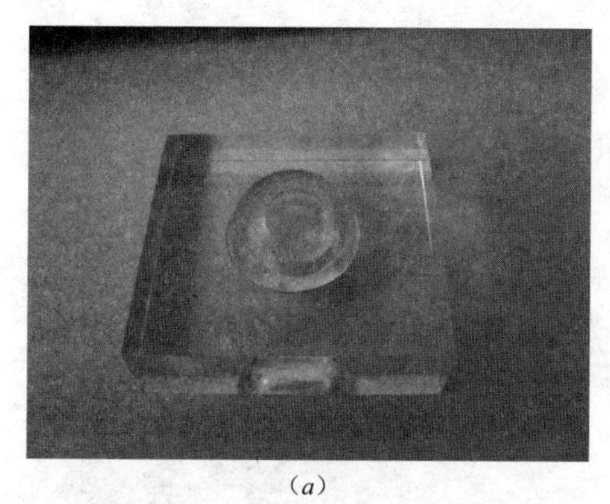

(a)

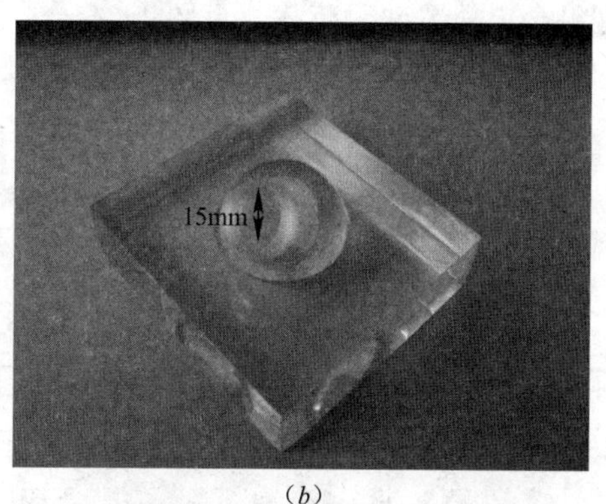

(b)

图 11-1　铰支座实物图

(a) 实物图一；(b) 实物图二

图 11-2 为固定支座实物图，在尺寸为 60mm×60mm×59mm 的立方体内钻孔，孔径约为 16mm，形成固定支座。

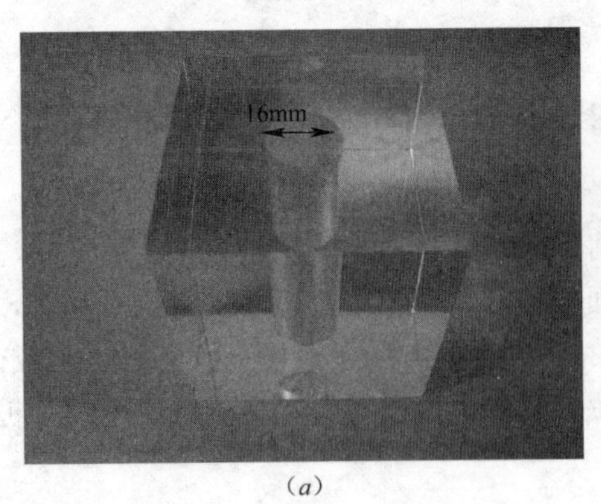

(a)

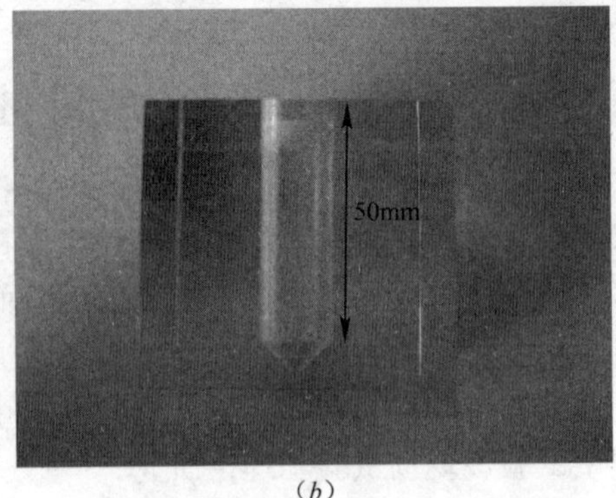

(b)

图 11-2　固定支座实物图

(a) 实物图一；(b) 实物图二

3. 加载方式

(1) 等应变加载

等应变加载方式使用万能试验机（图 11-3）进行加载，该试验机采用高强度光杆固定上横梁和工作台面，使之构成高刚性的门式框架结构。采用伺服电机驱动，伺服电机通过传动机构带动横梁上下移动，实现试验加载过程。分为单空间和双空间两种机型。主本机采用先进的 DSP+MCU 全数字闭环控制系统进行控制及测量，采用计算机进行试验过程及试验曲线的动态显示，可实时记录竖向荷载与竖向位移之间的关系曲线。试验机最大试验力为 5kN，功率为 0.75kW，电压为 220V。

(2) 等应力加载方式

上述的等应变加载过程桩顶竖向位移大小是固定的，在加载过程中桩的变形是受到控制的，极难出现横向位移突然增大的情况，并不能获得竖向荷载逐渐增加情况下的杆身的失稳情况，因此需使用等应力加载方式来获得其突然失稳的特性也即常规进行的桩屈曲试验加载方式。

等应力加载方式即是在每次加载时在桩顶施加相同的荷载，可使用自制的钢架进行试验，在平台上放置砝码荷载，见图 11-4。

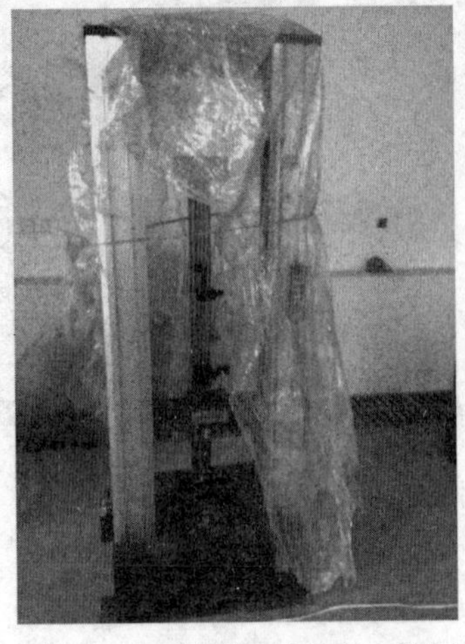
图 11-3　万能试验机设备实物图

图 11-4　等荷载加载架

11.1.2 空气中压杆试验结果

试验主要分为两个主要部分：(1) 对两端铰接、两端固接桩分别采用万能试验机进行竖向压缩试验，研究竖向荷载-竖向位移之间的关系；(2) 针对两端铰接桩，通过设置定向变形槽限定桩身横向位移方向，分别使用等应力、等应变加载方式研究桩身截面应变变化规律。

1. 两端嵌固有机玻璃模型桩等应变加载（试验一）

将模型桩两端插入固定支座中，放置于万能试验机中进行两端嵌固压杆屈曲试验。图 11-5 为试验过程中嵌固支座的设置方式，嵌固支座放置于万能试验机支座上。图 11-6 为受压压杆的变形实物图，压杆的横向位移方向具有一定的随机性，屈曲过程中桩身挠曲线呈正弦曲线形式分布。

图 11-5 试验中桩端固定支座设置

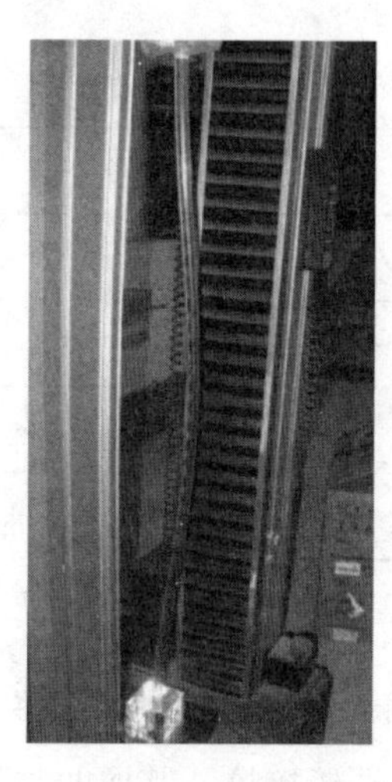

图 11-6 压桩变形图

2. 两端铰接有机玻璃模型桩等应变加载（试验二）

将压杆设置为两端铰接形式进行加载，压杆两端铰支座如图 11-7 所示。如图 11-8 所示在压杆试验过程中，两端铰接桩中部横向位移大于两端固接桩。两端铰接有机玻璃模型桩屈曲挠曲线呈正弦曲线形式分布。

图 11-7 两端铰支座设置图

图 11-8 两端铰接桩试验过程中变形图

3. 不同嵌固形式下屈曲临界荷载的比较

图 11-9 为两端嵌固桩在万能试验机中的竖向荷载-沉降位移关系图，从图中可以看出桩顶竖向荷载随着桩顶沉降的增加稳定增加，当桩顶沉降达到一定程度后增长缓慢。当桩顶沉降达到 6.327mm，肉眼观测桩身横向位移发生较大，但是两端支座处无位移发生，考虑到持续加载会有一定的危险性，因此停止加载，此时压杆上部荷载达到约 270N。

图 11-10 为两端铰接桩桩顶荷载-桩顶沉降关系图，在小变形情况下桩顶荷载随着桩顶沉降的增加有微小锯齿形增加，整个增长过程比较稳定。但是当变形超过 1.3mm 后，随着桩顶沉降的增加桩顶竖向荷载一直处于震荡状态，在某一个数值周围震荡（约为 53N）。试验过程中不断出现较小响声，铰支座中杆身位置偏转，在加载过程中铰支座位移不断发生。

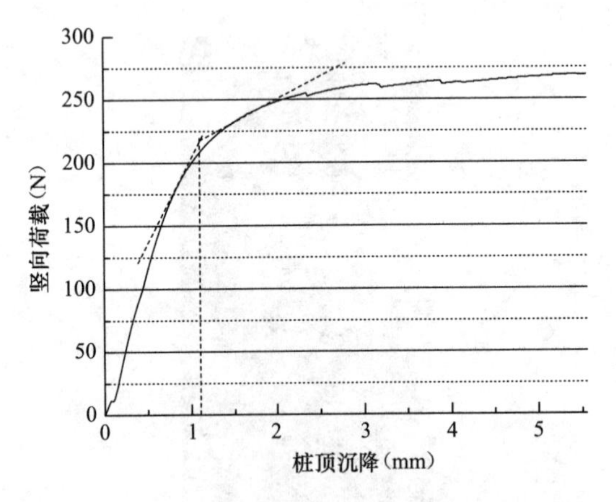

图 11-9 两端嵌固桩竖向荷载-沉降位移关系图

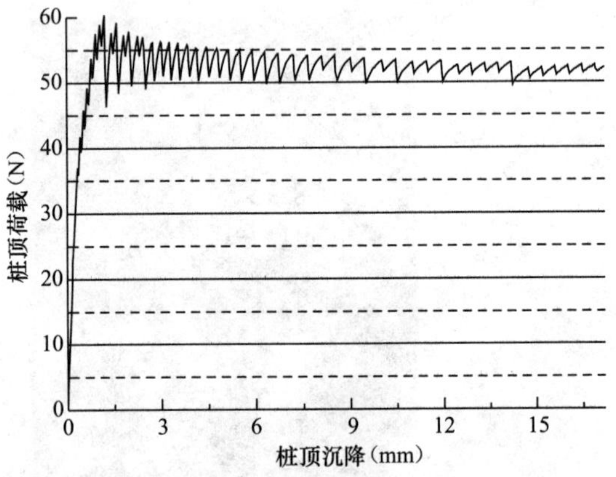

图 11-10 两端铰接桩桩顶荷载-桩顶沉降关系图

对于两端铰接桩，其屈曲临界荷载比较直观明显的可认为是 53N。经测试有机玻璃弹性模量为 2.3GPa，计算得欧拉屈曲临界荷载为 56.41N，与试验结果相近。根据欧拉公式计算结果，两端嵌固桩屈曲临界荷载为两端铰接桩屈曲临界荷载的 4 倍。对于两端嵌固桩其竖向荷载可随着位移的增加而逐渐增加，当荷载超过模型桩屈曲临界荷载后其竖向荷载增加量较小，桩顶沉降增加较快。

11.2 大型模型试验

通过室内压杆模型试验可以发现桩的屈曲稳定特性与桩端嵌固形式有较大的影响，对于两端铰接桩其在加载过程中会出现桩顶荷载在屈曲临界荷载周围震荡的情况，因此该现象可作为桩屈曲临界荷载的判定依据。为了解混凝土桩在试验过程是否会出现有机玻璃桩出现的屈曲特性，开展了 3 组大型模型桩试验。

11.2.1 起吊过程中混凝土桩最大长细比

预制桩往往需要运送到施工现场进行打设，在运输、起吊过程中受桩身自重影响往往桩身会发生弯曲破坏，因此本节拟针对预制桩研究其最大长细比计算方法。

在预制桩运输过程中 q 即为桩的重度与横截面积的乘积，$q=\rho g A$（A 为预制桩横截面面积，$\rho=2300\text{kg/m}^3$）。对于素混凝土桩，为保证在运输过程中不致由于重力使其自身发生破坏，其最大长细比及最大桩长计算结果如表 11-1 所示。

素混凝土桩最大长细比及最大桩长计算结果 **表 11-1**

混凝土强度等级	最大长细比	最大桩长
C25	$7.50628/\sqrt{d}$	$7.50628\sqrt{d}$
C30	$7.9651/\sqrt{d}$	$7.9651\sqrt{d}$
C35	$8.34589/\sqrt{d}$	$8.34589\sqrt{d}$
C40	$8.71006/\sqrt{d}$	$8.71006\sqrt{d}$

由两端铰接承受均布荷载梁最大挠度计算公式：

$$\delta_{\max}=-\frac{5ql^4}{384EI} \tag{11-1}$$

则截面最大拉应力为：

$$\sigma_{\mathrm{t}}=\frac{4ql^2}{\pi d^3}=\frac{4q}{\pi d}\left(\frac{l}{d}\right)^2=\frac{4q}{\pi d}\lambda^2\leqslant\sigma_{\mathrm{tmax}} \tag{11-2}$$

当该最大拉应力小于混凝土极限拉应力 σ_{tmax}时，混凝土桩不会出现破坏。

图 11-11 为素混凝土桩的最大长细比与桩直径之间的关系，桩最大长细比随桩直径的增加而呈指数型衰减，混凝土强度等级的提高对桩的允许最大长细比增加效果并不明显。图 11-12 为素混凝土桩最大桩长随桩径的变化，混凝土最大桩长随桩径的增大呈 1/2 次指数型增加。桩径越小其最大桩长越小，然而从图 11-11 看出对于素混凝土桩其最大长细比并不算大，不属于超长细比桩的范畴。在试验过程中为保证能安全进行细长桩的吊装安置，模型桩内宜配置钢筋或使用金属材料模拟桩身。

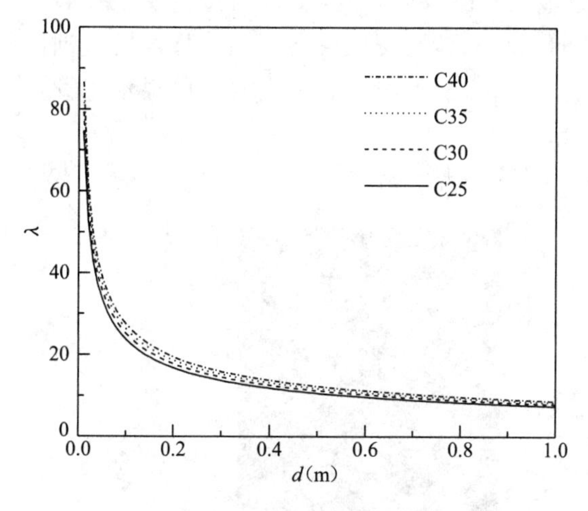

图 11-11 素混凝土桩最大长细比随桩径的变化图

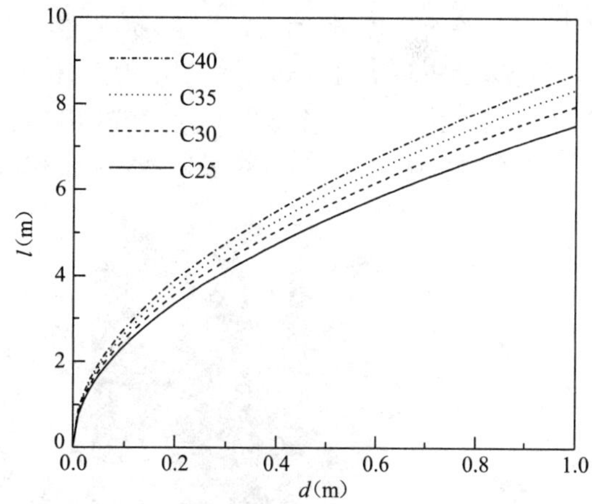

图 11-12 素混凝土桩最大桩长随桩径变化图

11.2.2 模型槽系统

认识到开展室内大型试验对新型桩基研究的重要性，河海大学岩土所在“十五”、“211 工程”建设和国家自然科学基金的支持下，从 2005 年 11 月至 2007 年 4 月历经大约 1 年半的时间开发并研制了大型桩基模型试验系统，系统主要包括：模型槽、加载系统、测量系统等。超长细比桩在进行模型试验时往往由于其长细比的限制，导致了诸如桩身直径小等问题，导致很多数据无法通过现有仪器进行观测，使用大型模型试验进行超长细比桩的试验研究则可完成。

河海大学岩土工程科学研究所自主研发了大型桩基模型试验系统，模型槽尺寸为 4m×5m×7m。整个模型槽采用钢筋混凝土结构，在模型槽 4 根对称的柱子中分别插入提供反力传递途径的槽钢，在槽钢顶部用钢梁连接，形成提供加载反力的反力架，模型槽全景如图 11-13 所示。模型槽顶部设置有吊车桁架，方便进行模型槽中模型桩、试验土样、试验设备的吊装。横向吊车如图 11-14 所示，吊车的最大起吊重量为 5t，行车配有大车和小车，小车上挂有手拉葫芦便于使用。

图 11-13　模型槽图

图 11-14　模型槽上顶部横向吊车图

11.2.3　侧向土压力、位移测量

模型试验中桩侧存在土体，测量模型桩的横向位移存在一定的困难。因此为能在模型试验过程中测试获得模型桩的横向位移，本试验考虑在模型槽中设置环形试验坑，并通过在圆形试验坑外侧设置拉线式位移传感器（环向 120°布置）测试桩身侧向位移，模型桩桩身绑设微型土压力计测量侧向土压力。环形试验坑由 3 节水泥管竖向堆放，单根水泥管直径 1m、长 2m，竖向连接好的水泥管如图 11-15 所示。

如图 11-16 所示，在竖向连接好的水泥管周围搭设脚手架框架，脚手架框架稳定支撑

图 11-15　竖向连接好的水泥管

图 11-16　水泥管周围脚手架搭设

于模型槽内壁上。一方面可固定横向监测仪器，另一方面可为水泥管提供稳定支撑，保证试验过程中试验坑的安全。

如图 11-17 所示，使用拉线式位移传感器测量模型桩在环向 3 个方向的位置，在水泥管同一水平面上环向 120°钻孔，传感器的拉绳连接于模型桩上，为减小桩周土体对拉绳的影响，设置拉绳护管对拉绳进行保护。

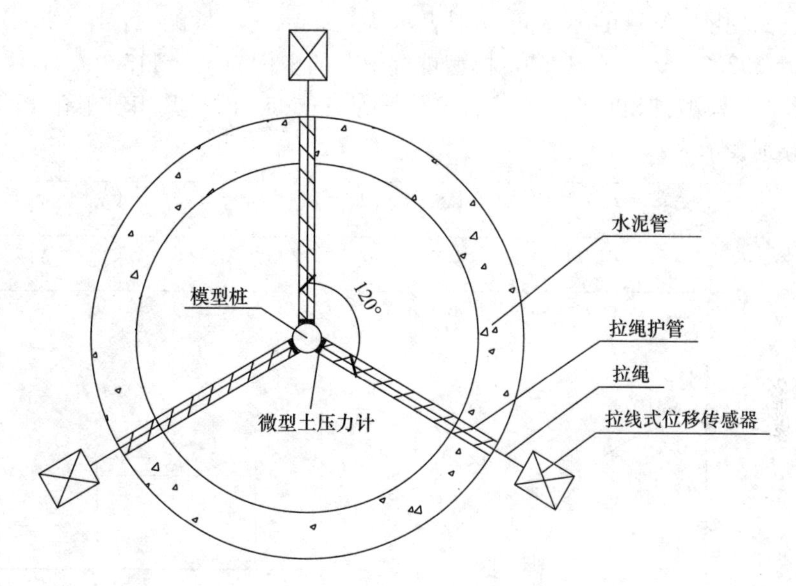

图 11-17 环向位移测试示意图

三层孔竖向布置如图 11-18 所示，分布深度分别为 1m、3m、5m。对应于孔 1 位置上部的位移使用“1-上”表示，对应于孔 1 位置中部的位移使用“1-中”表示，对应于孔 1 位置下部的位移使用“1-下”表示，其他孔 2、孔 3 处的位移表示均类似于孔 1 处。

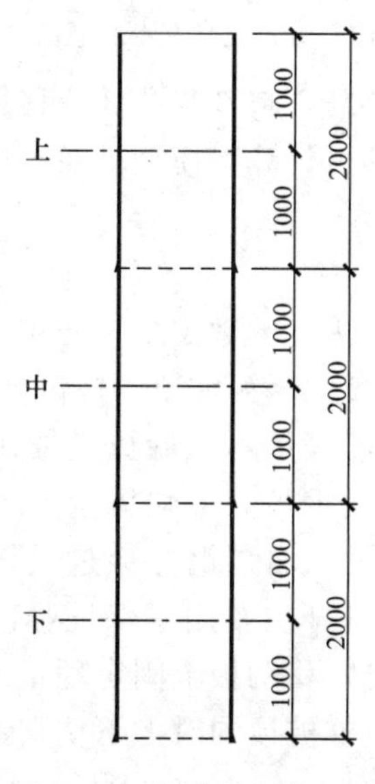

图 11-18 测孔竖向分布图

图 11-19 环向 120°布置拉线式位移传感器

图 11-20 为试验中钻孔所在的直角坐标系，为能较好观测模型桩横向位移，在圆筒周围环向 120°竖向分三层分别布置 3 个钻孔便于拉线式位移传感器穿过，环向孔的编号分别为 1、2、3。测点 1、2、3，距离圆管中心的距离分别为 59.4cm，55.1cm，38.8cm。经测量：其中孔 1 与孔 2 之间的距离为 842mm，孔 2 与孔 3 之间的距离为 900mm，孔 3 与孔 1 之间的距离为 852mm，钻孔直径为 15mm。

孔 1、孔 2、孔 3 位置的坐标可分别表示为：$x_1=-453.9$、$y_1=-209.7$，$x_2=0$、$y_2=500$，$x_3=392.3$、$y_3=-310.0$，模型桩桩中心的坐标为 $x_0=115.0$、$y_0=-39.3$。如图 11-21 所示，当模型桩相对于中心位置位移量为 Δx、Δy 时，其相对于孔 1、孔 2、孔 3 的位移量可分别表示为：

$$
\begin{cases}
\Delta s_1=\sqrt{(x_0+\Delta x-x_1)^2+(y_0+\Delta y-y_1)^2}-\sqrt{(x_0-x_1)^2+(y_0-y_1)^2} \\
\Delta s_2=\sqrt{(x_0+\Delta x-x_2)^2+(y_0+\Delta y-y_1)^2}-\sqrt{(x_0-x_2)^2+(y_0-y_1)^2} \\
\Delta s_3=\sqrt{(x_0+\Delta x-x_3)^2+(y_0+\Delta y-y_3)^2}-\sqrt{(x_0-x_3)^2+(y_0-y_3)^2}
\end{cases}
\tag{11-3}
$$

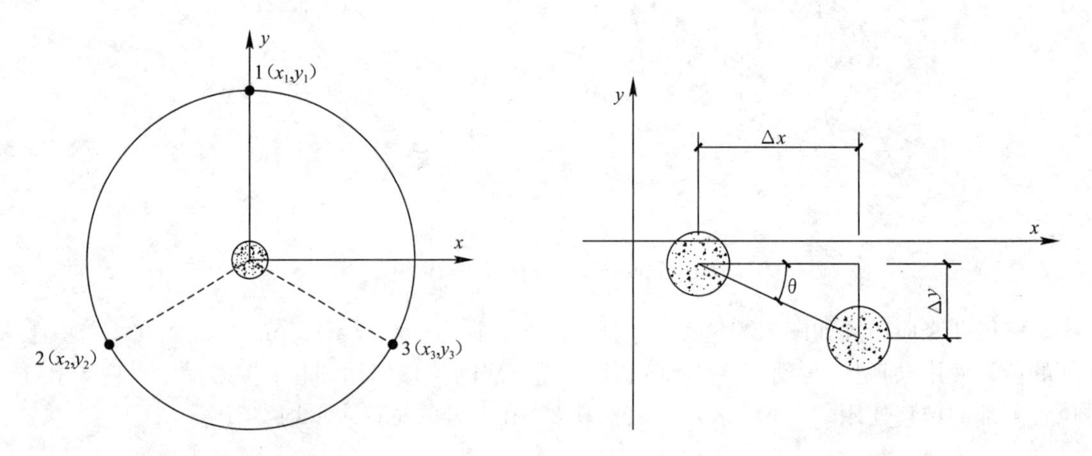

图 11-20　模型桩桩位布置图（单位：mm）　　　　图 11-21　桩身变形示意图

通过孔 1、孔 2 位移的伸长量即可计算得模型桩的位移量，将其与孔 3 位移量可进行对比。三者的位移量可相互对应。联立孔 1、孔 2 方程组即可计算得模型桩在坐标轴内的位移量 Δx、Δy，同时即可计算出其偏转角 θ 便于进行分析。

11.2.4　试验布置

图 11-22 为试验中仪器布置图，试验中的应变片、土压力盒的数据主要使用动静态应变数据采集仪采集，使用电脑进行存储及后期的分析。图 11-23 为桩顶压桩仪器布置图，主要采用的仪器为油压千斤顶、百分表、反力计等。为能满足本试验压桩要求制作了加载反力架，反力架与上部反力框架连接。反力架由两块钢板（一块固定、一块可移动）、四根加强钢杆及固定环组成。钢板四个角上钻孔便于加强钢杆穿过及固定，钢杆与钢板之间的连接经过处理减小了摩擦力。四根加强钢杆主要用于保证竖向的刚度即确保移动钢板是垂直上下的，可保证桩顶的连接形式。移动板上固定环正好套住模型桩，固定模型桩桩顶的横向位移，使得移动钢板与模型桩桩顶同时上下位移，无侧向位移。

图 11-22 试验中仪器布置

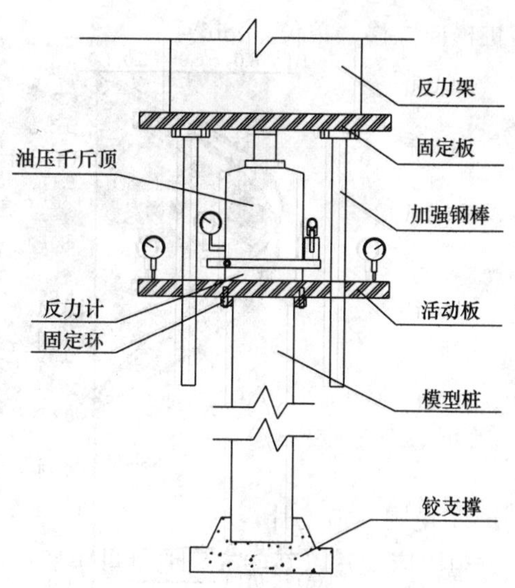

图 11-23 桩顶仪器布置图

11.2.5 模型桩制作

模型桩材料使用C30混凝土浇筑，配有瓜子片、中粗砂拌合。模型桩桩长为6m，使用内径110mm塑料排水管作为模子进行浇筑，模型桩直径为110mm。模型桩内部配置4根直径8mm钢筋通长钢筋，间隔0.5m分别配置环向箍筋，纵向配筋率为2.12%。将塑料套管成排绑定于搭设的脚手架上，并放入钢筋笼进行浇筑准备，如图11-24所示。使用漏斗将拌合好的混凝土逐步倒入塑料套管中，进行模型桩浇筑，如图11-25所示。在浇筑过程中对塑料套管进行敲打，起到振捣的作用。

图 11-24 模型桩支模

图 11-25 模型桩浇筑立面图

模型桩浇筑后即进行养护（图11-26），养护28天之后将模型桩吊出并将塑料管剥除，形成混凝土模型桩。

11.2.6 主要测量设备

本次模型试验中使用的测量仪器主要有：电阻式应变片、微型土压力计及拉线式位移传感器。测量的物理量主要有：应变（单位：$\mu\varepsilon$）、模型桩桩侧土压力（单位：kPa）、模型桩横向位移（单位：mm）。

图 11-26　浇筑完成后模型桩俯视图

1. 电阻式应变片

电阻应变片以其能准确地测量应变量广泛应用于机械工程测试技术中。应变片的选择和粘贴质量的好坏会直接影响应变片的工作性能和测量的准确性。应变片主要有金属式和半导体式两大类，其中金属式应变片可分为丝式、箔式、薄膜式等几类；半导体式应变片可分为薄膜式、扩散式两类。

本试验所采用的箔式电阻应变片生产于浙江黄岩某仪器厂。其主要参数见表 11-2。

箔式电阻应变片参数表　　**表 11-2**

栏目	详细内容	栏目	详细内容
型号（type tipo）	BX120-4AA	灵敏系数（gage factor）	2.08±1%
精度等级（precision grade）	A	栅长×栅宽（fence long）	4mm×2mm
电阻（gage resistance）	120±0.1Ω		

2. 微型土压力计

微型土压力盒直径为 27mm 左右，量程为 0.3MPa，如图 11-27 所示。在进行试验前都进行重新标定，标定时将微型土压力计埋置于砂垫层中，如图 11-28 所示。

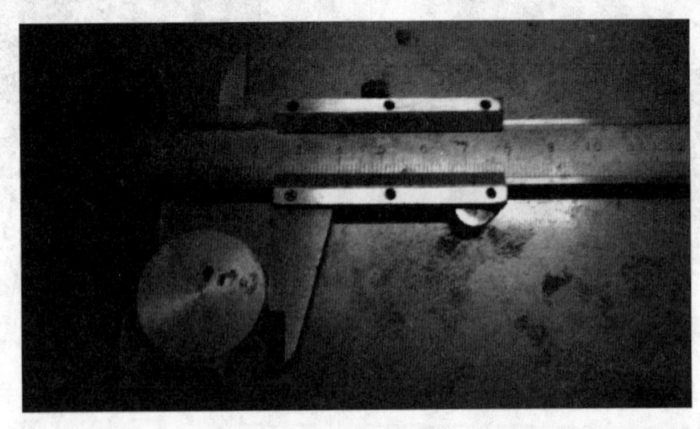

图 11-27　微型土压力计

标定时采用 6 级荷载（砝码）分别施加，荷载分别为：1.294kg、1.274kg、1.274kg、1.275kg、1.275kg、1.275kg，最下部的圆形砝码地面与砂垫层稳定接触，对应施加的总荷载分别为：2.46kPa、4.05kPa、5.63kPa、7.22kPa、8.81kPa、10.40kPa。使用动静态应变式数据采集仪进行微型土压力计数据采集，当施加一级荷载后待数据稳定后读数并施加下一级荷载，最终在坐标系上画出荷载-应变曲线进行一次线性拟合。

图 11-28　微型土压力计校核

微型土压力计所测得的数据为应变值，土压力值与应变量换算的经验公式为：

$$Y = A + B \times X \tag{11-4}$$

式中：Y 为土压力值，单位为 kPa；X 为应变量，单位为 $\mu\varepsilon$。不同微型土压力计的拟合图如下：

从图 11-29～图 11-38 可以看出使用的微型土压力计均能较好地反应荷载的大小，荷载-应变之间呈线性关系稳定增长。

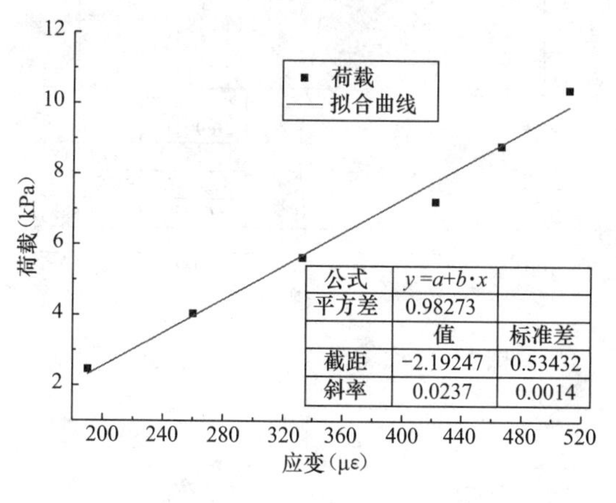

图 11-29　03094 号土压力盒标定线

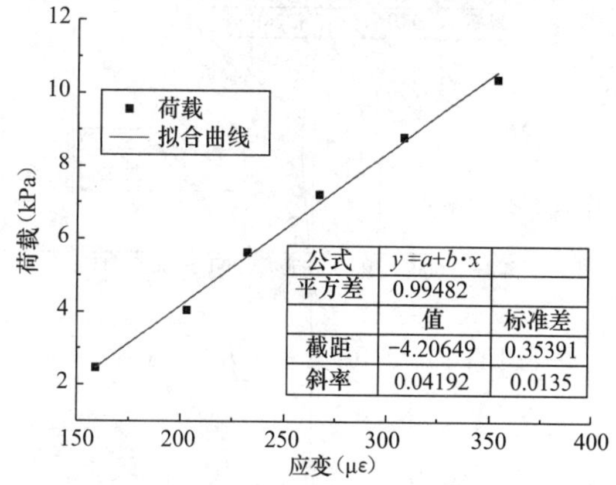

图 11-30　03095 号土压力盒标定线

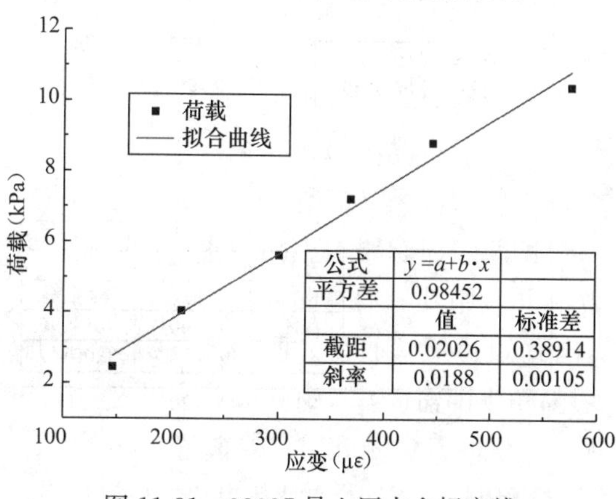

图 11-31　03097 号土压力盒标定线

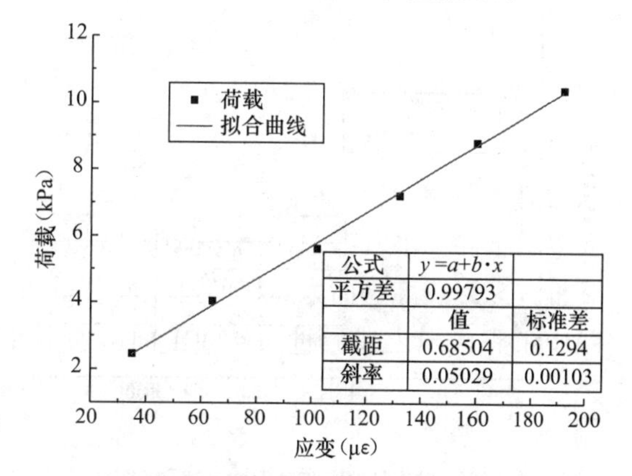

图 11-32　03098 号土压力盒标定线

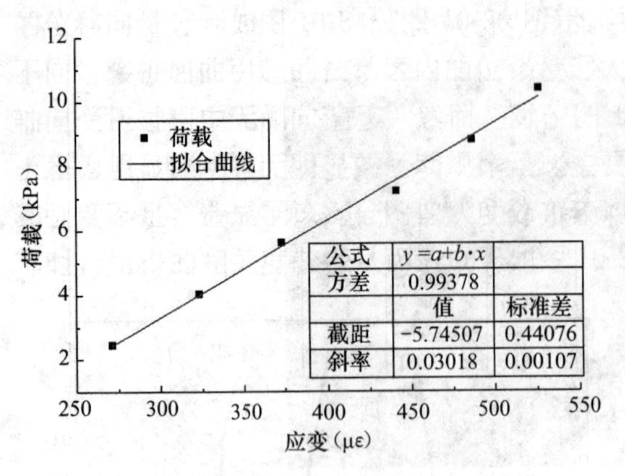

图 11-33　03099 号土压力盒标定线

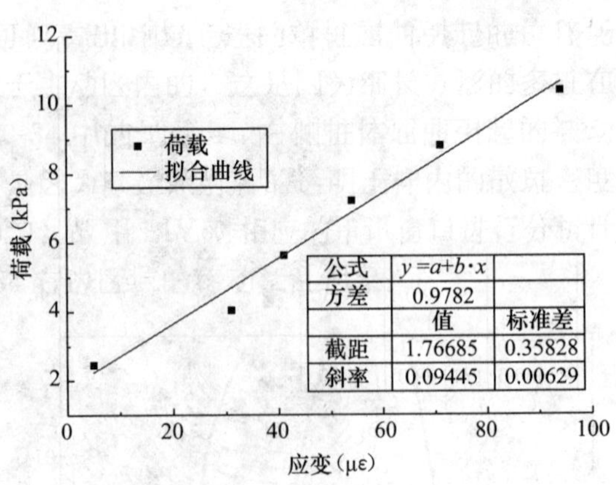

图 11-34　03100 号土压力盒标定线

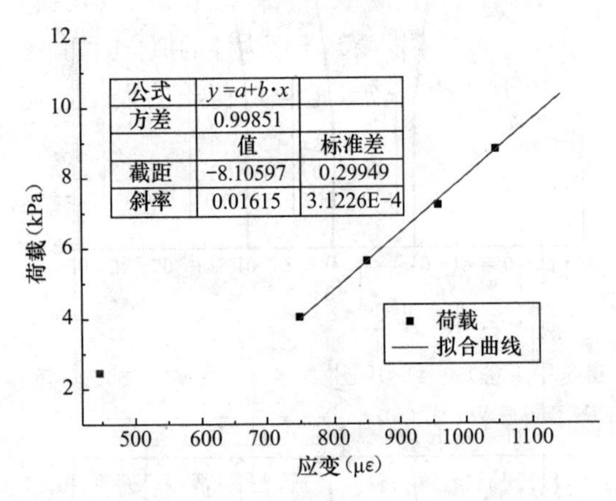

图 11-35　03101 号土压力盒标定线

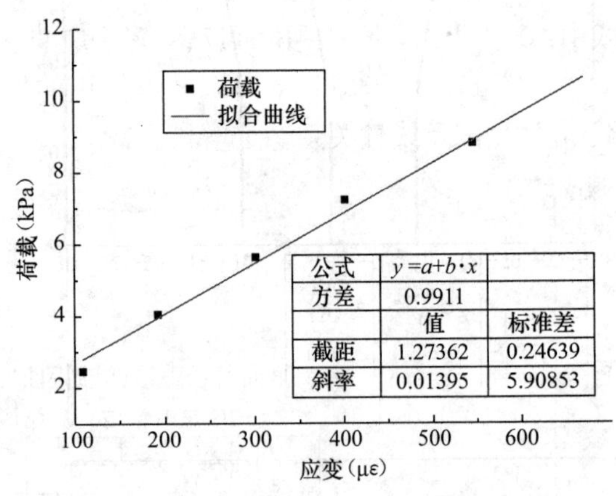

图 11-36　03102 号土压力盒标定线

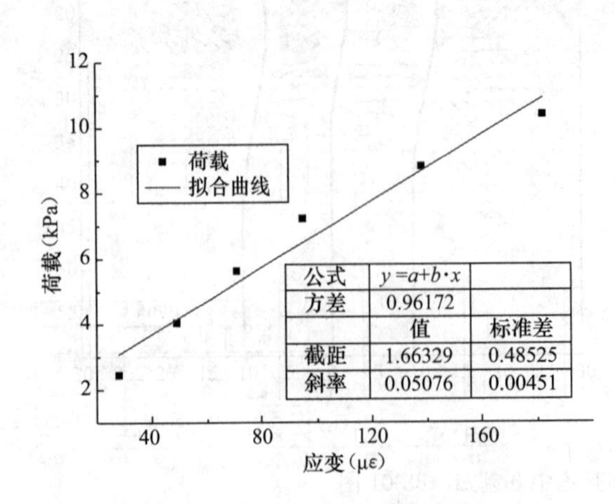

图 11-37　03103 号土压力盒标定线

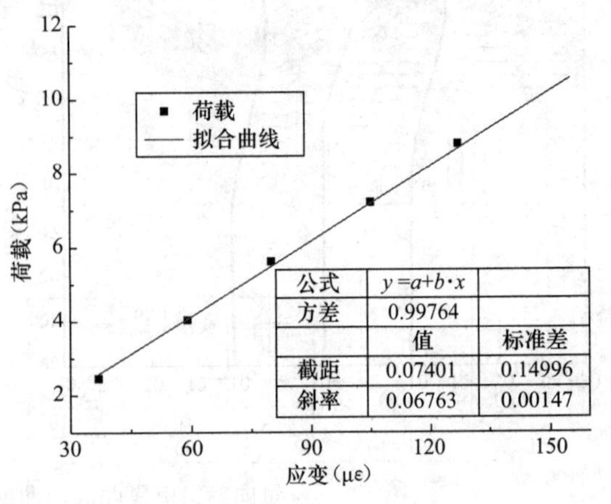

图 11-38　10012 号土压力盒标定线

综上，土压力盒的标定曲线结果如表 11-3 所示。

微型土压力盒标定线汇总 表 11-3

仪器编号	标定曲线	拟合度	仪器编号	标定曲线	拟合度
10012	$y=0.07401+0.06763x$	0.998	03099	$y=-5.74507+0.03018x$	0.994
03094	$y=-2.19247+0.0237x$	0.983	03100	$y=1.76685+0.09445x$	0.978
03095	$y=-4.20649+0.04192x$	0.995	03101	$y=-8.10597+0.01615x$	0.999
03097	$y=0.02026+0.0188x$	0.985	03102	$y=1.27362+0.01395x$	0.991
03098	$y=0.68504+0.05029x$	0.998	03103	$y=1.66329+0.05076x$	0.962

3. 拉线式位移传感器

拉线式位移传感器是将位移量转换成可计量的、呈线性比例的电信号。被测物体产生位移时，拉动与其相连接的拉绳，钢丝绳带动传感器传动机构和传感器原件同步转动；当位移方向移动时，传感器内部的回旋装置将自动收回绳索，并在绳索伸收过程中保持其张力不变，从而输出一个与绳索移动量成正比的电信号，拉线式位移传感器如图 11-39 所示。试验中采用的拉线式位移传感器量程为 20cm，精度为 0.1mm。

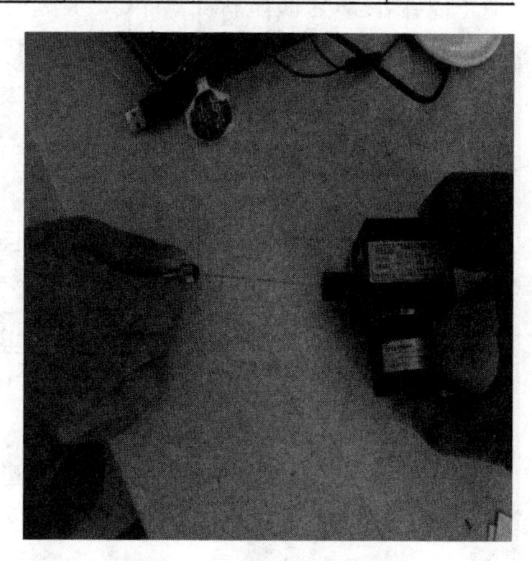

图 11-39 拉线式位移传感器

4. 十字板剪切仪

如图 11-40 所示，十字板剪切仪是一种在工程现场直接测试黏土不排水抗剪强度的土工原位测试仪器，该仪器的测试量程为 0～260kPa。整套仪器由弹簧扭力计、延长杆、十字板头、扳手等组成。测得的土体不排水抗剪强度根据弹簧扭力计测得的结果进行转换即可获得。

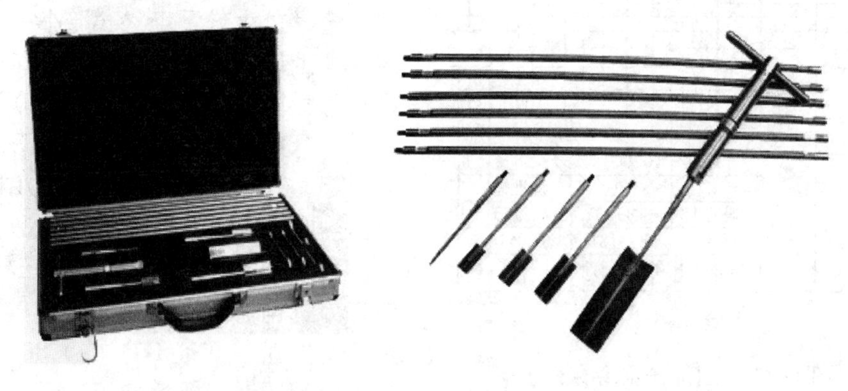

图 11-40 十字板剪切仪

11.2.7 试验土样的配置

试验使用的土为黏土，根据国内外相关文献，土体不排水抗剪强度小于 15kPa 时插入土体内桩易发生屈曲破坏，因此控制模型槽试验中填土的不排水抗剪强度不大于 15kPa。

1. 液塑限试验

将粗土样晒干粉碎后过 0.3mm 筛，使用液、塑限联合测定仪进行土体液塑限试验。使用纯水将土样充分调拌均匀制成膏状，使用调土刀将其填入试样杯中，填样时不留空隙，填满后刮平表面。将试样杯放在联合测定仪的升降座上，在圆锥上抹一薄层凡士林，接通电源，使电磁铁吸住圆锥。调节零点，将屏幕上的标尺调在零位，调整升降座使圆锥尖接触试样表面，指示灯亮时圆锥在自重下沉入试样，经 5s 后测读圆锥下沉深度，其后取出试样杯，挖去锥尖入土处的凡士林，取锥体附近的试样不少于 10g，放入铝盒内，测定含水量。分别调制 3 个平行样进行上述试验。

以含水率为横坐标，圆锥入土深度为纵坐标在双对数坐标中绘制关系曲线，三点在同一直线上如图 11-41 所示。倘若三点不在一直线上时，通过高含水率的点和其余两点连成 2 条直线，在下沉为 2mm 处分别查出相应的 2 个含水率：（1）当两个含水率的差值小于 2%时，应以两点含水率的平均值与高含水率的点连成一直线；（2）当两个含水率的差值大于、等于 2%时，应重新进行试验。

在含水率与圆锥下沉深度的关系图上查得下沉深度为 17mm 所对应的含水率为液限，查得下沉深度为 10mm 所对应的含水率为 10mm 液限，查得下沉深度为 2mm 所对应的含水率为塑限，取值以百分数表示，准确至 0.1%。拟合结果为：$\lg y=-4.11237+3.73181\times\lg x$，经计算土体的塑限为 15.2%；10mm 液限为 23.4%；液限为 27.0%。

2. 室内配置土

针对拟进行试验的模型试验土体进行晒干、粉碎处理，过 2.0mm 筛进行筛分，剔除其中的杂质，如图 11-42 所示。

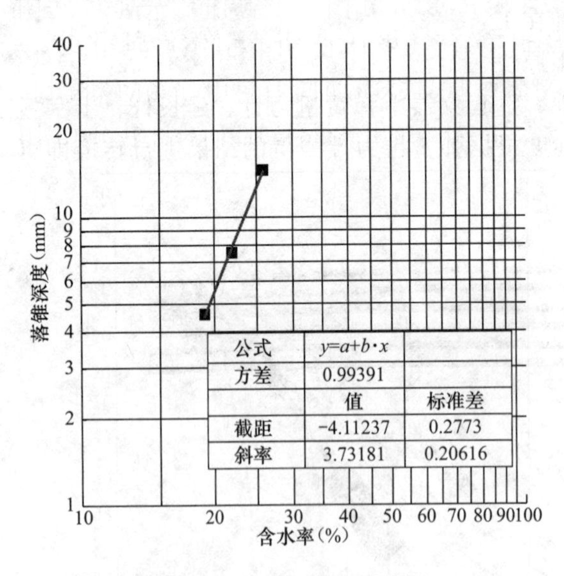

图 11-41　土样液塑限结果图

图 11-42　土样晒干、筛分图

针对已经晒干、筛分好的土样添加不同质量的水并进行无侧限试验，根据土体不排水抗剪强度为其无侧限抗压强度一半的普遍规律，获得在不同含水率情况下土体换算不排水抗剪强度（如表 11-4），经初步筛选获得所需掺水量。最终根据选用掺水量配置土样并进行了十字板剪切试验。经试验对于含水率为 21.04%土体，不排水抗剪强度为 11kPa；对于含水率为 22.72%的土体，不排水抗剪强度为 6.5kPa。

室内配置土样试验结果 表 11-4

土样类别	说明	极限受压力（N）	无侧限抗压强度（kPa）	换算不排水抗剪强度（kPa）	试样含水率
松散土样	晒干粉碎过筛后土样	445	226.64	113.32	9.21%
土样 2	200g 松散土样+5g 水	551	280.62	140.31	12.45%
土样 3	200g 松散土样+10g 水	256	130.38	65.19	14.49%
土样 4	200g 松散土样+15g 水	210	106.95	53.48	17.47%
土样 5	200g 松散土样+20g 水	90	45.84	22.92	19.65%
土样 6	200g 松散土样+22.5g 水	46	23.43	11.71	21.29%
土样 7	200g 松散土样+25g 水	13	6.62	3.31	21.88%

综上：配置土样的含水率应控制在 21%～22%之间，可使得实际试验时土体不排水抗剪强度低于 15kPa，使模型桩易于发生屈曲。因此在配置大型模型试验用软土时，采用水与土样重量比值为 1∶8 进行配置，保证土体的均匀性。

11.2.8 大型模型试验结果分析

参照 11.1 节中提出的试验方案，在大型模型试验中共分两类进行：（1）空气中模型桩试验；（2）插入软土中模型桩试验。空气中模型试验共有四组平行样试验，均获得了在竖向荷载下桩身侧向位移变化情况，其中两组获得了桩顶荷载-沉降曲线。

1. 无土模型桩试验

为与材料力学中的压杆临界荷载的定义相对应，在进行试验三～试验六时每当施加荷载后即人为对桩身进行扰动（敲打桩身给予微小的影响），以观察人为扰动对桩的屈曲是否存在影响。每根桩的桩顶仪器布置如图 11-43 所示，在荷载板对角线上分别布置一个百分表，在竖向荷载施加过程中监测桩顶沉降，并随时记录数据。图 11-44 为在加载过程中模型桩的横向位移发生情况，从图中可以看出在竖向荷载作用下桩身能发生较大弯曲（最大横向位移达到 80mm 左右）。安装好上部加载装置，使用吊锤以加载装置中心为基准确定桩底位置，并在该位置做模型桩的底座。使用该方法能保证桩的垂直度及加载对中。

图 11-43 桩顶千斤顶布置图

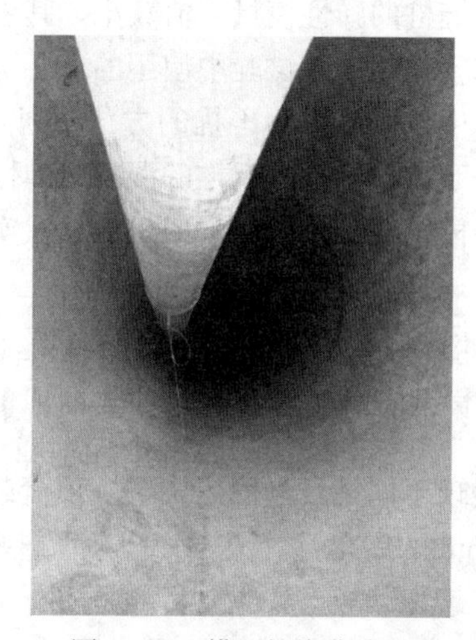

图 11-44 模型桩挠曲线图

（1）竖向荷载与沉降的关系曲线

图 11-45 和图 11-46 为两端铰接桩桩顶荷载-沉降图，图中实线加粗线为根据试验画出的荷载-沉降趋势线。实测数据中在加载初期桩顶荷载随着桩顶沉降呈现震荡形增加趋势，是由于千斤顶的作用机理导致的，千斤顶是通过顶升施加力的，但是当桩顶发生沉降时千斤顶给予的力减小，因此会出现桩顶荷载略有减小的现象。根据趋势线，在加载中桩顶荷载均随沉降呈直线形增加，但是由于预制桩之间的差别使得增加斜率并不一致。当荷载达到临界荷载（两次均为 22kN 左右）后竖向荷载增长并不明显反而可能会出现减小的情况，而桩顶竖向荷载随着桩顶沉降的增加在某一数值周围震荡。在常规试验中较难获得该种锯齿形震荡的过程，是因为现场试验普遍采用等应力加载方式，笔者建议在加载初期可采用等应力加载，当竖向荷载接近屈曲临界荷载后应改为等应变加载方式。改变加载方式主要优势有两点：（1）能避免屈曲发生突变，继续对整个试验过程进行监测；（2）能获得屈曲后各监测物理量的变化规律。

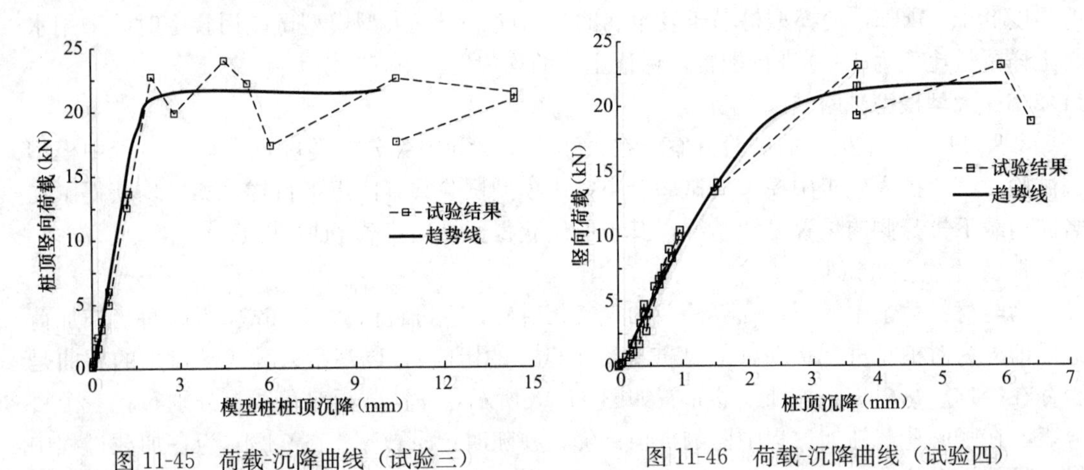

图 11-45　荷载-沉降曲线（试验三）　　图 11-46　荷载-沉降曲线（试验四）

桩身抗弯刚度的测试往往有两种方法：（1）简支梁法；（2）理想压杆法。使用第二种方法反推模型桩的弹性模量，根据欧拉公式反推得混凝土弹性模量为：$1.12\times10^7\text{kN/m}^2$。相对于传统桩的弹性模量其值较小，其主要原因有：（1）欧拉公式计算的为理想状态下压杆屈曲临界荷载，而试验中使用的桩不可避免地存在缺陷，使得弹性模量偏低；（2）施加荷载过程中使用了人为干扰的方式对桩的平衡形态进行破坏，使其能承受的竖向荷载降低。根据欧拉计算公式反推的混凝土弹性模量考虑了桩身缺陷、外部荷载的影响。该值与常规弹性模量值相差较大，但是能反映实际情况下混凝土桩的状态，可用于进行该模型试验的计算。

根据欧拉公式计算结果：

$$EI=\frac{P_{\text{cr}}l^2}{\pi^2} \tag{11-5}$$

为表现不同桩顶嵌固形式对桩顶荷载的影响，试验三与试验四采用的桩顶套箍形式为高度 30mm 的钢套箍（图 11-47），而试验五采用的为高度为 150mm 的钢套箍。30mm 的套箍固定于加载板上，主要目的是阻止桩顶与加载板之间的错动，起到铰接的作用。厚度 150mm 的钢套箍则能给予桩顶转角一定的约束作用，图 11-48 为使用该套箍后桩顶荷载沉降图。与两端铰接桩类似，桩顶荷载随着桩顶位移的增大震荡上升，当荷载达到27kN左右时无明显增大趋势（略大于两端铰接桩屈曲临界荷载）。卸载后桩顶残余沉降较小，说明整根桩仍处于弹性状态。

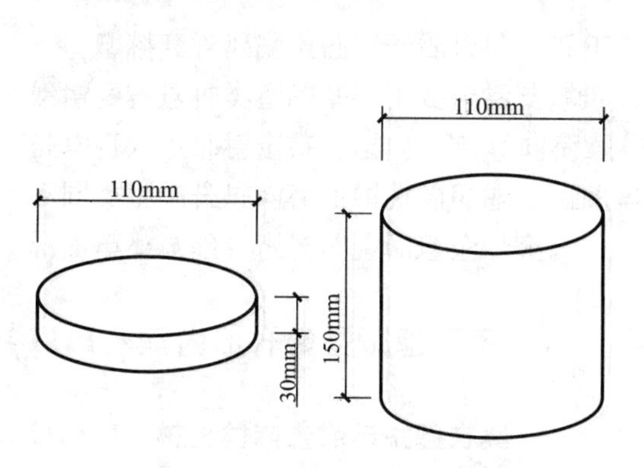

图 11-47　使用的不同桩顶套箍

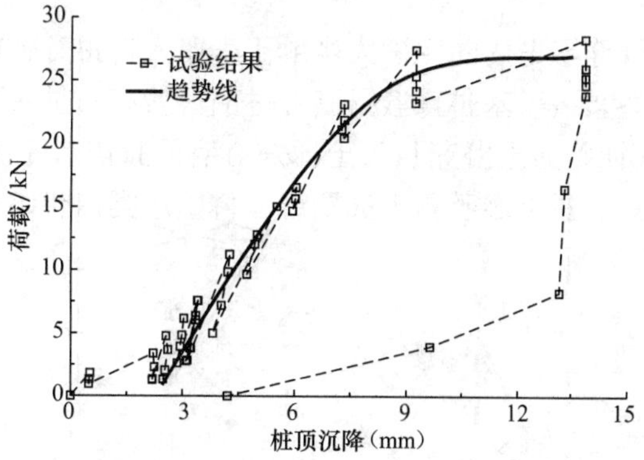

图 11-48　荷载-沉降曲线（试验五）

（2）桩身截面位移转角变化情况

根据图 11-21 可计算桩身位移过程中，其与 x 轴之间的转角，以此来明确桩的三维变化情况。图 11-49～图 11-51 则显示了在三种试验中桩身位移转角与桩顶位移的变化图。当桩顶沉降较小时，试验三、试验四、试验五中桩身偏转角均比较紊乱，分别在60°～80°、0～40°、70°～80°之间无序变化；当沉降变化较大后其转角出现增大的趋势，这是因为在屈曲过程中桩身存在微小扰动情况下其各个位移方向是随机的（但是一般在同一象限内），然而当达到屈曲后桩身出现了稳定的弯曲方向，因此转角不再出现较大变化。水平面上桩身位移转角的无序性也能说明桩在竖向荷载作用下的弯曲方向是随机的，即不可能判定一根桩在屈曲过程中侧向位移的方向。本次试验使用在一个水平面上环向设置3个拉线式位移传感器的主要目的之一就是为了了解这种随机性。人为地固定其弯曲方向，可能会减小桩的自由弯曲长度，会对屈曲临界荷载产生较大的影响。

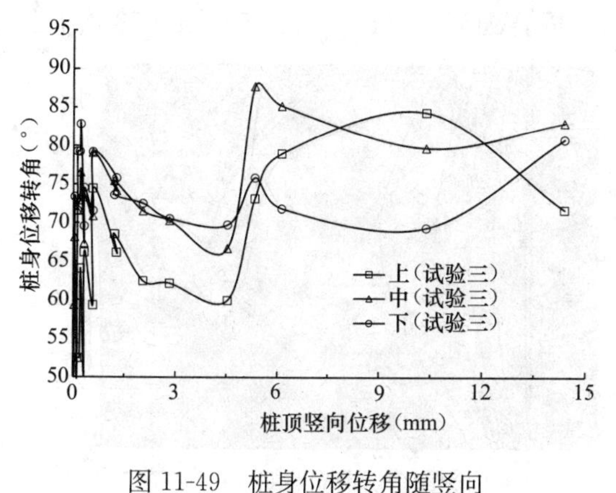

图 11-49　桩身位移转角随竖向位移变化图（试验三）

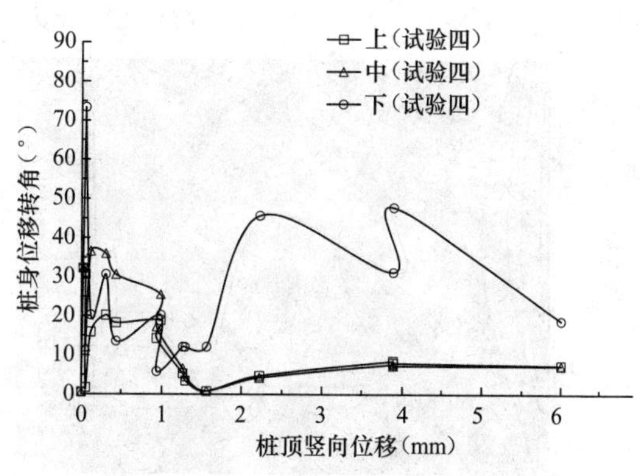

图 11-50　桩身位移转角随竖向位移变化图（试验四）

（3）桩身横向位移情况

图 11-53，图 11-54 分别为3次试验中的不同截面深度的横向位移变化情况，桩变形

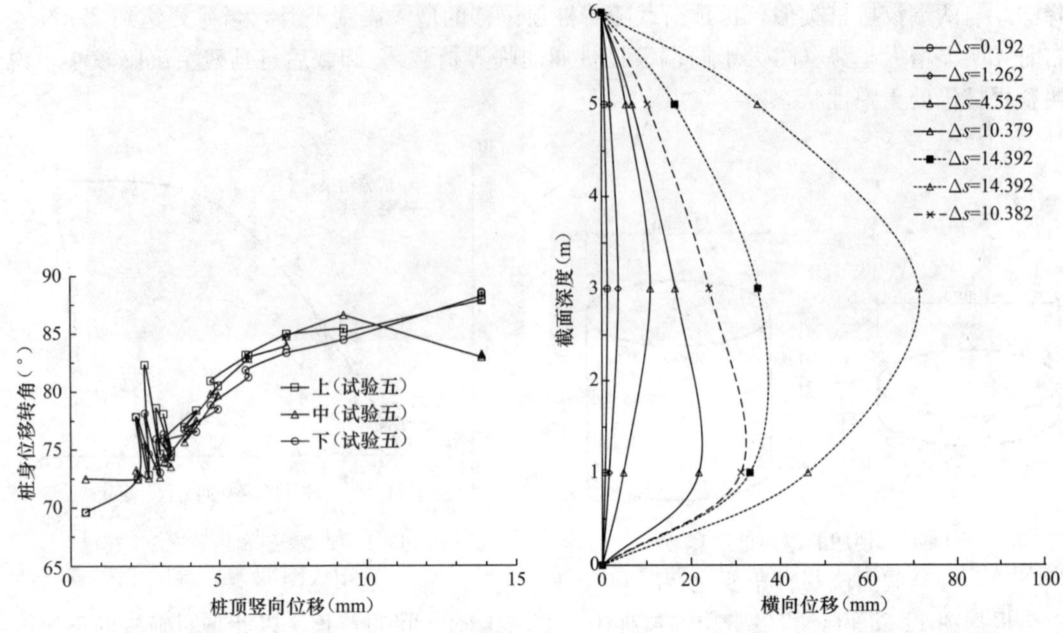

图 11-51　桩身位移转角随竖向位移变化图（试验五）　　图 11-52　桩侧横向位移分布图（试验三）

曲线均接近于正弦分布形式。试验三在初始加载阶段最大横向位移发生在底部原因可能为每级荷载施加后的人为扰动造成的。出于桩长及安全性的考虑，并没有对桩中部施加扰动而是对上部 1～2m 桩身段进行拍打、敲击。试验三的最大横向位移为 80mm、试验四的最大横向位移约 80mm、试验五的最大横向位移可达 120mm、试验三与试验五均进行了卸载，最大横向位移缩小的距离分别为 36mm 和 70mm，分别占总横向位移的 44%、70%，说明桩在竖向荷载作用下并未达到完全的塑性状态。

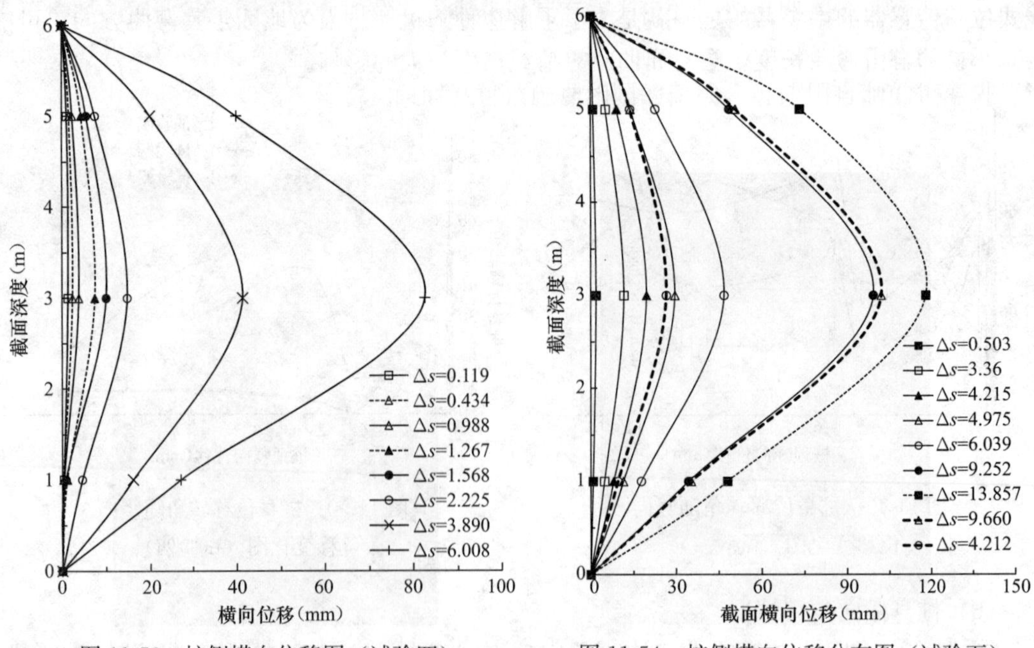

图 11-53　桩侧横向位移图（试验四）　　图 11-54　桩侧横向位移分布图（试验五）

(4) 桩身破坏情况

试验完成后分别对桩身破坏情况进行观察，并拍摄了部分照片。整个桩身在制作过程往往由于工艺、配比误差等原因，截面会有部分的凹陷但是并不影响桩身的整体性。试验过程中出现的桩身截面受拉或受压破坏往往会连通这些缺陷，使得整个横截面上出现环向贯穿裂缝等。因几种试验破坏情况基本相似，仅取试验四试验过程中桩身破坏情况进行介绍。

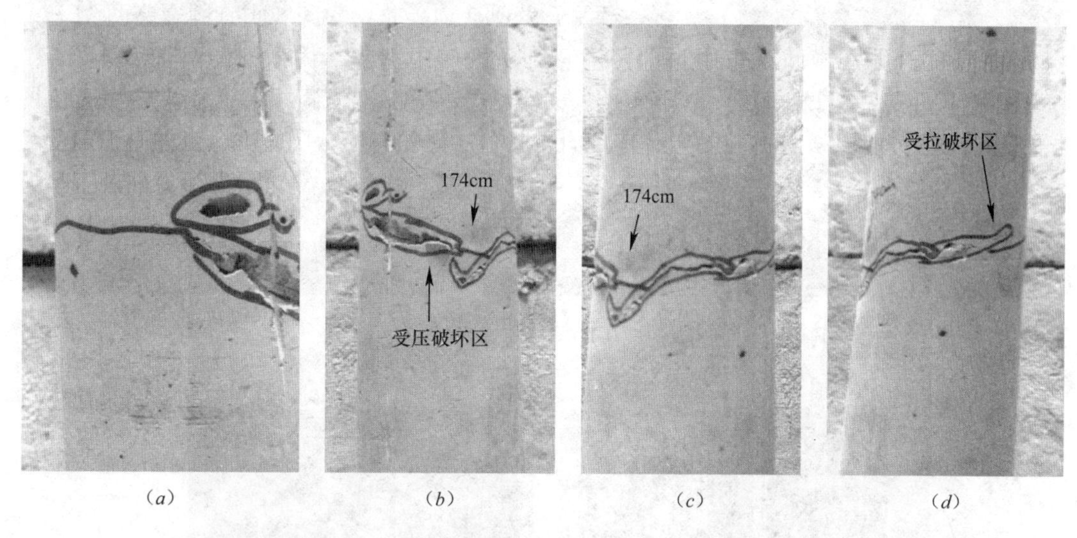

(a) (b) (c) (d)

图 11-55 174cm 深度处桩身破坏情况（试验四）

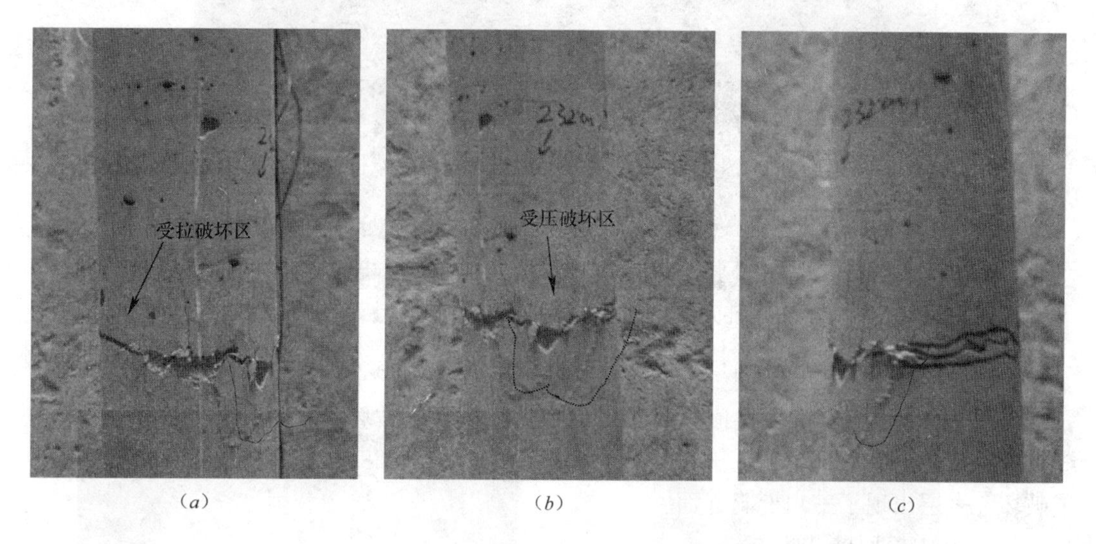

(a) (b) (c)

图 11-56 232cm 处桩身破坏情况（试验四）

如图 11-55～图 11-58 所示，在试验三中桩身多处出现破坏（桩顶以下 174cm 处、232cm 处、283cm 处、328cm），在荷载卸除后其横向位移回弹量不能完全恢复变形仅为最大横向位移量的 44%。而在试验五中桩身仅有两处发生破坏，破坏程度较小，因此回弹量较大。因为模型桩桩身进行了配筋（4 根 ϕ8mm 的通长钢筋），因此在试验过程中并不会出现桩的脆性破坏，桩身具有一定的延性。从以下几幅图中能看出桩身在不同截面处发生的破坏不但包含受拉破坏还包含受压破坏，在受拉破坏区域形成微小的贯穿裂缝，在受压破坏区域桩身表面发生隆起甚至形成角。受拉面破坏并不明显，仅出现细微的裂缝。

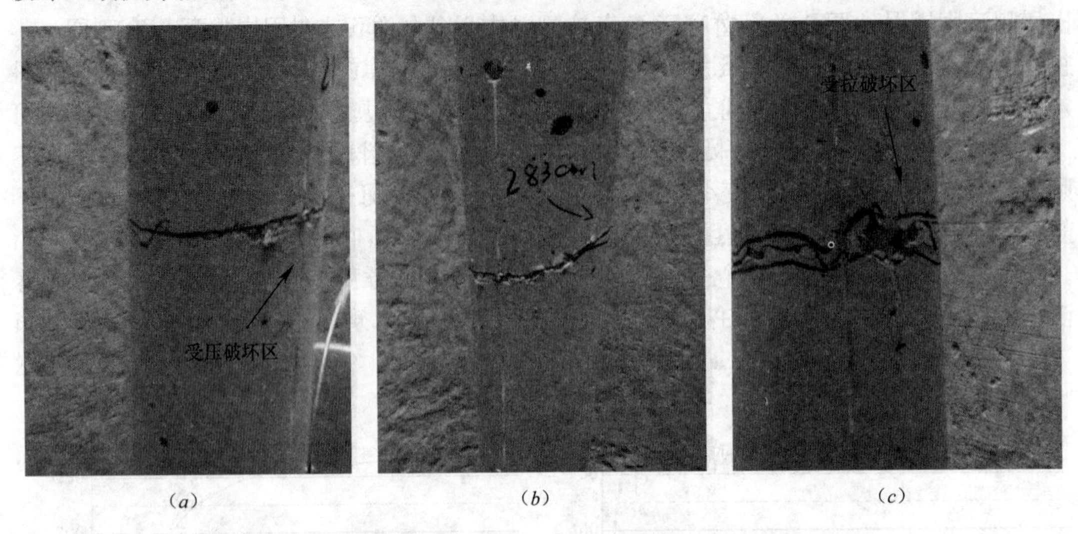

图 11-57　283cm 处桩身破坏情况（试验四）

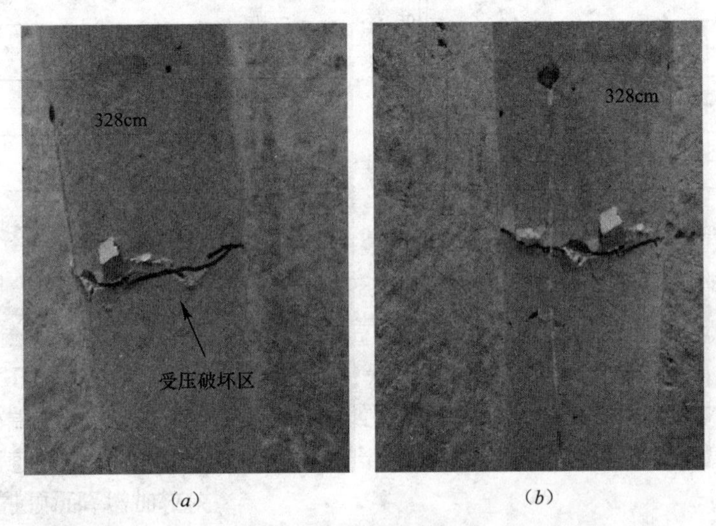

图 11-58　328cm 处桩身破坏情况（试验四）

由图 11-56 可以看出在桩顶以下 232cm 处，桩身受压破坏比较明显，出现较大一块裂缝，呈现角向下的三角形破坏区。图 11-58 显示桩顶以下 328cm 处的桩表面已经发生较严重破坏，表层出现了三角形隆起面。

2. 软土中模型桩试验

在进行了多组空气中模型桩压桩试验获得了混凝土模型桩在竖向荷载作用下屈曲特性后，开展软土中细长桩屈曲试验。首先对中布置好模型桩，然后注入软土并开展屈曲试验。根据 11.2.7 节中含水率控制方法进行软土配置，配置完成后灌入圆筒中。如图 11-59 所示，为避免土体对拉线式位移传感器产生干扰，使用不锈钢钢管保护位移传感器，并在测点上侧布置微型土压力计，以使土压力数据能与位移数据相对应。与原先桩身位移测量方法形式一致，在竖向深度范围内同样布置 3 个测量水平面，如图 11-60 所示。

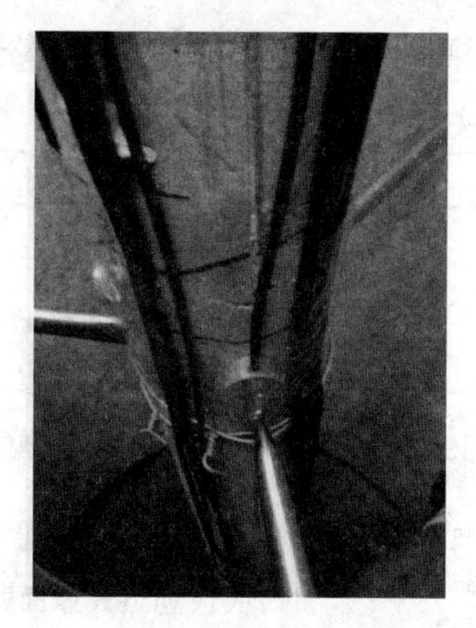

图 11-59 水平截面拉线式位移传感器布置图

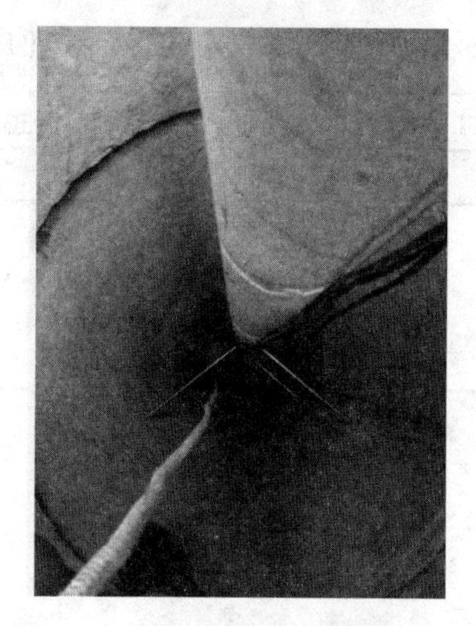

图 11-60 竖向位移传感器布置图

在土体灌入过程中环向进行，以免使得桩一侧受力过大产生初始弯曲，且填筑过程中，两端土体高差控制在 10cm 左右，当一侧较高时即向较低侧填土，填筑过程中圆筒内土样情况可见图 11-61。使用不锈钢管保护拉线式位移传感器的钢丝绳，保证其不受土体的影响。不锈钢管较硬，且可穿过圆筒上的钻孔，因此既可保证刚度也能不影响到位移的监测。图 11-62 为浇筑完成后的现场情况，填筑完成后静止一天即开始进行屈曲试验，使用小型十字板剪切仪测试土体强度获得土体不排水抗剪强度指标。

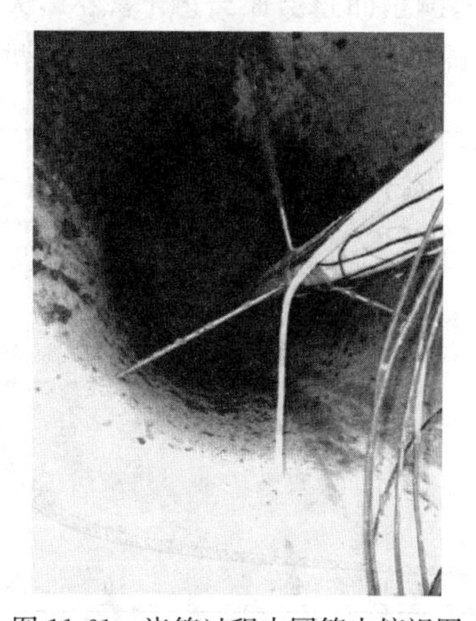

图 11-61 浇筑过程中圆筒内俯视图

图 11-62 土样浇筑完成后图

(1) 试验六：屈曲试验一

图 11-63 为本次试验中土体在竖向的不排水抗剪强度随深度变化图，测点 1 与测点 2 在圆筒直径上的 1/4 和 3/4 位置处。在 0～6m 的深度范围内，土体不排水抗剪强度略有增加（4～7kPa）。

图 11-64 为压桩过程中桩顶荷载-沉降变化图。在荷载加载初期，桩顶荷载随着沉降即稳步增加，但是当荷载施加至 56.7kN 之后，荷载即施加不上，同时桩顶沉降速率变化显著，在施加过程中尝试了 3 次加载。第一次尝试加载前桩顶荷载为 53.7kN，随着千斤顶

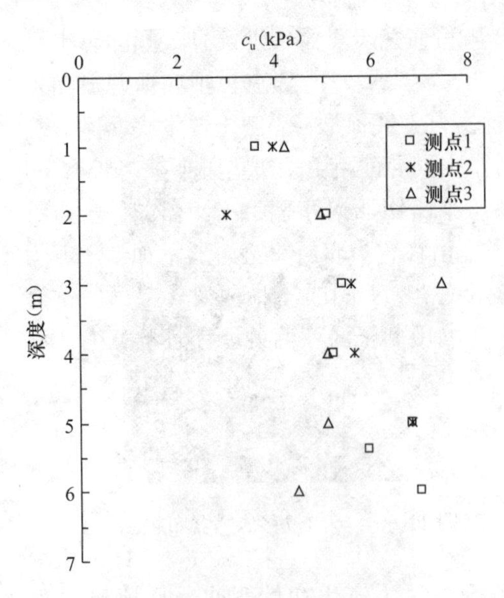

图 11-63　土体不排水抗剪强度（试验一）

的进一步顶升，荷载不但不增加反而略有降低，变为 52.6kN，为防止无限制加载使得模型桩过早破坏，即停止加载，本级加载后桩顶荷载最终稳定在 48.6kN。第二次尝试加载时桩顶荷载先增大到 56.5kN 随即减小到 45.7kN，最终回落到 38.8kN。第三次尝试加载时仅能加载至 42.3kN，并稳定于 40.1kN，此时桩顶累计沉降达到 23.716mm，沉降较大开始进行卸载。卸载也分为三级进行，卸载过程中桩顶荷载直线型下降。卸载完成后，残余沉降约为 20.632mm。根据室内模型试验结果（图 11-10），改桩屈曲临界荷载为 55kN。

图 11-65 为在竖向荷载下，不同截面深度处桩侧横向位移图。在加载初期上部桩体首先发生横向位移，随着荷载的不断增大下部横向位移逐渐发生，桩顶横向位移最大值为 1.6mm 左右，其对应的桩顶竖向沉降为 23.705mm。通过试验结果发现试验过程中桩身弯曲方向也存在随机性。

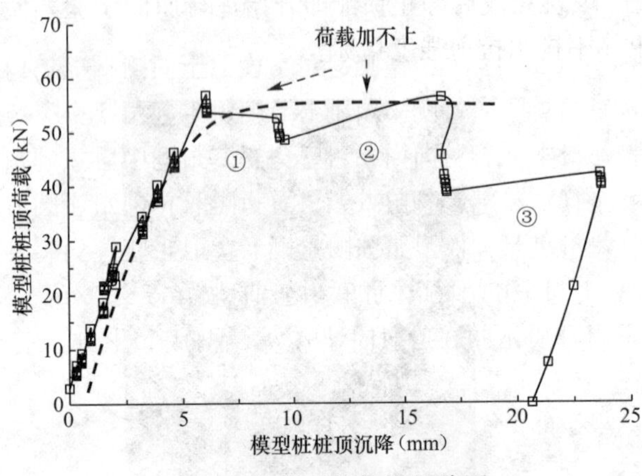

图 11-64　模型桩荷载-沉降图

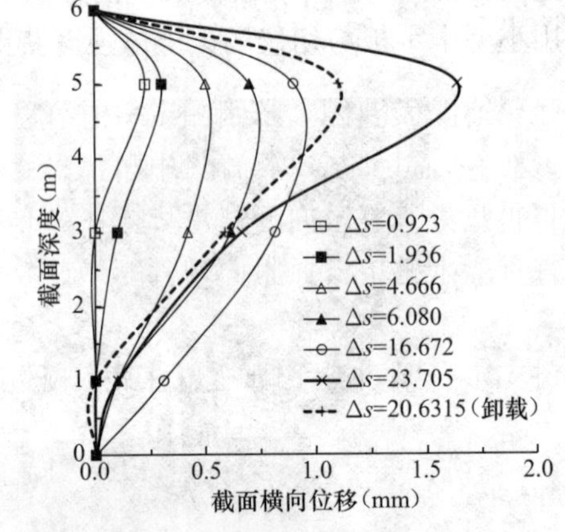

图 11-65　模型桩横向位移图

试验中在桩侧埋设了土压力盒，土压力盒的位置分别对应于拉线式位移传感器，见图 11-59。图 11-66 为土压力盒埋设后初始土压力测量结果，土压力盒测量结果较准确，略有差别，为了减小这种差别，后期的土压力值以增量结果计算。

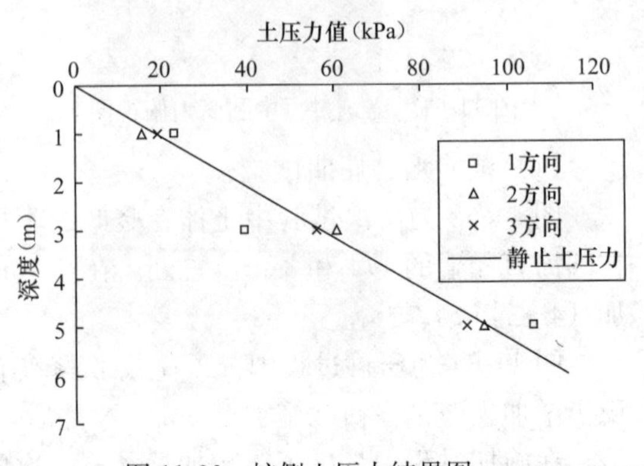

图 11-66　桩侧土压力结果图

在试验过程中三个测试水平面上的桩侧土压力、桩侧横向位移并不是恒定增加或减小的，为能了解整个试验过程两者的变化规律，首先以加载时间为横轴分别作桩侧土压力-加载时间变化规律图、桩侧横向位移-加载时间变化规律图，如图 11-67～图 11-72 所示。图中侧向位移增大则说明桩身远离测量点移动，侧向位移减小则说明桩身朝向测量点运动。而侧向土压力增加则说明该侧土体处于被动状态，土压力值随土体位移的增大而增大；侧向土压力减小则说明该侧土体处于主动状态，土压力值随土体位移的增大而减小。

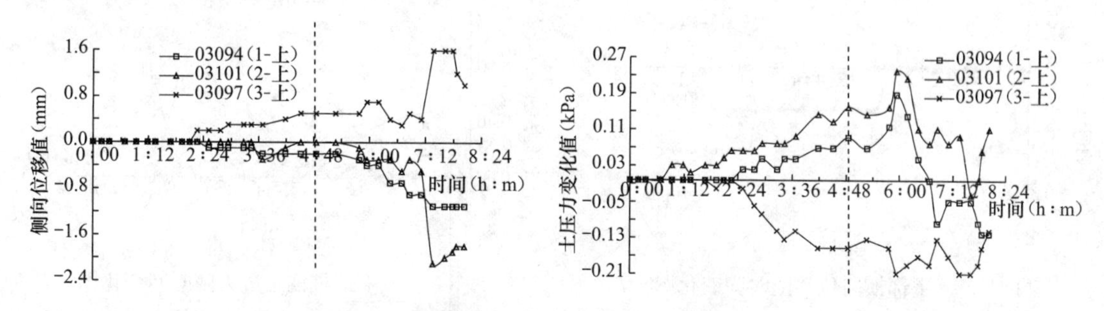

图 11-67 上部横向位移随时间变化图　　图 11-68 上部桩侧土压力随时间变化图

如图 11-67 和图 11-68 所示，在荷载施加过程中桩侧横向位移、桩侧土压力变化均呈现较有规律的变化，当达到极限荷载后（对应于第一次尝试加载，对应于加载历时 4：11），桩侧横向位移变化开始出现波动，同时 1-上、2-上处桩侧土压力突然增大，3-上处的土压力开始减小。在土中施加荷载与在空气中施加荷载一样，初始的弯曲方向并不能确定，但是当竖向荷载达到临界荷载后，桩的偏转方向发生变化，从而土压力值发生变化。出现的情况是：3 处的位移减小、土压力值增大；2 处位移增大、土压力减小；1 处位移增大、土压力值减小。在前期稳定加载过程中桩侧横向位移最大值为－0.4mm 和 0.5mm，桩侧土压力变化量最大值 0.242kPa 和－0.207kPa。

进行三次尝试加载后，桩身侧向位移量急剧增大最大值为 1.6mm，对照图 11-64 桩顶荷载却并未增加。同时被动侧土压力仍在增加，而主动侧土压力已无较大变化可认为达到极限值。

如图 11-69 和图 11-70 所示，中部横向位移在初始时刻并未增加，但是随着竖向荷载的不断增加中部横向位移逐渐出现，但是变化范围并不明显，直至竖向荷载达到临界荷载后，桩侧横向位移、桩侧土压力即发生突然性的变化。在前期稳定加载过程中桩侧横向位移最大值为－0.4mm 和 0.2mm，桩侧土压力变化量最大值为 1.201kPa（增大，被动侧）和－0.498kPa（减小，主动侧）。

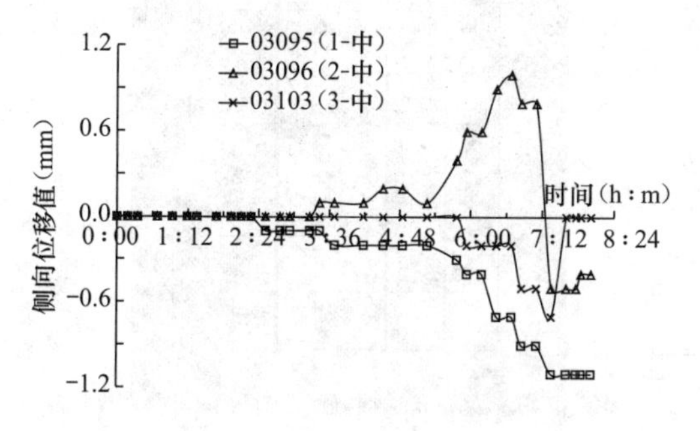

图 11-69 中部横向位移随时间变化图

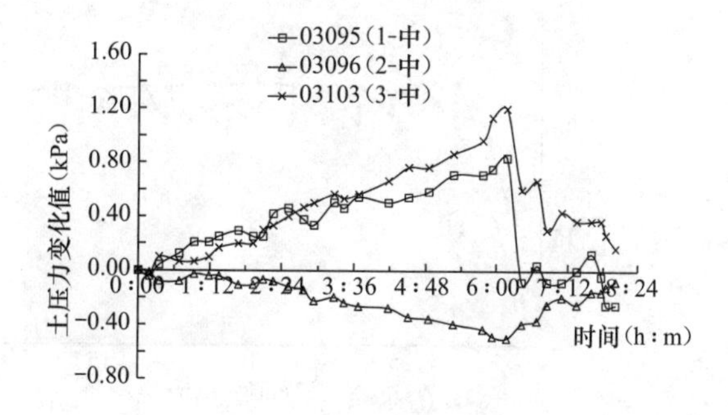

图 11-70 中部桩侧土压力随时间变化图

如图 11-71 和图 11-72 所示，在加载过程中桩侧下部横向位移则显得比较稳定，桩侧土压力存在一定的波动但是整体趋势仍保持增长且趋势比较明显。在前期稳定加载过程中桩侧横向位移最大值为－0.1mm，桩侧土压力最大值为 0.756kPa。

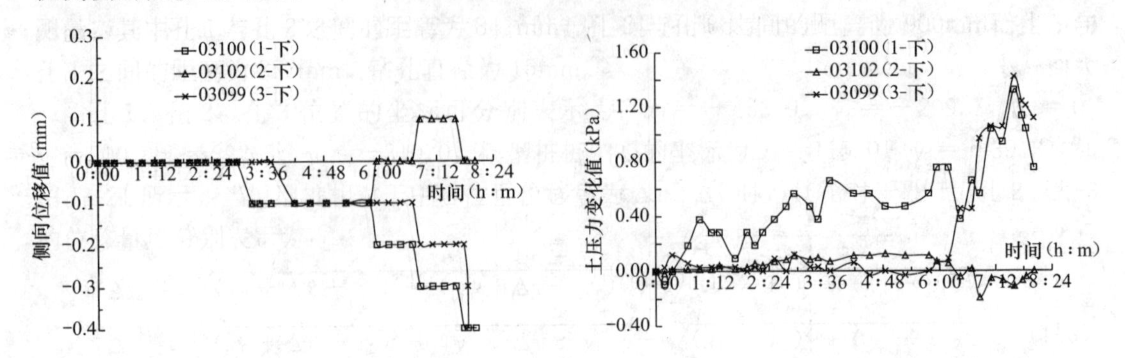

图 11-71　下部横向位移随时间变化图　　　图 11-72　下部桩侧土压力随时间变化图

从图 11-68、图 11-70、图 11-72 可以看出，在加载过程中桩侧被动土压力均呈直线型增长，且桩中间位置深度处桩侧土压力变化值（－0.4mm，1.201kPa）＞桩上部桩侧土压力变化值（－0.4mm，0.242kPa）＞桩下部桩侧土压力变化值（－0.1mm，0.756kPa）。因此可以看出，在不同深度处桩侧在相同横向位移情况下，桩侧土压力变化值是不一致的。在相同横向位移情况下，深度越深，土压力值变化越大。

综上：根据对试验中桩侧土压力与桩身侧向位移的监测可发现，在屈曲过程中桩身土压力对于桩身的屈曲存在推动和阻止两种作用。

（2）试验七：屈曲后加载

在试验一中桩顶荷载已达到屈曲临界荷载时，桩身可能已经发生破坏。因此在试验一结束后，拟对该桩重新进行一次压桩试验。图 11-73 为二次试验中桩顶荷载-沉降变化图，在本次试验中桩顶荷载增加至 30kN 左右即开始出现破坏，说明加载前桩身已出现破坏。当加载至接近屈曲临界荷载后采用了等应变加载方式，因此锯齿形特别突出。荷载沉降图与室内试验在空气中进行的两端嵌固光滑桩、两端铰接光滑桩荷载沉降曲线一致，说明有土与无土的情况相比仅能改变荷载的大小但是并不会影响屈曲发生的机理。

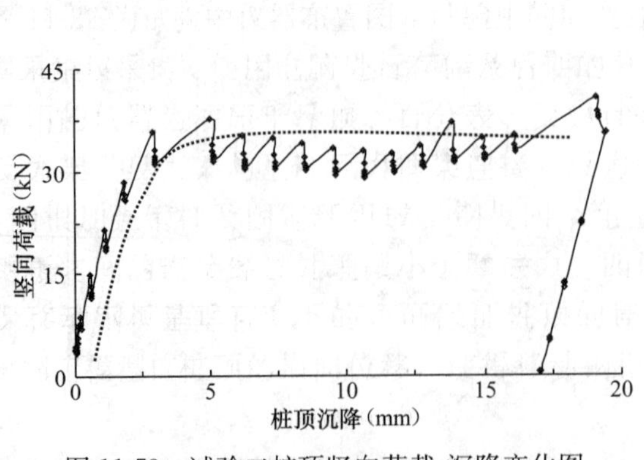

图 11-73　试验二桩顶竖向荷载-沉降变化图

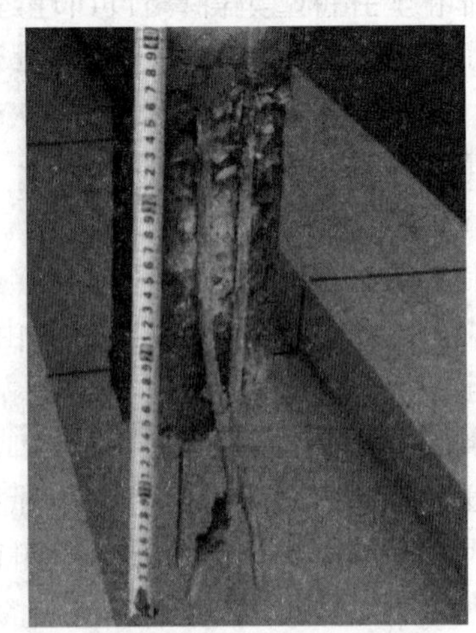

图 11-74　桩端破坏图

如图 11-74，将桩取出后发现桩端破损严重，桩端约 38cm 出现破损，当桩取出时桩前部 13cm 范围内混凝土全部脱落。

（3）试验八：屈曲试验二

为与前一次试验进行比较，本次试验中采用的土体强度与前一次相比增大一些，其不同深度处土体不排水抗剪强度如图 11-75 所示。与试验六中测点一样，在圆筒某一直径的 1/4d，3/4d 位置进行不同深度十字板试验，测得土体不排水抗剪强度主要分布在 7kPa 到 22kPa 范围内。

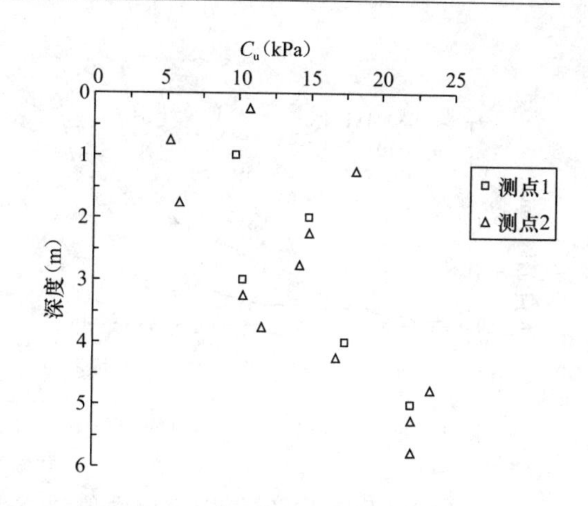

图 11-75 土体不排水抗剪强度

本次试验桩顶荷载-沉降曲线如图 11-76 所示，试验中桩身并未表现出较明显的屈曲特性，当荷载维持在 92kN 时刚施加荷载桩身出现即突然性破坏，桩顶沉降急剧增大。其桩侧横向位移如图 11-77 所示。

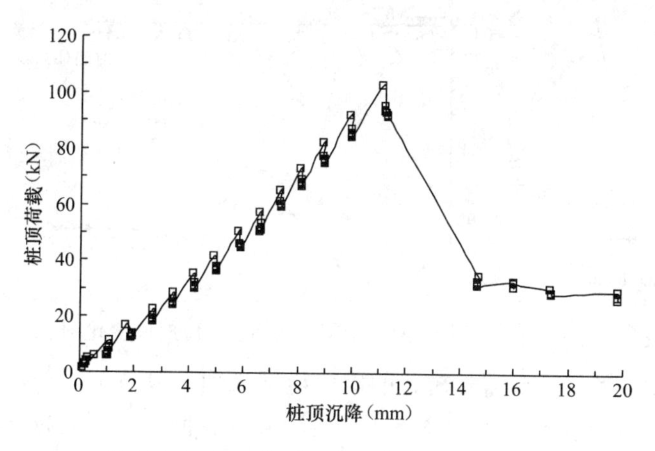

图 11-76 试验桩顶荷载沉降曲线（试验八）

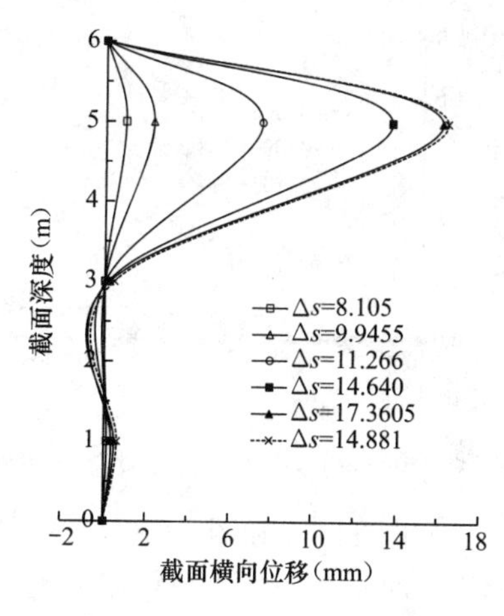

图 11-77 模型桩不同深度处横向位移（试验八）

图 11-77 为第三次有土模型桩试验获得的不同深度处横向位移，接近破坏时桩顶沉降为 12mm（16：40），该时刻对应的桩侧最大横向位移为 7.5mm 左右，随着荷载的进一步增大桩身出现破坏，最大横向位移达到 16.1mm。

将图 11-77 和图 11-65 进行比较可知，当桩侧土体软弱时桩身挠曲线接近于两端铰接受压挠曲线，但是当桩侧土体强度较大时其对桩的影响较大，能起到嵌固作用。

如图 11-78 和图 11-79，在加载时桩顶横向位移呈逐渐增长趋势，当桩接近破坏时在上部 2-上方向由 0.9mm 急剧增大到 11.3mm，主动土压力变化值由－0.43kPa 变化至－0.83kPa并趋于定值，最终变化值稳定在大约 0.81kPa。1-上方向由－1.3 减小至－8.6mm，被动土压力变化值由 0.45kPa 增大到 1.56kPa。

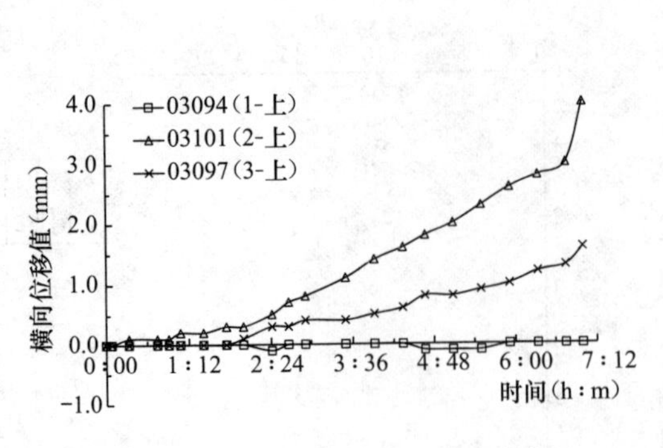

图 11-78　上部横向位移随时间变化图

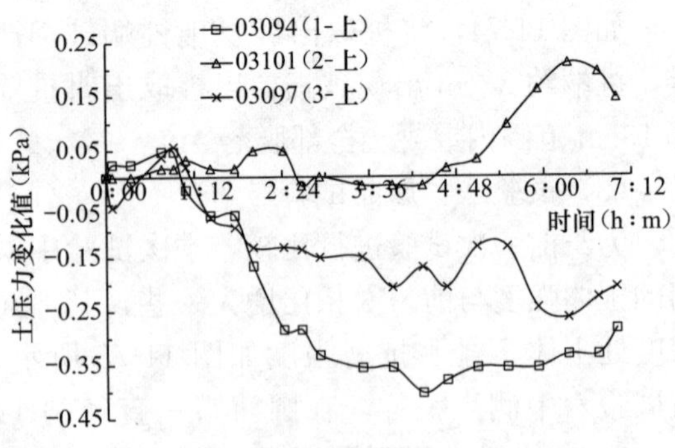

图 11-79　上部土压力变化随时间变化图

图 11-80 和图 11-81，中部横向位移在 3-中方向稳定增长，其他两个方向的位移则基本无变化，仅有微小波动。3-中方向土压力呈变化仍较明显，而 1-中、2-中方向的土压力测量则比较紊乱。可能发生的原因有：1-中，2-中方向桩身发生破坏。

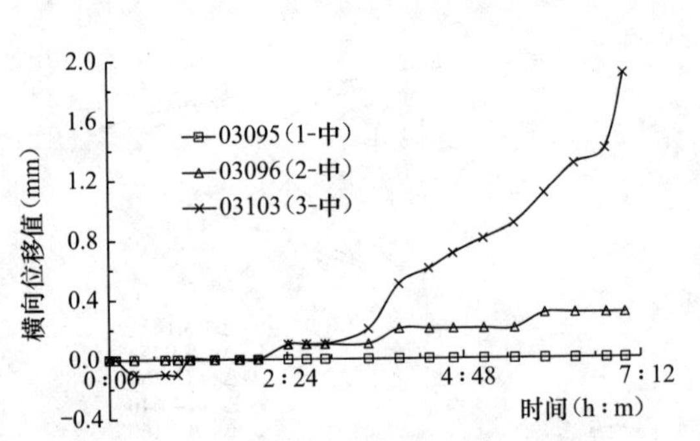

图 11-80　中部横向位移随时间变化图

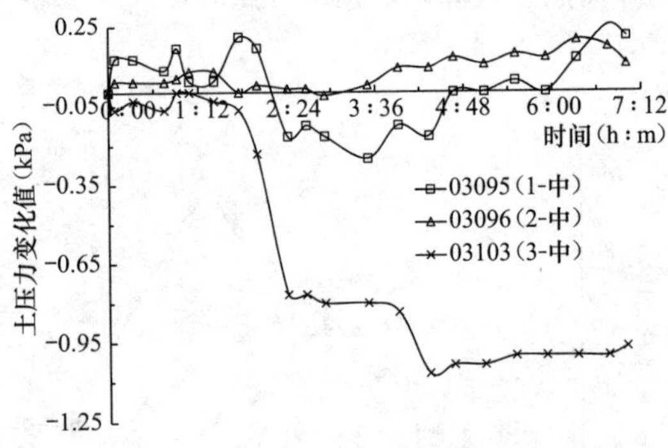

图 11-81　中部土压力变化随时间变化图

如图 11-82 和图 11-83，桩下部的横向位移随着荷载的增加稳定增加，但是 1-下处位移增大时桩侧土压力值也跟着增大，土压力值比较反常，可能为仪器存在问题，因此将其剔除。2-下处土压力值随着位移的减小而增大，当荷载达到临界荷载后桩侧土压力增量值急剧减小。

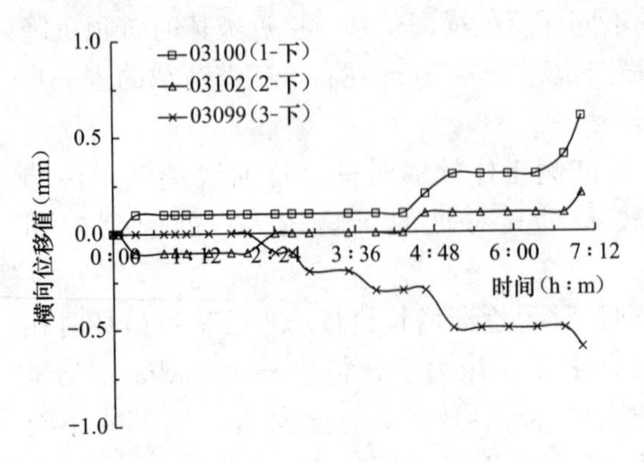

图 11-82　下部横向位移随时间变化图

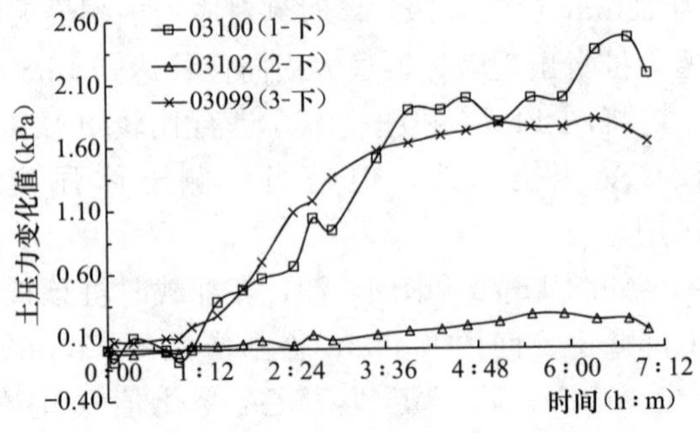

图 11-83　下部土压力变化随时间变化图

如图 11-84 和图 11-85 所示，在加载过程中大约桩身 1m 深度处出现了破坏（与图 11-77 测量桩身变形曲线一致），拍摄照片方向为朝向 3 方向，由 3-上的位移数据可以看出，该处装位移是朝向 3 方向进行的且钢筋出现了弯曲，因此破坏处为压裂破坏。压裂破坏区长度约为 15cm。

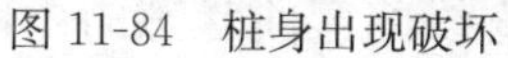

图 11-84　桩身出现破坏

图 11-85　开挖后桩身破坏处（距桩顶 1m）

（4）屈曲过程中土压力随位移变化关系

根据大型模型试验六获得了加载过程中上、中桩侧土压力、侧向位移的变化规律，总结获得了桩侧土压力变化值随侧向位移变化关系，如图 11-86 和图 11-87。下部桩身侧向位移由于变化太小，未能获得有效数据。

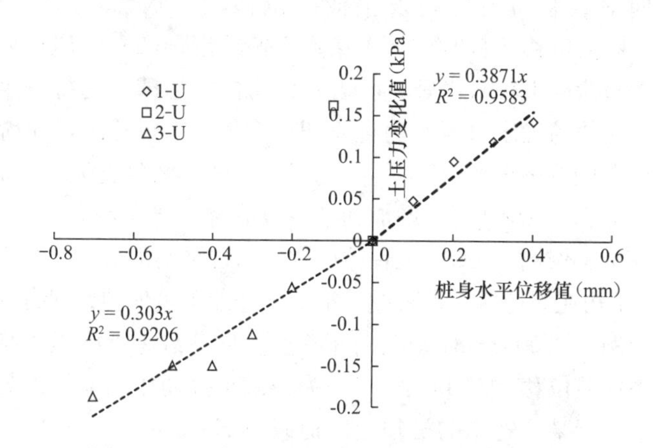

图 11-86　上部土压力变化值与横向位移关系图

图 11-86 为竖向荷载达到屈曲临界荷载前在加载过程中上部桩侧土压力与桩身侧向位移之间的关系图，通过拟合可认为桩侧土压力与桩身侧向位移呈线性关系。在被动侧土压力变化值与侧向位移关系可表示为：$y=0.387x$（x 为桩身侧向位移）；在主动侧关系为：$y=0.303x$（x 为桩身侧向位移）。

图 11-87 为竖向荷载达到屈曲临界荷载前在加载过程中上部桩侧土压力与桩身侧向位移之间的关系图，通过拟合可认为桩侧土压力与桩身侧向位移呈线性关系。在被动侧土压

力变化值与侧向位移关系可表示为：$y=1.9562x$（x 为桩身侧向位移）；在主动侧关系为：$y=0.9928x$（x 为桩身侧向位移）。

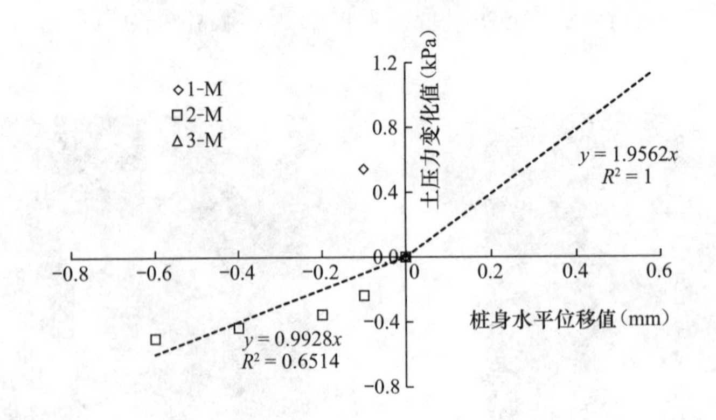

图 11-87　中部土压力变化值与横向位移关系

11.3　桩屈曲临界荷载与桩屈曲极限荷载的区别

桩的屈曲临界状态可理解为直线状态、无限接近于直线的弯曲状态的中间状态[106]。在临界状态，压杆最大挠度应满足条件：

$$c=0 \quad 或 \quad c\rightarrow 0$$

即对于压杆来说，当其处于临界状态时，压杆挠度是无穷小量。

处于软弱土中的细长桩屈曲分析时可近似认为是一种特殊状态下的压杆，桩的临界状态可定义为：在竖向荷载下桩身即将发生横向位移时的状态。其中包含有两层含义：（1）当桩身并无发生横向位移趋势时桩处于稳定平衡状态；（2）由压杆屈曲的定义，桩的屈曲也可定义为在竖向荷载下桩身由竖直状态转向弯曲状态即称为桩发生屈曲。因此在计算过程中桩屈曲临界荷载的确定可表示为桩身即将发生横向位移时竖向荷载的大小。

竖向荷载作用下桩失稳一般属于第一类失稳形式，即平衡分支失稳。根据材料力学，对于竖向荷载作用下的压杆，当荷载逐渐增加到某一数值时，结构除了按原有变形形式维持平衡之外，还可能以其他形式维持平衡，该种情况称为出现平衡的分支。出现平衡的分支是此种结构失稳的标志，结构在失稳后呈现弯曲、褶皱、翘曲等丧失初始状态的情况称为屈曲。

以两端铰接桩为例，图 11-88（a）为对于承受竖向荷载施加的微小扰动示意图，微小扰动使得桩发生微小横向位移；图 11-88（b）为在微小扰动作用下桩顶竖向荷载与桩最大横向位移的关系图。对于某一特定的桩顶竖向荷载值 P_{cr}：

（1）当竖向荷载 $P<P_{cr}$ 时，当微小扰动撤销后，杆件能恢复到原来的直线状态，即如图 11-88（b）中 OA 段；

（2）当竖向荷载 $P>P_{cr}$ 时：

1）在无外界影响的情况下桩身仍能保持直线状态（图 11-88b 中 AC′段）；

2）当桩桩身材料具有较好抗弯性能时（如有机玻璃、橡胶等），依照大挠度理论：最大横向位移随着竖向荷载的增大不断增大，当横向位移达到一定程度（记为 c_1）达到材料（桩身材料、土体材料）破坏状态时，材料发生突然性的破坏，如图 11-88（b）中 ABE 曲线所示。

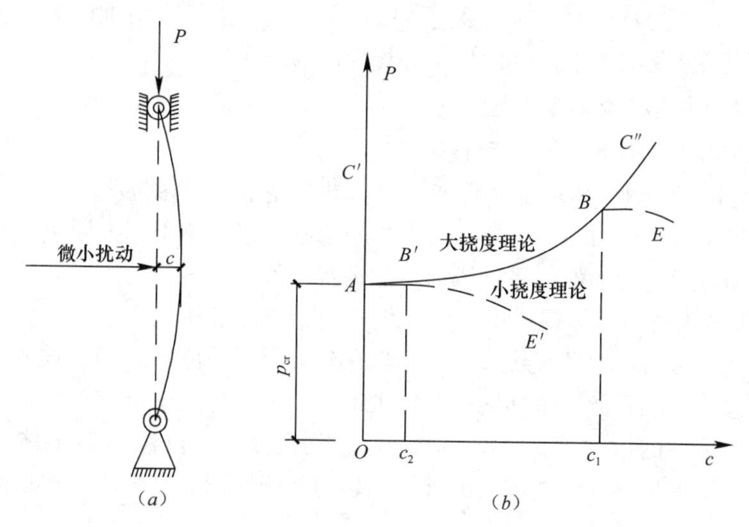

图 11-88 分支点失稳竖向荷载与横向最大位移关系图

(a) 竖向荷载作用下扰动示意图；(b) 竖向荷载-横向位移关系图

3）当桩身材料抗弯性能较差（如混凝土，木材等），发生极小横向位移即导致桩身发生破坏，如图 11-88 (b) 中 $AB'E'$曲线所示。

该桩顶竖向荷载值 p_{cr}可称为桩屈曲临界荷载，对应于图 11-88 (b) 中点 A。具有较大长细比路堤桩一般为混凝土脆性材料，当桩周存在软弱土层、桩端土层坚硬情况下，桩可能发生屈曲破坏。其现场试验主要表现为：在加载过程中桩端沉降较小，当桩顶作用荷载达到桩屈曲临界荷载时（对应图 11-88b 中 A 点，以 p_{cr}表示），桩在外界扰动下发生微小横向位移，当桩顶作用荷载达到桩破坏荷载时（对应图 11-88 (b) 中 B'点，以 p_u 表示），p_{cr}值与 p_u值相差极小，可认为 $p_{cr}=p_u$。因此在特定现场地质条件下，现场桩静荷载试验成果可作为屈曲临界荷载实测值。

当对屈曲临界荷载进行理论计算时，桩侧土体所能提供抗力为主要影响因素之一。因此笔者将桩可允许最大横向位移及桩侧土体破坏时位移进行对比，以分析在竖向荷载作用下是桩侧土体首先达到临界状态还是桩桩身截面首先发生破坏。

综上：在静载试验中对于超长细比桩测得的桩极限承载力并非其屈曲临界荷载，而是屈曲极限荷载。因在超长细比桩极限承载力现场试验过程中常常会出现巨响[107]、桩顶突然下沉、桩顶下沉但是桩顶荷载未见明显减小等现象，笔者认为此时的荷载并不能与屈曲临界荷载进行比较，此时的竖向荷载应称为桩屈曲极限荷载。其本质为在该荷载作用下桩身的横向位移导致桩身破坏或达到了土体破坏所需的位移量。因此常规的桩静载试验所测结果应对应为桩屈曲极限荷载。然而素混凝土路堤桩属于脆性破坏材料，其破坏对应极小的桩身横向位移。当桩屈曲后在微小横向位移下即发生破坏，所以在工程应用中桩屈曲临界荷载≈桩屈曲极限荷载。

11.4 考虑两侧土压力细长桩屈曲临界荷载计算方法

素混凝土路堤桩可发生横向位移极小，可认为当桩发生横向位移时，桩即已发生破坏。采用能量法计算的屈曲临界荷载即对应于桩横向位移欲动而未动时刻的竖向荷载，并不需要考虑横向位移的具体值。在计算过程中可取桩侧准主、被动土压力在桩达到临界破坏之前均处于直线变化状态来进行计算，桩身变形为小变形。

11.4.1　土压力随位移变化计算模型

1. 土压力随位移折线型变化计算模型

图 11-89 为挡土墙侧土压力随位移变化图，被动侧土压力在位移增长初期增长较大其后随着位移的增加而缓慢增加，且桩可发生横向位移小于桩侧土体极限主、被动位移，因此首先桩侧土压力简化为随位移呈折线形变化进行计算。

如图 11-89 假设桩侧土体提供土压力变化方式随位移呈现直线型变化，当处于主动状态时准土压力随位移的增大呈直线型减小，当达到极限主动位移 s_a 时土体提供的压力达到极限主动土压力 σ_a，此后随着位移的继续增大准主动土压力趋于定值；当处于被动状态时准被动土压力随位移的增大呈直线型增大，当达到极限被动位移 s_p 时土体达到极限被动土压力 σ_p，此后随着位移的继续增大准被动土压力趋于定值。准主动、被动侧土压力计算算法为：

$$q_a=\begin{cases}\sigma_0-\dfrac{\sigma_0-\sigma_a}{s_a}s & 0>s>s_a\\ \sigma_a & s<s_a\end{cases};q_p=\begin{cases}\sigma_0+\dfrac{\sigma_p-\sigma_0}{s_p}s & 0<s<s_p\\ \sigma_p & s>s_p\end{cases}\tag{11-6}$$

式中，s 为桩身实际侧向位移。

使用该方法所需要的已知参数有：σ_a，s_a，σ_p，s_p，σ_0，s 六个参数，各个参数的定义取决于试验数据的充分性。同时也可参考相关的取值表格进行取值，如 σ_a 与 σ_p 可参照朗肯土压力计算方法获得，s_a 和 s_p 可根据相关土体极限主、被动位移极限取值区间进行取值。该方法为本节后面计算中所使用的主要方法。

2. 土压力随位移直线型变化计算模型

使用 11.4.1 节中提出计算方法计算结果明显会比较准确，但是取值数量多。当条件不满足情况下可使用土压力随位移直线型变化计算模型。假设桩侧土体为弹性体，其可提供的土压力随位移呈现增大或减小，主动侧最小的土压力为极限主动土压力，被动侧最大的土压力为极限被动土压力，如图 11-90 为依据土体变形模量建立的土压力随位移直线型

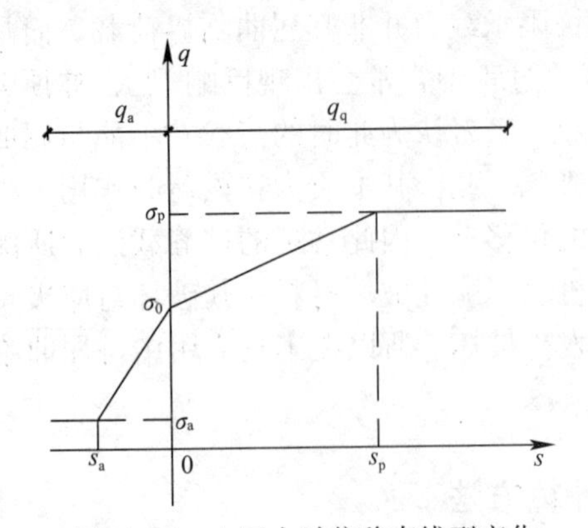

图 11-89　土压力随位移直线型变化

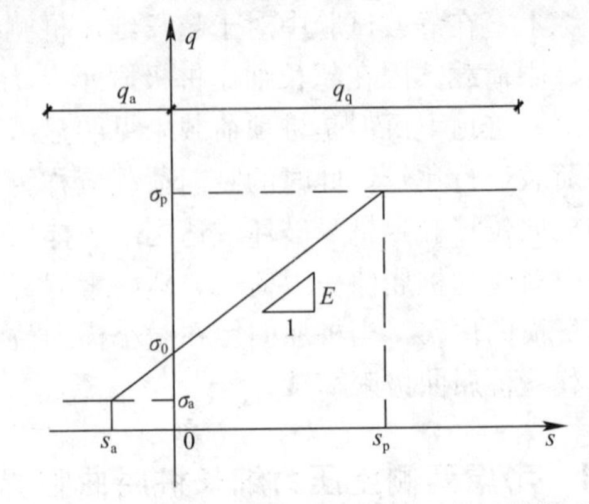

图 11-90　土压力随位移直线型变化计算模型

变化计算模型。由于土体为弹性体，因此在主动侧和被动侧土压力的变化斜率均一致。准主动、准被动土压力计算方法如下：

$$q_a=\begin{cases}\sigma_0-E_0\dfrac{y}{\Delta h} & 0>s>s_a\\ \sigma_a & s<s_a\end{cases},q_p=\begin{cases}\sigma_0+E_0\dfrac{y}{\Delta h} & 0<s<s_p\\ \sigma_p & s>s_p\end{cases}\tag{11-7}$$

使用该方法所需要的已知参数有：σ_a，σ_p，E，σ_0，s 五个参数，s_a 与 s_p 值可根据参数之间的关系计算获得。土体变形模量的应用也与温克尔地基模型计算公式中的基床系数存在一定的关系，可以说在被动侧两者是同一个概念，主要原因在于弹性模量也可适用于主动侧土体。

3. 极限土压力的确定

根据朗肯土压力理论，桩侧土体的极限被动、主动压力为：

$$\begin{cases}\sigma_p=(\gamma_s z+p_s)\tan^2(45^\circ+\varphi/2)+2c\tan(45^\circ+\varphi/2)\\ \sigma_a=(\gamma_s z+p_s)\tan^2(45^\circ-\varphi/2)-2c\tan(45^\circ-\varphi/2)\end{cases}\tag{11-8}$$

记 K_p 为被动土压力系数，$K_p=\tan^2(45^\circ+\varphi/2)$；$K_a$ 为主动土压力系数，$K_a=\tan^2(45^\circ-\varphi/2)$；$K_0$ 为静止土压力系数，$\sigma_0=(\gamma_s z+p_s)K_0$，对于砂性土 $k_0=1-\sin\varphi'$，对于黏性土 $k_0=0.95-\sin\varphi'$；对于超固结土 $k_0=\sqrt{OCR}(1-\sin\varphi')$，其中 φ' 为土体的有效内摩擦角；OCR 为土的超固结比；p_s 为桩间土荷载集度（kN/m^2）；γ_s 为桩间土重度（kN/m^3），当处于地下水位以下时取浮重度；c 和 φ 为土的黏聚力和内摩擦角；z 为竖向土体埋置深度。

11.4.2 考虑两侧土压力作用细长桩屈曲临界荷载计算方法

建立如图 11-91 所示的坐标系，桩发生弯曲时桩身弯曲应变能可表示为：

$$U_p=\frac{1}{2}\int_0^L EI\frac{\left(\dfrac{d^2y}{dz^2}\right)^2}{\left(1+\left(\dfrac{dy}{dz}\right)^2\right)^3}dz\tag{11-9}$$

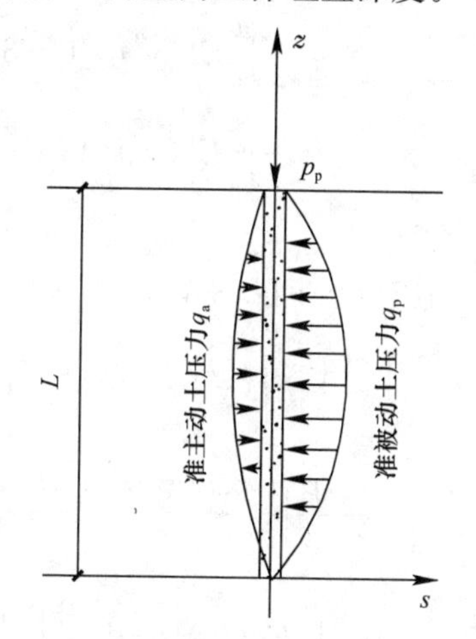

图 11-91 桩屈曲计算模型

当桩发生横向位移时 $\Delta\varepsilon_{2a}=\Delta\varepsilon_{2p}=\dfrac{y}{L}$，桩侧土体使用应力应变关系表示时，则土体应变能表示为：

$$U_s=\frac{B}{2}\int_0^h q_p y dz-\frac{B}{2}\int_0^h q_a y dz\tag{11-10}$$

当使用土压力随位移直线型计算模型时，式（11-10）可表示为：

$$\begin{aligned}U_s&=\frac{B}{2}\int_0^h\left(k_0\sigma_1+E_0\frac{y}{L}\right)y dz-\frac{B}{2}\int_0^h\left(k_0\sigma_1-E_0\frac{y}{L}\right)y dz\\&=\frac{BE_0}{L}\int_0^h y^2 dz\end{aligned}\tag{11-11}$$

当使用土压力随位移折线形计算模型并以朗肯主被动土压力为极限主、被动土压力时，采用式（11-10）可表示为：

$$U_s=\frac{B}{2}\int_0^h\left(\sigma_0+\frac{\sigma_p-\sigma_0}{s_p}y\right)y\mathrm{d}z-\frac{B}{2}\int_0^h\left(\sigma_0-\frac{\sigma_0-\sigma_a}{s_a}y\right)y\mathrm{d}z$$

$$=\frac{B}{2}\int_0^h\frac{\sigma_p-K_0\gamma_s x}{s_p}y^2\mathrm{d}z+\frac{B}{2}\int_0^h\frac{K_0\gamma_s z-\sigma_a}{s_a}y^2\mathrm{d}z$$

$$=\frac{B}{2}\int_0^h\frac{[\gamma_s(h-z)+p_s]K_p+2c_s\sqrt{K_p}-K_0\gamma_s z}{s_p}y^2\mathrm{d}z$$

$$+\frac{B}{2}\int_0^h\frac{K_0\gamma_s x-[\gamma_s(h-x)+p_s]K_a-2c_s\sqrt{K_a}}{s_a}y^2\mathrm{d}x \tag{11-12}$$

竖向荷载做的功可表示为：

$$V=\int_0^L P(z)\left[\sqrt{1+\left(\frac{\mathrm{d}y}{\mathrm{d}z}\right)^2}-1\right]\mathrm{d}z \tag{11-13}$$

如不考虑桩的轴向变形和剪切变形，桩总势能可表示为：

$$\Pi=U_p+U_s-V=\frac{1}{2}\int_0^L EI[(\mathrm{d}^2y/\mathrm{d}z^2)^2/(1+(\mathrm{d}y/\mathrm{d}z)^2)^3]\mathrm{d}z$$

$$+U_s-\int_0^L P(z)(\sqrt{1+(\mathrm{d}y/\mathrm{d}z)^2}-1)\mathrm{d}z \tag{11-14}$$

将式（11-11）和式（11-12）分别代入式（11-14），并略去幂级数高于四次项，方程可简化为：

$$\Pi=U_p+U_s-V$$

$$=\frac{1}{2}\int_0^L EI(y'')^2[1-3(y')^2]\mathrm{d}z+\frac{BE_0}{L}\int_0^L y^2\mathrm{d}z-\int_0^L P(z)\left[\frac{1}{2}(y')2-\frac{1}{8}(y')4\right]\mathrm{d}z$$

$$=\frac{1}{2}\int_0^L EI(y'')^2\mathrm{d}z+\frac{BE_0}{L}\int_0^L y^2\mathrm{d}z-\frac{1}{2}\int_0^L P(z)(y')^2\mathrm{d}z \tag{11-15}$$

和

$$\Pi=U_p+U_s-V$$

$$=\frac{1}{2}\int_0^L EI(y'')^2[1-3(y')^2]\mathrm{d}z+\frac{B}{2}\int_0^h\frac{[\gamma_s(h-z)+p_s]K_p+2c_s\sqrt{K_p}-K_0\gamma_s z}{s_p}y^2\mathrm{d}z$$

$$+\frac{B}{2}\int_0^h\frac{K_0\gamma_s z-[\gamma_s(h-z)+p_s]K_a-2c_s\sqrt{K_a}}{s_a}y^2\mathrm{d}z-\int_0^L P(z)\left[\frac{1}{2}(y')^2-\frac{1}{8}(y')^4\right]\mathrm{d}z$$

$$=\frac{1}{2}\int_0^L EI(y'')^2\mathrm{d}z+\frac{B}{2}\int_0^h\frac{[\gamma_s(h-z)+p_s]K_p+2c_s\sqrt{K_p}-K_0\gamma_s z}{s_p}y^2\mathrm{d}z$$

$$+\frac{B}{2}\int_0^h\frac{K_0\gamma_s z-[\gamma_s(h-z)+p_s]K_a-2c_s\sqrt{K_a}}{s_a}y^2\mathrm{d}z-\frac{1}{2}\int_0^L P(z)(y')^2\mathrm{d}z \tag{11-16}$$

式中，U_p 为杆件的弯曲应变能；U_s 为土的弹性变形能；V 为外荷载势能；L 为桩的长度（m）；h 为桩的入土深度（m）；EI 为桩的抗弯刚度（kN·m²）；$P(x)$ 为沿桩轴各截面桩的轴向力（kN）；q_a 为主动侧的土压力，q_p 为被动侧的土压力；计算深度 $\Delta z=h-z$，z 为计算位置距离桩底距离（m）。B 为桩的计算宽度，对于圆形桩换算成实际工作条件下相当于矩形截面桩的宽度，计算方式为 $B=K_fK_0Kb$，K_f 为形状换算系数，即在受力方向将各种不同截面形状的桩宽度乘以 K_f，换算为相当于矩形截面宽度；K_0 为受力换算系数，即考虑到实际桩侧土在承受水平荷载时为空间受力问题，简化为平面受力时所采用的修正系数；K 为各桩间的相互影响系数，当水平力作用平面内有多根桩时桩桩间会产生相互影响，相关文献提出了一种简化计算方法（Dongxu Wei 2009，Wenjuan Yao 2009），对于圆形桩：当 $d\leqslant 1\text{m}$ 时，$B=0.9(1.5d+0.5)$；当 $d>1\text{m}$ 时，$B=0.9(d+1)$（《建筑基坑支护技术规程》JGJ 120—2012，第 4.1.7 条）。因路堤桩多为圆形桩且直径小于 1m，因此宜取 $B=0.9(1.5d+0.5)$。

当计入桩侧摩阻力、桩身重力时，地面以下桩身任一截面的轴向力 $P(z)$ 可写为：

$$P(z)=P_{\mathrm{P}}+A\gamma_{\mathrm{C}}(L-z)-f(h-z) \tag{11-17}$$

则有：

$$\frac{1}{2}\int_0^L P(z)(y')^2\mathrm{d}z=\frac{1}{2}\int_0^L[P_{\mathrm{P}}+A\gamma_{\mathrm{C}}(L-z)](y')^2\mathrm{d}z-\frac{1}{2}\int_0^h f(h-z)(y')^2\mathrm{d}z \tag{11-18}$$

其中，P_{P} 为桩顶轴向荷载（kN）；f 为桩侧摩阻力特征值（kN/m）；γ_{C} 为混凝土的重度（kN/m^3）；A 为桩体截面积（m^2）；L 为桩长（m），h 为土体埋置深度（m）。

综上：使用（11-6）折线型土压力计算模型，桩总势能可由下式简化计算获得。

$$\begin{aligned}\Pi=&\frac{1}{2}\int_0^L EI(y'')^2\mathrm{d}z+\frac{B}{2}\int_0^h\frac{[\gamma_{\mathrm{s}}(h-z)+p_{\mathrm{s}}]K_{\mathrm{p}}+2c_{\mathrm{s}}\sqrt{K_{\mathrm{p}}}-K_0\gamma_{\mathrm{s}}z}{s_{\mathrm{p}}}y^2\mathrm{d}z\\&+\frac{B}{2}\int_0^h\frac{K_0\gamma_{\mathrm{s}}z-[\gamma_{\mathrm{s}}(h-z)+p_{\mathrm{s}}]K_{\mathrm{a}}-2c_{\mathrm{s}}\sqrt{K_{\mathrm{a}}}}{s_{\mathrm{a}}}y^2\mathrm{d}z-\frac{1}{2}\int_0^L[P_{\mathrm{P}}+A\gamma_{\mathrm{C}}(L-z)](y')^2\mathrm{d}z\\&+\frac{1}{2}\int_0^h f(h-z)(y')^2\mathrm{d}z\end{aligned} \tag{11-19}$$

使用式（11-7）直线型土压力计算模型，桩总势能可由下式简化计算获得。

$$\begin{aligned}\Pi=&\frac{1}{2}\int_0^L EI(y'')^2\mathrm{d}z+\frac{BE_0}{L}\int_0^L y^2\mathrm{d}z\\&-\frac{1}{2}\int_0^L[P_P+A\gamma_{\mathrm{C}}(L-z)](y')^2\mathrm{d}z+\frac{1}{2}\int_0^h f(h-z)(y')^2\mathrm{d}z\end{aligned} \tag{11-20}$$

由于 q_{a}、q_{p} 的取值具有区间性与桩的埋置深度有关，因此针对 q_{a}、q_{p} 在 $[0,h]$ 区间进行积分时有效。文章研究对象为路堤荷载桩，属于完全埋入桩，$h=L$。

1. 顶部固接、底部铰接桩压屈临界荷载计算模型

图 11-92 为顶部固接、桩底铰接桩计算坐标系图，对于该形式的挠曲线，需要满足的边界条件为：

$$z=0\text{ 时 }y=0;z=l\text{ 时 }y=0,y'=0$$

顶部固接、底部铰接的挠曲函数为：

$$\begin{aligned}y&=\sum_{n=1}^{\infty}C_nf_n(z)\\&=\sum_{n=1}^{\infty}C_{\mathrm{n}}\left[\cos\left(\frac{(2n+1)\pi}{2}\frac{l-z}{l}\right)-\cos\left(\frac{(2n-1)\pi}{2}\frac{l-z}{l}\right)\right]\end{aligned}$$

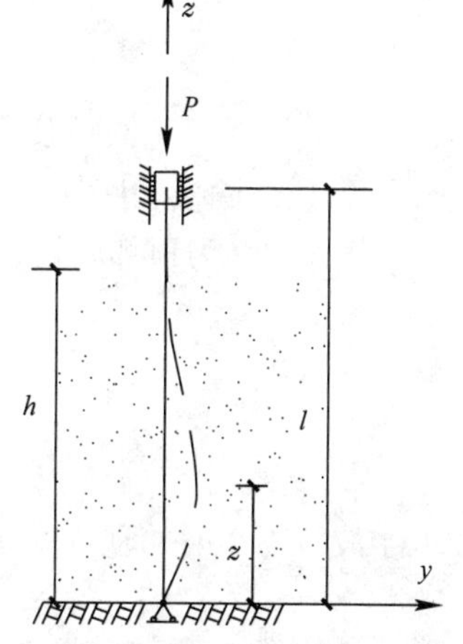

图 11-92 顶部固接、底部铰接桩计算模型图

取半波数为 1 时的顶部固接、底部铰接桩的屈服模态为：

$$y(z)=c\left[\cos\left(\frac{3\pi}{2}-\frac{3\pi}{2}\frac{z}{l}\right)-\cos\left(\frac{\pi}{2}-\frac{\pi}{2}\frac{z}{l}\right)\right]$$
$$=-c\sin\left(\frac{\pi z}{2L}\right)-c\sin\left(\frac{3\pi z}{2L}\right) \tag{11-21}$$

其中，c 为屈服模态的幅值。

将屈服模态方程（11-21）代入能量方程（11-20）进行计算，能量方程表达式为：

$$\Pi=\frac{41c^2EI\pi^4}{32L^3}+\frac{1}{16}c^2[16(f-A\gamma_c)+5(f-A\gamma_c)\pi^2+16BE_0]-\frac{5c^2\pi^2p_p}{8L} \tag{11-22}$$

将屈服模态方程（11-21）代入能量方程（11-19）进行计算，能量方程表达式为：

$$\Pi=\frac{41c^2EI\pi^4}{32L^3}+\frac{1}{16}c^2(f-A\gamma_c)(16+5\pi^2)-\frac{5c^2\pi^2p_p}{8L}$$
$$-\frac{Bc^2L}{2s_as_p}(-2c_s\sqrt{K_p}s_a+K_0p_ss_a-K_pp_ss_a-2c_s\sqrt{K_a}s_p-K_0p_ss_p+K_ap_ss_p)$$
$$-\frac{Bc^2L^2\gamma_s}{36\pi^2s_as_p}(16+9\pi^2)[s_a(K_0-K_p)-s_p(K_0-K_a)] \tag{11-23}$$

以上两方程形式较复杂，使用 Mathematica 软件进行势能驻值原理计算。使用直线型土压力计算模型，桩屈曲临界荷载为：

$$p_p=\frac{41EI\pi^2}{20L^2}+\frac{L(16f+5f\pi^2+16BE_0-16A\gamma_c-5A\pi^2\gamma_c)}{10\pi^2} \tag{11-24}$$

使用折线型计算模型，桩屈曲临界荷载可表示为：

$$p_p=\frac{41EI\pi^2}{20L^2}+\frac{L(16+5\pi^2)(f-A\gamma_c)}{10\pi^2}$$
$$+\frac{4BL^2}{5\pi^2s_as_p}(2c_s\sqrt{K_p}s_a-K_0p_ss_a+K_pp_ss_a+2c_s\sqrt{K_a}s_p+K_0p_ss_p-K_ap_ss_p)$$
$$+\frac{2BL^3\gamma_s}{45\pi^4s_as_p}(16+9\pi^2)(-K_0s_a+K_ps_a+K_0s_p-K_as_p) \tag{11-25}$$

当不考虑桩身重力、桩周土作用力、上覆荷载等情况时，求解平面方程则可表示为：

$$p_p=\frac{41EI\pi^2}{20L^2}\approx\frac{EI\pi^2}{0.49l^2}=\frac{EI\pi^2}{(0.7l)^2}$$

计算结果等于欧拉公式计算结果相同，欧拉杆为计算模型特例。

2. 顶部固接、底部固接桩压屈临界荷载计算模型

图 11-93 为顶部固接、底部固接桩计算坐标系图。挠曲线需满足边界条件为：

$$z=0\text{ 时 }y=0,y'=0;z=l\text{ 时 }y=0,y'=0$$

挠曲线方程为：

$$y=\sum_{n=1}^{\infty}C_nf_n(z)=\sum_{n=1}^{\infty}C_n\left[1-\cos\left(\frac{2n\pi z}{L}\right)\right]$$

取半波数为 1 时的顶部固接、底部固接桩的屈服模态为：

$$y(z)=c\left[1-\cos\left(\frac{2\pi z}{L}\right)\right] \tag{11-26}$$

其中，c 为屈服模态的幅值。

将屈服模态方程（11-26）代入能量方程（11-20）进行计算，使用直线型土压力计算模型能量方程表达式为：

$$\Pi = \frac{1}{2}c^2 f\pi^2 + \frac{4c^2 EI\pi^4}{L^3} + \frac{3}{2}Bc^2 E_0 - \frac{c^2\pi^2(AL\gamma_c + 2p_p)}{2L} \tag{11-27}$$

将屈服模态方程（11-26）代入能量方程（11-19）进行计算，使用折线形土压力计算模型能量方程表达式为：

$$\Pi = \frac{1}{2}c^2 f\pi^2 + \frac{4c^2 EI\pi^4}{L^3} - \frac{c^2\pi^2(AL\gamma_c + 2p_p)}{2L} + \frac{3Bc^2 LK_0(2p_s + L\gamma_s)}{8s_a} - \frac{3Bc^2 LK_0(2p_s + L\gamma_s)}{8s_p}$$
$$- \frac{3Bc^2}{8s_a}[-4Lc_s\sqrt{K_a} + LK_a(2p_s + L\gamma_s)] + \frac{3Bc^2}{8s_p}[4Lc_s\sqrt{K_p} + LK_p(2p_s + L\gamma_s)]$$

使用势能驻值原理进行计算，使用直线型土压力模型桩屈曲临界荷载可表示为：

$$p_p = \frac{4EI\pi^2}{L^2} + \frac{L(f\pi^2 + 3BE_0 - A\pi^2\gamma c)}{2\pi^2} \tag{11-28}$$

使用折线型土压力计算模型桩屈曲临界荷载可表示为：

$$p_p = \frac{4EI\pi^2}{L^2} + \frac{1}{2}L(f - A\gamma_c) + \frac{3BL^3(-K_0 s_a + K_p s_a + K_0 s_p - K_a s_p)\gamma_s}{8\pi^2 s_a s_p}$$
$$+ \frac{3BL^2}{4\pi^2 s_a s_p}[2c_s\sqrt{K_p}s_a - K_0 p_s s_a + K_p p_s s_a + 2c_s\sqrt{K_a}s_p + K_0 p_s s_p - K_a p_s s_p] \tag{11-29}$$

当不考虑桩身重力、桩周土作用力、上覆荷载等情况时，求解平面方程则可表示为：

$$p_p = \frac{4EI\pi^2}{L^2} = \frac{EI\pi^2}{(0.5l)^2}$$

计算结果等于欧拉公式计算结果相同。

3. 顶部弹性嵌固、底部铰接桩压曲临界荷载计算模型

图 11-94 为顶部弹性嵌固、桩底铰接桩计算坐标系图。弹性嵌固即为桩顶为固接形式但是允许发生横向位移，即桩顶无转角。

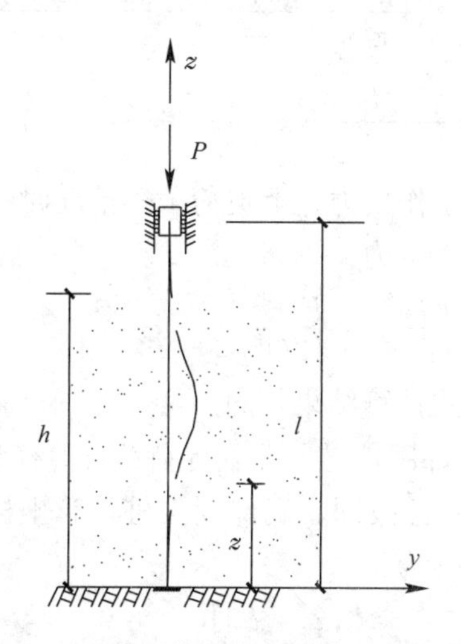

图 11-93 顶部固接、底部固接桩计算模型图

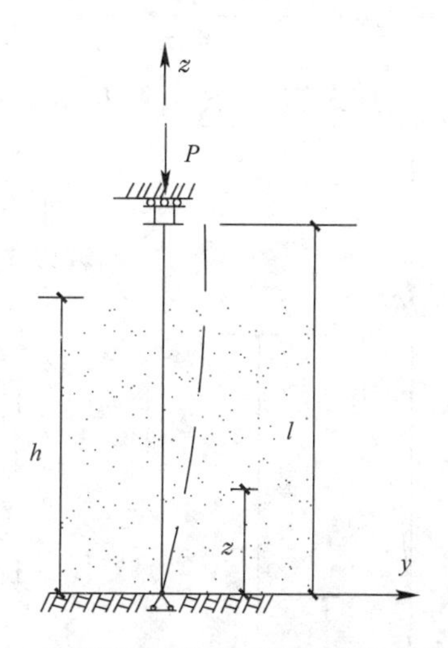

图 11-94 顶部弹性嵌固、底部铰接桩计算模型图

挠曲线需满足边界条件为：

$$z = 0 \text{ 时 } y = 0; z = l \text{ 时 } y' = 0$$

挠曲线方程为：

$$y=\sum_{n=1}^{\infty}C_{\mathrm{n}}f_{\mathrm{n}}(z)=\sum_{n=1}^{\infty}C_{\mathrm{n}}\sin\left(\frac{n\pi z}{2L}\right) \tag{11-30}$$

取半波数为 1 时的顶部弹性嵌固、底部铰接桩的屈服模态为：

$$y(z)=c\sin\left(\frac{\pi z}{2L}\right) \tag{11-31}$$

其中，c 为屈服模态的幅值。

将屈服模态方程（11-31）代入能量方程（11-20）进行计算，使用直线型土压力计算模型能量方程表达式为：

$$\Pi=\frac{c^2EI\pi^4}{64L^3}+\frac{1}{32}c^2f(4+\pi^2)+\frac{1}{2}Bc^2E_0-\frac{c^2[AL(4+\pi^2)\gamma_{\mathrm{c}}+2\pi^2p_{\mathrm{p}}]}{32L} \tag{11-32}$$

将式（11-31）代入式（11-19）进行计算，使用折线型土压力计算模型能量方程表达式为：

$$\begin{aligned}\Pi=&\frac{c^2EI\pi^4}{64L^3}+\frac{1}{32}c^2f(4+\pi^2)-\frac{c^2(AL(4+\pi^2)\gamma c+2\pi^2p_{\mathrm{p}})}{32L}+\frac{Bc^2LK_0(2\pi^2p_{\mathrm{s}}+L(-4+\pi^2)\gamma_{\mathrm{s}})}{8\pi^2s_{\mathrm{a}}}\\&+\frac{Bc^2LK_0[2\pi^2p_{\mathrm{s}}+L(-4+\pi^2)\gamma_{\mathrm{s}}]}{8\pi^2s_{\mathrm{p}}}\\&-\frac{Bc^2\{-4L\pi^2c_{\mathrm{s}}\sqrt{K_{\mathrm{a}}}+LK_{\mathrm{a}}[2\pi^2p_{\mathrm{s}}+L(-4+\pi^2)\gamma_{\mathrm{s}}]\}}{8\pi^2s_{\mathrm{a}}}\\&+\frac{Bc^2\{4L\pi^2c_{\mathrm{s}}\sqrt{K_{\mathrm{p}}}+LK_{\mathrm{p}}[2\pi^2p_{\mathrm{s}}+L(-4+\pi^2)\gamma_{\mathrm{s}}]\}}{8\pi^2s_{\mathrm{p}}}\end{aligned} \tag{11-33}$$

使用势能驻值原理进行计算，使用直线型土压力计算模型桩屈曲临界荷载为：

$$p_{\mathrm{p}}=\frac{EI\pi^2}{4L^2}+\frac{L(4f+f\pi^2+16BE_0-4A\gamma c-A\pi^2\gamma c)}{2\pi^2} \tag{11-34}$$

使用折线型土压力计算模型桩屈曲临界荷载表示为：

$$\begin{aligned}p_{\mathrm{p}}=&\frac{EI\pi^2}{4L^2}+\frac{L(4+\pi^2)(f-A\gamma c)}{2\pi^2}+\frac{2BL^3(-4+\pi^2)(-K_0s_{\mathrm{a}}+K_{\mathrm{p}}s_{\mathrm{a}}+K_0s_{\mathrm{p}}-K_{\mathrm{a}}s_{\mathrm{p}})\gamma_{\mathrm{s}}}{\pi^4s_{\mathrm{a}}s_{\mathrm{p}}}\\&+\frac{4BL^2(2c_{\mathrm{s}}\sqrt{K_{\mathrm{p}}}s_{\mathrm{a}}-K_0p_{\mathrm{s}}s_{\mathrm{a}}+K_{\mathrm{p}}p_{\mathrm{s}}s_{\mathrm{a}}+2c_{\mathrm{s}}\sqrt{K_{\mathrm{a}}}s_{\mathrm{p}}+K_0p_{\mathrm{s}}s_{\mathrm{p}}-K_{\mathrm{a}}p_{\mathrm{s}}s_{\mathrm{p}})}{\pi^2s_{\mathrm{a}}s_{\mathrm{p}}}\end{aligned} \tag{11-35}$$

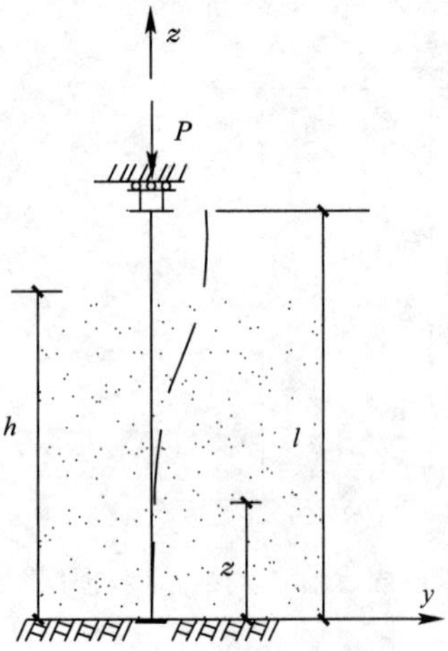

当不考虑桩身重力、桩周土作用力、上覆荷载等情况时，求解以上两式平面方程则可表示为：

$$p_{\mathrm{p}}=\frac{EI\pi^2}{4L^2}=\frac{EI\pi^2}{(2l)^2}$$

计算结果等于欧拉公式计算结果相同。

4. 顶部弹性嵌固、底部固接桩压曲临界荷载计算模型

图 11-95 为顶部固接弹性嵌固、底部固接桩计算坐标系图。挠曲线需满足边界条件为：

$$z=0\text{ 时 }y=0, y'=0; z=l\text{ 时 }y'=0$$

图 11-95　顶部弹性嵌固、底部固接桩计算模型图

挠曲线方程为：

$$y=\sum_{n=1}^{\infty}C_{\mathrm{n}}f_{\mathrm{n}}(z)=\sum_{n=1}^{\infty}C_{\mathrm{n}}\left[1-\cos\left(\frac{n\pi z}{L}\right)\right]$$

取半波数为1时的顶部弹性嵌固、底部固接桩的屈服模态为：

$$y(z)=c\left[1-\cos\left(\frac{\pi z}{L}\right)\right] \tag{11-36}$$

其中，c 为屈服模态的幅值。

将屈服模态方程（11-36）代入能量方程（11-20）进行计算，使用直线型土压力计算模型能量方程表达式为：

$$\Pi=\frac{1}{8}c^2 f\pi^2+\frac{c^2 EI\pi^4}{4L^3}+\frac{3}{2}Bc^2E_0-\frac{c^2\pi^2(AL\gamma_c+2p_p)}{8L} \tag{11-37}$$

将屈服模态方程（11-36）代入能量方程（11-19）进行计算，使用折线型土压力计算模型能量方程表达式为：

$$\Pi=\frac{c^2EI\pi^4}{4L^3}+\frac{1}{8}c^2\pi^2(f-A\gamma c)-\frac{c^2\pi^2 p_p}{4L}-\frac{Bc^2L^2(-16+3\pi^2)(K_0s_a-K_ps_a-K_0s_p+K_as_p)\gamma_s}{8\pi^2 s_a s_p}$$
$$-\frac{3Bc^2L(-2c_s\sqrt{K_p}s_a+K_0p_ss_a-K_pp_ss_a-2c_s\sqrt{K_a}s_p-K_0p_ss_p+K_ap_ss_p)}{4s_as_p} \tag{11-38}$$

使用势能驻值原理进行计算，使用直线型土压力计算模型桩屈曲临界荷载为：

$$p_p=\frac{EI\pi^2}{L^2}+\frac{L(f\pi^2+12BE_0-A\pi^2\gamma_c)}{2\pi^2} \tag{11-39}$$

使用折线型土压力计算模型桩屈曲临界荷载为：

$$p_p=\frac{EI\pi^2}{L^2}+\frac{1}{2}L(f-A\gamma_c)+\frac{BL^3\gamma_s}{2\pi^4 s_as_p}(-16+3\pi^2)(-K_0s_a+K_ps_a+K_0s_p-K_as_p)$$
$$+\frac{3BL^2}{\pi^2 s_as_p}(2c_s\sqrt{K_p}s_a-K_0p_ss_a+K_pp_ss_a+2c_s\sqrt{K_a}s_p+K_0p_ss_p-K_ap_ss_p) \tag{11-40}$$

当不考虑桩身重力、桩周土作用力、上覆荷载等情况时，求解平面方程则可表示为：

$$p_p=\frac{EI\pi^2}{L^2}$$

计算结果等于欧拉公式计算结果相同。

5. 顶部铰接、底部铰接桩压曲临界荷载计算模型

图11-96为顶部固接铰接、底部铰接桩计算坐标系图。挠曲线需满足边界条件为：

$$z=0\text{ 时 }y=0;z=l\text{ 时 }y=0$$

挠曲线方程为：

$$y=\sum_{n=1}^{\infty}C_nf_n(z)=\sum_{n=1}^{\infty}C_n\sin\left(\frac{n\pi z}{L}\right)$$

取半波数为1时的顶部铰接、底部铰接桩的屈服模态为：

$$y(z)=c\sin\frac{\pi z}{L} \tag{11-41}$$

其中，c 为屈服模态的幅值。

对于完全埋入桩，其 $h=L$。将屈服模态方程（11-41）代入能量方程（11-20）进行计算，使用直线型土压力计算模型桩能量方程表达式为：

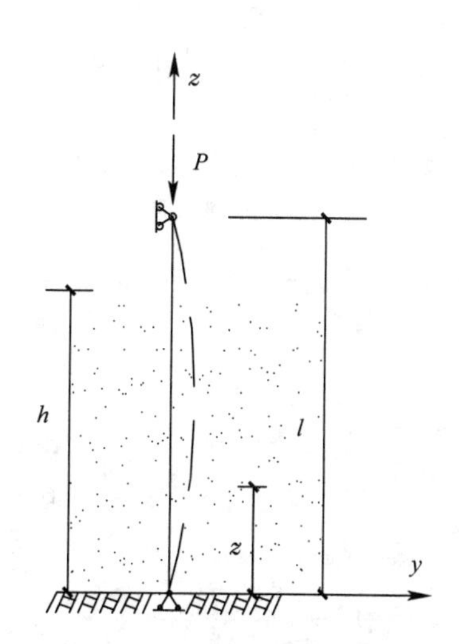

图11-96 顶部铰接、底部铰接桩计算模型图

$$\Pi=\frac{1}{8}c^2 f\pi^2+\frac{c^2 EI\pi^4}{4L^3}+\frac{1}{2}Bc^2 E_0-\frac{c^2\pi^2(AL\gamma_c+2p_p)}{8L} \tag{11-42}$$

将屈服模态方程（11-41）代入能量方程（11-19）进行计算，使用折线型土压力计算模型桩能量方程表达式为：

$$\Pi=\frac{c^2 EI\pi^4}{4L^3}+\frac{1}{8}c^2\pi^2(f-A\gamma_c)-\frac{c^2\pi^2 p_p}{4L}-\frac{Bc^2L^2(K_0 s_a-K_p s_a-K_0 s_p+K_a s_p)\gamma_s}{8s_a s_p}$$
$$-\frac{Bc^2L}{4s_a s_p}(-2c_s\sqrt{K_p}s_a+K_0 p_s s_a-K_p p_s s_a-2c_s\sqrt{K_a}s_p-K_0 p_s s_p+K_a p_s s_p) \tag{11-43}$$

使用势能驻值原理进行计算，使用直线型土压力计算模型桩屈曲临界荷载为：

$$p_p=\frac{EI\pi^2}{L^2}+\frac{L}{2\pi^2}(f\pi^2+4BE_0-A\pi^2\gamma_c) \tag{11-44}$$

只用折线型土压力计算模型桩屈曲临界荷载为：

$$p_p=\frac{EI\pi^2}{L^2}+\frac{1}{2}L(f-A\gamma_c)+\frac{BL^3(-K_0 s_a+K_p s_a+K_0 s_p-K_a s_p)\gamma_s}{2\pi^2 s_a s_p}$$
$$+\frac{BL^2(2c_s\sqrt{K_p}s_a-K_0 p_s s_a+K_p p_s s_a+2c_s\sqrt{K_a}s_p+K_0 p_s s_p-K_a p_s s_p)}{\pi^2 s_a s_p} \tag{11-45}$$

当不考虑桩身重力、桩周土作用力、上覆荷载等情况时，求解平面方程则可表示为：

$$p_p=\frac{EI\pi^2}{L^2}$$

计算结果等于欧拉公式计算结果相同。

6. 顶部铰接、底部固接桩压曲临界荷载计算模型

图 11-97 为顶部固接铰接、底部铰接桩计算坐标系图。挠曲线需满足边界条件为：

$$z=0\text{ 时 }y=0, y'=0; z=l\text{ 时 }y=0$$

挠曲线方程为：

$$y=\sum_{n=1}^{\infty}C_n f_n(z)$$
$$=\sum_{n=1}^{\infty}C_n\left[\cos\left(\frac{(2n+1)\pi}{2}\frac{z}{l}\right)-\cos\left(\frac{(2n-1)\pi}{2}\frac{z}{l}\right)\right]$$

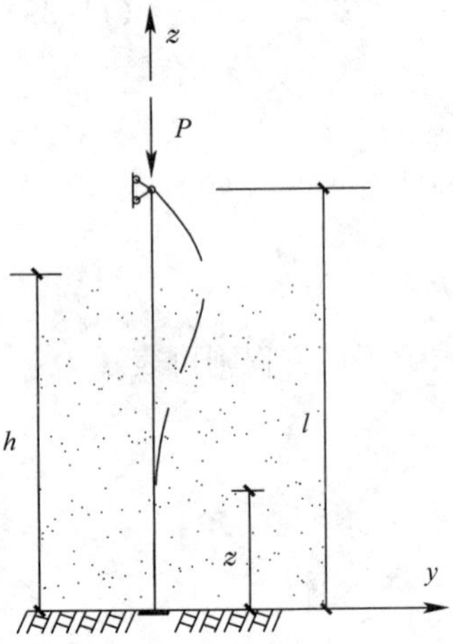

图 11-97 顶部铰接、底部固接桩计算模型图

取半波数为 1 时的顶部铰接、底部固接桩的屈服模态为：

$$y(z)=c\left[\cos\left(\frac{3\pi z}{2L}\right)-\cos\left(\frac{\pi z}{2L}\right)\right] \tag{11-46}$$

其中，c 为屈服模态的幅值。

将屈服模态方程代入能量方程（11-46）进行计算，使用直线型土压力计算模型桩能量方程表达式为：

$$\Pi=\frac{41c^2 EI\pi^4}{32L^3}+\frac{1}{16}c^2 f(-16+5\pi^2)+Bc^2E_0-\frac{c^2}{16L}[AL(-16+5\pi^2)\gamma_c+10\pi^2 p_p] \tag{11-47}$$

将屈服模态方程（11-46）代入能量方程（11-19）进行计算，使用折线型土压力计算

模型桩能量方程表达式为：

$$\Pi=\frac{41c^2EI\pi^4}{32L^3}+\frac{1}{16}c^2(-16+5\pi^2)(f-A\gamma_c)-\frac{5c^2\pi^2p_p}{8L}$$
$$-\frac{Bc^2L(-2c_s\sqrt{K_p}s_a+K_0p_ss_a-K_pp_ss_a-2c_s\sqrt{K_a}s_p-K_0p_ss_p+K_ap_ss_p)}{2s_as_p}$$
$$-\frac{Bc^2L^2(-16+9\pi^2)(K_0s_a-K_ps_a-K_0s_p+K_as_p)\gamma_s}{36\pi^2s_as_p}\tag{11-48}$$

使用势能驻值原理进行计算，使用直线型土压力计算模型桩屈曲临界荷载为：

$$p_p=\frac{41EI\pi^2}{20L^2}+\frac{L}{10\pi^2}(-16f+5f\pi^2+16BE_0+16A\gamma_c-5A\pi^2\gamma_c)\tag{11-49}$$

使用折线型土压力计算模型桩屈曲临界荷载为：

$$p_p=\frac{41EI\pi^2}{20L^2}+\frac{L(-16+5\pi^2)(f-A\gamma_c)}{10\pi^2}$$
$$+\frac{2BL^3(-16+9\pi^2)(-K_0s_a+K_ps_a+K_0s_p-K_as_p)\gamma_s}{45\pi^4s_as_p}$$
$$+\frac{4BL^2(2c_s\sqrt{K_p}s_a-K_0p_ss_a+K_pp_ss_a+2c_s\sqrt{K_a}s_p+K_0p_ss_p-K_ap_ss_p)}{5\pi^2s_as_p}\tag{11-50}$$

当不考虑桩身重力、桩周土作用力、上覆荷载等情况时，以上两个方程则可表示为：

$$p_p=\frac{41EI\pi^2}{20L^2}\approx\frac{EI\pi^2}{0.49l^2}=\frac{EI\pi^2}{(0.7l)^2}$$

计算结果等于欧拉公式计算结果相同。

7. 顶部自由、底部固接桩压曲临界荷载计算模型

图 11-98 为顶部自由、底部固接桩计算坐标系图。挠曲线需满足边界条件为：

$$z=0\text{ 时 }y=0, y'=0$$

挠曲线方程为：

$$y=\sum_{n=1}^{\infty}C_nf_n(z)=\sum_{n=1}^{\infty}C_n\left[1-\cos\left(\frac{(2n-1)\pi}{2}\frac{z}{l}\right)\right]$$

取半波数为 1 时的顶部自由、底部固接的屈服模态为：

$$y(z)=c\left(1-\cos\frac{\pi z}{2L}\right)\tag{11-51}$$

其中，c 为屈服模态的幅值。

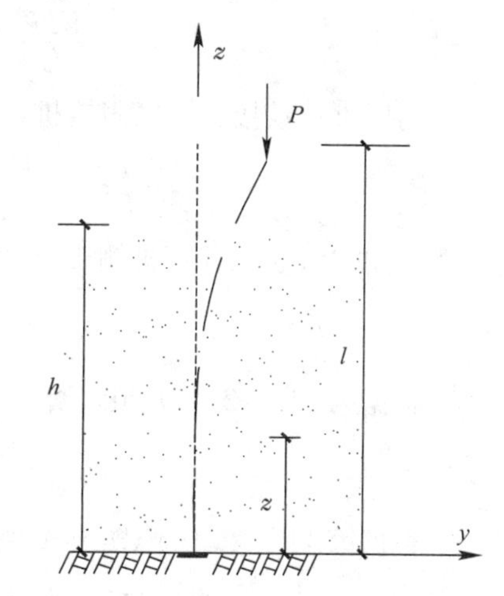

图 11-98　顶部自由、底部固接桩计算模型图

将屈服模态方程（11-51）代入能量方程（11-20）进行计算，使用直线型土压力计算模型桩能量方程表达式为：

$$\Pi=\frac{c^2EI\pi^4}{64L^3}+\frac{1}{32}c^2f(-4+\pi^2)+4Bc^2\left(\frac{3}{8}-\frac{1}{\pi}\right)E_0-\frac{c^2(AL(-4+\pi^2)\gamma_c+2\pi^2p_p)}{32L}\tag{11-52}$$

使用折线型土压力计算结果过于复杂此处暂不列出。针对式（11-52）使用势能驻值原理进行计算，使用直线型土压力计算模型桩屈曲临界荷载为：

$$p_{\mathrm{p}}=\frac{EI\pi^2}{4L^2}+\frac{L}{2\pi^3}(-4f\pi+f\pi^3-128BE_0+48B\pi E_0+4A\pi\gamma_{\mathrm{c}}-A\pi^3\gamma_{\mathrm{c}})\quad(11\text{-}53)$$

当不考虑桩身重力、桩周土作用力、上覆荷载等情况时，求解平面方程则可表示为：

$$p_{\mathrm{p}}=\frac{EI\pi^2}{4L^2}$$

计算结果等于欧拉公式计算结果相同。

11.4.3　模型试验桩桩屈曲临界荷载计算

根据模型试验结果反推混凝土弹性模量为：$1.12\times10^7\mathrm{kN/m^2}$。侧摩阻力 $f=10\mathrm{kPa}$，桩身直径 $d=0.11\mathrm{m}$。

根据图 11-87 计算在被动侧土体变形模量为 $E_{\mathrm{p}}=1.9562\mathrm{kPa/mm}$，在主动侧土体变形模量为 $E_{\mathrm{a}}=0.9928\mathrm{kPa/mm}$。直接可以省略获得 s_{a} 与 s_{p} 的过程进行计算，直接采用下式进行计算：

$$q_{\mathrm{a}}=\sigma_0-E_{\mathrm{a}}y,q_{\mathrm{p}}=\sigma_0+E_{\mathrm{p}}y\quad(11\text{-}54)$$

将其代入式（11-10）并联合式（11-9）和式（11-13），代入能量方程式（11-14）进行计算。

模型试验桩的挠曲线形式介于桩顶铰接、桩底铰接与桩顶铰接、桩底固接两种形式之间，因此针对以上两种嵌固形式进行屈曲临界荷载计算。

对于桩顶铰接、桩底铰接桩，屈曲临界荷载为：

$$p_{\mathrm{cr}}=\frac{EI\pi^2}{L^2}+\frac{BL^2(E_{\mathrm{a}}+E_{\mathrm{p}})}{\pi^2}+\frac{1}{2}L(f-A\gamma_{\mathrm{c}})\quad(11\text{-}55)$$

对于桩顶铰接、桩底固接桩，屈曲临界荷载为：

$$p_{\mathrm{cr}}=\frac{41EI\pi^2}{20L^2}+\frac{4BL^2(E_{\mathrm{a}}+E_{\mathrm{p}})}{5\pi^2}+\frac{L(-16+5\pi^2)(f-A\gamma_{\mathrm{c}})}{10\pi^2}\quad(11\text{-}56)$$

使用常规“m 法”计算桩侧土压力，则式（11-10）可更改为：

$$U_{\mathrm{s}}=\frac{B}{2}\int_0^h mzy\,\mathrm{d}z\quad(11\text{-}57)$$

根据第 11.4.2（5）节计算方式，则桩顶铰接、桩底铰接桩屈曲临界荷载计算结果为：

$$p_{\mathrm{p}}=\frac{BL^3m}{2\pi^2}+\frac{EI\pi^2}{L^2}+\frac{1}{2}L(f-A\gamma_{\mathrm{c}})\quad(11\text{-}58)$$

根据第 11.4.2（6）节计算方式，则桩顶铰接、桩底固接桩屈曲临界荷载计算结果为：

$$p_{\mathrm{p}}=\frac{41EI\pi^2}{20L^2}+\frac{2BL^3m(16+9\pi^2)}{45\pi^4}+\frac{L(-16+5\pi^2)(f-A\gamma_{\mathrm{c}})}{10\pi^2}\quad(11\text{-}59)$$

对于淤泥土地基抗力系数的比例系数 m 取值为 $2.5\sim6\mathrm{MN/m^4}$。则计算结果如表 11-5 所示。

屈曲临界荷载实验值与计算值　　**表 11-5**

	模型试验	桩顶铰接、桩底铰接	桩顶铰接、桩底固接
文章提出方法（kN）	55	30.244	41.932
常规单侧 m 法（$m=2.5\mathrm{MN/m^4}$）		112.568	192.912
常规单侧 m 法（$m=6\mathrm{MN/m^4}$）		137.688	216.628

根据计算结果与试验结果发现，使用试验中获得的桩侧、主被动土压力计算桩桩屈曲临界荷载在合适的桩端嵌固形式下与实际屈曲临界荷载接近。使用文节建立的两侧土压力计算方法，桩顶铰接、桩底铰接桩屈曲临界荷载计算结果为模型试验结果的 0.6 倍，桩顶铰接、桩底固接桩屈曲临界荷载为模型试验结果的 0.8 倍。

而采用常规考虑单侧土压力作用的"m 法"计算结果为采用本节计算结果的（3.7～5.2）倍，是实测结果的（2.0～3.9）倍。从而在另一方面证实了本节提出的计算方法的合理性。

11.5 细长桩现场屈曲试验研究

11.5.1 概述

细长桩屈曲一般要求桩端具有坚硬持力层的同时还需要桩周土体软弱等条件，因此关于桩屈曲的现场试验较少。在浙江台州市黄岩马鞍山至永宁江闸公路改建工程中即存在此种特殊地质条件，桩端土层为中等风化凝灰砂岩，能给予细长 TC 桩（塑料套管混凝土桩）以稳定的承载。该试验段大部分路段右侧临江，存在软弱土层。因此在该实际工程中开展了细长 TC 桩屈曲荷载试验。通过现场试验拟研究不同桩长 TC 桩的极限承载力，并使用本章提出的计算方法与之相对应，进行参数分析研究桩屈曲临界荷载的影响因素。

11.5.2 地质情况

该实际工程路段存在软弱土层，采用 TC 桩进行软基处理，处理段落为 K0＋275～K0＋348.5。TC 桩主要由钢筋混凝土预制桩尖、单壁螺纹 PVC 塑料套管、混凝土盖板、套管内混凝土和桩身插筋组成。其施工工艺为先将塑料套管打入地基中，在打设的同时向塑料套管中注水以平衡桩侧土压力，待塑料套管全部打设完成后统一抽出塑料套管中水进行桩身桩帽一体化浇筑，能保证成桩质量。本工程采用的 TC 桩直径为 160mm，打设深度在 10～20m 之间，长细比达到 62.5～125 之间。

物理力学性质指标 **表 11-6**

N	名称	深度（m）	重度（kN/m³）	黏聚力（kPa）	内摩擦角（°）	地基承载力特征值（kPa）
①	黏土	0.60	18.7	21	6±1	70
②	黏土	0.60	17.5	22.4	5±1	60
③	淤泥质土	10.00	16.3	8.3	0±1	45
④	含角砾粉质黏土	2.30	19.1	—	—	250
⑤	中等风化凝灰质砂岩	—	—	—	—	1000

为了解现场土层分布情况在断面 K0＋295 处进行了钻孔勘探，各层土物理力学性质如表 11-6 所示：①层土体为黏土局部为粉质黏土，软塑为主；②层土体为黏土，也以软塑为主，韧性高；③层土体为桩侧软弱土层，淤泥、软塑、具有较高压缩性；④层土为含角砾粉质黏土，具有中等压缩性；⑤层为中等风化凝灰砂岩，地基承载力较大，可提供稳定支撑。对现场不同深度处土体进行了十字板剪切试验，试验结果如图 11-99 所示，可以看出桩周土体主要土层不排水抗剪强度大部分均小于 15kPa，属于软弱土层。根据不同地质

情况调整 TC 桩的打设深度，使得 TC 桩桩端落于中等风化凝灰质砂岩层上部，为端承桩。因此该段 TC 桩易于发生屈曲破坏。

TC 桩桩端稳定落于持力层上，因此桩底固定方式可认为介于铰接与固接之间，更接近于铰接。因为桩与桩帽（20cm 厚）为一体浇筑且桩身配筋连接了桩与桩帽，因此桩顶连接方式可认为是固接。针对现场的 4 根 TC 桩（桩长分别为 14.51m、14.06m、13.2m 和 13.1m）进行了承载力试验，并使用低应变动态测试试验确定了不同桩的破坏深度。

11.5.3　现场单桩试验结果

在现场地质条件下 4 根桩在测试过程中均出现断桩现象，在加载至极限荷载时地基深处传来断裂声，即停止加载。不同桩的单桩静载试验汇总于图 11-100 中。

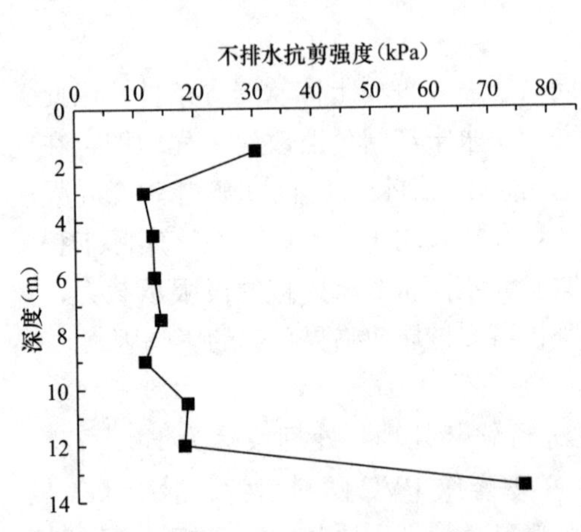

图 11-99　不排水抗剪强度随深度变化图

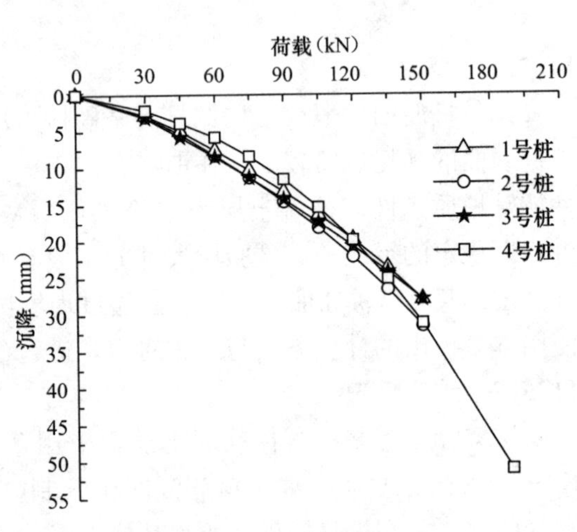

图 11-100　单桩静载试验结果

当测试结束后使用低应变动力检测确定试验桩的破坏位置，测试结果均列于表 11-7 中，1 号桩桩长 14.51m 长细比为 90.7，当荷载达到 175kN 时桩身发生断裂，经小应变测试断桩位置位于 8.8m 深度处；2 号桩桩长为 14.06m 长细比为 87.8，当荷载达到 175kN 时桩身在 5.28m 处发生断裂；3 号桩桩长为 13.2m 长细比为 82.5，当荷载增大至 168kN 时在桩身 4.04m 处发生断裂；4 号桩桩长 13.1m 长细比为 81.9，当加载至 189kN 时桩身 7.03m 处发生断裂。由桩身材料抗压强度决定的极限承载力为 239.264kN，实测结果仅为极限承载力的 70%～79%，以此可确定桩身破坏并非是由于桩身截面材料破坏。

单桩静载试验结果汇总表　　　　**表 11-7**

桩号	桩长（m）	极限承载力（kN）	桩身破坏深度（m）
1 号	14.51	175	8.8
2 号	14.06	175	5.28
3 号	13.2	168	4.04
4 号	13.1	189	7.03

在本工程地质条件下，TC 桩为超长细比桩，桩周土体软弱，在竖向荷载作用下桩身易发生屈曲并产生横向位移。在竖向荷载作用下，随着桩横向位移的增加，桩身截面由小偏心状态转向大偏心状态，截面边缘处出现了拉应力，有效受压区域开始减小，最大压应

力增加。当拉应力大于混凝的抗拉强度时，桩出现受拉破坏，截面出现裂缝；当压应力大于混凝土的抗压强度时，桩出现受压破坏，截面出现被压碎的现象。当以上任一种破坏情况发生时，桩身横截面有效受压面积均会减小，从而导致桩身截面应力重分布，进而会产生更进一步地破坏。以上情况均发生于一瞬间，因此宏观上在竖向荷载作用下桩发生突然破坏，且极限荷载小于桩身材料抗压强度决定的极限承载力。受压破坏与受拉破坏均是由于桩屈曲过程中桩侧较大横向位移导致的，因此可认为破坏是由屈曲导致的。但是值得注意的是，我们在现场试验中获得的极限承载能力并非为屈曲临界荷载，而是屈曲破坏荷载。当竖向荷载达到屈曲临界荷载后随着荷载的进一步增大桩桩身出现破坏。桩材料为素混凝土材料，其可允许发生的横向位移极小，因此现场试验中获得的极限承载力略大于屈曲临界荷载，两者可近似相等。因此在现场试验中获得的桩极限承载力可与屈曲临界荷载进行比较。

11.5.4 计算结果分析（s_a、s_p）

根据前文中建立的桩顶铰接、桩底铰接，桩顶固接、桩底铰接，桩顶固接、桩底固接三种嵌固形式下桩屈曲临界荷载计算方法进行现场试验桩的屈曲临界荷载计算，并与实测结果进行对比。根据 TC 桩打设工艺，可认为每一根桩的入土深度与桩长一致。TC 桩的混凝土设计标号为 C25，混凝土轴心抗压强度设计值 $f_c=11.9$MPa，$E=2.8\times10^7$kPa，混凝土的重度 $\gamma_C=23\text{kN/m}^3$，由于 TC 桩外侧为螺纹套管，桩计算直径 $d=(0.145+0.16)/2=0.1525$m，$B=0.9\times(1.5\times0.1525+0.5)=0.66$m，桩侧计算土层黏聚力$c_s=9.74$kPa、内摩角 $\varphi=1.26°$，浮重度 $\gamma_s=16.94\text{kN/m}^3$，桩侧土加权平均摩阻力 $f=10$kPa，土体压缩模量值 $E_s=500$kPa，根据土体内摩擦角计算桩侧静止土压力系数 $K_0=0.978011$，土体泊松比 $\nu=0.494$，土体变形模量 $E_0=E_s\left(1-\frac{2\nu^2}{1-\nu}\right)=16.43$kPa。

1. 试验结果与计算结果的比较

根据挡土墙主被动试验结果，黏性土的 s_a 值为 $0.001H\sim0.005H$ 之间。试验桩的桩长介于 9～15m，因此 s_a 与 s_p 的值可假定为 10mm 和 150mm。混凝土桩可发生最大横向位移小于 s_a 值，因此准主、被动土压力可认为是随横向位移呈直线型变化的。

计算结果与试验结果比较　　表 11-8

桩类型	桩长(m)	屈曲临界荷载（kN）				荷载比		
		顶部铰接、底部铰接	顶部固接、底部铰接	顶部固接、底部固接	试验值	ξ_1	ξ_2	ξ_3
TC 桩	14.51	117.92	155.648	209.618	175	0.674	0.889	1.198
TC 桩	14.06	115.836	156.196	215.175	175	0.662	0.893	1.230
TC 桩	13.2	112.87	158.902	228.71	168	0.672	0.946	1.361
TC 桩	13.1	112.62	159.375	230.565	189	0.596	0.843	1.220

注：ξ_1 为根据铰-铰连接方式计算结果与试验结果的比值；ξ_2 为根据固-铰连接方式计算结果与试验结果的比值；ξ_3 为根据固-固连接方式计算结果与试验结果的比值。

图 11-101 为 3 种理想嵌固形式下的屈曲临界荷载计算值与实测结果的分布图，实测结果介于固接-固接与固接-铰接两种形式的计算结果，而且更接近于固接-铰接嵌固形式。

将计算屈曲临界荷载与实测结果进行归一化处理，图 11-102 为 4 根桩的屈曲临界荷载与实测结果的比值分布规律，图中虚线表示将实测结果进行归一化。桩顶固接-桩底铰接、桩顶固接-桩底固接两种嵌固形式下，桩屈曲临界荷载分别为计算结果的 0.843～0.946 和 1.198～1.361 之间。经过分析桩底嵌固形式可认为是介于铰接与固接之间，并通过试验结果分析及考虑安全系数的问题，可将其界定为铰接形式。

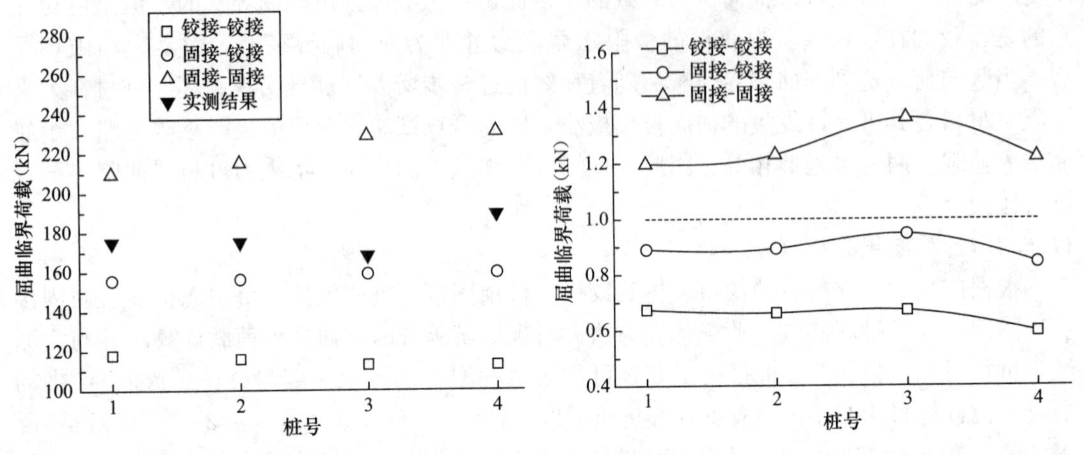

图 11-101　屈曲临界荷载计算值与实测值对比

图 11-102　不同嵌固形式下屈曲临界荷载与实测结果对比值

2. 与常规计算方法的比较

常规方法仅考虑单侧土压力，为避免重新取值产生的误差，本处采用不考虑主动侧土压力的计算方法进行计算。以顶部固接、底部铰接 15m 长 TC 为计算模型，则式（11-10）变化为：

$$U_s = \frac{B}{2}\int_0^h q_p y\mathrm{d}z = \frac{B}{2}\int_0^h \left(\sigma_0 + \frac{\sigma_p - \sigma_0}{s_p} y\right) y\mathrm{d}z \tag{11-60}$$

根据第 11.4.2（1）节计算方式，则屈曲临界荷载计算结果为：

$$p_p = \frac{41EI\pi^2}{20L^2} + \frac{L(16+5\pi^2)(f-A\gamma c)}{10\pi^2} + \frac{4BL^2(2c_s\sqrt{K_p} - K_0 p_s + K_p p_s + K_0 p_s s_p)}{5\pi^2 s_p} + \frac{2BL^3(16+9\pi^2)(-K_0+K_p+K_0 s_p)\gamma_s}{45\pi^4 s_p} \tag{11-61}$$

常规也往往采用“m 法”用于计算桩侧土压力，则式（11-60）可更改为：

$$U_s = \frac{B}{2}\int_0^h mzy\mathrm{d}z \tag{11-62}$$

根据第 11.4.2（1）节计算方式，则屈曲临界荷载计算结果为：

$$p_p = \frac{41EI\pi^2}{20L^2} + \frac{2BL^3 m(-16+9\pi^2)}{45\pi^4} + \frac{L(16+5\pi^2)(f-A\gamma_c)}{10\pi^2} \tag{11-63}$$

由对于淤泥土地基抗力系数的比例系数 m 取值为 2.5～6MN/m^4。则使用本章使用的计算参数计算结果如表 11-9 所示。

本文提出计算算法与常规计算方法比较图 表 11-9

	本文提出两侧土压力方法	单侧土压力计算计算方法	"m 法"	
			m=2.5MN/m^4	m=6MN/m^4
屈曲临界荷载值（kN）	140.018	2183.66	294.117	551.554

单侧土压力计算方法为本章提出的计算算法中去除准主动侧土压力计算而得，其结果比两侧土压力计算结果高出 15.6 倍，其主要原因为计算中准被动侧土压力计算中考虑了静止土压力，因此不宜采用。使用传统的"m 法"进行计算，在 m 的取值区间内其计算结果分别为本文提出计算方法计算结果的 2.1 倍～3.94 倍。而本章提出的考虑两侧土压力作用桩屈曲临界荷载经过大型模型试验与现场试验证明与实际结果较接近。通过本例也同样证明了在本章开始就提出的需进行桩屈曲时桩侧土压力研究——采用传统"m 法"计算结果误差较大。

（1）参数分析

1）嵌固形式的影响

以铰接-铰接连接方式下计算得的屈曲临界荷载为单位 1，图 11-103 为固接-铰接、固接-固接连接形式下屈曲临界荷载与铰接-铰接连接形式的荷载比。两条水平向的虚线表示为使用欧拉公式计算压杆问题的比值结果。在现场地质条件下，当桩顶的嵌固形式由桩顶铰接桩底铰接变化为桩顶固接桩底铰接时，其屈曲临界荷载增加了 30%～40%；当桩顶嵌固形式由桩顶铰接桩底铰接变化为桩顶固接桩底固接时，其屈曲临界荷载增加了 77%～104%。使用欧拉计算公式获得的结果与使用本章使用的计算方法计算得的结果存在一些差异，但是当桩长减小时这种差异也相应的减小。原因在于本章提出的计算方法考虑了桩周土体的作用，随着桩长的减小桩周土体的作用减小因此文章提出的计算方法与欧拉公式类似。因此在相同的地质条件下，桩嵌固形式对于屈曲临界荷载的影响与桩长存在一定的关系。

2）侧摩阻力的影响

基于 13.1m 桩的现场试验数据，计算及分析了桩侧摩阻力对桩屈曲临界荷载的影响。如图 11-104 所示，侧摩阻力为屈曲临界荷载的主要影响因素之一，在 3 种桩端约束条件下屈曲临界荷载随侧摩阻力呈线性增长。当桩侧摩阻力由 0 增长到 35kPa 时，对于桩顶铰接、桩底铰接，桩顶固接、桩底铰接，桩顶固接、桩底固接桩，桩屈曲临界荷载分别由 81.26kN 增长到 191.03kN，117.84kN 增长到 263.21kN，199.2kN 增长到 308.98kN。

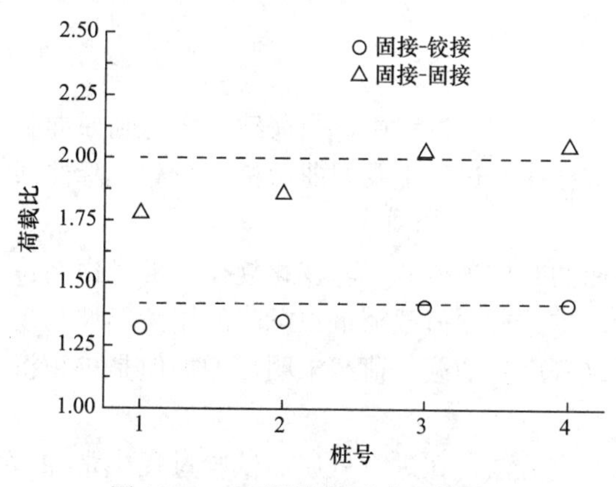

图 11-103 不同嵌固形式下荷载比

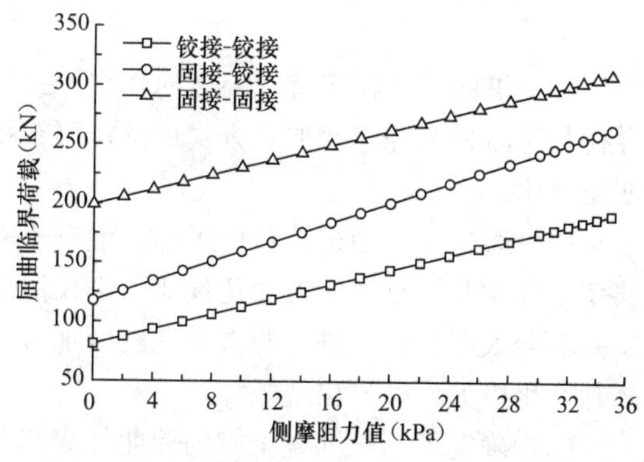

图 11-104 屈曲临界荷载与侧摩阻力值关系图

屈曲临界荷载增长率为桩侧摩阻力增长前与增长后的屈曲临界荷载的比值。如图 11-105 所示，桩侧摩阻力对于桩顶固接桩底固接桩的影响小于对其他两种嵌固形式的影响。对于另两种嵌固形式，随着桩侧摩阻力值由 0 增加到 30kPa，增长率由 7%下降到 1%。当桩侧摩阻力大于 30kPa 时荷载增长率突然降低，也就是说在现场地质条件下当桩侧摩阻力超过 30kPa 时，其对屈曲临界荷载的影响较小。因此在某一特殊的地质条件下，存在特殊的桩侧摩阻力值，当桩侧摩阻力小于该值时侧摩阻力对桩屈曲临界荷载影响较大，但是当桩侧摩阻力大于该值时桩侧摩阻力对桩屈曲临界荷载影响较小。并非简单如图 11-104 前面所示的直线关系。

3）s_a 和 s_p 的影响

文章首次讨论了考虑随位移变化桩侧土压力的屈曲临界荷载计算方法。基于有关学者的研究经验 $s_p=15s_a$[69]，分析了 s_a 和 s_p 对于极限主、被动位移的影响。

图 11-106 体现了屈曲临界荷载随 s_a 值的变化关系，屈曲临界荷载随着 s_a 值的增加而减小，并最终趋于定值。当 s_a 值很小时，三种嵌固形式下的屈曲临界荷载较接近，其后随着该值的增大差异逐渐增大。对于相同的 s_a 值，不同铰接形式下的屈曲荷载为桩顶固接桩底固接桩>桩顶固接桩底铰接桩>桩顶铰接桩底铰接桩。

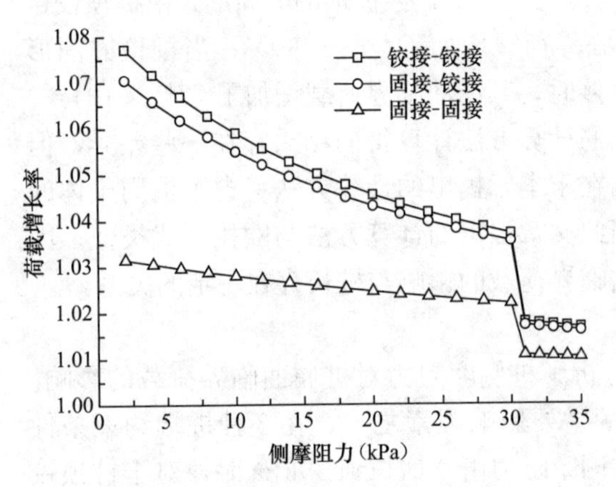

图 11-105 屈曲临界荷载增长率与侧摩阻力值关系图

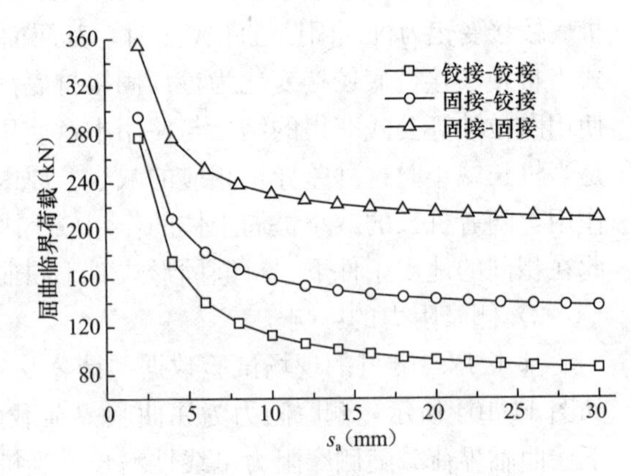

图 11-106 屈曲临界荷载与 s_a 值关系图

11.6 结论

（1）桩的屈曲稳定特性与竖向加载方式有关。在试验过程中，当荷载即将达到屈曲临界荷载时需采用等应变加载方式加载，可获得桩在屈曲过程中及屈曲后桩顶荷载沉降曲线变化规律。

（2）通过大模型试验获得了细长混凝土桩屈曲时桩顶荷载沉降变化规律、桩身横向位移变化规律及桩侧土压力变化规律。细长混凝土桩的桩顶荷载随桩顶沉降的锯齿形波动现象并不会太明显，当进行两次或三次试加载后（等应变加载）荷载未明显增加但是桩顶沉降却变化极大，桩身出现破坏。

（3）确定了细长混凝土桩的屈曲临界荷载判定方法。在进行桩屈曲试验过程中常加载至材料发生破坏，此时的竖向荷载应称为屈曲破坏荷载。当竖向荷载达到屈曲临界荷载后，由于桩侧土体的抗力作用，荷载可略有增加，当加载至屈曲破坏荷载时桩发生破坏。混凝土材料为脆性材料，屈曲临界荷载与屈曲破坏荷载之间差别较小，在工程应用中可近似认为为桩屈曲临界荷载≈桩屈曲破坏荷载，后者更易在试验中获得。

(4) 基于桩两侧土体对于桩屈曲具有“推动”和“阻止”两种作用的假设，进行了桩侧土压力计算方法研究，以朗金主、被动土压力为极限值，建立了主、被动侧土压力随位移呈直线型变化的两侧土压力计算方法，并根据模型试验结果进行了验证。

(5) 根据常规细长桩桩顶荷载作用形式，开展了细长桩两端嵌固形式判定方法研究、桩身挠曲线形式研究。桩底嵌固形式与计算嵌固深度有关，桩顶嵌固形式则由顶部盖板的形式和路堤横断面是否存在高差决定。

(6) 基于7种常见的嵌固形式，建立了考虑两侧土体作用的桩屈曲临界荷载计算方法。并针对已进行的大型模型试验、现场试验进行了计算方法验证，并与常规计算方法（考虑单侧土压力计算方法、m 法计算方法）进行了对比。对于模型试验，计算结果为试验结果的（0.6～0.8）倍；对于现场试验计算结果为试验结果的（0.8～1.4）倍。仅考虑单侧土体作用计算屈曲临界荷载为考虑两侧土体作用结果的15.6倍，传统“m 法”计算结果为本章提出计算方法的（2.0～3.9）倍。

第12章　塑料套管混凝土桩设计计算方法

TC桩复合地基与其他复合地基相同，其设计计算内容包括：单桩及复合地基承载力、单桩及复合地基沉降变形、稳定分析计算等。TC桩加固机理大致与其他刚性桩类似，因此，原则上可参照如预应力管桩等刚性桩复合地基或者桩承式加筋路堤设计理论进行。同时塑料套管又有其自身的特殊性：

(1) 桩身直径小，为了充分发挥桩侧摩阻力，降低成本，提高施工的灵活性，塑料套管混凝土桩一般采用较小的桩身直径，如16～20cm。在相同加固深度下长细比会比一般的竖向增强体大，对单桩稳定性的要求高；

(2) 施工工艺不同，塑料套管是通过直径稍大的钢沉管打设的，成桩后桩周土会产生回挤和再固结，其桩侧摩阻力的发挥区别于常规沉管灌注桩和预应力管桩等，承载力表现出更加明显的时效性；

(3) 塑料套管的设计，TC桩优于常规沉管灌注桩特点之一是先套管成模，塑料套管选择合适与否直接关系到TC桩的工程质量和承载力的发挥。

本章将在考虑塑料套管桩特殊性的基础上，建立适用于TC桩加固公路软土地基的设计理论和实用的计算方法。

12.1　TC桩承载力分析

12.1.1　TC桩复合地基承载力设计计算

对于刚性桩复合地基承载力设计思路，目前实际工程中设计理论主要有两种思路：

1. 一般复合地基承载设计方法

复合地基承载力特征值的计算可按下式计算

$$f_{spk}=m\frac{R_a}{A_p}+\beta(1-m)f_{sk} \tag{12-1}$$

式中　m——复合地基置换率；

R_a——单桩竖向承载力特征值（kN）；

A_p——桩的截面积（m^2）；

β——桩间土承载力折减系数，宜按地区经验取值，如无地区经验时可取0.65～0.90；

f_{sk}——处理后的桩间土承载力特征值（kPa），宜按地区经验取值，如无地区经验时，可取天然地基承载力特征值。

2. 刚性桩与垫层、水平加筋体、路堤构成桩承式路堤加筋系统，刚性桩复合地基承载力也可按桩承式加筋路堤设计计算。

12.1.2　TC桩单桩承载力设计计算

上述TC桩复合地基承载力设计方法均需确定单桩承载力，目前常用的单桩竖向极限承载力确定方法主要有静载试验法、静力计算法、原位测试法及经验公式法，这些方法一般都是用于估算桩基的承载力。

1. 静载荷试验法

静载荷试验是模拟单桩在承受上部荷载条件下的现场模型试验，可以测定地基土的变形模量、评定桩体的承载力、预估复合地基的沉降。通过静载荷试验可以直观准确的确定单桩承载力，根据静载试验的 p-s 曲线的特征，按以下原则可以确定单桩承载力。

(1) 拐点法

当 p-s 曲线有明显直线段，可以比例极限 p_0 作为容许承载力，当 p-s 曲线无明显直线段，拐点不明显时，则可利用 $\lg p$-$\lg s$、p-$\frac{\Delta s}{\Delta P}$、或 p-$\frac{\Delta s}{\Delta t}$等关系确定拐点 p_0。

(2) 相对沉降控制法

当 p-s 曲线呈缓和曲线型，无明显拐点时，可用相对沉降 s/d（d 为承压板直径或者变长）来控制确定 p_0。

(3) 极限荷载法

当载荷试验已加荷到极限荷载 p_1，则容许承载力 R 可取为

$R \leqslant \frac{p_1}{F}$（安全系数 $F=2 \sim 3$）

或 $R \leqslant P_0+\frac{p_1-p_0}{F}$（$F$ 可取为 3～5）

(4) 绝对沉降控制法

如 Terzaghi 对 1 平方英尺（929.03cm²）承压板，取绝对沉降为 1/2 英寸（12.7mm）所对应的压力之半；日本规范对 30cm×30cm 承压板，取绝对沉降为 2.5cm 所对应的压力之半作为容许承载力等。

2. 原位测试法

根据《建筑桩基技术规范》JGJ 94—2008 可知，当根据单桥探头静力触探资料确定混凝土预制桩单桩竖向极限承载力标准值时，可按下式计算

$$Q_{uk}=Q_{sk}+Q_{pk}=u\sum q_{sik}l_i+\alpha p_{sk}A_p \tag{12-2}$$

当 $p_{sk1} \leqslant p_{sk2}$ 时

$$p_{sk}=\frac{1}{2}(p_{sk1}+\beta \cdot p_{sk2}) \tag{12-3}$$

当 $p_{sk1} > p_{sk2}$ 时

$$p_{sk}=p_{sk2} \tag{12-4}$$

式中 Q_{sk}、Q_{pk}——分别为总极限侧阻力标准值和总极限端阻力标准值；

u——桩身周长；

q_{sik}——用静力触探比贯入阻力值估算的桩周第 i 层土的极限侧阻力；

l_i——桩周第 i 层土的厚度；

α——桩端阻力修正系数，取值查规范中表 5.3.3-1；

p_{sk}——桩端附近的静力触探比贯入阻力标准值（平均值）；

A_p——桩端面积；

p_{sk1}——桩端全截面以上 8 倍桩径范围内的比贯入阻力平均值；

p_{sk2}——桩端全截面以下 4 倍桩径范围内的比贯入阻力平均值。

当根据双桥探头静力触探资料确定混凝土预制桩单桩竖向极限承载力标准值时，对于

黏性土、粉土和砂土，如无当地经验时可按下式计算：

$$Q_{uk}=Q_{sk}+Q_{pk}=u\sum l_i\beta_i f_{si}+\alpha q_c A_p \tag{12-5}$$

式中　f_{si}——第 i 层土的探头平均侧阻力（kPa）；

q_c——桩端平面上、下探头阻力，取桩端平面以上 $4d$（d 为桩的直径或边长）范围内按土层厚度的探头阻力加权平均值（kPa），然后再和桩端平面以下 $1d$ 范围内的探头阻力进行平均；

α——桩端阻力修正系数，对于黏性土、粉土取 2/3，饱和砂土取 1/2；

β_i——第 i 层土桩侧阻力综合修正系数，黏性土、粉土：$\beta_i=10.04(f_{si})^{-0.55}$，砂土：$\beta_i=5.05(f_{si})^{-0.45}$。

3. 经验参数法

参考《建筑桩基技术规范》JGJ 94—2008，根据土的物理指标和承载力参数之间的经验关系，可按下式确定单桩承载力标准值

$$Q_{uk}=Q_{sk}+Q_{pk}=u\sum q_{sik}l_i+q_{pk}A_p \tag{12-6}$$

式中　q_{sik}——桩侧第 i 层土的极限侧阻力标准值，如无当地经验时，可按规范中表 5.3.5-1 取值；

q_{pk}——极限端阻力标准值，如无当地经验时，可按规范中表 5.3.5-2 取值。

现场静载荷试验能真实、有效地反映单桩承载性能，是确定单桩承载力比较准确的方法，可以根据方法 1 中相关原则进行确定。对于不具备现场试验条件以及在工程设计阶段，需要估算单桩承载力时，一般采用方法（3）来估算。每种方法实际都将单桩竖向极限承载力分为侧阻力和端阻力两部分考虑，对于桩端阻力可按现场原位测试和《建筑桩基技术规范》JGJ 94—2008 表 5.3.5-2 中混凝土预制桩取值。在分析 TC 桩侧摩阻力时，若直接采用原位测试值或规范建议的经验值无法考虑到 TC 桩施工工艺的特殊性，打设套管的扩孔效应以及单桩承载力的时效性。作者通过模型试验、现场试验、有限元计算等对 TC 桩侧摩阻力的取值进行分析，提出了基于规范中桩侧摩阻力取值修正系数的建议值，以更好地反映 TC 桩的竖向承载特性，为 TC 桩单桩承载力的估算提供依据。

12.1.3　TC 桩承载力模型试验分析

试验用土的主要成分为③$_1$ 层的淤泥质粉质黏土，流塑，饱和，高压缩性，根据取土段落现场的地质资料，该层土的极限侧阻力标准值为 14kPa，桩端土的容许承载力为 70kPa。

表 12-1 中计算值即为按照规范经验公式（12-6）得到的值，“误差”为实验值相对于规范公式计算值的比较。表中将极限承载力分为极限侧阻力和极限端阻力两部分，并分别将规范计算值与不同间歇期的实验值作了比较。

计算值与实验值比较　　**表 12-1**

桩号	桩型	极限侧阻力（kN）			极限端阻力（kN）			极限承载力（kN）		
		计算值	试验值	误差	计算值	试验值	误差	计算值	试验值	误差
3d-1	波纹套管桩	4.84	3.974	−17.89%	0.66	0.73	10.61%	5.50	4.704	−14.47%
3d-2	波纹套管桩	4.84	3.69	−23.76%	0.66	0.72	9.09%	5.50	4.41	−19.82%

续表

桩号	桩型	极限侧阻力（kN）			极限端阻力（kN）			极限承载力（kN）		
		计算值	试验值	误差	计算值	试验值	误差	计算值	试验值	误差
3d-3	预制混凝土桩	4.84	4.456	−7.93%	0.66	0.64	−3.03%	5.50	5.096	−7.35%
10d-1	波纹套管桩	4.84	4.788	−1.07%	0.66	0.7	6.06%	5.50	5.488	−0.22%
10d-2	波纹套管桩	4.84	4.936	1.98%	0.66	0.65	−1.52%	5.50	5.586	1.56%
10d-3	预制混凝土桩	4.84	4.78	−1.24%	0.66	0.61	−7.58%	5.50	5.39	−2.00%
25d-1	波纹套管桩	4.84	5.76	19.01%	0.66	0.61	−7.58%	5.50	6.37	15.82%
25d-2	光壁套管桩	4.84	3.342	−30.95%	0.66	0.97	46.97%	5.50	4.312	−21.60%
25d-3	预制混凝土桩	4.84	4.898	0.58%	0.66	0.62	−6.06%	5.50	5.518	0.36%

25d的时候，通过观察窗可见模型槽内填土固结均匀密实，试验后对土体开挖也证明桩土接触紧密。因此从本书模型桩的试验，可近似将3d的结果作为实际路堤荷载未填筑时的模拟，即扩孔影响较大阶段；25d的结果近似作为路堤长期作为一段时间后的模拟，即桩周土体回挤、土体固结及强度恢复，桩侧有效应力增大并趋于稳定。从最终极限承载力比较结果可以看出，波纹套管桩的极限承载力具有明显的时间效应，3d时由于扩孔影响，其侧阻力发挥较小，试验值相比规范计算值较小；随着桩周土体的回挤、固结，强度恢复，到25d时试验极限承载力大于规范公式计算值，提高约15%，因此当按规范公式预估TC桩承载力时是偏安全的。这说明当直接套用建筑桩基规范中推荐的由大量单桩载荷试验归纳和统计出来的桩侧、桩端极限摩阻力经验参数，仅计算一个承载安全系数，实际上是用无路堤荷载条件下单桩承载试验或经验计算结果去验算路堤桩长期工作荷载情况下承载安全性，是不符合实际工程情况的，而应在不同控制时刻采用此时桩的实际极限承载力和实际受力进行分析才是合理的。

结合25d极限侧阻力和端阻力的比较结果可以发现，在设计中按照规范公式估算桩基承载力时，对于光滑套管来说，由于光滑套管桩的桩土间摩擦特性很差，在桩顶荷载作用下桩体沉降较大，桩土间产生较大的相对滑动并破坏，承载特性主要依靠端阻的发挥承载，因此规范经验公式计算高估了其承载力；对预制混凝土桩来说，极限侧阻力的误差均在0.58%，极限端阻力误差只有6%左右，两者的误差都很小，经验公式对预制桩有良好的适用性；对波纹管桩来说，25d试验得到的极限侧阻力误差为19.1%，而对极限端阻力的误差较小，仅为7%。

12.1.4 TC桩承载力现场试验分析

在练杭高速L2标K7＋440附近现场静载荷试验，桩身直径16cm，桩端直径26cm，桩长15.5m。

表12-2列出了土层的参数，承载力分别按规范经验公式计算、按修正的路堤填筑前参数计算及按修正的路堤填筑后参数计算。图12-1为该场地的现场静载试验曲线，1号～5号桩为28天静载曲线，D90-1和D90-2为该处箱涵通道的处理段，静载前路堤已填筑3个月，待路堤开挖制作箱涵前做静载，根据现场实测，测试地基内孔压、桩侧附加应力等

此时都已趋于相对稳定。

土层参数及极限承载力计算　　　　**表 12-2**

层号	层名	层厚（m）	q_{sik}（kPa）	q_{pk}（kPa）	承载力（kN）		
					规范计算	按填筑前	按填筑后
①$_1$	素填土	0.3	15	—	179.86	129.77	213.92
②$_1$	粉质黏土	0.7	17	—			
③$_2$	淤泥质黏土	11.3	14	—			
④$_2$	黏土	1.7	31	—			
④$_3$	黏质粉土	2.4	35	—			
⑥$_1$	粉质黏土	2.1	48	180			

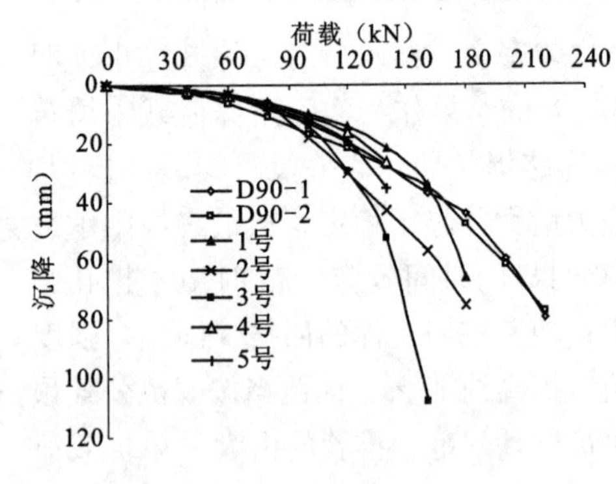

图 12-1　现场静载试验荷载-沉降曲线

现场静载 Q-s 曲线呈陡降型或缓变型。28 天静载曲线的离散型较大，曲线表现明显的不一致性，这是因为沉桩扩孔的影响还未完全消除，桩周土体抗力没有完全恢复，不同桩体的荷载沉降会有不同的发挥；90 天的静载曲线有良好的一致性规律，这是在路堤荷载的长期作用下，桩周土体回挤均匀、土体抗力恢复、侧向有效应力提高的结果；各曲线在 80kN 后分化明显，总体上同级荷载下 90 天的静载曲线沉降较小，承载力明显有所提高，这与模型试验结果基本一致。确定最终各桩的极限承载力如表 12-3 所示。

各桩极限承载力　　　　**表 12-3**

桩号	1 号	2 号	3 号	5 号	6 号	D90-1	D90-2
极限承载力（kN）	160	160	140	140	140	210	200

从表 12-3 可知，路堤荷载作用后 90 天静载的极限承载力比 28 天极限承载力平均提高了 30％以上，说明桩周土体抗力的恢复对 TC 桩的承载特性有较显著的影响。同时，与公式计算结果相比，28 天静载的实验结果小于规范经验公式计算值，这时桩周土体没有完全回挤，桩周土的侧向约束作用不能充分发挥，桩侧有效应力较小，这使得波纹套管与土体的摩擦特性没有得到完全发挥；与按路堤填筑前的修正公式比，28 天现场承载力偏大，这是因为模型试验桩端土具备作为良好持力层的条件，而现场工程桩均具有良好的持力层，更能发挥 TC 桩承载性能，尽管如此，修正的公式依然在一定程度上反映了沉桩工艺对承载力的影响；90 天现场试验的承载力比规范计算要高。

12.1.5　TC 桩承载力的时效性分析

桩基打入地基后，其承载力随时间有逐渐增大的趋势，这种现象引起工程界的重视，国内外学者已做了许多相关研究，但由于承载力的时效影响因素十分复杂，目前还没有公认的实用方法。胡中雄对国内外多个工程的不同间歇期桩基承载力进行的统计分析表明，桩基的承载力有明显的时效性。承载力时效机理归纳起来主要有土的触变恢复时效、固结时效及硬化时效等。张明义等认为静压桩的时效主要是固结时效及触变恢复时效，桩基承载力的增大主要是侧摩阻力的提高引起的，桩端阻力贡献较小，并通过试验表明承载力增长大致符合双曲线规律。TC桩这种先大扩孔、桩周土先扰动后逐步回挤的施工工艺与振动沉管桩的沉管后立即灌筑混凝土、利用混凝土的流动和充盈使得混凝土与桩间土立即紧密接触，与预制桩的直接通过成桩挤土作用使桩间土与桩紧密结合不同，桩与桩间土的相互作用过程以及承载特性也就不相同，其时间效应更加明显。

目前对桩基时间效应的计算方法主要有对数函数法、双曲函数法、理论解析公式法及神经网络法等。

理论解析公式法以经典土力学为基础，计算时需要确定场地的土性参数，其是在多种假设条件下提出的，也是一种估算。神经网络法以人工智能为基础，具有强大的非线性处理能力。对数函数法确定的桩基入土后不同间歇期的承载力为

$$Q_{u,t}=Q_{u,0}+\alpha(1+\log t)(Q_{u,\infty}-Q_{u,0}) \tag{12-7}$$

式中 $Q_{u,t}$——任意 t 时刻承载力；

$Q_{u,0}$——初始承载力；

$Q_{u,\infty}$——最终极限承载力；

α——承载力增长系数，上海软土取 0.263。其计算时需确定最终极限承载力比较困难，且其不合理性为 $Q_{u,t}$ 随时间无限增加。

双曲函数法根据前人研究表明承载力增长近似双曲线的规律，因此可根据下式估算不同时刻承载力

$$\Delta\eta=\frac{t}{a+bt} \tag{12-8}$$

$$Q_{u,t}=Q_{u,0}(1+\Delta\eta) \tag{12-9}$$

式中 $\Delta\eta$——承载力提高的百分数；

a、b——与土质及桩长等有关的经验系数，本书根据模型试验得到 a 为 41，b 为 0.86。

当 $t\to\infty$ 时，得 $\Delta\eta$ 的极限值为

$$\Delta\eta_u=\frac{1}{b} \tag{12-10}$$

根据模型试验结果表明，波纹套管桩体现出显著的时效特点。图 12-2、图 12-3 分别为模型试验不同间歇期时波纹套管桩及混凝土预制桩的荷载-沉降曲线对比。图中看出，两种桩型的承载力都存在时间效应，波纹套管桩尤为明显，这正是因为波纹管桩沉桩扩孔后随时间其桩土接触面性质不断变化、侧阻力提高的结果。相对于 3d，10d 后波纹管桩极限承载力平均约提高了 21%，25d 后提高了 40%；同时相同荷载下沉降明显减小，波纹套管的侧摩阻增大作用逐渐得到发挥，桩体表现出较好的承载性能。混凝土预制桩 25d 极限承载力比 3d 提高了 7.2%。

图 12-4 为两种桩型极限承载力时间效应的变化曲线，实线表示波纹套管桩，虚线表示混凝土预制桩，承载力的时效性均符合双曲线规律，这与文献的实验结果是相似的，波纹套管桩较混凝土预制桩实效更明显，波纹套管桩 25d 极限承载力比混凝土预制桩提高 16%。

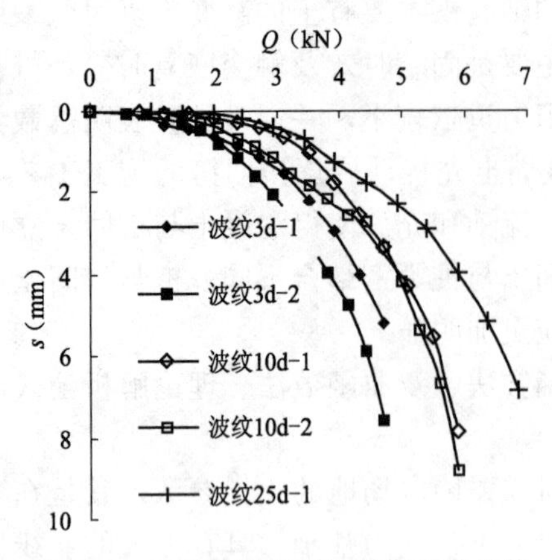

图 12-2　波纹管桩不同间歇期承载性能

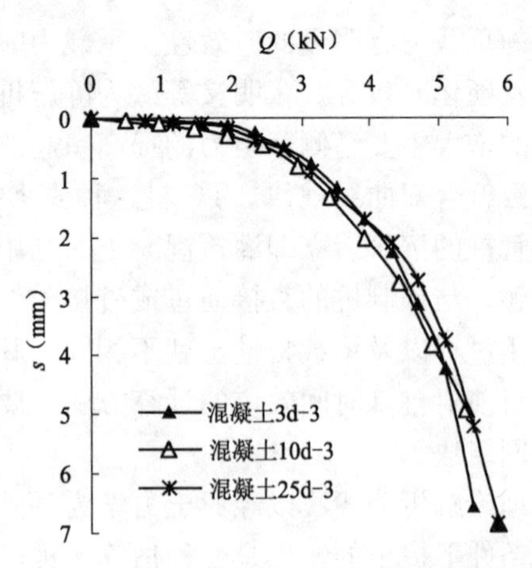

图 12-3　混凝土预制桩不同间歇期承载性能

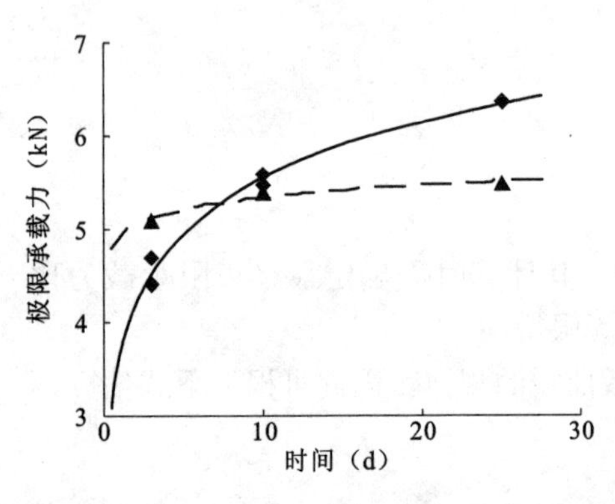

图 12-4　极限承载力的时效曲线

根据现场不同时刻 TC 桩极限承载力的试验，本书根据式（12-8）和式（12-9）对上述 90 天极限承载力进行计算。$Q_{u,0}=129.77\text{kN}$，$\Delta\eta=\dfrac{90}{46+0.86\times90}=0.7$，因此 $Q_{u,t}=129.77\times(1+0.7)=218.9\text{kN}$，这与现场实测极限承载力较为吻合。本书由于缺少大量实例样本，时效经验公式参数只是根据模型试验少量的数据得出，具有一定的缺陷，但得到的经验参数对预估不同时刻承载力有一定参考价值，今后需结合工程实践积累大量 TC 桩的实验数据，取得更加合理参数。

12.1.6　TC 桩承载力时效性有限元分析

1. 概述

桩—土相互作用的时效机理可作如下分析：在饱和黏性土中沉桩，不仅破坏了桩周部分土的天然结构，而且使土受到急速的挤压，产生很高的超孔隙水压力，使土中有效应力减小。这两种作用都使桩间土的强度大为降低，因而沉桩后瞬时桩的承载力最小。随着时间的推移，一方面超孔隙水压力逐渐消散，使桩间土中的有效应力相应增加，土的强度也随之增加，这就是桩间土的再固结；另一方面，由于黏性土具有触变性，受沉桩扰动而损失的强度逐渐恢复。其中，土的再固结是桩承载力时效问题的主要影响因素。以下将着重分析桩间土中超孔隙水压力的分布及其消散规律，从而预估桩承载力随时间的增长规律。

2. 分析软件

1）ABAQUS 有限元软件概述

ABAQUS 由美国 HKS 公司开发，是当今国际上最为先进的大型通用非线性有限元分析软件之一。该软件可以胜任复杂结构的静态与动态分析，能够驾驭非常庞大的问题和模拟结构与材料高度非线性的影响，且使用方便，计算精度高。该软件受到了国际上许多著名公司、大学和研究部门的青睐。

ABAQUS包括种类丰富的单元库，单元种类分为8个大类，多达450多种单元类型：包括实体单元、壳板单元、薄膜单元、梁单元、杆单元、刚体元、流体元、连接元和无限元。ABAQUS还具有针对特殊问题构建的特种单元，如针对钢筋混凝土结构或轮胎结构的加强筋单元（Rebar）、针对海洋工程结构的土壤—管柱连接单元（Pipe-Soil）和锚链单元（Drag Chain）等，这些单元对解决各行业领域的具体问题非常有效。另外，用户还可以通过用户子程序（User Subroutines）等工具自己定义单元种类。

ABAQUS材料库提供绝大多数的工程材料模拟功能，如金属、塑料、橡胶、泡沫塑料、复合材料、颗粒状土壤、岩石、素混凝土和钢筋混凝上等。ABAQUS拥有CAE工业领域最为广泛的材料模型，它可以模拟绝大部分工程材料的线性和非线性行为，而且ABAQUS中的材料库和单元库是分开的，材料和单元之间的组合能力很强。

ABAQUS提供了以Biot固结理论为基础的土单元，可以施加孔压荷载，同时ABAQUS包含大量的岩土本构模型：Durker-Prager模型，适合于砂土等粒状材料的不相关流动的模拟；Cam-Clya模型，适合于黏土类土壤材料的模拟；以及Mohr-Coulomb模型等。ABAQUS对于同时发生作用的几何、材料和接触的非线形采用自动控制技术处理，因此通常可以得到比较符合实际的解答。

2）ABAQUS各模块的介绍

（1）ABAQUS/Pre（前处理）

ABAQUS/Pre（前处理）是一个界面图形处理器，它将所分析结构的几何形状生成为网格区域，使模拟过程快速而又容易地完成。物理和材料的特性被分配到结构的几何实体上，同时施加荷载和边界条件。

（2）ABAQUS/Standard（通用程序）

ABAQUS/Standard是一个通用分析模块，在数值方法上采用有限元方法常用的隐式积分。它能够求解广泛的线性和非线性问题，包括结构的静态、动态问题、热力学场和电磁场问题等。对于通常同时发生作用的几何、材料和接触非线性可以采用自动控制技术处理，也可以由用户自己控制。

（3）ABAQUS/Explicit（显式积分）

ABAQUS/Explicit是一个在数值方法上采用有限元显式积分的特殊模块，它利用对时间的显式积分求解动态有限元方程。它适合于分析诸如冲击和爆炸这样短暂、瞬时的动态问题，同时对高度非线性问题如模拟加工成型过程中接触条件的改变等也非常有效。

（4）ABAQUS/Post（后处理）

ABAQUS/Post（后处理）是一个图形界面后处理器，它支持ABAQUS分析模块的所有功能，并且对计算结果的描述和解释提供了范围更广的选择。

3）ABAQUS分析的基本步骤

（1）根据模型试验实际情况，确定土体影响范围和桩体参数，在PART模块中，分别建立桩土体部件；

（2）在Property模块中，分别创建土体、桩体的本构模型、定义材料截面，将截面属性赋给已创建好的部件的不同区域；

（3）在 Assembly 模块中，将创建好的模块组装成装配件；

（4）定义桩土接触面、荷载施加面等面集，便于下面的边界定义、载荷的施加、接触面的定义；

（5）在 Mesh 模块中，对部件进行种子、单元类型、单元划分方法的设置，并划分网格；

（6）在 Step 模块中，创建分析步、输出需求、还可以指定分析控制和自适应网格；

（7）在 Interaction 模块中，定义接触区域；

（8）在 Load 模块中，定义模型的边界条件、载荷、场变量情况；

（9）在 Job 模块中，提交任务，开始分析；

（10）在 Visualization 中，进行后处理，分析所需要的数据。

4）ABAQUS 中接触的实现

在 ABAQUS 中接触是通过接触对实现的，其中接触对有三种，分别是点对点接触、点对面接触、面对面接触。ABAQUS/Standard 中使用严格的主/从计算公式，并且做了许多假设，即从属表面的节点不能穿透到主控表面，主控表面的节点可以穿透到从属表面。在定义接触对中的主从表面时，一般选择刚度较大的面作为主面，这里的刚度不仅指材料的特性，还要考虑分析模型结构的刚度。解析面或者由刚性单元构成的面必须作为主面。主从表面的定义体现在网格密度上，从面的网格应比主面更加细密，如果主从表面的网格密度大致相等，那么柔性材料的表面应该作为从面。无论是主面还是从面，发生接触的部位应尽量圆滑过渡，不要有尖锐的特征存在。ABAQUS/Explicit 提供了两种方式定义接触：一是通用接触，其特点是自动定义相互作用面，一般在模型中存在多个部件或者复杂的拓扑结构的情况下使用；二是双面接触，其特点是接触约束施加两次并平均，在第二次施加约束时互换主从面，尽可能地减少接触对之间的侵入。具体到实际项目上就是判断所分析模型的哪些部件之间可能发生接触，然后创建接触面，如果只有一个接触面则称为自接触，最后还要设定各接触面之间相互作用的接触属性。

在 ABAQUS 中，按照接触表面的相对滑动量的大小关系，可将接触分为两类，即有限滑动和小滑动。有限滑动是默认选项，其在接触面间允许任意大的旋转和滑动。在有限滑动分析的工程中，ABAQUS 中需要不断地判断从面节点和主面的哪一部分发生接触，因此和小滑动相比其计算代价更高。小滑动是在接触表面之间允许小的相对滑动。只要接触表面之间没有大的相对滑动，允许接触表面之间有大的转动，这时可以选择小滑动来描述两个接触面之间切向之间的运动关系。小滑动不需要通用的有限滑动算法，在整个分析过程中，从属节点和主控表面上事先确定的固定数量的节点相互作用，只是在分析开始时进行接触搜寻，因此不存在从属节点“跌落”到主控表面后面的情况。

3. 计算模型及参数

图 12-5、图 12-6 分别为单桩承载力时效性分析模型和有限元网格图，单桩桩径 0.16m，桩长 15m，模型径向范围 7m，桩体采用 CAX8R 单元，土体采用 CAX4R 单元模拟。边界条件为：模型的底部径向和竖向位移均约束，模型外侧的径向位移约束。

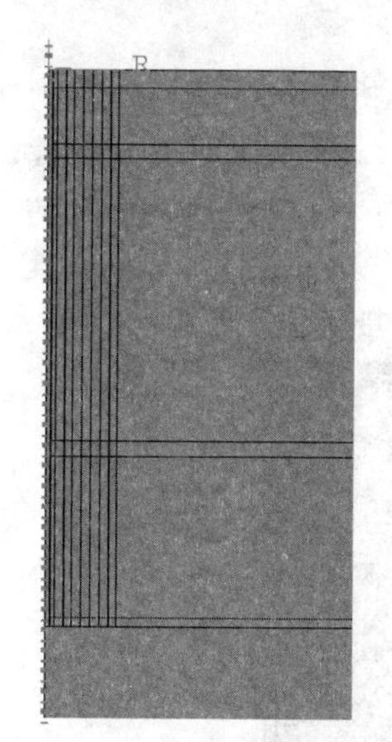
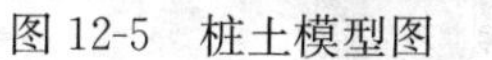

图 12-5 桩土模型图

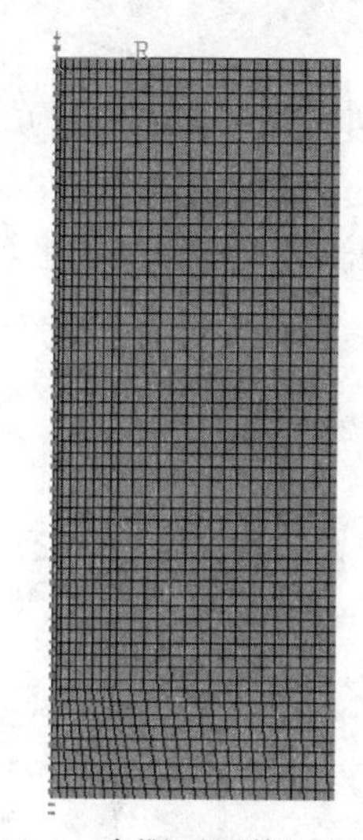

图 12-6 有限元网格图材料的

本构模型为：桩身为线弹性体，桩周及桩底土为弹塑性材料，假定服从 Mohr-Coulomb 屈服准则，模型参数见表 12-4～表 12-7 所示。

地基土的计算参数 **表 12-4**

土层	土层厚度(m)	土层名称	γ(kN/m^3)	φ(°)	c_u(kPa)	E(MPa)	μ
1	0.5	黏土	18.90	30.5	21.20	4.27	0.25
2	1.5	淤泥质黏土	17.80	15.0	19.50	2.76	0.25
3	8	淤泥	16.60	12.6	7.70	1.84	0.25
4	10	粉质黏土	17.50	23.5	19.80	2.41	0.30

桩及沉管计算参数 **表 12-5**

桩径(cm)	桩长(m)	桩间距(m)	桩机套管直径(cm)	桩尖直径(cm)	桩身弹模(GPa)	桩身泊松比	桩身重度(kN/m^3)
16.00	15.00	1.50	20.30	25.00	200	0.25	25.00

地基土渗透系数 **表 12-6**

土层	土层厚度(m)	土层名称	竖向渗透系数(10^{-4}m/d)	水平向渗透系数(10^{-4}m/d)
1	0.5	黏土	3.744	7.520
2	1.5	淤泥质黏土	3.152	3.832
3	8	淤泥	3.192	6.512
4	10	粉质黏土	4.400	7.496

地基土固结系数 **表 12-7**

C / 土层	C_h(10^{-8}cm/s)			C_v(10^{-8}cm/s)		
	0.1MPa	0.2MPa	0.4MPa	0.1MPa	0.2MPa	0.4MPa
1	1.146	1.602	1.168	1.225	0.921	0.810
2	3.551	4.968	3.838	4.564	4.504	5.635
3	0.684	0.981	0.651	1.033	0.734	1.056
4	1.013	1.876	0.924	1.865	0.759	1.709

4. 分析过程

分析过程分两步进行：第一步为 Geostatic 分析步，进行初始应力场的平衡，平衡结果见图 12-7 所示；第二步为 Static 步，在该步中，桩顶施加竖向荷载，采用自动增量步长，为了控制每个增量步的荷载变化量，最大的增量布长设为一较小值 0.05。

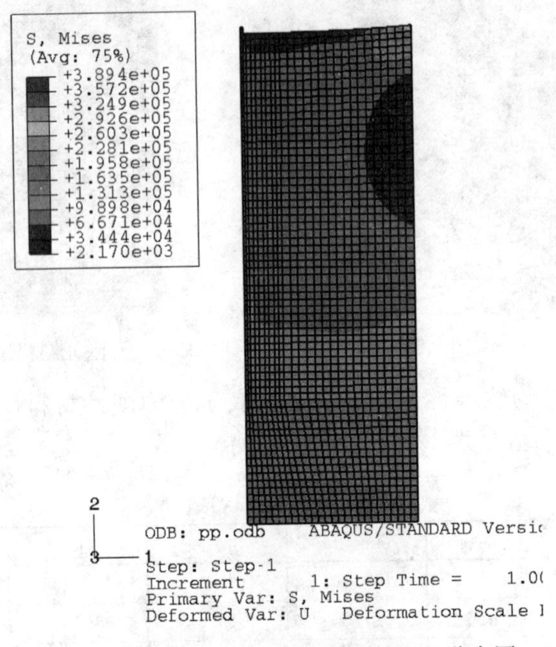

图 12-7　初始地应力场（含初始孔压）分布图

用理论来研究沉桩引起的土中超静孔压的产生与消散过程方法很多，归纳起来可以分为以下几种方法：圆孔扩张理论、应变路径法、有限单元法。这些方法均基于圆孔扩张理论，该理论首先由 Bishop 于 1945 年提出，将平面应变条件下的圆柱形孔扩张来解决桩体贯入问题。他作了如下假定：土是均匀的、各向同性的理想弹塑性材料，土体饱和、不可压缩、屈服满足 Mohr-Coulomb 强度准则；小孔扩张前，土体具有各向同性的有效应力，体力不计。圆柱形孔在均匀分布的内压力 P 作用下扩张情况，随着压力 P 的增加，围绕着圆孔的圆柱形区域将由弹性状态进入塑性状态。塑性区随着压力 P 值的增大而不断扩大。求解弹、塑性区孔压分布公式主要有

(1) Vesic 公式

弹性区
$$\frac{\Delta u}{c_u}=2\ln\frac{R_p}{r}+1.73A_f-0.58 \tag{12-11}$$

塑性区
$$\frac{\Delta u}{c_u}=0.578(3A_f-1)\frac{R_p}{r} \tag{12-12}$$

桩侧表面
$$\frac{\Delta u_{max}}{c_u}=2\ln\frac{R_p}{r}+1.73A_f-0.58 \tag{12-13}$$

塑性区半径
$$\frac{R_p}{r_0}=\sqrt{\frac{E}{2(1+\nu)c_u}} \tag{12-14}$$

式中　Δu——孔压增量；

R_p——塑性区半径；

r_0——桩半径；

A_f——土破坏时的孔压系数；

c_u——土的不排水抗剪强度；

E、ν——分别为土的弹性模量和泊松比；

r——土中计算点距桩轴线的距离。

(2) 陈文公式

弹性区 $$\Delta u=0.817\alpha_f\frac{R_p}{r}c_u \tag{12-15}$$

塑性区 $$\Delta u=\frac{1}{3}\left[2(2C_u-K_p\gamma' r_0\tan\varphi)\ln\frac{R_p}{r}+\frac{C_a z}{r}\right]+0.9\alpha_f c_u \tag{12-16}$$

式中 $K_p=\tan^2(45°+\varphi/2)$，$\varphi$ 和 c_u 分别为桩土界面处的内摩擦角和黏聚力，$\alpha_f=0.707(3A_f-1)$，γ'为土的浮重度。

5. 计算成果分析

1) 土层初始孔压计算结果

根据扩孔理论，塑料套管打设后，地基内的土层初始孔压计算结果见表12-8。2天、10天、30天、60天、90天、120天、150天、180天超孔压随时间的消散规律云图如图12-8～图12-15所示。

土层初始孔压计算结果（kPa） **表12-8**

深度(m)	R1	R2	R3	R4	R5	R6	R7	R8
0.0	32.54	20.86	14.03	9.18	5.22	3.62	2.66	2.04
0.5	40.87	25.03	16.80	11.26	5.22	3.62	2.66	2.04
1.0	49.21	29.19	19.58	13.35	5.22	3.62	2.66	2.04
1.5	57.54	33.36	22.36	15.43	5.22	3.62	2.66	2.04
2.0	65.87	37.53	25.14	17.51	5.22	3.62	2.66	2.04
2.5	74.21	41.69	27.92	19.60	5.22	3.62	2.66	2.04
3.0	82.54	45.86	30.69	21.68	5.22	3.62	2.66	2.04
3.5	90.87	50.03	33.47	23.76	5.22	3.62	2.66	2.04
4.0	99.21	54.19	36.25	25.85	5.22	3.62	2.66	2.04
4.5	107.54	58.36	39.03	27.93	5.22	3.62	2.66	2.04
5.0	115.87	62.53	41.80	30.01	5.22	3.62	2.66	2.04
5.5	124.21	66.69	44.58	32.10	5.22	3.62	2.66	2.04
6.0	132.54	70.86	47.36	34.18	5.22	3.62	2.66	2.04
6.5	140.87	75.03	50.14	36.26	5.22	3.62	2.66	2.04
7.0	149.21	79.19	52.92	38.35	5.22	3.62	2.66	2.04

续表

深度(m)	R1	R2	R3	R4	R5	R6	R7	R8
7.5	157.54	83.36	55.69	40.43	5.22	3.62	2.66	2.04
8.0	165.87	87.53	58.47	42.51	5.22	3.62	2.66	2.04
8.5	174.21	91.69	61.25	44.60	5.22	3.62	2.66	2.04
9.0	182.54	95.86	64.03	46.68	5.22	3.62	2.66	2.04
9.5	190.87	100.03	66.80	48.76	5.22	3.62	2.66	2.04
10.0	199.21	104.19	69.58	50.85	5.22	3.62	2.66	2.04
10.5	207.54	108.36	72.36	52.93	5.22	3.62	2.66	2.04
11.0	215.87	112.53	75.14	55.01	5.22	3.62	2.66	2.04
11.5	224.21	116.69	77.92	57.10	5.22	3.62	2.66	2.04
12.0	232.54	120.86	80.69	59.18	5.22	3.62	2.66	2.04
12.5	240.87	125.03	83.47	61.26	5.22	3.62	2.66	2.04
13.0	249.21	129.19	86.25	63.35	5.22	3.62	2.66	2.04
13.5	257.54	133.36	89.03	65.43	5.22	3.62	2.66	2.04
14.0	265.87	137.53	91.80	67.51	5.22	3.62	2.66	2.04
14.5	274.21	141.69	94.58	69.60	5.22	3.62	2.66	2.04
15.0	282.54	145.86	97.36	71.68	5.22	3.62	2.66	2.04

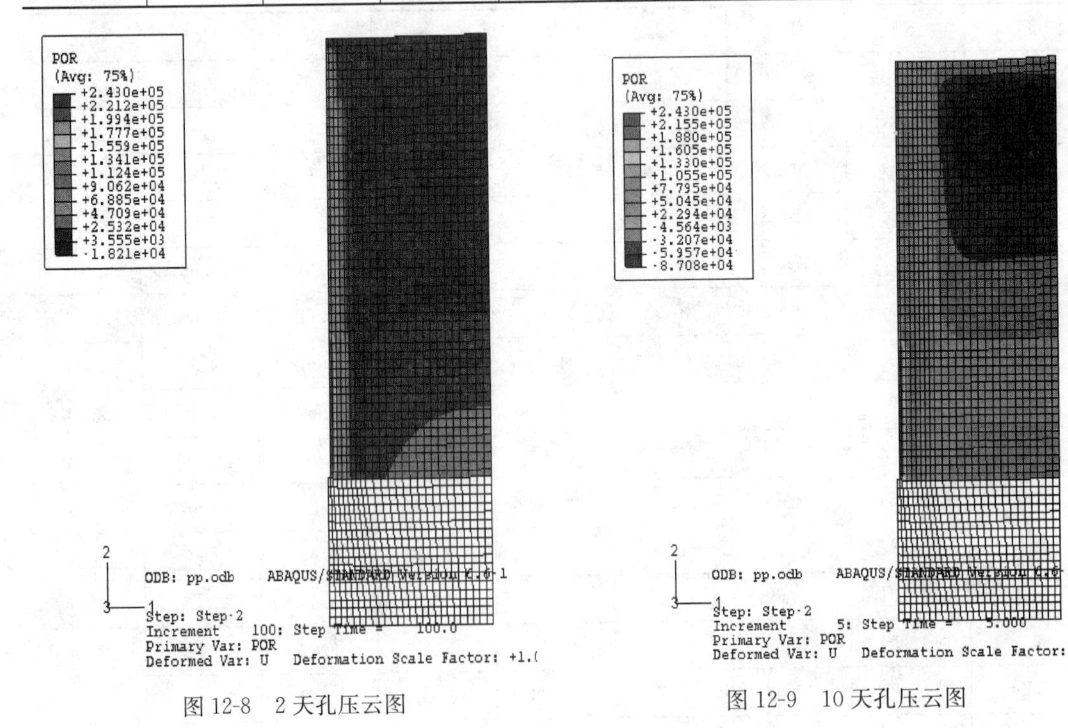

图 12-8　2 天孔压云图

图 12-9　10 天孔压云图

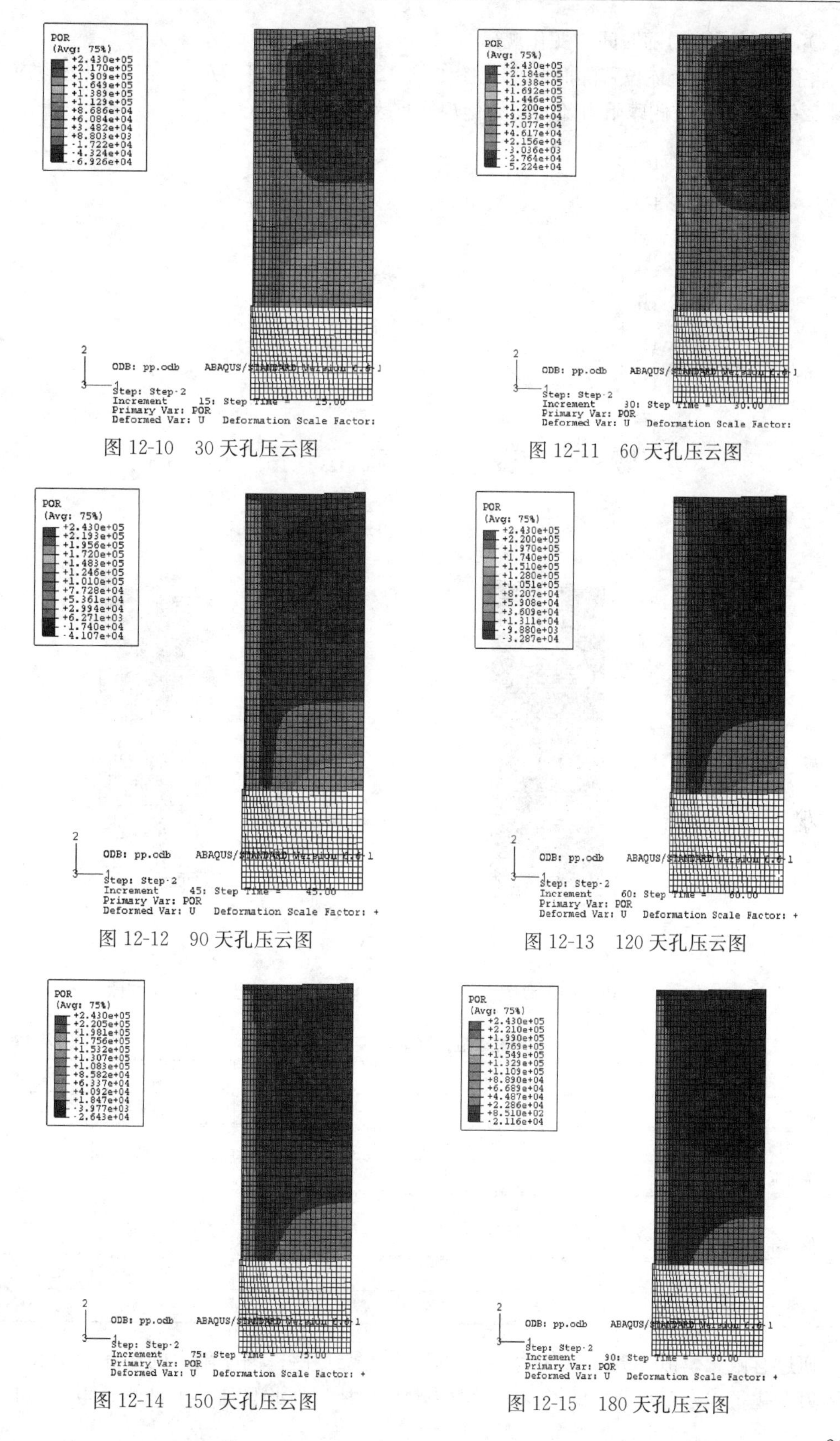

图 12-10 30 天孔压云图

图 12-11 60 天孔压云图

图 12-12 90 天孔压云图

图 12-13 120 天孔压云图

图 12-14 150 天孔压云图

图 12-15 180 天孔压云图

2）TC 桩承载力随时间的变化规律

含孔压情况下土体位移随时间变化图如图 12-16～图 12-19 所示，有效应力主应力图如图 12-20 所示，桩侧摩阻力随时间变化规律见表 12-9。

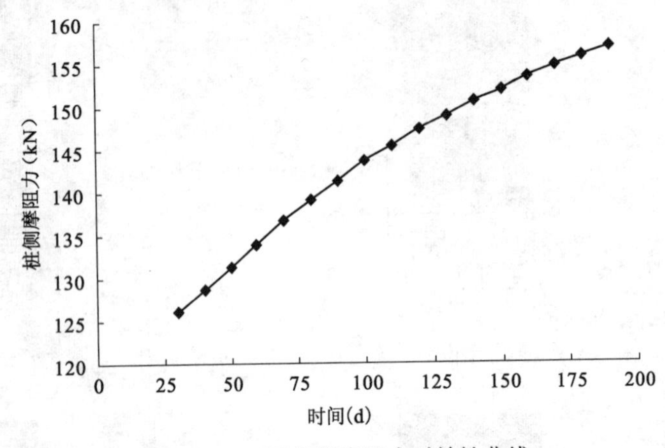

图 12-16　TC 桩侧摩阻力时效性曲线

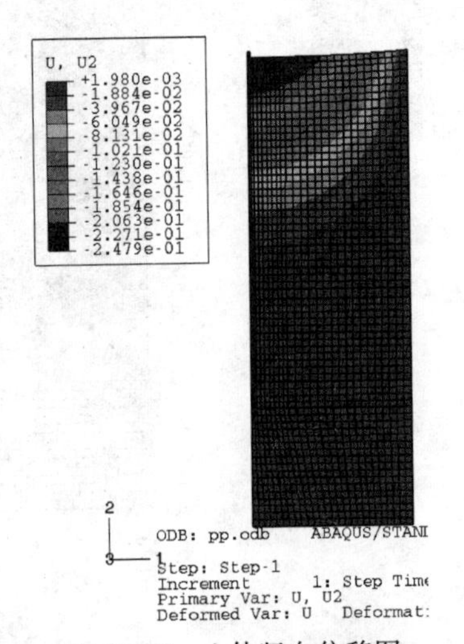

图 12-17　土体竖向位移图

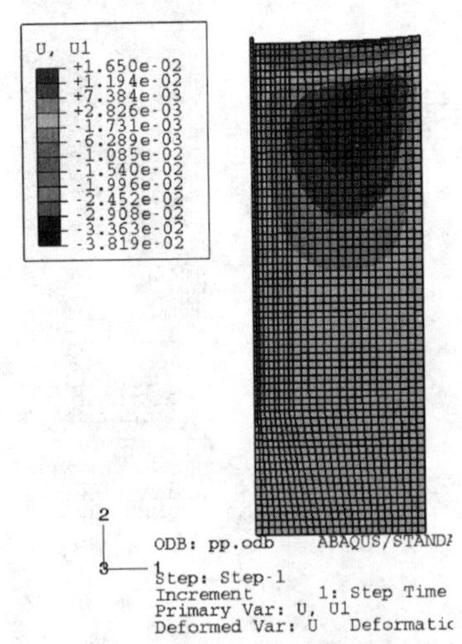

图 12-18　土体水平位移图

桩侧摩阻力随时间变化过程　　表 12-9

时间(d)	30	40	50	60	70
侧摩阻力(kN)	126.1	128.6	131.3	134.0	136.7
时间(d)	80	90	100	110	120
侧摩阻力(kN)	139.2	141.4	143.6	145.5	147.3
时间(d)	130	140	150	160	170
侧摩阻力(kN)	149.0	150.6	152.0	153.4	154.7
时间(d)	180	190	—	—	—
侧摩阻力(kN)	155.9	157.0	—	—	—

通过有限元模拟分析，TC 桩承载力的增大主要是由桩侧摩阻力的增大而引起的，桩端阻力变化很小，对承载力的增大贡献微乎其微，所以在此只列出了桩侧摩阻力随时间变

化的有限元模拟结果，如表 12-9 所示。图 12-16 更加直观地反映出了 TC 桩侧摩阻力随时间的变化规律，即具有明显的时效性，随着时间的增大，桩侧摩阻力也逐渐增大，30 天时 TC 桩桩侧摩阻力为 126.1kN，60 天、90 天、120 天、150 天的桩侧摩阻力分别较 30 天时增大了 6.26%、12.13%和 16.81%和 20.53%。在 190 天的时候，TC 桩的桩侧摩阻力进一步增大，达到了 157.0kN，较 30 天时增大了 24.50%。

通过现场试验得到的 90 天的承载力比 30 天增大了近 30%以上，而有限元模拟算得只增大了 12.1%，明显偏小，有待进一步通过现场试验加以确定。

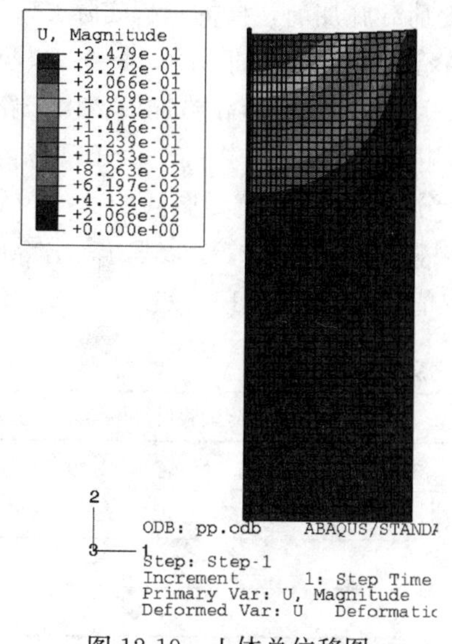

图 12-19 土体总位移图

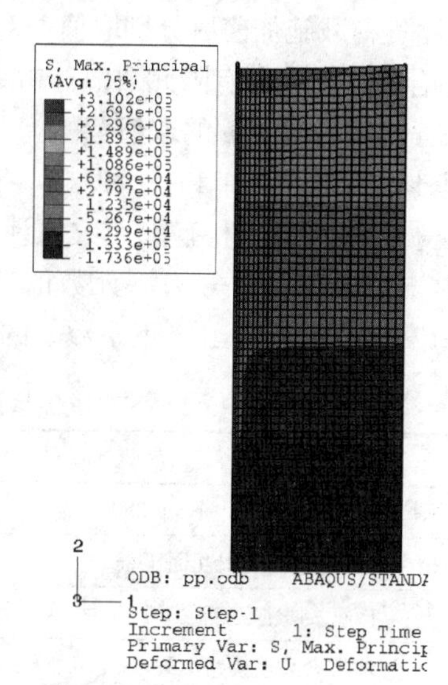

图 12-20 有效应力主应力图

12.1.7 TC 桩单桩承载力确定计算方法

由于 TC 桩目前静载试验数据还不够多，尚不能根据众多实测数据给出经验参数表格，所以在有条件的情况下应按 90 天的现场静载荷试验确定，对于不具备现场承载力试验条件以及在工程设计阶段，可根据土体的物理指标与承载力之间的经验关系按下式确定单桩竖向极限承载力特征值

$$R_{uk}=R_{sk}+R_{pk}=\alpha\sum uq_{sik}l_i+q_{pk}A_p \tag{12-17}$$

式中 R_{uk}——单桩竖向极限承载力特征值（kN）；

u——桩体截面周长（m）；

l_i——桩身范围内第 i 层地基土厚度（m）；

A_p——预制桩尖截面面积（m^2）；

q_{sik}——桩身范围内第 i 层土的极限侧阻力特征值，如无当地经验时，可按《建筑桩基技术规范》JGJ 94—2008 中表 5.3.5-1 中预制桩有关建议参数取值（kPa）；

q_{pk}——桩端极限端阻力特征值，无当地经验时，可按《建筑桩基技术规范》JGJ 94—2008 表 5.3.5-2 中混凝土预制桩取值（kPa）；

α——TC 桩侧摩阻力修正系数。

TC 桩与桩间土的接触是螺纹状的塑料套管，与灌注桩、预制桩等不同。更重要的是 TC 桩施工采用外大直径钢沉管内套小直径塑料管以及扩大桩尖法成桩，这就使得桩周土存在着一个先扰动扩孔，沉管拔出后依靠土体的自重固结逐步回挤、相邻桩打设挤土作用以及上部填土荷载作用下桩间土压缩再回挤后才能使用塑料套管与桩间土紧密作用，这个过程中桩侧摩阻力始终在复杂的变化，与常规沉管灌注桩及预制桩不同，其承载力时间效应更加明显，若直接采用其他桩型的经验参数计算，与 TC 桩 28 天静载荷试验结果差别较大。同时作者开展了 TC 桩单桩承载力的现场试验、模型试验及有限元数值分析，结果均显示 TC 桩加固软土地基表现出明显的时效性，基于上述分析，需要对 TC 桩桩侧摩阻力进行修正，课题组提出了 TC 桩侧摩阻力修正系数 α。

α 可按路堤荷载施加前后分别取值，对于路堤荷载施加前，根据工程实际 28 天实测承载力反算，结合模型试验和有限元数值分析结果，修正系数 α 的取值在 0.6～0.9，见表 12-10，设计中为安全考虑，建议 α 的取值范围为 0.5～0.9。对于路堤荷载施加后，由于路堤荷载的作用及地基土自身的再固结和持续回拢，地基土侧摩阻力进一步提高。由于现场静载荷试验无法进行，采用模型试验和有限元数值计算进行分析，TC 桩模型试验中 25 天后的侧摩阻力比 3 天时增加了 19.1%，有限元数值计算结果显示 TC 桩 90 天承载力高出 30 天承载力 12.1%，为安全考虑，提出修正系数 α 的建议取值为 1.05～1.15（表 12-11）。

TC 桩侧模阻力修正系数 α 反算　　**表 12-10**

工程名称	根据 28 天静载荷试验反算侧摩阻修正系数
练杭 L2 标 K3＋259～K3＋289	0.77
杭金衢高速公路浦阳互通工程	0.61
南京 243 省道工程	0.87
江苏常泰高速公路工程	0.74

修正系数 α 建议取值　　**表 12-11**

时间	路堤填筑前	路堤填筑后
α	0.5～0.9	1.05～1.15

TC 桩特殊的施工工艺以及塑料套管与土的接触面区别于常规桩土接触面决定了 TC 桩侧摩阻力的发挥是一个复杂的问题，在不同计算时间和土层地质条件下，桩侧摩阻力也不尽相同。同时 TC 桩承载力的时效性也十分复杂，不同工况下存在差异。本次课题基于现场试验、模型试验、有限元数值计算等对 TC 桩的桩侧摩阻力及承载力时效性进行了分析研究，但考虑到 TC 桩侧摩阻力修正系数 α 的反算的工程数量有限，模型试验中地基土采用土层单一及其他不足等，本章提出的计算方法尚需在更深入的理论研究及实践中逐步完善。

12.2　TC 桩正截面受压承载力分析

12.2.1　TC 桩正截面受压承载力计算

TC 桩正截面受压承载力按下式计算

$$N=\psi_c f_c A_p \tag{12-18}$$

式中　N——桩顶轴向压力设计值；

ψ_c——基桩成桩工艺系数，无地区经验时可取 0.85；

f_c——混凝土轴心抗压强度设计值，试验表明，有塑料套管存在时，管内混凝土抗压强度比普通混凝土可提高20%～35%左右，见表12-12。由于目前试验数据不多，为保守，建议在有经验和足够把握时考虑套管对混凝土的“套箍”加强效应，否则，可只作为安全储备。

试验结果 **表12-12**

类别	抗压试验值		提高值(kN)	提高比例(%)
	无套管(kN)	有套管(kN)		
C15	299.01	376.79	77.78	26.01%
C25	376.21	516.12	139.91	37.19%
C30	414.72	517.29	96.57	23.29%

12.2.2 TC桩压曲临界荷载计算

复合地基中由于土体的约束作用，在处理深度不大时，一般不需要校核单桩稳定。由于塑料套管桩为小直径桩，长细比较常规桩型大，有时达到80甚至100以上，对于这种情况往往需要对TC桩的单桩稳定性进行验算。

根据压曲时材料的性质，可将压曲分为弹性压曲、塑性压曲及弹塑性压曲三类。当结构压曲前后仍处于弹性小变形状态时，称之为弹性压曲，可采用下列两种方法计算TC桩弹性压曲临界荷载。

1. 能量法

根据虚位移原理，变形体处于平衡状态的充分必要条件为：对与支承约束条件相协调的任意微小虚位移，外力虚功δW_e与内力虚功δW_i之和应等于零，即

$$\delta W_e+\delta W_i=0 \tag{12-19}$$

由保守系统中功能转换原则，可基于虚位移原理等价导出势能驻值原理，即系统处于平衡状态时，其总势能的一阶变分为零，或系统的总势能为驻值，即

$$\delta\Pi=\delta(U+V)=0 \tag{12-20}$$

势能驻值原理是适用于保守系统的普遍原理，各种求解稳定问题的近似方法均基于该原理来解决问题。

2.《建筑桩基技术规范》中的方法

计算轴心受压混凝土桩正截面受压承载力时，一般取稳定系数$\varphi_P=1.0$。对于高承台桩、桩身穿越可液化土或不排水抗剪强度小于10kPa的软弱土层的桩，应考虑压屈影响，可按规范式（5.8.2-1）、式（5.8.2-2）计算所得桩身正截面受压承载力乘以φ_P折减。其稳定系数φ_P可根据桩身压屈计算长度l_{Pc}和桩的设计直径d（或矩形桩短边尺寸b_r）确定。桩身压屈计算长度可根据桩顶的约束情况、桩身露出地面的自由长度l_0、桩的入土长度h、桩侧和桩底的土质条件按表12-14确定，桩的稳定系数可按表12-13确定。表12-14中$\alpha_s=\sqrt[5]{\frac{mb_1}{EI}}$；$l_0$为高承台桩露出地面的长度，对于低承台桩基，$l_0=0$；$h$为桩的入土长度，当桩侧有厚度为$d_l$的液化土层时，桩露出地面长度$l_0$和桩的入土长度$h$分别调整为$l_0'=l_0+\psi_l d_l$，$h'=h-\psi_l d_l$，$\psi_l$按规范表5.3.12取值。

桩身稳定系数 φ_P　　　　**表 12-13**

l_{pc}/d	$\leqslant 7$	8.5	10.5	12	14	15.5	17	19	21	22.5	24
l_{pc}/d_r	$\leqslant 8$	10	12	14	16	18	20	22	24	26	28
φ_P	1.00	0.98	0.95	0.92	0.87	0.81	0.75	0.70	0.65	0.60	0.56
l_{pc}/d	26	28	29.5	31	33	34.5	36.5	38	40	41.5	43
l_{pc}/d_r	30	32	34	36	38	40	42	44	46	48	50
φ_P	0.52	0.48	0.44	0.40	0.36	0.32	0.29	0.26	0.23	0.21	0.19

桩身压屈计算长度 l_{Pc}　　　　**表 12-14**

桩顶铰接				桩顶固接			
桩底支于非岩石土中		桩底嵌于岩石内		桩底支于非岩石土中		桩底嵌于岩石内	
$h<\frac{4.0}{\alpha_s}$	$h\geqslant\frac{4.0}{\alpha_s}$	$h<\frac{4.0}{\alpha_s}$	$h\geqslant\frac{4.0}{\alpha_s}$	$h<\frac{4.0}{\alpha_s}$	$h\geqslant\frac{4.0}{\alpha_s}$	$h<\frac{4.0}{\alpha_s}$	$h\geqslant\frac{4.0}{\alpha_s}$
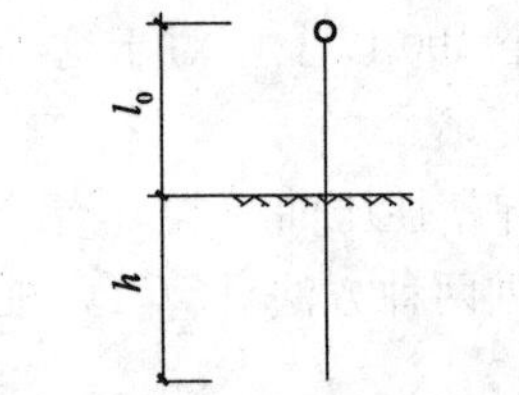 l_0, h		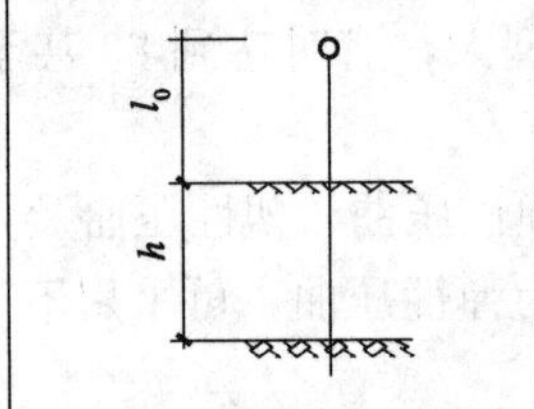 l_0, h		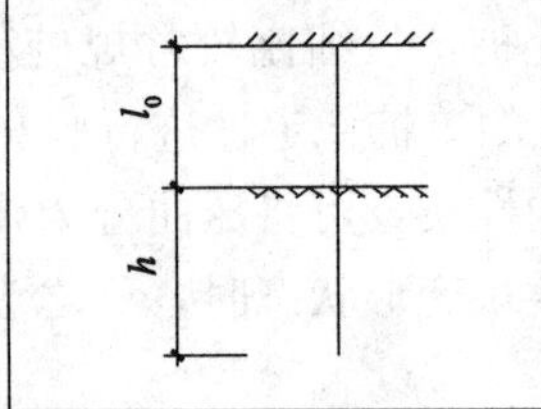 l_0, h		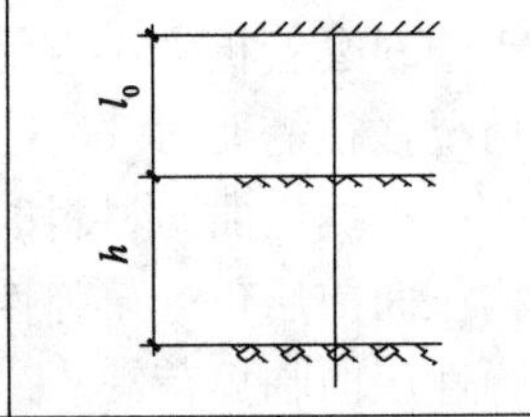 l_0, h	
$l_{Pc}=1.0\times(l_0+h)$	$l_{Pc}=0.7\times\left(l_0+\frac{4.0}{\alpha_s}\right)$	$l_{Pc}=0.7\times(l_0+h)$	$l_{Pc}=0.7\times\left(l_0+\frac{4.0}{\alpha_s}\right)$	$l_{Pc}=0.7\times(l_0+h)$	$l_{Pc}=0.5\times\left(l_0+\frac{4.0}{\alpha_s}\right)$	$l_{Pc}=0.5\times(l_0+h)$	$l_{Pc}=0.5\times\left(l_0+\frac{4.0}{\alpha_s}\right)$

12.2.3　基于尖点突变理论的 TC 桩压曲临界荷载计算模型的建立

1. 尖点突变理论概述

突变理论起源于光滑映射的 Whitney 奇异性理论和动力学系统的 Poincare-Andronov 分叉理论。突变理论是研究不连续现象的一个数学分支，是由法国数学家汤姆于 1972 年创立的，近 30 年突变理论有了很大的发展，在桩的极限承载力预测、环境预测、砂土液化分析、交通流量预测等领域中得到广泛的应用。

突变理论是用拓扑学、奇点理论为数学工具，利用数学模型讨论系统中的状态发生跳跃性变化的普遍规律。其主要方法是将各种现象归纳到不同类别的拓扑结构中，讨论各类临界点附近的非连续特性。应用突变理论的关键在于根据所研究问题建立适当的模型。汤姆的研究表明，在控制变量不大于 4，状态变量不大于 2 的情况下，有折叠形、尖点形、燕尾形、蝴蝶形、椭圆形、双曲形、抛物形共 7 种基本突变模型，其中以尖点突变模型应用最为广泛，它具有 2 个控制变量和一个状态变量。尖点突变模型的势函数形式

$$V(x)=\frac{1}{4}x^4+\frac{1}{2}ux^2+vx \tag{12-21}$$

式中　x——系统的状态变量；

u、v——系统的控制变量。

平衡曲面形式

$$x^3+ux+v=0 \tag{12-22}$$

确定的曲面称为突变流形，它表示系统的平衡状态应满足的条件，相应的点数学上称为临界点或极值点。

系统的奇点集满足式（12-20）和系统势函数的二阶导数为零的条件即

$$V(x)'' = 3x^2 + u = 0 \tag{12-23}$$

由式（12-20）和式（12-21）消去 x，得参数平面方程

$$D = 4u^3 + 27v^2 = 0 \tag{12-24}$$

它在几何上表示系统的奇点集在控制变量 u、v 确定的平面上的投影。当系统的控制参数满足式（12-22）时，系统将处于临界平衡状态并且最终要突跳到稳定的平衡状态，完成系统的突变。

确定的曲线 D 称为分叉集，判别式

$$D = 4u^3 + 27v^2 \tag{12-25}$$

当 $D>0$ 时，桩处于稳定区，说明此时桩是稳定的；当 $D<0$ 时，表示此时桩处于不稳定状态；当跨越临界线时，发生突变，此时 $u<0, D=0$，方程 $D=4u^3+27v^2=0$ 有三个实根，即

$$x_1 = 2\left(-\frac{u}{3}\right)^{\frac{1}{2}},\ x_2 = x_3 = -\left(-\frac{u}{3}\right)^{\frac{1}{2}} \tag{12-26}$$

其中两个重根是稳定的，另一个是不稳定的。

2. TC 桩计算宽度的确定

为了将空间受力简化为平面受力，并综合考虑桩的截面形状及多排桩的相互遮蔽作用。在计算桩侧土对桩身的抗力时，不直接采用桩的设计宽度 b，而是换算成实际工作条件下相当于矩形截面桩的宽度 b_1，b_1 称为桩的计算宽度。

根据已有的试验资料分析，计算宽度的换算方法可用下式表示

$$b_1 = K_f K_0 K b \tag{12-27}$$

式中 K_f——形状换算系数，即在受力方向将各种不同截面形状的桩宽度乘以 K_f，换算为相当于矩形截面宽度；

K_0——受力换算系数，即考虑到实际桩侧土在承受水平荷载时为空间受力问题，简化为平面受力时所采用的修正系数；

K——各桩间的相互影响系数。当水平力作用平面内有多根桩时桩桩间会产生相互影响。

式（12-27）的计算方法比较复杂，换算系数与相互影响系数确定困难，其理论和实践的依据也不够充分，国内提出了一种简化计算方法，并得到了广泛应用，对圆形桩：当 $d \leqslant 1\text{m}$ 时，$b_1 = 0.9(1.5d + 0.5)$；当 $d > 1\text{m}$ 时，$b_1 = 0.9(d+1)$。

3. TC 桩单桩压屈临界荷载的计算

坐标系的建立及计算模式如图 12-21 所示。

如不考虑桩的轴向变形和剪切变形，桩的总势能 $\Pi = U + V$，其中 U 为杆件的弯曲应变能，V 为土的弹性变形能以及外荷载势能之和。

$$\Pi = U + V = \frac{1}{2}\int_0^L EI \frac{\left(\frac{\mathrm{d}^2 y}{\mathrm{d}x^2}\right)^2}{\left(1+\left(\frac{\mathrm{d}y}{\mathrm{d}x}\right)^2\right)^3}\mathrm{d}x + \int_0^h q_{PB}\, y \mathrm{d}x - \int_0^h q_{PZ}\, y \mathrm{d}x - \int_0^L P(x)\left(\sqrt{1+\left(\frac{\mathrm{d}y}{\mathrm{d}x}\right)^2} - 1\right)\mathrm{d}x \tag{12-28}$$

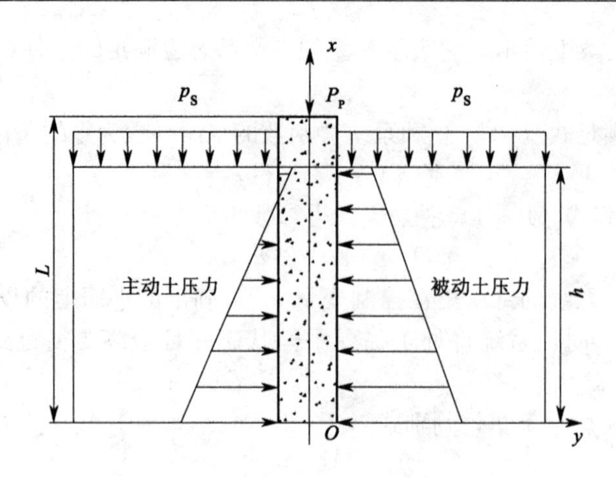

图 12-21　压屈临界荷载计算中 TC 桩计算模型

其中 L 为桩的长度（m）；EI 为桩的抗弯刚度（kN·m^2）；$P(x)$ 为沿桩轴各截面桩的轴向力（kN）；$\frac{\mathrm{d}y}{\mathrm{d}x}$、$\frac{\mathrm{d}^2y}{\mathrm{d}x^2}$分别为挠曲函数 y 的，一阶和二阶导数；q_{PB}为桩侧被动土压力，q_{PZ}为桩侧主动土压力，$q_{PB}=b_Y(K_P\gamma_s(h-zL)+p_sLK_P+2c\sqrt{K_P})$，kN/m，$K_P=\tan^2\left(45°+\frac{\varphi}{2}\right)$。$q_{Pz}=b_Y(K_a\gamma_s(h-zL)+p_sLK_a-2c\sqrt{K_a})$(kN/m)；$K_a=\tan^2\left(45°-\frac{\varphi}{2}\right)$。$p_s$为桩间土荷载集度，计算单桩压曲荷载或桩间土无上覆荷载时取为 0。当地基有多层土组成时，γ_s 为桩长范围内地基土的加权平均值，地下水位以下采用浮重度；c、φ 取各层土的加权平均值。水压力假定相互抵消。

当计入桩侧摩阻力时，地面以下桩身任一截面的轴向力 $P(x)$ 可写为

$$P(x)=P_P+A_Y\gamma_C(L-x)-f(h-x) \tag{12-29}$$

式中　P_P——桩顶轴向荷载（kN）；

f——桩侧摩阻力特征值（kN/m），$f=C_Yq_{s0}$；

γ_C——混凝土的重度（kN/m^3）。

令 $z=\frac{x}{L},\omega=\frac{y}{L}$，$p_s=0$，将式（12-29）中被积函数做幂级数展开，幂级数展开的表达式略去高于 4 次的项，整理得

$$\begin{aligned}\Pi=&\frac{EI}{2L}\int_0^1\left(\frac{\mathrm{d}^2\omega}{\mathrm{d}z^2}\right)^2\left[1-3\left(\frac{\mathrm{d}\omega}{\mathrm{d}z}\right)^2\right]\mathrm{d}z+L^2b_Y\int_0^{\frac{h}{L}}(K_P\gamma_s(h-zL)+2c\sqrt{K_P})\omega\mathrm{d}z-L^2b_Y\\&\times\int_0^{\frac{h}{L}}(K_a\gamma_s(h-zL)-2c\sqrt{K_a})\omega\mathrm{d}z-\frac{P_PL}{2}\int_0^1\left[\left(\frac{\mathrm{d}\omega}{\mathrm{d}z}\right)^2-\frac{1}{4}\left(\frac{\mathrm{d}\omega}{\mathrm{d}z}\right)^4\right]\mathrm{d}z-\frac{A_Y\gamma_CL}{2}\\&\times\int_0^1(L-zL)\left[\left(\frac{\mathrm{d}\omega}{\mathrm{d}z}\right)^2-\frac{1}{4}\left(\frac{\mathrm{d}\omega}{\mathrm{d}z}\right)^4\right]\mathrm{d}z+\frac{fL}{2}\int_0^{\frac{h}{L}}(h-zL)\left[\left(\frac{\mathrm{d}\omega}{\mathrm{d}z}\right)^2-\frac{1}{4}\left(\frac{\mathrm{d}\omega}{\mathrm{d}z}\right)^4\right]\mathrm{d}z\end{aligned} \tag{12-30}$$

记：$\lambda_1=K_P\gamma_s$，$\lambda_2=2c\sqrt{K_P}$，$\lambda_3=K_a\gamma_s$，$\lambda_4=-2c\sqrt{K_a}$

（1）顶部自由、底部嵌固桩的压曲临界荷载尖点突变模型

顶部自由、底部嵌固桩的挠曲函数为

$$y=\sum_{n=1}^{\infty}C_n\left[1-\cos\frac{2n-1}{2L}\pi x\right] \tag{12-31}$$

顶部自由、底部嵌固桩的屈服模态为

$$w(z)=c\left[1-\cos\left(\frac{\pi z}{2}\right)\right] \tag{12-32}$$

$$\Pi=a_0+a_1c+a_2c^2+a_3c^3+a_4c^4 \tag{12-33}$$

式中

$$a_0=0\,,\,a_1=\frac{1}{2\pi^2}\left(b_YL\left(\left(8L^2-h^2\pi^2-8L^2\cos\left(\frac{h\pi}{2L}\right)\right)(\lambda_3-\lambda_1)+2\pi\left(h\pi-2L\sin\left(\frac{h\pi}{2L}\right)\right)(\lambda_2-\lambda_4)\right)\right)$$

$$a_2=\frac{-4fL^3+2fh^2L\pi^2+\pi^4EI+4fL^3\cos\left(\frac{h\pi}{L}\right)-4L^2\pi^2P_p+2L^3(4-\pi^2)A_Y\gamma_C}{64L}\,,\,a_3=0$$

$$a_4=\frac{\pi^2\left(15fL^3-6fh^2L\pi^2-12\pi^4EI-16fL^3\cos\left(\frac{h\pi}{L}\right)+fL^3\cos\left(\frac{2h\pi}{L}\right)+12L^2\pi^2P_P-2L^3(16-3\pi^2)A_Y\gamma_C\right)}{4096L}$$

若令 $q=\dfrac{a_3}{4a_4}=0$，$c=s-q$，代入式（12-34）可得，

$$\Pi=b_4s^4+b_2s^2+b_1s+b_0 \tag{12-34}$$

式中　$b_0=a_4q^4-a_3q^3+a_2q^2-a_1q+a_0=0$，$b_1=-4a_4q^3+3a_3q^2-2a_2q+a_1=a_1b_2=6a_4q^2-3a_3q+a_2=a_2$，$b_4=a_4$

进一步做变量代换，令

$$s=t\left(\sqrt[4]{\frac{1}{4b_4}}\right)\text{，其中 }b_4>0 \tag{12-35}$$

将式（12-35）代入式（12-34），可得

$$y=\frac{1}{4}t^4+\frac{1}{2}ut^2+vt+b_0 \tag{12-36}$$

式中

$$u=\frac{b_2}{\sqrt{b_4}}=\frac{-4fL^3+2fh^2L\pi^2+\pi^4EI+4fL^3\cos\left(\frac{h\pi}{L}\right)-4L^2\pi^2P_P+2L^3(4-\pi^2)A_Y\gamma_C}{L\pi\sqrt{\dfrac{15fL^3-6fh^2L\pi^2-12\pi^4EI-16fL^3\cos\left(\frac{h\pi}{L}\right)+fL^3\cos\left(\frac{2h\pi}{L}\right)+12L^2\pi^2P_P-2L^3(16-3\pi^2)A_Y\gamma_C}{L}}}$$

$$v=\frac{b_1}{\sqrt[4]{4b_4}}=\frac{2\sqrt{2}b_YL\left(\left(8L^2-h^2\pi^2-8L^2\cos\left(\frac{h\pi}{2L}\right)\right)(\lambda_3-\lambda_1)+2\pi\left(h\pi-2L\sin\left(\frac{h\pi}{2L}\right)\right)(\lambda_2-\lambda_4)\right)}{\pi^{5/2}\left(\dfrac{15fL^3-6fh^2L\pi^2-12\pi^4EI-16fL^3\cos\left(\frac{h\pi}{L}\right)+fL^3\cos\left(\frac{2h\pi}{L}\right)+12L^2\pi^2P_P-2L^3(16-3\pi^2)A_Y\gamma_C}{L}\right)^{1/4}}$$

$$K=4u^3+27v^2=\frac{4\left(-4fL^3+2fh^2L\pi^2+\pi^4EI+4fL^3\cos\left(\frac{h\pi}{L}\right)-4L^2\pi^2P_P+2L^3(4-\pi^2)A_Y\gamma_C\right)^3}{L^3\pi^3\left(\dfrac{15fL^3-6fh^2L\pi^2-12\pi^4EI-16fL^3\cos\left(\frac{h\pi}{L}\right)+fL^3\cos\left(\frac{2h\pi}{L}\right)+12L^2\pi^2P_P-2L^3(16-3\pi^2)A_Y\gamma_C}{L}\right)^{3/2}}+$$

$$\frac{216b_Y{}^2L^2\left(\left(8L^2-h^2\pi^2-8L^2\cos\left(\frac{h\pi}{2L}\right)\right)(\lambda_3-\lambda_1)+2\pi\left(h\pi-2L\sin\left(\frac{h\pi}{2L}\right)\right)(\lambda_2-\lambda_4)\right)^2}{\pi^5\sqrt{\dfrac{15fL^3-6fh^2L\pi^2-12\pi^4EI-16fL^3\cos\left(\frac{h\pi}{L}\right)+fL^3\cos\left(\frac{2h\pi}{L}\right)+12L^2\pi^2P_P-2L^3(16-3\pi^2)A_Y\gamma_C}{L}}} \tag{12-37}$$

令 $K=0$ 解得 P_P，取三个根中最小正根，即为桩的压屈临界荷载 P_{cr}。若无正根，说明此地质条件及桩设计参数下，不会发生压屈破坏。当 $q_{s0}=0$，不考虑桩重及周围土压力的作用，可得桩的压屈临界荷载为 $\frac{\pi^2 EI}{(2L)^2}$，即为一端自由、一端固定的弹性压杆临界荷载的精确值，这是由于所假设的曲线为一端自由、一端固定的弹性压杆在轴向压力作用失稳时实际的挠曲线。

(2)顶部弹性嵌固、底部嵌固桩的压曲临界荷载尖点突变模型

顶部弹性嵌固、底部嵌固桩的挠曲函数为

$$y=\sum_{n=1}^{\infty} C_n\left(1-\cos\frac{n\pi}{2L}x\right) \tag{12-38}$$

顶部弹性嵌固、底部嵌固桩的屈服模态为

$$w(z)=c[1-\cos(2\pi z)] \tag{12-39}$$

$$\Pi=a_0+a_1c+a_2c^2+a_3c^3+a_4c^4 \tag{12-40}$$

式中

$$a_0=0,a_1=\frac{1}{4\pi^2}\left(b_Y L\left(\left(-L^2+2h^2\pi^2+L^2\cos\left(\frac{2h\pi}{L}\right)\right)(\lambda_1-\lambda_3)+2\pi\left(2h\pi-L\sin\left(\frac{2h\pi}{L}\right)\right)(\lambda_2-\lambda_2)\right)\right)$$

$$a_2=\frac{-fL^3+8fh^2L\pi^2+64\pi^4EI+fL^3\cos\left(\frac{4h\pi}{L}\right)-16L^2\pi^2P_p+8L^3\pi^2A_Y\gamma_C}{16L},a_3=0$$

$$a_4=\frac{1}{256L}\left(\pi^2\left(15fL^3-96fh^2L\pi^2-3072\pi^4EI-16fL^3\cos\left(\frac{4h\pi}{L}\right)+fL^3\cos\left(\frac{8h\pi}{L}\right)+192L^2\pi^2P_P+96L^3\pi^2A_Y\gamma_C\right)\right)$$

若令 $q=\frac{a_3}{4a_4}=0$，$c=s-q$，代入式（12-40）可得，

$$\Pi==b_4s^4+b_2s^2+b_1s+b_0 \tag{12-41}$$

式中　$b_0=a_4q^4-a_3q^3+a_2q^2-a_1q+a_0=0$，$b_1=-4a_4q^3+3a_3q^2-2a_2q+a_1=a_1$　$b_2=6a_4q^2-3a_3q+a_2=a_2$，$b_4=a_4$

进一步做变量代换，令

$$s=t\left(\sqrt[4]{\frac{1}{4b_4}}\right)，其中 b_4>0 \tag{12-42}$$

将式（12-42）代入式（12-38），可得

$$y=\frac{1}{4}t^4+\frac{1}{2}ut^2+vt+b_0 \tag{12-43}$$

式中

$$u=\frac{b_2}{\sqrt{b_4}}=\frac{-fL^3+8fh^2L\pi^2+64\pi^4EI+fL^3\cos\left(\frac{4h\pi}{L}\right)-16L^2\pi^2P_P-8L^3\pi^2A_Y\gamma_C}{L\pi\sqrt{15fL^2-96fh^2\pi^2-\frac{3072\pi^4EI}{L}-16fL^2\cos\left(\frac{4h\pi}{L}\right)+fL^2\cos\left(\frac{4h\pi}{L}\right)+192L\pi^2P_P+96L^2\pi^2A_Y\gamma_C}}$$

$$v=\frac{b_1}{\sqrt[4]{4b_4}}=\frac{b_Y L\left(\left(-L^2+2h^2\pi^2+L^2\cos\left(\frac{2h\pi}{L}\right)\right)(\lambda_1-\lambda_3)+2\pi\left(2h\pi-L\sin\left(\frac{2h\pi}{L}\right)\right)(\lambda_2-\lambda_4)\right)}{\sqrt{2}\pi^{5/2}\left(15fL^2-96fh^2\pi^2-\frac{3072\pi^4EI}{L}-16fL^2\cos\left(\frac{4h\pi}{L}\right)+fL^2\cos\left(\frac{8h\pi}{L}\right)+192L\pi^2P_P+96L^2\pi^2A_Y\gamma_C\right)^{1/4}}$$

$$K=4u^3+27v^2=\left(8\pi^2\left(-fL^3+8fh^2L\pi^2+64\pi^4EI+fL^3\cos\left(\frac{h\pi}{L}\right)-16L^2\pi^2P_P-8L^3\pi^2A_Y\gamma_C\right)^3+\right.$$

$$27b_Y^2L^4\left(15fL^3-96fh^2L\pi^2-3072\pi^4EI-16fL^3\cos\left(\frac{4h\pi}{L}\right)+fL^3\cos\left(\frac{8h\pi}{L}\right)+192L^2\pi^2P_P+\right.$$
$$96L^3\pi^2A_Y\gamma_C\Big)\left(\left(-L^2+2h^2\pi^2+L^2\cos\left(\frac{2h\pi}{L}\right)\right)(\lambda_1-\lambda_3)+2\pi\left(2h\pi-L\sin\left(\frac{2h\pi}{L}\right)\right)\right.$$
$$\left.(\lambda_2-\lambda_4)\right)^2\Big)/\left(2L^3\pi^5\left(15fL^2-96fh^2\pi^2-\frac{3072\pi^4EI}{L}-16fL^2\cos\left(\frac{4h\pi}{L}\right)+fL^2\cos\right.\right.$$
$$\left.\left.\left(\frac{8h\pi}{L}\right)+192L\pi^2P_P+96L^2\pi^2A_Y\gamma_C\right)^{3/2}\right) \tag{12-44}$$

令 $K=0$ 解得 P_P，取三个根中最小正根，即为桩的压屈临界荷载 P_{cr}。若无正根，说明此地质条件及桩设计参数下，不会发生压屈破坏。当 $q_{s0}=0$，不考虑桩重及周围土压力的作用，可得桩的压屈临界荷载为$\frac{\pi^2EI}{(0.5L)^2}$，即为两端固定的弹性压杆临界荷载的精确值，这是由于所假设的曲线为两端固定的弹性压杆在轴向压力作用失稳时实际的挠曲线。

（3）顶部铰接、底部铰接桩的压曲临界荷载尖点突模型

顶部铰接、底部铰接桩的挠曲函数为

$$y=\sum_{n=1}^{\infty}C_n\sin\frac{n\pi x}{L} \tag{12-45}$$

顶部铰接、底部铰接桩的屈服模态为

$$w(z)=c\sin\pi z \tag{12-46}$$

式中 c——屈服模态的幅值。

$$\Pi=a_0+a_1c+a_2c^2+a_3c^3+a_4c^4 \tag{12-47}$$

式中 $a_0=0, a_1=\frac{1}{\pi^2}\left(b_YL^2\left(\left(h\pi-L\sin\left(\frac{h\pi}{L}\right)\right)(\lambda_1-\lambda_3)-\pi\left(-1+\cos\left(\frac{h\pi}{L}\right)\right)(\lambda_2-\lambda_4)\right)\right)$

$$a_2=\frac{1}{16L}\left(fL^3+2fh^2L\pi^2+4\pi^4EI-fL^3\cos\left(\frac{2h\pi}{L}\right)-4L^2\pi^2P_p-2L^3\pi^2A_Y\gamma_C\right), a_3=0$$

$$a_4=\frac{\pi^2}{1024L}\left(-17fL^3-24fh^2L\pi^2-192\pi^4EI+16fL^3\cos\left(\frac{2h\pi}{L}\right)+fL^3\cos\left(\frac{4h\pi}{L}\right)+48L^2\pi^2P_P+24L^3\pi^2A_Y\gamma_C\right)$$

若令 $q=\frac{a_3}{4a_4}=0$，$c=s-q$，代入式（12-47）可得

$$\Pi==b_4s^4+b_2s^2+b_1s+b_0 \tag{12-48}$$

式中 $b_0=a_4q^4-a_3q^3+a_2q^2-a_1q+a_0=0$，$b_1=-4a_4q^3+3a_3q^2-2a_2q+a_1=a_1$

$b_2=6a_4q^2-3a_3q+a_2=a_2$，$b_4=a_4$；

进一步做变量代换，令

$$s=t\left(\sqrt[4]{\frac{1}{4b_4}}\right)，其中\ b_4>0 \tag{12-49}$$

将式（12-49）代入式（12-48），可得

$$y=\frac{1}{4}t^4+\frac{1}{2}ut^2+vt+b_0 \tag{12-50}$$

式中

$$u=\frac{b_2}{\sqrt{b_4}}=\frac{2fL^3+4fh^2L\pi^2+8\pi^4EI-2fL^3\cos\left(\frac{2h\pi}{L}\right)-8L^2\pi^2P_P-4L^3\pi^2A_Y\gamma_C}{L\pi\sqrt{-17fL^2-24fh^2\pi^2-\frac{192\pi^4EI}{L}+16fL^2\cos\left(\frac{2h\pi}{L}\right)+fL^2\cos\left(\frac{4h\pi}{L}\right)+48L\pi^2P_P+24L^2\pi^2A_Y\gamma_C}}$$

$$v=\frac{b_1}{\sqrt[4]{4b_4}}=\frac{b_YL^2\left(\left(h\pi-L\sin\left(\frac{h\pi}{L}\right)\right)(\lambda_1-\lambda_3)-\pi\left(-1+\cos\left(\frac{h\pi}{L}\right)\right)(\lambda_2-\lambda_4)\right)}{\pi^{5/2}\left(-17fL^2-24fh^2\pi^2-\frac{192\pi^4EI}{L}+16fL^2\cos\left(\frac{2h\pi}{L}\right)+fL^2\cos\left(\frac{4h\pi}{L}\right)+48L\pi^2P_P+24L^2\pi^2A_Y\gamma_C\right)^{1/4}}$$

$$\begin{aligned}K=4u^3+27v^2=&\left(4(8\pi^2\left(fL^3+2fh^2L\pi^2+4\pi^4EI-fL^3\cos\left(\frac{2h\pi}{L}\right)-4L^2\pi^2P_P-2L^3\pi^2A_Y\gamma_C\right)^3+108b_Y{}^2L^6\right.\\&\left(-17fL^3-24fh^2L\pi^2-192\pi^4EI+16fL^3\cos\left(\frac{2h\pi}{L}\right)+fL^3\cos\left(\frac{4h\pi}{L}\right)+48L^2\pi^2P_P+24L^3\pi^2A_Y\gamma_C\right)\\&\left.\left(\left(h\pi-L\sin\left(\frac{h\pi}{L}\right)\right)(\lambda_1-\lambda_3)-\pi\left(-1+\cos\left(\frac{h\pi}{L}\right)\right)(\lambda_2-\lambda_4)\right)^2\right)\Big/\left(L^3\pi^5\left(-17fL^2-24fh^2\pi^2-\right.\right.\\&\left.\left.\frac{192\pi^4EI}{L}+16fL^2\cos\left(\frac{2h\pi}{L}\right)+fL^2\cos\left(\frac{4h\pi}{L}\right)+48L\pi^2P_P+24L^2\pi^2A_Y\gamma_C\right)^{3/2}\right)\end{aligned}\tag{12-51}$$

令 $K=0$ 解得 P_P，取三个根中最小正根，即为桩的压屈临界荷载 P_{Pcr}。若无正根，说明此地质条件及桩设计参数下，不会发生压屈破坏。当 $q_{s0}=0$，不考虑桩重及周围土压力的作用，可得桩的压屈临界荷载为$\frac{\pi^2EI}{(L)^2}$，即为顶部铰接、底部铰接的弹性压杆临界荷载的精确值，这是由于所假设的曲线为顶部铰接、底部铰接的弹性压杆在轴向压力作用失稳时实际的挠曲线。

(4) 顶部铰接、底部嵌固桩的压曲临界荷载尖点突变模型

顶部铰接、底部嵌固桩桩的挠曲函数为

$$y=\sum_{n=1}^{\infty}C_n\left(\cos\frac{2n+1}{2l}\pi x-\cos\frac{2n-1}{2l}\pi x\right)\tag{12-52}$$

顶部铰接、底部嵌固桩桩的屈服模态为

$$w(z)=c\left[\cos\left(\frac{3\pi z}{2}\right)-\cos\left(\frac{\pi z}{2}\right)\right]\tag{12-53}$$

式中　c——屈服模态的幅值

$$\Pi=a_0+a_1c+a_2c^2+a_3c^3+a_4c^4\tag{12-54}$$

式中

$$a_0=0\text{ , }a_1=-\frac{8b_YL^2\left(8L\left(2+\cos\left(\frac{h\pi}{2L}\right)\right)\sin\left(\frac{h\pi}{4L}\right)^4(\lambda_1-\lambda_3)+3\pi\sin\left(\frac{h\pi}{2L}\right)^3(\lambda_2-\lambda_4)\right)}{9\pi^2}$$

$$\begin{aligned}a_2=\frac{1}{32L}&\left(-13fL^3+10fh^2L\pi^2+41\pi^4EI+14fL^3\cos\left(\frac{h\pi}{L}\right)-3fL^3\cos\left(\frac{2h\pi}{L}\right)+2fL^3\cos\left(\frac{3h\pi}{L}\right)\right.\\&\left.-20L^2\pi^2P_P+2L^3(16-5\pi^2)A_Y\gamma_C\right)\end{aligned}$$

$$a_3=0$$

$$\begin{aligned}a_4=\frac{\pi^2}{614400L}&\left(245717fL^3-109800fh^2L\pi^2-1659600\pi^4EI-283200fL^3\cos\left(\frac{h\pi}{L}\right)+\right.\\&62250fL^3\cos\left(\frac{2h\pi}{L}\right)-29600fL^3\cos\left(\frac{3h\pi}{L}\right)+6075fL^3\cos\left(\frac{4h\pi}{L}\right)-2592fL^3\cos\left(\frac{5h\pi}{L}\right)+\\&\left.1350fL^3\cos\left(\frac{6h\pi}{L}\right)+219600L^2\pi^2P_P+8L^3(-78848+13725\pi^2)A_Y\gamma_C\right)\end{aligned}$$

若令 $q=\frac{a_3}{4a_4}=0$，$c=s-q$，代入式（12-54）可得

$$\Pi=b_4s^4+b_2s^2+b_1s+b_0 \tag{12-55}$$

式中 $b_0=a_4q^4-a_3q^3+a_2q^2-a_1q+a_0=0$，$b_1=-4a_4q^3+3a_3q^2-2a_2q+a_1=a_1$

$b_2=6a_4q^2-3a_3q+a_2=a_2$，$b_4=a_4$

进一步做变量代换，令

$$s=t\left(\sqrt[4]{\frac{1}{4b_4}}\right)，\text{其中 } b_4>0 \tag{12-56}$$

将式（12-56）代入式（12-55），可得

$$y=\frac{1}{4}t^4+\frac{1}{2}ut^2+vt+b_0 \tag{12-57}$$

式中

$$u=\frac{b_2}{\sqrt{b_4}}=\left(10\sqrt{6}\left(-13fL^3+10fh^2L\pi^2+41\pi^4EI+14fL^3\cos\left(\frac{h\pi}{L}\right)-3fL^3\cos\left(\frac{2h\pi}{L}\right)+2fL^3\cos\left(\frac{3h\pi}{L}\right)-20L^2\pi^2P_P+2L^3(16-5\pi^2)A_Y\gamma_C\right)\right)$$
$$\Bigg/\left(L\pi\sqrt{\left(\frac{1}{L}\left(245717fL^3-109800fh^2L\pi^2-1659600\pi^4EI-283200fL^3\cos\left(\frac{h\pi}{L}\right)+62250fL^3\cos\left(\frac{2h\pi}{L}\right)-29600fL^3\cos\left(\frac{3h\pi}{L}\right)+6075fL^3\cos\left(\frac{4h\pi}{L}\right)-2592fL^3\cos\left(\frac{5h\pi}{L}\right)+1350fL^3\cos\left(\frac{6h\pi}{L}\right)+219600L^2\pi^2P_P+8L^3(-78848+13725\pi^2)A_Y\gamma_C\right)\right)}\right)$$

$$v=\frac{b_1}{\sqrt[4]{4b_4}}=-\left(32\left(\frac{2}{3}\right)^{3/4}\sqrt{5}b_YL^2\left(8L\left(2+\cos\left(\frac{h\pi}{2L}\right)\right)\sin\left(\frac{h\pi}{4L}\right)^4(\lambda_1-\lambda_3)+3\pi\sin\left(\frac{h\pi}{2L}\right)^3(\lambda_2-\lambda_4)\right)\right)$$
$$/\left(3\pi^{5/2}\left(\frac{1}{L}(245717fL^3-109800fh^2L\pi^2-1659600\pi^4EI-283200fL^3\cos\left(\frac{h\pi}{L}\right)+62250fL^3\cos\left(\frac{2h\pi}{L}\right)-29600fL^3\cos\left(\frac{3h\pi}{L}\right)+6075fL^3\cos\left(\frac{4h\pi}{L}\right)-2592fL^3\cos\left(\frac{5h\pi}{L}\right)+1350fL^3\cos\left(\frac{6h\pi}{L}\right)+219600L^2\pi^2P_P+8L^3(-78848+13725\pi^2)A_Y\gamma_C)\right)^{1/4}\right)$$

$$K=4u^3+27v^2=\left(24000\sqrt{6}\left(-13fL^3+10fh^2L\pi^2+41\pi^4EI+14fL^3\cos\left(\frac{h\pi}{L}\right)-3fL^3\cos\left(\frac{2h\pi}{L}\right)+2fL^3\cos\left(\frac{3h\pi}{L}\right)-20L^2\pi^2P_P+2L^3(16-5\pi^2)A_Y\gamma_C\right)^3\right)/\left(L^{3/2}\pi^3\left(245717fL^3-109800fh^2L\pi^2-1659600\pi^4EI-283200fL^3\cos\left(\frac{h\pi}{L}\right)+62250fL^3\cos\left(\frac{2h\pi}{L}\right)-29600fL^3\cos\left(\frac{3h\pi}{L}\right)+6075fL^3\cos\left(\frac{4h\pi}{L}\right)-2592fL^3\cos\left(\frac{5h\pi}{L}\right)+1350fL^3\cos\left(\frac{6h\pi}{L}\right)+219600L^2\pi^2P_P+8L^3(-78848+13725\pi^2)A_Y\gamma_C\right)^{3/2}\right)+\left(10240\sqrt{\frac{2}{3}}b_Y{}^2L^4\left(8L\left(2+\cos\left(\frac{h\pi}{2L}\right)\right)\sin\left(\frac{h\pi}{4L}\right)^4(\lambda_1-\lambda_3)+3\pi\sin\left(\frac{h\pi}{2L}\right)^3(\lambda_2-\lambda_4)\right)^2\right)$$

$$\Bigg/\left(\pi^{5}\sqrt{\begin{aligned}&245717fL^{2}-109800fh^{2}\pi^{2}-\frac{1659600\pi^{4}EI}{L}-283200fL^{2}\cos\left(\frac{h\pi}{L}\right)+62250fL^{2}\\&\cos\left(\frac{2h\pi}{L}\right)-29600fL^{2}\cos\left(\frac{3h\pi}{L}\right)+6075fL^{2}\cos\left(\frac{4h\pi}{L}\right)-2592fL^{2}\cos\left(\frac{5h\pi}{L}\right)\\&+1350fL^{2}\cos\left(\frac{6h\pi}{L}\right)+219600L\pi^{2}P_{P}+8L^{2}(-78848+13725\pi^{2})A_{Y}\gamma_{C}\end{aligned}}\right) \tag{12-58}$$

令 $K=0$ 解得 P_P，取三个根中最小正根，即为桩的压屈临界荷载 P_{Pcr}。若无正根，说明此地质条件及桩设计参数下，不会发生压屈破坏。当 $q_{s0}=0$，不考虑桩重及周围土压力的作用，可得桩的压屈临界荷载为$\frac{\pi^2 EI}{(0.7L)^2}$，即为顶部铰接、底部固定的弹性压杆临界荷载的精确值，这是由于所假设的曲线为顶部铰接、底部固定的弹性压杆在轴向压力作用失稳时实际的挠曲线。

4. TC 桩压曲临界荷载分析尖点突变模型的选用

(1) 桩顶铰接、桩底支于非岩石土中：①当 $h<\frac{4.0}{\alpha_s}$，选择：顶部铰接、底部铰接桩的压曲临界荷载尖点突模；②当 $h\geqslant\frac{4.0}{\alpha_s}$，选择：顶部铰接、底部嵌固桩的压曲临界荷载尖点突变模型。

(2) 桩顶铰接、桩底嵌于岩石内，选择：顶部铰接、底部嵌固桩的压曲临界荷载尖点突变模型。

(3) 桩顶固接、桩底支于非岩石土中，当 $h<\frac{4.0}{\alpha_s}$，选择顶部铰接、底部嵌固桩的压曲临界荷载尖点突变模型；当 $h\geqslant\frac{4.0}{\alpha_s}$，选择：顶部弹性嵌固、底部嵌固桩的压曲临界荷载尖点突变模型。

(4) 桩顶固接、桩底嵌于岩石内，选择：顶部弹性嵌固、底部嵌固桩的压曲临界荷载尖点突变模型。

(5) 顶部自由、桩底嵌于岩石内，选择：顶部自由、底部嵌固桩的压曲临界荷载尖点突变模型。

$\alpha_s=\sqrt[5]{\frac{m_s b_Y}{\mathrm{EI}}}$，其中 m_s 为桩侧面地基土水平抗力比例系数。当桩侧由几层土组成时，应求出主要影响深度 $h_m=2$（$2R+1$）范围内的 m_s 值加权平均，其中 R 为 TC 桩外包圆的半径，作为整个深度的 m_s 值

$$m_s=\frac{m_{s1}h_{s1}^2+m_{s2}(2h_{s1}+h_{s2})h_{s2}+m_{s3}(2h_{s1}+2h_{s2}+h_{s3})h_{s3}}{(h_{s1}+h_{s2}+h_{s3})^2} \tag{12-59}$$

当 h_m 深度内仅有两层土时，则令式（12-59）中 h_{s3} 为零，即得相应的 m_s 值。

12.2.4 基于尖点突变理论桩压曲临界荷载计算模型的实例验证

本书基于尖点突变理论的 TC 桩稳定性分析方法在其他桩基稳定性分析的临界荷载计算中也同样适用，只是不同类型桩计算宽度的取值不同。由于 TC 桩目前尚处于推广应用阶段，TC 桩的理论研究也刚刚起步，缺少压屈失稳的试验资料，本书计算方法与课题组

对小直径混凝土桩的现场试验成果进行对比。

选择和“顶部铰接、底部铰接桩的压曲临界荷载尖点突变模型”进行本书所建立尖点突变模型的实例分析。

课题组对小直径混凝土桩的现场试验，桩身混凝土设计强度等级为 C25，混凝土轴心抗压强度设计数值 $f_c=11.9\text{MPa}$，混凝土的重度 $\gamma_C=23\text{kN/m}^3$，桩径 $d=0.145\text{m}$，桩侧面地基土水平抗力比例系数 $m=3000\text{kN/m}^4$，各层土的黏聚力加权平均值 $c=8\text{kPa}$、各层土的内摩擦角加权平均值 $\varphi=4.5°$，各层土的浮重度加权平均值取 $\gamma_s=7.4\text{kN/m}^3$，桩侧土加权平均摩阻力 $q_{s0}=10\text{kPa}$，桩底支于非岩石土中，$h>\dfrac{4.0}{\alpha_s}$属于“顶部铰接、底部铰接桩的压曲临界荷载尖点突变模型”。从表 12-15 可以看出，利用尖点突变理论计算的桩基压屈临界荷载与现场试验测试的结果接近，证明采用尖点突变理论来分析桩的稳定性的思路是可行的，计算值和实测值存在一定偏差，压屈临界荷载受多种因素的影响，实际工程应用中对利用尖点突变理论计算的桩基压屈临界荷载应进行适当修正。

顶部铰接、底部铰接桩压曲临界荷载尖点突变模型的实例验证　　表 12-15

类别桩型	桩长(m)	入土深度(m)	桩径(m)	压屈临界荷载(kN)		
				本书计算模型	规范方法计算	现场实测
TC 桩	14.06	14.06	0.145	161.183	136.54	175
TC 桩	14.51	14.51	0.145	151.595	136.54	175
TC 桩	13.20	13.20	0.145	190.326	136.54	168
TC 桩	13.10	13.10	0.145	196.228	136.54	189

12.3 TC 桩沉降分析

12.3.1 常规复合地基沉降计算方法

目前常规的复合地基沉降计算多是将复合地基分成加固区和下卧层采用工程中常用的分层总和法进行计算，计算公式如下

$$s=s_1+s_2 \tag{12-60}$$

式中　s_1——复合土层压缩量（mm）；

　　　s_2——下卧土层的压缩量（mm）。

s_1、s_2 的计算可采用分层总和法，按现行国家标准《建筑地基基础设计规范》GB 50007 的规定执行。

$$s_1=\sum_{i=1}^{n}\frac{\Delta p_i}{E_{spi}}h_i \tag{12-61}$$

式中　p_i——第 i 层土的平均附加应力增量（kPa）；

　　　h_i——第 i 层计算土层的厚度（m）；

　　E_{spi}——第 i 层复合土体的压缩模量（MPa），按式（12-62）计算

$$E_{sp}=mE_p+(1-m)E_s \tag{12-62}$$

式中　E_p——桩体压缩模量（MPa）；

　　　E_s——桩间土压缩模量（MPa）。

s_2 的计算公式同 s_1，其中作用在下卧层顶部的附加压力可采用压力扩散法或等效实体

法确定。

压力扩散法

$$p_z=\frac{LBp_0}{(a_0+2h\tan\theta)(b_0+2h\tan\theta)} \tag{12-63}$$

等效实体法

$$p_z=\frac{LBp_0-(2a_0+2b_0)hf}{LB} \tag{12-64}$$

式中　p_z——荷载效应标准组合时，软弱下卧层顶面处的附加压力值（kPa）；

L——基础的长度（m）；

B——基础的宽度（m）；

h——复合地基加固区的深度（m）；

a_0，b_0——分别为基础长度和宽度方向桩的外包尺寸（m）；

p_0——复合地基加固区顶部的附加压力（kPa）；

θ——压力扩散角；

f——复合地基加固区桩侧摩阻力（kPa）。

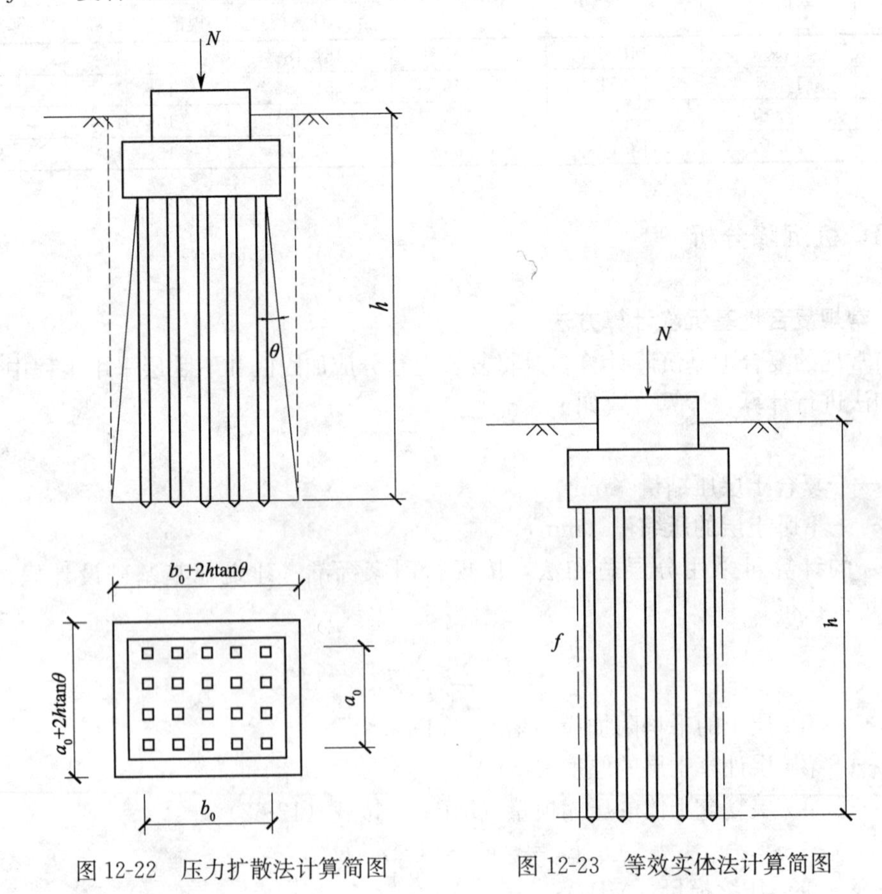

图 12-22　压力扩散法计算简图　　图 12-23　等效实体法计算简图

对于作为刚性桩的 TC 桩，在采用该方法计算复合地基沉降时，建议采用等效实体法计算下卧层层顶的附加应力。

12.3.2 TC桩沉降计算新方法

目前TC桩主要用于公路软土地基处理，与刚性基础下不同，在柔性路堤荷载下，TC桩会产生向上刺入褥垫层或路基中，向下刺入桩端土等变形形状，桩土荷载分担比例也不相同。常规复合地基沉降计算方法是基于刚性基础下复合地基沉降变形理论上分析计算的，并未考虑到上述柔性荷载下刚性桩的沉降变形性状。采用常规方法计算TC桩复合地基沉降很多时候并不准确，作者对路堤荷载下TC桩沉降变形性状进行了深入的理论分析，提出了柔性荷载下TC桩单桩及复合地基沉降计算方法。

1. 路堤荷载下TC桩单桩沉降计算

竖向荷载作用下的TC桩单桩沉降由以下四部分组成：(1) 桩本身的弹性压缩量 s_e；(2) 桩侧摩阻力向下传递引起桩端下土体的压缩量 s_s；(3) 桩端阻力引起的桩端下土体的压缩量 s_P；(4) 桩端刺入土体的刺入量 $s_{d\Delta}$。

竖向荷载作用下TC桩单桩的桩顶沉降为：

$$s = s_e + s_s + s_P + s_{d\Delta} \tag{12-65}$$

1) 桩本身的弹性压缩量 s_e 的计算

假定桩侧摩阻力沿桩身均匀分布，根据假定的桩身摩阻力分布可以得到桩身轴力分布

$$P_1(x) = P_P - \frac{(1-\alpha)P_P x}{L} \tag{12-66}$$

式中 L——桩长；

x——距桩顶距离；

α——桩端阻比；

P_P——桩顶荷载。

将桩看成是弹性体，则其弹性压缩量为

$$s_{e1} = \int_0^L \frac{P_1(x)}{E_P A_P} \mathrm{d}x = \frac{(1+\alpha)P_P L}{2E_P A_P} \tag{12-67}$$

式中 E_P、A_P——桩的弹性模量（MPa）和截面面积（m^2）。

假定桩侧摩阻力沿桩身线性增长，根据假定的桩身摩阻力分布可以得到桩身轴力分布

$$P_2(x) = P_P - \frac{(1-\alpha)P_P x^2}{L^2} \tag{12-68}$$

式中 L——桩长；

x——距桩顶距离；

α——桩端阻比；

P_P——桩顶荷载。

将桩看成是弹性体，则其弹性压缩量为：

$$s_{e2} = \int_0^L \frac{P_2(x)}{E_P A_P} \mathrm{d}x = \frac{(2+\alpha)P_P L}{3E_P A_P} \tag{12-69}$$

2) 桩侧摩阻力和桩端荷载引起的桩端下土体的压缩量 s_s 和 s_P 的计算

记桩侧摩阻力和桩端阻力土体的压缩量为 $s_0 = s_s + s_P$，s_0 采用规范[36]中推荐的分层总和法计算。均匀分布桩侧摩阻力向下传递引起桩端下土体的压缩量 s_{s1}，线形增长桩侧摩阻力向下传递引起桩端下土体的压缩量 s_{s2}。

桩侧摩阻力沿桩身均匀分布，侧摩阻力和桩端阻力引起土体的压缩量记为 s_{01}；桩侧

摩阻力沿桩身线性增长，侧摩阻力和桩端阻力引起土体的压缩量记为 s_{02}。

假定桩侧摩阻力沿桩身均匀分布 s_{01} 为

$$s_{01}=s_{s1}+s_{P}=\psi_{P}\frac{P_{P}}{L^{2}}\sum_{j=1}^{m_0}\sum_{i=1}^{n_j}\frac{\Delta h_{j,i}}{E_{sj,i}}[\alpha(I_{Yp})_{j,i}+(1-\alpha)(I_{Ys1})_{j,i}] \tag{12-70}$$

假定桩侧摩阻力沿桩身线性增长 s_{02} 为

$$s_{02}=s_{s2}+s_{P}=\psi_{P}\frac{P_{P}}{L^{2}}\sum_{j=1}^{m_0}\sum_{i=1}^{n_j}\frac{\Delta h_{j,i}}{E_{sj,i}}[\alpha(I_{Yp})_{j,i}+(1-\alpha)(I_{Ys2})_{j,i}] \tag{12-71}$$

式中　s_{01}——桩侧摩阻力沿桩身均匀分布，桩端阻力和侧阻力引起的桩端土体压缩量（mm）；

s_{02}——桩侧摩阻力沿桩身线性增长，桩端阻力和侧阻力引起的桩端土体压缩量（mm）；

$E_{sj,i}$——桩端平面下第 j 层土第 i 个分层在自重应力至自重应力加附加应力作用段的压缩模量（MPa）；

m_0——桩端平面以下压缩层范围内土层总数，压缩层范围参照规范[36]；

n_j——桩端平面下第 j 层土的计算分层数；

$\Delta h_{j,i}$——桩端平面下第 j 层土的第 i 个分层厚度（m）；

$(I_{Yp})_{j,i}$——桩端平面下均匀分布桩端阻力在第 j 个分层土第 i 个分层的平均竖向附加应力系数，可取第 i 个分层中点处的竖向附加应力系数；

$(I_{Ys1})_{j,i}$——桩端平面下均匀分布侧摩阻力在第 j 个分层土第 i 个分层的平均竖向附加应力系数，可取第 i 个分层中点处的竖向附加应力系数；

$(I_{Ys2})_{j,i}$——桩端平面下线性增长侧摩阻力在第 j 个分层土第 i 个分层的平均竖向附加应力系数，可取第 i 个分层中点处的竖向附加应力系数；

ψ_{P}——桩基沉降计算经验系数，无当地工程的实测资料统计值时，参照规范[37]表 R. 0. 3 的数值。

α——TC 桩桩端阻比，无实测资料及地区经验时可取为 5%。

3）桩端刺入土体的刺入量 $s_{d\Delta}$ 的计算

桩端刺入量的计算，假设地基土为文克尔地基，桩端的刺入变形可以表示为：

$$s_{d\Delta}=\frac{\alpha P_{P}}{A_{Y}k} \tag{12-72}$$

式中　k——基床反力系数（kN/m³）。

4）TC 桩单桩桩顶沉降计算

桩身侧摩阻均匀分布 TC 桩单桩的桩顶沉降为

$$s_{1}=s_{e1}+s_{01}+s_{d\Delta} \tag{12-73}$$

桩身侧摩阻线性增长 TC 桩单桩的桩顶沉降为

$$s_{2}=s_{e2}+s_{02}+s_{d\Delta} \tag{12-74}$$

其他桩型单桩沉降的计算，参照 TC 桩单桩的沉降计算方法，计算附加应力系数时采用《建筑桩基技术规范》JGJ 94—2008 中附录 F 中方法进行计算。

2. 路堤荷载下 TC 桩复合地基沉降计算方法

沉降计算中通常把复合地基分为加固区和下卧层。对于刚性桩复合地基，由于桩土刚度差异很大，桩土沉降是不一致的，存在沉降差，桩体有向上刺入垫层和向下刺入下卧层的趋势。针对柔性基础下刚性桩复合地基的受力变形特性，分别计算桩、土承担荷载产生的附加应力然后进行叠加概念比较明确，同时可以采用工程上常用的分层总和法来计算。群桩产生的附加应力采用基于 Mindlin 应力公式考虑截面形状的附加应力计算方法进行计算，计算桩间土承担荷载产生的附加应力时，忽略桩体的存在，按天然地基采用 Boussinesq 解计算。将群桩产生的附加应力和桩间土承担荷载产生附加应力叠加，分别计算地基中桩和桩间土的沉降，即采用 Boussinesq 应力解与 Mindlin 应力解联合求解地基中的附加应力，然后用分层总和法计算基础沉降的方法。

1）带盖板单桩上刺入量计算

盖板顶向上刺入垫层有别于桩端刺入下卧层，在路堤填筑过程中桩土产生差异变形后，垫层会通过其流动补偿作用（由盖板顶补偿到桩间土，盖板垫层厚度减小）不断调整桩土受力。本书将盖板顶上刺入量视作垫层在桩土间重新分布引起的路堤沉降，并根据求出的桩土沉降差通过几何方法求解。桩间土沉降单桩控制范围内离桩越远沉降越大，其沉降曲线为计算简便假设为线性变化。

如图 12-24 所示。由于垫层在铺设时是充分碾压的，不考虑它的压缩性，假定桩土不均匀沉降全部由垫层调节，则由于垫层流动补偿作用产生的路堤沉降可根据体积守恒得到

$$s_{u\Delta}=\frac{2d_e^2-r_cd_e-r_c^2}{3d_e^2}(s_{s0}-s_c) \tag{12-75}$$

式中 r_c，d_e——盖板半径和单桩等效圆半径；

s_c，s_{s0}——盖板顶和桩间土沉降。

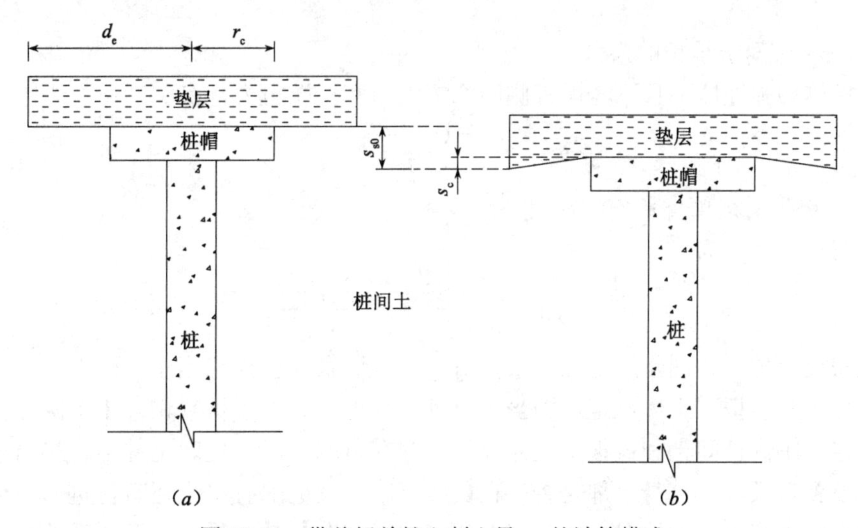

图 12-24 带盖板单桩上刺入量 $s_{u\Delta}$的计算模式

对于方形盖板根据面积等效为圆形盖板进行计算，即 $r_c=\frac{l_s}{\sqrt{\pi}}$。

对单桩等效圆半径 d_e

等边三角形布桩　　$d_e=1.05S_1$

正方形布桩　　$d_e=1.13S_1$

平行四边形布桩　　$d_e=1.13\sqrt{S_1S_2\sin\eta}$

式中 S_1，S_2——布桩间距；

η——平行四变形的夹角。

2）桩土荷载分担计算

计算桩、土承担荷载产生的附加应力首先要确定桩土荷载分担比。桩土荷载分担比本书中定义为带盖板单桩承担的荷载与单桩处理范围内土体承担的荷载之比，桩土荷载分担比 n 是一个比较重要也很难确定的计算参数，跟诸多因数如荷载水平、桩土相对刚度、复合地基置换率、垫层刚度、土工加筋材料等相关，最好由现场实测得出，如无实测值可有下述方法近似计算。

由桩土变形协调条件

$$\varepsilon_P = \varepsilon_s \tag{12-76}$$

根据桩与土共同发挥作用的基本条件，假定桩端刺入量 $s_{d\Delta}$、盖顶刺入量 $s_{u\Delta}$ 与桩身压缩量之和等于桩端以上桩间土的压缩量

$$\varepsilon_s = \frac{s_{sl}'}{l} \tag{12-77}$$

式中　l——桩长，同时也是加固区范围土的压缩层厚度；

s_{sl}'——桩长范围内土层的压缩量。

$$\varepsilon_P = \frac{s_{sl}' - (s_{u\Delta} + s_{d\Delta})}{L} \tag{12-78}$$

$$p_s = E_{sl}\varepsilon_s \tag{12-79}$$

式中　E_{sl}——桩长范围内土层的在自重应力至自重应力加附加应力作用段的平均压缩模量；

p_s——桩间土承担的荷载。

假设桩体为弹性体，且不考虑桩侧的摩擦阻力和桩端阻力，有

$$p_c = \frac{[s_{sL}' - (s_{u\Delta} + s_{d\Delta})]E_P}{L} \tag{12-80}$$

p_c——带盖板单桩承担的荷载。

桩土荷载分担比为

$$n = \frac{p_c}{p_s} = \frac{[s_{sL}' - (s_{u\Delta} + s_{d\Delta})]E_P}{LE_{sL}\varepsilon_s} = \frac{s_{sL}'[s_{sL}' - (s_{u\Delta} + s_{d\Delta})]E_P}{E_{sL}} \tag{12-81}$$

设置盖板后桩土共同作用更加复杂，对于单桩而言，盖板相当于一刚性承台，盖板上覆荷载由桩体和盖板下土体承担，相当于单桩复合地基。由于桩（帽）土沉降差异，在桩身上部一定范围内桩间土和盖板下土体界面处存在负摩擦区，桩间土并不直接对桩身有负摩擦力，设置盖板后，桩身上部是否存在负摩擦区以及范围有多大还有待进一步研究。对于桩端没有坚硬持力层的情况，桩身上部负摩擦区若存在其范围大小及负摩擦力发挥都要小于不设置盖板情况。从现场试验结果来看，盖板下是始终存在土压力。盖板一直压着盖板下土体，并未脱空，只是盖板下土体承载力的发挥要小于并滞后于桩间土。为了使计算简化，可假定盖板下土体和桩间土承载力是同步发挥的，盖板荷载由桩和盖板下土体共同承担。

桩间土上平均荷载集度为

$$p_s = \frac{P_0}{(1+n)A_s} \tag{12-82}$$

式中　P_0——带盖板单桩处理范围的总荷载（kN）；

A_s——为带盖板单桩处理面积扣除桩身面积（m^2）。

盖板顶的平均荷载集度

$$p_c=\frac{P_0(A_s n-(A_c-A_P))}{(n+1)A_s} \tag{12-83}$$

式中 A_c、A_P——盖板面积、桩身面积。

3）带盖板单桩盖板顶沉降量计算

带盖板单桩盖板顶沉降量的计算采用基于 Mindlin 应力解的沉降计算方法进行计算，即采用下式（12-74）和式（12-75）进行计算 s_c，其中 s_{01}、s_{02} 分别采用式（12-84）、式（12-85）进行计算。

假定桩侧摩阻力沿桩身均匀分布 s_{01} 为

$$s_{01}=\Psi_P\sum_{j=1}^{m_0}\sum_{i=1}^{n_j}\frac{\Delta h_{j,i}}{E_{sj,i}}\left((\sigma_z)_{j,i}+\frac{P_c}{L^2}\sum_{k=1}^{n_P}[\alpha(I_{YP,k})_{j,i}+(1-\alpha)(I_{Ys1,k})_{j,i}]\right) \tag{12-84}$$

假定桩侧摩阻力沿桩身线性增长 s_{01} 为

$$s_{02}=\Psi_P\sum_{j=1}^{m_0}\sum_{i=1}^{n_j}\frac{\Delta h_{j,i}}{E_{sj,i}}\left((\sigma_z)_{j,i}+\frac{P_c}{L^2}\sum_{k=1}^{n_P}[\alpha(I_{YP,k})_{j,i}+(1-\alpha)(I_{Ys2,k})_{j,i}]\right) \tag{12-85}$$

式中 n_P——0.6 倍桩长为半径的水平面影响范围内的 TC 桩数；

$(\sigma_z)_{j,i}$——在计算桩端平面下，第 j 层土第 i 个分层由桩间土承担荷载产生的平均竖向附加应力，由式（12-86）计算，可取第 i 个分层中点处的计算值；

$(I_{Yp,k})_{j,i}$——在计算桩端平面下，第 k 根桩桩端均布端阻力在第 j 个分层土第 i 个分层的平均竖向附加应力系数；

$(I_{Ys1,k})_{j,i}$——在计算桩端平面下，第 k 根桩均匀分布侧摩阻力在第 j 个分层土第 i 个分层的平均竖向附加应力系数；

$(I_{Ys2,k})_{j,i}$——在计算桩端平面下，第 k 根桩线性增长侧摩阻力在第 j 个分层土第 i 个分层的平均竖向附加应力系数。

4）桩间土沉降计算

根据 Boussinesq 应力解公式，对路堤沉降的计算采用条形基底受竖直均布荷载 p 作用时的附加应力公式：

$$\sigma_z=\frac{p}{\pi}\left[\arctan\left(\frac{m}{n}\right)-\arctan\left(\frac{m-1}{n}\right)+\frac{mn}{n^2+m^2}-\frac{n(m-1)}{n^2+(m-1)^2}\right] \tag{12-86}$$

式中 $m=\frac{x}{B},n=\frac{z}{B}$。

计算时荷载分布宽度取路基宽度，计算点为路基底中心点，则在分布宽度为 b 的条形荷载 p_s 作用下路基中心线下 z 深度处的附加应力为

$$\sigma_z=\frac{1}{\pi}\left[2\arctan\left(\frac{z}{2b}\right)+\frac{2b^2-2zb}{4z^2+b^2}\right]p_s \tag{12-87}$$

式中 σ_z——桩间土承担荷载在地基中产生的附加应力；

z——计算点深度；

b——路基宽度。

σ_z 与计算范围内桩在计算点产生的附加应力叠加即得该点的附加应力，即

$$\sigma_s = \sigma_z + \sum_{k=1}^{n}(\sigma_{zP,k} + \sigma_{zs,k}) = \sigma_z + \sum_{k=1}^{n_P}\sigma_{z,k} \tag{12-88}$$

式中分别为计算范围内第 k 根桩端阻力和侧阻力在计算深度 z 处产生的附加应力，计算深度 z，取第 i 层土中点处的深度。

假定桩侧摩阻力沿桩身均匀分布 $\sigma_{z,k}$ 为

$$\sigma_{z,k} = \frac{P_c}{L^2}(\alpha I_{Yp,k} + (1-\alpha) I_{Ys1,k}) \tag{12-89}$$

假定桩侧摩阻力沿桩身线性增长 $\sigma_{z,k}$ 为

$$\sigma_{z,k} = \frac{P_c}{L^2}(\alpha I_{Yp,k} + (1-\alpha) I_{Ys2,k}) \tag{12-90}$$

然后由分层总和法计算桩间土沉降

$$s_{s0} = \psi_s \sum_{j=1}^{m_1}\sum_{i=1}^{n_j}\left(\frac{\Delta h_{j,i}}{E_{sj,i}}\left((\sigma_z)_{j,i} + \left(\sum_{k=1}^{n}\sigma_{z,k}\right)_{j,i}\right)\right) \tag{12-91}$$

式中　ψ_s——沉降计算经验系数，根据地区沉降监测资料及经验确定，无地区经验时可参照规范[35]表 5.3.5 的数值；

m_1——桩间土压缩层范围内土层总数，压缩层范围参照规范[35]。

若根据工程实测资料及类似工程经验可确定桩土荷载分担比 n，可直接计算。若无实测资料或类似工程经验，将桩土荷载分担比 n 作为未知量，根据求出的沉降，由式（12-81）先求出 n，再分别求出各沉降量。

5）路堤荷载下 TC 复合地基沉降计算方法的实例验证

根据以上建立的方法对 TC 桩复合地基沉降进行计算，试验数据选练杭高速公路 L2 标的沉降监测数据。

建立 TC 桩沉降计算方法计算值与实测沉降值的比较　　**表 12-16**

类别 / 测试位置	实测沉降值(mm)		计算沉降值(mm)	
	盖板顶	桩间土	盖板顶	桩间土
K3+259～K3+289	230.2	253.0	276.3	294.7
K3+289～K3+314	195.8	220.0	225.2	257.4
K6+406～K6+440	141.8	163.0	160.2	187.5
K6+510～K6+520	90.2	98.0	111.8	124.5
K32+785～K32+822	244.0	287.0	292.7	335.8

从表 12-16 中数据来看，理论计算值都要大于现场实测值，但总体规律是一致的，另外桩顶沉降要小于桩间土沉降。理论计算值代表的是总沉降；表中实测值为路基填筑后一段时间内的沉降，由于软土的固结路基还会继续沉降，其最终沉降要比表中数据大，所以本书计算还是比较合理的。

12.4　TC 桩加筋路堤稳定性验算

TC 桩加筋路堤的稳定性采用圆弧滑动面法验算，桩体抗剪强度取 28d 无侧限抗压强

度的1/2。可借鉴稳定性计算的常用软件进行计算，如图12-25所示，采用SLOPE软件计算模型。

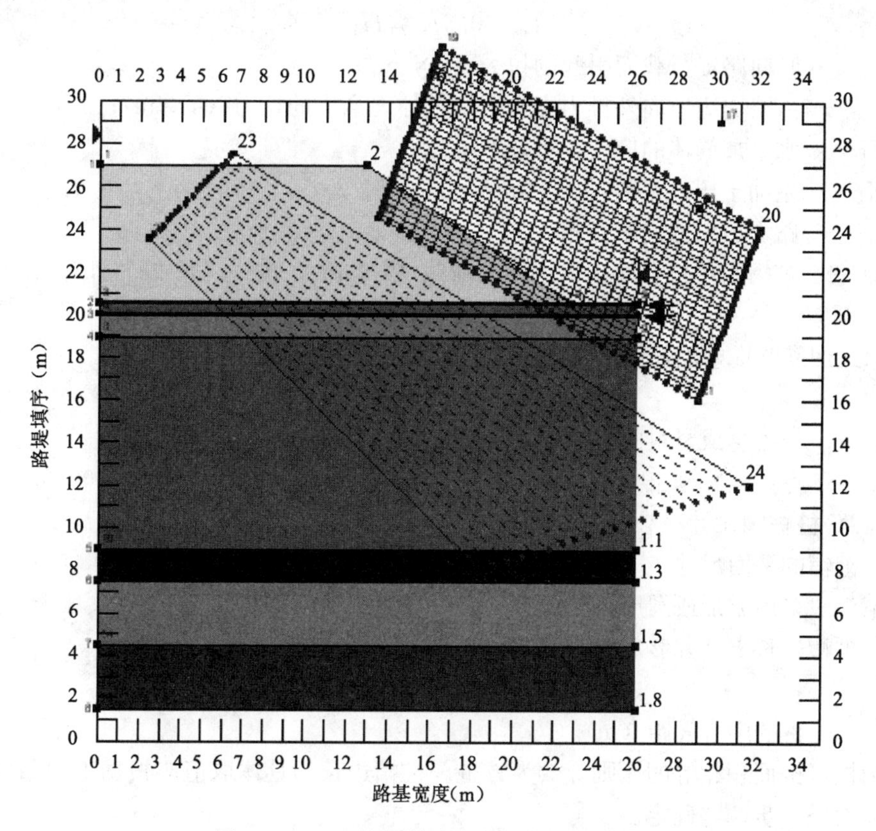

图12-25 TC桩加筋路堤的稳定性计算模型

12.5 TC桩其他内容设计

与其他路堤桩类似，TC桩复合地基桩顶垫层、加筋材料和桩帽可按桩承式加筋路堤进行设计和验算。参照《浙江省公路软土地基路堤设计要点》，垫层厚度、水平加筋体抗拉强度和桩帽可按如下方法设计确定。

12.5.1 水平加筋垫层厚度的确定

加筋垫层的厚度一般为300～800mm，加筋垫层的初拟厚度t可按式（12-92）计算，若软土指标较差时，可适当加厚。

$$t=(0.2\sim0.25)S_a \quad (12\text{-}92)$$

式中 S_a——桩的中心间距（m）。

12.5.2 加筋体抗拉强度的验算

桩承式加筋路堤中水平加筋体的拉力T_{GC}由两部分组成：①由支承部分竖向路堤荷载而引起的拉力T_{rp}；②由抵抗路堤边坡向外推力而引起的拉力T_{ds}，如下

$$T_{GC}=T_{rp}+T_{ds} \quad (12\text{-}93)$$

$$T_{rp}=\frac{Q_s(S_a-B)}{2B}\sqrt{1+\frac{1}{6\varepsilon}} \tag{12-94}$$

$$T_{ds}=0.5K_a\gamma_1 H_1{}^2 \tag{12-95}$$

式中　T_{rp}——竖向路堤荷载而引起的拉力（kN/m）；

T_{ds}——由路堤边坡向外推力在水平加筋体内产生的拉力（kN/m）；

ε——水平加筋体的应变，可取 5%；

K_a——主动土压力系数，$K_a=\tan^2(45°-\varphi'/2)$；

φ'——路堤填料的内摩擦角；

Q_s——桩帽间单位长度土体承担的荷载（kN/m），按式（12-96）计算

$$Q_s=(1-\eta)(\gamma_1 H+q_c)S_a \tag{12-96}$$

桩承式加筋路堤中加筋体的受力 T_{GC} 应满足下式的要求

$$T_{gc}\leqslant T_s/\lambda_c \tag{12-97}$$

式中　T_s——土工合成材料的抗拉强度（kN），按应变 $\varepsilon=5\%$ 时确定；

λ_c——考虑实际施工损伤、材料耐久性等情况的折减系数，可取 2.0～3.0。

12.5.3　TC 桩桩帽设计

（1）桩帽的平面尺寸

桩帽一般采用方形或圆形，其材料一般为现浇或预制钢筋混凝土。

初拟桩帽边长 B（方形）时，可按下列公式估算

$$B=(0.2\sim0.4)S_a \tag{12-98}$$

式中　S_a——桩的中心间距（m）。

对圆桩可按面积相等的原则等效为方桩。桩帽边长的具体取值应根据工程条件、荷载大小等因素进一步调整确定。

（2）桩帽的厚度确定

桩帽的厚度与桩帽的悬臂长度、上部荷载大小及其材料有关，常用的钢筋混凝土桩帽的厚度 t_p 一般取 0.5～0.6 倍的桩帽悬臂边长（宽度），可按下式进行估算：

$$t_p=(0.5\sim0.6)(B-D_p) \tag{12-99}$$

式中　D_p——桩径（m）。

（3）桩帽上部荷载

桩与桩间土因刚度差异而在路堤中产生土拱效应，桩帽上部的等效均布荷载按下式计算

$$Q_u=\eta(\gamma_1 H+q_c)S_a^2 \tag{12-100}$$

式中　Q_u——桩帽上部承担的荷载（kN）；

η——桩体荷载分担比系数，按《浙江省公路软土地基路堤设计要点》附录 D 查表求得；

q_c——路堤顶面超载（kPa）；

γ_1——路堤填料重度（kN/m³）；

H——路堤填筑高度（m）。

（4）桩帽的强度验算

桩帽的平面尺寸和厚度初步确定后，应根据混凝土设计规范对其进行强度验算及配筋

设计。桩帽与桩连接部位的最大弯矩值 M_{max}，可按下式计算

$$M_{max}=\frac{\xi p B(B-D_p)^2}{8} \tag{12-101}$$

式中 ξ——修正系数，取值为 2.7～3.8，当桩帽尺寸较大（$B/D_p=4$）时取低值，桩帽尺寸较小（$B/D_p=2$）时取高值，中间值可采用线性插值计算；

p——桩帽上的等效平均应力（kPa），按式（12-102）计算

$$p=\frac{Q_u}{B^2} \tag{12-102}$$

12.6 结论

本章将在考虑塑料套管桩特殊性的基础上，建立了适用于 TC 桩加固公路软土地基的设计理论和实用的计算方法。主要结论如下：

（1）介绍了传统桩基单桩承载力的计算方法，采用传统经验法对 TC 桩单桩承载力进行计算，在此基础上与现场模型试验不同成桩天数下的单桩承载力值对比分析，由于没有考虑 TC 桩特殊的施工工艺及外包波纹套管，传统经验法计算 TC 桩单桩承载力存在一定的误差，基于模型试验 TC 桩与预应力管桩不同间歇期的承载曲线分析了 TC 桩承载力的时效性，引入桩侧摩阻力修正系数 α，提出了 TC 桩单桩承载力修正公式，并采用修正承载力公式计算工程实际 TC 桩极限承载力，其结果与现场实测吻合较好，证明了修正公式用于预测 TC 桩承载力的可靠性。

（2）采用三维有限元软件 ABAQUS 分析了 TC 桩打设后 180 天内桩周土超静孔隙水压力的消散，研究了地基土的再固结情况，结合 ABAQUS 对 TC 桩单桩承载力、地基土有效应力、竖向位移、水平位移的分析，对 TC 桩承载力的时效性进行了初步的数值模拟和研究。

（3）考虑到 TC 桩多为端承桩，一般长径比较大，分析研究了 TC 桩压曲稳定。阐述了目前常用的桩压曲稳定分析方法，介绍并引入尖点突变理论，确定 TC 桩计算宽度，建立压曲临界荷载计算中 TC 桩模型，给出桩的势能计算公式，提出不同桩顶、桩端约束条件下 TC 桩压曲临界荷载计算方法。通过小直径混凝土桩的现场试验与该计算方法对比，两者结果比较接近，验证了采用尖点突变理论分析桩压曲稳定的可行性，同时指出压曲临界荷载影响因素较多，现场实际应用时需要做进一步的修正。

（4）在参照预应力管桩桩侧极限阻力的基础上，建议了 TC 桩桩侧摩阻力修正系数 α，提出了 TC 桩单桩承载力修正公式，根据模型试验及几个工程 28 天和 60 天、90 天的实测承载力数据反算，在路堤荷载施加前，TC 桩侧摩阻修正系数的计算值可取 0.5～0.9，路堤荷载下 TC 桩承载力估算时，修正系数的计算值可取 1.05～1.15，建议时间短时取小值，时间长时取大值，近似反映时效性和工程条件不同的影响。但目前由于现场试验尚不够多，时效性模拟的复杂性，地质条件的多样性，该系数为近似分析，准确取值还需要进一步地深入研究。

（5）认为 TC 桩单桩沉降是由桩身压缩量、侧阻力引起的桩端土压缩量、端阻力引起的桩端土压缩量、桩端刺入土体量等组成，分别给出了各沉降分量的计算方法，系统的给

出了TC桩单桩沉降计算方法。考虑到路堤柔性荷载下刚性桩复合地基桩土存在沉降差，分别采用Mindlin应力解计算TC桩群桩在复合地基中的附加应力，采用Boussinesq解计算地基土承载荷载产生的附加应力，叠加TC桩群桩和地基土产生的附加应力，采用分层总和法计算复合地基沉降量，并考虑TC桩向上刺入褥垫层，向下刺入地基土，完整的给出路堤荷载下TC桩复合地基沉降计算方法。

（6）提出了TC桩加筋路堤稳定性分析方法。参照《浙江省公路软土地基路堤设计要点》提出了水平加筋垫层厚度的确定、加筋体抗拉强度的验算、桩帽的设计方法。

第 13 章　塑料套管混凝土桩技术经济分析

软基处理技术经过多年的发展，取得了长足的进步，应该说每一种技术都有它的优缺点或适用性，在不同的工程背景和地质条件下，会表现出不同的优势或缺陷，只有充分掌握和了解其适用性和技术特点，才能发挥其功能和优势。本章简单分析 TC 桩的技术特点，并初步分析其经济适用性情况。

13.1　TC 桩的技术特点和适用性分析

对于 TC 桩的工艺和技术特点，本书第 2 章已经做了较为详细地描述，本章将对其主要技术特点进行分析。

TC 桩技术概念简单清晰，属于现浇混凝土桩的类型，具备现浇混凝土桩的特点和优点。但同时又与传统的现浇混凝土桩技术有明显的特色，其主要特点就是增加了一个螺纹的塑料套管，这样可以可靠地现场制成小直径的桩体，普通的现浇混凝土桩很难做到小于 20cm 的桩径。即使采用预制方式，为了运输、吊装、施工需要，需要大量的加筋，而且只能是短桩。

在小直径的情况下，桩具有更大的周长面积比即桩侧比表面积大，单位体积混凝土发挥的桩侧摩阻力高，同时施工快速灵活，对施工的场地要求低，对周围的环境影响小。同样的荷载条件，小直径桩采用的是“细而密”的布置方式，与大直径桩如预应力管桩等采用的“粗而疏”布桩方式相比，表面沉降（特别是桩间土沉降）更加均匀，这对加筋材料强度的要求、盖板的强度和尺寸要求更低，对上部最低填土高度要求也更小（这对低填土路基的加固具有明显的优势）。当然，小直径情况下 TC 桩的长细比也较大，加固深度不能过深，其桩端土不能过软。

塑料套管的存在，为 TC 桩的深度检测和桩长施工控制，带来极为便利的条件，只需在浇筑混凝土之前，用测绳量测套管的深度即可，对桩长的检测几乎不需要任何费用，现场可以做到几乎每根桩检测深度，可以有效地控制施工时的实际深度，提高工程质量，这在当前我国现有的施工质量水平下，对以控制沉降为主的软基道路工程具有重要的意义。

另外一个特点就是桩的打设与混凝土浇筑两道工序分开，这与其他各类振动沉管现浇混凝土桩相比可以做到混凝土用量可控没有充盈，特别是克服了其他现浇混凝土桩因为振动、挤土等原因而引起断桩的通病，又可以连续打设而提高施工效率。TC 桩套管内除上端开口外，是一个密闭空间，浇筑混凝土时不受地基中土、水影响，混凝土不会流失，混凝土浇筑在塑料套管打设完后进行，可以避开施工对混凝土浇筑的干扰，一次性连续浇筑从而保证混凝土的浇筑质量。塑料套管的存在一定程度上还可以提高混凝土的抗压或抗弯等性能。同时，由于塑料套管的保护作用，对含有侵蚀性介质如含盐分高的滨海地区的地基，无需采用海工水泥等特殊措施来防止桩身混凝土由于地下水引起的强度降低问题。

TC 桩与预应力管桩相比采用现浇工艺后不需要像预制桩一样需要事先配桩，适应现场地质条件能力强、节约钢材等优点。而与柔性桩相比质量容易控制，加固深度深等优点。

所以，TC 桩与当前我国路堤工程地基处理中普遍使用的水泥搅拌桩、预应力管桩、各种沉管灌注桩等相比，在适宜的地质条件下有它的合理性和优势。

从实用的角度分析，目前在实际工程设计时，往往深厚的软基采用预应力管桩可有效解决，较浅的软基可以采用水泥搅拌桩进行处理，而中等深度如 20m 以内又大于 10m 的软基，经常选择各种现浇素混凝土桩，但这种桩型大规模使用时，又很容易出现断桩事故或成桩不好，TC 桩的出现可以说填补了这个中等深度软基处理方法的空白。

13.2　经济性分析

经济性分析也是一个重要的研究内容。TC 桩是最近这两年在国内开始规模应用，与其他技术类似，在刚开始工程应用时，其经济性指标也是在一个逐步变动、完善，然后逐步稳定的过程。经济性如何受各种因素影响较多，与施工管理水平和效率、工程报价、设计安全系数的取值和工程地质条件等因素相关。如目前应用十几项 TC 桩的工程中，据调查，部分施工单位的报价最低不到 40 元/m，高的有 60～70 元/m，甚至超过 110 元/m。其他桩型也有类似情况。因此在分析各种技术经济性的时候，应该在基本相同的合理价格水平、设计安全度，类似工程条件和加固效果情况下进行。如不能按照预应力管桩桩长 20m 时的间距情况和其他桩长 10m 时的间距情况进行对比，或不同填土高度情况下的间距进行对比，这样就不够客观。

1）TC 桩与其他桩型的经济性初步比较

选取练杭高速公路 TC 桩试验段某段面地质条件下，TC 桩与水泥搅拌桩和预应力管桩这两种常用的桩型进行基本的经济比较。在具有基本相同的承载力安全系数，同样满足设计工后沉降要求的前提下，分析了三种桩型处理软土地基的大概造价情况，见图 13-1 和图 13-2。图 13-1 为不同桩长、三种桩型进行处理时每平方米的处理费用情况，图 13-2 为 TC 桩与水泥搅拌桩、预应力管桩相比，每平方米造价节约比例情况。分析比较时：①填土高度同为 4.0m 情况下的比较，处理深度在 6～22m 的情况下，这里假定不考虑技术因素，三种桩型均对这个深度范围适用的前提下；②TC 桩参照该工程业主的实际批价即桩身约 45.9 元/m，50cm 的盖板为 36.77 元/个；③预应力管桩桩身单价按 110 元/m，盖板单价按 380 元/个；④水泥搅拌桩综合单价为 32 元/m。

通过上述比较分析，大致可得到如下结论：

（1）TC 桩与水泥搅拌桩相比，任何桩长 TC 桩的造价基本都要小于水泥搅拌桩，节约的程度随着软土深度的增加而增加，但在软基较浅时比较接近；

（2）TC 桩与预应力管桩相比，TC 桩在约 20m 的软土深度内，其造价要小于预应力管桩的，但节约造价比例随着软土深度的增加而减少，超过 20m 以后，造价要大于预应力管桩。

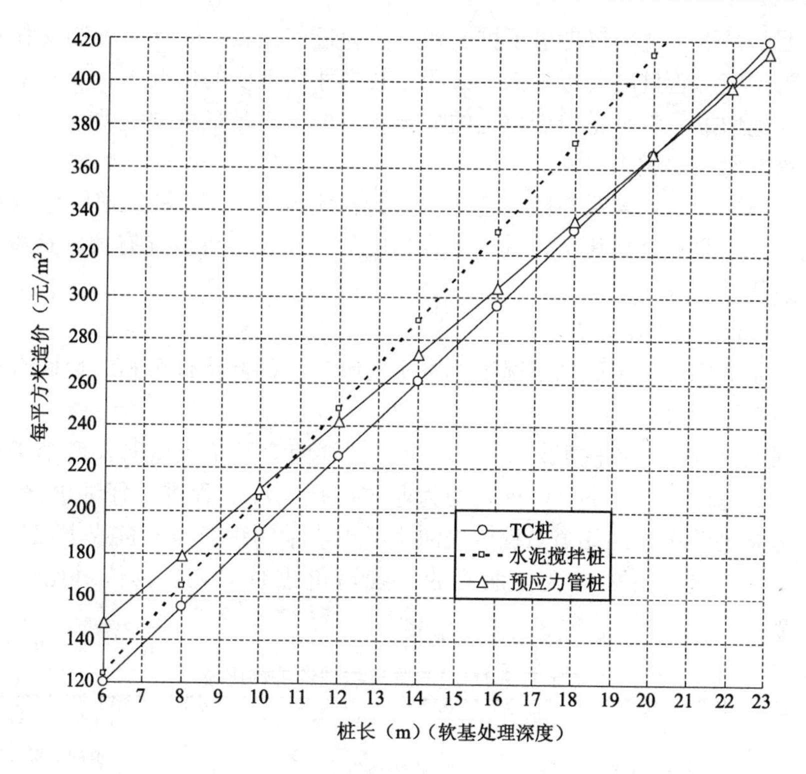

图 13-1 TC 桩与水泥搅拌桩、预应力管桩每平方米造价比较

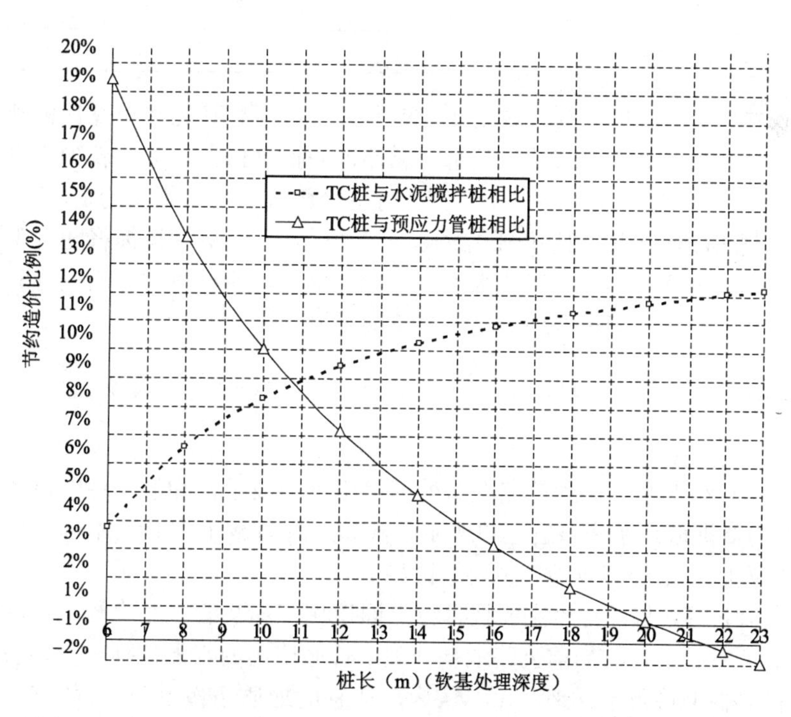

图 13-2 TC 桩与水泥搅拌桩、预应力管桩比较每平方米造价节约比例

需要说明的是以上比较仅考虑了桩的费用，为近似比较。未计算加筋材料和沉降土方的费用，认为预应力管桩的盖板不论什么间距其尺寸均不变的情况下，实际上间距的增加其尺寸要相应地增加，特别是较低填土的情况下，为了满足最低填土要求，往往需要大尺寸的盖板，这个费用也相当高。

通过以上简单分析，表明在此工程条件和造价情况下，TC 桩处理中等软基深度（小于 20m）的情况下具有经济优势，其经济性程度与桩长、报价情况有关，这也是 TC 桩在技术上也是适用的处理范围。

2）工程实际应用比较分析

在还没有定额标准可参照的情况下，本次实际工程的经济性分析，以两个试验段依托工程的造价情况进行分析。

选择申嘉湖高速公路练杭 L2 标、L10 标，江苏南京某工程试验段两个工程，深度最深为 19m。因为这两个工程的 TC 桩，均为业主根据实际工程进行仔细价格测算后核定，受报价水平的影响较小。这几个工程原先初步考虑均采用预应力管桩或水泥搅拌桩，后来设计采用 TC 桩。这样可以对变化前后的工程造价进行对比。具体对比情况如表 13-1 所示。

实际工程 TC 桩与常用桩型经济性比较　　**表 13-1**

工程名称	原预应力管桩方案相比节约造价比例(%)	原水泥搅拌桩方案相比节约造价比例(%)
练杭 L2 标 K3+259～K3+289	17.0%	—
练杭 L10 标	节约造价约 60 万	
南京某工程	—	6.5%

几个工程费用节约程度不同，这主要与地质条件，还有其他水泥搅拌桩和预应力管桩的报价水平高低有关，如南京某工程其水泥搅拌桩的报价偏低，节约就少。以上结果表明 TC 桩在合理的处理深度和地质条件下具有较好的经济性。需要指出的是，TC 桩作为一种新工艺，使用时间短，与其他技术刚开发使用时一样，其经济性指标将随着工程用量的增多、市场竞争体系地逐步形成，工艺水平和效率的提高，新材料的不断完善和使用，其经济性指标将会逐步稳定，但也要注意施工质量的控制。

13.3　结论

通过上述 TC 桩与目前高速公路软基处理常用桩型技术性和经济性的对比分析可以看出，TC 桩做为新桩型，在许多适宜的地质条件和工程背景下有其技术合理性和经济适用性，可取得较好的技术经济效益。主要结论如下：

（1）深入分析 TC 桩的三个主要技术特点即使用塑料套管、小直径、桩的打设与混凝土浇筑分开等的基础上，与当前公路地基处理中普遍使用的水泥搅拌桩、预应力管桩、各种振动沉管桩等桩型进行了详细对比，认为在适宜的地质条件下，TC 桩有它的合理性和先进性，特别是在中等软基深度情况下为设计人员提供了一种可靠地基处理选择方案。同时，也指出了它的适用性。

（2）结合几个试验依托工程情况，在目前施工管理水平、设计安全度条件下，初步分析了TC桩的经济性指标，指出在适宜的地质条件和合理报价水平情况下，在一定的加固深度（如20m）范围，与常用的水泥搅拌桩和预应力管桩相比，具有一定的经济性优势。

由于目前应用的工程，绝大部分桩端无较坚硬的持力层，多为黏土，因此本研究的经济性分析是针对桩端为相对硬土层的情况下分析得到的，桩端土为砂土、岩石等坚硬土层的情况国内刚刚开始应用和研究，其经济性和适用性有待于进一步分析和总结，从国外AuGeo桩的应用情况看，这种土层更能发挥其承载力，国内的工程也初步得到了证明（如60天单桩承载力可达250kN以上），其经济性相对于搅拌桩等柔性桩估计会更好。

第14章　结　　论

14.1　主要结论

（1）形成了塑料套管微型桩技术成套体系。在现场试验及理论分析基础上总结并形成了塑料套管微型桩成套技术，总结及完善了塑料套管微型桩的技术原理、适用范围、施工设备、施工工艺、施工控制要点、质量检测方法、技术经济特性等内容，提出施工工法和质量评定标准，在此基础上形成了《塑料套管混凝土桩（TC桩）技术规程》和《塑料套管混凝土桩（TC桩）施工技术规范和质量检验评定标准》（建议稿）。提出了塑料套管微型桩工艺和发展方向，供今后进一步试验研究及发展塑料套管微型桩技术提供研究基础。

（2）揭示了塑料套管微型桩主要的技术特点：使用塑料套管、小直径、桩的打设与混凝土浇筑分开等，从技术上与当前公路地基处理中普遍使用的水泥搅拌桩、预应力管桩、各种振动沉管桩等桩型作了全面分析对比，指出了塑料套管微型桩的技术优点，在低填土路堤应用、深度检测、质量控制等方面具有优势和特点。

（3）明确了塑料套管微型桩的适用性。由于在土体约束作用下，单桩的稳定性分析具有一定的复杂性，根据理论分析和实际工程试验，考虑长细比的限制，目前的设计和施工水平下，提出了塑料套管微型桩的适用条件。建议16～20cm直径的塑料套管微型桩，在桩端为相对硬土层的情况下，其加固深度一般控制在18～20m之内，在桩端为坚硬土层的情况下，其最大合理加固深度还有待于更多实际工程的检验，初步建议控制在16～18m之内。另外，在控制沉降比较严格的路基工程中，其桩端土不宜过软，一般要求其静力触探锥尖阻力不小于1000kPa。

（4）通过对塑料套管微型桩的重要组成部分即塑料套管在地基土体环境下进行的详细分析计算，提出了塑料套管微型桩单壁PVC塑料波纹管的选用方法、原则及控制指标，提出了采用塑料套管内注水工艺，以降低工程造价的方法。根据理论计算和工程实践，研究了合理的PVC单壁波纹管形状。

（5）结合依托工程情况，在目前施工管理水平、设计安全度条件下，初步分析了塑料套管微型桩的经济性指标，指出在适宜的地质条件和合理报价水平情况下，在一定的加固深度（如20m左右）范围以内，与常用的水泥搅拌桩和预应力管桩相比，具有一定的经济性优势，并编制了预算定额等内容。

（6）通过初步的室内试验表明，塑料套管对桩体材料有一定的侧向约束作用，有套管的试样抗压强度要大于无套管的试样。根据混凝土标号的不同，其提高值最高可达20%～35%左右。可见套管的侧向约束对抗压强度的贡献作用明显，在实际工程中，套管可有效地提高桩体混凝土的抗压和抗剪能力，这也成为塑料套管微型桩的一个显著特点。

（7）开展了塑料套管微型桩的模型试验，得到了荷载-沉降关系、荷载-端阻关系、荷载-桩侧摩阻力的发挥及承载力时效等基本规律。指出塑料套管微型桩承载力具有明显的时效性，光滑套管可有效地减小桩侧摩擦，而螺纹套管可以提高侧摩阻系数。

（8）开展了低应变方法检测塑料套管微型桩桩身完整性适用性的研究。塑料套管微型桩桩长可以通过检测套管深度即可方便准确控制，指出采用改进措施后，低应变方法仍可用于长细比较大情况下塑料套管微型桩的桩身完整性检测。

（9）对塑料套管微型桩不同施工间歇期沉桩挤土效应及其影响因素进行了现场试验研究，得到一些对施工及设计有意义的结论。模型试验、现场承载试验以及有限元分析均表明塑料套管微型桩比起其他桩具有更加明显的时效性，试验还表明塑料套管微型桩承载力随时间增长符合双曲线的变化规律。初步研究了塑料套管微型桩承载特性的时间效应和模拟方法及参数的取值，得到可供设计选用的一些参数和理论方法，也为进一步完善设计理论提供基础。

（10）结合依托工程，系统开展了路堤荷载下塑料套管微型桩加固公路软土地基的现场试验研究。研究了塑料套管微型桩加筋加筋路堤的力学性状、桩土荷载分担情况、荷载传递特性、地基固结性状、沉降性状和复合地基的侧向变形性状等，揭示了塑料套管微型桩的加固机理。

（11）经塑料套管微型桩处理后，路基变形量得到明显控制，总沉降小，目前试验段已通车近半年，其沉降速率以及推算的工后沉降均满足了设计要求，沉降量小，沉降收敛快，且主要发生在施工期，没有出现桥头跳车现象。南京 243 省道工程桥头断面，填土 5.5m，加固深度 19m，到目前为止，路面施工完成已近一年，未出现任何桥头跳车迹象。说明塑料套管微型桩技术控制软基沉降的效果是好的。

（12）采用有限元研究了桩端为软土和岩石两种地质条件下，塑料套管微型桩低应变反射波瞬态波传播特性；结合有限元计算结果，对塑料套管微型桩低应变检测问题进行了现场试验，提出了塑料套管微型桩低应变检测时激振措施选择、注意的问题及改进措施。

（13）采用有限元数值分析手段研究了塑料套管微型桩加固公路软基的加固机理和力学变形特性，并采用 Plaxis 有限元程序分析塑料套管微型桩加筋路堤的桩土应力分担等问题。探讨了塑料套管微型桩的数值模拟方法，分析各种参数的影响因素和规律，为建立实用设计计算方法提供参考。同样的荷载条件，小直径桩采用的是“细而密”的布置方式，与大直径桩的“粗而稀”方式相比，表面沉降（特别是桩间土沉降）更加均匀，这对加筋材料强度的要求、盖板的强度和尺寸要求更低，对上部最低填土高度要求也更小（这对低填土路基的加固具有明显的优势）。

（14）建立了塑料套管微型桩极限承载力判定及预测的尖点突变模型，提出了由尖点突变理论进行桩极限承载力判定及预测的四种思路，并对其适用情况进行了分析，将本书中四类判定方法及其他判定方法进行了比较，并与试验数据验证对比，对桩刺入破坏、压屈破坏、带帽单桩的极限承载力判定及预测，本书建立的尖点突变模型均具有较好的适用性，可用于根据静载荷试验数据或试桩未达到极限状态时判定及预测塑料套管微型桩及其他桩型的极限承载力。

（15）基于荷载传递法，将桩体和桩周土体均用一系列的集中质量块体和线性弹簧模拟，建立了一种适用于塑料套管微型桩的单桩荷载-沉降曲线的简化分析方法。对桩荷载传递的主要影响因素进行了分析，并结合现场的地质资料及试验数据，对实际工程的进行了计算并与实测结果进行对比，得出的结果比较合理，能较好地反映塑料套管微型桩的工作性状。

（16）针对传统能量法模拟单桩压屈破坏的缺陷及无法考虑填土荷载对桩压屈稳定的影响，本书提出将尖点突变理论应用于塑料套管微型桩弹性压屈破坏临界荷载的计算中，并将主动和被动土压力同时作用来模拟土体对桩体临界压屈时的受力情况，而不是常规方法中的土体抗力，这样就更能完整准确地模拟土体对单桩稳定的影响，同时还能考虑上覆路基的作用，分别建立了顶部铰结、底部铰结桩，顶部铰结、底部嵌固桩，顶部自由、底部嵌固桩三种类型的压屈临界荷载尖点突模型，建议了模型的选用原则，并提出了考虑桩间土上覆路堤荷载影响的分析方法，从而建立了一种确定塑料套管微型桩单桩及在路堤荷载下压屈临界荷载的计算新方法，计算表明其结果更符合实际。且该方法对其他桩型的单桩稳定分析同样适用。

（17）在工程试验、理论分析和数值模拟的基础上，分别按桩承式加筋路堤设计方法或刚性桩复合地基设计方法两种思路，提出了适用于塑料套管微型桩加固公路软基的实用设计计算理论，包括承载力、沉降变形、塑料套管微型桩加筋体抗拉强度、桩帽的验算方法、塑料套管微型桩路堤整体稳定性分析方法等内容。其中根据 TC 桩的特点，重点对单桩承载力的分析和沉降计算方法做了研究，并取得了成果。

（18）建立了考虑桩身压缩量、桩端刺入量，基于 Mindlin 应力解的塑料套管微型桩单桩沉降计算方法；建立了基于 Boussinesq 应力解与 Mindlin 应力解联合求解地基中的附加应力，用单向压缩分层综合法分别计算带盖板单桩盖板顶沉降量、桩间土沉降量方法；根据桩土变形协调条件计算桩土荷载分担比；考虑垫层的流动补偿作用，根据盖板顶和桩间土的差异沉降和体积守恒，计算带盖板单桩盖板顶刺入量；然后计算路堤荷载下塑料套管微型桩复合地基沉降的方法，经现场实测数据验证具有较好的适用性。建立了考虑回缩效应的塑料套管微型桩承载时效的理论计算方法：采用圆柱体回缩理论计算桩侧摩阻力并采用轴对称固结理论计算打桩过程引起的桩周土超静孔压的消散，在不考虑端阻力时效的情况下，建立了考虑回缩效应的塑料套管微型桩承载时效理论计算方法，并通过现场承载力时效试验和时效理论分析，系统全面地研究了塑料套管微型桩的承载力时间效应特性。

（19）建立了利用透明土的、非侵入测量土体内部变形的小规模物理模拟试验方法：结合透明土物理模拟试验、粒子图像测速和近景摄影测量技术，研究塑料套管微型桩-土相互作用和塑料套管微型桩的压曲变形规律。

（20）通过室内模型试验和大型模型试验，发现了混凝土路堤桩屈曲机理、屈曲时桩顶荷载沉降变化规律、屈曲时主被动侧土压力变化规律等。对于两端铰接桩可通过以下方式判定桩的屈曲临界荷载值：当竖向荷载达到屈曲临界荷载后桩顶竖向荷载随着桩顶沉降的增大在屈曲临界荷载周围呈锯齿形波动。在工程应用中可近似认为为桩屈曲临界荷载≈桩屈曲破坏荷载，后者更易在试验中获得。桩屈曲过程中桩侧土压力可认为随位移呈直线型变化。

（21）建立了考虑两侧土压力作用的桩屈曲临界荷载计算方法，并将其与试验结果进行对比，验证了该方法的合理性。传统桩侧土压力采用“m 法”计算得屈曲临界荷载值为本书提出计算方法的 2 倍～4 倍，计算结果偏大，m 值取值不合理。

（22）初步开展了路堤桩单桩与群桩两端嵌固形式研究。桩端嵌固形式与桩端计算嵌固深度有关，而桩顶嵌固形式则由顶部盖板的形式和路堤横断面是否存在高差决定。

由于目前应用的工程，绝大部分桩端无较坚硬的持力层，多为黏土，因此本研究的经济性分析是针对桩端为相对硬土层的情况下分析得到的，桩端土为砂土、岩石等坚硬土层的情况国内刚刚开始应用和研究，其经济性和适用性有待于进一步分析和总结，从国外AuGeo桩的应用情况看，这种土层更能发挥其承载力，国内的工程也初步得到了证明（如60天单桩承载力可达250kN以上），其经济型相对于搅拌桩等柔性桩估计会更好。同时本经济性研究也为今后正式编制预算定额提供了参考内容。

14.2 创新点

（1）首次在国外Augeo桩技术的基础上开发了施工简便、造价相对较低的TC桩技术，研制了相应的施工设备，提出了TC桩的施工工艺、施工控制要点、质量检测方法及评定标准、适用性、技术经济特性等内容，形成了TC桩的成套技术，除试验依托工程首次成功应用之外，目前该技术已在国内十几个公路、市政道路工程中应用。还对TC桩技术今后进一步发展和开发方向提出了建议。

（2）通过对TC桩的重要组成部分即塑料套管在地基土体环境下进行了详细分析计算，结合现场试验，提出了TC桩单壁PVC塑料波纹管的选用方法、原则及控制指标，提出了采用塑料套管内注水工艺，以降低工程造价的方法。

（3）通过室内试验，揭示了塑料套管的“套箍”效应对提高混凝土抗压强度的影响和分析。

（4）国内首次采用有限元数值计算手段来模拟分析TC桩加固公路软基的机理。

（5）系统开展了TC桩加固公路软土地基的现场试验研究，并开展了TC桩的模型试验研究。进行了TC桩承载特性的静载荷试验、工程力学特性、挤土效应、荷载传递机制和桩土相互作用等现场试验研究，监测和分析沉降变形和稳定情况，通过TC桩的加固效果和加固机理的深入分析，揭示了TC桩的承载特性规律和明显实效性的特点，结合数值计算和理论研究的基础上，建立了适用于TC桩加固公路软基的设计计算理论，重点提出了单桩承载力、沉降变形分析方法和参数。

（6）通过数值模拟和现场试验，研究了低应变反射波法检测超长细比TC桩桩身完整性的特点，对实际工程中TC桩的检测方法提供了理论指导。

（7）提出了基于尖点突变理论并适用于TC桩极限承载力的判断及预测方法。

（8）提出了一种可考虑上覆路堤荷载作用，采用主动和被动土压力来模拟土体对桩体作用力的尖点突变理论单桩稳定计算方法，分别建立了顶部铰结、底部铰结桩，顶部铰结、底部嵌固桩，顶部自由、底部嵌固桩三种类型的压屈临界荷载尖点突模型，并成功应用于TC桩的压屈稳定分析之中，且该方法同样适用于其他桩型。

（9）采用圆柱体回缩理论计算桩侧摩阻力，利用轴对称固结理论计算打桩过程引起的桩周土超静孔压的消散，在不考虑端阻力时效的情况下，建立了考虑回缩效应的TC桩承载时效计算方法。考虑圆柱腔体回缩的承载时效计算值与实测值吻合较好，相反地，当忽略回缩时，相对应的计算值比实测值要高出160%～300%；不同土层中，单位侧摩阻力的时效特性不同，淤泥土中趋于极限值所用的时间约为黏性层中的1/5，而黏性层单位侧摩阻力的计算值大小是淤泥层中的4～7倍。

（10）结合透明土技术、粒子图像测速和近景摄影测量技术，建立了研究TC桩成桩机理和屈曲变形的非侵入测量的岩土物理模拟试验方法。相比 TC 桩沉管打设过程，TC 桩的沉管上拔过程引起的土体恢复变形很小；TC 桩的相对屈曲长度随着桩体强度增加及长细比减小而增加；桩端约束形式对屈曲曲线的影响取决于桩身强度和长细比的变化。

（11）通过模型试验、理论研究，揭示了塑料套管微型桩屈曲变形机理，建立了考虑土压力随位移变化的桩屈曲临界荷载计算方法。

通过本课题的研究为塑料套管微型桩技术的应用和发展提供了充分理论和工程依据，促进该技术的进一步发展，丰富了我国的软基处理技术，为工程界提供了一种可靠的地基处理选择方案。

14.3　展望

由于塑料套管微型桩在国内的实际应用和研究的时间还不长，以及桩本身具有的一些特殊性，本课题的研究工作虽然已取得了一些成果，工程应用也较快，但与其他地基处理方法一样，理论研究往往要落后于工程实践，仍有许多问题值得再进一步地深入研究：

（1）塑料套管“套箍”效应引起桩身抗压强度提高的进一步研究，在工程设计中如何合理地考虑这个影响。

（2）由于目前开展试验的工程，大部分桩端无较坚硬的持力层，多为黏土，因此本研究的一些结论是针对桩端为相对硬土层的情况下得到的，在桩端土为砂土、岩石等坚硬土层的情况国内刚刚开始应用和研究，其经济性、承载稳定和变形方法的模拟等内容还有待于多个工程的试验分析后进一步研究。

（3）路基荷载下，如何合理考虑负摩擦力、路基荷载对桩侧受力或承载力的影响等内容也需进一步地探讨和研究。

（4）应用新工艺、新材料，进一步改进和完善塑料套管微型桩的施工工艺，开展其衍生新技术的开发和试验，提高工效和加固效果，进一步降低工程造价，拓宽其应用范围。

附录A 塑料套管微型桩软基处理施工技术规范

A.1 一般规定

A.1.1 塑料套管微型桩的施工必须确保工程质量，在施工前应做好施工组织设计，加强工地技术管理，严格按照有关的操作规程实施，认真做好工程质量检查和验收工作。

A.1.2 一般施工工艺流程：接管及安装预置桩尖→吊装PVC塑料套管→沉管静压下沉→沉管振动下沉→上提拔管→场地内塑料套管集中打设完毕→安装盖板模板、集中现浇混凝土。

A.1.3 塑料套管微型桩桩顶一般应设置盖板（桩帽）和土工格栅进行处理，桩顶50cm厚的填料应采用砂、碎石或含泥量小于15%、粒径小于5cm的细石渣填筑。

A.1.4 桩基的轴线应从基准线引出，在不受打桩影响的适当位置设置轴线控制桩和水准点，并妥善保护。在施工过程中应对桩基轴线做系统检查，使轴线偏差群桩不超过20mm，单排桩不超过10mm的允许偏差范围。

A.1.5 软土地段路基应安排提前施工，填筑时要做好必要的沉降和位移监测，并严格控制施工填料和加载速度。路堤完工后应按设计留有沉降期。

A.2 施工前准备

A.2.1 施工前，应先完成下列工作：

（1）收集并熟悉有关施工图、工程地质报告、土工试验报告和地下管线、构筑物等资料；

（2）编制施工组织设计或施工作业指导书；

（3）原材料、半成品、成品的检验；

（4）施工机械设备的调试；

（5）在软基处理的外缘应做必要的沉孔、成桩试验，以检验设备和工艺是否符合要求，数量一般不少于两根。

A.2.2 施工前应做好施工期间的排水措施，对常年地表积水、水塘地段应按设计要求先做好抽水、清淤、回填工作。

A.2.3 在施工中应遵循“按图施工”的原则和“边观察、边分析”的方法；如发现现场地质情况与设计提供资料不符或原设计的处治方式因故不能实施而改变设计时，应及时报告并根据有关规定报请变更设计。

A.3 桩尖及塑料套管的要求

A.3.1 桩尖的要求

（1）桩尖一般采用预制钢筋混凝土，预制桩尖的混凝土标号应比桩身提高一档，几何尺寸应符合要求。

（2）桩尖的表面应平整、密实，不得有面积大于1%的蜂窝、麻面及缺边掉角现象。

（3）塑料套管微型桩一般采用圆形桩尖，桩尖圆度偏差不得大于桩尖直径的1%；桩尖上端支承面应平整，高差不超过10mm（最高与最低值之差）。

（4）预制桩尖上应标明编号、制作日期。

A.3.2 塑料套管的要求

（1）塑料套管应为单壁、内外均是螺纹的160mmPVC塑料套管，最大外径不小于160mm，最小内径不小于142mm；扁平试验变形40%时，不分层、无破裂；标准坠落试验无破裂。塑料套管应根据打设深度、布桩间距及地质情况配置合理的环刚度，保障塑料套管在打设过程中及混凝土浇筑前不破损及产生过大变形。

（2）塑料套管接头采用标准的160mmPVC管材直通接头，平均内径应在160.1～160.7mm，承口最小深度不小于50mm，标准坠落试验应无破裂。

（3）混凝土要求骨料粒径≤25mm、塌落度18～22cm，以确保混凝土具有良好的和易性；混凝土浇筑时，需用振捣棒沿全桩长振捣均匀。

A.4 沉管准备

A.4.1 打桩前应平整场地，清理高空和地面障碍物。桩机移动的范围内除应保证桩机垂直度的要求外，还应考虑地面的承载力，施工场地及周围应保持排水沟通畅。

A.4.2 塑料套管准备及制作。塑料套管准备，对套管进行试验和尺寸检测。根据加固桩长的要求，将出厂的套管切割或连接成合适长度。

A.4.3 制作桩尖并与套管连接。将套管与桩尖连接密封牢固。

A.4.4 将打设设备移机就位。设备可采用静压振动联合插管机，可由普通沉管机、插扳机等同类设备改造而成，也可采用轻便的全液压机械设备。

A.5 沉管

A.5.1 将带有桩尖的套管从钢管底部放入钢管中，塑料套管应与钢管同心，二者的轴线应一致，混凝土预制桩尖放置的位置应与设计位置相符。

A.5.2 开始静压沉管，应保持钢管垂直，垂直度按±0.5%控制，位置正确，钢管下放速度应慢，防止钢管倾斜。应随钢管沉入深度随时调整离合器，防止抬起桩架，发生事故。

A.5.3 沉管施工完成后，拔出钢管，检测管深，并做好沉管施工记录，必要时在塑料套管内注水护管。

A.5.4 沉管时，如遇桩尖损坏或地下障碍物时，应及时将钢管及塑料套管拔出，待处理后，方可继续施工。

A.5.5 沉管过程中应观测桩顶和地面有无隆起及水平位移，发现偏移应及时采取纠偏措施进行处理。

A.6 混凝土灌注

A.6.1 混凝土

（1）可采用矿渣水泥、火山灰水泥、粉煤灰水泥或硅酸盐水泥、普通水泥，水泥的初凝时间不宜早于2.5h。

（2）粗骨料宜优先选用卵石，如采用碎石，宜适当增加含砂率；骨料最大粒径不应大于25mm。

（3）混凝土的含砂率宜采用40%～50%，水灰比宜采用0.5～0.6，坍落度宜采用8～12cm。

（4）混凝土拌和物应有良好的和易性，在运输和灌注过程中无显著离析、泌水。

A.6.2 桩体应采用细石混凝土浇筑，并控制混凝土的坍落度，保障其流动性。浇筑过程中采用小型加长振捣棒进行振捣，确保其均匀、密实。施工浇筑期间应同时将混凝土留样并制作试块，对其进行抗压强度试验。

A.7 盖板制作

A.7.1 盖板宜与桩身一起浇筑或在桩身达到设计强度要求后进行制作，制作前应对场地进行清理平整，立侧模现浇钢筋混凝土盖板。

A.7.2 盖板的表面应平整、密实，不得有蜂窝、麻面、缺边掉角的现象。

A.8 注意事项

A.8.1 桩的打设次序：横向以路基中心线向两侧的方向推进；纵向以结构物部位向路堤的方向推进。

A.8.2 桩端一般应设在持力层或相对持力层中，打设时应注意设计持力层顶面高程的变化，发现与设计不符时应在现场及时调整桩长，以确保承载力设计值。

A.8.3 应采用单壁、内外均是螺纹的塑料套管，其强度应保证混凝土浇筑前后不损坏，最大外径满足设计桩体直径要求。

A.8.4 打设塑料套管和浇筑混凝土应间隔进行，避免挤土效应影响混凝土的浇筑质量，混凝土浇筑场地距塑料套管打设场地的距离不得小于20m。不宜采用边打设塑料套管边在塑料套管内浇筑混凝土的施工方法。

A.8.5 应将塑料套管与桩尖事先连接，从沉管底部送入后再进行打设，不得采用先沉管后放入塑料套管的做法。

A.8.6 桩体应采用细石混凝土浇筑并控制混凝土的坍落度，保障其流动性。浇筑过程中采用小型加长振捣棒进行振捣，确保其均匀、密实。施工浇筑期间应同时将混凝土留样并制作试块，对其进行抗压强度试验。

A.9 质量控制

A.9.1 施工前应选择2～3根试桩做成桩试验和静压试验，通过试验确定技术参数和检验单桩承载力。对于重要路段或地质复杂路段应适当增加试桩数量。

A.9.2 每根桩在塑料套管打设后应对倾斜度、孔位等成孔情况进行检查控制；成孔完成后应对孔深、塑料套管变形等情况进行检查控制。

A.9.3 成桩后应进行一定比例的低应变检测，检测桩身完整性和成桩混凝土质量，待桩体强度达到28天后可对成桩进行承载力检测，如单桩承载力和复合地基承载力检测。

A.9.4 桩身混凝土每班组必须有1组试件；桩尖、盖板可每班组制取1组试件。

A.9.5 桩尖、盖板几何尺寸、混凝土强度应符合设计要求。

附录B 塑料套管微型桩软基处理质量检验评定标准

B.1 基本要求

（1）塑料套管及预制桩尖几何尺寸应符合设计要求。

（2）塑料套管指标满足设计要求且变形符合设计要求。

（3）打设好的塑料套管应注意保护，防止破损及杂物落入管内。

（4）桩身混凝土所用的水泥、砂石料等原材料的质量和规格必须符合有关规范的要求，按规定的配合比施工。

（5）混凝土应连续灌注，并进行振捣，严禁有夹层和断桩。

（6）桩帽钢筋尺寸和埋设应符合设计要求。

（7）成桩应进行小应变测试和单桩承载力试验，小应变抽检频率应不少于总数的5%，单桩承载力试验不少于总数的1‰，并不少于3根；桩身应完整，成桩混凝土质量符合要求。

B.2 实测项目

项次	检查项目	规定值或允许偏差	检查方法及频率	权值
1	桩距（mm）	±50	抽查桩数5%	2
2	竖直度（%）	≤1	抽查桩数5%	1
3	桩径（mm）	不小于设计值	抽查桩数5%	1
4	塑料套管	指标满足要求、径向变形小于设计值	抽查桩数5%	2
5	桩长（m）	不小于设计值或贯入度控制值	吊绳量测抽查，成桩数5%	3
6	桩帽尺寸（mm）	不小于设计值	钢尺量测抽查，成桩数5%	2
7	预制桩尖尺寸（mm）	不小于设计值	钢尺量测抽查，成桩数5%	2
8	单桩承载力	不小于设计	静载荷试验，成桩数1‰	3
9	桩身完整性	无明显缺陷	低应变测试抽查，成桩数5%	3

B.3 外观鉴定

（1）无破损检测桩的质量有缺陷，经设计单位确认仍可使用时，应减1～3分。

（2）桩帽顶面应平整、密实，桩与桩帽连接处应平顺且无局部修补，不符合要求时减1～3分。

附录C 塑料套管微型桩定额测定表

施工组织情况详细说明 附表C-1

项目名称： 合同号： 编号：

<table>
<tr><td colspan="2">定额名称：</td></tr>
<tr><td colspan="2">工作内容</td></tr>
<tr><td colspan="2">观测地点： 日期： 施工单位：</td></tr>
<tr><td>施工组织情况
及工程说明</td><td></td></tr>
</table>

观测者：

劳动定额测定表　　　　**附表 C-2**

项目名称：　　　　合同号：　　　　编号：

定额项目		定额子目		子目工作内容：						备注
观测地点：			施工单位：							
观测项目（工序）	工种及人数	时间产量	观测日期：							
		开始								
		结束								
		耗时								
		产量								
		开始								
		结束								
		耗时								
		产量								
		开始								
		结束								
		耗时								
		产量								
		开始								
		结束								
		耗时								
		产量								
		开始								
		结束								
		耗时								
		产量								
		开始								
		结束								
		耗时								
		产量								
		开始								
		结束								
		耗时								
		产量								

观测者：

机械测时记录表　　附表 C-3

项目名称：　　　　合同号：　　　　　　　　　　编号：

<table>
<tr><td>定额项目</td><td></td><td>定额子目</td><td></td><td colspan="6">工作内容：</td><td rowspan="4">备注</td></tr>
<tr><td colspan="4">观测地点：</td><td colspan="6">施工单位：</td></tr>
<tr><td rowspan="2">观测项目</td><td rowspan="2">机械名称、功率、数量</td><td rowspan="2">时间产量</td><td colspan="7">观测日期</td></tr>
<tr><td></td><td></td><td></td><td></td><td></td><td></td><td></td></tr>
<tr><td rowspan="4"></td><td rowspan="4"></td><td>开始</td><td></td><td></td><td></td><td></td><td></td><td></td><td></td><td rowspan="20"></td></tr>
<tr><td>结束</td><td></td><td></td><td></td><td></td><td></td><td></td><td></td></tr>
<tr><td>耗时</td><td></td><td></td><td></td><td></td><td></td><td></td><td></td></tr>
<tr><td>产量</td><td></td><td></td><td></td><td></td><td></td><td></td><td></td></tr>
<tr><td rowspan="8"></td><td rowspan="4"></td><td>开始</td><td></td><td></td><td></td><td></td><td></td><td></td><td></td></tr>
<tr><td>结束</td><td></td><td></td><td></td><td></td><td></td><td></td><td></td></tr>
<tr><td>耗时</td><td></td><td></td><td></td><td></td><td></td><td></td><td></td></tr>
<tr><td>产量</td><td></td><td></td><td></td><td></td><td></td><td></td><td></td></tr>
<tr><td rowspan="4"></td><td>开始</td><td></td><td></td><td></td><td></td><td></td><td></td><td></td></tr>
<tr><td>结束</td><td></td><td></td><td></td><td></td><td></td><td></td><td></td></tr>
<tr><td>耗时</td><td></td><td></td><td></td><td></td><td></td><td></td><td></td></tr>
<tr><td>产量</td><td></td><td></td><td></td><td></td><td></td><td></td><td></td></tr>
<tr><td rowspan="4"></td><td rowspan="4"></td><td>开始</td><td></td><td></td><td></td><td></td><td></td><td></td><td></td></tr>
<tr><td>结束</td><td></td><td></td><td></td><td></td><td></td><td></td><td></td></tr>
<tr><td>耗时</td><td></td><td></td><td></td><td></td><td></td><td></td><td></td></tr>
<tr><td>产量</td><td></td><td></td><td></td><td></td><td></td><td></td><td></td></tr>
<tr><td rowspan="4"></td><td rowspan="4"></td><td>开始</td><td></td><td></td><td></td><td></td><td></td><td></td><td></td></tr>
<tr><td>结束</td><td></td><td></td><td></td><td></td><td></td><td></td><td></td></tr>
<tr><td>耗时</td><td></td><td></td><td></td><td></td><td></td><td></td><td></td></tr>
<tr><td>产量</td><td></td><td></td><td></td><td></td><td></td><td></td><td></td></tr>
<tr><td rowspan="4"></td><td rowspan="4"></td><td>开始</td><td></td><td></td><td></td><td></td><td></td><td></td><td></td><td rowspan="4"></td></tr>
<tr><td>结束</td><td></td><td></td><td></td><td></td><td></td><td></td><td></td></tr>
<tr><td>耗时</td><td></td><td></td><td></td><td></td><td></td><td></td><td></td></tr>
<tr><td>产量</td><td></td><td></td><td></td><td></td><td></td><td></td><td></td></tr>
</table>

观测者：

材料消耗测定表　　　　**附表 C-4**

项目名称：　　　　合同号：　　　　编号：

定额项目		定额子目		工作内容：						备注
观测地点：		混合料配合比：		施工单位：						
观测项目（工序）	材料名称、规格、单位	材料单价（元）	观测日期							
			产量							
			消耗量							
			消耗量							
			消耗量							
			消耗量							
			消耗量							
			消耗量							
			消耗量							
			消耗量							
			消耗量							
			消耗量							
			消耗量							
			消耗量							
			消耗量							
			消耗量							
			消耗量							
			消耗量							
			消耗量							
			消耗量							
			消耗量							
			消耗量							
			消耗量							
			消耗量							
			消耗量							
			消耗量							
			消耗量							
			消耗量							
			消耗量							
			消耗量							
			消耗量							
			消耗量							
			消耗量							
			消耗量							
			消耗量							

观测者：

附录 D　塑料套管微型桩定额查定表

定额查定基本情况表　　**附表 D-1**

项目名称：　　合同号：　　承包人：　　编号：

<table>
<tr><td>定额项目名称</td><td></td><td>定额单位</td><td></td></tr>
<tr><td colspan="2">选用的图纸、资料名称：</td><td colspan="2" rowspan="3">施工过程及情况介绍
1. 工程范围和内容：
2. 主要施工工艺和方法：
3. 主要施工机械设备：
4. 主要使用材料：
5. 其他说明事项：</td></tr>
<tr><td colspan="2">定额内包括的工序和工作内容：
工序：
工作内容：</td></tr>
<tr><td colspan="2">定额子目划分：
（可按不同施工方法、机械设备、材料等划分）</td></tr>
</table>

填表人：　　复核人：　　填报单位：　　年　月　日

定额消耗量情况查定汇总表

附表 D-2

项目名称：　　　　　　合同号：　　　承包人：　　　　　　编号：

<table>
<tr><td colspan="2">定额项目名称</td><td colspan="2"></td><td>子目名称</td><td></td><td>单位</td><td></td></tr>
<tr><td colspan="2">查定工程范围</td><td colspan="4"></td><td>实体数量</td><td></td></tr>
<tr><td colspan="8">消耗量情况汇总</td></tr>
<tr><td>序号</td><td colspan="2">工、料、机名称</td><td>单位</td><td>代号</td><td>单价（元）</td><td>总消耗量</td><td>备注</td></tr>
<tr><td>1</td><td colspan="2">人工</td><td>工日</td><td></td><td></td><td></td><td></td></tr>
<tr><td>2</td><td rowspan="13">材料消耗</td><td></td><td></td><td></td><td></td><td></td><td></td></tr>
<tr><td>3</td><td></td><td></td><td></td><td></td><td></td><td></td></tr>
<tr><td>4</td><td></td><td></td><td></td><td></td><td></td><td></td></tr>
<tr><td>5</td><td></td><td></td><td></td><td></td><td></td><td></td></tr>
<tr><td>6</td><td></td><td></td><td></td><td></td><td></td><td></td></tr>
<tr><td>7</td><td></td><td></td><td></td><td></td><td></td><td></td></tr>
<tr><td>8</td><td></td><td></td><td></td><td></td><td></td><td></td></tr>
<tr><td>9</td><td></td><td></td><td></td><td></td><td></td><td></td></tr>
<tr><td>10</td><td></td><td></td><td></td><td></td><td></td><td></td></tr>
<tr><td>11</td><td></td><td></td><td></td><td></td><td></td><td></td></tr>
<tr><td>12</td><td></td><td></td><td></td><td></td><td></td><td></td></tr>
<tr><td>13</td><td></td><td></td><td></td><td></td><td></td><td></td></tr>
<tr><td>14</td><td></td><td></td><td></td><td></td><td></td><td></td></tr>
<tr><td>15</td><td rowspan="7">机械消耗</td><td></td><td></td><td></td><td></td><td></td><td></td></tr>
<tr><td>16</td><td></td><td></td><td></td><td></td><td></td><td></td></tr>
<tr><td>17</td><td></td><td></td><td></td><td></td><td></td><td></td></tr>
<tr><td>18</td><td></td><td></td><td></td><td></td><td></td><td></td></tr>
<tr><td>19</td><td></td><td></td><td></td><td></td><td></td><td></td></tr>
<tr><td>20</td><td></td><td></td><td></td><td></td><td></td><td></td></tr>
<tr><td>21</td><td></td><td></td><td></td><td></td><td></td><td></td></tr>
<tr><td colspan="8">说明：相关数据来源于附表 D-3、附表 D-4、附表 D-5，查定的工程范围和实体数量应对应一致</td></tr>
</table>

填表人：　　　　　复核人：　　　　　填报单位：　　　年　月　日

定额材料消耗量查定计算表

附表 D-3

项目名称：　　　　　　合同号：　　　承包人：　　　　　　编号：

<table>
<tr><td>定额项目名称</td><td colspan="3"></td><td colspan="2">子目名称</td><td></td><td>单位</td><td colspan="2"></td></tr>
<tr><td>查定工程范围</td><td colspan="6"></td><td>实体数量</td><td colspan="2"></td></tr>
<tr><td colspan="10">材料消耗量查定计算</td></tr>
<tr><td rowspan="2">顺序号</td><td rowspan="2">材料名称及规格</td><td rowspan="2">单位</td><td rowspan="2">代号</td><td rowspan="2">单位重（kg）</td><td rowspan="2">场内运输及操作损耗（%）</td><td colspan="3">实体净消耗量</td><td rowspan="2">总消耗量</td></tr>
<tr><td>（细目 1）</td><td>（细目 2）</td><td>（细目 3）</td></tr>
<tr><td>1</td><td></td><td></td><td></td><td></td><td></td><td></td><td></td><td></td><td></td></tr>
<tr><td>2</td><td></td><td></td><td></td><td></td><td></td><td></td><td></td><td></td><td></td></tr>
<tr><td>3</td><td></td><td></td><td></td><td></td><td></td><td></td><td></td><td></td><td></td></tr>
<tr><td>4</td><td></td><td></td><td></td><td></td><td></td><td></td><td></td><td></td><td></td></tr>
<tr><td>5</td><td></td><td></td><td></td><td></td><td></td><td></td><td></td><td></td><td></td></tr>
<tr><td>6</td><td></td><td></td><td></td><td></td><td></td><td></td><td></td><td></td><td></td></tr>
<tr><td>7</td><td></td><td></td><td></td><td></td><td></td><td></td><td></td><td></td><td></td></tr>
<tr><td>8</td><td></td><td></td><td></td><td></td><td></td><td></td><td></td><td></td><td></td></tr>
</table>

注：总消耗量＝实体净消耗量×(1＋场内运输及操作损耗率)

附：材料消耗量计算式及计算过程表

（计算过程可以自行设定表格）

填表人：　　　　复核人：　　　　填报单位：　　　　年　月　日

定额人工、机械消耗量查定表　　　　**附表 D-4**

项目名称：　　　　合同号：　　　　承包人：　　　　编号：

定额项目名称		子目名称		单位	
查定工程范围				实体数量	

一、人工消耗量查定

序号	工作（工序）名称	工种名称	单位	定额代号	消耗量	备注
1						
2						
3						
4						
5						
6						
7						
8						
9						
10						
11						
消耗量小计						

二、机械消耗量查定

序号	工作（工序）名称	机械名称	规格型号	单位	定额代号	消耗量	备注
1							
2							
4							
4							
5							
6							
7							
8							
9							
10							
11							

填表人：　　　　复核人：　　　　填报单位：　　　　年　月　日

其他材料费、小型机具使用费、设备摊销费查定表　　附表 D-5

项目名称：　　合同号：　　承包人：　　编号：

定额项目名称			子目名称		单位		
查定工程范围					实体数量		
序号	工作（工序）名称	材料机具名称规格	单位	单价（元）	数量	金额（元）	备注
一、其他材料费查定							
1							
2							
3							
4							
5							
6							
7							
金额小计							
二、小型机具使用费查定							
1							
2							
3							
4							
5							
6							
7							
金额小计							
三、设备摊销费查定							
1							
2							
3							
4							
5							
6							
7							
金额小计							

填表人：　　复核人：　　填报单位：　　年　月　日

参 考 文 献

[1] 刘正峰. 地基与基础工程新技术实用手册（第三卷）[M]. 北京：海潮出版社，2006.

[2] 陈永辉，王新泉，刘汉龙，贝耀平. Y型桩桩侧摩阻力产生附加应力的分析计算 [J]. 岩土力学，2008，29（11）：2905-2911.

[3] Han. J.，Gabr，M. A.，Numerical Analysis of Geosynthetic-Reinforced and Pile-Supported Earth Platforms over Soft Soil. Journal of Geotechnical and Geo-Environmental Engineering. 2002：44-53.

[4] 宋法宝，陈永辉，刘汉龙. 低标号素混凝土桩在杭金衢高速公路中的应用 [J]. 河海大学学报，2004，32（5）：583-586.

[5] 陈永辉，王新泉，刘汉龙. 公路软土地基处理中Y型沉管灌注桩异形特性研究 [J]. 中国公路学报，2008，21（5）：19-25.

[6] 王新泉，陈永辉，刘汉龙. Y型沉管灌注桩荷载传递机制的现场试验研究 [J]. 岩石力学与工程学报，2008，27（3）：615-623.

[7] 刘汉龙，郝小员，费康，陈永辉. 振动沉模大直径现浇薄壁管桩技术及其应用（Ⅱ）：工程应用与试验 [J]. 岩土力学，2003. 24（3）：372-375.

[8] 左威龙，刘汉龙，陈永辉. 浆固碎石桩成桩注浆影响范围现场试验研究 [J]. 岩土力学，2008，29（12）：3329-3332.

[9] Ing. N. G.，Cortlever. Settlement free embankments with AuGeo-piling system. by：www. cofra. com.

[10] Ing. N. G. Cortlever. Design of Double Track Railway on AuGeo Piling System. Symposium on soft ground improvement and geosynthetic applications. AIT，Bangkok. 2001.

[11] 黄强. 桩基工程若干热点技术问题 [M]. 北京：中国建材工业出版社，1996.

[12] 赵明华. 倾斜荷载下基桩的受力研究 [博士学位论文][D]. 长沙：湖南大学，2001：3-4.

[13] 张靖宇. 对桩土相互作用及单桩竖向承载力的研究 [硕士学位论文][D]. 西安：西安建筑科技大学，2001：5-6.

[14] 何俊翘. 基桩竖向变形与承载力机理研究 [硕士学位论文][D]. 长沙：湖南大学，2002：6-7.

[15] TOMLINSON M J（1977）. 桩的设计和施工 [M]. 朱世杰译. 北京：人民交通出版社，1984.

[16] 刘金砺. 桩基础设计与计算 [M]. 北京：中国建筑工业出版社，1990.

[17] 李伟，熊巨华，杨敏. 方形浅基础地基极限承载力的理论解 [J]. 同济大学学报（自然科学版），2004，32（2）：1325-1327.

[18] 周中，傅鹤林，李亮. 圆形浅基础地基承载力的理论解 [J]. 长沙铁道学院学报，2002，20（3）：12-16.

[19] 魏杰. 静力触探确定桩承载力的理论方法 [J]. 岩土工程学报，1994，16（03）：103-111.

[20] 赵春风，蒋东海，崔海勇. 单桩极限承载力的静力触探估算法研究 [J]. 岩土力学，2003，24（S2）：408-410.

[21] 刘俊龙. 用标贯击数估算单桩极限承载力 [J]. 岩土工程技术，2000，（2）：88-91.

[22] 张明义，于素健，周益众. 利用标贯击数估算静压桩的沉桩阻力 [J]. 岩土力学，2006，27（2）：282-285.

[23] 吴鹏，龚维明，梁书亭. 用三维有限元法对超长单桩桩端承载力的研究 [J]. 岩土力学，2006，27（10）：1795-1799.

[24] TERZAGHI K. Theoretical soil mechanics [M]. New York：Wiley，1943.

[25] MEYERHOF G G. The ultimate bearing capacity of foundation [J]. Geotechnique, 1951, 2 (4): 301-332.

[26] BEREZANTZE V G, KHRISTOFOROV V, GOLUBKOV V. Load bearing capacity and deformation of piled foundation [A]. Proceedings 5th Int. Conf. S. M. &F. E., 1961, Vol. 2: 11-15.

[27] 钱家欢，殷宗泽. 土工原理与计算（第二版）[M]. 北京：中国水利水电出版社，2003.

[28] 桩基工程手册编写委员会. 桩基工程手册 [M]. 北京：中国建筑工业出版社，1995.

[29] 郑大同. 地基极限承载力的计算 [M] 北京：中国建筑工业出版社，1979.

[30] 吴鹏，龚维明，梁书亭，朱建民，赵华新. 钻孔灌注桩桩端破坏模式及极限承载力研究 [J]. 公路交通科技，2008，25 (3):. 27-31.

[31] 赵建平，周峰，宰金珉，梅国雄. 软土地区预制桩单桩最终极限承载力估算方法 [J]. 重庆建筑大学学报，2005，27 (6)：44-48.

[32] 陈兰云，陈云敏，张卫民. 饱和软土中钻孔灌注桩竖向承载力时效分析 [J]. 岩土力学，2006，27 (3)：471-474.

[33] 黄生根，张晓炜，曹辉. 后压浆钻孔灌注桩的荷载传递机理研究 [J]. 岩土力学，2004，25 (2)：251-254.

[34] 张建新，吴东云. 桩端阻力与桩侧阻力相互作用研究 [J]. 岩土力学，2008，29 (2)：541-544.

[35] GB 50007—2011 建筑地基基础设计规范 [S]. 北京：中国建筑工业出版社，2012.

[36] JGJ 94—2008 建筑桩基技术规范 [S]. 北京：中国建筑工业出版社，2008.

[37] JGJ 106—2014 建筑基桩检测技术规范 [S]. 北京：中国建筑工业出版社，2014.

[38] 刘俊龙. 双曲线法预测单桩极限承载力的讨论 [J]. 岩土工程技术，2001，(4)：204-207.

[39] 邓志勇，陆陪毅. 几种单桩竖向极限承载力预测模型的对比分析 [J]. 工业建筑，2002，32 (7)：43-46.

[40] 胡守仁. 神经网络应用技术 [M]. 长沙：国防科技大学出版社，1993.

[41] FLOOD I, KARTAM N. Neural Networks in Civil Engineering I: Principles and Understaning and II: Systems and Applications [J]. J. Comput. Civil Engng., 1994, 8 (2): 131-162.

[42] CHABONSS J, SIDASTA D E, IADE P V. Neural Nerisork Based Modelling in Geomechnics [A]. In: Siriwardane H J, Zarnan M M, eds. Computer Methods and Advances in Ceomechnics. Morgantown: Sirimavdane & Zaman, 1994.

[43] 高笑娟，朱向荣. 用双曲线法预测挤扩支盘桩的极限承载力 [J]. 岩土力学，2006，27 (9)：1596-1600.

[44] 张文伟，陆志华，陈翀. 试桩未达破坏时单桩极限承载力的确定 [J]. 桂林工学院学报，2006，26 (3)：370-373.

[45] 涂帆，常方强，李小鹏. 指数法和双曲线法组合预测单桩极限承载力 [J]. 福建工程学院学报，2006，4 (1)：21-23.

[46] 张建新，谭燕秋，杜海金. 用非等时距序列灰色模型预测粉喷桩的承载力 [J]. 岩土力学，2002，23 (6)：757-759.

[47] 崔树琴，张远芳，李传镔，侯新强. 突变理论在单桩竖向承载力确定中的应用 [J]. 水利与建筑工程学报，2006，4 (2)：19-22.

[48] 崔树琴. 突变理论在单桩竖向承载力确定中的应用 [硕士学位论文][D]. 乌鲁木齐：新疆农业大学，2006.

[49] 张远芳，崔树琴. 基于尖点突变理论的端承桩竖向承载力分析 [J]. 岩土力学，2007，28 (S1)：901-904.

[50] TOAKLEY A R. Buckling Loads for Elastically Supported Struts [J]. Journal of Engineering Me-

chanics Division，ASCE，1965，91（3）：205-231.

[51] DAVISSON M T，ROBINSON K E. Bending and Buckling of Partially Embedded Piles [A]. In：Proceedings 6th Int. Conf. on Soil Mech，and Found. Engrg.，1965，2：243-246.

[52] REDDY A S，VALSANGKAR A J. Buckling of Fully and Partially Embedded Piles [J]. Journal of Soil Mechanics and Foundation Division，ASCE. 1970，96（6）：1951-1965.

[53] REDDY A S，VALSANGKAR A J，MISHAR G C. Buckling of Fully and Partially Embedded Tapered Piles [A]. In：Proceedings 4th Asian Regional. Conf. on Soil Mech. and Found. Engrg.，1971，Vol. 1：301-304.

[54] POULOS H G，MATTES N S. The Behaviour of Axially Loaded End-Bearing pile [J]. Geotechnique，1969，19（2）：385-300.

[55] POULOS H G，DAVIS E H. Pile Foundation Analysis and Design [M]. Sydney：The University of Sydney，1980，323-335.

[56] SIMO J C，LAURSEN T A. An Augmented Lagrangian Treatment of Contact Problems Involving Friction [J]. Computers & Structures，1992，42（1）：97-116.

[57] SALEEB A F，CHEN K，CHANG Y P. An Effective Two-Dimensional Frictional Contact Model for Arbitrary Curved Geometry [J]. International Journal for Numerical Methods in Engineering，1994，37（8）：1297-1321.

[58] 任光勇. 桩基在竖向荷载作用下的压缩量和稳定性研究 [硕士学位论文][D]. 杭州：浙江大学，2003.

[59] 邹新军. 基桩屈曲稳定分析的理论与试验研究 [博士学位论文][D]. 长沙：湖南大学，2005.

[60] 杨维好，宋雷. 顶部自由、底部嵌固桩的稳定性分析 [J] 工程力学，2000，17（5）：63-66.

[61] 汪优，赵明华，黄靓. 桥梁基桩屈曲机理及其分析方法 [J]. 中南公路工程，2005，30（4）：22-26.

[62] 朱大同. 摩擦支承桩的稳定性研究 [J]. 岩石力学与工程学报，2004，23（12）：2106-2109.

[63] 周淑芬，李晓红，王成. 考虑桩侧土抗力时超长桩的临界荷载计算 [J]. 地下空间与工程学报，2005，1（6）：882-884.

[64] 赵明华. 桥梁桩基的屈曲分析及试验 [J]. 中国公路学报，1990，3（4）：47-56.

[65] COULOMB C A. Essais sur une Application des Regles des Maximis et Minimis a Quelques Problems de Statique Relatits a I'architecture [M]. Paris：Mem. Acad. Roy. Press，1776.

[66] RANKINE W J M. On the Stability of Loose Earth [J]. Phil. Trans. Roy. Soc.，London，1857，147（1）：9-27.

[67] 刘汉龙，费康，周云东，高玉峰. 现浇混凝土薄壁管桩内摩阻力的数值分析 [J]. 岩土力学，2004，25（增刊）：211-216.

[68] 叶俊能. 沉管灌注筒桩工作性状研究 [博士论文学位][D]. 杭州：浙江大学，2003.

[69] 郭平. 大直径现浇混凝土薄壁筒桩竖向承载性状数值分析 [硕士论文学位][D]. 杭州：浙江大学，2005.

[70] 周建. 大直径现浇薄壁筒桩单桩内摩阻力研究及竖向承载力模拟 [J]. 公路交通科技，2006，23（7）：27-34.

[71] 姜安龙，郭云英，高大钊. 静止土压力系数研究 [J]. 岩土工程技术，2003，（6）：354-359.

[72] 王运霞. 地基的原位应力状态与侧压力系数 K_0 取值分析 [J]. 岩土工程界，2001，4（7）：60-62.

[73] 陈仲颐，叶书麟. 基础工程学 [M]. 北京：中国建筑工业出版社，1990.

[74] 陈铁林，陈生水，顾行文，章为民. 折减吸力在膨胀土静止土压力计算中的应用 [J]. 岩土工程学报，2008，30（2）：237-242.

[75] MINDLIN R D. Force at a Point in the Interior of a Semi-Infinite Solid [J]. Physics，1936，7 (5)：195-202.

[76] D'APPOLONIA E，ROMUALDI J P. Load Transfer in End-Bearing Steel H-Piles [J]. Journal of the Soil Mechanics and Foundations Division，ASCE，1963，89 (2)：1-25.

[77] POULOS H G，DAVIS E H. The Settlement Behaviour of Single Axially Loaded in Compressible Piles Piers [J]. Geotechnique，1968，l8 (3)：351-371.

[78] POULOS H G. Analysis of Settlement of Pile Group [J]. Geotechnique，1968，18 (3)：449-471.

[79] MATTES N S，POULOS H G. Settlement of Single Compressible Pile [J]. Journal of the geotechnical engineering division，ASCE，1969，95 (1)：189-207.

[80] POULOS H G. Settlement of Single Pile in Non-Homogeneous soil [J]. Journal of the geotechnical engineering division，ASCE，1979，105 (5)：627-642.

[81] POULOS H G. Group Factors for Pile Deflection Estimation [J]. Journal of the geotechnical engineering division，ASCE，1979，105 (12)：1489-1509.

[82] POULOS H G，DAVIS E H. The Settlement Behaviour of Single Axially Loaded Incompressible Piles and Piers [J]，Geotechnique，1980，18 (1)：351-371.

[83] POULOS H G，RANDOLPH M F. Pile Group Analysis Study of Two Methods [J]. Journal of the geotechnical engineering division，ASCE，1983，109 (3)：355-372.

[84] POULOS H G. Modified Calculation of Pile-Group Settlement Interaction [J]. Journal of the geotechnical engineering division，ASCE，1988，114 (6)：697-706.

[85] POULOS H G. Pile Behavior-Theory and Application [J]. Geotechnique，1989，39 (3)：365-415.

[86] THURMAN A G，D'APPOLONIA E. Computed Movement of Friction and End-Bearing Piles Embedded in Uniform and Stratified Soils [A]. In：Proceedings6th ICSMFE. Montereal，1965，2：323-327.

[87] BUTTERFIELD R，BANERJEE P K. The Elastic Analysis of Compressible Piles and Pile Groups [J]. Geotechnique，1971，21 (1)：43-66.

[88] BUTTERFIELD R，BANERJEE P K. The Problem of Pile Group-Pile Cap Interaction [J]. Geotechnique，1971，21 (2)：135-142.

[89] BANERJEE P K，DAVIES T G. The Behaviour of Axially and Laterally Loaded Single [J]. Geotechnique，1978，28 (6)：309-326.

[90] LEE C Y，POULOS H G. Axial Response Analysis of Piles in Vertically and Horizontally Non-Homogenous Soils [J]. Computer and Geotechnics，1990，17 (9)：133-148.

[91] LEE C Y. Finite-Layer Analysis of Axially Loaded Piles [J]. Journal of the geotechnical engineering division，ASCE，1991，117 (11)：295-313.

[92] RAJAPAKSE R K N D. Response of an Axially Loaded Elastec Pile in a Gibson Soil [J]. Geotechnique，1990，40 (2)：237-249.

[93] GEDDES J D. Stress in Foundation Soils due to Vertical Subsurface Loading [J]. Geotechnique，1966，16 (3)：231-255.

[94] 费洛林 B A. 土力学原理（中译本）[M]. 北京：中国建筑工业出版社，1965.

[95] 徐志英. 以明特林（Mindlin）公式为根据的地基中垂直应力的计算公式 [J]. 土木工程学报，1957，4 (4)：485-497.

[96] 王士杰，张梅，张洪敏等. 关于 BOUSSINESQ 解取代 MINDLIN 解条件的探讨 [J]. 河北农业大学学报，25 (3)：91-92.

[97] 袁聚云，赵锡宏. 竖向线荷载和条形均布荷载作用在地基内部时的土中应力公式 [J]. 力学季刊，

1999，20（2）：156-165.
[98] 袁聚云，赵锡宏. 竖向均布荷载作用在地基内部时的土中应力公式［J］. 力学季刊，1995，16（3）：213-222.
[99] 袁聚云，赵锡宏. 水平均布荷载作用在地基内部时的土中应力公式［J］. 力学季刊，1995，16（4）：339-346.
[100] 徐正分. 圆形均布荷载下Mindlin应力分布模式及其应用范围的讨论［J］. 勘察科学技术，1998，（6）：37-39.
[101] 陈竹昌，王建华. 采用弹性理论分析搅拌桩性能的探讨［J］. 同济大学学报，1996，21（1）：17-25.
[102] 刘金砺，黄强，李华等. 竖向荷载下群桩变形性状及沉降计算［J］. 岩土工程学报，1995，17（6）：1-13.
[103] 黄昱挺. 桩基础非线性性状分析［硕士学位论文］［D］. 杭州：浙江大学，1997.
[104] 刘前曦，侯学渊，章旭昌. 均匀等长布桩桩筏基础工作性状研究［J］. 地下工程与隧道，1997，（1）：2-8.
[105] 杨敏，王树娟，王伯钧，周融华. 考虑极限承载力下的桩筏基础相互作用分析［J］. 岩土工程学报，1998，20（5）：82-86.
[106] 汤永净，谢乐才，柳玉进. 软土地区高层建筑逆作法施工理论分析与实测比较［J］. 上海铁道大学学报，1999，20（2）：95-100.
[107] 宫全美. 基于Mindlin位移解的群桩沉降计算［J］. 地下空间，2001，21（3）：167-177.
[108] 艾智勇，杨敏. 广义Mindlin解在多层地基单桩分析中的应用［J］. 土木工程学报，2001，34（2）：89-95.
[109] 丁继辉，麻玉鹏，宇云飞. 基于Mindlin应力公式的地基沉降数值计算与分析［J］. 水利水电技术，2002，33（5）：8-11.
[110] 吴广珊，肖昭然. 侧向受荷桩的有限元——弹性理论分析法［J］. 上海应用技术学院学报（自然科学版），2002，2（3）：159-162.
[111] 李素华，周健，殷建华，杨位洸. 摩擦型单桩承载性能设计理论研究［J］. 岩石力学与工程学报，2004，23（15）：2604-2608.
[112] 蒋良潍，黄润秋. Mindlin位移解推求锚固段侧阻力分布方法中的奇异性问题［J］. 岩土工程学报，2006，28（9）：1112-1117.
[113] 邓友生，龚维明. 基于Mindlin位移解的超大群桩基础沉降计算［J］. 武汉理工大学学报（交通科学与工程版），2008，32（3）：420-422.
[114] KUWABARA F，POULOS H G. Downdrag Forces in group of Piles［J］. Journal of the geotechnical engineering division，ASCE，1989，115（6）：806-818.
[115] CHOW Y K，CHIN J T，Lee S L. Negative Skin Friction on Pile Groups［J］. International Journal for Numerical and Analytical Methods in Geomechanics，1990，14（2）：75-91.
[116] CHOW Y K，LIM C H，KARUNARATNE G P. Numerical Modeling of Negative Skin Friction on Pile Groups［J］. Computers and Geotechnics，1996，18（3）：201-224.
[117] ZEH C I，WONG K S. Analysis of Downdrag on Pile Groups［J］. Geotechnique，1995，45（2）：191-207.
[118] HAN J，SHEN S L，YANG J S，YAN L. 徐正中译，桩式加筋路堤［J］. 地基处理，2005，16（4）：62-63.
[119] JONES C J F P，LAWSON C R，AYRES D J. Geotextile Reinforced Piled Embankments［A］. Proceedings 4th Int. Conf. on Geotextiles：Geomembranes and related products，Den Hoedt，Rotterdam：

Balkema，1990：155-160.

［120］ HAN J，GABR M A. Numerical Analysis of Geosynthetic-Reinforced and Pile-Supported Earth Platforms over Softsoil ［J］. Journal of Geotechnical and Geoenvironmental Engineering，ASCE，2002，128（1）：44-53.

［121］ 阎明礼，杨军. CFG桩复合地基的垫层技术. 地基处理［J］. 1996 7（3）：72-76.

［122］ 王长科，郭新海. 基础—垫层—复合地基共同作用原理. 土木工程学报［J］. 1996，29（5）：30-35.

［123］ 娄国充. 桩式复合地基承载特性的研究［J］. 岩土力学，1998，19（1）：70 -74.

［124］ 傅景辉，宋二祥. 刚性桩复合地基工作特性分析. 岩土力学［J］. 2000，21（4）：335-339.

［125］ 张小敏，郑俊杰. 刚性桩复合地基应力及沉降计算［J］. 岩土土程技术，2002，(5)：265-268.

［126］ 张忠苗，陈洪. 柔性承台下复合地基应力和沉降计算研究［J］. 岩土力学，2003，25（3）：451-454.

［127］ 王欣，俞亚南，高文明. 路堤柔性荷载下的粉喷桩复合地基内的附加应力分析［J］. 中国市政工程，2003，(3)：1-2.

［128］ 朱世哲，徐日庆等. 带热层刚性桩复合地基桩土应力比的计算与分析［J］. 岩土力学，2004，25（5）：814-823.

［129］ 陈云敏，贾宁，陈仁朋. 桩承式路堤土拱效应分析［J］. 中国公路学报，2004，17（4）：1-6.

［130］ 陈仁朋，贾宁，陈云敏. 桩承式加筋路堤受力机理及沉降分析［J］. 岩石力学与工程学报，2005，24（23）：4358-4367.

［131］ 朱常志，王士杰，周瑞林，贾向英. 多桩型复合地基承载力计算方法研究［J］. 工程勘察，2006，(10)：22-23.

［132］ 张晓健. 桩基负摩阻力研究现状［J］. 地下空间与工程学报，2006，2（2）：315-319.

［133］ 庄宁，周小刚，赵法锁. 单桩负摩阻力的双折线模型理论解［J］. 地球科学与环境学报，2006，28（1）：62-64.

［134］ 丁国玺，王旭. 桩承式路堤在铁路软土地基处理工程中的应用［J］. 水利与建筑工程学报，2006，4（1）：61-63.

［135］ 谭慧明，刘汉龙. 桩承加筋路堤中路堤与垫层共同作用理论分析［J］. 岩土力学，2008，29（8）：2271-2276.

［136］ ORRJIE O，BROMS B. Effects of Pile Driving on Soil Properties ［J］. Journal of the Soil mechanics and Foundations Division，American Society of Civil Engineering，1967，93（5）：59-73.

［137］ HWANG J H，LIANG N，CHEN C H. Gound Response During Pile Driving ［J］. Journal of Geotechnical and Geoenvironmental Engineering，2001，127（11）：939-949.

［138］ 施鸣升. 沉入黏土中的桩的挤土效应探讨［J］. 建筑结构学报，1983，(1)：60-71.

［139］ 樊良本，朱国元，桩周土应力状态的圆柱孔扩张理论试验研究［J］. 浙江大学学报，1998，32（2）：228-234.

［140］ 陈文. 饱和黏土中静压桩沉桩机理及挤土效应研究［硕士学位论文］［D］. 南京：河海大学，1999.

［141］ 徐建平，周健，许朝阳，张春雨. 沉桩挤土效应的模型试验研究［J］. 岩土力学，2000，21（3）：235-238.

［142］ 陈建斌. 周立运. 动力沉桩桩基拉应力分布及其施工控制试验研究［J］. 岩土力学，2007，28（8）：1733-1738.

［143］ 郭忠贤，杨志红，王占雷. 夯实水泥土桩荷载传递规律的试验研究［J］. 岩土力学，2006，27（11）：2 020-2 024.

［144］ 马海龙. 水泥土桩复合地基荷载传递及变形的原位试验研究［J］. 土木工程学报，2006，39（9）：

103-107，127.

［145］ 陈志坚，冯兆祥，陈松等. 江阴大桥摩擦失效嵌岩群桩传力机制的实测研究［J］. 岩石力学与工程学报，2002，21（6）：883-887.

［146］ 律文田，王永和，冷伍明. PHC管桩荷载传递的试验研究和数值分析［J］. 岩土力学，2006，27（3）：466-470.

［147］ 黄生根，张晓炜，曹辉. 后压浆钻孔灌注桩的荷载传递机制研究［J］. 岩土力学，2004，25（2）：251-254.

［148］ 楼晓明，房卫祥，费培芸等. 单桩与带承台单桩荷载传递特性的比较试验［J］. 岩土力学，2005，26（9）：1 399-1402.

［149］ 池跃君，宋二祥，金淮等. 刚性桩复合地基应力场分布的试验研究［J］. 岩土力学，2003，24（3）：339-343.

［150］ 杨龙才，周顺华，高强. 基于单桩轴力实测的桩身压缩变形计算与分析［J］. 工程勘察，2004，（4）：42-46.

［151］ 汤永净，王丽平. 地下连续墙中水化热对钢筋应力的影响研究［J］. 工业建筑，2006，36（增）：670-673.

［152］ 梁金国，郅正华. 桩身竖向应力测试应用技术研究［J］. 工程勘察，2007，（3）：5-9.

［153］ JOHANNESSEN I J，BJERRUM L. Measurement of the Compresstion of a Steel Pile to Rock due to Settlement of the Surrounding Clay［A］. Proceedings 6th International Conference on Soil Mechanics and Foundation Engineering. Canada，1965，2：261-264.

［154］ BJERRUM L，JOHANNESSEN I J，EIDE O. Reduction of Negative Skin Friction on Steel Piles to Rock［A］. Proceedings 7th International Conference on Soil Mechanics and Foundation Engineering. Mexico，1969，2：27-34.

［155］ BOZOZUK M. Bearing Capacity of a Pile Preloaded by Downdrag［A］. Proceedings 10th International Conference on Soil Mechanics and Foundation Engineering，Stockholm，1981，2：631-636.

［156］ WALKER L K，DARVALL L，LEE P. Dragdown on Coated and Uncoated Piles［A］. Proceedings 8th International Conference on Soil Mechanics and Foundation Engineering，Moscow，1973，2：257-262.

［157］ CLEMENTE F M. Downdrag on Bitumen Coated Piles in a Warm Climate［A］. Proceedings 10th International Conference on Soil Mechanics and Foundation Engineering，Stockholm，1981，2：673-676.

［158］ FELLENIUS B H. Reduction of Negative Skin Friction with Bitumen Coated Slip Layers［J］. Discussion. Journal of the geotechnical engineering division，ASCE，1975，101（4）：412-414.

［159］ FELLENIUS B H. Downdrag on bitumen coated piles［J］. Discussion，Journal of the geotechnical engineering division，ASCE，1979，105（10）：1262-1265.

［160］ SHIBATA T，SEKIGUCHI H，YUKITOMO H. Model Test and Analysis of Negative Skin Friction Acting on Piles［J］. Soil Foundations，1982，22（2）：29-39.

［161］ LEE C J，CHEN C Z. Negative Skin Friction on Piles due to Lowering of Groundwater Table［J］. Journal of the Southeast Asian Geotechnical Society，2003，34（1）：13-25.

［162］ FELLENIUS B H，HARRIS D E，ANDERSON D G. Static Loading Test on a 45m Long Pipe Pile in Sandpoint，Idaho［J］. Canadian Geotechnical Journal，2004，41（4）：613-628.

［163］ RAMASAMY G，DEY B，INDRAWAN E. Studies on Skin Friction in Piles under Tensile and Compressive load［J］. Indian Geotechnical Journal，2004，34（3）：276-289.

［164］ FELLENIUS B H. Results From Long-Term Measurement in Piles of Drag Load and Downdrag［J］. Canadian

Geotechnical Journal，2006，43（4）：409-430.

［165］ 律文田，冷伍明，王永和. 软土地区桥台桩基负摩阻力试验研究［J］. 岩土工程学报，2005，27（6）：642-645.

［166］ 童建国，朱瑞燕. 固结软土中单桩负摩擦离心机模型试验研究［J］. 电力勘测设计，2006，（1）：12-15.

［167］ 徐兵，曹国福. 部分桩身在回填土中的钻孔灌注桩负摩阻力试验研究［J］. 岩土工程学报，2006，28（1）：56-58.

［168］ 杨庆，孔纲强，郑鹏一，栾茂田. 堆载条件下单桩负摩阻力模型试验研究［J］. 岩土力学，2008，29（10）：2805-2810.

［169］ 朱明双，朱向荣，王金昌. 桥头软基现浇筒桩处理现场试验分析［J］. 土木工程学报，2006，39（8）：102-106.

［170］ 蔡金荣，应齐明，谢庆道. 现浇混凝土薄壁筒桩加固桥头软基试验研究［J］. 公路，2003，（5）：71-74.

［171］ 李安勇，陈苏. 水泥土搅拌桩复合地基承载力试验分析［J］. 建筑技术，2004，35（3）：211-211.

［172］ 杨寿松，刘汉龙，周云东，费康. 薄壁管桩在高速公路软基处理中的应用［J］，岩土工程学报，2004，26（6）：750-754.

［173］ 朱奎，徐日庆. 有无垫层刚—柔性桩复合地基性状对比研究［J］. 岩土工程学报，2006，28（10）：1230-1235.

［174］ 雷金波，张少钦，雷呈凤，等. 带帽刚性桩复合地基荷载传递特性研究［J］. 岩土力学，2006，27（8）：1322-1326.

［175］ 徐林荣，牛建东，吕大伟，顾绍付，陈涛. 软基路堤桩—网复合地基试验研究［J］. 岩土力学，2007，28（10）：2149-2160.

［176］ 肖昭然，翟振威，原方. 复合地基桩土应力测试方法研究［J］. 岩土工程学报，2008，30（8）：1208-1212.

［177］ 刘齐建. 大直径桥梁基桩竖向承载力分析及试验研究［硕士学位论文］［D］. 长沙：湖南大学，2002.

［178］ 雷金波. 带帽控沉疏桩复合地基试验研究及作用机理分析［博士学位论文］［D］. 南京：河海大学，2005.

［179］ Yong-Hui Chen，Long Chen，Xin-Quan Wang，Geng Chen. Critical buckling load calculation of piles based on cusp catastrophe theory［J］，Marine georesources & geotechnology，2015，33（3）：222-228（SCI）.

［180］ Yonghui Chen，Long Chen，Kai Xu，Charles W. W. Ng. Study on critical buckling load calculation method of piles considering passive and active earth pressure［J］. structural engineering and mechanics，2013，48（3）：367-382（SCI）.

［181］ Chen Yong-Hui，Cao De-Hong，Wang Xin-Quan，Du Hai-Wei. Field study of plastic tube cast-in-place concrete pile［J］. J. Cent south univ（science and technology）. 2008，15（2）：195～202（SCI）.

［182］ Yonghui Chen，Changguang Qi，Hongyue Xu And Charles W. W. Ng. Field Test Research On Embankment Supported By Plastic Tube Cast-In-Place Concrete Piles，Geotechnical And Geological Engineering，2013，31（4）：1359-1368（EI）.

［183］ 陈永辉，齐昌广，王新泉，陈龙. 塑料套管混凝土桩单桩承载特性研究［J］中国公路学报，2012，25（3）：51-58+72（EI）.

[184] 王新泉，陈永辉，安永福，齐昌广，陈龙．塑料套管现浇混凝土桩倾斜对承载性能影响的模型试验研究 [J]．岩石力学与工程学报，2011，30（4）：834-842．（EI）．

[185] 陈永辉，王新泉，齐昌广，陈龙．Analysis of plastic tube on plastic tube cast-in-place concrete pile [C]. Proceedings of the 2011 geohunan international conference，geotechnical special publication，HUNAN CHINA：ASCE. 2011：31-38（EI）.

[186] Y. H. Chen，L. Chen，C. G. Qi & G. Chen. Bucking of piles with soil pressure changed as the fold line with displacement [C]，Advances in geotechnical engineering-proceeding of the first china-france geotechnical workshop，pairs，france，2013，123-126.

[187] 陈永辉，陈龙，王新泉，齐昌广．塑料套管混凝土桩挤土效应现场试验研究 [C] //第十一届全国土力学及岩土工程学术会议—《西北地震》增刊，2011，33（S）：190-194．

[188] 陈永辉，齐昌广，王新泉，陈龙．透明土及其在岩土工程模型试验应用的研究进展 [J]．水利水电科技进展，2011，31（6）：69-73．

[189] Chen Yong-Hui，Chen Long，Zhou Xing-De. The theoretic analysis and experimental research on the time-dependency of tc piles [C]. 10th Asia-pacific conference on engineering plasticity and its applications. 2010：461-466.

[190] 许海云，关良勇，杨振中，陈永辉．塑料套管混凝土桩在嘉绍公路软基处理中的应用 [C]．河海大学学报，39（S1）：167-171．

[191] 曹德洪，陈永辉，王新泉，魏健．塑料套管混凝土桩在申嘉湖杭高速公路软基处理中的应用 [J]．公路，2010（09）：83-89．

[192] 章亦锋，陈永辉，陈常辉，李行．带受力盘塑料套管混凝土桩桥头处理研究．河北工程大学学报（自然科学版），2014，03：22-25．

[193] 李行，陈永辉，何刚，陈常辉，章亦锋．带受力盘塑料套管混凝土桩静载试验研究．科学技术与工程，2014，29（14）：285-294．

[194] 陈常辉，徐锴，陈永辉，谢军．带受力盘塑料套管混凝土桩挤土效应试验研究．河北工程大学学报（自然科学版），2014，31（2）：15-19．